DICTIONNAIRE

DES

JARDINIERS

ET DES

CULTIVATEURS,

PAR

PHILIPPE MILLER.

TOME HUITIEME,

CONTENANT la suite du DICTIONNAIRE jusqu'à
sa fin ; un grand nombre de TABLES & de LISTES
rélatives à cet Ouvrage, dont plusieurs sont nouvelles ;
le CALENDRIER DES JARDINIERS traduit
sur la XVIe Edition Angloise de MILLER.

DICTIONNAIRE

DES

JARDINIERS

ET DES

CULTIVATEURS,

PAR

PHILIPPE MILLER,

Traduit de l'Anglois sur la VIIIe. Edition ;

Avec un grand nombre d'Additions de différens genres ;
Par MM. le Président DE CHAZELLES,
le Conseiller HOLANDRE, &c.

NOUVELLE ÉDITION,

Dans laquelle on a rectifié un très-grand nombre d'endroits de l'Édition de Paris, afin de rendre la Traduction Françoise conforme à l'Original Anglois ; & de plus, on y a ajouté les noms Anglois des Plantes, & plusieurs nouvelles Notes.

TOME HUITIEME.

À BRUXELLES,

Chez BENOIT LE FRANCQ, Imprimeur-Libraire,
rue de la Magdelaine.

M. DCC. LXXXIX.

DICTIONNAIRE
DES
JARDINIERS.

VIN

VIGNE. *Voyez* VITIS.

VIGNE SAUVAGE, *ou* MORELLE GRIMPANTE. *Voyez* SOLANUM DULCAMARA.

VIGNE SAUVAGE *Voyez* CISSUS.

VIGNE VIERGE. *Voy.* SOLANUM DULCAMARA.

VIGNE BLANCHE, COULEUVRÉE, *ou* BRIONNE. *Voy.* BRYONIA ALBA. *L.*

VIN *ou* LIQUEUR VINEUSE. [*Wine.*]

TRAITÉ DES VINS.

Le *Vin* eſt une liqueur vive, agréable & ſpiritueuſe, tirée des végétaux fermentés.

Le caractere propre au vin, ſuivant BOERHAAVE, eſt que la premiere choſe qu'il produit par la diſtillation eſt un fluide

Tome VIII.

VIN

léger, gras, inflammable, &c.; appelé *eſprit* : & en cela il eſt diſtingué d'une autre claſſe de ſucs végétaux fermentés, qui, comme le *vinaigre*, donnent d'abord, au lieu d'eſprit, un acide non inflammable.

Pour faire du *vin*, il eſt très-avantageux d'avoir beaucoup de connoiſſances ſur la fermentation. Voici comme BOERHAAVE l'explique & la définit :

De la Fermentation en général.

La fermentation eſt un changement produit dans les corps végétaux, par le moyen d'un mouvement intime qu'ils éprouvent. Au moyen de ce changement, la partie, qui s'en éleve d'abord par la diſtillation,

A

eſt un fluide chaud , tranſpa·
rent, volatil & inflammable ,
qui peut ſe mêler avec l'eau ;
où bien une liqueur légere, acide , tranſparente, moins volatile , non-inflammable , & capable d'éteindre le feu.

La liqueur, obtenue par le
moyen de la fermentation, eſt
appelée *légere*, parce que rien
ne paroit plus atténué & plus
léger que l'eſprit des végétaux
fermentés ; *acide*, parce qu'elle
agit preſque comme le feu,
quand elle eſt appliquée ſur la
langue ou autres parties du
corps; *volatile*, parce qu'il n'y
a point de fluide qui s'éleve ou
s'évapore avec plus d'aiſance.
Mais cette liqueur , qui eſt tout-
à-fait inflammable, eſt auſſi en
même tems capable de ſe mêler avec l'eau. La fermentation
vineuſe eſt donc entièrement
différente de toutes les autres
opérations de la Nature ; car
la putréfaction, la digeſtion,
l'efferveſcence, & autres mouvemens de cette eſpece ne peuvent jamais produire une liqueur
qui ait à la fois toutes ces qualités.

Il eſt vrai que la putréfaction, ainſi que la fermentation,
s'opere par le moyen d'un mouvement intime ſpontané ; mais
cette putréfaction ne produira
jamais une liqueur ſemblable
à celle dont nous venons de parler, c'eſt-à-dire, qui ſoit vineuſe & acide.

La fermentation produit deux
choſes remarquables : un eſprit
inflammable, & un acide non-
inflammable. Ainſi, toute opération qui ne donne aucun de
ces produits, eſt mal-à propos
nommée *fermentation* , laquelle
ne peut avoir lieu que dans le
regne végétal. Tout l'art poſſible ne tirera jamais de pareils eſprits des animaux ni des
foſſiles, parce qu'on ne pourra
y exciter une fermentation
réelle.

Secondement, toute liqueur
végétale, fermentée de maniere
à produire un eſprit inflammable, ce qui eſt la premiere choſe
que l'on obtient dans la fermentation, eſt appelée *Vin* :
mais, ſi la liqueur fermentée
ne produit d'abord qu'un acide
non-inflammable, on la nomme
Vinaigre. Nous comprenons par-
là que toute liqueur végétale
acide eſt légere, volatile, &
capable d'éteindre le feu ; &,
ſous le nom de *Vin*, nous en-
tendons la bierre, l'hydromel,
le cidre, le poiré, toutes ſortes de *vins* artificiels, & toutes
liqueurs qui produiſent des eſprits avec les propriétés ci-
deſſus.

On doit entendre la même
choſe du *Vinaigre* que l'on obtient de tous les corps capables de produire du *vin* ; de
ſorte que nous tirons le *vin* ou
le *vinaigre* de toutes les eſpeces
de fruits, tels que le *Raiſin*, la
Groſeille, la *Mûre*, la *Ceriſe*,
&c. ; de toutes ſortes de graines, telles que l'*Orge*, le *Froment*, l'*Avoine*, &c. ; de toutes
ſortes de racines, comme *Navets*, *Carottes*, *Raves*, &c. ; &
enfin de toutes ſortes de ſubſtances végétales, & de l'herbe
même.

Troiſiemement , tous les
corps, capables d'être changés
par la fermentation , ſoit en

vin ; ſoit en *vinaigre* , ſont appelés *corps fermentables* ; & comme cet effet n'a lieu , comme nous venons de le dire , que dans les végétaux , ce ſont auſſi les ſeuls corps regardés comme *fermentables.*

Quatriemement, toute matiere , qui , étant mêlée avec un corps fermentable , en excite ou augmente la fermentation , eſt appelée *ferment* ; & , ſuivant cette doctrine, rien ne peut être ainſi nommé , à moins qu'il ne produiſe du *vin* ou du *vinaigre.*

On peut réduire les corps ſuſceptibles de fermentation aux claſſes ſuivantes :

La premiere comprend toutes les *Graines farineuſes* ; c'eſt à-dire , toutes celles qui , étant bien mûres & bien ſechées , peuvent être réduites par le moulin en une farine qui ne ſoit ni gluante ni huileuſe.

La ſeconde claſſe embraſſe tous les *Fruits charnus* d'été , qui , étant mûrs, affectent la langue par leur acidité ou leur âcreté : telles que les *Pommes,* les *Poires,* les *Raiſins.* les *Groſeilles,* &c. Dans cette claſſe peuvent être rangées toutes ſortes de racines bulbeuſes & charnues , qui , croiſſant dans la terre , & qui étant privées de leur ſel volatil , ſont ſujettes à la putréfaction.

La troiſieme claſſe comprend toutes les *parties ſucculentes des plantes* : telles que les feuilles , les fleurs , les tiges & les racines , pourvu qu'elles ne ſoient pas trop huileuſes , ou trop alkalines, car dans ce cas ces végétaux ſe corromproient plutôt que de fermenter.

La quatrieme contient les *Sucs extraits* originairement de toutes ſortes de végétaux : à quoi l'on peut ajouter toutes les liqueurs ſalines & naturelles , qui découlent des plantes bleſſées ; comme la *Séve* qui ſort de la *Vigne* , du *Noyer,* du *Bouleau.* &c.

Sous la cinquieme claſſe ſont compris les *Sucs* les plus parfaits des végétaux , condenſés & travaillés par la Nature même : tels que le *miel,* la *manne,* le *ſucre,* & toutes les autres eſpeces de *Sucs digérés ou cuits,* qui peuvent ſe diſſoudre dans l'eau.

Pluſieurs circonſtances ſont requiſes, pour que les corps fermentables ſoient propres à la fermentation.

1°. La maturité , le ſuc ou jus des baies , tel que celui des petites *Groſeilles,* par exemple , ne fermente point avant que ces fruits ſoient mûrs : mais, lorſqu'ils ſont en parfaite maturité , il eſt fort difficile d'en empêcher la fermentation.

De même le jus des *Raiſins* qui ne ſont pas mûrs , eſt incapable de fermentation, & ne donne qu'une liqueur acide & rude, appelée *Verjus* , qui reſte pluſieurs années dans cet état inactif : mais, ſi ces mêmes *Raiſins* ſont parvenus à leur maturité , auſſi - tôt qu'ils ſont mis dans la cuve , ils donnent un fluide fermentable & ſpiritueux.

2°. Il eſt encore néceſſaire , pour préparer un corps à la

fermentation, qu'il ne contienne qu'une certaine quantité d'huile; car, s'il en renferme trop, ou s'il en est entiérement destitué, la fermentation n'aura jamais lieu. Ainsi, pour faire fermenter les *Amandes*, les graines de *Fenouil*, &c., on commence par en extraire l'huile.

3°. Les corps destinés à la fermentation ne doivent pas être trop acides, ni trop âcres ou rudes; ce qui a lieu, comme nous venons de le voir, dans les fruits qui ne sont pas assez mûrs.

4°. La derniere chose requise, pour disposer & préparer un corps à subir la fermentation, est de lui donner la propriété de se dissoudre dans l'eau; sans quoi, tous les corps, tels que les bois, les racines, les herbes qui sont seches & dures, ne sont pas susceptibles de cette opération. Il faut donc, pour que ces corps puissent fermenter, que leurs parties soient divisées de maniere que l'eau puisse les pénétrer entiérement.

C'est pour cela que le *miel* même ne peut jamais entrer en fermentation, tandis qu'il conserve sa consistance naturelle : mais dès qu'il est dissous par la chaleur, ou mêlé avec de l'eau, sur le champ il commence à fermenter. Il en est de même des *Raisins* : car; quoique la liqueur que l'on en exprime soit violemment agitée par la fermentation, si l'on en prend dans ce moment, & qu'on la réduise sur le feu en consistance de gelée, elle restera en repos, & ne fermentera

plus à moins qu'on ne la fasse dissoudre dans l'eau.

Il y a deux especes de fermentations : la naturelle ou spontanée , & celle que l'on excite par un levain.

Les corps qui fermentent spontanément sont, 1°. tous les sucs nouvellement extraits des plantes entiérement mûres.

2°. Le *miel*, la *manne*, le *sucre*, & le jus des végétaux épais ou épaissis.

3°. Les fermens, produits par la fermentation, sont les fleurs fraîches ou l'écume de quelque liqueur ou suc végétal fermenté, comme le *vin*, la *bierre*, &c.... Par ces fleurs ou écume, on entend cette matiere légere qui couvre la surface d'une liqueur fermentée en forme de croûte tendre, laquelle étant mêlée à quelque suc susceptible de fermenter, y excite la fermentation.

4°. La lie fraîche de toutes liqueurs fermentées, comme de *vin*, de *bierre*, &c.; car toute fermentation divise une liqueur qui y est soumise en trois parties : en fleurs ou écume qui s'éleve à la partie supérieure; en fluide fermenté qui occupe le milieu; & en matiere épaisse & épuisée, qui se précipite au fond, & que l'on connoît sous le nom de *lies*, de *sédimens*, ou de *marcs*. Si ces mêmes lies ou sédimens rentroient dans la liqueur dont elles ont été séparées, elles la feroient travailler de nouveau.

Ainsi, quand un tonneau de *vin* a cessé de fermenter, & que sa lie est précipitée au fond, fi l'on fecoue & que l'on agite le tonneau, le *vin* redeviendra trouble, & fermentera de nouveau ; ce que les Taverniers favent très-bien ; car l'écume & la lie confervent toujours leurs qualités de fermens avant & après la fermentation.

5°. La pâte acide, ou le levain des Boulangers, qui n'eft autre chofe qu'une farine détrempée avec de l'eau, & femblable à celle dont on fait le pain ordinaire : on tient ce levain dans un endroit chaud, pendant quatre ou cinq jours ; il fe gonfle d'abord, devient fort acide, & fert enfuite de ferment.

6°. Les fermens qui reftent au fond & fur les côtés des tonneaux, dans lefquels on a mis des liqueurs en fermentation, excitent d'eux mêmes une fermentation dans les liqueurs, que l'on y remet enfuite. VAN HELMONT penfoit que ces tonneaux pouvoient conferver toujours cette qualité

C'eft ce ferment qui fait que les Taverniers ou Braffeurs eftiment tant les tonneaux anciennement avinés, & dont on fe fert depuis long-tems.

C'eft une chofe fort remarquable, & bien connue des Braffeurs & Taverniers, qu'un tonneau neuf arrête la fermentation des liqueurs vineufes, les rend foibles, & les dépouille de leur efprit : c'eft pour cette raifon qu'ils n'aiment point à fe fervir de tonneaux avant qu'ils aient été avinés, ou qu'ils aient contenu quelques liqueurs fpiritueufes, fermentées, ou autres, dont le bois aura abforbé les parties fpiri-

tueufes, & qui, par cette raifon, feront devenues fades, éventées, & fans force.

Il eft donc certain que le moût même ne fermentera pas aifément dans un tonneau neuf ; mais qu'il entrera en fermentation avec la plus grande facilité, s'il eft mis dans un qui ait contenu auparavant des liqueurs fermentées : car les parties fermentantes, dont il aura été imprégné, exciteront bientôt la fermentation du moût, & la mettront en action.

7°. Il y a quelques fermens qui paroiffent être hétérogènes, ou qui font improprement appelés *fermens* ; tels que le blanc-d'œuf battu & réduit en écume, dont on fe fert, quand la liqueur que l'on veut faire fermenter eft trop légere pour fupporter l'opération. Dans ce cas, les parties du fluide fufceptibles de fermentation fe détachent, fe féparent aifément, & fe précipitent néceffairement faute de pouvoir refter fufpendues dans le corps de la liqueur, qui, par cette raifon, exige quelque fubftance vifqueufe, qui puiffe empêcher la féparation de ces parties : à quoi le blanc-d'œuf battu eft très-propre.

8°. Ces mêmes fermens hétérogènes font tous des fels fixes & acides ; ainfi, lorfque la liqueur, deftinée à la fermentation, eft trop acide, l'addition d'un fel alkali, comme celui que l'on tire des branches de la *Vigne*, ou de quelqu'autre fubftance favonneufe, y fera bonne pour en en ôter l'acidité & favorifer l'opération :

mais, fi la liqueur eft en elle-même trop alkaline, alors on doit y ajouter le tartre pour élever la fermentation.

Quelques Chymiftes ont prétendu que les alkalis étoient un ferment ; mais je crois que cet effet n'eft dû ni à la vertu fermentative de l'alkali, ni à celle de l'acide : ces fels ne fervent qu'à précipiter l'acide ou l'alkali furabondant, qui arrêtoient la fermentation de la liqueur ; ce qui fert encore à detruire le fyftème de ces Chymiftes, c'eft qu'en mettant une certaine quantité de ces fels dans une liqueur prête à fermenter, on arrête entiérement la fermentation : ainfi, l'on voit que les alkalis s'oppofent ou font favorables à cette opération.

9°. Enfin, il y a des fubftances d'une faveur auftere & aftringente, tels que les fruits âpres qui ne font pas mûrs, l'écorce & les fleurs de *Grenade*, l'écorce du *Tamarifc*, les *Pommes fauvages*, les *Neffles* qui ne font pas mûres, qui, étant mêlées avec une liqueur végétale trop divifée, en réuniffent les parties, & la rendent propre à la fermentation.

Le moût qui eft léger & aqueux, ne fermente pas aifément, à moins qu'on n'y ajoute quelqu'ingrédient auftere & aftringent, tel que des feuilles de *Rofes* rouges, &c., pour épaiffir ou refferrer la fubftance, & empêcher en même tems l'air qu'il renferme de s'échapper trop aifément.

Mais, lorfqu'une liqueur eft trop auftere, ou que fon âpreté eft fi grande, qu'elle ne peut pas fermenter, on y ajoute un alkali fixe en quantité convenable, pour détruire cet obftacle, & lui laiffer la liberté de travailler.

De même auffi, quand l'opération eft empêchée par une trop grande quantité d'acide dans la liqueur, on a coutume d'y jetter de la craie, des yeux d'écreviffe, du bol d'Arménie, &c. Mais, fi elle eft trop huileufe, comme cela arrive aux *vins d'Efpagne*, on emploie le fel de tartre. C'eft ainfi que, fuivant les circonftances, on emploie des corps différens pour arrêter ou avancer la fermentation des liqueurs.

Pour préparer les fujets de la feconde claffe à la fermentation, & en tirer des liqueurs vineufes, favoir les fruits charnus d'été & les racines des plantes bulbeufes, en cas qu'ils foient crûs & durs, on les fait d'abord bouillir dans l'eau, & on les écrafe enfuite pour les difpofer à la fermentation, mais s'ils font pleins de jus, on peut fe contenter de les broyer, de les réduire en pulpe, & d'en exprimer la liqueur. S'ils font fort fucculens, il ne faudra pas les broyer, mais les mettre tout de fuite fous le preffoir.

Si la chair de ces fruits eft dure, & coriace, il fera peut-être néceffaire de la raper, ou de la couper en petits morceaux : cette opération conviendra fur-tout à quelques racines bulbeufes, afin qu'on en puiffe tirer le jus avec plus d'aifance & en plus grande abondance.

Les fruits préparés ont rarement befoin de quelque fecours pour fermenter ; car ils commencent toujours à travailler d'eux-mêmes : mais, lorfque le tems eft trop froid, & que par cette raifon l'opération ne fe fait que foiblement, il fera bon de la hâter en y ajoutant une petite quantité de ferment ; comme un peu d'écume de la lie de *vin*, ou même un peu de *vin* nouveau.

Les fujets de la troifieme claffe, qui font les parties fucculentes des plantes, n'ont befoin, pour fermenter, que d'être broyés & réduits en chair épaiffe, tandis qu'ils font frais ; & mêlés avec une fuffifante quantité d'eau de pluie, pour les tremper feulement : car fi l'on employoit trop d'eau, les efprits en feroient affoiblis.

Ces parties fucculentes n'exigent que très-peu ou point du tout de ferment pour travailler pendant l'été ; & en hiver même il ne faut pas y en mettre une fort grande quantité toutes les fois qu'on a befoin de ce fecours. On ne peut rien employer de mieux que le miel & le fucre.

Les fujets des quatrieme & cinquieme claffes, qui font les fucs frais des végétaux, avec les parties condenfées & huileufes des mêmes, doivent être détrempés avec de l'eau de pluie, & réduits en une telle confiftance, qu'ils puiffent foutenir un œuf frais. Quelques-uns de ces fucs végétaux peuvent avoir naturellement cette confiftance ; mais ceux qui font plus épais ne fermenteront pas

aifément : & , s'ils font plus légers ils ne fourniront qu'un efprit foible. Ainfi, pour faire fermenter le fucre, ou quelque fyrop, on les délaye d'abord avec de l'eau, comme nous l'avons dit ci-deffus, & l'on y ajoute enfuite de la lie pour hâter & favorifer la fermentation.

Les fujets de la quatrieme claffe, qui font les fucs frais préparés & les larmes fpontanées des végétaux, font fi éloignés d'exiger des fermens, qu'il eft fouvent très-difficile d'arrêter la fermentation qui s'en empare naturellement ; fur-tout fi la faifon eft chaude, & que ces fucs foient riches : ils n'auroient befoin tout au plus, fi le tems étoit froid, que d'être mis dans un lieu chaud pour travailler.

Les fujets de la cinquieme, claffe, qui font les fucs des végétaux préparés ou épaiffis, n'exigent aucun ferment en été, & très-peu en hiver, pour travailler : car moins d'une once de lie fuffit fur vingt pintes de liqueur préparée dans la faifon la plus froide ; mais, dans des pays chauds, ou dans une faifon brûlante, ces fucs préparés, & fur-tout le fucre, font d'eux-mêmes fujets à tomber dans une fermentation trop violente, qui par cette raifon doit être tempérée par des moyens contraires.

Tous les végétaux des différentes claffes, deftinés à la fermentation, & préparés pour cela fuivant la méthode précédente, doivent être mis enfemble, avec leurs fermens.

dans des tonneaux de *Chêne* déjà imbibés d'une liqueur fermentée, semblable, ou de quelques autres composées de parties subtiles & pénétrantes. En couvrant légèrement le trou du bondon avec une toile mince, & en tenant ces tonneaux dans un lieu chaud, la liqueur fermentera.

On couvre légèrement, comme nous venons de le dire, le trou du tonneau, pour que l'air puisse y passer librement du dedans au dehors & du dehors au-dedans. On emploie de préférence pour cela des vâses de bois, parce que l'on a remarqué que la fermentation s'y faisoit beaucoup mieux que dans ceux de terre ou de verre. On se sert cependant quelquefois de vâses de verre, afin de pouvoir observer ce phénomene à travers leurs parois.

L'art donne le premier mouvement à la fermentation ; mais la Nature l'effectue.

Quand un corps fermentescible, suivant ce qui vient d'être dit, est mis dans un fort vâse de verre avec une certaine quantité de ferment, & placé dans un lieu chaud ;

1°. Le corps entier de la liqueur commence bientôt à s'étendre, à s'élever & à se raréfier. On voit monter au sommet du vâse de petites bouteilles qui se crevent avec bruit, & forment une écume : alors la liqueur, de transparente qu'elle étoit auparavant, devient trouble, & il s'y forme une émotion intestine, violente & continue.

2°. Les émanations, que la fermentation produit, paroissent être infiniment élastiques, & leur émotion est très-violente. Il pourroit certainement en résulter des effets terribles & surprenans : car, si l'on renfermoit, pendant quelques jours chauds de l'automne, cent pintes de *Moût* dans un tonneau de *Chêne* dont les douilles auroient plus d'un pouce d'épaisseur, quand même il seroit garni de cercles de fer, la liqueur n'en travailleroit pas moins ; &, malgré sa résistance & sa solidité, le tonneau creveroit & occasionneroit une explosion aussi forte que celle d'un coup de canon.

Aussi l'on conserve le *vin nouveau* dans son état de *moût*, en le mettant dans des tonneaux très forts, mais petits, & bien reliés de tous côtés. Par ce moyen, ces tonneaux résistent à la fermentation jusqu'à ce que le vin soit en surmoût. S'il arrivoit qu'il recommençât à fermenter de nouveau, la seule maniere & la plus prompte de l'arrêter seroit de faire usage de fumée de soufre, ou de quelqu'autre chose de même nature. Sans la connoissance de cette propriété de la fumée du soufre, les Marchands & Taverniers essuiroient de grands dommages par la rupture de leurs tonneaux. Lorsque la liqueur travaille, soit par quelqu'altération de l'air ou par d'autres accidens, & qu'elle commence à fermenter de nouveau, ils mettent dans les tonneaux un peu de soufre commun ou une mêche allumée, & ils la laissent brûler au-deſſus du vin. Par ce moyen, ce *vin*, qui étoit prêt à faire ſauter les cercles, ſe calme ; & ſa fermentation s'appaiſe auſſi promptement que l'émotion du ſucre bouillant, lorſqu'on y jette une cuillerée d'huile.

3°. Il ſe forme une peau épaiſſe ou croûte ſur la ſurface, à travers laquelle ſort continuellement une matiere élaſtique produite par la fermentation. Cette croûte paroît être la cauſe principale de la fermentation ; car elle retient en-dedans la partie ſpiritueuſe de la liqueur, & l'empêche de s'évaporer. En la caſſant ſouvent, on ſuſpend la fermentation, & en l'ôtant tout-à-fait on peut l'arrêter totalement.

4°. Cette peau ou croûte, que nous appelons *fleurs* ou *lies* s'atténue par degré, & ſe précipite au fond de la liqueur ; alors on lui donne le nom de *fæces* ou *marc*. Après cette précipitation, le fluide qui ſurnage devient ſur le champ tranſparent, ceſſe de ſiffler & de bouillonner, prend un goût & une odeur vineuſe, devient pénétrant, piquant & ſpiritueux avec un mélange d'acidité & de douceur ; & cette liqueur eſt alors un véritable *vin*.

On ne doit pas approcher de trop près, ni trop reſpirer la vapeur qui s'élève de la liqueur pendant ſa fermentation, parce qu'elle eſt fort dangereuſe ; &, ſi elle n'eſt pas mortelle, elle peut au moins occaſionner des apoplexies & & des paralyſies. On cite dans les *Mémoires Académiques de France & d'Allemagne*, des exemples de perſonnes qui ont été frappées de mort ſubite, pour avoir reſpiré la vapeur de gros tonneaux remplis de *vin* qui étoit en fermentation.

Après cela, ſi le tonneau eſt bien fermé, lorſque la fermentation de la liqueur eſt arrêtée, elle commencera à ſe perfectionner & à ſe digérer ſur ſes propres lies ou marcs, qu'elle conſumera à la fin : alors on dit communément que le *vin* commence à mûrir. Cette lie s'attache enſuite aux parois du tonneau, & y prend la forme d'un ſel eſſentiel que l'on nomme *tartre*.

Le tems qu'il faut à la fermentation, pour parcourir tous ſes périodes, differe, ſuivant la matiere du ſujet, la ſaiſon de l'année, la nature du lieu, & d'autres circonſtances : mais on connoît qu'elle eſt parfaitement accomplie par les différens phénomenes que l'on vient de rapporter.

Auſſi-tôt que les fleurs ſont tombées au fond, il faut bondonner les tonneaux ; ſans quoi, la partie volatile s'évaporeroit, & la liqueur fermentée deviendroient plate & inſipide.

On doit la tenir dans cet état pendant quelques ſemaines dans un lieu frais, pour la rendre forte, plus liquide, & afin que, pendant ce tems, elle conſume ſes propres lies, qui ſont remplies de parties ſubtiles & ſpiritueuſes. Cette liqueur devient alors moëlleuſe, & perd toute ſon acidité en dépoſant ſon tartre.

Plus long-tems cette liqueur eſt conſervée dans un endroit frais, plus elle acquiert de force, & plus elle produit d'eſprit dans la diſtillation.

La *drèche*, par exemple, ou *bierre* nouvellement braſſée, ne produit qu'une petite quantité d'eſprit inflammable ; mais ſi on la laiſſe dans le tonneau juſqu'à ce qu'elle ſoit devenue claire, ce qui exige quelques ſemaines, elle en fournit une plus grande quantité : mais, pour éviter la dépenſe des tonneaux, on ne garde pas long-tems la drèche braſſée pour en faire de l'eau-de-vie, & on la paſſe tout de ſuite à l'alembic. D'après ces obſervations, nous concluons que les liqueurs vineuſes vieilles ſont plus fortes & plus énivrantes que les nouvelles.

Effets phyſiques des liqueurs fermentées.

Les propriétés phyſiques d'une liqueur vineuſe, & préparée de la maniere ſuſdite, ſont :

1°. D'enivrer quand on en boit avec excès ; & il n'y a que les liqueurs fermentées qui aient vraiment cette propriété.

Car, ſi l'on mangeoit une grande quantité de raiſins, & ſi l'on buvoit beaucoup de moût, on ſe donneroit certainement un cours de ventre, mais on ne s'enivreroit pas. De même, ſi l'on buvoit du moût de bierre avec excès, ou une infuſion de drèche, on ſeroit attaqué d'un vomiſſement ou d'un flux violent ; mais on n'auroit aucuns ſymptomes d'ivreſſe.

L'action de la *Mandragore*, de la *Ciguë*, de l'*Opium*, &c, eſt plutôt d'engourdir, que d'enivrer, & l'ivreſſe eſt bien différente de la ſtupéfaction.

Une doſe trop forte de liqueurs vineuſes enivre un homme, le rend vif, joyeux, le diſpoſe à chanter, à danſer, & le rend de bonne humeur : cependant cet effet n'eſt pas durable ; mais ſi l'ivreſſe eſt violente, cet homme devient furieux, tombe dans le délire, & périt quelquefois enſuite.

L'*Opium*, au-lieu de produire ces effets, donne au contraire un ſommeil profond ; & ſi l'on en prend à trop forte doſe, on meurt dans un état de léthargie.

2°. Le *vin* a la faculté d'échauffer le corps. Rien ne paroît devoir tant rafraîchir que les *Groſeilles* ; cependant la liqueur que l'on en extrait eſt fort échauffante. Il en eſt de même des *Ceriſes* & de tous les corps ſuſceptibles de fermentation, ſi froids qu'ils puiſſent être, pourvu qu'ils ſoient réduits en liqueurs vineuſes.

3°. Il eſt inflammable, & miſcible avec l'eau.

4°. Il contient du tartre, qui ſe produit après que la fermentation eſt paſſée. Ce tartre eſt le ſel eſſentiel des végétaux dont on fait uſage : il differe des lies ou marcs, en ce qu'il eſt diſſoluble, & que par la diſtillation l'on en tire une eau, un eſprit, deux ſortes d'huiles, un ſel alkalin, & de la terre. Tous les végétaux fermentés produiſent ce tartre. Le moût rend un ſel ſucré & point de tartre ;

mais, au bout de fix mois, il donne un tartre net, qui paroît être l'effet d'une fermentation parfaite, & qui ne peut être obtenu que de cette maniere.

5°. Il ne retient ni la couleur, ni le goût, ni l'odeur du végétal avec lequel il eft fait. Nous voyons, par exemple, le *Romarin* produire une eau qui n'a aucun rapport avec la plante, avant qu'elle ait fermenté. De même, le *miel*, la *drèche*, les *fyrops*, le *fucre*, &c., donnent par la diftillation des efprits parfaitement femblables.

Les *Raifins* qui, dans quelques pays, font auffi doux que le miel, ainfi que leur moût avant la fermentation, produifent cependant un *vin* qui n'a que peu ou point de douceur, & qui, au contraire, a quelquefois un certain dégré d'acidité. On ne croiroit pas que le *vin du Rhin* eft fait avec un *Raifin* très-doux.

6°. Il prend une odeur & un goût un peu acide & fpiritueux. Le goût du miel ou de la drèche, &c., eft doux, & l'odeur en eft à peine fenfible, avant que ces fubftances aient fubi le mouvement de la fermentation : mais, après qu'elles ont éprouvé cette opération fpontanée, elles font moins douces, plus âpres fur la langue, & elles affectent l'odorat d'une odeur vive, fpiritueufe ou vineufe.

7°. Il contient un fel volatil, & une huile végétale atténuée & réduite en un efprit, comme on peut le remarquer par l'analyfe chymique d'une fubftance qui a fermenté.

8°. Il rend l'huile végétale plus volatile que l'eau. Quand on diftile une fubftance végétale qui n'a pas fermenté, la premiere chofe qui paffe dans le récipient, c'eft l'eau, & enfuite vient l'huile effentielle ; mais, après la fermentation, c'eft le contraire qui a lieu. L'huile, atténuée par cette opération, devient plus volatile que l'eau, & s'éleve la premiere dans la diftillation, non pas fous fa premiere forme, mais comme la partie la plus déliée & la plus volatile de la liqueur fermentée, & modifiée de maniere à pouvoir s'unir à l'eau.

Les chofes qui hâtent la fermentation font :

1°. Il ne faut point agiter la liqueur qui fermente de peur de brifer cette croûte qui fe forme à la furface, & qui empêche l'évaporation de la partie fpiritueufe.

2°. L'admiffion libre de l'air extérieur qui doit s'introduire dans les parties internes du fluide fermentant ; car, fuivant M. BOYLE, fi l'on met une liqueur fermenter dans un vaiffeau privé d'air, l'opération ceffe fur le champ.

3°. Un degré de chaleur modérée ; car une chaleur trop forte & le grand froid font abfolument contraires à la fermentation.

4°. Une faifon convenable ; par exemple, quand les végétaux de la même efpece employée font en fleurs, & que leur fève eft dans le plus grand mouvement. Nous voyons que, quand les vignes font en fleurs,

les *vins* des années précédentes recommencent à remuer
par un mouvement spontané de
fermentation. Lorsque ces circonftances fe rencontrent, la
fermentation s'opere avec plus
d'avantage.

Voici ce qui arrête & em-
pêche la fermentation :

1°. Une trop grande quan-
tité de fels acides, tels que
l'efprit ou l'huile de vitriol,
l'huile de foufre, l'efprit de
fel, &c. Ainfi, quand quelque
liqueur fermente trop violemment, on y répand quelques
gouttes d'huile, ou l'on brûle
un peu de foufre deffous ou
près du tonneau, & fur le
champ fa fureur s'appaife.

2°. Trop d'alkali fixe, comme
le fel, le tartre, les cendres
dont on fait le favon ; &c.

3°. L'alkali terreftre, comme
la craie, la marne, les yeux
d'écreviffe.

4°. Des tonneaux fermés
trop hermétiquement.

5°. Un grand degré de froid.

6°. Suivant M. Boyle, une
compreffion violente de l'air
dans un tonneau, ou la pri-
vation d'une partie de ce fluide
au moyen de la machine pneu-
matique.

*Inftructions courtes & générales pour
faire & conferver les Vins.*

Le *vin* fe fait avec des *Raifins* : on les foule aux pieds
dans la cuve ; on les écrafe,
on en exprime le jus dans un
preffoir, & on le fait enfuite
fermenter.

Dans la partie méridionale
de la France, pour faire du
vin rouge, on égraine le *Raifin* ;
on l'écrafe entre les mains, on
laiffe le tout enfemble jufqu'à
ce que la couleur foit affez
foncée, & on le porte enfuite
au preffoir. Mais, pour les *vins
blancs*, on preffe les Raifins
tout de fuite, & on met auffi-
tôt la liqueur qu'on en a tirée
dans des tonneaux que l'on
bouche auffi-tôt, en laiffant un
vuide d'environ fix pouces,
pour que le *vin* puiffe travailler.

Dix jours après, on remplit
ce vuide avec quelqu'autre vin,
qui ne puiffe pas l'exciter à travailler de nouveau ; ce que l'on
répete tous les dix jours pendant quelque tems ; car le *vin
nouveau* déchoit un peu avant
d'avoir acquis fa perfection.

Aux environs de Paris, &
dans les parties feptentrionales
de la France, on laiffe le marc
& le moût repofer deux jours
& deux nuits pour le *vin blanc*,
& au moins une femaine pour
le *vin clairet*, avant de l'enton-
ner ; &, pendant qu'il continue
à travailler, on le tient auffi
chaudement qu'il eft poffible.

Quelques perfonnes, après
avoir bouché exactement les
tonneaux, les roulent dans la
cave pour mêler le *vin* avec
la lie, & le foutirent enfuite
après avoir l'avoir laiffé repofer quelques jours ; ce qui leur
réuffit très-bien.

Pour éclaircir le *vin*, on met
des coupeaux de *Hêtre* verd
dans le tonneau après en avoir
ôté l'écorce & les avoir fait
bouillir dans l'eau pour les dépouiller de leur odeur : on les
fait enfuite fécher au foleil ou
dans un four, avant de les

mettre dans le tonneau. Un quart de boisseau de ces coupeaux suffit pour un muid de *vin* : ils excitent dans le *vin* un léger travail, qui l'éclaircit dans vingt-quatre heures, & ils lui donnent un goût agréable.

D'autres adoucissent leurs *vins* avec des *Raisins* de caisse que l'on foule dans la cuve avec les autres, après cependant qu'on les a fait bouillir pour les faire renfler. D'autres font bouillir la moitié du moût, l'écument, & l'entonnent tout chaud avec le reste.

On distingue différens degrés dans la préparation du *vin*.

1°. La *mere goutte ou* le *vin vierge* est celui qui coule de lui-même par le robinet de la cuve, avant que les *Raisins* soient foulés.

2°. Le *moût*, *surmoût*, ou *l'écume*, qui est celui que l'on tire de la cuve après que le *Raisin* est foulé.

3°. Le *vin pressuré*, ou *vin* de pressoir, est celui qui a passé par le pressoir après que les *Raisins* ont été broyés à moitié avec les pieds.

4°. La *boisson*, *ou le petit vin à boire*, est celui qui se fait avec les marcs de *Raisins* sur lesquels on a versé de l'eau, & que l'on presse de nouveau. Cette boisson est réservée aux domestiques.

On distingue aussi les *vins* en *Vin doux* qui n'a pas encore travaillé ni bouilli.

Vin bourru que l'on empêche de travailler en y mêlant de l'eau froide.

Vin de la cuve, *vin travaillé*, ou *pied chaud* qu'on a laissé tra-

vailler dans la cuve pour lui donner une couleur.

Vin cuit que l'on a fait bouillir avant de le faire travailler, & qui, par ce moyen, retient & conserve toujours sa douceur primitive.

Vin passé que l'on fait en trempant des *Raisins* secs dans l'eau, & qu'on laisse fermenter de lui-même.

Pour que le *vin* soit bon, il doit être net, sec, clair-fin, vif, sans aucun goût de sol, d'une couleur nette & ferme, fort, sans être fumeux, ayant du corps sans aigreur ni dureté.

Quand les *vins* sont faits, ils veulent être ménagés suivant leurs goûts différens & les circonstances : c'est-pourquoi nous les considérerons sous ces quatre points généraux, savoir :

1°. La purification générale des *vins* qui passent d'eux-mêmes d'un état de crudité & de trouble à celui de la maturité, & deviennent par degrés clairs, beaux & potables.

2°. Les mouvemens, bouillonnemens, & autres changemens auxquels ils sont ensuite sujets par accidens intérieurs ou extérieurs.

3°. L'état de déclin ou de décadence qui leur fait perdre de leur qualité, & devenir pâles ou acides.

4°. Les différens moyens employés dans chacune de ces circonstances.

Quant au premier qui concerne la clarification naturelle des *vins nouveaux*, il y a deux choses à considérer : la maniere de l'effectuer, & la cause qui la produit.

Quant à la maniere de l'effectuer, il faut obferver que tandis que le *vin* eſt encore moût, on le met ordinairement dans des tonneaux ouverts, parce que l'abondance & la force des efprits, c'eſt-à-dire, des parties les plus fubtiles & toujours en action, font alors fi grandes, que des tonneaux bien fermés ne pourroient y refiſter. Alors le *vin* paroît trouble, épais, bourbeux; & toutes fes parties éprouvent une telle agitation, que la maffe de la liqueur paroît bouillir comme de l'eau fur le feu.

. Ce mouvement violent, commençant à s'appaifer, & l'air fixe, appelé *gaz fylveſtre* par Van Helmont, ou les parties fufceptibles de la fermentation la plus violente, étant fuffifamment évaporé, on verfe le moût dans des tonneaux fermés, pour s'y purifier davantage par la continuité de la fermentation, en confervant fa lie ou fleur que l'on dépofe dans de petits tonneaux bien cerclés en fer, de peur que fa force ne les caffe.

Cette lie, ainfi féparée, eſt ce que l'on nomme *Surmoût*, en Anglois *Stum*; c'eſt un mot allemand qui fignifie *muët*, qu'on applique à cette liqueur douce, tranquille, & non parvenue à fa maturité.

Ceci étant fait, on laiffe le reſte du *vin* achever fa fermentation, pendant laquelle il eſt vraifemblable que les parties fpiritueufes forcent & mettent en mouvement les particules les plus groffieres d'une maniere confufe & tumultueufe, jufqu'à

ce que chaque partie ait repris l'état & l'équilibre qui lui eſt propre: alors la liqueur devient d'une fubſtance plus pure, plus tranfparente, plus piquante & agréable au goût, plus favorable à l'eſtomac, & plus nourriffante pour le corps.

Les impuretés, ainfi féparées de la liqueur, ont offert par l'analyfe des fels & du foufre imprégnés de quelques efprits, & mêlés de beaucoup de terre. Ces fubſtances étant alors féparées des efprits les plus purs, fe rapprochent, fe coagulent, & s'attachent aux parois des tonneaux en forme de croûte pierreufe, que l'on nomme *tartre*, ou elles fe précipitent au fond en boue comme les lies de bierre & de *vin*; tout ceci s'opere naturellement dans la clarification de tous les *vins* après une fermentation réglée.

Quant à ce qui regarde la caufe efficiente de cette operation, il paroît qu'elle n'eſt autre chofe que l'efprit du vin même qui fe meut par-tout dans la maffe de la liqueur, & détruit l'union de fes parties; les plus hétérogenes fe combinent, fe mêlent, deviennent libres, & obéiffent à leur gravité & à leurs autres propriétés: chaque efpece s'affocie à fon femblable, & demeure à la place qui lui eſt affignée par fa gravité fpécifique. Enfin toute la maffe obéit au premier principe ou efprit. Cet efprit, étant la vie du *vin*, eſt auffi fans doute la caufe de fa pureté & de fa vigueur, en quoi paroît confiſter fa perfection.

Des Maladies des Vins, & de leurs Remedes.

De la fermentation naturelle des *vins*, nous paſſons à l'accidentelle ; & de leur état parfait, à leurs maladies. Nous ſavons par expérience que ſouvent les *vins*, qui ſont bons & généreux, ſont ſaiſis d'un mouvement extraordinaire & nuiſible, ou, comme le diſent les Tonneliers, ils travaillent vivement, & deviennent d'une ſubſtance épaiſſe, d'un goût inſipide, & d'un uſage malſain : après quoi, il ſurvient diverſes altérations qui les rendent encore plus mauvais.

Les cauſes de tous ces changemens peuvent être ou intérieures ou extérieures. Entre les cauſes intérieures, on peut regarder comme une des principales la trop grande quantité de tartre ou de lie qui, renfermant beaucoup de ſels & de ſoufre, pouſſent continuellement dans la liqueur une abondance de particules actives, leſquelles, comme le ſurmoût ou autre ferment accidentel, y répandent un nouveau trouble : & ſi l'on ne le tempere pas à tems, le *vin* ſe gâte & paſſe à l'aigre, par la raiſon que le ſoufre, étant trop exalté au-deſſus des autres élémens ou ingrédiens, prédomine ſur les eſprits purs ; & affecte d'acidité la maſſe entiere de la liqueur : ou bien, il arrive que les eſprits étant diſſipés & évaporés par l'émotion, le ſel diſſout, & flottant dans la liqueur, prédomine les parties ſimilaires, & y introduit une

odeur forte ou de la viſcoſité.

Si même par haſard ces émotions ſont ſupprimées auparavant, le *vin* eſt par cela même fort dégradé, & il s'éloigne plus ou moins de ſa premiere qualité, ſoit en couleur, ſoit en conſiſtance, ou autrement.

C'eſt ce qui rend les *vins rouges* d'une couleur plus foncée, & d'une conſiſtance plus épaiſſe. Les *vins d'Eſpagne* ou *vins blancs* changent d'un blanc clair en un jaune trouble. Le *clairet* perd ſon rouge brillant, & prend une couleur d'*Orange* foncée, & quelquefois une couleur de *tan*. Ils s'éloignent auſſi de leur état naturel, & deviennent troubles, rudes, rances, & fort déſagréables.

Les cauſes extérieures ſont communément les ſecouſſes ou mouvemens trop fréquens & violens que l'on communique aux *vins* après les avoir mis en tonneaux. La chaleur, le tonnerre, le bruit ou la commotion du canon, le mêlange de de quelques corps étrangers qui ne peuvent s'accorder ou s'incorporer avec eux, ſur-tout la chair de vipere, que l'on a ſouvent vu communiquer aux *vins* une très-grande acidité, même à ceux de *Malaga* & de *Canarie*, qui ſont les plus doux & ceux qui ont le plus de corps.

Ceci nous conduit au troiſieme point capital, qui concerne les *vins* éventés & inclinés à l'aigre avant d'être parvenus à leur état de maturité & de perfection.

La plus grande cauſe de ce mal paroît provenir du défaut d'eſprits ou de leur foibleſſe,

foit originairement, foit accidentellement.

Originairement, quand les *Raifins* eux-mêmes font d'une mauvaife nature, ou cueillis avant leur mâturité, ou pin-cés & frappés par les premie-res gelées, ou faute de nour-riture, comme cela a lieu dans une faifon feche & rude, ou trop remplis de parties aqueufes.

Ce mal eft accidentel, lorf-que la liqueur, riche peut être & affez généreufe d'abord, eft appauvrie enfuite par la perte ou évaporation de fes efprits, foit par oppreffion, foit par production.

L'efprit du *vin* peut-être op-preffé quand la quantité d'im-pureté ou de lie, avec lefquel-les il eft mêlé, eft fi grande, & fa crudité, vifcofité & te-nacité fi obftinées, qu'il ne peut les furmonter, ni fe dé-livrer de leur adhérence, mais qu'il eft forcé de céder à la matiere inactive qui l'embar-raffe ; ce qui peut être prou-vé par l'exemple des *gros vins de Moravie*, qui, à caufe de leur grande auftérité & dureté, atteignent rarement à l'exalta-tion requife de leurs efprits, & qui par-là reftent toujours véhémens, épais, & dans un état de crudité, qui fouvent les rend éventés : ces vins font condamnés par les Médecins Allemands, parce qu'ils favori-fent le fcorbut, la pierre & la goutte, en raifon de la grande quantité de tartre qu'ils con-tiennent.

L'efprit du *vin* peut être épuifé ou confommé ou fubi-tement ou par degrés : fubite-

ment par un éclair qui gâte le *vin*, & non par la congellation ou fixation de fes efprits ; car alors il y a des moyens de le rétablir, en renforçant & vo-latilifant encore une fois les efprits, malgré des expérien-ces contraires qui peut être, en divifant & volatilifant les efprits, avoient rendu la liqueur inactive, éventée, & hors d'é-tat de pouvoir être ranimée par quelque fecours que ce foit.

Ces efprits peuvent être épui-fés par degrés de deux manie-res : favoir, par une fermen-tation qui n'eft pas naturelle, & qui, comme nous l'avons dit, produit de mauvais effets, ou par une chaleur extérieure. Nous en avons un exemple dans la maniere de faire le *vinaigre* : on expofe ordinairement pour cela les tonneaux de *vin* à un foleil ardent, qui exalte la maffe de la liqueur, en raréfie les parties les plus fines, fait évaporer les efprits qui cher-chent à fe diffiper en s'uniffant au foufre le plus pur & le plus volatil : le furplus fe trouve abandonné au fel, qui bientôt y domine & y manifefte fon acidité. Voilà la méthode de tous les fiecles & de tous les pays, pour changer le *vin* en *vinaigre* D'après cela, on pour-roit douter qu'il fût poffible de tirer de *l'efprit de-vin* du *vinai-gre*, fi SENNERT n'avoit regardé la chofe comme praticable.

Le tems de l'année où les *vins* font le plus enclins à fer-menter, à s'agiter & à devenir turbulens & troubles, eft le milieu de l'été & vers la Touf-faint. L'hiver les débarraffe ordinairement

dinairement de leurs lies groffieres, fur-tout le *vin du Rhin*,
qui fouvent devient épais en
Juin, s'il n'eft pas tiré au clair;
ce que l'on fait pour l'ordinaire
dans le déclin de la lune par
un beau tems, & un vent du
Nord.

Après avoir fait connoître
en peu de mots les maladies
les plus ordinaires auxquelles
les *vins* font expofés, en avoir
conjecturé les caufes & défigné
le tems, il eft à propos d'en
venir aux *Remedes* que les Tonneliers & les Marchands de *vin*
mettent en ufage pour y remédier; & c'eft le quatrieme
& dernier point propofé.

Commençons par quelques-
uns des artifices dont on ufe
pour les *vins*, quand ils font
encore en moût. Il eft à obferver que pour y exciter alors
la fermentation, il eft peu néceffaire d'employer des fermens
artificiels comme pour la *bierre*,
l'hydromel, & autres efpeces
de boiffons, qui nous font familieres, en Angleterre; parce
que le fuc du *Raifin* eft rempli
d'efprits généreux, qui fe fuffifent à eux-mêmes pour commencer ce travail : cependant
il eft ordinaire dans quelques
pays de mettre de la chaux
vive avec le jus du *Raifin*
quand on le preffe, ou dans
le moût ; afin que, par la force
& la promptitude de fes particules falines & fougueufes, la
fermentation puiffe être accé-
lérée dans la liqueur.

C'eft peut-être par la même
raifon que les Efpagnols mêlent
dans leurs *vins*, tandis qu'il
coule encore de la preffe, un

certain ingrédient, qu'ils appellent *Gieffo*; lequel eft probablement une efpece de gypfe
ou plâtre. Ce *gieffo* rend les
vins plus durables, d'une couleur plus pâle, & d'un goût
agréable.

D'autres mettent dans les
tonneaux des coupeaux de *Sapin*, de *Chêne* ou de *Hêtre*, pour
produire le même effet.

Je le répete : quoique la premiere fermentation réuffiffe généralement bien, & de maniere
que la maffe entiere de la liqueur fe trouve par-là débar-
raffée des lies groffieres; cependant il arrive quelquefois,
foit par le manque d'efprits,
foit par un froid immodéré,
que quelques particules de ces
impuretés reftent mêlées &
flottantes dans le *vin*.

Alors les Marchands de *vin*
emploient certains ingrédiens
pour hâter & aider fa clarification, tels que des fubftances
groffieres & vifqueufes, qui
puiffent s'unir aux lies flottantes, & les entraîner avec elles
vers le bas : comme le talc, les
blancs d'œufs battus, &c., qui,
rencontrant les parties groffieres
& terreufes de la lie, les féparent du *vin*, & les précipitent
par leur poids. On obtient le
même effet avec de la poudre
d'albâtre, des pierres à fufil
calcinées, du marbre blanc,
de l'alun de roche, &c.

Les Grecs ont à préfent une
méthode particuliere pour rafiner & perfectionner les *vins*
les plus forts & les plus généreux. Lorfqu'ils commencent à
travailler, ils y mettent une
quantité proportionnée de fou-

fre & d'alun, non pas, comme il eſt très-probable, pour les empêcher de monter à la tête & d'enivrer, ſuivant les conjectures du grand BACON ; car, malgré ce mélange, ces *vins* cauſent l'ivreſſe auſſi aiſément, & peut-être plutôt que les autres : mais ils ne mêlent ces ingrédiens que pour exciter & hâter la fermentation & la clarification. Le ſoufre peut ſervir à atténuer & diviſer les parties groſſieres & viſqueuſes dont les *vins* grecs abondent, & l'alun à les précipiter plus promptement. Un voyageur inſtruit, raconte que quelques Marchands mettent dans chaque muid & demi de *vin* grec une roquille ou environ d'huile chymique de ſoufre, pour le conſerver plus long-tems clair & ſain. On ſait que le ſoufre empêche la putréfaction dans les liqueurs ; cependant je crois que l'on devroit abandonner l'uſage des *vins* ainſi conſervés, excepté dans les tems où il regne des maladies contagieuſes.

De toutes les méthodes propres à hâter la clarification & la maturité du *vin*, il n'y en a à point de plus aiſée & de moins nuiſible, qu'une ancienne rappelée par le Lord-Chancelier BACON ; laquelle conſiſte à mettre le *vin* dans des tonneaux bien bouchés, & à les plonger dans la mer.

Cette pratique fort ancienne eſt rapportée dans un diſcours de PLUTARQUE (*Queſt. Natur.* 27,) au ſujet de l'efficacité du froid ſur le *moût* : il donne pour raiſon que le froid ne permet pas au *moût* de fermenter,

qu'il ſupprime l'activité des eſprits qui y ſont contenus, & en conſerve la douceur pendant long tems ; ce qui eſt vraiſemblable : car l'expérience démontre que ceux qui font leurs vendanges dans une ſaiſon pluvieuſe, ne peuvent parvenir à bien faire fermenter leur moût dans la cuve ſans le ſecours de grands feux. La pluie, mêlée avec le mout & le grand froid qui l'environne, arrêtent le mouvement de la fermentation qui a ſon principe dans la chaleur.

Cette méthode eſt encore en uſage à préſent, ſuivant ce que dit M. BOYLE dans ſon *Traité du froid.* Il rapporte qu'un François, pour garder ſon *vin* long-tems dans l'état de moût, & lui conſerver cette douceur qui plaît à quelques perſonnes, le mettoit dans des tonneaux au ſortir du preſſoir, &, avant qu'il commençât à travailler, fermoit hermétiquement ces tonneaux & les faiſoit deſcendre dans un puits, ou les plongeoit dans une riviere profonde, où il les laiſſoit ſept ou huit ſemaines, afin d'établir la liqueur dans ſon état de crudité : par ce moyen, ce *vin* conſervoit ſa douceur pendant pluſieurs mois, ſans aucune fermentation ſenſible.

On peut demander comment deux effets ſi différens, la clarification du *vin nouveau*, & la conſervation de ce *vin* dans ſon moût, peuvent être effectués par une ſeule & même cauſe, le froid de l'eau.

Cela ſe conçoit cependant ſans beaucoup de difficulté ; car

Il paroît raisonnable de penser que le même degré de froid, qui empêche le moût de fermenter accélere en même tems, & hâte sa clarification : premierement, en affoiblissant l'esprit avant qu'il commence à se mettre en mouvement, & à agir sur la masse crue de la liqueur ; par-là il ne peut que long-tems après reprendre assez de force pour travailler. Dans le second cas, en conservant l'esprit pur & naturel, qui, sans cela, seroit sujet à s'évaporer, il fait que la lie est plus déliée & plus inclinée à se precipiter au fond ; ce qui rend le *vin* clair, beau, & bien plutôt potable, quoiqu'il conserve toujours son état de *vin nouveau*. Le principal remede & le plus général contre ces mouvemens extraordinaires, & contre les maladies communes des *vins*, après leur premiere clarification, & lorsqu'ils déclinent, est de les transvaser, c'est-à-dire, de les tirer de dessus leur lie pour les mettre dans des tonneaux frais.

Mais, comme les Taverniers trouvent ce remede insuffisant, ils croient nécessaire d'y mêler une grande quantité de lait frais, pour adoucir l'âcreté des parties sulfureuses, & les précipiter en s'y unissant avec les autres impuretés dans le fond du tonneau.

L'expérience apprend cependant que ce moyen évente & affoiblit les esprits naturels du *vin* ; car, quoique la lie trouble le *vin*, cependant elle lui donne du corps, & contribue à sa conservation : aussi, de peur que de tels *vins* ne s'éventent & ne se gâtent, on les transvase pour les vendre le plus promptement qu'il est possible.

On connoît encore différens autres remedes contre la même maladie, & dont on se sert suivant la nature du *vin*.

Voici une recette pour les *vins d'Espagne* troublés par une lie volante :

On prend des blancs-d'œufs, du sel gris, & de l'eau d'étang ; on bat toutes ces choses ensemble dans un vase commode, & l'on répand le mélange dans un tonneau de *vin*, après en avoir tiré un peu pour faire de la place, & avoir ôté, en soufflant dessus, toute l'écume de ce mélange : au bout de deux ou trois jours, le désordre s'arrête, la liqueur s'éclaircit, & devient agréable au goût ; mais, comme cet effet ne dure pas long-tems, il est à propos d'ôter le *vin* de dessus son fond laiteux, après l'avoir laissé reposer une semaine, de peur qu'il ne devienne encore trouble, & ne change de couleur.

Si par hasard les *vins d'Espagne* & de *Canarie* viennent à fermenter & commencent à monter, il faut en tirer quinze ou vingt bouteilles, mettre ensuite dans ce *vin* huit pintes de lait bien écrémé, battre le tout ensemble jusqu'à ce qu'il soit bien mêlé, y ajouter de la menthe sauvage ou de l'alun de roche, calciné sur une poële à feu, réduit en poudre, & mêlé d'autant d'amidon blanc : on prend ensuite les blancs de huit ou dix œufs, & une bonne poignée de sel gris ; on bat le tout enfemble dans un baquet, on verfe cette compofition dans le *vin*, on remplit le tonneau, & on le laiffe repofer deux ou trois jours ; au bout de ce tems, le *vin* eft beau, brillant à la vue & vif au goût : mais il faut le foutirer & le vendre promptement.

Pour remettre un *vin* clairet gâté de même par une lie volante, on fait ufage du moyen fuivant :

On prend deux livres de poudre de cailloux cuits dans un four, les blancs de dix ou douze œufs, une bonne poignée de fel gris ; &, après avoir battu le tout avec huit pintes de *vin*, on le verfe dans le tonneau : deux ou trois jours après on ôte le *vin* de deffus fa lie.

On fe fert de la même recette pour les *vins blancs* troubles, & dont la lie eft en mouvement.

Pour rétablir le *vin du Rhin* qui eft en travail (maladie à laquelle il eft très-fujet un peu après la moitié de l'été comme on l'a dit ci-deffus) on ne fait guere autre chofe que de lui donner de l'air, en couvrant le trou du bondon avec une tuile ou une ardoife ; en obfervant d'ôter exactement toute l'ordure que le *vin* rejette par fa fermentation : par ce moyen fimple, le *vin* fe purge de beaucoup de matiere ; on le laiffe tranquille environ pendant quinze jours, & on le tranfvafe enfuite dans un nouveau tonneau, après y avoir brûlé une mêche foufrée.

Quant aux différens accidens qui corrompent le *vin* après ces bouillonnemens, auxquels on a pourvu avant qu'il foit tout-à-fait gâté, ils affectent les *vins* dans leur couleur ou leur confiftance, leur faveur & leur odeur. Nos Marchands de *vin* ont des remedes pour chacun de ces défordres.

Pour rétablir les *vins d'Efpagne* & d'*Autriche* devenus jaunes ou brunâtres, ils y ajoutent quelquefois du lait feul, & quelquefois du lait avec du talc bien diffous, ou bien du lait avec de l'amidon blanc. Par-là on force le foufre exalté à fe féparer de la liqueur, & à fe précipiter au fond, & l'on rend au *vin* fa premiere netteté.

On obtient le même effet avec une compofition de racines d'*Iris*, & de falpêtre à la dofe de quatre ou cinq onces de chaque efpece, les blancs de huit ou dix œufs, & une quantité fuffifante de fel commun bien battus & mêlés dans le *vin*.

Pour remettre un *vin de Bordeaux* dont la couleur eft gâtée, on le tranfvafe d'abord fur une lie nouvelle d'*Alicante*, ou d'un *vin rouge* de Bordeaux ; enfuite on prend trois livres de Tournefol que l'on détrempe pendant toute une nuit dans dix ou douze pintes du même *vin* : on paffe cette teinture par la chauffe, & on la verfe dans le tonneau (quelquefois on la laiffe fe rafiner d'abord dans un petit baril) ; après quoi l'on couvre le trou du bondon avec une tuile, & on laiffe repofer le *vin* deux ou trois jours ; pendant lequel tems il devient brillant & bien coloré.

Quelques-uns se contentent de laisser fondre le Tournesol dans le tonneau ; d'autres prennent un demi-boisseau de baies de Sureau bien mûres, les détachent de leurs tiges, les broient, & en mettent le jus dans un tonneau de *vin de Bordeaux*, décoloré : par ce moyen ce *vin* devient vif & brillant.

D'autres (quand d'ailleurs le *vin rouge* est sain & la lie bonne) en tirent quinze ou seize pintes, & les remplacent avec autant de bon *vin rouge* ; ils roulent ensuite le tonneau sur sa couche, & le laissent renversé toute la nuit : le lendemain matin ils le retournent de maniere que le trou du bondon soit en haut ; ils le bouchent, & laissent le *vin* se rafiner.

Mais, dans tous ces cas, ils observent de mettre en perce tous ces *vins* nouvellement rétablis, même dès le jour suivant, & les transvasent promptement pour les vendre.

Pour corriger les *vins* qui péchent dans leur consistance, c'est-à-dire, ceux qui sont lourds, troubles ou visqueux.

Ils font généralement usage de poudre d'alun brûlé, de plâtre, de chaux, de craie, de blanc d'Espagne, de marbre calciné, de sel gris, &c., qui précipitent les parties grossieres & visqueuses qui nageroient dans le *vin*, par exemple :

Pour l'atténuation des *vins d'Espagne*, qui font troubles & gras, après les avoir premiérement transvasés dans un ton-

neau frais, ils font un mélange d'alun brulé, de sel gris, & d'eau d'étang, & y ajoutent ensuite un quart de *Féve* ou de poudre de *Riz* ; &, si ces *vins* font bruns ou sombres, ils y joignent du lait, mais dans ce cas-là seulement : ils battent bien tous ces ingrédiens ensemble & avec le *vin* ; après en avoir ôté en soufflant toute l'écume, ils couvrent le trou du bondon avec une tuile : enfin ils transvasent le *vin* quelques jours après, & les mettent dans un tonneau bien parfumé.

Voici la maniere de *parfumer les tonneaux.*

On prend quatre onces de soufre, une once d'alun brûlé & deux onces d'eau-de-vie : on met le tout dans une terrine ou pot de terre qui souffre le feu ; on le tient sur un réchaud rempli de charbons ardents, jusqu'à ce que le soufre soit fondu & liquide : ensuite on y trempe de petits morceaux de canevas neuf, & l'on jette aussi-tôt dessus, des poudres de *Muscades*, de *Cloux-de-Giroffle*, de *Coriandre*, & de semences d'*Anis* ; on met le feu à ces morceaux de canevas, & on les laisse brûler dans le tonneau par le trou du bondon. Ce parfum est regardé comme le meilleur pour tous les *vins*.

Pour empêcher les *vins* de devenir troubles & visqueux, les anciens Romains avoient coutume de mêler de l'eau de mer avec le moût.

Les Taverniers François & Anglois ont plusieurs recettes

pour rétablir les *vins rouges* devenus viſqueux , dont voici les plus communes :

Ils clarifient d'abord le *vin* comme on l'a dit plus haut ; ils le ſoutirent , & après avoir fait infuſer pendant toute une nuit deux livres de *Tourneſol* dans un bon ſac , ils répandent le lendemain cette infuſion paſſée dans un tonneau de *vin* avec un entonnoir ; ils laiſſent le *vin* ſe rafiner , & le vendent enſuite pour du *vin* excellent.

D'autres font une lie avec des cendres de ſarmens de *Vigne* ou de feuilles de *Chêne* , verſent cette lie chaude dans le *vin* , le remuent & le laiſſent éclaircir. Une pinte de cette lie ſuffit pour un muid & demi de *vin*.

Un troiſieme moyen eſt ſeulement de l'eſprit-de-vin que l'on verſe dans un tonneau de *vin rouge* trouble. Rien n'eſt plus efficace pour le rafiner promptement. La proportion eſt une pinte d'eſprit-de-vin pour un muid. Mais il ne faut pas ſe ſervir de cette recette pour des *vins* âpres & aigres.

Quand les *vins blancs* deviennent troubles & d'une couleur baſannée, on ſe contente de les tranſvaſer ſur une nouvelle lie , & on leur donne le tems de ſe rafiner.

Pour rétablir les *vins* qui ont un mauvais goût, les Taverniers ont encore quelques autres correctifs qui ſervent à les clarifier ; ſans y employer beaucoup de façon, parce qu'ils voient que le mal vient des impuretés qui y nagent , & que ce ſont les parties ſulfureuſes

ou ſalines qui dominent ſur les plus fines & les plus douces : on y remédie principalement en les précipitant.

Toute la clarification des liqueurs peut ſe rapporter à trois cauſes :

1°. La ſéparation des parties groſſieres d'avec les particules les plus fines de la liqueur.

2°. La diſtribution égale des eſprits dans la liqueur

3°. Le rafinement de l'eſprit par lui-même.

Les deux dernieres ſont les ſuites de la premiere qui s'effectue principalement par la précipitation, dont les inſtrumens ſont la péſanteur & la viſcoſité du corps mêlé avec la liqueur ; l'un ſépare les parties groſſieres de la liqueur qui y nagent de toute part , & l'autre les précipite au fond.

Mais les Taverniers , qui n'entendent pas ordinairement cette théorie , ne s'attachent qu'à la clarification ſeule , & ſe contentent de chercher des ingrédiens qui puiſſent rétablir leurs *vins* viciés , ſoit dans leur couleur , ſoit autrement.

Je vais donner deux ou trois de leurs recettes qu'ils eſtiment le plus, & dont ils font le plus grand uſage.

Pour corriger la mauvaiſe odeur, l'acidité, les *vins piqués* & les *vins doux*, ils prennent vingt ou trente pierres de la chaux la plus blanche, les détrempent dans quatre pintes de *vin*, ils y ajoutent encore du *vin*, & agitent le tout dans un petit caveau avec un bâton : ils répandent enſuite le mêlange dans un muid , & après l'avoir remué, ils laiſſent le *vin* s'établir, & le tranſvaſent après.

Ce *vin* peut n'être pas mauvais pour des corps robuſtes & attaqués de rhumatiſmes ; mais il doit être dangereux pour des perſonnes maigres dont le tempérament eſt chaud & ſec.

Ils rétabliſſent les *vins piqués* de France avec une compoſition aiſée & peu coûteuſe : ils prennent une livre de ciment de tuiles de Flandres, & une demi-livre d'alun de roche ; ils les mêlent & les battent bien avec une quantité ſuffiſante de *vin*, & verſent le tout dans le muid.

Quand les *vins* du Rhin ſe piquent, ils les tranſvaſent d'abord dans un tonneau ou cuve nette & fortement parfumée ; ils y ajoutent trente ou quarante bouteilles de miel clarifié, avec ſix ou huit bouteilles de lait écrémé, & battent le tout enſemble : après quoi, ils laiſſent le *vin* s'établir.

Quelquefois il arrive que le *vin rouge* perd beaucoup de ſa force & de ſon goût piquant ; alors ils le tranſvaſent ſur une bonne lie de *vin rouge*, & y ajoutent quatre pintes de *Prunelles* : après un peu de fermentation & de repos, ce *vin* eſt bon à boire.

Pour améliorer la ſaveur des *vins de Hongrie* & des *vins blancs* trop aigres, ils en tirent quinze ou ſeize pintes, dans leſquelles ils font infuſer trois ou quatre livres de *Raiſins de Malaga*, après en avoir ôté les pepins : ils broient le tout dans un mortier de pierre, juſqu'à ce que le *vin* ſe ſoit ſuffiſam-

ment chargé de la ſaveur & de la couleur du Raiſin ; ce qui exige un jour entier : ils paſſent enſuite ce *vin* à la chauſſe, & le mettent dans un tonneau frais bien parfumé, avec tout le *vin* du muid ; après quoi, ils le laiſſent ſe perfectionner.

Pour corriger la mauvaiſe odeur des *vins*, le remede ordinaire eſt de les ôter de deſſus les lies vieilles & corrompues : quelques-uns y joignent des ſubſtances odoriférantes, & ſuſpendent dans le tonneau de petits ſacs remplis d'épices, telles que le *Gingembre*, la *Zédoaire*, les *Cloux-de-Girofle*, la *Cinnamome*, les racines d'*Iris*, la graine de *Paradis*, de *Lavande*, & autres aromates.

Quelques-uns font bouillir de ces épices dans deux pintes de bon *vin* ſain de la même eſpece, & entonnent cette décoction toute chaude. D'autres corrigent le mauvais goût des *vins françois* dont la lie eſt gâtée, en ſuſpendant dans le tonneau quelques cannes de *Cinnamome*. D'autres enfin, pour la même maladie ſe ſervent de fleurs de *Sureau* & de ſommités de *Lavande*.

Après avoir ainſi parcouru le répertoire des Taverniers, & détaillé pluſieurs des principales recettes qu'ils emploient pour établir les maladies violentes de leurs *vins*, nous viendrons à ceux dont ils ſe ſervent pour remédier à leurs affections chroniques, telles que les pertes de leur eſprit & de leur force.

Quant aux premieres, il faut obſerver que, lorſque les *vins* ſont dans un mouvement extraordinaire occaſionné par l'excès & l'exaltation de leurs parties fulfureufes, le grand remede eft de les tirer de deffus leurs lies : &, au contraire, quand ils déclinent & tendent à s'affoiblir par raifon de l'évaporation des efprits, le préfervatif le plus efficace eft de les tranfvafer fur d'autres lies plus riches & plus fortes que les leurs propres, afin qu'ils y puifent de nouveaux efprits, & y reprennent un peu plus de vigueur & de vivacité.

Je dis préfervatif, parce qu'en vérité il n'y a plus de remedes pour des *vins* entiérement éventés & éteints; car tout ce qui a perdu fa nature, & a paffé le cours ordinaire de fon exiftence, ne peut recevoir une nouvelle vie.

Mais, outre le fecours que les *vins appauvris* peuvent tirer des lies nouvelles & plus fpiritueufes, on connoît plufieurs remedes, au moyen defquels, en guife de cordiaux, on peut foutenir, jufqu'à un certain dégré, les efprits languiffans de ces fortes de *vins*.

Quand, par exemple, les *vins* commencent à s'affoiblir, (ce qui n'arrive pas fouvent, fur-tout dans leur acidité, qui eft le moment de les boire) on les rétablit avec un fyrop cordial compofé du meilleur *vin*, du fucre & des épices.

Pour les *vins du Rhin* & autres *vins blancs*, on fe fert d'une fimple décoction de *Raifins* de caiffe, que l'on mêle avec le *vin malade*, dans un tonneau fortement parfumé ; ce qui produit ordinairement l'effet defiré.

On donne au *vin rouge* affoibli une lie nouvelle & fpiritueufe, avec des coupeaux de bois de *Sapin*, afin que l'efprit, renforcé par la nouvelle lie, puiffe fe parfumer par l'efprit onctueux de la *Térébenthine*.

C'eft la méthode dont on fe fert à Paris pour les *vins de France* les plus délicats & très-affoiblis. Cette recette eft probablement la caufe de l'ivreffe & de la ftupidité qui fuivent toujours les débauches de tels *vins*.

Cette invention n'eft pas moderne, car elle étoit bien connue, & fouvent mife en ufage chez les Romains dans le tems de leur plus grande profpérité. PLINE, dans fon *Hift. Nat. Lib. 14, Cap. 2*, obferve particuliérement la coutume des Taverniers Italiens, de mêler de la *Térébenthine* de plufieurs efpeces.

Les Grecs, long-tems avant, avoient leurs *vina picata & refinata*, comme on le voit par l'éloge que PLUTARQUE fait de pareils *vins*, & l'ufage que HIPPOCRATE en prefcrivoit aux femmes dans certains cas : ils trouvoient leur *vinum piffite* fi bon, qu'ils avoient confacré le *Sapin* à BACCHUS.

De la Sophiftication des Vins.

Je vais faire quelques remarques fur les pratiques des Taverniers dans la *tranfmutation* ou *fophiftication des vins*.

Ils transforment, par exemple, de mauvais *vins de la Rochelle* en *vins de Cognac* & du

Rhin, du *vin du Rhin* en *vin d'Espagne*, & les plus mauvais vins *d'Espagne* & de *Malvoisie* en *vins muscats*.

Ils contrefont le *vin raspie* avec des bulbes de *Lis*; le *verdée*, avec des décoctions de *Raisins*: ils vendent du *Xerès* gâté, du *vin de l'Andalousie*, pour des *vins* de *Lusenna*.

Dans toutes ces impostures, ils trompent si bien le goût, que peu de personnes sont en état de discerner la fraude, & ils tiennent ces secrets si cachés, que l'on peut difficilement en avoir connoissance.

Quant à leurs métamorphoses de *blanc* en *rouge*, en le mêlant avec du *vin rouge*, rien n'est plus commun & si connu.

On se sert de plusieurs moyens pour changer le *vin blanc* en *vin du Rhin*: le plus ordinaire est de prendre un muid de *vin de la Rochelle* ou *de Cognac*, ou même de *vin blanc de Nantes*, de le transvaser dans un tonneau frais fortement parfumé, & de lui donner une couleur blanche, en y mêlant trente ou quarante pintes de miel clarifié, ou quarante livres de gros sucre: on bat bien le tout, & on le laisse clarifier.

Pour donner à ce mélange un goût délicat, on y ajoute quelquefois une décoction de fleurs d'*Orval jaune* ou de *Galitricum*, drogues dont on fait un usage incroyable chaque année à Dort, où est l'Entrepôt des *vins du Rhin*, & c'est cette boisson qui plaisoit tant aux Dames Angloises, sous le nom spécieux de *vin du Rhin dans le moût* [a].

Ce *vin* falsifié se fait de cette maniere: on prend seize pintes de *vin blanc*, douze pintes de *vin vieux de Canarie*, & cinq livres de syrop bâtard, on bat bien le tout ensemble, on le met dans un petit baril bien parfumé, & on lui donne le tems de se raffiner.

Le *vin du Rhin* devient semblable au *vin d'Espagne* & de *Canarie*, ou par l'addition d'une forte décoction de *Raisins de Malaga*, ou d'un syrop de *vin d'Espagne* ou de *Canarie*, du sucre & des épices.

Le *Muscadel* se fait avec du *Canarie* ou *Malvoisie*, auquel on ajoute une quantité convenable *d'eau-de-Rose*, deux onces de *Musc*, une once de *Roseau aromatique* en poudre, une demionce de *Coriandre* battue: on répand cette infusion toute chaude dans un petit baril de *vin vieux de Canarie*, & l'on donne à cette composition le nom de *Muscadel*.

Il y a plusieurs autres manieres de falsifier les *vins*; mais, comme elles se rapportent tou-

---

[a] L'édition de Paris rend ce passage d'une maniere aussi indécente que fausse: MILLER dit, *and this is that drink with which the English Ladies were wont to be so delighted, under the specious name of Rhenish in the Must* ; ce que le Traducteur a rendu ainsi: *& c'est de cette boisson que les Dames Angloises font ordinairement débauche sous le nom de Vin du Rhin dans le moût.* Voyez l'Edition de Paris, Tome VIII. page 28.

tes à celles dont nous avons parlé ci-deſſus , & que l'uſage n'en eſt pas général , je les paſſerai ſous ſilence : je rapporterai ſeulement les obſervations d'un Auteur curieux ſur ce ſujet.

On améliore les *vins ſains* , ou l'on corrige ceux qui ont quelques défauts.

Les *vins ſains* s'améliorent :

1°. En les conſervant.

2°. En les raffinant dans des tems convenables.

3°. En rectifiant leur couleur , leur odeur & leur ſaveur.

Pour améliorer les *vins ſains en les conſervant* : il faut d'abord avoir ſoin , après qu'ils ſont preſſurés , de les faire bien fermenter ; ſans quoi ils deviennent troubles , épais , & d'une couleur brune , & ne ſe raffinent jamais comme les autres *vins* bien fermentés. Quand ils ſont raffinés par art , il faut les vendre ſur-le-champ ; car ils ſe troublent bientôt de nouveau , & il n'eſt plus poſſible de les rétablir.

Pour conſerver les *vins d'Eſpagne* , de *Canarie* , & ſur-tout celui qui eſt *raʒie* , on y met une couche de *Raiſins* & de *Gieſſe* , qui leur donnent plus de ſolidité , & une couleur blanche fort agréable aux Anglois.

Le *vin raʒie* eſt celui que l'on fait avec des *Raiſins* de boutures de ſeps de *Vignes du Rhin* quelquefois renouvellées. Les *Raiſins* de pareilles *Vignes* ſont charnus & peu ſucculents.

Les *vins de France* & *du Rhin* ſe conſervent généralement par l'uſage de la meche.

On prend vingt ou trente livres de *Soufre* , on le fait fondre , on y mêle de *Cloux-de-Giroffle* , de la *Cinnamome* , du *Macis* , du *Gingembre* , & des ſemences de *Coriandre* ; d'autres , pour épargner la dépenſe , emploient des reſtes d'*Hippocras* , & , après avoir bien mêlé le tout enſemble , ils y trempent des morceaux de canevas longs , quarrés & étroits , que l'on allume & qu'on introduit dans les tonneaux par le trou des bondons , & l'on ferme enſuite exactement les tonneaux. Il faut avoir grand ſoin de proportionner le ſoufre à la quantité & à la qualité du *vin* ; car , ſi l'on en employoit trop , on rendroit le *vin* dur. Cette opération le conſerve long-tems bon , & lui communique un goût agréable.

On emploie une autre méthode pour les *vins de France* & *du Rhin* : on allume de grands feux dans des réchauds autour des tonneaux , mais un peu éloignés ; ce qui fait bouillonner le *vin* , qui cependant ne coule jamais dehors : on peut le tirer bientôt après.

Secondement , pour raffiner les *vins dans des tems convenables*. Tous les *vins* encore en moût , ſont opaques & troubles. Le bon *vin* ſe raffine bientôt : ſa lie s'établit tout de ſuite , & ſa lie volante dans ſon tems.

Quand les groſſes lies ſont précipitées , on tranſvaſe le *vin* ; c'eſt ce que l'on appelle *raffiner* : on fait cette opération vers le milieu de l'été ou à la Touſſaint.

Voici la maniere dont les

Hollandois & les Anglois dé-barraſſent promptement leurs *vins* des lies volantes, ſur-tout les *vins de France* & d'*Eſpagne*.

Ils prennent une demi-livre de *talc*, le mettent dans une demi-pinte de *vin de France* le plus dur, de maniere que le *vin* ſurmonte tout-à-fait ; ils le laiſſent infuſer vingt-quatre heures, briſent & triturent en-ſuite le talc, y ajoutent encore du *vin*, le battent enſuite qua-tre fois par jour juſqu'à ce qu'il ſoit réduit en gelée, & y ajou-tent du *vin* à meſure qu'il s'é-paiſſit. Quand ce mélange eſt parfaitement réduit en gelée, ils en prennent une chopine ou une pinte pour un muid de *vin*, & ainſi à proportion : on tire quinze ou ſeize bouteilles du *vin* que l'on veut raffiner, on le mêle bien avec la ge-lée, on jette ce mélange dans le tonneau, on le bat avec un bâton, & on le remplit entié-rement.

Il faut remarquer qu'il eſt néceſſaire de bien boucher les *vins de France*, & non pas les *vins d'Eſpagne* ; parce que le talc éleve les lies dans les *vins* forts, & qu'il les précipite dans les foibles.

Nos Marchands réparent la couleur des *vins rouges* fains, en y ajoutant du *vin de Tinto ou d'Alicante*. Ils ſe ſervent auſſi d'une infuſion de *Tournefol* dans dix ou douze pintes de *vin*, qu'ils mettent enſuite dans un ton-neau : ils le ferment bien, & le roulent pendant un quart d'heure.

Ils recommencent quelque-fois cette opération deux ou trois fois, ſuivant que le *vin*

a beſoin de couleur. Mais alors, il faut ſoutirer le *vin*, & le vendre auſſi-tôt.

Le *vin* trop *rouge* reprend ſa premiere teinte en y mêlant du *vin blanc*.

Les *vins blancs*, qui devien-nent trop mûrs, & qui pren-nent une couleur brune, peu-vent être rétablis de la maniere ſuivante :

On prend de la poudre d'al-bâtre, on tire du tonneau quinze ou ſeize pintes de *vin*, on y jette cette poudre par le trou du bondon, on agite for-tement le *vin* avec un bâton, & l'on y remet enſuite celui qu'on en a tiré. Plus le *vin* eſt remué, & plus il devient beau.

Pour rendre le *vin d'Eſpagne* blanc, on prend deux livres d'a-midon blanc, & huit pintes de lait : on fait bouillir ce mélange pendant deux heures ; & quand il eſt froid, on le bat fortement en y jettant une bonne poi-gnée de ſel : après quoi, on le met dans une pipe de *vin*. On bat exactement le *vin* avec un bâton, & il devient pur & blanc.

Une livre de gelée de talc ôte la couleur brune des *vins de France* & d'*Eſpagne*, en la mêlant avec dix ou douze pin-tes de *vin*, plus ou moins, ſui-vant qu'il eſt plus ou moins brun & fort. On tire enſuite de la piece de *vin* environ trente-deux pintes de *vin*, on ſe ſert du bâton, & l'on rem-plit entiérement le tonneau : au bout d'un jour ou deux ce *vin* devient beau & blanc, & s'il étoit trouble, il deviendra clair.

Les premiers boutons de

Groseilles noires infusés dans le vin, sur-tout dans le *vin du Rhin*, le rendent diurétique, plus odorant, & lui donnent un goût agréable, de même que l'*Orvale*. Mais cette méthode rend le *vin* fumeux ; pour y remédier, on ajoute à l'*Orvale* des fleurs de *Sureau*, qui donnent aussi au *vin* une bonne odeur, comme on le voit dans le vinaigre de *Sureau* ; cependant ces fleurs rendent souvent le *vin* visqueux.

Pour corriger le brun des *vins de Malaga & d'Espagne*, on prend quatre onces de poudre de racines d'*Iris*, autant de salpêtre, les blancs de huit œufs, & assez de sel pour en faire une saumure : on jette ce mélange dans le *vin*, & on l'agite avec un bâton.

Pour améliorer les *vins rouges* troubles & d'une couleur de tan, on prend deux chopines d'eau de pluie, huit jaunes d'œufs, & une grosse poignée de sel : on bat le tout ensemble, & on le laisse reposer six heures avant de le mettre dans le tonneau ; trois jours après, le *vin* sera rétabli.

On répare l'état & l'odeur du *vin de Malaga*, en prenant quatre livres des meilleures *Amandes*, dont on fait une émulsion avec une quantité suffisante du même *vin malade* : on y joint ensuite les blancs & les jaunes de douze œufs, on les bat ensemble en y ajoutant une bonne poignée de sel ; on verse ce mélange dans le tonneau, & on le remue avec un bâton.

L'odeur & la saveur des *vins de France* & du *Rhin* se répa-rent avec une livre de miel ; une grosse poignée de fleurs de *Sureau*, une once de poudre d'*Iris*, une *Noix-Muscade*, & quelques *Cloux-de-Girofle*, pour un baril de *vin* de cent-soixante bouteilles : on fait bouillir toutes ces choses dans une quantité suffisante du même *vin malade*, & on le réduit à moitié. Quand cette composition est refroidie, on la verse dans le baril, & on la bat avec un bâton. Quelques-uns y ajoutent un peu de sel. Si le *vin* est assez doux, on y met encore une livre d'esprit-de-vin pour un muid, & l'on parfume exactement le tonneau. L'esprit-de-vin rend tous les *vins* vifs, & les raffine, sans qu'il soit nécessaire d'employer tous les mélanges précédens.

La lessive de cendres de sarmens de *Vignes*, à la quantité d'une pinte de Paris, sur un muid & demi de *vin*, en détruit la viscosité : la lie de cendres de *Chêne* produit aussi infailliblement le même effet.

On transvase le *vin* d'*Espagne* visqueux de dessus sa lie dans un tonneau nouvellement parfumé ; on prend ensuite une livre d'alun, une demi-livre de racines d'*Iris* en poudre : on mêle bien le tout dans le *vin* avec un bâton ; quelques personnes y ajoutent du sable fin & bien séché, qu'ils jettent chaud dans le tonneau. Si, en outre, le *vin* est brun, on met encore trois bouteilles de ce mélange dans un tonneau d'un muid & demi ; par ce moyen, le *vin visqueux* se rétablira avant de commencer à travailler.

On répare & l'on conserve la couleur des *vins rouges* avec des racines de *Bétraves* : on les ratiffe, on les nettoie, on les coupe en petits morceaux, & on les fait bouillir enfuite dans du *vin malade*, que l'on fait réduire d'un tiers, ayant foin de le bien écumer. Quand la liqueur eft refroidie & éclaircie, on la jette dans le tonneau, & l'on fait ufage du bâton.

En Allemagne on échauffe le *vin* avec du feu, & l'on place dans quelques caves trois ou quatre fourneaux ou poëles, que l'on échauffe fortement. D'autres allument du feu devant prefque toutes les cuves. Par ce moyen, le moût fermente avec une telle véhémence, que le *vin* fort par toutes les fentes; quand ce travail eft appaifé, on laiffe repofer le *vin* quelques jours, & on le tire enfuite. On ne fait ufage de feu que dans les années froides, & lorfque le *vin* eft très-verd.

Pour faire fermenter de nouveau un *vin vieux* un peu éventé & d'un goût fade, on répand dans un muid de ce *vin* huit pintes de furmoût chaud, & l'on place enfuite devant le tonneau une terrine remplie de feu, pour le faire fermenter jufqu'à ce que toute la douceur du furmoût foit répandue dans le *vin*, qui par-là devient vif & agréable.

Les uns fe fervent de ce moyen en tous tems, & d'autres feulement en automne, quand le *vin* eft en difpofition de travailler de lui-même; la quantité du furmoût doit être plus ou moins forte, fuivant que le *vin* l'exige.

Le meilleur tems pour tirer le vin, eft dans le déclin de la lune, quand il ne travaille plus, par le vent du nord-eft ou nord-oueft, & non pas du fud, & par un temps ferein, fans nuages, tonnerre ni éclairs.

Maniere de faire le Vin en Angleterre.

Après avoir indiqué les différentes pratiques des Vignerons, des Taverniers & des Marchands de vins, dans la conduite de leurs *vins*, je ferai part de quelques-unes de mes réflexions & expériences, relativement à la maniere de faire les *vins* en Angleterre.

Les *Raifins* étant bien mûrs, & parfaitement fecs, on les coupe, on les porte dans une grande chambre feche, où on les étend fur de la paille de *Froment*, de maniere qu'ils ne foient pas les uns fur les autres, & on les laiffe ainfi quinze jours ou trois femaines & même un mois, fi l'on en a la facilité, en obfervant de leur donner de l'air chaque jour, afin de faire diffiper l'humidité qui fort de ces *Raifins*. Enfuite le preffoir & tout ce qui eft néceffaire étant préparé, on égraine toutes les grappes, on jette ces graines dans une cuve, apres avoir mis de côté toutes celles qui font moifies, pourries ou vertes, & l'on jette les grappes qui donneroient un goût âpre & acide à la liqueur. Cette attention négligée a, je crois, fait gâter en Angleterre une grande quantité de *vin*, qui auroit pu être très-bon, s'il eût été fait avec plus d'intelligence; car nous voyons qu'en France, & dans d'autres pays de vignobles, tous ceux qui desirent faire du bon *vin*, ont grand soin d'égrainer leurs *Raisins* avant le pressurage. Le commun des Vignerons cependant, qui cherchent plus la quantité que la qualité, ne s'y astreignent point. Mais, comme en Angleterre le climat n'est pas favorable à cette production, nous devrions employer tout l'art possible pour compenser ce que la Nature nous a refusé.

Les *Raisins* ainsi égrainés doivent être fortement exprimés. Si l'on a le projet de faire du *vin rouge*, on laisse le marc & les pepins dans la liqueur. Les pepins brisés & froissés sous le pressoir donnent plus de force au *vin*. On met le tout ensemble dans une grande cuve, où on le laisse fermenter pendant cinq ou six jours. Après ce tems, on en tire le *vin*, on le met dans de gros tonneaux, & on laisse le trou des bondons ouverts, pour introduire l'air & laisser dissiper les vapeurs produites par la fermentation. Mais il faut observer que, si, après que le *vin* est exprimé & mis dans la cuve avec les marcs, il ne fermentoit pas au bout de deux ou trois jours, il seroit prudent de procurer un peu de chaleur à l'endroit, en y faisant du feu, qui mettroit bientôt la liqueur en mouvement; sans

quoi, il arriveroit souvent, comme on le voit dans les pays où on laisse fermenter le *vin* dans des places ouvertes & froides, que les nuits froides arrêteroient son travail, & par conséquent le rendroit trouble & presque toujours âpre & en émotion. Cette pratique est fort en usage sur le Rhin, où l'on a toujours des poëles dans les endroits destinés à la fermentation des *vins*, pour y allumer du feu chaque nuit, si la saison est froide dans le tems de leur fermentation.

Lorsque l'on veut faire du *vin blanc*, on ne laisse les marcs dans la liqueur que pendant douze heures; ce qui suffit pour le faire fermenter. Deux jours après qu'il est tiré & entonné, on le transvase dans d'autres tonneaux, & l'on répete cette opération trois ou quatre fois pour empêcher le *vin* de prendre quelque teinture par la fermentation des marcs ou de la lie.

Quand la plus grande fermentation est passée on transvase le *vin* dans de nouveaux tonneaux que l'on remplit exactement, en laissant cependant les trous des bondons ouverts pendant trois semaines ou un mois, pour y introduire de l'air, dissiper les vapeurs, & laisser passer l'écume qui peut se former. A mesure que le *vin* s'abaisse dans les tonneaux, on les remplit avec soin avec du *vin* de la même espece que l'on a gardé pour cela. Mais cette opération doit être faite avec précaution & sans précipitation, afin que l'écume, qui eſt naturellement en croûte ſur les *vins* nouveaux, ne ſoit pas mêlée avec la liqueur, qui ſe troubleroit de nouveau, & prendroit un mauvais goût. Pour obvier à cet inconvénient, il ſeroit à propos d'avoir un entonnoir garni d'une platine percée de petits trous, afin que le *vin* y paſſant en petites gouttes, ne puiſſe rompre l'écume.

Au bout d'un mois ou ſix ſemaines, il ſera néceſſaire de boucher les trous des bondons, pour que le *vin* ne s'évente pas; car alors il deviendroit plat, & perdroit beaucoup de ſes eſprits & de ſa force; mais il ne faut pas les boucher tout-à-fait. Il ſeroit bon d'y mettre un tube d'étain ou de verre d'un demi-pouce environ de calibre ſur deux pieds de longueur, placé dans le milieu du trou du bondon : l'uſage de ce tube ſeroit de laiſſer paſſer l'air & les vapeurs produites par la fermentation du *vin*, leſquelles, étant d'une nature rance, gâteroient la liqueur, ſi elles étoient renfermées dans le tonneau; & l'on pourroit toujours verſer du *vin* dans ce tube pour tenir le tonneau rempli à meſure qu'il s'abaiſſeroit. Faute de cette opération bien entendue, une grande quantité des meilleurs *vins d'Italie* & d'autres pays ſe ſont trouvés gâtés. Un curieux d'Italie m'a fait de grandes plaintes à ce ſujet. Il m'écrivit que « telle étoit la » nature des *vins* de ces pays » en général, même des meil- » leurs de *Chianti*, que dans » deux ſaiſons de l'année, au » commencement de Juin & de » Septembre, la premiere, lorſ- » que les *Raiſins* ſont en fleurs, » la ſeconde, quand ils com- » mencent à mûrir, quelques- » uns des meilleurs *vins* étoient » ſujets à changer, ſur-tout » dans l'arriere ſaiſon; non pas » en devenant aigres, mais en » prenant le goût le plus dé- » ſagréable, à-peu-près comme » celui d'une feuille de *Vigne* » pourrie : que par-là non-ſeu- » lement ils n'étoient plus po- » tables, mais même qu'il n'é- » toit pas poſſible d'en faire du » *vinaigre*; que ces *vins* s'ap- » pelloient *Settembrine*, & que » ce qu'il y avoit de plus ex- » traordinaire étoit que, d'une » même cuve, un tonneau ſe » trouvoit infecté, & un autre » parfaitement bon, quoique » tous deux fuſſent placés dans » la même cave.

» Comme ce changement n'ar- « rive pas ordinairement aux » *vins*, quand même ils ſeroient » devenus aigres, je ſuis porté » à l'attribuer à quelques fautes » lors du rempliſſage de ton- » neaux qui doivent être tou- » jours tenus pleins. Peut-être » vient-il de ce qu'on les laiſſe » trop long-tems ſans les rem- » plir; parce que dans ce cas » l'écume, qui ſe trouve na- » turellement ſur tous les *vins*, » étant trop dilatée, ſe rompt, » ſe mêle dans le tonneau, & » donne au *vin* ce goût ſi dé- » teſtable : mais ce qu'il faut » encore remarquer, c'eſt que » le *vin* eſt attaqué de ce vice » dans une ſaiſon particuliere, » qui eſt le mois de Septembre; » & que, s'il échappe à ce mal-

» heur, il fe conferve bon plu-
« fieurs années de fuite.

» La caufe de cet accident
» mériteroit d'être recherchée
» par les Naturaliftes. Les *vins*
» font plus fujets à cette mala-
» die dans la premiere année,
» que dans les fuivantes ».

J'ai confulté là-deffus le Docteur HALES, Recteur de Ted-
dington, qui, après avoir fait
plufieurs effais fur la fermentation des liqueurs, m'a donné
une folution curieufe de la caufe
de ce changement dans les *vins*,
que j'ai envoyée à mon ami en
Staly, & qui a donné lieu à une
expérience très-favorable, par
laquelle on conferve parfaitement bien les *vins*; elle a auffi
été communiquée à différens
Vignerons de l'Italie, qui s'y
font conformés. C'eft ainfi que
s'exprimoit le Docteur HALES :

» D'après plufieurs effais que
« j'ai faits l'été dernier, j'ai ob-
» fervé que toutes les liqueurs
» fermentées produifent une
» grande quantité d'air pendant
» le tems de leur fermentation;
» car, dans une expérience faite
» fur douze pouces cubiques de
» *Raifins de Malaga*, mis dans
» dix-huit pouces cubiques
» d'eau au commencement de
» Mars, ce mélange a produit
» quatre cent onze pouces cubi-
» ques d'air jufqu'au milieu d'A-
» vril : mais, après la fermen-
» tation, il avoit abforbé une
» grande quantité de cet air.
» Quarante-deux pouces cubi-
» ques de bierre, qui avoit
» fermenté trente-quatre heu-
» res avant qu'elle fût mife en
» barique, avoient produit 639
» pouces cubiques d'air depuis

» le commencement de Mars
» jufqu'au milieu de Juin, &
» ils en avoient enfuite abforbé
» 32 pouces cubiques : d'où
» il réfulte que les liqueurs fer-
» mentées produifent de l'air
» pendant le tems de leur fer-
» mentation, mais qu'enfuite
» elles en abforbent de nou-
» veau; ce qui peut-être eft
» caufe de l'état d'altération des
» bons *vins d'Italie*; car le *vin*,
» qui, pendant fa premiere an-
» née, continue à fermenter
» plus ou moins, produit une
» grande quantité d'air, jufqu'à
» ce que le froid de Septem-
» bre y apporte obftacle : après
» quoi, il refte dans un état
» abforbant. L'air qu'il pro-
» duit d'abord eft méphitique
» & femblable à celui de la
» grotte du chien : il peut tuer
» en un inftant les animaux qui
» le refpirent. Pendant la fer-
» mentation du *vin*, la moitié
» de cet air fe trouve étroite-
» ment renfermé dans la partie
» haute du tonneau; de ma-
» niere que, quand le froid ar-
» rête la fermentation du *vin*,
» il abforbe cet air, devient
» trouble, & prend un goût de
» rance. Pour prévenir cet in-
» convénient, je propofe l'effai
» fuivant :

» Suppofons le tonneau **A**
» rempli de *vin* par le trou du
bondon

» bondon B : il faudroit pren-
» dre un tube de verre de 2
» pieds de longueur sur envi-
» ron deux pouces de calibre,
» fixé avec une bobeche d'é-
» tain bien jointe, de maniere
» qu'il n'y ait aucun jour sur
» les côtés, & que dans ce
» tube il y en ait un autre d'un
» demi-pouce environ de dia-
» metre bien fixé, que le tube
» du bas soit toujours à moi-
» tié plein de *vin* au point X,
» en y en remettant continuel-
» lement à mesure que le *vin*
» s'abaisse ; par-là il n'y aura
» point de vuide dans le haut
» du tonneau pour contenir
» l'air produit qui s'en ira à
» travers le petit tube placé
» sur le haut, & qu'il faut
» toujours laisser ouvert pour
» cet effet ; le tube étant pe-
» tit, il n'y aura point de dan-
» ger de laisser entrer trop d'air
» dans le *vin*.

» Quand le *vin* s'abaissera
» dans le tube du bas, on
» pourra toujours le remplir
» en y introduisant un petit
» entonnoir jusqu'à l'écume de
» la surface du *vin* dans le plus
» large tube, de maniere que
» le *vin* que l'on y versera ne
» puisse par sa rapidité rompre
» cette croûte d'écume : en
» faisant cette expérience avec
» des tubes de verre, l'ascen-
» sion ou la descente du *vin*
» dans les tubes indiqueront
» l'effet que peuvent produire
» les différentes variations de
» l'atmosphere ; & si cela réus-
» sit, on pourra ensuite se
» servir de tubes de bois ou
» de métal, qui ne seront pas
» sujets à se casser. «

Tome VIII.

Cet essai curieux, ayant réussi
par-tout où il a été exécuté,
peut devenir très-utile dans le
traitement des *vins* : il jette
un grand jour principalement
sur la fermentation des *vins* ;
car, puisque nous trouvons que
les *vins* trop long-tems fermentés, sur-tout ceux que l'on
recueille dans les pays froids,
se conservent rarement bien,
en les laissant reposer dans un
lieu froid, la fermentation en
sera arrêtée. Ceci revient à la
pratique des Champenois, qui
tiennent leurs *vins* pendant
l'hiver dans des selliers au-dessus
de la terre, &, quand le tems
devient plus chaud au printems,
ils les descendent dans des caves
voûtées, où ils sont plus fraî-
chement que dans les selliers.
Cette méthode de tenir les *vins*
dans des selliers, & de les
remettre dans des caves, suivant que les saisons de l'année
l'exigent, est très-bonne pour
conserver les *vins* dans leur
perfection ; car ces *vins*, étant
légers en comparaison de ceux
des pays méridionaux, n'auroient pas assez de corps pour
se conserver, si on les laissoit
fermenter tout l'été suivant,
en les exposant à la chaleur.
Ceux qui font du *vin* dans notre
pays doivent faire l'essai de
cette méthode ; car les pratiques des pays septentrionaux
sont plus analogues à notre
climat que celles des pays méridionaux.

Quand le *vin* a assez fermenté dans la cuve, & qu'il
est mis en tonneaux, il exige
encore quelque chose pour le
nourrir ; pour cela, il faudroit

C

toujours conferver quelques grappes des meilleurs *Raifins*, que l'on fufpendroit dans une chambre feche pour cet effet, jufqu'à ce qu'on en eût befoin : alors, après les avoir égrainés, on en mettroit deux ou trois bonnes poignées dans chaque tonneau, à proportion de fa grandeur ; faute de *Raifins*, plufieurs perfonnes fe fervent de différens ingrédiens qui n'y font point propres.

Les Vignerons de différens pays mettent auffi plufieurs efpeces d'herbes dans les cuves, quand le *vin* fermente, pour lui donner différens goûts. Les Provençaux emploient pour cela la *Marjolaine*, le *Baume*, & autres herbes aromatiques. Sur le Rhin, on fait toujours ufage de quelques poignées d'une efpece particuliere d'*Orvale*, que l'on jette dans les cuves ; ce qui occafionne ces différences que nous remarquons dans ces *vins*, quoiqu'ils aient été faits de la même maniere, & avec les mêmes efpeces de *Raifins*.

Toutes ces pratiques devroient être tentées en Angleterre, après en avoir fait quelques effais ; quoiqu'il foit douteux que ces herbes puiffent réparer ou donner une nouvelle qualité au *vin*, & qu'il foit probable que les Vignerons ne les emploient que pour fe conformer au goût particulier de leurs pratiques. Quoi qu'il en foit, il eft cependant certain que dans tous les vignobles françois on fait ufage de quelqu'artifice pour changer le goût du *vin* : car, quoique l'on cultive les mêmes efpeces

de *Raifins* dans l'Orléanois, la Champagne & la Bourgogne, combien de différence ne trouve-t-on pas dans le goût & la qualité des *vins* de ces différens pays : cette variété ne peut pas être attribuée uniquement à la diverfité des terroirs, puifqu'il n'y a pas une affez grande différence dans la température de ces contrées, non plus que dans la maniere de faire le *vin*, ufitée dans chacune, pour en altérer auffi confidérablement le goût, fur-tout dans les *vins* d'*Orléans* & de *la Bourgogne*, où il y a peu de différence dans l'aménagement. Car dans *la Champagne*, il y a cette différence, que les *Raifins* de la montagne fe coupent toujours avant que la rofée foit diffipée, & par un tems couvert ; au lieu qu'ailleurs on ne les coupe que lorfqu'ils font parfaitement fecs ; & cela feul peut occafionner un grand changement dans le *vin*.

La méthode ordinaire, pour rendre le *vin* rouge, eft de le laiffer fermenter quelques jours fur les marcs, & de fouler deux ou trois fois les *Raifins* pour en détacher la teinture. Lorfque l'on veut avoir un *vin* ferme & d'une couleur foncée, on y mêle une certaine quantité d'une efpece de *Raifin*, que l'on nomme en France *teint-le-vin*, dont le jus eft d'un gros rouge, & dont les feuilles prennent une couleur pourpre foncée à mefure que ce fruit mûrit : il devient d'un beau bleu, & fe couvre d'une craie femblable à celle que l'on voit fur les belles Prunes ; mais le jus en eſt fort âpre, ſur-tout s'il n'eſt pas bien mûr.

Ce *vin rouge* n'aura beſoin d'être mis en tonneaux que lorſqu'il ſera tiré de la cuve; & il pourra reſter tranquille dans les mêmes vaſes, ſans être tranſvaſé, juſqu'à ce qu'il ſoit en état d'être mis en bouteilles; ce qui aura lieu deux ou trois ans après. Plus les tonneaux ſeront gros, & plus le *vin* aura de force, parce qu'étant en grand volume il riſque moins de ſouffrir des injures du tems; ſur-tout ſi l'on fait uſage de la méthode ci - deſſus. Mais, quand il y a une grande quantité de *vin* renfermée dans une cave voûtée & fermée, on ne doit y entrer qu'avec précaution, parce que les vapeurs qui émanent du *vin* en fermentation, peuvent tuer ſur-le-champ, comme on en a vu beaucoup d'exemples.

De la concentration des Vins, *& autres liqueurs fermentées; afin d'en diminuer le volume, de les rendre plus inaltérables, plus parfaits, plus durables, & plus propres pour l'uſage, le tranſport & l'exportation; par le Docteur* STAHL, *traduit par le Docteur* SHAW.

Le deſſein du Docteur STAHL, en traitant ce ſujet, eſt:

1º. D'obſerver que les *vins* & toutes les liqueurs fermentées, avant & après la fermentation, ne ſont point compoſées de parties ſimilaires, mais d'hétérogènes jointes enſemble en un certain ordre déterminé. Qu'ainſi l'action & l'eſſence de la fermentation étant une ſéparation & une deſtruction de la premiere compoſition du mixte, qui donne un nouvel arrangement à ſes parties, il y avoit avant un arrangement dans ces premieres parties, qui a été rompu par la fermentation.

2º. Que, par exemple, les *Raiſins*, étant épars ſur la paille ſeche dans un lieu froid, conſerveront long - tems, après qu'ils ſont ſéparés de la *Vigne*, cette texture qui leur donne la douceur ſaline, onctueuſe & gluante, que le jus retient auſſi après le preſſurage, en devenant un moût clair & tranſparent, qui n'eſt point encore ſéparé des parties hétérogènes; ſa compoſition & l'arrangement de ſes parties ſont encore les mêmes que ceux qu'il avoit dans le *Raiſin*: ces parties peuvent même reſter unies dans le même ordre pendant pluſieurs mois, ſi l'on en remplit un tonneau, que l'on tient dans un lieu froid; c'eſt ce qu'on éprouve tous les jours pour le ſurmoût.

3ᶜ. Que le *vin* chymiquement examiné paroît être une matiere ſaline, viſqueuſe & huileuſe, étendue & diviſée dans une grande quantité d'eau; que les parties ſalines étant mêlées avec les terreſtres & ſubtiles, forment un compoſé viſqueux, capable de s'unir à l'huile, & de la rendre miſcible à l'eau; qu'outre cela il y a d'autres parties huileuſes & extrêmement ſubtiles, qui, par le moyen de la partie la plus atténuée de la liqueur, contra&ctent une union avec les autres principes. Ces dernieres font ce que nous appelons *parties fpiritueufes*. L'adhérence de tous ces principes eft fi forte, qu'ils forment un compofé très-durable, fi le *vin* eft exactement confervé.

4°. Que la partie fpiritueufe étant une fois enlevée & féparée du *vin* par la diftillation, on auroit beau la rendre entiérement & la remettre dans la maffe d'où elle a été tirée avec quelqu'art que ce puiffe être, le tout ne recouvreroit en aucune maniere fon premier goût, fon odeur & fa durée, mais qu'il deviendroit un mêlange confus, trouble, d'un goût différent & défagréable, & d'une odeur fade & extraordinaire.

5°. Que, fi l'on mêloit un efprit inflammable diftillé d'un même ou de quelqu'autre efpece de *vin* dans une partie de *vin* trop falin ou pas affez fpiritueux, cette feule addition ou ce mêlange tumultueux, loin de donner de la douceur, de la fineffe, & du cordial à un bon *vin*, y manifefteroit plutôt fa propre acrimonie brûlante, fon goût fans odeur, & ajoûteroit auffi une amertume défagréable à fa premiere âpreté & auftérité.

6°. Qu'auffi une chaleur confidérable, ou même un degré de bouillonnemenr ou de tiédeur occafionnée par une agitation inteftine, qui trouble feulement les parties fpiritueufes fort fufceptibles de l'émotion de la chaleur; que cette chaleur, dis-je, détache ces

parties fpiritueufes de la maffe du *vin*, & occafionne une altération dans fon goût, fa tranfparence & fa durée, autant que fi l'efprit en avoit été tiré & remis.

7°. D'un autre côté, le *vin*, tenu dans une cave voûtée, fraiche, & bien à l'abri de l'air extérieur, fera moins fujet à l'altération, & confervera fa force pendant plufieurs années, comme nous le voyons dans les *vins vieux* & les autres liqueurs fermentées étrangeres; particuliérement dans celles de la Chine, préparées avec une décoction de *Riz*, lefquelles, étant bien bouchées & mifes profondément dans la terre, reftent, durant une longue fuite d'années, riches, fortes & généreufes, ainfi que les hiftoires de ce pays nous l'affurent unanimement.

8°. La même chofe doit auffi être entendue du *vinaigre*, après qu'il a rejetté les parties terreftres fuperflues, & plufieurs de fes particules qui y dominoient, tandis qu'il étoit encore *vin* : les parties falines prennent alors le deffus, foumettent, pour ainfi dire, & dominent les fpiritueufes. Le *vinaigre* parfait & fort, étant bien bouché, fe confervera fain pendant long-tems.

9°. Mais fi on le laiffe expofé à l'air, de maniere que fes parties les plus fubtiles fe diffipent, il perd fa force & fa durée, devient fade & fe corrompt.

10°. Si, par fraude ou par accident, une grande quantité d'eau fe trouve mêlée dans le

vin ; ce qui eſt abſolument contraire à ſa conſiſtance , cette
eau ſuperflue , non-ſeulement
dépravera ſon goût , & affoiblira ces qualités , mais auſſi
le rendra moins durable : car
l'humidité en général , & beaucoup plus encore un humide
ſuperflu , eſt le premier inſtrument de tous les changements
produit par la fermentation.

11°. C'eſt pourquoi il peut ,
ſans doute , être utile , & quelquefois très-néceſſaire de retrancher cette eau ſuperflue :
quant à la maniere de le faire,
il examine d'abord les méthodes propoſées par d'autres , en
montre les difficultés & l'in-
ſuffiſance , & donne enſuite la
ſienne qui paroît plus commode.

Méthode pour condenſer les Vins
par la chaleur ou l'évaporation.

1°. Il eſt prouvé par l'expérience que toutes les liqueurs
fermentées travaillent quand
elles ſont chargées d'une trop
grande quantité d'eau , & qu'en
en retranchant beaucoup , elles
deviennent non-ſeulement plus
riches , mais auſſi plus durables , pourvu cependant que
l'on retienne la quantité d'eau
néceſſaire pour conſerver la
conſiſtance vineuſe , & tenir en
diſſolution la partie ſaline , ainſi
que les parties viſqueuſes &
onctueuſes.

2°. Mais , comme on trouve
abondamment dans le *vin* & le
vinaigre une matiere ſaline ,
effective & véritable , qui eſt
de nature acide , auſtere ou
tartareuſe ; quand la partie

ſpiritueuſe eſt enlevée , le *vin*
devient d'une âcreté ſurpre-
nante , & , ſi l'on depouille encore ce qui reſte d'une partie
de ſon principe aqueux , cette
matiere ſaline & tartareuſe ſuperflue ſe réunira en cryſtaux,
qui ſe precipiteront au fond ,
ou ſe fixeront ſur les côtés du
tonneau. La matiere ſubtile &
huileuſe , qui forme l'eſprit du
vin , adoucit & émouſſe l'acidité tartareuſe ; de même que
l'addition des eſprits rectifiés
du *vin* adoucit & dulcifie les
eſprits corroſifs & acides du
Nitre & du *Vitriol*.

3°. Mais ce ſel tartareux ,
qui contient auſſi une trop
grande portion de matiere graſſe
& onctueuſe, ne peut être diſſous
que dans un très-grand volume
d'eau ; & ſi cette eau eſt éva-
porée en partie , le ſel tartareux forme bientôt des cryſtaux
ſecs & ſolides , comme on le
voit par la crême de tartre.

De-là vient l'effet que nous
avons ci-devant obſervé , que
la dureté & l'acidité du *vin* ſe
manifeſte le plus quand il eſt
privé de ſa partie ſpiritueuſe.

On obſerve communément
dans les cuiſines que le *vin* mis
dans les ſauces prend toujours
par l'ébullition un plus grand
degré d'acidité.

4°. Quand on a dépouillé
le *vin* par la diſtillation d'une
grande quantité de ſa partie
aqueuſe ; ſi ce *vin* eſt de nature
tartareuſe , & non crayeuſe ou
terreuſe , on trouvera un bon
tartre cryſtalliſé dans la maſſe
reſtante , qui ne conſervera
plus aucune propriété du *vin*.

5°. La portion ſpiritueuſe eſt

est la partie active du *vin* & de toutes les liqueurs fermentées : non-seulement elle en lie & rapproche toutes les parties, les parfume, les rend durables & en empêche la corruption ; mais elle leur donne encore cette qualité aromatique, rafraîchissante & restaurante, & beaucoup d'autres propriétés que l'on reconnoît par leurs effets sur le corps humain.

6°. Tout cela prouve indubitablement que, lorsqu'on fait évaporer ou distiller le *vin*, (ce qui exige toujours un degré suffisant de chaleur pour convertir l'eau en vapeurs) il arrive que la partie spiritueuse, étant beaucoup plus volatile que l'eau, s'élève avec elle, ou même avant elle, & par-là laisse le *vin* dépouillé des parties essentielles à sa nature, & de tout esprit.

Après cette distillation, la masse saline, glaireuse & onctueuse qui reste, n'est plus qu'un composé informe & épais, susceptible d'une prompte corruption, & qui n'a plus après cela qu'un goût fade & visqueux.

Toutes ces circonstances démontrent suffisamment que la méthode de l'évaporation n'est point du tout convenable pour condenser les *vins*, puisqu'elle en détruit totalement la contexture vineuse.

Méthode pour condenser les Vins
par filtration.

1°. Le *vin*, proprement dit, est plus épais que l'eau, ses parties constituantes, séparées des parties aqueuses auxquelles elles se trouvent mêlées, sont plus grossieres qu'elles, comme on peut le démontrer *à priori* & *à posteriori*.

2°. Car d'abord il est raisonnable de concevoir qu'une matiere composée de parties salines, glaireuses & onctueuses, réduites en une masse, a plus de consistance que l'eau pure & simple.

3°. Cette solidité & épaisseur des particules propres & essentielles du *vin* se manifeste à la vue.

4°. Dans les maladies du *vin*, qui le rendent visqueux & gluant ; ce qui lui fait perdre non-seulement sa transparence, mais le transforme encore en une espece de mucilage, qui file sans pouvoir tomber en gouttes.

5°. Dans le *vinaigre* qui se charge d'une lie mucilagineuse, dure, & qui devient quelquefois une peau dense & coriace ; ce qui ne peut pas être supposé venir de l'eau, mais des parties propres & essentielles du *vin* dont il a été fait.

6°. Comme il est possible que ces concrétions puissent être attribuées à quelque désordre surnaturel du *vin*, nous dirons que notre méthode de concentrer produit cette grossiereté des parties à l'œil tandis que le *vin* reste dans un état parfait & libre de son aquosité superflue ; car ici il paroît plus dense, plus foncé en couleur, moins fluide, moins léger, moins transparent, &, à tous égards, d'une consistance plus épaisse.

7⁸. Enfin, ceci eſt encore plus évident dans la *Bierre*, qui, étant concentrée à notre maniere, devient graſſe, épaiſſe, & coule preſque comme de l'huile dans la bouche, ou comme un petit ſyrop, quoiqu'en même tems elle ſoit haute & concentrée en couleur.

Des phénomenes précédens, il devroit paroître naturel de conclure que ces différentes parties du *vin*, qui varient ſi fort en conſiſtance & en légéreté, pourroient être ſéparées les unes des autres par une filtration facile ; de maniere que les parties aqueuſes, qui paroiſſent les plus déliées, couleroient à travers les pores d'un filtre convenable, & ſe degageroient des plus groſſieres.

Mais cette pratique préſente de grandes difficultés.

Car premiérement, les liqueurs légeres, qui contiennent beaucoup de ſel, comme le *vin*, en ſeroient atténuées ; car leurs parties groſſieres, ſi épaiſſes qu'elles puiſſent être en comparaiſon de l'eau, ſont cependant aſſez déliées pour paſſer en même tems que l'eau par les trous ou ouvertures d'un filtre ordinaire, ou au moins leurs parties les plus fines & les plus délicates s'échapperoient avec l'eau, & laiſſeroient ſeules les particules plus groſſieres, & celles qui ſont les plus ſujettes à la viſcoſité.

Il faut auſſi obſerver que la plupart des *vins*, outre leurs parties ſubſtantielles, riches & eſſentielles, réuniſſent conſtamment avec elles quelques matieres étrangeres, ſuperflues,

gommeuſes, ou mucilagineuſes ; leſquelles, en condenſant la partie la plus noble, s'épaiſſiſſent auſſi davantage elles mêmes, & deviennent de plus en plus groſſieres : tandis que l'autre portion plus fine, dégagée de ces matieres, devient plus pénétrante & plus active.

C'eſt auſſi ce qui augmente la difficulté de condenſer les *vins* par filtration, parce que cette partie ſubtile & ſpiritueuſe paſſe & s'échappe avec l'eau à travers les pores d'un filtre.

Une difficulté contraire ſe trouve dans l'uſage d'une paſſoire trop fine, à cauſe des particules groſſieres & mucilagineuſes qui ſe trouvent accidentellement mêlées dans les *vins*, ou que l'on y a ajoutées exprès, ainſi qu'à d'autres liqueurs fermentées, & ſur-tout à la drèche ; car ces particules viſqueuſes, tenaces & gluantes s'accumulent bientôt, bouchent les trous de la paſſoire, & empêchent par-là les particules plus déliées & plus aqueuſes de s'échapper. Cette viſcoſité, que l'on obſerve dans les boiſſons faites avec la drèche, le miel, &c., ſe communique même à l'eau ſuperflue, l'épaiſſit & l'empêche de couler.

Une troiſieme difficulté que cette méthode préſente, c'eſt qu'en ſuppoſant la poſſibilité d'opérer la ſéparation, cette opération ſeroit ſi lente, que les parties ſubtiles & ſpiritueuſes, d'où dépend la qualité de la liqueur, ſe diſſiperoient & ne laiſſeroient qu'un *vin* éventé. D'ailleurs, quand il ſeroit encore poſſible

de prévenir cet inconvénient; il
ne feroit pas étonnant que, dans
une opération auſſi longue,
il y ſurvint quelque nouvel
obſtacle, comme une fermentation, &c.

Et après tout cela, il reſte-
roit encore l'embaras de ſavoir
quelle eſpece de paſſoire on
doit employer, ſur-tout pour
ceux qui n'en ont point l'uſage;
car tous les couloirs, ou paſ-
ſoires, communs étant généralement de papier, de linge
ou de quelqu'étoffe, ils com-
muniquent & impriment un
goût étranger & déſagréable à
toutes les liqueurs, & ſur-tout
au *vin*.

Et, il paroîtra peut-être ſurprenant qu'un paſſage momen-
tané d'un *vin* à travers la toile
la plus nette puiſſent lui communiquer un goût étranger &
déſagréable, qui ſe conſervera
pluſieurs mois. Cet effet ſe remarque davantage dans les *vins*
concentrés, dont les eſprits
réunis ont une qualité bien
plus diſſolvante qu'un eſprit
qui contiendroit la même quantité de flegme ſur un dixieme
d'eau; car notre *vin* concentré
ou rectifié, comme nous pouvons l'appeler, étant débarraſſé
de ſon flegme ſuperflu, a un
effet plus puiſſant & plus immédiat ſur le drap & ſur tous
les autres corps, par le moyen
de la concentration de ſes parties ſpiritueuſes & ſalines, que
lorſque ſa force eſt affoiblie
par un mélange d'eau.

Cependant cette filtration,
quoiqu'inſuffiſante dans tous les
cas, pour débarraſſer le *vin* de
ſon eau ſuperflue, peut être

de quelqu'utilité, ſi l'on fait
attention à la différence des liqueurs fermentées, ſur-tout à
leur degré de conſiſtance. On
peut faire uſage dans quelques cas du papier ou de quelqu'autre filtre.

L'uſage ordinaire des Taverniers eſt d'employer des morceaux de liſieres de drap; ce
moyen peut être bon quand
on le pratique avec adreſſe : ils
prennent un cordon de laine
long & épais, qu'ils trempent
d'abord dans l'eau, & dont ils
plongent un bout dans le *vin*,
tandis que l'autre pend hors
du vaſe. De cette maniere, ils
enlevent, quoiqu'imparfaite-
ment, l'eau ſuperflue que le
vin peut contenir.

Tous ces eſſais peuvent être
regardés comme peu impor-
tants ou même inutiles, en les
comparant avec la méthode
expéditive & facile que nous
allons indiquer.

Méthode pour concentrer les Vins
*　& autres liqueurs ſalines &*
*　ſpiritueuſes, par le froid.*

Après avoir démontré ci-deſſus les effets de la chaleur &
de l'action du feu ſur toutes
les liqueurs fermentées, principalement ſur leurs parties
les plus déliées, & plus directement ſur celles du *vin*, & combien cette chaleur contribue à
rompre l'union particuliere des
fluides vineux, & à changer
leur nature entiere qui conſiſte
dans cette union, nous allons
paſſer à l'action du froid, qui,
étant oppoſé à la chaleur, peut
être ſuppoſé avoir des effets

différens, ou au moins suffisans pour produire le résultat que nous desirons.

En exposant un tonneau de *vin* naturel & sans mélange à la gelée, ou dans une glaciere toujours remplie, ce *vin* se gelera, c'est-à-dire, que l'eau superflue, contenue dans le *vin*, deviendra de la glace, tandis que la partie propre & vraiment essentielle du *vin* ne se gelera pas, à moins que le froid ne soit très vif ou le *vin* très-foible & de mauvaise qualité.

Quand la gelée est modérée, cette méthode n'a aucune difficulté, parce qu'alors il n'y a que le tiers ou le quart de l'eau superflue qui gele dans une nuit. Mais si le froid est excessif, le mieux est après quelques heures, quand il y a une quantité suffisante de gelée, de tirer la partie qui reste liquide, & de la faire geler de nouveau.

1°. Parce que, plus les parties glacées s'étendent, deviennent grandes & contiguës, plus le *vin* concentré s'y trouvera renfermé & difficile à s'en tirer.

2°. Parce qu'autrement il faudroit plus de tems pour sou-tirer le *vin* de la glace.

Si le tonneau, dans lequel on met par degrés les différentes parties du *vin* condensé, est tenu dans un lieu où la gelée puisse prendre, en cas que la quantité soit petite, il sera fort sujet à geler de nouveau. Si, au contraire, il est déposé dans un lieu chaud, quelques-unes de ces parties aqueuses dissoutes affoibliront

le reste : ainsi, il est nécessaire de verser le *vin* condensé dans quelqu'endroit d'une température modérée, où la glace ne puisse se fondre, ni la substance vineuse, mêlée avec elle, se geler. Mais, pour obvier à tout, il sera convenable d'exécuter l'opération sur une grande quantité de *vin*, où l'on ne soit pas tenu d'y regarder de si près pour l'évaporation.

Par cette méthode, il y aura environ un tiers de la liqueur qui se gelera, & ce sera précisément la partie la plus aqueuse : le surplus sera le fluide vineux, que l'on tirera pour l'exposer à une nouvelle concentration. Par-là, il ne restera plus, après ce premier soutirage, que la glace que l'on fera dégeler doucement, & qui ne produira qu'un fluide parfaitement aqueux, qui ne conservera qu'une légere odeur, & un peu du goût & de la couleur du *vin*. Si alors le *vin* concentré est encore une fois exposé à un grand froid, & qu'il se gele de nouveau, on enlevera encore la partie qui ne sera pas glacée, & l'on trouvera au fond une grosse poudre de tartre blanc & luisant. Le premier *vin* concentré dépose une matiere semblable après quelques heures de repos : mais cela n'arrive pas si le *vin* est austere, naturel, net, & sans être mêlé de sucre, d'eau-de-vie, &c.

La glace de la seconde opération ne differe point du tout de celle de la premiere, pourvu que la matiere vineuse en soit parfaitement écoulée avant que la glace ait commencé à fondre ; & elle se trouve composée de la même espece de flegme, à moins que le *vin* ne se trouvât moins spiritueux ; ce qui lui donneroit un goût un peu plus salin que l'eau séparée par la premiere opération.

La partie qui n'a point été gelée dans les deux opérations, est un *vin* réellement concentré, comme on s'en apperçoit par sa couleur, sa consistance, sa saveur & son odeur ; car alors il possede toutes ces propriétés en un plus grand degré, ses parties actives étant plus rassemblées que quand elles étoient mêlées avec une grande quantité d'eau superflue. Ce *vin* est beaucoup meilleur & plus riche, qu'avant cette opération : car la meilleure espece de *vin* étant par ce moyen dépouillée par-là de deux ou trois parties de son flegme, & la plus foible de trois quarts, ce qui reste doit nécessairement être fort & épuré.

Cette opération, quoique très-bonne & parfaite pour le *vin*, ne réussit pas également sur les liqueurs riches & chargées de drèches.

Ainsi, par exemple, quand on a, par plusieurs concentrations réduit un gallon ou quatre pintes de liqueur forte de drèche à la quantité d'une chopine & demie, la glace de la premiere concentration donnera une liqueur à-peu-près de la couleur & du goût d'une petite-bierre, & la derniere pourra passer presque pour de la petite-bierre, quoiqu'elle con-

serve toujours un goût fade & aqueux : mais la partie qui n'aura point été gelée, sera extrêmement riche dans sa consistance & son goût, & surpassera de beaucoup la fameuse *double-bierre de Brunswick.*

Cette bierre a paru en force & en esprit extrêmement aromatique & d'une saveur excellente ; ce que l'on ne trouve pas communément dans les liqueurs ordinaires de drèche. Pour sa consistance, elle ressembloit à un syrop détrempé : une douceur agréable couvroit l'âpreté & l'amertume du *Houblon* qui auparavant se faisoit sentir fortement.

La nature mucilagineuse, qui domine dans toutes les liqueurs de drèche, ne permet pas à la partie aqueuse glacée de se séparer entièrement des parties étrangeres ; mais, comme cette liqueur est moins chere que le *vin*, la perte en est moins considérable. D'ailleurs, en exécutant l'opération en grand, la liqueur dégelée pourroit être brassée de nouveau, & avec un peu d'attention on pourroit réparer toutes ses pertes.

Il en est de même du flegme de *vin* séparé dans l'opération : on pourroit très-facilement, par un ferment convenable, le convertir en bon *vinaigre*, & en tirer encore quelque bénéfice.

Les chymistes savent très-bien que le *vinaigre* contient une très-grande quantité d'eau, & qu'il n'y a qu'une petite quantité d'acide. C'est pour cette raison qu'il faut beaucoup de *vinaigre* pour dissoudre une petite portion de métal.

Une chopine du *vinaigre* le plus fort ne pourra diſſoudre que deux dragmes de fer, ou ſaturer plus que la même quantité d'alkali du tartre. La méthode de concentrer les liqueurs par le froid, remedie très-bien à cet inconvénient : elle retranche l'eau ſuperflue du *vinaigre*, & en rapproche les parties actives de maniere qu'il devient extrêmement fort. Par cette opération l'on enleve cinq ou ſix parties de flegme inutile, qui à peine a le goût d'acide, & le reſte acquiert une activité extraordinaire.

Avantages de la méthode de concentrer les Vins *par le froid.*

Il eſt certain que les meilleurs *vins* & les plus ſpiritueux, étant expoſés pendant pluſieurs jours à un air chaud, & ouvert pendant l'été hors de la cave & des ſelliers, ſe corrompent & ſe gâtent, que leur ſurface ſe couvre d'une matiere moiſie & mucilagineuſe, qu'ils prennent une odeur déſagréable & fade, ou ſe changent en *vinaigre*.

Le contraire a lieu à l'égard des *vins* concentrés ſuivant notre méthode ; car ils ne ſouffrent aucun de ces changemens, même étant expoſé à l'air ouvert & chaud : mais ils s'y conſervent long-tems non-ſeulement ſans eſſuyer de corruption, mais même ſans altération ; comme nous l'avons éprouvé pendant pluſieurs années.

Et, comme cet avantage n'a lieu que parce que le *vin* eſt débarraſſé de ſon humidité ſuperflue, on peut naturellement préſumer que l'eau ſeule eſt le principal inſtrument de toutes les fermentations & changemens qui arrivent aux liqueurs vineuſes.

Nous avons concentré, ſuivant notre méthode, ſix pintes de *vin* foible, âcre & acide, juſqu'à la réduction d'une pinte environ pendant l'hiver de 1696; nous avons mis ce *vin* dans une bouteille de verre, dont le tiers reſtoit vuide, & nous ne l'avions bouché qu'avec un papier fortement tortillé. Cette bouteille a reſté, pendant l'eſpace de deux ans, dans une chambre, dont pendant l'été, lorſque le tems étoit beau, les fenêtres étoient ouvertes toute la journée, & où il y avoit d'autres liqueurs aqueuſes qui s'étoient gâtées pendant l'hiver. Pendant tout ce tems, on a ſouvent débouché la bouteille pour en goûter le *vin*, qui, malgré cela, n'a ſouffert aucune altération : il a ſeulement dépoſé une petite quantité de tartre ; mais il a conſervé ſa conſiſtance primitive & toute ſa force, à quelque choſe près qu'il ſe trouvoit changé en mieux.

Nous avons concentré de même un *vin* un peu meilleur à un peu plus d'un quart de réduction ; mais ſa quantité ne s'eſt pas auſſi bien conſervée que celle du premier, plus de perſonnes ayant goûté celui-ci, que le précédent qui étoit auſtere & déſagréable.

S'étant trouvé réduit, à force de le goûter, juſqu'à une demi-pinte , j'ai mis le reste dans un verre que j'ai bouché avec un parchemin , je l'ai placé auprès de l'autre , & je n'ai pu m'empêcher qu'il ne fût réduit à trois onces feulement par toutes les perfonnes qui l'effayoient.

Cette petite quantité a été légerement couverte pendant tout l'été d'une veffie mince , & s'eft conlervée fans altération , fans fe moifir & fans devenir acide ; elle a confervé long-tems le goût le plus agréable : mais fon parfum s'eft un peu affoibli , parce que la bouteille a été quelque tems fans être bien bouchée. A cet accident près , il eft furprenant qu'il fe foit foutenu auffi long-tems fans altération.

Pendant l'hiver précédent , j'avois concentré une très petite quantité de la même efpece de *vin* jufqu'à la réduction d'une demi-once , & je l'avois mife dans une phiole qui pouvoit en contenir une once. Cette phiole , qui n'étoit que légerement couverte , a refté toute l'année fuivante dans une chambre chaude ordinaire ; & cependant le *vin* s'eft confervé fans fe corrompre , jufqu'à la fin de l'hiver : mais alors la chambre ayant été échauffée inégalement , & quelquefois violemment , il s'eft éventé & moifi.

Une portion de *vinaigre* , concentrée fuivant la même méthode pendant l'hiver de 1694 , & réduite par ce moyen à un très-haut degré de caufticité , de maniere qu'il étoit impoffible de s'en fervir pour l'ufage de la table , a demeuré dans la

même chambre avec les *vins* concentrés ci-deffus , pendant trois étés & trois hivers confécutifs , fans aucun figne de corruption , de moifi ou de vifcofité.

Ces exemples démontrent fuffifamment que les liqueurs ainfi concentrées peuvent être confervées long-tems dans un état de perfection avec peu de foin.

Mais à la longue il arrive quelques changemens particuliers aux *vins* & aux *vinaigres* ainfi concentrés.

Les *vins* concentrés paroiffent avoir acquis plus d'auftérité qu'ils n'en avoient originairement ; mais il n'eft pas étonnant que cette concentration , qui rapproche leurs parties falines , augmente en proportion la dureté de leur goût. Peut-être que la fraîcheur mitigeroit cette dureté en divifant & en étendant ces parties falines.

On peut concevoir que ce changement vient de ce que tous les *vins* deviennent doux & mous en repofant long-tems : cet effet provient principalement de la féparation fucceffive de leur tartre , & d'une légere évaporation de quelques parties de leur eau fuperflue , ce qui nous met fouvent dans la néceffité de remplir les tonneaux pendant les mois d'été : mais dans notre *vin* concentré , quoiqu'il dépofe fucceffivement quelque tartre , cependant on n'y apperçoit aucune évaporation proportionnée ; car ce *vin* concentré devient mou & doux dans une bouteille bien bouchée , fans qu'il s'y opere aucune diminution fenfible.

Cet effet provient principalement d'une combinaison plus exacte de la partie la plus graffe avec la partie fpiritueufe, qui, par ce nouveau mêlange, retenant une plus grande quantité de la partie aqueufe, dépofe fon plus gros tartre. Outre cela, il paroît fe faire encore un autre chang-ment remarquable dans les *vins* concentrés, non feulement dans leur goût, mais encore dans leur odeur; car, quoique ce même *vin* auftere, dont on a fait mention ci-deffus, ait un goût beaucoup plus doux la troifieme année que dans la feconde, cependant fon odeur fpécifique eft fi femblable à celle des *vins* de Canarie, que de bons connoiffeurs pourroient s'y tromper.

Ce changement de parfum n'eft pas particulier au *vin* feul; car le *vinaigre* concentré le prend auffi : mais on a obfervé qu'il le perdoit, étant feulement bouché avec du papier pendant un tems confidérable; & fouvent ouvert pour l'ufage.

Ainfi, comme il eft certain que les *vins* & toutes autres liqueurs fermentées deviennent beaucoup plus durables par la concentration, & comme cette durée a été reconnue fur de très-petites portions de liqueurs, il eft clair que, fi l'opération étoit exécutée en grand, un grand volume de *vin* ainfi concentré feroit toujours infiniment moins fujet à l'altération occafionnée par l'air & la chaleur, qui font les deux grands moteurs de la fermentation.

Comme ces liqueurs concen-trées, en raifon de la quantité confidérable de parties falines, fines & fpiritueufes qu'elles contiennent, font à l'abri de toute diffolution & corruption; par la raifon contraire, la partie aqueufe féparée doit y être fort fujette : car, quoiqu'elle participe encore de la nature du *vin*, & qu'elle retienne quelques parties mucilagineufes & onctueufes, cependant elle ne doit être regardée que comme à-peu près de l'eau pure, qui, étant le moteur le plus actif de la fermentation, ne peut que tomber bientôt dans un état de corruption.

Cette opération de la gelée n'eft pas feulement applicable à l'utilité qui peut en réfulter; mais elle peut encore fervir à des motifs de curiofité, & à la démonftration de certaines particularités qui anciennement étoient très-communes & familieres, & qui aujourd'hui font tombées dans un étrange oubli.

Quant à l'avantage que cette méthode procure, elle n'eft point équivoque, car il faudroit être bien borné pour ne pas concevoir, que ces *vins* ainfi concentrés, peuvent acquérir tels degrés de force & de perfection qu'on juge convenable de leur donner.

Par exemple, fi un *vin*, d'une force modérée, eft dépouillé d'un tiers de fon eau fuperflue par la congellation, le refte aura acquis par-là une force & une qualité double. Si l'on conçoit qu'il y a dans les meilleurs *vins* un tiers de parties vraiment vineufes fur deux tiers de parties aqueuses, on peut conclure que, si une des deux parties aqueuses est enlevée, la partie vineuse aura une force double, puisqu'elle ne sera plus mêlée qu'avec une partie aqueuse au lieu de deux.

Mais si cette concentration est portée jusqu'au dernier degré, & si on fait l'opération sur une grande quantité de *vin* & par un froid très-rigoureux, elle peut réduire les bons *vins* à un sixieme : ce *vin* ainsi concentré peut être regardé comme une quintessence propre à ameliorer, à avancer, & à fortifier les *vins* les plus foibles.

Pour conclure ; quant à l'usage direct & immédiat de notre méthode de concentration, celui qui a le secret, par le moyen d'un petit corps sec & poudreux, de changer l'eau en *vin*, ne divulguera peut-être pas l'usage capital qu'il peut faire de ce moyen.

VINCA. *Lin. Gen. Plant.* 261. *Pervinca. Tourn. Inst. R. H.* 119. *tab.* 45. [*Periwincle.*] Pervenche.

Caracteres. Le calice de la fleur est persistant & découpé au sommet en cinq parties aiguës : la corolle est monopétale & en forme de soucoupe ; elle a un tube plus long que le calice, avec un bord large, étendu, ouvert, & légérement découpé en cinq segmens aigus : la fleur a cinq étamines trèscourtes, réfléchies, & terminées par des antheres, érigées, obtuses & membraneuses, avec deux germes ronds qui ont deux corpuscules ronds à leurs côtés, & qui soutiennent un style

commun de la longueur des étamines, & couronné par deux stigmats, dont l'inférieur est orbiculaire & uni, & le supérieur concave & à tête. Les germes se changent dans la suite en un fruit composé de deux cosses cylindriques & à pointe aiguë, qui s'ouvrent longitudinalement en une valve, & contiennent des semences oblongues & cylindriques.

Ce genre de plantes est rangé dans la premiere section de la cinquieme classe de LINNÉE, avec celles dont les fleurs ont cinq étamines & un style.

Les especes sont :

1°. *Vinca minor, caulibus procumbentibus, foliis lanceolato-ovatis, floribus pedunculatis. Lin. Sp. Plant.* 209. *Mat. Med.* 71. *De Neck. Gallob. p.* 126. *Leers. Herb. n.* 152. *Pollich. Pal. n.* 241. *Mattusch. Sil. n.* 162. *Dœrr. Nass. p.* 249 ; Pervenche à tiges traînantes, avec des feuilles ovales & en forme de lance, & des fleurs sur des pédoncules.

Pervinca vulgaris, angustifolia, flore cæruleo. Tourn. Inst. 120 ; Pervenche commune à feuilles étroites & à fleurs bleues.

Clematis Daphnoïdes. Dod. Pempt. 405. *Blackw. t.* 59.

2°. *Vinca major, caulibus erectis, foliis ovatis, floribus pedunculatis. Lin. Sp. Plant.* 209. *Pallas it.* 3. *p.* 585. *Fabric. Helmst. ed.* 2. *p.* 252 ; Pervenche à tiges érigées, avec des feuilles ovales, & des fleurs sur des pédoncules.

Pervinca vulgaris, lati-folia, flore cæruleo. Tourn. Inst. 119 ;

Pervenche commune, à larges feuilles, & à fleurs bleues.

Clematis Daphnoïdes major. Bauh. Pin. 302. Dod. Pempt. 406.

3°. *Vinca rofea, foliis oblongo-ovatis, integerrimis, tubo floris longiffimo, caule ramofo, fruticofo. tab. 186 ;* Pervenche à feuilles oblongues, ovales & entieres, avec un fort long tube à la fleur, & une tige branchue en arbriffeau. Pervenche de Madagafcar.

Minor. La premiere efpece croît naturellement fous les haies & les buiffons dans plufieurs parties de l'Angleterre ; fes tiges minces & traînantes pouffent à chaque nœud des fibres qui prennent racine, & au moyen defquelles cette plante fe multiplie & s'étend confidérablement : les feuilles font oppofées fur les tiges : elles font ovales, en forme de lance, d'un pouce & demi environ de longueur fur neuf lignes de large, d'une fubftance épaiffe, fort liffes & entieres : leur furface fupérieure eft d'un vert foncé & luifant, & le deffus d'un vert brillant, & elles font fupportées par de courts pétioles. Les fleurs qui font folitaires, & potiées fur des pédoncules, font prefqu'en forme d'entonnoir, mais ouvertes à l'extrémité, & applaties en forme de foucoupe ; leur bord eft divifé en cinq fegmens larges & obtus : ces fleurs font ordinairement de couleur bleue, mais on en trouve fouvent des blanches, & quelquefois de panachées des deux couleurs ; elles paroiffent en Avril, & fe fuccedent fouvent pendant une grande partie de l'été ; mais elles font rarement fuivies de femences. TOURNEFORT dit qu'il ne favoit comment donner la figure de fon fruit dans fes *Elémens de Botanique* ; mais qu'il avoit cependant réuffi à en obtenir en mettant quelques plantes dans de petits pots pour gêner leurs racines, & empêcher leurs tiges de ramper fur la terre.

J'ai fait moi-même cette expérience pendant plufieurs années fans pouvoir réuffir ; mais, après avoir mis en pleine terre trois ou quatre plantes, dont j'ai conftamment coupé les branches latérales, en ne laiffant que les tiges fupérieures, j'ai obtenu dans la feconde année une grande quantité de légumes.

Il y a deux variétés de cette plante à feuilles panachées : l'une en blanc, & l'autre en jaune ; on les conferve dans les jardins pour la variété. Il y en a auffi une autre à fleurs doubles de couleur pourpre, que je regarde comme une variété accidentelle, & que pour cela je n'ai pas mife au nombre des efpeces.

Major. La feconde efpece fe trouve auffi dans plufieurs parties de l'Angleterre : fes tiges font plus groffes que celles de la précédente, & ne traînent pas fi près de terre ; elles s'élevent à deux pieds de hauteur, & leurs fommets penchent fouvent vers le bas. Ces tiges pouffent fouvent des racines quand on les laiffe couchées fur terre. Les feuilles de cette espece sont ovales, en forme de cœur, de trois pouces environ de longueur sur deux de large, d'une substance épaisse & entiere, d'un vert luisant en dessus, & d'un vert plus clair en-dessous, & soutenues par des pétioles épais. Les fleurs sortent des aisselles des tiges, comme celles de la précédente; elles sont de la même forme, mais beaucoup plus larges, & elles sont ordinairement bleues, mais quelquefois blanches. Elles paroissent plutôt au printems, & elles se succedent durant une grande partie de l'été.

Comme ces plantes réussissent volontiers sous les arbres & buissons, elles peuvent servir d'ornement dans les grands jardins, sur le bord des quartiers déserts, où elles s'étendront & couvriront la terre : leurs feuilles, conservant leur verdure toute l'année, produiront un bel effet pendant l'hiver, & leurs fleurs, qui paroissent durant une grande partie de l'été, ajoutent à la variété.

On les multiplie aisément par leurs tiges traînantes, qui poussent des racines librement, sur-tout celles de la premiere espece. Si l'on met en terre les tiges de la plus grande, elles prendront bientôt racines, & pourront être enlevées tout de suite & transplantées à demeure. Quand elles sont une fois enracinées, elles s'étendent & se multiplient sans aucun soin. [b]

Rosea. La troisieme espece croît naturellement dans l'Isle de Madagascar, d'où ses semences ont été portées au Jardin Royal de Paris. Les plantes que l'on en a obtenues, ont fleuri l'été suivant, & ont elles-mêmes donné de bonnes graines, qui m'ont été envoyées par M. RICHARD, Jardinier du Roi à Trianon : ces graines ont réussi dans le Jardin de Chelséa, où j'ai élevé plusieurs plantes. Cette plante a une tige droite, branchue, de trois ou quatre pieds de haut, succulente, noueuse, de couleur pourpre tandis qu'elle est jeune ; à mesure que la plante avance en âge, le bas devient ligneux : les branches de côté ont leur nœuds fort rapprochés ; elles sont couvertes d'une écorce lisse & pourpre, & sont garnies de feuilles oblongues, ovales, entieres, de deux pouces & demi de longueur sur un & demi de large, lisses succulentes, & assez rapprochées des branches. Les fleurs sortent seules sur les côtés des branches, soutenues par de fort courts pédoncules : leur tube est long & mince ; leur bord est étendu, ou

---

[b] La _petite Pervenche_ est d'un grand usage dans la Médecine : elle entre aussi dans les Vulnéraires de la Suisse, appellés _Falltrancks_, & est astringente.

La _Grande Pervenche_ est vulnéraire, astringente, fébrifuge, & propre à modérer les pertes de sang ; elle arrête le saignement de nez. La décoction des deux especes de Pervenche est excellente en gargarisme avec le miel rosat, dans les esquinancies inflammatoires : elles rétablissent le ton & le ressort des poitrines foibles, & dissipent la toux seche & habituelle.

vert,

vert, plat, & divifé en cinq fegmens larges, obtus, & réfléchis
à leurs pointes. La furface fupérieure du pétale eft d'une belle
couleur cramoifie ou *Péche*, &
le deffous de couleur de chair
pâle : ces fleurs fe fuccedent fur
la même plante depuis le mois
de Février jufqu'au mois d'Octobre ; celles qui paroiffent de
bonne heure en été font remplacées par des capfules cylindriques remplies de femences
rondes, noires, & qui mûriffent en automne.

Culture. On multiplie cette
efpece par femences ou par
boutures. Les plantes élevées
de femences croiffent plus droites, & ne pouffent pas autant
de branches que celles de boutures. On feme ces graines au
printems fur une couche de
chaleur modérée. Quand les
plantes qui en proviennent font
en état d'être enlevées, on les
tranfplante fur une nouvelle
couche chaude à quatre pouces environ de diftance, on
les tient à l'ombre jufqu'à ce
qu'elles aient repris racine, &
on les traite enfuite comme les
autres plantes tendres qui font
originaires des pays chauds ;
mais il faut avoir grand foin
de les empêcher de filer, &
de ne pas leur donner trop
d'eau. Quand elles ont acquis
de la force, on les enleve en
motte, on les met dans des
pots remplis de bonne terre,
on les plonge dans une couche de chaleur modérée, pour
leur faire prendre de nouvelles
racines, on les tient à l'ombre
jufqu'à ce qu'elles foient bien
établies, on les endurcit, &

Tome VIII.

on les accoutume par degrés à
fupporter l'air ouvert, mais
fans les placer au-dehors, à
moins que l'été ne foit chaud ;
car elles ne profitent point au
froid & à l'humidité : ainfi il
faut les tenir pendant l'été dans
une caiffe vitrée, & pendant
l'hiver dans une ferre de chaleur tempérée, fans quoi, elles ne pourroient fubfifter ici.

Quand on veut les multiplier
par boutures, il faut les mettre
en pots pendant l'été, & les
plonger dans une couche de
chaleur modérée : fi on les
couvre de cloches, elles poufferont plutôt des racines. Lorfque ces boutures font bien enracinées, on les endurcit par
degrés, & on les plante enfuite
dans des pots : elles exigent
enfuite le même traitement que
les plantes de femences.

Cette efpece mérite une place
dans la ferre chaude, autant
qu'aucune autre plante exoti-
que ; parce que fes fleurs font
fort belles, & qu'elles fe fuccedent conftamment pendant
tout l'été.

VINCITOXICUM. *Voy.* As-
CLEPIAS.

VINETTE, SURRETTE *ou*
OSEILLE. *Voy.* ACETOSA PRA-
TENSIS.

VIOLA. *Tourn. Inft. R. H.*
419. tab. 236. Lin. Gen. Plant.
898. [*Violet.*] Violette.

Caraéteres. Le calice de la
fleur eft perfiftant, court &
de cinq feuilles diverfement
rangées dans les différentes efpeces ; la corolle eft labiée &
compofée de cinq pétales inégaux, dont le fupérieur eft large, obtus, découpé à la pointe,

& pourvu d'un nectaire en forme de corne à sa bâfe, les deux latéraux oppofés, & les deux inférieurs plus larges, érigés & réfléchis : la fleur a cinq étamines petites, annexées comme des appendices à l'ouverture du nectaire, & terminées par des antheres obtufes, qui font quelquefois jointes ; fon germe eft rond & foutient un ftyle mince, pofté au-delà des antheres, & couronné par un ftigmat oblique : à ce germe fuccede une capfule ovale, à trois angles, & à une cellule, qui s'ouvre en trois valves, & renferme plufieurs femences ovales.

Ce genre de plantes eft rangé dans la fixieme fection de la dix-neuvieme claffe de LINNÉE, qui comprend celles dont les fleurs font fimples dans les calices, mais dont les antheres font jointes enfemble.

Les efpeces font :

1°. *Viola odorata, acaulis, foliis cordatis, ftolonibus reptantibus. Lin. Sp. Plant. 934. Mat. Med. 194. Hall. Helv. n. 558;* Violette feffile ou fans tige, avec des feuilles en forme de cœur, & des branches rampantes.

Viola Martia purpurea, flore fimplici, odoro. C. B. P. 119; Violette pourpre de Mars, à fleurs fimples & odorantes.

Viola nigra, five purpurea. Dod. Pempt. 156. t. 12.

2°. *Viola hirta, acaulis, foliis cordatis, pilofo-hifpidis. Linn. Flor. Suec. 718. 788. Dalib. Paris. 269. Hall. Helv. n. 559. Fl. Dan. t. 618.;* Violette fans tige, avec des feuilles en forme

de cœur, velues & garnies de poils.

Viola Martia hirfuta, inodora. Mor. Hift. 2. p. 754; Violette de Mars velue & fans odeur.

3°. *Viola paluftris, acaulis, foliis reni-formibus. Haller. Helvet. 560. Fl. Suec. 717. Dalib. Paris. 270;* Violette fans tige, avec des feuilles en forme de rein.

Viola paluftris rotundi-folia, glabra. Mor. Hift. 1. p. 475; Violette de marais à feuilles rondes & liffes.

4°. *Viola mirabilis, caule triquetro, foliis reni-formibus, cordatis, floribus caulinis, apetalis. Lin. Sp. 1326. Jacq. Auftr. t. 19;* Violette avec une tige à trois angles, des feuilles en forme de rein, & en cœur, & des fleurs dont les pédoncules font attachés aux tiges.

Viola montana lati-folia, flores è radice, femina in cacumine ferens. Hort. Elth. 408. tab. 303; Violette de montagne à larges feuilles, dont les fleurs fortent des racines, & les femences au fommet.

5°. *Viola multi-fida, acaulis, foliis pedatis, feptem-partitis. Lin. Sp. Plant. 933;* Violette fans tige, avec des feuilles fur des pétioles, & divifées en fept parties.

Viola Virginiana tri-color, foliis multi-fidis, cauliculo aphyllo. Pluk. Alm. 388; Violette de Virginie tri-color, avec des feuilles à plufieurs pointes, & une tige nue.

Viola pedata. Lin. Syft. Plant. tom. 3. p. 962. Sp. 2.

6°. *Viola pinnata, acaulis, foliis pinnati-fidis. Lin. Sp. Plant.*

734; Violette sans tige, avec des feuilles à plusieurs pointes.

Viola alpina, folio in plures partes dissecto. C. B. P. 199; Violette des Alpes à feuilles découpées en plusieurs parties.

7°. *Viola Cenisia, acaulis ; grandi-flora, foliis ovalibus, uniformibus, integerrimis. Allion.;* Violette sans tige, à grande fleur, avec des feuilles ovales, uniformes & entieres.

8°. *Viola montana, caulibus erectis, foliis cordatis, oblongis. Lin. Sp. Pl.* 935. *Fl. Suec.* 2. *n.* 787. *Gmel. Sib.* 4. *p.* 47. *Kniph. cent.* 4. *n.* 99. Violette à tiges érigées, avec des feuilles oblongues & en forme de cœur.

Viola Martia arborescens, purpurea. C. B. P. 199; Violette de Mars pourpre & en arbre.

9°. *Viola tri-color, caule triquetro, diffuso, foliis oblongis, incisis, stipulis dentatis. Linn. Flor. Suec.* 721, 791. *Dalib. Paris.* 269. *Gmel. Sib.* 4. *p.* 97. *Neck. Gallob.* 366. *Leers. Herb. n.* 685. *Pollich. Pal. n.* 839. *Mattusch. Sil. n.* 593. *Dœrr. Nass.* 250; Violette avec une tige diffuse, & à trois angles, des feuilles oblongues & decoupées, & des stipules dentelées.

Viola tri-color, hortensis repens. C. B. P. 199; Violette Tricolor & rampante de jardins, communément appelée *Jacée* ou *Pensée,* ou *Herbe de la Trinité.*

Trinitatis herba. Fuchs. Hist. 803.

Jacea altera. Cam. Epit. 913; Pensée.

10°. *Viola calcarata, caule diffuso, decumbente, foliis oblongis, incisis, stolonibus reptatricibus ;* Violette à tige diffuse & trai-

nante, avec des feuilles oblongues & découpées, & des branches rampantes.

Viola montana lutea, grandiflora. C. B. P. 200; Violette jaune de montagne, à grandes fleurs.

Odorata. La premiere espece, qui est la *Violette commune* odorante, croît naturellement sous les haies dans le voisinage de Londres, mais la *Violette* sans odeur est la plus commune dans les cantons les plus éloignés. Cette *Violette odorante* offre plusieurs variétés : telles sont, la *simple bleue, la blanche, la double bleue ; la double blanche, & la pourpre pâle.* On les conserve ordinairement toutes dans les jardins, à cause de l'agréable odeur de leurs fleurs. Cette espece a une racine épaisse & fibreuse ; de laquelle sortent des branches longues & traînantes, qui, prenant racine en terre, s'étendent & se multiplient infiniment; par ce moyen, ses feuilles, qui ont de longs pétioles, sont en forme de cœur, & un peu velues : ses fleurs sont postées sur des pédoncules minces & nus, qui sortent immédiatement des tetes de la plante; ces fleurs, qui sont d'une forme irréguliere, & ressemblent un peu au grouin d'un animal, sont composées de cinq pétales inégaux, dont l'un a un talon où nectaire cornu à sa base : les *Violettes* paroissent généralement en Mars ; ce qui leur a fait donner le nom de *Violette de Mars.* Quand les fleurs sont passées ; le germe se gonfle, & devient une capsule ronde, à trois sillons & à une cellule , qui renferme quatre ou cinq semences rondes qui mûrissent en Juillet.

Hirta. Les fleurs de cette espece sont une des quatre fleurs cordiales : on les regarde comme rafraîchissantes, humectantes & laxatives. On se sert quelquefois de ses feuilles pour des clisteres. On porte fréquemment aux marchés les fleurs de la seconde espece , que l'on y vend pour celles de la premiere ; mais , comme elles n'ont point d'odeur , elles ne produisent point le même effet. Cette tromperie n'a lieu que parce qu'elles sont plus grosses & qu'elles remplissent mieux la mesure.

Palustris. La troisieme espece se trouve sur les marais dans plusieurs parties de l'Angleterre ; ses feuilles sont petites, en forme de rein, & unies : ses fleurs sont petites, & d'un bleu pâle ; elles paroissent en Juin, & produisent des capsules petites & oblongues , remplies de semences rondes.

Mirabilis. La quatrieme est originaire de l'Allemagne & de la Suede : on la conserve dans quelques jardins pour la variété ; ses feuilles sont en forme de lance, entieres, & postées sur des pétioles : ses fleurs sont plus larges que celles de l'espece commune ; mais elles n'ont point d'odeur.

Multi-fida. La cinquieme espece, que l'on rencontre dans l'Amérique septentrionale, a des feuilles divisées en sept lobes réunis au pétiole : ses fleurs, qui sont postées sur des pédoncules nus, sont de l'espece des

Pensées, & n'ont point d'odeur ; elles paroissent en Juin, mais elles ne produisent point de semences ici.

Pinnata. La sixieme espece, qui croit naturellement sur les Alpes, m'a été envoyée de Turin par M. ALLIONE. Cette plante s'éleve rarement à deux pouces de haut ; ses feuilles sont petites & découpées en pointes ailées : ses fleurs sont d'un bleu pâle, & paroissent en Juin.

Cenisia. La septieme espece m'a été envoyée par la même personne qui l'a également trouvée sur les Alpes ; c'est une plante basse, dont les feuilles sont ovales, entieres, uniformes, de six lignes au plus de longueur sur trois de large , & postées sur de courts pétioles : ses fleurs sont larges, d'un bleu clair : elles paroissent en Juin, mais elles n'ont point d'odeur.

Montana. La huitieme espece croit naturellement sur les Alpes & les montagnes de l'Autriche. Sa racine est vivace, mais ses tiges & ses feuilles périssent en automne ; elle a des tiges érigées, de plus de deux pieds de haut, & garnies de feuilles oblongues, & en forme de cœur : ses fleurs sont postées sur de longs pédoncules qui sortent des côtés des tiges, elles ont la forme de l'*Erythonium* ou *Dent-de-Chien*, & sont d'un bleu pâle ; elles paroissent à la fin de Mai, & sont remplacées par des capsules rondes & remplies de petites semences qui mûrissent en Août.

Tricolor. La neuvieme espece est la *Jacée*, qui croit naturellement dans quelques parties septentrionales de l'Angleterre : on la cultive généralement dans les jardins ; il y en a plusieurs variétés qui different confidérablement entr'elles par la largeur & la couleur de leurs fleurs : les unes ont des fleurs fort larges, belles, & d'une odeur agréable ; d'autres ont de petites fleurs sans odeur. Je ne suis pas en état de déterminer si elles sont des especes distinctes, ou seulement des variétés accidentelles ; car j'ai conservé les graines de la plupart de ces plantes aussi soigneusement qu'il a été possible : je les ai laissées séparément, & y ai toujours trouvé un mêlange qui pouvoit provenir des semences écartées sur la terre : en effet, dans les jardins où des semences se sont naturellement répandues, il est impossible de savoir combien de tems elles peuvent être restées enterrées ; elles croissent quand elles se trouvent rapprochées de la surface : c'est ce qui fait la difficulté de déterminer la différence spécifique des plantes dans de pareils jardins. Cette plante est annuelle, & ses racines périssent quand les femences sont mûres : les feuilles du bas sont rondes, oblongues, & dentelées sur leurs bords. Les tiges s'élevent à sept ou huit pouces de hauteur, & poussent plusieurs branches étendues, quarrées & garnies de feuilles plus longues, plus étroites que celles du bas, entaillées sur leurs bords, & sessiles aux branches. Les fleurs naissent sur des pé-

doncules longs & nus, qui sortent sur le côté des tiges ; quelques-unes des variétés ont des fleurs beaucoup plus larges, & d'autres ressemblent aux *Violettes* de Mars. Dans les unes, deux pétales supérieurs sont d'un jaune foncé, avec une tache pourpre dans chacun : ceux du milieu sont d'un jaune plus pâle, avec une tache jaune foncée, & le pétale du bas est vélouté. Dans d'autres, les pétales sont blancs, avec des taches jaunes & pourpre : la couleur jaune domine dans quelques-unes, & le pourpre dans d'autres.

Calcarata. La dixieme espece se trouve sur les montagnes du nord de l'Angleterre & du pays de Galles : elle a une racine vivace, de laquelle sortent de tous côtés des rameaux qui s'étendent & se multiplient ; en quoi elle differe de la précédente. Les feuilles du bas sont oblongues & découpées ; les tiges s'élevent de quatre ou cinq pieds de hauteur, penchent vers le bas, & sont garnies de feuilles plus étroites que celles du bas, & plus profondément divisées sur leurs bords : les fleurs qui ont des pédoncules nus, & ont deux pouces de longueur, sont beaucoup plus larges que celles de l'espece commune, & d'un jaune foncé, avec quelques traits pourpre dans le centre. Ces fleurs se succedent durant une grande partie de l'été ; mais elles n'ont point d'odeur.

Culture. On multiplie aisément les *Violettes communes* en divisant leurs racines ; ce que l'on peut faire en deux saisons : la premiere & la plus usitée pour les diviser & les transplanter, est à la Saint-Michel, afin que les jeunes plantes puissent avoir le tems de pousser de bonnes racines avant l'hiver. On suit cette méthode quand on met ces plantes sur les bords des allées dans les bois & les grandes plantations ; mais dans les jardins on les transplante aussi-tôt que leurs fleurs sont passées, de façon qu'elles ont tout le reste de l'été pour croître & acquérir de la force : de cette maniere, elles produisent une plus grande quantité de fleurs au printems suivant, que si elles n'avoient été transplantées qu'à l'automne ; mais cela ne peut pas se faire quand on n'a pas la facilité de les arroser jusqu'à ce qu'elles aient repris racine, à moins que la saison ne soit humide.

Quand on les replante, il faut les placer à une bonne distance les unes des autres, afin qu'elles aient assez de place pour s'étendre ; car, si l'on veut leur faire produire beaucoup de fleurs, on ne doit pas les transplanter que tous les trois ou quatre ans. Pendant ce tems, les rejetons s'étendent sur la terre, si l'on a donné aux racines trois pieds de distance.

Les *Violettes* peuvent aussi se multiplier par leurs graines, que l'on seme aussi-tôt qu'elles sont mûres, c'est-à-dire, vers la fin du mois d'Août. Les plantes paroissent au printems suivant, &, quand elles sont en état d'être enlevées, on les transplante dans des plates-ban-

des à l'ombre, où on les laisse jusqu'à l'automne, pour les mettre alors à demeure. Les *Violettes* à fleurs doubles ne produisent point de semences ; celles à fleurs blanches, bleues & pourpre sont généralement regardées comme des variétés accidentelles : mais je ne les ai cependant jamais vu varier, quoique je les aie multipliées de graines pendant quelques années.

On conserve quelquefois les autres especes de *Violettes* de printemps dans les jardins de Botanique pour la variété. On peut les multiplier de la même maniere que l'espece commune, mais elles veulent être placées dans un sol humide & à l'ombre.

L'espece érigée ne pousse pas des rameaux comme la *Violette commune*, & se multiplie lentement par rejettons ; mais on peut se la procurer en abondance par semences : elle est aussi dure que la commune.

Les différentes variétés de *Jacées* ou de *Pensées* écartent leurs semences peu de tems après que les fleurs sont passées ; & ces semences produisent en automne des plantes qui fleurissent de très-bonne heure au printems, & sont remplacées par celles qui ont été semées au printems : de sorte qu'en donnant à ces plantes le tems de répandre leurs semences, on en aura une succession constante de fleurs durant la plus grande partie de l'année ; car elles s'épanouïront durant tout l'hiver, si le tems est doux, &, pendant la plus grande partie de l'été, si elles sont à l'ombre ; ce qui les rend dignes d'être admises dans tous les beaux jardins : mais il ne faut pas leur permettre de s'étendre trop loin, de peur qu'elles ne deviennent embarraffantes ; ce qui arrive par l'élafticité de leurs enveloppes ou capfules, qui lancent avec force les femences à des diftances confidérables.

La *Penfée* commune eft regardée dans la *Pharmacopée de Londres*, comme une plante médicinale ; mais on s'en fert rarement en Angleterre. [c]

La grande *Violette jaune* fe multiplie en grande abondance par rejettons : elle fe plait dans une terre humide & à l'ombre ; on peut la tranfplanter en automne & enlever alors les rejettons, mais il ne faut pas les divifer en trop petites têtes, ni les tranfporter trop fouvent, parce qu'elles ne produiroient pas beaucoup de fleurs, à moins que les plantes ne foient fortes & n'aient de bonnes racines. Cette efpece ne fubfifte pas dans un fol fec, ni dans un lieu trop expofé au foleil.

VIOLETTE. *V.* Viola.

VIOLETTE A ODEUR D'AIL ou ALLIAIRE. *Voyez* Erysimum Alliaria.

---

[c] Cette plante eft déterfive, vulneraire & fudorifique. Les fleurs de la Violette font rafraîchiffantes, un peu laxatives & du nombre des quatre fleurs cordiales. On en retire une teinture par l'eau bouillante, qui eft une *Liqueur d'épreuve* très-commode ; tout *Acide* fe décele en la colorant en *rouge* : fon changement en *vert*, annonce la prefence de l'*Alkali*. Cette teinture édulcorée avec du fucre, eft le *fyrop violat* qui eft très-flatteur au goût & bon dans les maladies de poitrine.

VIOLETTE AQUATIQUE. *V.* Hottonia.

VIOLETTE *ou* PENSÉE. *V.* Viola Tricolor-Calcarata.

VIOLIER DES DAMES, ROQUETTE, *ou* ALLIAIRE, JULIENNE. *V.* Hesperis.

VIOLIER *ou* GIROFFLIER. *V.* Cheiranthus.

VIORNE. *V.* Clematis Vitalba.

VIORNE D'AMÉRIQUE *ou* CAMARA. *V.* Lantana.

VIORNE *ou* COUDRE-MANSIENNE, *Voy.* Viburnum Lantana.

VIPÉRINE DE CRÊTE. *V.* Onosma simplicissima.

VIPÉRINE, *ou* L'HERBE-AUX-VIPERES. *V.* Echium.

VIRGA AUREA. *Voy.* Solidago.

VISCUM. *Tourn. Inft. R. H.* 609. *tab.* 380. *Linn. Gen. Plant.* 979 ; ainfi nommée, parce que fon fruit eft rempli d'une fubftance glutineufe. [*Mifleto.*] Gui.

Caractères. Cette plante a des fleurs mâles & des fleurs femelles fur des pieds féparés. Les fleurs mâles, dont le calice eft compofé de quatre feuilles oblongues, n'ont point de corolle ; mais on y remarque quatre antheres oblongues, à pointes aiguës, & fixées chacune à une des feuilles du calice : les fleurs femelles ont un calice formé par quatre petites feuilles ovales poftées fur le germe ; elles n'ont point de corolle ni d'étamine, mais feulement un germe oblong, à trois angles, fitué fous la fleur, fans ftyle, mais couronné par un ftigmat obtus. Le germe devient enfuite une baie globulaire, liffe, & à une cellule qui renferme une femence charnue, en forme de cœur.

Ce genre de plantes eft rangé dans la quatrieme fection de la vingt deuxieme claffe de Linnée, qui comprend celles dont les fleurs ont quatre organes mâles, & fe trouvent fur des plantes diftinctes de celles qui portent le fruit.

Nous n'avons qu'une efpece de ce genre en Europe :

Vifcum album, foliis lanceolatis, obtufis, caule dichotomo, fpicis axillaribus. Linn. Sp. Plant. 1023. Mat. Med. p. 211. Hall. Helv. n. 1609. Reyg. Ged. 1. p. 234. Scop. Carn. 2. n. 1217. Pollich. Pal. n. 926. Mattufch. Sil. n. 717. Dærr. Naff. p. 277; Gui à feuilles obtufes & en forme de lance, avec des tiges fourchues, & des épis de fleurs qui fortent des aiffelles de la tige.

Vifcum baccis albis. C. B. P. 423; Gui à baies blanches.

Cette plante, au-lieu de s'enraciner & de croître fur la terre, comme les autres, fe fixe & prend racine fur les branches des arbres : elle pouffe en forme de buiffon plufieurs branches ligneufes & couvertes d'une écorce jaune verdâtre. La plus forte de ces branches eft à-peu-près de la groffeur d'un doigt ; les autres font plus minces & pleines de nœuds, qui fe divifent aifément. De chacun de ces nœuds fortent deux feuilles épaiffes, charnues, larges, arrondies à leur extrémité, & étroites à leur bâfe. Les fleurs qui naiffent

en épis courts aux aiffelles de la tige, ont quatre feuilles jaunes, que quelques-uns nomment *pétales,* & d'autres *calices.* Les fleurs femelles font remplacées par des baies rondes, blanches, prefque tranfparentes, de la groffeur d'une *Grofeille blanche,* & remplies d'un fuc dur & vifqueux, dont le centre eft occupé par une femence plate & en forme de cœur.

Cette plante croît fur l'*Epine blanche,* les *Pommiers,* les *Pommiers fauvages,* les *Noifetiers,* le *Fréne* & l'*Erable ;* mais on la trouve rarement fur le *Chêne,* quoique celle que l'on y recueille foit toujours regardée comme la meilleure. Cette opinion, comme l'obferve M. Ray, peut bien avoir pris naiffance dans le culte fuperftitieux que les anciens Druïdes de cette Ifle rendoient au *Gui* que l'on regardoit comme la chofe la plus facrée.

Cette plante naît toujours de femences : on ne la cultive jamais dans la terre comme les autres végétaux, mais elle prend racine fur les arbres ; ce qui lui a fait donner par les anciens le nom de *fuperplante,* parce qu'ils la regardoient comme une excroiffance de l'arbre même qui ne devoit point fon origine à une graine : mais un grand nombre d'obfervations & d'expériences ont fait tomber cette opinion.

Voici la maniere dont cette plante fe perpétue : les grives qui fe nourriffent en hiver de ces baies bien mûres, les portent fouvent d'un arbre à l'autre ; leurs femences vifquéufes s'attachent quelquefois au bec de l'oifeau, qui, pour s'en débarraffer, le frotte contre les branches d'un arbre voifin. La femence s'attache à l'écorce par fa matiere vifqueufe, & l'hiver fuivant elle pouffe & prend racine : on pourroit de cette maniere multiplier cette plante, en frottant ces baies, quand elles font mûres, fur la partie liffe de l'écorce d'un arbre, où elles s'attacheroient & produiroient des plantes l'hiver fuivant, fi aucun accident ne les détruifoit.

Les arbres, fur lefquels cette plante prend le plus aifément racine, font le *Pommier*, le *Frêne*, l'*Epine blanche*, & autres arbres à écorce liffe : mais je l'ai plufieurs fois effayé fur le *Chêne* fans fuccès ; car l'écorce de cet arbre eft trop compacte pour que fes racines puiffent y pénétrer : c'eft ce qui fait qu'on l'y trouve fi rarement. Malgré les éloges que l'on donne au *Gui* de *Chêne* pour fa vertu médicinale, je ne puis m'empêcher de croire que tout autre eft également bon fur quelqu'arbre qu'il ait été recueilli. Il n'eft pas poffible que l'on puiffe ramaffer beaucoup de ces plantes fur le *Chêne*, & les perfonnes qui en fourniffent la ville, pour l'ufage de la Médecine, en impofent à ce fujet : ajoutez à cela que cette plante fe trouvant rarement fur le *Chêne*, les amateurs de l'Hiftoire naturelle l'enlevent avec la branche même de l'arbre toutes les fois qu'ils la rencon-

trent, pour la mettre dans leurs collections. [d]

Quant à la maniere dont on prétend qu'elle fe multiplie par la fiente des Grives, je ne puis en convenir ; parce que, fi elle n'étoit multipliée que de cette maniere, on ne la trouveroit que fur le haut des arbres, ou fur le côté des branches, où feroit tombée la fiente de ces oifeaux : au–lieu qu'on la rencontre prefque toujours endeffous des branches, où il eft impoffible que la fiente de ces oifeaux puiffe tomber ; d'ailleurs je crois que ces oifeaux ont l'eftomac trop chaud pour ne pas détruire le germe de ces femences. Au furplus, j'abandonne cette queftion à ceux qui ont le loifir de faire des obfervations dans les pays où cette plante fe trouve en abondance : j'indiquerai feulement en peu de mots la méthode de faire la Glu ; ce qui pourra faire plaifir aux curieux.

Les Italiens font leur Glu avec des baies de *Gui* échauf-

___

[d] Quoiqu'on regarde en Angleterre, comme une chofe affez rare, un *Chêne* chargé de *Gui*, il n'en eft pas de même en France & en Italie, où les forêts de Chênes font remplies de cette plante parafite : elle eft fi abondante entre Rome & Lorette, qu'un feul *Chêne* pourroit en fournir affez pour charger une charette. Le *Gui*, cette panacée des anciens Druides, eft anti-épileptique ; il eft également utile pour prévenir l'apoplexie & les vertiges ; il eft fudorifique & vermifuge : on le prend en fubftance ou en infufion.

fées & mêlées dans de l'huile, comme celle que l'on fait avec l'écorce de *Houx* ; & , pour la conferver , & lui faire fupporter l'eau , ils y ajoutent la Térébenthine.

On faifoit autrefois de la Glu en Angleterre avec les baies de cette plante , que l'on faifoit bouillir dans de l'eau , jufqu'à ce qu'elles fuffent crevées : après quoi , on les battoit bien dans un mortier , & on les lavoit pour les débarraffer de leur coffes.

A préfent l'on fe fert communément pour cela d'écorce de *Houx* , que l'on enleve vers la Saint-Jean , & que l'on fait bouillir pendant dix ou douze heures ; quand l'enveloppe verte eft féparée de l'autre , on la tient couverte avec de la *Fougere* pendant quinze jours dans un lieu humide : au bout de ce tems , cette écorce forme une gelée , & il n'y refte aucunes fibres ; on la bat enfuite dans un mortier de pierre jufqu'à ce qu'elle devienne une pâte dure , & on la lave dans une eau coulante jufqu'à ce que l'on n'y apperçoive plus aucune matiere étrange. Après cela , on la fait fermenter pendant quatre ou cinq jours , en l'écumant auffi fouvent qu'il monte quelque chofe vers le haut , & on la conferve pour l'ufage. Quand on veut s'en fervir , on la met fur le feu , & on y incorpore un tiers d'huile.

La Glu que l'on apporte de Damas ou d'Alexandrie , paroît être faite avec des *Sébef-*

tenes , car on y trouve fouvent des noyaux mêlés ; mais elle ne foutient pas fi bien la gelée & l'humidité.

La Glu d'Efpagne a une mauvaife odeur.

L'écorce de l'arbriffeau , appelé *Viorne* , peut , à ce que l'on dit , donner une auffi bonne Glu que la précédente.

VISNAGA. *Voyez* DAUCUS.

VITEX. *Tourn. Inft. R. H. 603. tab. 373. Lin. Gen. Plant. 708.* ; ainfi nommée de *vincio* , lat. , *je lie* , parce que fes branches font fort fouples. On la nomme auffi *Agnus Caftus* , parce qu'on lui croit la propriété de modérer les feux de de la concupifcence ; ce qui en rendoit l'ufage familier dans les Couvents : cependant , par fon goût & fon odeur , elle paroît plutôt être échauffante. [*Agnus Caftus* , *or the Chafte-Tree.*] Agnus-Caftus , l'Arbriffeau-Chafte.

Caracteres. Le calice de la fleur eft court , cylindrique & découpé en cinq parties : la corolle , qui eft monopétale & perfonnée , a un tube mince & cylindrique , dont le bord eft uni & divifé en deux lévres , qui font divifées chacune en trois parties ; le fegment du milieu dans toutes deux eft le plus large : la fleur a quatre étamines femblables à des poils ; un peu plus longues que le tube , dont deux font plus courtes que les autres , & qui font toutes terminées par des antheres mouvantes. Le germe eft rond , & foutient un ftyle couronné par deux ftigmats en forme d'alêne , & étendus : à ce germe fuccede une baie glo-bulaire , à quatre cellules , qui renferment chacune une fe-mence ovale.

Ce genre de plantes eft rangé dans la feconde feſtion de la quatorzieme claſſe de LINNÉE, qui comprend celles dont les fleurs ont deux étamines lon-gues & deux plus courtes , avec des femences contenues dans des capfules.

Les efpeces font :

1°. *Vitex Agnus-Caſtus , fo-liis digitatis , ſpicis verticillatis.* Linn. Sp. Plant. 938; Vitex à feuilles digitées , & à épis de fleurs verticiliées.

Vitex foliis anguſtioribus , Can-nabis modo diſpoſitis. C. B. P. 475 ; Agnus—Caſtus à feuilles étroites , difpofées comme cel-les du Chanvre , ou Agnus—Caſtus commun.

2°. *Vitex lati-folia , foliis di-gitatis , ſerratis , ſpicis panicula-tis* ; Vitex à feuilles en forme de main ouverte , & fciées , avec des épis de fleurs en panicules.

Vitex folio latiori , ſerrato. Lob. Icon. 139 ; Agnus-Caſtus à feuilles plus larges & fciées.

3°. *Vitex integerrima , foliis ternatis quinatiſve , integerrimis , paniculis dichotomis. Lin. Sp.* Plant. 890 ; Agnus—Caſtus avec des feuilles à trois & à cinq lobes , & des panicules de fleurs qui fortent des divifions des branches.

Agnus-Caſtus tri-folia minor Indica. Pluk. Alm. 390 ; le plus petit Agnus-Caſtus des Indes , à feuilles à trois lobes.

Vitex tri-folia. Lin. Syſt. Plant. tom. 3. p. 199. Sp. 2.

Piperi ſimilis , fructus ſtriatus, fœmin. Bauh. Pin. 412.

Logondium vulgare. Rumph. Amb. 4. p. 48. t. 18.

Caranoſt. Rheed. Mal. 2. p. 13. t. 10. *Raii. Hiſt.* 1575.

4°. *Vitex Negundo , foliis qui-natis ternatiſque , ſerratis , ſpicis alaribus terminalibuſque* ; Agnus-Caſtus avec des feuilles à trois & cinq lobes fciés , & des épis de fleurs qui fortent des cô-tés & des extrêmités des bran-ches.

Negundo arbor Maſ. Bauh. Hiſt. 1. p. 189.

Logondium littoreum. Rumph, Amb. 4. p. 50. t. 19.

Bemnoſt. Rheed. Mal. 2. p. 15. t. 11. *Raii. Hiſt.* 1575.

Vitex tri-folia , ſylveſtris , In-dica , cordata. Burm. Zeyl. p. 229.

5°. *Vitex Chinenſis , foliis ternatis quinatiſque , pinnato-inci-ſis , ſpicis verticillatis terminali-bus* ; Agnus-Caſtus avec des feuilles à trois & cinq lobes , découpées en forme d'aîles , & des épis de fleurs verticil-lées , qui terminent les bran-ches.

Agnus-Caſtus. La premiere efpece croît naturellement en Sicile , & près de Naples , fur les bords des rivieres , & dans les lieux humides : elle a une tige d'arbriffeau de huit ou dix pieds de haut , qui pouffe dans toute fa longueur des branches oppofées , angulaires , flexi-bles , couverte d'une écorce grifâtre , & garnies de feuilles , la plupart fupportées par de longs pétioles , & compofées de cinq , fix , ou fept lobes réunis au pétiole , & difpofés en forme de main. Les lobes du bas font petits, & ceux du milieu plus larges, unis & entiers : les plus grands ont environ trois pouces de longueur fur fix lignes de large dans le milieu ; ils font terminés en pointe émouffée, d'un vert foncé en-deffus, & blancs en deffous : les fleurs font produites en épis à l'extrêmité des branches. Les épis ont depuis fept jufqu'à quinze pouces de longueur : les fleurs font verticillées autour des tiges, & il y a des intervalles entre chaque tête verticillée ; elles font perfonnées & les deux lévres font découpées en trois fegmens, dont celui du milieu eft le plus grand : ces fleurs font blanches fur quelques plantes, & bleues fur d'autres ; elles paroiffent généralement tard ; de forte que, dans les années peu favorables, elles ne s'épanouiffent pas fort bien en Angleterre, &, dans les années les plus chaudes, elles ne produifent point de femences. Ces fleurs, quand elles font bien ouvertes, répandent une odeur agréable, & font un bel effet en automne, qui eft le tems où les fleurs de prefque tous les autres arbriffeaux font paffées ; car, dans des années chaudes & douces, j'ai vu ceux-ci en pleine fleur au milieu d'Octobre. [e]

---

[e] Toutes les parties de l'*Agnus Caftus* exhalent une odeur de *Camphre*, qui a fans doute donné l'idée de la propriété qu'on lui attribue d'entretenir la chafteté. Cette plante, furtout la femence, contient beaucoup de parties fines & vola-

Lati-folia. La feconde efpece, qui fe trouve dans la France Méridionale & en Italie, eft un arbriffeau plus bas que le premier ; car il s'éleve rarement à plus de quatre ou cinq pieds de haut : de fa racine fortent plufieurs tiges moins chargées de branches que celles de la précédente, & dont l'écorce eft auffi plus blanche. Les feuilles font en forme de main ouverte, & compofées de cinq ou fept lobes réunis au pétiole, & point difproportionnés dans leur longueur, le plus long n'ayant guere que trois pouces, & le plus court un & demi fur près d'un pouce de largeur ; ils font auffi fciés fur leurs bords, & moins roides que ceux de la précédente : les fleurs font difpofées en épis paniculés vers les extrêmités des branches ; les épis font plus courts & les fleurs plus petites que celles de la premiere efpece : elles paroiffent plutôt, & toutes celles que j'ai vues étoient bleues.

Integerrima. La troifieme efpece eft originaire des deux Indes : elle a une tige d'arbriffeau de neuf à dix pieds de haut, qui pouffe plufieurs branches latérales couvertes d'une écorce brune, & garnies de feuilles quelquefois à trois lobes terminés en pointe aiguë, & quelquefois à cinq lobes auffi aigus, entiers, & un peu cotonneux

---

tiles, qui font réfolutives, atténuantes, diurétiques, emménagogues, antifpafmodiques : on s'en fert en poudre & en décoction ; on l'applique auffi extérieurement.

en-deſſous : les fleurs ſont diſpoſées en panicules , & ſortent
à la diviſion des branches ; elles
ſont petites , blanches , mais
elles ne produiſent point de
ſemences en Angleterre.

Negundo. La quatrieme eſpece, que l'on rencontre dans
le Nord de la Chine, s'éleve
à la hauteur de huit ou dix
pieds avec une tige ligneuſe
couverte d'une écorce griſe ;
ſes branches ſont oppoſées, &
garnies de feuilles oppoſées,
poſtées ſur de longs pétioles ,
& compoſées de trois ou cinq
lobes en forme de lance, profondément ſciés ſur leurs bords,
& terminés en pointe aiguë :
le plus grand de ces lobes a
trois pouces & demi de longueur ſur quinze lignes de large ; ils ſont d'un vert foncé en-
deſſus, & gris en deſſous : les
fleurs ſont diſpoſées en épis
verticillés , & ſortent oppoſées
aux côtés de la tige ; les branches ſont terminées par des
épis branchus de fleurs bleues ,
& à-peu-près auſſi groſſes que
celles de la premiere eſpece.
Cette plante fleurit en Juillet &
en Août ; mais elle ne produit
point de ſemences en Angleterre.

Chinenſis. La cinquieme eſpece, qui a été apportée de la
Chine, eſt un arbriſſeau plus
bas qu'aucun des précédens :
ſa tige a au plus trois pieds de
hauteur ; elle pouſſe des branches minces & angulaires , garnies de feuilles oppoſées &
poſtées ſur de longs pétioles :
quelques-unes de ces feuilles
ſont compoſées de trois lobes,
& d'autres de cinq, qui ſont
profondément & régulièrement

découpés ſur leurs bords en
forme de feuilles aîlées, & terminés en pointe aiguë ; le plus
grand de ces lobes a environ
un pouce & demi de longueur
ſur neuf lignes de large dans le
milieu. Ils ſont tous d'un vert
triſte en-deſſus & gris en-
deſſous. Les branches ſont terminées par des épis de fleurs
de trois ou quatre pouces de
longueur, & ces fleurs ſont verticillées autour des tiges ; elles
ſont blanches ſur quelques plantes, bleues ſur d'autres , &
quelques-unes ſont d'un rouge
brillant : le tems de leur plus
grande beauté eſt vers le milieu de Juillet ; elles ſe ſuc-
cedent juſqu'au commencement
de Septembre , mais elles ne
produiſent jamais de ſemences
en Europe.

Culture. La premiere eſpece
eſt aſſez commune dans pluſieurs
jardins anglois, où on la cultive depuis long-tems, mais on
ne l'a beaucoup multipliée que
depuis quelques années.

La ſeconde eſt moins com-
mune , & l'on ne la trouve à
préſent que dans quelques jardins curieux. Ces plantes ſont
fort dures : on peut les multiplier par boutures, que l'on
plante au commencement du
printems avant qu'elles aient
pouſſé ; elles exigent un ſol
frais & léger & de fréquens
arroſemens juſqu'à ce qu'elles
aient pris racine : on les tient
conſtamment nettes de mauvaiſes herbes pendant l'été ; & ſi
l'hiver ſuivant eſt rude , on
répand un peu de terreau ſur
la ſurface du ſol entre les plantes , pour empêcher la gelée

de pénétrer jufqu'aux racines, ce qui leur nuiroit beaucoup, tandis qu'elles font jeunes : comme ces boutures pouffent ordinairement fort tard, leur fommet eft fi tendre, que les premieres gelées de l'automne les détruifent fouvent dans une longueur confidérable, fi elles ne font pas mifes à l'abri, en les couvrant avec des nattes. Vers le milieu du mois de Mars, fi la faifon eft favorable, on les tranfplante à demeure ou en pepiniere pour leur donner le tems d'acquérir de la force pendant deux ou trois ans, en obfervant de former leurs tiges, car elles font fort fujettes à pouffer leurs branches irrégulieres.

On peut auffi les multiplier en marcottant leurs branches au printems : mais il faut faire en forte de ne pas les rompre, comme cela arrive fouvent quand on les force trop. Ces marcottes prendront racine dans l'efpace d'une année, pourvu qu'elles foient arrofées dans les tems fecs : après quoi, elles pourront être tranfplantées & traitées comme il a été prefcrit pour les plantes de bouture.

La troifieme étant trop délicate pour pouvoir réuffir en plein air en Angleterre, il faut la tenir en pot, & la conferver conftamment dans la ferre chaude. On la multiplie par boutures & par marcottes ; mais les boutures de cette efpece doivent être plantées dans des pots : on les plonge dans une couche de chaleur modérée, on les couvre de cloches pour en exclure l'air, & on les ar-

rofe de tems en tems & légérement. Le meilleur tems pour planter ces boutures eft vers le milieu ou à la fin d'Avril : car celles qui réuffiffent pouffent des racines dans l'efpace de fix ou fept femaines, & commencent bientôt à végéter ; il faut alors leur donner de l'air par degrés pour les empêcher de filer & de s'affoiblir, les enlever enfuite avec précaution pour les planter chacune féparément dans de petits pots remplis de terre légere, les replonger dans une couche chaude, & les tenir à l'ombre jufqu'à ce qu'elles aient formé de nouvelles racines. Après cela, on leur donne beaucoup d'air, quand le tems le permet, & on les traite comme les autres plantes délicates, en les tenant en hiver à une chaleur modérée, & en leur procurant de l'air en été pendant les tems doux, mais fans jamais les expofer entiérement au-dehors.

Comme cette plante conferve fes feuilles toute l'année, elle fait variété dans la ferre chaude, quoique fes fleurs ne foient pas fort remarquables.

La quatrieme efpece eft, je crois, perdue dans les jardins anglois : elle y avoit fubfifté en plein air pendant quelques années ; ce qui fit qu'on la mit prefque par-tout en pleine terre : mais le grand froid de l'année 1740 a tout fait périr.

Cette efpece perd fes feuilles en automne comme les deux premières, & elle n'en pouffe de nouvelles que fort tard dans le printems. On la multiplie par boutures au printems un peu

avant que ſes boutons ne s'ouvrent : on place ces boutures
ſur une couche de chaleur
modérée, & on les couvre de
cloches ou de vitrages, au
moyen de ce traitement, elles pouſſent aiſément des racines, & on les accoutume enſuite par degrés à ſupporter le
grand air.

La cinquieme eſpece nous a
été apportée de Paris, où elle
a été élevée avec des ſemences
envoyées de la Chine par les
Miſſionnaires. M. RICHARD, Jardinier du Roi à Verſailles, m'en
a donné quelques jeunes plants.
Les deux eſpeces à fleurs blanches & à fleurs bleues ont réuſſi
dans le jardin de Chelſéa ; mais
celle à fleurs rouges, ayant
été endommagée en route, a
manqué.

On la multiplie par boutures, qu'il faut planter au printems dans des pots, les plonger dans une couche de chaleur
modérée, & les traiter comme
celles de la quatrieme eſpece.
Quand elles ſont bien enracinées, on les enleve avec précaution, on les plante chacune
ſéparément dans de petits pots
remplis de terre légere, on les
tient à l'ombre juſqu'à ce qu'elles aient formé de nouvelles racines, & on les place alors dans
une ſituation abritée avec d'autres plantes de la ſerre, où on
les laiſſe pendant tout l'été :
mais en automne il eſt néceſſaire de les mettre à couvert,
parce qu'elles ne vivroient pas
en plein air dans ce pays pendant l'hiver : mais, comme elles perdent leurs feuilles de
bonne-heure en automne, el-

les n'ont pas beſoin de beaucoup d'humidité en hiver. Ces
plantes pouſſent leurs nouvelles feuilles tard dans le printems, &, avant qu'elles paroiſſent, elles ont l'air d'être
mortes ; ce qui a ſouvent été
cauſe que pluſieurs perſonnes
les ont arrachées.

VITIS. *Tourn. Inſt. R. H.*
613. *tab.* 384. *Linn. Gen. Plant.*
250 ; ainſi nommée de *vico, viere,* lat., *plier* ou *lier,* parce que
ſes vrilles ſe lient & s'attachent
aux plantes qui les avoiſinent.
[*The Vine.*] La Vigne.

Caracteres. Le calice de la
fleur eſt petit & découpé en cinq
parties ; la corolle eſt formée
par cinq petits pétales qui tombent : la fleur a cinq étamines
en forme d'alêne, étendues,
qui tombent & ſont terminées
par des antheres ſimples. Le
germe, qui eſt ovale, ſans ſtyle, eſt couronné par un ſtigmat
à tête & obtus, & ſe change
dans la ſuite en une baie ronde, & à une cellule qui renferme cinq ſemences dures ou
pepins.

Ce genre de plantes eſt rangé
dans la premiere ſection de la
cinquieme claſſe de LINNÉE,
qui comprend celles dont les
fleurs ont cinq étamines & un
ſtigmat.

*Traité de la culture des Vignes
& de la maniere de faire les
Vins.*

Je n'importunerai pas le lecteur par l'énumération de toutes les eſpeces de *Raiſins* que
l'on connoît à préſent en Angleterre : ce catalogue groſſi-

roit inutilement cet ouvrage ; car plufieurs ne méritent pas la culture. Je me contenterai d'indiquer les efpeces qui mûriffent affez bien dans ce pays, ou qui méritent que l'on prenne la peine de leur procurer un peu de chaleur artificielle, pour les faire parvenir à leur perfection.

Le Raifin de Juillet [*July Grape*,] appelé par les François *Morillon noir hâtif*, a de petites graines noires, rondes, & rapprochées en grappe claire: fon jus eft fucré, mais il a peu de faveur, & n'a d'autre mérite que de mûrir au commencement d'Août.

L'Eau — Noire douce [*Black fweet Water*] a de petites graines rondes, qui forment une grappe ferrée & courte ; la peau en eft mince, & le jus fort doux. Les oifeaux & les mouches font fi friands de cette efpece, qu'ils la détruiroient entièrement, fi l'on ne la mettoit pas à l'abri de leur voracité ; elle mûrit bientôt après la précédente.

L'Eau—Blanche douce [*White Sweet Water*] a une graine groffe ronde quand elle eft en maturité. La même grappe en produit de fort différentes pour la groffeur : les unes font très-groffes, & d'autres extrêmement petites ; ce qui fait que l'efpece n'en eft pas fort eftimée : fon jus eft fucré, mais peu vineux. Elle mûrit vers le même tems que l'efpece précédente.

Le Chaffelas blanc ou *Royale Mufcadine*, fuivant quelques-uns, eft un *Raifin* excellent :

fes grappes font toujours groffes ; & vers le haut elles fe divifent en deux latérales plus petites : les graines en font rondes ; &, quand elles font parfaitement mûres, elles deviennent d'une couleur d'ambre. Le jus en eft abondant & vineux. Ce *Raifin* mûrit en Septembre ; &, quand on le veut conferver, il fe garde longtems étant fufpendu, & devient excellent.

Le Chaffelas mufqué, ou, comme on le nomme ici, le *Raifin de Cour*, [*the Court Grape*,] mais que quelques perfonnes appellent *Frankindal*, eft un *Raifin* excellent, & qui mûrit généralement bien en Angleterre, s'il eft placé contre une muraille bien expofée. Ces graines reffemblent fort à celles des *Raifins* précédens par leur forme, leur groffeur & leur couleur : mais elles font charnues, & ont un peu le goût mufqué. Ce *Raifin* mûrit en même tems que le précédent.

Le Raifin noir [*Black Clufter*,] ou *Raifin de meûnier*, appelé ainfi par les François à caufe du duvet blanc qui couvre fes feuilles en été, eft un bon fruit qui mûrit bien ici. Ses grappes font courtes, & fes graines ovales, & fi rapprochées les unes des autres, que plufieurs, qui croiffent en dedans, reftent vertes, pendant que celles qui font à l'extérieur font parfaitement mûres. Ce *Raifin*, qui mûrit en Septembre, eft quelquefois connu fous le nom de *Raifin de Bourgogne*.

L'Auvernat ou *le véritable Raifin de Bourgogne*, quelquefois appelé

pelé *Morillon noir*, [*Black Morillon*] eſt un fruit médiocre pour la table; mais il eſt regardé comme un des meilleurs pour faire du vin : ſes graines ſont ovales, & plus claires ſur la grappe que celles du *Raiſin* ordinaire; ainſi elles mûriſſent d'une maniere uniforme: ce qui lui fait donner la préférence.

Le Corinthe, ou ſuivant ſon nom vulgaire *le Raiſin de Corinthe* [*The Currant Grape*] a de petites graines rondes communément ſans pepin, d'un noir foncé, & fort ſerrées ſur la grappe qui eſt courte; ce *Raiſin* a un goût ſucré : il mûrit en Septembre; mais il ne dure pas long-tems.

Le Chaſſelas rouge reſſemble beaucoup au *blanc* par ſa groſſeur & ſa forme; mais il eſt d'un rouge foncé. C'eſt un fort bon *Raiſin* qui mûrit plus tard que le blanc. Il eſt aſſez rare en Angleterre.

Le Muſcadin blanc a quelque reſſemblance avec le *Chaſſelas* : mais ſes graines ſont plus petites & plus ſerrées ſur les grappes. Ces grappes ſont plus longues & moins multipliées que celles du *Chaſſelas* : le jus en eſt doux; mais pas ſi riche que celui du *Chaſſelas*.

Le Frontignan noir ou *Muſcat noir* a des graines rondes, d'une bonne groſſeur, & clairement éparſes ſur la grappe: cependant elles ne mûriſſent pas également. Les grappes ſont courtes, & quand les graines ſont parfaitement mûres, elles ſont fort noires & cou—

vertes d'une farine ou craie, comme les *Prunes* noires : le jus en eſt fort riche & vineux. Ce *Raiſin* mûrit à la fin de Septembre ou au commencement d'Octobre.

Le Frontignan rouge, ou *Muſcat rouge* eſt un *Raiſin* excellent quand il eſt parfaitement mûr; mais il parvient rarement en Angleterre à ſa parfaite maturité ſans chaleur artificielle, à moins que la ſaiſon ne ſoit fort chaude. Les grappes de cette eſpece ſont plus groſſes que celles de la précédente : ſes graines ſont groſſes & rondes. Quand elles ſont en parfaite maturité, elles ſont de couleur de brique, mais auparavant elles ſont de couleur griſe, avec quelques raies foncées. On prend ſouvent ce *Raiſin* pour celui d'une eſpece différente, appelée communément *Frontignan gris-de-Lin* [*Grisley Frontignac*] mais je ſuis convaincu que c'eſt le même *Raiſin*. Son jus a un goût plus vineux que celui de toutes les autres eſpeces, & il eſt fort eſtimé en France.

Le Frontignan blanc a des grappes plus groſſes que celles d'aucune des eſpeces précédentes : ſes grains ſont ronds, & ſi ſerrés, que ſi on ne les éclaircit pas ſoigneuſement & de bonne-heure, & pendant qu'ils ſont petits, pluſieurs grains étant privés d'air & de ſoleil, ne mûriſſent point, & pourriſſent en automne, à cauſe de l'humidité qui s'y renferme. Le jus de ce *Raiſin* eſt excellent; & quand ce fruit eſt bien mûr, il n'eſt inférieur à aucun autre. Les François l'appellent *Muſcat blanc.*

Le *Frontignan d'Alexandrie,* ou *Muſcat d'Alexandrie,* appelé, par quelques - uns, *Muſcat de Jéruſalem,* a des grains ovales, pendants, & clairement diſpo-ſés ſur les grappes. Ces grappes ſont longues & ſans branche. Il y en a deux eſpeces, l'une à grains blancs, & l'autre à grains rouges. Leur jus eſt fort riche & vineux ; mais elles mûriſſent rarement en Angle-terre, ſans chaleur artificielle.

Le *Hambourg rouge & noir* eſt appellé, par quelques-uns, *Raiſin de Warner,* [*the Warner Grape,*] nom de la perſonne qui l'a apporté en Angleterre. Les grappes de ce *Raiſin* por-tent des grains d'une groſſeur médiocre, & preſque ovales. Ces grappes ſont groſſes, & le jus des grains eſt ſucré lorſ-qu'elles ſont mûres : elles ont un goût vineux, & mûriſſent en Octobre.

Le *Raiſin de Saint-Pierre* [*St. Peter's Grape*] a un grain gros, ovale, & d'un noir foncé, lorſ-qu'il eſt mûr. Les grappes en ſont fort groſſes, & ont une belle apparence ſur la table ; mais ſon jus n'eſt pas ſi riche, & il mûrit tard.

Les feuilles de cette eſpece, qui ſont beaucoup plus diviſées que celles des autres, reſſem-blent à celles du *Raiſin* à feuilles de *Perſil,* de maniere qu'on peut la diſtinguer avant la ma-turité du fruit.

Le *Raiſin écarlate,* [*the Claret Grape*] *Bourdelais,* ou *Raiſin de*

verjus ; le *Raiſin à grappe,* [*the Raiſin Grape,*] le *Raiſin rayé,* [*the Striped Grape,*] & pluſieurs autres eſpeces, qui ne parvien-nent jamais à leur perfection ici, ne méritent aucune place dans les Jardins, à moins que ce ne ſoit pour la variété : car même avec le ſecours d'une chaleur artificielle, leur jus eſt âpre & ſans goût.

Culture. Toutes les eſpeces de *Vignes* ſe multiplient par marcottes ou par boutures. La premiere méthode eſt fort en uſage en Angleterre. Je recom-mande cependant la derniere comme très-préférable à l'autre ; car les ſeps ne pouſſent pas des racines auſſi fortes & li-gneuſes, que celles de la plu-part des eſpeces d'arbres, mais longues, minces & ſouples. Ces marcottes, étant tranſplantées, pouſſent rarement des fibres ; mais au contraire leurs racines ſe retréciſſent, ſe deſſechent, & retardent, plutôt qu'elles n'ai-dent les progrès de ces plantes, en empêchant les nouvelles fi-bres de pouſſer : c'eſt pourquoi, j'aime mieux planter une bonne bouture, qu'un plant enraciné ; & ſi elle eſt bien choiſie, on ne doit pas craindre de la voir manquer.

Mais comme il y a peu de perſonnes qui ſachent faire un choix convenable en Angle-terre, ou au moins qui leur donnent la forme néceſſaire, je crois prudent de donner d'abord des inſtructions ſur cet objet, avant d'aller plus loin.

Il faut toujours choiſir des branches fortes, bien mûres,

& du crû de l'année précédente; les couper, sur les vieux seps, précisément au-dessous de l'endroit où elles ont été produites, en laissant un nœud de deux ans à chacune : on les coupe unies ; ensuite on jette bas la partie haute des branches, & on ne laisse à ces boutures que seize pouces environ de longueur. Quand le morceau ou nœud du vieux bois est coupé à chaque côté près de la jeune branche, la bouture ressemble à un petit maillet, ce qui lui a fait donner, par COLUMELLE, le nom de *Malleolus*. (En France, on la nomme *Crosse*.) En faisant les boutures de cette maniere, on n'en peut tirer qu'une de chaque branche ; au-lieu que la plupart les coupent d'un pied environ de longueur, & les mettent toutes en terre : mais cette pratique est très-mauvaise ; car le haut des branches n'est jamais aussi mûr que le bas, qui a été produit au commencement du printems, & qui a eu tout l'été pour se durcir & se perfectionner : de sorte que, si ces petites boutures prennent racine, elles ne font jamais d'aussi bonnes plantes; car le bois en étant mou & spongieux, il s'impregne aisément de l'humidité : ce qui rend les plantes luxurieuses , & les empêche de produire autant de fruit que celles dont le bois est plus serré & plus compact.

Quand les boutures sont ainsi préparées, si elles ne font pas plantées sur le champ, on met la partie basse dans la terre , avec un peu de litiere sur le haut, pour les empêcher de se secher. On peut les laisser ainsi dans cette situation jusqu'au commencement d'Avril, qui est le meilleur tems pour les transplanter. Alors on les enleve, on les lave pour en ôter toutes les ordures ; &, si on les trouve seches , on les fait tremper dans de l'eau pendant sept ou huit heures, pour gonfler leurs vaisseaux , & les disposer à pousser des racines. Ensuite, la terre qui doit les recevoir étant préparée, on les y place à demeure , soit en plein air, soit contre des murailles. En préparant la terre, il faut faire attention à la nature du sol, qui ne peut jamais être, en aucune maniere, propre aux racines, s'il est fort & humide. Dans ce cas, il sera nécessaire d'ouvrir une tranchée dans l'endroit où l'on veut planter les boutures, & de la remplir de décombres de chaux, pour faciliter l'écoulement de l'humidité : on y éleve ensuite une plate-bande de terre fraiche & légere, de deux pieds environ de profondeur, & d'un pied au moins au-dessus du niveau du terrein ; on y creuse des trous à six pieds environ de distance l'un de l'autre, & on place dans chacun une forte bouture, que l'on penche de maniere que les sommets soient un peu inclinés contre la muraille, en ne laissant à l'air que l'œil du sommet, qui peut être au niveau de la surface de la terre : car, si l'on laisse hors de terre plusieurs nœuds, comme plusieurs Jardiniers Anglois le pratiquent ordinairement,

E

ils pousseront tous, & la force des boutures sera partagée pour nourrir plusieurs branches ; ces branches seront nécessairement plus foibles, que s'il n'y en avoit qu'une seule : au-lieu qu'en enterrant la bouture entiere, toute la séve est employée à nourrir une seule branche, qui par-là se trouve beaucoup plus forte. D'ailleurs, il est à craindre que l'action du soleil & de l'air ne desseche cette partie de bouture laissée hors de terre, & n'empêche par-là les boutons de pousser.

Après avoir placé les boutures, on remplit doucement les trous, en pressant la terre autour avec le pied, & on éleve cette terre jusqu'au sommet de la bouture, pour en couvrir entiérement l'œil supérieur, & l'empêcher de se dessécher. Après cela, rien n'est plus nécessaire que de tenir la terre nette de mauvaises herbes, jusqu'à ce que les boutures commencent à pousser. On les examine alors avec soin ; on ôte quelques petites branches inutiles, s'il y en a ; & on attache la principale à la muraille, en observant de la dresser toujours à mesure qu'elle s'étend, afin de l'empêcher d'être brisée, ou de pendre en bas. On continue à les examiner pendant l'été, en retranchant toujours avec le pouce toutes les branches latérales qui naissent, & en ne laissant que la principale : on doit aussi arracher constamment les mauvaises herbes qui épuiseroient le sol & priveroient les boutures leur nourriture.

Si à la Saint Michel suivante, qui est le tems où les boutures ont produit de fortes branches, on les taille bas & à deux yeux ; méthode que je regarde comme la meilleure après plusieurs expériences, malgré l'opinion de quelques personnes qui pensent que c'est les tailler trop courtes.

Ce qui me fait conseiller d'émonder & de tailler les seps de *Vignes*, plutôt dans cette saison qu'au printems, c'est parce que les parties tendres de ces jeunes branches seroient sujettes à périr en hiver ; car, comme elles croissent tard dans l'année, ces sommités délicates étant pincées par les premieres gelées, la branche est détruite jusques vers le bas dans une longueur considérable ; ce qui l'affoiblit beaucoup : mais quand ces branches sont taillées de bonne heure en automne, leurs plaies sont guéries avant le mauvais tems, & elles acquierent une vigueur considérable.

Au printems, quand le tems froid est passé, on laboure légerement les plates-bandes, pour en ameublir & desserrer la terre, mais sans endommager les racines des seps de *Vignes*. On releve aussi la terre vers les tiges des plantes, de maniere que le vieux bois en soit couvert, sans cependant y enterrer aucun des yeux du bois de l'année précédente. Après quoi, ces plantes n'exigent plus aucun soin, jusqu'à ce qu'elles commencent à pousser. Alors on les examine avec soin ; on retranche les branches foibles & tortillées : on n'en laiſſe qu'une ou deux ſur les yeux du bois de l'année derniere, & on les attache à la muraille. Depuis ce moment, juſqu'à ce que les ſeps aient produit des branches, on les viſite une fois dans trois ſemaines ou un mois, pour ôter les branches latérales, à meſure qu'elles paroiſſent ; & attacher les principales à la muraille, à meſure qu'elles grandiſſent, ſans jamais les raccourcir avant le milieu ou la fin de Juillet. Alors on pince leur extrémité, pour fortifier les yeux du bas. Pendant l'été, on tient conſtamment la terre nette de mauvaiſes herbes, & on ne laiſſe croître aucune eſpece de plantes dans le voiſinage des *Vignes* ; parce que non ſeulement elles les priveroient de leur nourriture, mais elles jetteroient encore de l'ombre ſur la partie baſſe des branches, & les empêcheroient de mûrir ; ce qui en rendroit le bois ſpongieux, plus gros & moins fructueux.

Auſſi-tôt que les feuilles commencent à tomber en automne, on taille les jeunes ſeps, en laiſſant trois yeux à chacune des branches, pourvu qu'elles ſoient fortes ; car autrement il vaut mieux les reduire à deux yeux. C'eſt une fort mauvaiſe méthode de laiſſer beaucoup de bois ſur les jeunes ſeps, ou de tailler leurs branches trop longues ; car on y affoiblit par-là les racines : on attache enſuite à la muraille les branches taillées, en les étendant horiſontalement de chaque côté, afin qu'il reſte aſſez de place pour y paliſſer les nouvelles branches l'été ſuivant. L'on finit par labourer les plates-bandes au printems, comme on l'a fait l'année précédente.

A la troiſieme, on examine encore les ſeps auſſitôt qu'ils commencent à pouſſer, pour ôter toutes les branches tortillées comme auparavant : on dreſſe des branches fortes dans le lieu qu'elles doivent occuper, & on en laiſſe deux ſur chaque branche de l'année précédente ; mais ſi le même œil en produit deux, il faut retrancher le plus foible, car on ne doit en laiſſer qu'une à chaque œil. Si quelques-unes produiſent du fruit dans cette troiſieme année, il ne faudra pas arrêter, comme on l'a dit, les branches fructueuſes des vieux ſeps, mais les laiſſer pouſſer pendant un mois après la Saint-Jean. Alors on pourra pincer les ſommités des branches ; car ſi l'on le faiſoit trop tôt, on nuiroit aux boutons, qui doivent donner du bois l'année ſuivante : on doit conſerver plus ſoigneuſement ces boutons ſur les jeunes ſeps, que ſur les vieilles plantes, qui ont d'autres branches pour en fournir.

Pendant l'été, on examine ſouvent les ſeps pour retrancher toutes les branches latérales foibles, à meſure qu'elles ſe préſentent, & tenir ſoigneuſement la terre nette de mauvaiſes herbes, comme on l'a déja recommandé, afin que les branches puiſſent bien mûrir ; ce qui eſt eſſentiel pour la plupart des eſpeces d'arbres à fruits, & ſur-tout pour la *Vi-*

gne, qui produit rarement du fruit sur des branches qui ne sont pas mûres. Toutes ces choses doivent être exactement observées dans le traitement des jeunes *Vignes*. Il est tems de parler de la maniere de gouverner les vieux seps ; & je le ferai aussi brievement qu'il me sera possible.

Premierement, les seps produisent rarement des branches à fruits sur le bois qui a plus d'un an ; c'est-pourquoi on doit avoir grand soin de conserver du bois d'une année sur chaque partie des arbres. Les fruits naissent toujours sur les branches de la même année, qui sortent des jets du bois de l'année précédente. Les Jardiniers Anglois raccourcissent les branches de l'année précédente, à trois ou quatre yeux dans le tems de la taille ; cependant quelques personnes les laissent beaucoup plus longues, en assurant que par cette méthode elles obtiennent une plus grande quantité de fruits : mais comment cela pourroit-il arriver, puisqu'il est impossible qu'une branche puisse nourrir quarante ou cinquante grappes de raisin, aussi bien que dix ou douze ? Nécessairement ce que l'on gagne en nombre, se trouve perdu pour la grosseur. D'ailleurs, plus il y a de fruits sur les seps, & plus tard ils mûrissent. Joignez à cela que leur jus n'en est pas si riche : ceci est bien connu dans certains vignobles où il y a des reglemens établis pour fixer le nombre & la longueur des branches qui doivent être laissées

sur chaque sep, de crainte de les trop surcharger, d'épuiser les racines, & de détruire la réputation des vins.

La meilleure méthode est donc de raccourcir les branches à fruits à quatre yeux environ, parce que tout ce que l'on en retranche ainsi, est rarement bon. Trois jets suffisent aussi ; car chacun d'eux produira une branche, qui donnera généralement deux ou trois grappes de raisin. Ainsi, de toutes les branches on pourra espérer six ou huit grappes ; ce qui sera suffisant.

Ces branches doivent être à dix-huit pouces environ de distance ; car si elles étoient plus rapprochées, quand les branches latérales paroîtroient, il n'y auroit pas assez de place pour les attacher à la muraille : ce qu'il faut toujours prévoir ; &, comme les feuilles sont fort larges, on donne aux branches une distance proportionnée de l'une à l'autre, afin qu'elles ne couvrent pas les fruits, & ne les ombragent pas trop.

En hiver, lorsqu'on émonde les seps, il faut toujours observer de tailler au-dessus de l'œil, & de maniere que la pente de l'entaille soit en arriere, afin que la séve, en coulant, ne tombe pas sur l'œil. Quand il est nécessaire de rabaisser quelques jeunes branches à deux yeux, pour leur faire produire des jets vigoureux, & en état de donner du fruit l'année suivante, on doit toujours agir ainsi ; parce qu'en coupant en pente les branches qui ont du fruit auſſi-tôt que les raiſins ſont formés, comme on le pratique trop ſouvent, on gâte les yeux qui doivent produire des branches fructueuſes l'année ſuivante. C'eſt pour éviter cet inconvénient, que les Vignerons étrangers réſervent toujours du nouveau bois dans leurs *Vignes*. La meilleure ſaiſon pour émonder les ſeps de *Vignes*, eſt à la fin d'Octobre, par la raiſon que nous avons déjà donnée.

A la fin d'Avril, ou au commencement de Mai, lorſque la *Vigne* commence à pouſſer, il faut l'examiner avec ſoin pour couper les petits jets des vieux ſeps qui ne produiſent que des branches foibles & penchées, & retrancher la plus foible de deux branches ſorties du même jet, pour fortifier l'autre. Plutôt ce travail ſera exécuté, plus les ſeps profiteront.

Au milieu de l'été, on la viſite encore une fois, pour ôter toutes les branches foibles comme auparavant, & attacher en même tems toutes les branches fortes, afin qu'elles ne pendent pas le long de la muraille ; ce qui renverſeroit la ſurface ſupérieure de leurs feuilles, de maniere qu'elles ſe trouveroient à l'envers, quand on viendroit à les redreſſer : &, juſqu'à ce qu'elles aient repris leur véritable poſition, le fruit ne feroit point de progrès. Faute de cette attention, on retarde la maturité des *Raiſins* de quinze jours ou trois ſemaines : d'ailleurs, en laiſſant pendre le fruit loin de la muraille, il ſe trouve couvert par

les branches, ce qui le retarde beaucoup dans ſon accroiſſement. Ainſi, tandis que le fruit groſſit, il faut conſtamment retrancher les branches foibles, celles de faux bois, & attacher réguliérement les autres à la muraille, à meſure qu'elles grandiſſent. Vers le milieu de Juin, il faut arrêter les branches à fruits pour les fortifier, en obſervant de laiſſer toujours trois yeux au deſſus des paquets de *Raiſins*. Si l'on les arrêtoit trop près, cela endommageroit le fruit, parce que cette partie de la branche eſt néceſſaire pour attirer la nourriture du fruit, ainſi que pour donner paſſage à la ſeve crûe, qui ne peut lui convenir.

Mais quoique je recommande de tailler en pente les branches qui ont du fruit dans cette ſaiſon, cependant cela ne peut être pratiqué ſur celles qui ſont deſtinées à porter du fruit l'année ſuivante ; car celles-ci ne doivent pas être arrêtées avant le milieu de Juillet, de peur qu'en les taillant trop tôt, les yeux ne pouſſent de groſſes branches latérales, & qu'elles ne ſoient par-là fort affoiblies.

Pendant l'été, on doit avoir grande attention de retrancher toutes les branches foibles, & d'attacher réguliérement les autres à la muraille, comme ci-devant. Par-là, on accélerera beaucoup les progrès du fruit ; parce qu'il ſera plus expoſé au ſoleil & à l'air, qui ſont deux choſes abſolument néceſſaires pour mûrir le fruit, & lui donner un bon goût : mais il ne faut jamais dépouiller les branches de leurs feuilles, comme le pratiquent quelques Jardiniers ; car, quoique le soleil soit nécessaire pour perfectionner les fruits, cependant s'ils y sont trop exposés, leurs peaux deviennent coriaces, & leur maturité en est retardée : d'ailleurs, les feuilles étant absolument nécessaires pour nourrir le fruit, ce retranchement le prive de sa nourriture, de maniere qu'il parvient rarement, sans leur secours, à une certaine grosseur, ainsi que je l'ai plusieurs fois observé. Il faut donc apporter beaucoup d'attention dans le traitement des seps de *Vignes* en été, quand on veut se procurer des fruits excellens & bien mûrs.

Lorsque les fruits sont récoltés, on émonde les seps. Par cette opération, on se débarrasse tout-d'un coup de toute la litiere des feuilles, & on prépare la sortie des fruits pour l'année suivante, comme nous l'avons déjà remarqué ci-devant.

Murailles chaudes. Comme il y a plusieurs des meilleures especes de *Raisins*, qui ne mûrissent point en Angleterre, à moins que la saison ne soit chaude, ou que le sol & l'exposition ne soient très-favorables, on y construit plusieurs murailles chaudes, pour accélerer la maturité de ces fruits, & les porter à leur entiere perfection, en leur procurant une chaleur artificielle. Ces murailles réussissent à merveille quand elles sont bien construites, & que les seps de *Vignes* sont traités convenablement. Je vais en conséquence donner ici des instructions relatives à ces deux points, qui suffiront, si l'on veut s'y conformer exactement. Comme la maniere de construire les murailles chaudes, a été amplement détaillée dans un article particulier, je passerai tout de suite à la maniere dont la terre doit être préparée. On creuse les plates-bandes contre les murailles, à deux pieds de profondeur, si le sol est sec, & l'on en ôte la terre : mais si le sol est humide, un pied d'excavation suffira ; parce que, dans ce dernier cas, il faut élever les plates-bandes au moins de deux pieds au-dessus du niveau du terrein, afin que les racines de la *Vigne* ne puissent être endommagées par l'humidité.

Quand la terre en est enlevée, on remplit le fond de la fosse avec des pierres, des décombres, &c. d'un pied & demi, ou de deux pieds d'épaisseur, que l'on nivelle & que l'on bat, pour empêcher les racines de la *Vigne* de s'enfoncer vers le bas. On donne à ces tranchées au moins cinq pieds de largeur ; sans quoi les racines de la *Vigne* s'étendroient, en peu d'années, au-delà des décombres, s'y formeroient un passage aisé vers le bas, couleroient dans la terre humide, & s'impregneroient de tant d'eau, que le goût des *Raisins* en seroit moins vineux. Mais avant de mettre les décombres dans la tranchée, il est avantageux d'élever un mur de neuf pouces d'épaisseur, à cinq pieds de distance de la muraille chaude, pour empêcher ces décombres de se mêler avec la terre voisine, & pour retenir les racines de la *Vigne* dans la plate-bande, & les empêcher de s'étendre dans la terre humide du voisinage. Cette muraille de neuf pouces sera élevée au niveau de la plate-bande, afin qu'on puisse placer dessus le bois des chassis, qui seront nécessaires pour couvrir les *Vignes* quand on voudra les forcer, pour préserver ce bois de la pourriture. Les plates-bandes étant élevées à une hauteur considérable au-dessus du niveau, ces petites murailles retiendront la terre des plates-bandes, & l'empêcheront de tomber dans les allées : mais en construisant ces murs, on fera bien de pratiquer de petites ouvertures à huit ou dix pieds de distance l'une de l'autre, pour laisser écouler l'humidité ; parce que les décombres du fond étant liés & devenus fort durs, l'eau ne pourroit sans cela trouver d'issue pour s'échapper. L'écoulement de cette humidité superflue est d'autant plus nécessaire que, si elle séjournoit sur les racines des plantes, elle leur feroit un tort très-considérable.

Quand les murs, nouvellement construits, sont tout-à-fait secs, on met dans la tranchée le décombre, comme il vient d'être dit, & on jette par-dessus deux pieds d'épaisseur de terre fraiche & légere ; ce qui suffira. On prépare ainsi ces plates-bandes au moins un mois ou six semaines avant d'y planter les seps de *Vigne*, afin que la terre puisse avoir le tems

de se bien établir. La meilleure saison pour planter est vers la fin de Mars, ou au commencement d'Avril, suivant que la saison est plus ou moins avancée. Je conseille aussi d'y planter plutôt des boutures, que des plants enracinés, par les raisons ci-devant données ; mais il faut mettre deux boutures dans chaque trou, ou les placer à une moindre distance de peur qu'il n'en manque quelques-unes. Si toutes réussissent, on pourra aisément arracher les plus foibles au printems suivant. On doit prendre ces boutures dans les seps de *Vignes* les plus fructueux, sans quoi elles ne feront jamais de bonnes plantes. La distance qu'il faut donner aux seps, est la même que pour une muraille ordinaire ; c'est-à-dire, d'environ six pieds. Pour les planter, on creuse avec une bêche des trous de quatorze ou quinze pouces de profondeur ; car trois ou quatre pouces de bonne terre sous le pied des boutures, seront suffisants. On y place ensuite ces boutures, en les inclinant un peu du côté de la muraille : on remplit les trous de terre, on la presse légerement avec le pied sur la bouture ; mais on a soin de former une élévation, de maniere que l'œil de l'extrémité en soit précisément couvert. Après cela, on répand un peu de terreau sur la surface des plates-bandes, pour que la terre ne se desseche pas, & on les arrose ensuite une fois la semaine ; car une trop grande humidité feroit pourrir l'écorce

de ces boutures, & les détruiroit. Si elles font bien choifies ;
fi on a obfervé exactement ce
qui vient d'être prefcrit, elles
produiront de fortes branches
dans le premier été : car j'en
ai vu qui ont pouffé des branches de cinq pieds de longueur
dans une année ; mais on avoit
ôté avec foin toutes les branches latérales & foibles, à
mefure qu'elles paroiffoient, &
on n'en avoit jamais laiffé
qu'une feule fur chaque bouture ; ce qui doit toujours être
obfervé. Au moyen de ce traitement elles prendront certainement racine ; car de plus
de cinq cents boutures venues
d'Italie , qui avoient été coupées
fur des feps au commencement
de Novembre, enveloppées dans
de la mouffe , & mifes à bord
du vaiffeau qui n'eft arrivé
qu'au mois de Mars , ce qui
fait quatre mois entiers jufqu'au moment de leur arrivée,
il n'y en a pas eu vingt qui aient
manqué , & plufieurs ont pouffé
des branches de fix pieds de longueur dans la premiere faifon.

J'ai déja dit que l'émondage
de la *Vigne* devoit être fait en
automne, & qu'enfuite on confervoit les boutures jufqu'au
printems , en les mettant dans
la terre par le gros bout , &
en couvrant le refte de mouffe ,
pour empêcher l'air de leur
nuire. Mais depuis, j'ai obfervé
qu'il valoit mieux ne pas raccourcir les branches des boutures, qu'il falloit mettre leurs
gros bouts daus la terre, à
deux pouces de profondeur, &
les laiffer dans toute leur longueur, en obfervant feulement

de les couvrir de litiere feche,
ou de chaume de pois pendant
les gelées, & d'ôter toutes les
couvertures dans les tems humides, pour les empêcher de
moifir. Au printems fuivant,
on les tire de terre ; on en
coupe la partie haute , & on
les réduit à quatorze pouces de
longueur, plus ou moins, fuivant l'éloignement, ou la proxi-
mité des boutons ou des yeux :
car les boutures dont les
boutons font affez rapprochés
l'un de l'autre, n'ont pas befoin d'avoir plus d'un pied de
longueur ; au lieu que d'autres
feroient trop courtes à quinze
ou feize pouces. Il eft avantageux pour ces boutures , qu'on
ne foit pas obligé d'en couper
le fommet, pour que l'air ne
puiffe y pénétrer , & endommager les boutons.

Le traitement qui convient
à ces feps de *Vignes* pendant
les trois premieres années ,
étant le même que celui qui a
été prefcrit pour les Efpaliers
ordinaires , je ne le répéterai
pas ici ; j'obferverai feulement
que pendant ces trois années ,
il faut pouffer la *Vigne* autant
qu'il eft poffible, mais qu'on
ne doit pas laiffer les branches
trop longues , ni en trop grand
nombre fur chaque racine , afin
qu'elles puiffent bien mûrir,
& fe préparer à porter du fruit
la quatrieme année, qui eft la
premiere dans laquelle elles
peuvent feulement être forcées; car, lorfque l'on force
trop tôt toutes les efpeces d'arbres fruitiers, ils ne fe confervent guères long tems en
bon état, & tout le fruit qu'ils

produifent, eft petit & de mauvais goût. Si les feps ne font
pas en état de produire une
grande quantité de bons fruits,
il feroit inutile d'employer ce
moyen, parce que la dépenfe
& la peine feroient la même
pour dix ou douze grappes de
Raifin, que pour cent & plus.

On ne doit pas forcer ces
feps de *Vignes* chaque année ;
mais en les traitant convenablement, ils peuvent l'être tous
les deux ans, quoiqu'il foit
mieux de ne le faire que tous
les trois ans. Ainfi, lorfqu'on
veut avoir annuellement de ces
fruits précoces, il eft néceffaire de conftruire une muraille
affez étendue pour y appuyer
autant de feps de *Vignes* que
l'on en a befoin pour deux ou
trois années. Si les chaffis de
face font bien conftruits, on
pourra les tranfporter d'une
partie de la muraille à l'autre,
à mefure que les feps feront
en état d'être forcés. Je confeille donc de forcer chaque
année quarante pieds de longueur de muraille, qu'un feu
feu peut échauffer ; car fi les
feps qui couvrent cette étendue, font en bon état, ils
donneront une quantité fuffifante de *Raifins* pour un petit
ménage. Une étendue double
ne fera pas trop pour une maifon plus confidérable.

Prefque par-tout où l'on a
conftruit de ces murailles chaudes, on y a communément
planté des *Vignes* printanieres
ou hâtives, pour avoir des
Raifins de bonne-heure dans la
faifon ; mais je penfe que ces
efpeces n'en valent pas la pei-

ne, & que l'agrément de pouvoir manger quelques *Raifins*
un mois ou fix femaines avant
ceux des murailles ordinaires,
ne dédommage pas de la dépenfe qu'on eft obligé de faire
pour fe les procurer. Je confeille donc de planter plutôt
contre ces murailles les meilleures efpeces de *Raifins*, qui
mûriffent rarement en Angleterre, fans le fecours d'une
chaleur artificielle. Les efpeces
qui doivent être préférées pour
cela, font :

   Le *Mufcat rouge d'Alexandrie.*
   Le *Mufcat blanc d'Alexandrie.*
   Le *Frontignan rouge.*
   Le *Frontignan blanc.*
   Le *Frontignan noir.*

Quand les feps plantés contre les murailles chaudes font
en pleine croiffance pour produire du fruit, il faut les émonder, & les traiter de la maniere prefcrite pour les *Vignes*
ordinaires en efpalier, avec la
feule différence que dans les
années où elles ne font pas
forcées, on doit les foigner
exactement pendant l'été, &
de maniere à fe procurer beaucoup de bon bois pour le tems
qu'elles doivent être forcées,
& on fera bien encore de retrancher tous les fruits pour
fortifier le bois ; car peu de
ces efpeces pouvant perfectionner leurs *Raifins* fans chaleur
artificielle, il feroit inutile de
les laiffer fur les feps pendant
le tems du repos, à moins que
ce ne foit les *Frontignans* communs, qui, dans les années
favorables, peuvent mûrir leurs
fruits fans une addition de chaleur ; mais je ne confeillerois

pas de laisser, même sur ceux-ci, beaucoup de *Raisins* pendant qu'ils reposent ; parce que devant les fortifier, les rétablir, on doit faire tout ce qui est possible pour que le jeune bois soit bien nourri, & surchargé : car dans les années où les seps sont forcés, les boutons du jeune bois sont généralement bien plus éloignés les uns des autres, que lorsqu'ils croissent en plein air ; & s'ils étoient forcés deux ou trois années de suite, les seps en seroient si épuisés, qu'il leur faudroit un grand nombre d'années pour se remettre en état de produire du fruit, surtout si on les avoit forcés de bonne-heure dans la saison, & si on ne leur avoit pas donné assez d'air pendant l'été, pour les empêcher de filer, & pour mûrir leurs branches. Le seul soin qu'exige la *Vigne* dans les années où on la force, est de faire prospérer le fruit, sans avoir égard au bois, en émondant toutes les branches pour le fruit, sans en raccourcir aucune pour le jeune bois ; ce qu'il faut réserver de faire dans les années de repos. Les *Vignes* que l'on veut forcer au printems, doivent être émondées de bonne-heure dans l'automne précédent, afin que les boutons, laissés sur les branches, puissent recevoir de la racine toute la nourriture possible. On doit en même tems palisser les branches suivant leur ordre ; mais il ne faut y placer les vitrages, que vers le milieu ou à la fin de Janvier : alors on commence à allumer le feu ;

car si l'on forçoit les *Vignes* de trop bonne-heure, elles commenceroient à pousser avant que le tems fût assez chaud pour leur donner de l'air : ce qui rendroit les jeunes branches foibles, & écarteroit trop les boutons les uns des autres, de maniere qu'il y auroit moins de *Raisins*, & que les grappes seroient plus petites.

En faisant le feu dans le tems que nous venons d'indiquer, les *Vignes* commenceront à pousser dans le milieu ou à la fin de Fevrier, six semaines plutôt qu'elles ne poussent contre les murailles ordinaires, & elles seront en fleur dans le tems que les autres commenceront à pousser ; ce qui suffira pour faire mûrir parfaitement bien quelques especes de *Raisins*. Il ne faut pas trop échauffer ces murailles, parce qu'on n'a besoin que de dix dégrés environ de chaleur au-dessus du point tempéré, marqué sur les thermomètres de Botanique : cette chaleur sera assez forte pour forcer les branches à pousser par dégrés ; ce qui vaut mieux que de les exciter avec plus de violence. Ce feu ne doit pas être continué tout le jour, à moins que le tems ne soit très-froid, & que le soleil ne se montre pas pour échauffer l'air ; en effet dans ce cas il est nécessaire d'entretenir un petit feu pendant tout le jour : car par-tout où les murailles chaudes sont bien placées, il suffit d'y faire un feu modéré tous les soirs, & de l'entretenir jusqu'à dix heures ou minuit, pour échauffer la muraille,

& donner à l'air renfermé une température convenable; mais on n'y fait du feu que jusques vers la fin d'Avril, à moins que le printems ne soit très-froid : cette dépense ne sera pas bien considérable, parce qu'on peut y employer indifféremment du charbon, du bois, de la tourbe, ou toutes autres especes de matieres combustibles. Cependant, quand le charbon est à un prix raisonnable, on doit le préférer, parce qu'il produit un feu plus actif, & qu'il n'exige pas tant de soin.

Lorsque la *Vigne* commence à pousser, il faut l'examiner souvent pour attacher les nouvelles branches au treillage, & ôter les foibles : on doit apporter beaucoup d'attention en faisant cet ouvrage, parce que les branches des seps forcés sont très-tendres, & fort sujettes à se casser, pour peu qu'on les manie avec violence. Il faut aussi disposer les branches fort réguliérement, & de maniere qu'elles soient le plus près du treillage qu'il est possible, & à des distances égales, afin qu'elles puissent jouir d'une maniere uniforme de l'air & du soleil, qui sont absolument nécessaires pour perfectionner le fruit. Lorsque les *Raisins* sont formés, on arrête les branches au second nœud, au-dessus des fruits, afin de leur conserver la nourriture, & qu'elle ne soit pas attirée dans les branches inutiles; ce qu'il faut éviter autant qu'il est possible dans les *Vignes* forcées, sur lesquelles on ne doit laisser aucun bois inutile qui puisse donner de l'ombrage aux fruits, & en exclure l'air par leurs feuilles.

A mesure que la saison avance, & que le tems devient chaud, on donne plus d'air chaque jour aux seps; ce qui est absolument nécessaire pour hâter l'accroissement du fruit : mais il faut fermer les vitrages chaque nuit, à moins que le tems ne soit très-chaud, sans quoi les rosées froides retarderoient les progrès du *Raisin*. On doit aussi examiner avec soin les grappes du *Frontignan blanc*, & en retrancher tous les petits grains avec des ciseaux à pointes étroites, pour les éclaircir; car les grappes du *Frontignan*, sur-tout celles du *Frontignan blanc*, sont toujours si serrées, que l'humidité qui y séjourne, les fait souvent pourrir : de plus l'air étant exclus du milieu, elles ne mûrissent pas également. On ne peut donc remédier à ces inconvéniens, qu'en éclaircissant les grains dans un tems convenable ; & comme ces *Raisins* sont couverts de vitrages, qui les mettent à l'abri des nielles auxquelles sont exposés ceux qui sont en plein air, il n'y aura point de danger d'éclaircir les grappes bientôt après qu'elles feront formées. Alors cette opération sera plus facile à faire, que lorsqu'elles seront devenues plus grosses & plus serrées : mais on doit manier les grappes doucement; car, pour peu qu'elles soient froissées, ou que la craie qui les couvre, soit enlevée, la peau se durcit, devient brune, & le fruit ne profite plus : ainsi on doit fe fervir de cifeaux faits exprès pour cet ufage, dont les extrémités foient fort étroites, & puiffent paffer aifément entre les graines, fans les endommager. Les autres Raifins que j'ai défignés pour ces murailles chaudes, n'ayant pas leurs grains fi ferrés dans les grappes, il eft inutile de les éclaircir, à moins que par quelqu'accident ils n'aient été frappés de la nielle, qui occafionne fouvent une grande inégalité dans la groffeur des grains. Quand cet accident arrive, il faut y remédier, en retranchant les plus petits, afin que les grappes puiffent mûrir également, & foient plus agréables à la vue.

Vers le milieu de Juin, ces *Raifins* feront prefque en pleine croiffance : alors on pourra toujours ôter les vitrages pendant le jour, à moins que la faifon ne foit très-froide & humide ; car dans ce cas il faudra les laiffer, & fe contenter de les ouvrir quand le tems eft favorable. Le goût fpiritueux & vineux de ces fruits étant augmenté par un air libre, on doit, pendant tout le tems qu'ils mûriffent, leur en donner autant que la faifon le permet.

Pendant que les *Raifins* mûriffent, il eft effentiel de les mettre à l'abri des oifeaux, des guêpes, & autres infectes, fans quoi ils feroient détruits en peu de tems. Pour éviter ces accidens, on couvre foigneufement les *Vignes* avec des filets, pour empêcher les oifeaux d'en approcher : ils y

feroient le plus grand dégât ; en rompant la peau des *Raifins*. On peut auffi, de diftance en diftance, pofer à l'extérieur des filets quelques vergettes couvertes du glu, parce que fouvent les oifeaux font fi hardis, qu'ils cherchent à rompre les filets pour approcher des *Raifins*. Si l'on en prend un, on le laiffe fur la place, pour effrayer & écarter leurs compagnons. S'il vient à fe dégager, comme cela arrive quelquefois, les autres fe moquent de lui ; mais ils ne viennent plus dans cet endroit pendant toute la faifon, ainfi que je l'ai plufieurs fois éprouvé.

Quant aux guêpes, le meilleur moyen de s'en débarraffer, eft de fufpendre des phioles à moitié remplies d'eau fucrée, & d'en frotter les cous avec un peu de miel ; ce qui attirera toutes les guêpes & les mouches, qui, voulant atteindre à la liqueur, tomberont dans les phioles, & s'y noieront. On examine ces phioles tous les trois ou quatre jours, pour en ôter les guêpes, & renouveler l'eau fucrée. En plaçant les phioles avant que les *Raifins* foient entamés, on les préfervera de tout dommage ; mais fans ces précautions toute la treille court rifque d'être détruite : car ces *Raifins* étant mûrs avant ceux des efpaliers ordinaires, & n'y ayant point d'autres fruits dans le voifinage, ils font plus en danger ; au-lieu que dans la faifon où les *Raifins* mûriffent ordinairement, les infectes pouvant fe procurer par-tout une nourriture abondante, ces fruits font peu exposés à leur voracité.

Les *Raisins* ainsi forcés, comme on vient de le dire (si l'on a fait choix de l'espece prescrite) commenceront à mûrir au mois d'Août, sur-tout les *Frontignans* noirs & rouges, qui seront bons à manger quinze jours plutôt que les autres especes ; mais comme on ne les force ici que pour les avoir dans leur plus grande perfection, il ne faut pas les cueillir avant qu'ils soient tout-à-fait mûrs, mais laisser quelques-unes des dernieres especes sur les seps, jusqu'en Septembre. Dans ce cas, on laisse les vitrages dessus dans les tems humides & froids, & on les ouvre dans les beaux-tems, pour y introduire l'air ; sans quoi les vapeurs qui s'élevent de la terre dans cette saison, feroient pourrir les *Raisins*. Si même la saison est très froide & humide, tandis que le fruit est encore sur les seps, il sera prudent de faire un peu de feu chaque nuit pour dissiper l'humidité. En Angleterre, la plupart des Jardiniers cueillent leurs *Raisins* trop tôt, & ne les laissent jamais mûrir parfaitement, même dans les années les plus favorables ; au-lieu qu'ils pourroient leur procurer un dégré de perfection de plus, en n'en faisant la récolte qu'après la Saint-Michel.

Plusieurs personnes, depuis quelques années, ont planté des *Vignes* en espaliers, qui ont très-bien réussi dans quelques endroits dans les années favorables ; mais si l'on ne les place pas dans un bon sol, à une bonne exposition, & si l'on ne choisit pas les especes, il est rare qu'elles produisent du fruit bon à manger. On doit choisir pour planter une *Vigne* en espalier, un sol semblable à celui qui a été indiqué, c'est-à-dire, qu'il faut un fond crayeux ou de gravier, avec un pied & demi ou deux pieds de terre légere, & de couleur de noisette, sur une pente un peu inclinée au sud ou sud ouest, afin que l'humidité s'en écoule aisément, & ne reste pas sur la terre. Dans un pareil sol bien exposé au soleil, & à l'abri des vents froids, plusieurs especes de *Raisins* réussiront, & mûriront très-bien en Angleterre dans les années chaudes.

Quelques personnes adossent leurs espaliers contre des haies basses de roseaux, ou des palissades de planches minces de sapin : ces deux méthodes sont très-bonnes pour les *Vignes* ; elles les préservent des nielles du printems, & accélerent la maturité des *Raisins*, de maniere que dans les saisons ordinaires, ils parviennent à une bonne maturité. Ces moyens sont peu dispendieux ; car ces haies serrées n'ont pas besoin d'avoir plus de quatre pieds de hauteur, parce que les *Vignes* en espalier doivent être traitées comme celles qui sont en pleine campagne. Les branches à fruit ne sont jamais au-dessus de cette hauteur, & doivent être attachées à deux pieds environ au-dessus de la surface de la terre, de maniere que les fruits foient toujours au-deſſous du ſommet des haies. Quant aux branches montantes, deſtinées a porter du fruit l'année ſuivante, il eſt indifférent qu'elles s'élevent au-deſſus de la haie, & il ſuffit qu'il y ait un treillage pour les attacher, & les empêcher de donner de l'ombre aux fruits.

En abritant ainſi les eſpaliers avec des haies, on fera bien de mettre ſur la ſurface de la terre, une planche forte de chêne de bois de vieux bateaux ou barques, qui durera pluſieurs années, & ſervira beaucoup à ſoutenir la haie : ces planches ont ordinairement quinze pouces de largeur, & féront deux longueurs, ſi le haut de la haie eſt en roſeaux, d'une grandeur convenable, ſans y comprendre les ſommets. Sur le devant de ces haies, on dreſſe un léger treillage pour y attacher la *Vigne* : ce treillage peut être fait avec des lattes de frêne, que l'on place à dix huit pouces les unes des autres. Trois lattes tranſverſales, à un pied environ de diſtance, ſuffiſent pour y paliſſer les branches à fruit, & de maniere qu'elles ne puiſſent être ombragées par les autres. Si les lattes de l'extrémité ſurpaſſent d'un pied la longueur des roſeaux, on pourra y paliſſer les branches droites, deſtinées à porter du fruit l'année ſuivante ; & ſi ces branches ſont ſimplement attachées à des diſtances convenables, l'air & le ſoleil y pénetreront aſſez pour mûrir leur bois, beaucoup mieux que s'il y en

avoit quatre ou cinq fixées ſur la même latte.

On peut attacher contre ces treillages, des roſeaux avec des pignons de ſaux, ſuivant que cela ſe pratique ordinairement pour faire des haies communes de roſeaux, & l'on place une latte mince de ſapin au ſommet, pour empêcher l'extrémité des roſeaux de ſe rompre, & les conſerver plus long-tems. Les roſeaux ne doivent pas être trop ſerrés dans ces haies ; car non ſeulement elles en ſeroient plus coûteuſes & plus embarraſſantes, mais elles ſeroient encore moins durables que ſi elles étoient d'une médiocre épaiſſeur. En coupant les roſeaux en deux, chaque paquet pourra garnir un eſpace de ſix pieds. On obſervera d'abord d'étendre le bas des paquets, où ſe trouvent les plus gros bouts des roſeaux, dans la longueur entiere, & de placer enſuite les autres renverſés, pour que le haut de la haie ſoit preſqu'auſſi épais que le bas. Il eſt inutile d'élever ces haies de roſeaux, non plus que les paliſſades, avant que la *Vigne* ſoit prête à produire du fruit ; c'eſt-à-dire, avant la quatrieme ou cinquieme année, ſuivant les progrès qu'elle aura faits. Pendant ce tems, on peut en ſoutenir les branches avec de ſimples piquets, comme cela ſe pratique ordinairement. Juſqu'à ce que la *Vigne* ſoit en état de produire du fruit, les haies ne ſeroient d'aucun uſage, & ſeroient à moitié pourries avant qu'elles puſſent ſervir.

Les eſpeces de *Raiſins* propres

pres à être plantées en espalier contre ces haies sont :

Le Raisin de Miller ou *Meunier.*

Le Chasselas blanc.

Le Muscadin blanc.

L'Eau douce.

Le Raisin de Cour.

Ces *Vignes* étant bien traitées, donneront des fruits mûrs quelque tems après celles des murailles, si la saison est un peu favorable ; & ces fruits seront bons, si l'on a soin de les couvrir de nattes pendant les nuits froides de l'automne, & si l'on ne les cueille qu'en Octobre : mais les *Raisins* dits, *Eau douce,* doivent être couverts au printems, tandis qu'ils sont en fleurs, si dans ce tems il survient des nuits froides ; sans quoi les *Raisins* seront sujets à être niélés, & la plus grande partie des grappes sera détruite, de maniere que souvent il n'y aura que sept ou huit bons grains sur chaque grappe, & les autres qui ne seront pas plus gros que de petits pois, seront encore d'une mauvaise qualité.

Quand on plante ces *Vignes,* soit en espaliers ouverts, soit en haies serrées, on doit le faire de la même maniere que pour les murailles, en faisant, entre tous les deux seps, six pieds de distance ; car, comme ces *Raisins* ne sont destinés que pour la table, un simple rang, d'une longueur modérée, suffira pour un ménage ordinaire, quand il y en a d'autres plantés contre des murailles pour les précéder : cependant lorsqu'on veut en avoir plus d'un rang, il faut les placer au moins

à douze pieds de distance les uns des autres, afin que chacun puisse jouir également du soleil & de l'air.

Quant à l'émondage, & aux autres traitemens qu'exigent ces *Vignes,* ils sont les mêmes que pour celles des murailles ; & comme cette matiere est déja traitée très au long, je ne m'y arrêterai pas davantage.

Après avoir parlé des *Vignes* placées contre les murailles & espaliers, je vais passer à la culture de celles que l'on cultive dans les campagnes : mais, comme on ne voit guère de ces *Vignes* en Angleterre, quoique la dépense qu'elles exigent, ne soit pas fort grande, je donnerai d'abord la maniere de planter & cultiver les *Vignes* en Italie & en France, & j'ajoûterai à cela mes propres observations & expériences. La méthode curieuse que les Italiens suivent en plantant leurs *Vignes,* & en faisant leurs vins, m'a été donnée par un Correspondant intelligent de ce pays, qui a des *Vignes* en propriété, & dont les observations sont fort exactes.

Méthode de traiter les Vignes, & de faire les Vins en Italie.

1°. Quant au sol, après celui de Chianti, qui est presque rempli de rochers, on préfere celui des parties montagneuses du pays qui ont un fond de pierres à chaux, & dont la surface est marneuse. Après celui-là, vient celui qui est rempli de pierres à chaux, ou dont le fond est de craie, avec une couche d'une profondeur raisonnable de bonne terre ; mais dans les plaines, où les *vins* ne font pas comparables, à caufe des collines & des montagnes, on eft forcé de fe contenter d'une affez bonne terre, pourvu qu'elle ne foit ni fablonneufe, ni trop légere, ni liante, ou de la nature de l'argile, quoiqu'une marne un peu ferme puiffe réuffir affez bien.

2°. L'expofition doit être celle du fud ou de l'oueft, plutôt que celle de l'eft ; & dans les plaines, on eft obligé de fe contenter, comme il fera dit ci après, de l'afpect du nord pour le devant des *Vignes*, qu'on abrite cependant au moyen d'une haie, fi elles ne font pas naturellement couvertes par des bois, par une montagne voifine, ou par une muraille de pierres.

3°. La préparation qu'on donne à la terre, varie fuivant la fituation du lieu : cette préparation étant toute autre pour les montagnes, que pour les petites collines, & les plaines ou terreins de niveau.

Dans les plaines fort montagneufes, & couvertes de rochers, ainfi que fur les collines, où l'on trouve un fond de pierres près de la furface, & un fol dur, on fait avec des inftrumens propres, ou de la poudre à canon, une tranchée de quatre pieds & demi de largeur, dirigée de l'eft à l'oueft ; & quoiqu'elle foit près du fommet de la montagne, on a foin de la tenir toujours à couvert du vent du nord,

en élevant, avec les pierres qu'on a tirées de la tranchée, une muraille à fec & fans mortier, précifément au-deffus de cette tranchée. A douze pieds environ au-deffous, on en creufe une feconde de la même maniere, & on nivelle la terre entre ces tranchées, le mieux qu'il eft poffible, avec des hoyaux, des léviers de fer, &c, & on continue ainfi de fuite, jufqu'à ce que tout le terrein foit préparé.

Ces petites murailles fervent à retenir la bonne terre, & à empêcher les grandes pluies de l'emporter. Pour faciliter l'écoulement des eaux, on pratique des rigoles dans les endroits les plus convenables ; de forte que, de quelque diftance, on prendroit cette plantation pour des efcaliers très-beaux & réguliers. On plante dans les tranchées, environ à trois pieds de diftance, les boutures de *Vignes*, en les plaçant un peu en travers, & à deux pieds & demi ou trois pieds de profondeur : on cultive ces feps comme il a été dit ci-deffus ; & quand ils commencent à produire du fruit, ils fe trouvent tous d'égale hauteur, & préfentent un afpect agréable.

Lorfque le terrein eft montagneux, fans être efcarpé, on creufe une tranchée d'environ quatre pieds & demi de profondeur, fur trois & demi de large. Après en avoir jetté la terre vers le nord, on en ouvre une feconde, dont la terre fert à remplir la premiere, & on continue ainfi jufqu'au bas, jufqu'à ce que le terrein qu'on

deſtine à être planté, ſoit entiérement préparé : enfin, la
derniere tranchée ſert de foſſé
pour l'écoulement des eaux ;
& les petites, qui ont le même
uſage, viennent y aboutir de
toute part. On applanit enſuite
la terre de la premiere tranchée, qui avoit été jettée dehors, & on lui donne une
pente douce & propre : on
plante ſur ce terrein des boutures de *Vignes* en quinconce,
ou d'autre maniere, à la diſtance de cinq pieds & demi
environ, ou plus éloignées,
ſuivant la nature du terrein,
s'il eſt pierreux, comme il a
été dit ci-deſſus, & comme
cela ſe pratique dans les montagnes ; mais dans tout autre,
comme dans les plaines, on
s'y prend de la maniere ſuivante.

Quand on veut planter une
Vigne dans une plaine, ou ſur
un terrein exactement nivelé,
après avoir marqué les chemins, & formé les diviſions
pour les ſeps, on a ſoin de
donner une pente convenable,
& de former de bonnes rigoles
pour l'écoulement des eaux,
en creuſant d'abord, au milieu
de la diviſion, une tranchée,
qui s'étende de l'eſt à l'oueſt ;
on lui donne deux pieds &
demi de profondeur, ſur près
de quatre pieds de largeur, &
on jette la terre vers le nord :
on met, dans le fond de cette
tranchée, des pierres, des os,
& toutes ſortes de décombres,
pour la combler en partie, &
y former une eſpece de cours,
qui puiſſe aider l'écoulement
des eaux. On creuſe une ſe-

conde tranchée, dont la terre
ſert à remplir la premiere, &
l'on continue de même juſqu'à
ce qu'on ſoit arrivé au bout
de la ſeconde diviſion, vers le
ſud, en mettant toujours, dans
le fond de chaque tranchée,
toutes ſortes de décombres.
1º. En ôtant la terre de la premiere tranchée, on la jette ſur
la derniere, du côté du ſud ;
on fait la même opération ſur
le côté du nord, dans toute
la longueur de la diviſion, au
bout de laquelle la derniere
tranchée reſte naturellement
en foſſé : on conſtruit, dans
cette derniere tranchée, un
canal à ſec pour l'écoulement
des eaux, ou quelqu'autre conduit convenable.

Cet ouvrage étant terminé,
on continue à niveler le terrein, en donnant à chaque côté
une pente douce, de maniere
qu'il reſſemble à un toit ap-
plati, ou, comme on le dit communément, à un *dos d'âne*, comme l'indique la figure ſuivante.

Au moyen de cette diſpoſi-
tion, les *Vignes* ſe conſervent
plus long-tems, & produiſent
du meilleur *vin* ; car les ſeps
ainſi plantés, durent cent-qua-
rante ou cent-cinquante ans, & à
Chianti plus de trois cents ans :
car, on regarde une *Vigne* de
cent ans, comme étant encore
jeune ; au-lieu que les *Vignes*

plantées fur des terreins, ou fur des bords de foſſés, foutenus par des bordures de peupliers, qui fervent à diviser les champs de bled, pouſſent à la vérité vigoureusement, & produifent beaucoup de fruit, mais ne durent que trente-cinq ou quarante ans, & ne donnent que du mauvais *vin*.

N. B. Pour s'indemnifer en bonne partie de la dépenfe qu'exige ce travail, ceux de la plaine ſement des Melons la premiere année entre les feps ; ils creufent des trous de dix pouces environ de diamètre, fur un pied de profondeur ; &, après les avoir remplis aux trois quarts de fumier bien pourri, ils comblent le reſte avec de la bonne terre dépoſée par les inondations, & qu'on regarde comme la meilleure de toutes. Ils mettent enfuite dans chaque trou quinze ou vingt femences ; lorfque les plantes ont pouſſé, ils n'en laiſſent que deux ou trois des plus fortes, & retranchent les autres, en les pinçant avant que les principales feuilles paroiſſent. Ils y plantent auſſi des Choux-fleurs, *comme on le pratique fur les montagnes, où les Melons ne réuſſiſſent pas bien dans les tranchées, mais que ces* Choux-fleurs *ou des Betteraves remplacent utilement.*

4°. La terre étant ainfi arrangée, foit dans la plaine, foit fur des montagnes, on trace des lignes fuivant les diftances qu'on laiſſe entre les feps. Cette diftance eft ordinairement de quatre pieds ou quatre pieds & demi entre les rangs, & de trois pieds d'un fep à l'autre ; on les plante quelquefois en quinconce, en traçant des lignes à quatre pieds d'intervalle en longueur & en travers, de maniere que chaque bouture fe trouve dans un des points où ces lignes fe coupent.

Pour cela, on creufe un trou d'environ trois pieds & demi de profondeur, avec un levier de fer d'un peu plus d'un pouce de diamètre, & un peu pointu à l'extrémité. Après quoi, au moyen d'un inftrument nommé *crucciolo*, garni d'un manche de bois, comme celui d'une grande tarriere, auquel eft fixée une tige de fer de quatre pieds de longueur, fur plus de fix lignes de diamètre, terminée par une efpece de croiſſant, comme dans la figure fuivante,

ils aggrandiſſent le trou, en tournant le bout de cet inftrument qui eft tranchant, & le faifant pénétrer jufqu'au fond. Ils y placent enfuite la bouture, rempliſſent le vuide avec de la terre fine & criblée ou du fable, & preſſent la terre avec les pieds contre les plantes, afin qu'elle ne fe deſſèche & ne fe fouleve pas ; ce qui arrive fouvent, fur-tout fi la pluie ne tombe pas auſſi-tôt que l'on a planté. La quantité des feps que trois perfonnes peuvent planter dans un jour par cette méthode, eft incroyable ; car elle eft quelquefois de plus de deux mille.

Comme ces boutures font

d'une bonne longueur, il en reste toujours deux pieds & plus au-deſſus de la ſurface. Si, par haſard, elles ne trouvoient pas aſſez de fond de terre, comme cela arrive ſouvent; &, ſi en creuſant, elles rencontroient le rocher, ou une glaiſe froide, à trois pieds environ de profondeur, elles ne vont pas plus avant; mais elles plantent à deux pieds un quart ou deux pieds & demi. Dans ce cas, ſi le fond eſt de la glaiſe, la *Vigne* fait peu de progrès; ſi, au contraire, ce fond eſt de rochers, les ſeps ſont ſujets à ſouffrir en été, dans les tems chauds & ſecs : cependant, ſi, dans ce dernier cas, leurs racines pouſſent par haſard dans les fentes de ces rochers, ils réuſſiſſent aſſez bien, & fourniſſent de meilleur *vin* que les *Vignes* des plaines, quoique celles-ci ſoient de la même eſpece que celles de montagne, & que leurs *Raiſins* mûriſſent trois ſemaines ou un mois plutôt.

N. B. On peut préparer la terre, & planter depuis Novembre juſqu'en Mars, pourvu que le tems ſoit ſec, & point à la gelée; car, dans ce cas, en travaillant, la terre gelée tomberoit naturellement au fond de la tranchée, où les ſeps doivent pouſſer leurs racines principales : ce qui y entretiendroit un tel dégré de froid, qu'ils y profiteroient peu dans la ſuite. Il en arriveroit de même, ſi on labouroit la terre trop humide; c'eſt pourquoi, l'on commence généralement à cultiver la terre en Février, après que les grandes gelées ſont paſſées, & on peut planter

depuis ce moment juſqu'au mois d'Avril. Les boutures réuſſiſſent mieux, quand elles ſont plantées auſſi-tôt après qu'elles ont été coupées; mais ſi l'on n'en a pas l'aiſance, on peut les faire venir de quelque diſtance raiſonnable que ce ſoit, en liant leurs extrémités enſemble, & en les empaquetant avec de la mouſſe, de la paille, &c. Si on les envoie de bien loin, on met autour de la terre, qui en conſervera les extrémités fraîches, juſqu'au moment qu'on voudra en faire uſage; mais avant de les planter, il ſera prudent de les laiſſer tremper dans l'eau pendant douze heures, & même plus longtems, pour leur faire mieux prendre racine.

Il n'eſt pas fort important que ces boutures ſoient des meilleures eſpeces de Vignes; cependant cette attention n'eſt point à négliger quand on le peut aiſément. Quand ces ſeps commencent à produire du fruit, on y greffe, ſans beaucoup de peine, les eſpeces qu'on déſire, & ces greffes donneront du fruit la même année, & plus abondamment l'année ſuivante : d'ailleurs, cette opération perfectionnera le pied de Vigne.

5°. Cette plantation étant achevée comme on vient de le dire, la premiere culture qu'elle exige peut être faite de différentes manieres, que l'on peut appeler, *ancienne & nouvelle méthodes.*

Suivant l'ancienne, plus d'un mois après la plantation, lorſque les *Vignes* commencent à pouſſer, on coupe les ſommets des ſeps préciſément au-deſſus du ſecond œil, près de la terre, & on les laiſſe pouſſer à l'aiſe.

Ce n'eſt qu'après la récolte des melons plantés entre les rangs, qu'on laboure la terre, pour y ſemer des *Feves*, des *Haricots*, des *Bette-raves*, &c. On laiſſe les ſeps pouſſer juſqu'après la troiſieme année révolue, en ſe contentant de labourer la terre autour de chaque plante en Mars, ou au commencement d'Avril, à la profondeur d'un pied, en obſervant d'ôter avec la main les racines qui ſont trop voiſines de la ſurface, & en mettant ſur chaque pied deux bonnes poignées de fumier de moutons à moitié conſommé, ou autant de *Lupins* bouillis. On coupe enſuite la tête des plantes préciſément au-deſſous de la premiere branche, qui eſt quelquefois à un doigt ou deux au-deſſus de la terre : on fait cette opération avec un inſtrument tranchant, comme ſerpe, couteau à émonder, &c., & on frotte la partie coupée avec de la terre. Quand la plante pouſſe, on prend la branche principale, après en avoir légérement retranché le reſte ; on l'attache avec un jonc verd à un petit bâton pour la ſoutenir, tandis qu'elle eſt tendre, & l'empêcher d'être caſſée par le vent, & on la laiſſe ainſi juſqu'à l'émondage de la ſaiſon ſuivante. En émondant les ſeps, on ne réſerve qu'un œil ; on met un bâton plus fort, de trois ou quatre pieds de longueur, pour ſupporter le ſep d'une ſaiſon à l'autre, & on y attache la branche pour juſqu'au mois de Juillet, avant le commencement des jours caniculaires : alors, on retranche la tête pour arrêter la ſéve, & favoriſer le développement du fruit qui commence dans ce tems à ſe montrer en petits paquets, de neuf ou dix *Raiſins* ſur chaque plante. L'année ſuivante exige le même traitement, & on continue ainſi juſqu'à la ſeptieme année, qui eſt le tems où les *Vignes* commencent à donner beaucoup de fruits. Alors, en les émondant, on ne laiſſe généralement qu'une tête ſur les plus fortes plantes, & ſeulement deux yeux ; on les attache à de forts bâtons, de plus d'un pouce de diamètre, & de ſix pieds environ de longueur, qu'on enfonce d'un pied & plus en terre. Ces bâtons ſont de *Chataigniers* ſauvages, qu'on coupe en taillis tous les ſept ou huit ans, & qu'on regarde comme les meilleurs pour réſiſter à l'humidité & à la ſéchereſſe. Quand les ſeps commencent à pouſſer, on les y attache avec de petites branches d'oſier ou de genêt, & on les releve ſouvent dans le cours de l'été pour les aſſujettir : l'on retranche les branches gourmandes ou luxurieures ; on laiſſe les choſes dans cet état, juſqu'après les jours caniculaires, & l'on ôte enſuite quelques feuilles, pour aider le fruit à mûrir.

N. B. En émondant les ſeps après la ſixieme année, s'ils ont pouſſé plus d'une branche, comme cela arrive ordinairement, on les retranche toutes comme auparavant, à moins qu'on en ait le ſoin pour remplir la place de quelques plantes mortes dans le voi-

finage ; dans ce cas, on couche ces branches par un tems humide & chaud, & on les enfonce de plus d'un pied en terre, en portant leurs têtes dans les places vuides. Cette opération s'appelle provigner. On conserve encore, pour quelques nouvelles plantations, ou pour les vendre à neuf sols sterling le cent, toutes les branches qu'on coupe dans la septieme année, & plus tard.

A l'émondage de la septieme année, on conserve la tête la plus basse qu'il est possible, pourvu qu'elle soit vigoureuse, & on tient, autant qu'on le peut, les têtes des seps basses, afin que le fruit puisse jouir de la réflexion de la chaleur de la terre, lorsque le soleil n'y donne plus ; ce qui hâte la maturité du fruit, & lui donne la vie & la vigueur : mais on ne les tient pas cependant assez basses, pour que les bouts des paquets de Raisins touchent à terre, ce qui les exposeroit à être écrasés par les pluies, & à pourrir. On épargne davantage les branches à Chianti, où cependant la Vigne produit beaucoup de fruits : on conserve ces branches ; on les tient en bon ordre, & on les arrange avec art. Il est incroyable avec quelle régularité tous les seps de Vignes sont exactement à la hauteur de quatre pieds au-dessus de la terre ; ce qui forme le beau coup-d'œil dont on a parlé ci-dessus.

Méthode moderne. Un mois ou environ après que les jeunes seps ont été plantés, quand ils commencent à pousser, on les taille précisément au-dessus du premier œil qui reste hors de terre. Lorsque ce bouton a poussé des branches vers le commencement de Juin, & qu'on peut distinguer les plus fortes & les mieux disposées, on ôte légérement & avec soin, d'un coup de pouce, toutes les autres, & on ne laisse que les plus vigoureuses, & les plus voisines de la terre. On recommence ce travail tous les huit ou dix jours, & plus souvent, si le tems est humide, en ôtant toujours les nouvelles branches que les plantes produisent abondamment, & en ne laissant que la principale, qu'on attache légérement à un petit bâton, pour la préserver des vents, & la mettre hors des atteintes des ouvriers qui pourroient lui nuire en cultivant les melons semés entre chaque sep. Si, comme il arrive souvent, ces principales branches sont fort luxurieuses, on en pince l'extrémité, & on continue de retrancher les jeunes branches jusqu'au mois d'Octobre, quoique, pour l'ordinaire, il y en ait peu à ôter dès le commencement d'Août. Quelquefois les branches principales produisent du fruit en petits paquets, de cinq ou six *Raisins* chacun ; mais comme ils paroissent tard, ils ne mûriroient pas : d'ailleurs, pour ménager la force de la plante, on les retranche tous, & on laisse les seps dans cet état, jusqu'au commencement du printems. Pendant cet intervalle, on fait la récolte des *Choux-fleurs.* Au mois de Février, on laboure la terre autour de chaque plante, pour retrancher les racines qui sont trop voisines de la surface, & on la cultive ensuite, comme

il a été dit ci-dessus, à l'oc—
casion de la premiere méthode.
La troisieme année, on émonde
la branche, en ne laissant qu'un
œil dessus, & on laboure ensuite tout le terrein. Pour re-
gagner les frais de cette culture,
on seme une espece de *Haricot*,
qui ne s'éleve pas à plus d'un
pied, & qui par-là ne peut
endommager les seps : alors
on donne aux seps des bâ-
tons un peu plus forts, & on
continue à les examiner pour
retrancher les nouvelles branches, & ôter seulement, trois
ou quatre fois pendant l'été,
tous les sommets inutiles. A
l'émondage de l'année suivante,
ils placent de forts bâtons, auxquels ils attachent les branches
avec de l'ofier ou du genêt.
C'est alors que les plantes commencent à produire du fruit ;
il paroît deux ou trois grappes,
qui, comme celles de l'année
précédente, mûrissent, mais ne
parviennent pas à leur entiere
perfection, comme à la quatrieme & cinquieme année :
cependant, ces plantes devan-
cent de trois ou quatre ans
celles qui sont traitées suivant
la premiere méthode, & certainement celle-ci est la meilleure, puisqu'en coupant les
têtes suivant la premiere, on
perd beaucoup de plantes, &
que, par cette seconde, il est
rare d'en voir manquer quelques-unes.

*N. B. Ce qui vient d'être dit
des seps qui parviennent à leur
pleine production, ne doit être entendu que de la quantité du fruit
qu'ils produisent. Quant à la qualité, elle se perfectionne généralement par dégré, jusqu'à la vingtieme année ; ainsi que les seps,
s'ils sont bien cultivés. A Chianti,
on ne mêle pas avec les bons Raisins, ceux qui proviennent des seps
qui ont moins de quinze ou seize ans,
& ils prétendent qu'ils acquierent toujours de la qualité jusqu'à cet âge.*

Les seps étant par l'une ou
l'autre de ces méthodes portés
à un état de pleine production,
il faut les émonder annuellement, suivant la vigueur des
plantes, & les attacher exactement aux bâtons.

En émondant, on ne laisse
qu'un œil ou deux au plus sur
les plantes, d'une force & d'une
vigueur modérée ; &, sur les
plus fortes, trois ou quatre
yeux au plus : ensuite, on en
lie les branches, non pas
comme auparavant, quand il
n'y en a qu'une ou deux, mais
en fixant d'autres bâtons moins
gros dans la terre auprès de
chacune, au sommet desquels,
pour mieux soutenir les branches, on les lie avec un ofier ;
on les plie vers le bas, en
fixant les têtes dans la forme
suivante :

N

Et quelquefois, quand on en
trouve une d'une vigueur extraordinaire, qui a deux bonnes
têtes, on les conserve toutes
deux, en disposant l'une comme
il vient d'être dit ; & l'autre,
au côté opposé de la tige principale fixée à un bâton, dans
la même forme que la pre-
miere ; ce qui ressemble à la
figure suivante.

M

Cette opération étant terminée, on continue de tems en tems, à attacher les nouvelles branches aux bâtons, & à pincer leurs sommets, quand elles poussent trop fortement jusques vers le tems de la maturité. Quand les jours caniculaires sont passés, on les dépouille de quelques-unes de leurs feuilles, pour aider l'action du soleil sur les fruits qui changent alors de couleur, & en accélerer la maturité.

N. B. Ce que l'on vient de dire sur la maniere de laisser plus d'une tête, & sur le traitement de la Vigne, ne doit s'entendre que des plantes qu'on cultive dans les plaines & sur les collines ; car, sur les montagnes les bâtons étant plus forts & plus gros, on y ajoute encore un ouvrage en bois, sur lequel on coule quelquefois deux têtes, & même trois, en forme de roue.

On peut aussi observer ici que tous les propriétaires de Vignes, en les louant, se réservent toujours le droit de les visiter quand il leur plaît, pour voir si elles sont bien émondées, & si l'on ne laisse pas plus d'yeux qu'il ne doit y en avoir ; car il est possible, en trois ans de tems, par l'émondage seulement, de gâter la meilleure Vigne, sans qu'il soit presque possible de la rétablir, & en même tems de lui faire produire beaucoup de Raisins. Cela se fait en laissant cinq ou six yeux au lieu d'un ou de deux, & huit ou neuf au lieu de trois ou quatre ; par-là, on

affoiblit & on épuise si considérablement les seps, qu'ils ne donnent plus que du bois, & qu'il est impossible après d'y remédier. La seule méthode qu'on puisse employer dans ce cas, est de couper les seps à un pied ou six pouces de terre, & d'élever une nouvelle branche; ce qui, outre le tems perdu, réussira à peine. Les Italiens appellent cette maniere d'émonder, lascia podera, qui veut dire, quitter ferme, terme assez propre.

Quand au tems d'émonder les seps de *Vignes*, il n'y a aucune regle fixe. Les uns font cette opération immédiatement après la récolte du *Raisin*, comme à Carignano & au Val-d'Arno ; d'autres, en tout tems, suivant leur commodité, & quand la saison est douce. Ils laissent les plus jeunes seps pour les derniers, jusqu'à la fin de Novembre, & jusqu'en Mars à Chianti. Comme le pays est plus froid, & la *Vigne* plus tardive, ils commencent tard dans le mois de Mars, & même au commencement d'Avril. D'autres font cet ouvrage en deux fois ; d'abord en Novembre, tems auquel ils laissent un œil de plus, & le retranchent en Mars. Cette derniere méthode paroît être la meilleure ; cependant, si l'on veut avoir des boutures pour une nouvelle plantation, on ne doit les couper qu'en Fevrier ou en Mars.

Ils ne sont pas plus d'accord sur ce qu'ils sement dans leurs *Vignes*, & sur la maniere de le faire à Chianti. Ils laissent un espace d'environ trois pieds autour de chaque sep, & sement le surplus jusqu'à la muraille baffe en froment ; & quoique le fol ne paroiffe être autre chofe que des pierres, & qu'on ne puiffe le travailler qu'avec des hoyaux, cependant les récoltes y font prodigieufes, car elles rendent quinze ou vingt pour un : d'autres ne fement dans ce terrein que des *Haricots* bas, des *Lentilles*, ou autres plantes baffes femblables ; d'autres enfin n'y mettent rien du tout, fuivant l'ufage qui a lieu dans les *Vignes* des montagnes. Mais dans les plaines, lorfque les têtes des feps font plus élevées que le fommet des Féves, ils ne font point de difficulté d'en femer entre chaque rang : mais les plus exacts fe contentent d'y femer, fur la fin d'Avril, un rang d'*Haricots* bas ; tandis que, depuis quelque tems, d'autres plantent deux rangs de feps au lieu d'un, & en forment une efpece d'efpalier avec de forts échalas. Dans le milieu de ces rangs, réduit à quatre pieds, ils plantent encore une rangée d'Artichauds, qui, étant bien labourés dans un tems convenable, leur fervent de nourriture, & font, à ce qu'ils prétendent, plus de bien que de mal à leurs *Vignes*.

Quant à la faifon de labourer les *Vignes*, ils conviennent tous que le mieux eft de le faire le plus tard poffible. Quand ils n'y fement rien, ils ne font cet ouvrage qu'à la fin d'Avril, ou au commencement de Mai, avec la beche ou le hoyau, fuivant la nature du terrein. Pour détruire les mauvaifes herbes, & avancer la maturité des plantes,

ils remuent la terre avec la houe ou le hoyau ; &, quand ils le peuvent, avec la beche dans les jours caniculaires : mais en faifant ce travail, ils ont le plus grand foin de ne toucher aucune racine de feps ; car, cette mal-adreffe feroit faner les plantes, & gâteroit les fruits, fi même elle ne les détruifoit pas.

6°. Pour ce qui eft de l'engrais qu'ils mettent fur les *Vignes* en état de produire, ils n'y en portent que tous les cinq ou fix ans ; alors ils ouvrent la terre autour des racines, en retranchent les plus petites, que les feps peuvent avoir pouffées près de la furface, & y jettent une ou deux groffes poignées de crottin de mouton, de chevre, ou de bêtes fauves ; &, s'ils ne peuvent fe procurer une affez grande quantité de ces fumiers, ils font bouillir des lupins, qu'ils mettent à la place. Cette efpece d'engrais, quoique bon pour la *Vigne*, a cependant fi peu de fubftance, qu'il doit être renouvelé au moins tous les trois ans ; enfuite, ils recouvrent ce fumier. Cette opération fe fait dans le mois d'Octobre & de Novembre, afin que les pluies de l'hiver faffent defcendre les fucs jufqu'aux fibres des racines.

7°. La faifon de cueillir les *Raifins* & de faire la vendange, eft incertaine ; cela dépend du tems qu'on a eu pendant le printems & l'été précédent, ce qui la fait varier de quinze ou vingt jours. A Chianti, quand la faifon eft bonne, on commence à couper le *Raisin* vers la Saint-Michel ; &, dans les plaines, huit ou dix jours plutôt. On se décide toujours sur la maturité de *Raisin*, & l'apparence d'une saison parfaitement seche.

8°. Les *Raisins* étant bien mûrs, & le tems chaud & sec, dès que le soleil ou le vent a seché la rosée, on les coupe, on les met dans de petits seaux, & on les porte, si le trajet est long, sur des mulets, & à un endroit voisin au moyen de deux hommes, pour les jetter dans les cuves à *Vin*, après les avoir brisés avec un billot dans ces mêmes seaux; ou bien on les jette sur un châssis ou caisse garnie d'une grille, que l'on arrange avec des planches sur la cuve. Un ouvrier les foule aux pieds, de maniere que le jus, les peaux, les pepins & les tiges passent au travers de la grille, & tombent dans la cuve, qui contient communément quatre ou cinq tonnes, quelquefois huit, dix, & jusqu'à quinze ou vingt, quand on a beaucoup de *Vignes*. On continue toujours de même, jusqu'à ce que la cuve soit remplie. Aussi-tôt qu'elle est pleine, & quelquefois peu d'heures avant, le *Vin* commence à bouillonner ; ce qui fait monter les marcs jusqu'au haut, où les peaux, les pepins & tiges forment une croûte épaisse. Ce bouillonnement continue jusqu'à ce que le vin soit bon à être tiré, ce que l'on peut connoître par son goût; & c'est en cela que consiste tout l'art de faire du *Vin*. Les *Vins* des plaines bouillent environ dix jours ; ceux des collines, à-peu-près quinze ; & ceux des montagnes de Chianti, dix-huit ou vingt jours, & quelquefois davantage, suivant que la récolte a été faite avec plus ou moins de promptitude. Sur la fin de la fermentation, on goûte le *Vin* toutes les huit heures.

N. B. Plus les Vins *bouillonnent, plus ils sont secs & foncés en couleur. Ils fermentent moins ; ils sont plus doux & plus pâles. On doit entendre tout ce qui est dit ci-dessus, des vins rouges, qui forment le principal produit de ce pays. Mais pour faire des vins blancs forts ou muscadins, on cueille le* Raisin *avec soin; on le tient exposé au soleil pendant trois ou quatre jours, & même plus long-tems, & on le met à couvert pendant la nuit, pour empêcher qu'il ne soit mouillé par la rosée.*

Après quoi, on le jette dans la cuve, & on ne le laisse fermenter que cinq ou six heures ; on tire ensuite le Vin *en tonneau, & on le traverse deux ou trois fois pour le rendre beau. Pour celui que l'on nomme* Verdea *ou* Florence blanc, *on le tire de la cuve presque aussi-tôt qu'il commence à bouillir, que la croûte se forme. On le laisse ensuite fermenter dans le tonneau pendant trente-six-heures, ou deux jours tout au plus : on le transvase ensuite dans un autre; &, quelques heures après, dans un troisieme & un quatrieme, pour en empêcher la fermentation, & lui donner de la douceur. Mais il n'est jamais parfaitement beau, quoiqu'en Italie & en Angleterre plusieurs personnes, & sur-tout les femmes, en fassent leurs délices.*

*N. B. Les grains de l'extrémité
des grappes étant d'une moindre qualité, & moins mûrs que ceux qui
se trouvent près de la tige, quelques personnes qui se plaisent à
faire une petite quantité de Vin
choisi, coupent ces extrémités, &
en font pour leur usage un vin bien
inférieur à celui que donne le haut
de la grappe. Cette pratique, quoique pénible, peut être exécutée en
grand, dans les années où les Raisins ne sont pas entierement mûrs,
afin de se procurer une certaine quantité de Vin passable.*

*N. B. Les personnes qui veulent
conserver la réputation de leurs
Vignes, coupent l'extrémité des
Raisins, les mettent à part, en y
joignant ceux qui ne sont par mûrs,
ou qui sont infectés de pourriture;
& de tout ce rebut, font une cuve
de Vin âpre pour l'ordinaire. Quelquefois aussi elles mêlent de l'eau
avec le marc, qui donne alors une
boisson agréable & vive, bien préférable au Cidre, mais qui s'aigrit
quand les chaleurs surviennent.*

9°. Quand le vin est en état,
on continue à le tirer, & c'est
alors qu'il est véritablement *Vin*,
car auparavant il est appelé
mosto, qui veut dire *moût*. Alors
on place une mèche à trois ou
quatre pouces du fond de la cuve; on tire le vin dans de petits barils, & on le verse ensuite dans de grandes bottes,
dont quelques-unes contiennent à Chianti jusqu'à sept ou
huit tonnes, mais généralement
deux ou trois. Les fonds de ces
tonnes ont plus d'un pouce &
demi d'épaisseur, & elles sont
plus de deux fois aussi hautes
que longues. On ne les lave
jamais, mais on laisse dedans

sept ou huit pots de *Vin*, quand
on les vuide au printems ou
pendant l'été précédent. Lorsqu'on veut les remplir encore
une fois, on fait entrer, par
une porte pratiquée dans la
tête de la botte, un homme
qui frotte le dedans avec une
éponge, & le lave avec du *Vin*
nouveau, sans en ôter le tartre,
qu'ils croient nécessaire pour
mieux conserver le vin. Ils laissent le vin dans ces tonneaux,
jusqu'à ce qu'ils aient occasion
de le vendre après plusieurs
années. Ces tonneaux sont quelquefois tapissés intérieurement
de trois ou quatre pouces d'é-
paisseur de tartre, & on a
grand soin de les tenir toujours
remplis, jusqu'au bondon. Telle
est la méthode de Chianti, où
l'on fait les meilleurs vins: on
les tire de ces bottes; on les
traverse dans des tonneaux, &
on les envoie ensuite à Florence pour l'exportation. La
charge d'un mulet coûte environ une couronne: dans d'autres
endroits, on les transvase dans
de plus petits tonneaux pour la
consommation du pays; car
on ne les exporte guere, ou
au moins on n'en envoie qu'une
petite quantité dans d'autres
pays, excepté les *Vins* de Carignano & du Val-d'Arno.

Quelques-uns de ces *Vins*
ont un goût vif & agréable,
sans avoir beaucoup de corps,
& plusieurs ne se conservent
pas plus d'un été, si ce n'est
dans des caves fraîches, & dans
les lieux mêmes où ils ont été
faits; car en général ces vins
sont très-délicats. Les *Vins* choisis de Chianti tiennent aussi un

peu de cette nature ; car dans deux faisons de l'année, au commencement de Juin, & dans les premiers jours de Septembre, lorsque les *Raisins* sont en fleur, & quand ils commencent à mûrir, quelques-uns, même des meilleurs Vins, sont sujets à changer, sur-tout dans la derniere saison. Quelquefois ils deviennent aigres, mais prennent en même tems un goût fort désagréable ; ce qui les rend non-seulement mauvais à boire, mais même peu propres à faire du vinaigre : on les appelle alors *Settembrine*. Ce qu'il y a de plus singulier, c'est qu'un tonneau sera gâté, pendant qu'un autre tiré de la même cuve, se conservera parfaitement bon, quoiqu'ils soient tous deux gardés dans la même cave.

Comme ce changement ne se fait pas dans le vin en bouteilles, quoiqu'il puisse également s'y aîgrir, je suis tenté de l'attribuer à quelque négligence, ou au peu de soin qu'on apporte à remplir les tonneaux, qui doivent toujours être tenus pleins. Si l'on a tardé long-tems à les remplir, & qu'on les remplisse alors avec trop de promptitude, l'écume qui se forme, se mêle avec le vin, le gâte, & lui communique un mauvais goût de feuilles de *Vigne* pourries. On peut objecter que ce défaut n'attaque le vin que dans des saisons particulieres, & que, s'il échappe alors, il se conserve bon pendant plusieurs années.

Quant au tems où les *Vins* sont bons à boire, les plus pauvres boivent celui des plai-

nes presqu'aussi-tôt qu'il est tiré ; mais on peut dire que dès le onze de Novembre, on peut en faire usage.

Ceux des collines sont fort agréables à boire vers Noël & au printems. Ceux de Chianti ne sont pas potables avant le mois de Juin, quoiqu'ils soient en état d'être exportés en bottes au mois de Décembre, & en tonneaux ou caisses au commencement de Fevrier ; mais si on les met plutôt à bord des vaisseaux, quoique bons en apparence, il s'y formera un sédiment.

Autrefois l'art de falsifier les Vins n'étoit pas connu à Chianti ; on se contentoit de jetter, dans chaque grande botte, autant de *Raisins* choisis & égrainés, que deux ou trois chapeaux pouvoient en contenir: on regardoit cela comme la nourriture du Vin, & on appeloit cette opération *Governo*. Les Taverniers de ce pays-ci font quelque chose d'à-peu-près semblable, en mêlant de petits vins de notre crû avec les plus forts étrangers, & en rafinant les vins blancs avec du talc, des blancs d'œufs, de la chaux, &c. On croit aussi qu'ils mettent de l'alun dans les vins rouges pour les conserver, & exciter la soif de ceux qui en boivent.

Pendant le cours d'une guerre contre les François, un Marchand Anglois de Bordeaux arriva ici dans l'intention de travailler les meilleurs vins de Chianti, qui naturellement sont d'une couleur brillante de *rubis*, d'un goût agréable, & d'un velouté charmant au goût Anglois. Comme cette nation préféroit alors les vins d'une couleur foncée & dure, il rendit ces vins noirs au moyen d'un *Labrufco* ou *Raifin fauvage*, qu'il mêloit avec les vins de Chianti; ce qui leur donnoit une couleur plus foncée, & ce goût rude que l'on aimoit en Angleterre.

C'eſt ce Marchand qui le premier a introduit en Angleterre de pareils *Vins*, en y envoyant une très-grande quantité de tonneaux chaque année. Depuis ce tems, on a fait beaucoup de demandes à Chianti; ce qui a engagé les habitans de ce pays à étendre confidérablement leurs plantations, même dans les expofitions & fur des terres peu propres à produire du vin. Ils ont auffi cultivé *Labrufco* ou *Vigne fauvage*, dont ils ont mêlé le fruit avec les autres *Raifins* dans la cuve, afin de les faire fermenter enfemble; ce qui a très-bien réuffi jufqu'en 1697, où la vendange fe trouva fort mauvaife : &, comme l'Angleterre demandoit alors une grande quantité de leurs *Vins*, ils mêlerent tous les petits vins avec les autres ; & comme les meilleurs étoient fort mauvais cette année, ces vins perdirent leur réputation, qui n'a pas encore pu fe rétablir, quoique depuis ce tems ils en aient envoyé de fort bons.

On n'en envoie plus à préfent en Angleterre qu'en caiffes ; mais plus de *Vins* noirs comme autrefois, & on les fait partir précifément auffi-tôt qu'ils font faits. Mais comme ils ont toujours à Chianti, des plantations de *Raifins Labrufco*, bien différents cependant des fauvages, puifqu'ils deviennent beaucoup plus gros & fpiritueux, ils continuent à en mêler avec les autres *Raifins*, pour donner à leurs vins une couleur plus foncée, & une faveur plus forte, qui plait beaucoup aux Anglois.

Après avoir décrit, d'après les informations que j'ai pu me procurer, la maniere de traiter les *Vignes* & les *Vins* en Italie, il ne me reſte plus qu'à parler d'un fléau, qui, fans compter la grêle, les orages & les gelées, détruit les *Vignes* à Chianti & dans les contrées voifines ; car, dans les plaines on ne s'en reffent point. C'eſt une très-petite efpece de chenille noirâtre, ou d'un vert très-foncé, qui, dans le mois de Mai, attaque les jeunes branches des feps de *Vigne*, lorfque les *Raifins* font encore embryons, & les détruit. Ils ont pour cela un remede efficace, qui eſt de placer un petit anneau de glu autour de la tige de chaque fep, huit pouces environ au-deffus de la terre. Au moyen de cela, aucun de ces infectes nuifibles ne peut monter; car, je préfume qu'ils viennent de la terre, & qu'ils ne font point portés dans l'air comme quelques autres chenilles, que l'on croit communément être tranfportées par un vent fec d'orient. Comme ce fléau fe fait fentir prefque tous les ans dans ce pays, les cultivateurs s'habituent à y pourvoir, & à s'en garantir.

Maniere de faire le Vin *en Champagne, & comment on peut le porter à la même perfection dans d'autres Provinces.*

Le *Vin* eſt une liqueur délicate, & un aliment propre à donner de la force, & à conſerver la ſanté, quand on en uſe modérement ; mais dans la plupart des Provinces de France, on le fait avec la plus grande négligence, même dans les endroits où il pourroit être excellent.

Les Champenois ſont cependant à l'abri de ces reproches, ſoit par la délicateſſe de leurs vins, ſoit par le deſir qu'ils ont d'en tirer avantage. Ils ont toujours montré une grande induſtrie dans les efforts qu'ils ont faits pour les rendre meilleurs, que ceux des autres Provinces de ce Royaume.

Il y a à-peu-près quatre-vingts ans, qu'ils ſe ſont donnés la peine de faire des *Vins paillés*, & preſque blancs, qui, avant leurs vins rouges, étoient préparés avec plus de ſoin qu'aucuns des autres vins de France.

Je ne parlerai point de l'ancienne diſpute ſur la préférence que l'on doit donner aux *Vins* de Champagne ou aux *Vins* de Bourgogne, je me contenterai d'obſerver tout ce que les Champenois ont imaginé pour donner de la fineſſe & de l'agrément à leurs vins ; & par-là il ſera facile de s'appercevoir que l'on peut imiter leurs procédés dans les autres Provinces, & approcher d'aſſez près de la clarté & de la délicateſſe de leurs vins.

Si ces eſſais donnent quelqu'eſpérance de ſuccès pour l'avenir, les *Vins* de ces Provinces pourront parvenir à la perfection par dégrés, & devenir délicats, de mauvais qu'ils ont été juſqu'à préſent, faute d'avoir jamais cherché à leur procurer une certaine fineſſe.

Pour avoir un vin excellent, les *Vignes* doivent être bien expoſées au ſoleil, ſur-tout au ſud, & ſur la pente d'une petite colline, plutôt que dans une plaine. Les ſeps de *Vignes* doivent être bien choiſis, & d'une bonne eſpece de *Raiſins noirs*. Le fond du ſol doit être bon, un peu pierreux, & point humide. En Champagne, le grain de terre eſt très fin, & a une qualité particuliere qu'on ne trouve dans aucune autre Province.

Comme ces ſortes de terres ſont légeres, il faut y mettre de tems en tems des engrais & de la nouvelle terre : il ne faut cependant pas y porter trop de fumier ; car, on rendroit par-là le vin mou, inſipide, & ſujet à ſe graiſſer. On doit communément employer du fumier de vache, parce qu'il eſt moins chaud que celui de cheval. Dans les terres fortes, on peut le mêler avec le fumier de cheval & de moutons, pourvu que celui de cheval ſoit bien pourri, & preſque réduit en terreau, & qu'on y mêle autant de fumier de vache, ſans quoi il brûleroit les ſeps de *Vignes*. On met ces engrais dans une foſſe ; on les arrange par couches alternatives avec de la terre neuve, & on les laiſſe pourrir pendant un hiver. Vers le mois de Fevrier, on en met un bon panier ſur chaque ſep, & ſurtout ſur les nouvelles plantes, pour les aider à pouſſer. Il ſuffit qu'une *Vigne* ſoit engraiſſée une fois dans huit ou dix ans, ou chaque année, en n'employant qu'un huitieme ou un dixieme de cet engrais. Après que l'on a porté le fumier ſur la place, on ouvre la terre autour des ſeps, & on fait une petite tranchée autour de la tige, pour y enterrer le fumier dans un tems favorable.

Pluſieurs perſonnes laiſſent, pendant quelques ſemaines, cet engrais ſur la place, avant de l'enterrer : mais çe n'eſt pas la meilleure méthode ; car l'action de l'air, du froid & du ſoleil en diſſipent les parties les plus ſubtiles. Mais quand il n'eſt ni trop froid, ni trop chaud, on peut le laiſſer à découvert pendant huit ou dix jours, pour lui faire perdre ſon mauvais goût.

On émonde quatre fois la *Vigne* dans différens tems ; mais il faut obſerver une choſe à laquelle on fait rarement attention en Champagne : c'eſt que dans ce pays on taille la *Vigne* dans le mois de Fevrier, & même en Janvier, tandis qu'on ne devroit jamais commencer cet ouvrage qu'après le quatorzieme jour de Fevrier. En la taillant plutôt, elle pouſſe auſſi plutôt, & devient plus ſujette à ſouffrir de l'intempérie de la ſaiſon & des gelées blanches qui la détruiſent, quand elles ſurviennent bientôt

après la taille. Mais ſi l'on differe ce travail juſqu'après le quatorze de Fevrier, elle ne court plus aucun riſque.

Les Vignerons qui par avarice entreprennent de cultiver plus de *Vignes* qu'ils ne peuvent en faire, ſont forcés de tailler en Janvier. Alors ils ſe font un tort conſidérable, & nuiſent beaucoup à la plus grande partie de leurs plantes, comme on l'a éprouvé il y a quelques années. On cultive en Champagne deux eſpeces de *Vignes*, qu'on appelle *Vignes hautes*, & *Vignes baſſes*. Les *Vignes* hautes ſont celles qui croiſſent dans les ſols les moins bons, & qu'on éleve à la hauteur de quatre à cinq pieds. Les *Vignes* baſſes ſont celles qu'on ne laiſſe croître qu'à trois pieds de haut : on enterre celles-ci, ou on les ravale chaque année, ſuivant l'expreſſion du pays, de maniere qu'on n'en laiſſe paroître que l'extrémité.

Les *Vignes* hautes produiſent abondamment ; car un arpent donne ſouvent ſept ou huit pieces de vin. Le produit des *Vignes* baſſes eſt peu de de choſe, mais le vin en eſt beaucoup plus délicat. Souvent elles ne donnent que deux pieces de vin par arpent, quelquefois moins, & rarement trois & quatre. Pour avoir un vin plus fin, on doit arracher tous les ſeps des *Raiſins blancs*, ainſi que ceux de groſſe eſpece de *Raiſins noirs* ; cependant, au-lieu de les arracher, on peut, ſi l'on veut, les greffer.

Mais comme ces greffes ne réuſſiſſent

réuffiffent pas toujours, dans ce cas on arrache les feps, & on les remplace par de nouveaux plants enracinés, que l'on choifit dans des pépinieres, ordinairement entretenues dans le pays pour cet effet. Le millier des plantes s'y vend communément une piftole.

Un particulier, propriétaire de beaucoup de *Vignes*, pourroit fe faire une pépiniere pour fon propre ufage.

On place ces plants enracinés dans le milieu d'un trou, d'un pied environ de profondeur, que l'on creufe avec un piquet ou hoyau droit. Ces plants enracinés produifent plutôt que les boutures, & commencent à donner un peu de fruit la troifieme année, un peu davantage la quatrieme & la cinquieme, en abondance les années fuivantes, & continuent toujours de même pendant foixante ans.

On donne des engrais à ces nouvelles plantes dans la feconde & la fixieme année, & enfuite tous les huit ou dix ans comme aux autres *Vignes*.

On feroit bien d'arracher chaque année une partie des vieilles plantes qui produifent peu ou rien, & occupent de la place inutilement. Par ce moyen, la *Vigne* feroit conftamment renouvelée & en bon état.

Quand il y a des rofées ou de l'humidité dans les mois de Mai, Juin & Septembre, les Vignerons ne doivent pas ravaler ou provigner les *Vignes* dans la matinée; car les rofées

qui tombent dans ces mois, font communément très froides. Si le foleil ne les diffipe pas, les feuilles des *Vignes* qui en font humectées, en font ordinairement brûlées.

Il eft auffi très-effentiel de ne pas provigner pendant qu'il y a une gelée blanche, ou des pluies fuivies de gelée; car les *Vignes* en feroient certainement détruites.

Il faut arracher de tems en tems les mauvaifes herbes qui croiffent dans les *Vignes*, les enlever, & les mettre dans des facs avec tous les limaçons, qui font des animaux deftructeurs, pour les brûler à quelque diftance de la *Vigne*, & en enterrer les cendres.

A la fin de Juin, ainfi qu'à la fin de Mai, fuivant que la *Vigne* eft plus ou moins avancée, il eft néceffaire de couper l'extrémité de chaque branche, afin que la plante ne puiffe plus croître en hauteur, & que toute fa nourriture foit confervée aux racines. Il fuffit de lui laiffer deux pieds & demi, ou trois pieds tout auplus, audeffus de la terre; le furplus doit être retranché, ainfi que les fommets ou extrémités des jeunes branches qui fortent du bas ou des côtés des tiges. On répète cet ouvrage deux, trois ou quatre fois dans un été, fuivant que les *Vignes* font plus ou moins de progrès.

Au printems, on met un échalas près de chaque fep pour les fupporter : ces échalas doivent être, autant qu'il eft poffible, de chêne. Si l'on emploie pour cela le cœur de l'arbre, ils dureront plus de vingt ans ; mais les autres durent à peine quatre ou cinq ans : on les aiguise en les façonnant. Les propriétaires doivent toujours avoir les yeux sur leurs ouvriers qu'ils emploient tous les ans pour les appointer de nouveau, afin qu'ils ne les coupent pas trop courts, & qu'ils n'en cassent pas plusieurs qui pourroient encore servir ; car souvent en appointant ceux qui sont pourris par le bout, ils coupent encore deux ou trois pouces de bois sain, & en abrègent par-là la durée.

Quand une *Vigne* a été cultivée & ménagée pendant l'été, suivant la méthode commune, & que la vendange approche, on choisit & on prépare des tonneaux neufs ; on lave, on frotte & on nettoie le pressoir, & l'on examine soigneusement si les Raisins sont bien mûrs : car, s'ils le sont trop, le vin ne sera pas assez fort ; & s'ils sont encore verds, le vin sera dur, & ne sera potable qu'après un tems considérable. En Languedoc & en Provence, les Raisins ont de trop gros pepins. Il y en a trop de blancs, & on les laisse trop mûrir ; ce qui rend les vins trop liquoreux. On laisse aussi trop vieillir les seps, & on ne les renouvelle pas assez souvent. La plupart des *Vignes* sont plantées dans des terres trop fertiles ou trop humides, & ne sont pas assez bien exposées.

Pour faire du bon vin au premier pressurage, on examine d'abord si les Raisins sont mûrs ; on fait en sorte de ne les cueillir que les jours de grande rosée, & dans des années chaudes, après un peu de pluie, quand on est assez heureux pour avoir un pareil tems. Comme les Raisins ne sont pas mûrs avant la fin de Septembre, & quelquefois au commencement d'Octobre, on désire rarement la rosée dans le tems de la vendange. Cette rosée donne aux Raisins une fleur, une poussiere ou craie, que l'on nomme *azur*, & une fraîcheur qui empêche le vin de s'échauffer aisément, & de se colorer.

Un jour de brouillard qui survient de tems en tems dans les années chaudes, est un événement heureux ; car le vin en est non seulement plus blanc & délicat, mais aussi sa quantité augmente de près d'un quart. Un particulier qui ne peut faire que douze pieces de vin en vendangeant dans une matinée chaude & sans rosée, en aura seize ou dix-sept, s'il y a du brouillard ; & quatorze ou quinze s'il n'y a point de brouillard, mais seulement une bonne rosée. La raison en est que la rosée, & sur tout le brouillard, attendrit le Raisin, de maniere que presque toute sa substance se change en vin.

Le vin qu'on fait avec des Raisins qui n'ont point fermenté dans le moment qu'ils sont coupés, est toujours beaucoup plus pâle ; aulieu que le soleil ayant échauffé la substance du Raisin, le rend plus rouge par le mélange de ses parties ; ce qui diminue aussi sa quantité, soit par tranfpiration , foit parce que fa peau eft épaiffie & dur-cie : ce qui fait auffi qu'il eft plus difficile d'en exprimer le jus. Cette circonftance , dont la connoiffance eft due à l'ex-périence , eft d'autant plus in-téreffante , qu'elle eft très-cer-taine.

On convient en Champagne que le vin appellé *Vin de ri-viere* , eft, ordinairement plus pâle que celui de montagne ; mais on n'en donne pas la rai-fon. Je crois que la caufe de cette différence eft que les *Vi-gnes* voifines de rivieres jouif-fent toute la nuit d'un air frais ; au-lieu que les *Vignes* de mon-tagnes ne tranfpirent pas pen-dant la nuit , à caufe de la chaleur qui vient de la réver-bération de la terre. Par la mê-me raifon , dans les années fort chaudes , on ne peut s'affurer de la couleur qu'auront les vins de riviere & ceux de mon-tagne ; & , dans les années froi-des , ni les vins de montagne , ni ceux de riviere , ne font colorés. Ces caufes rendent en-core les vins de riviere plus mous , plus avancés , & plu-tôt potables , ou plus durs , plus fumeux , & plus tardifs.

Les Champenois ne cueillent pas tous les Raifins en même tems , & à toutes les heures du jour ; mais ils choififfent d'abord les plus mûrs & les plus bleus, ceux dont les grains font clair-femés , & qui font parfaitement mûrs. C'eft avec ces Raifins qu'on fait les meil-leurs vins ; car ceux qui font plus ferrés , & qui n'ont pas les mêmes qualités , confervent

toujours du verd. Ils fe fervent d'un petit couteau recourbé ou ferpette pour les couper , & ils font cette opération avec beau-coup d'adreffe , en ne laiffant que très-peu de queues après. Ils les mettent fort doucement dans des paniers , & ne froif-fent pas un feul Raifin.

Trente Vendangeurs par-courent une *Vigne* de trente arpents en trois ou quatre heu-res de tems , pour faire un pre-mier preffurage de dix ou douze pieces.

Dans les années humides , on doit avoir grand foin de ne pas mettre des grappes gâ-tées dans les paniers ; & en tout tems , il faut avoir l'atten-tion d'ôter les grains pourris , ou ceux qui font froiffés , ou tout-à-fait defféchés , fans ce-pendant jamais les arracher des grappes.

On commence à cueillir les Raifins une demi-heure après le lever du foleil ; & fi le Ciel n'eft pas couvert de nuages , & que le tems foit un peu chaud , on finit vers les neuf ou dix heures pour les vins du premier preffurage ; parce que, paffé cette heure , le Raifin fe-roit échauffé , & rendroit le vin fumeux.

En conféquence, on emploie un grand nombre de Vendan-geurs , afin de pouvoir cueillir, en deux ou trois heures , affez de Raifins pour un preffurage. Si le tems eft couvert , on peut vendanger pendant tout le jour.

Les Vendangeurs & les Pref-fureurs doivent prendre garde que les Raifins ne foient point fales , ni échauffés , & de ne point leur faire perdre leur craie avant de les preſſurer.

Quand le preſſoir ſe trouve dans le voiſinage de la *Vigne*, il eſt aiſé d'empêcher le vin de prendre de la couleur, parce qu'on peut y tranſporter les Raiſins doucement, proprement, & en peu de tems ; mais quand il eſt éloigné de deux ou trois lieues, & qu'on eſt obligé de voiturer les Raiſins dans des tonneaux & ſur des chariots pour les preſſurer à leur arrivée, on a peine à empêcher que le vin ne ſoit coloré, ſi ce n'eſt dans des années froides & très-humides.

C'eſt un principe certain que, lorſque les Raiſins ſont coupés, plutôt ils ſont preſſurés, & plus le vin eſt blanc & délicat ; car, plus le vin reſte ſur le marc, & plus il devient rouge. Ainſi, il eſt fort important de hâter la récolte du Raiſin, pour le preſſurer le plutôt poſſible.

Les preſſoirs de la Champagne ſont fort commodément placés ; les particuliers qui ont beaucoup de *Vignes*, ont leurs preſſoirs dans l'enceinte même de ces *Vignes* ou dans leur voiſinage. Dans quelques endroits où les preſſoirs ſont banneaux, on en voit de différentes grandeurs & de différentes formes.

On donnera à la fin de cet Article, une deſcription exacte de ces preſſoirs.

Les plus petits ont environ ſept pieds & un quart. Les moyens, à-peu-près dix à douze pieds, & les plus grands, quinze ou dix-huit pieds. Les plus petits, qu'ils appellent *Etiquets*, coûtent ſept ou huit-cents livres. Les moyens, appelés *Cage*

ou *Teiſſon*, environ deux mille livres ; & les plus grands, deux mille écus, & quelquefois davantage, ſuivant les prix du bois dans les différents cantons. Dans le Languedoc & la Provence où le bois eſt rare, ces ſortes de preſſoirs coûtent ſi chers, que peu de perſonnes ſont en état d'en faire la dépenſe.

Quand les Raiſins ont été mis ſur le preſſoir, ils placent deſſus trois groſſes perches de dix à douze pouces de circonférence, une à chaque bout en longueur, & la troiſieme au milieu, & dans le même ſens. Celles de côté ſervent à marquer les lignes qu'ils doivent ſuivre avec leurs pelles tranchantes. En coupant le marc, cette ſubſtance eſt preſſée ſur deux côtés. Après que la coupe eſt faite, ils mettent ſur ces perches & ſur les Raiſins des planches de la longueur de la maie, & ſur ces planches, des demi-poutres de huit ou neuf pouces de diametre, qu'ils appellent *mayaux* ; ils les placent à un pied de diſtance les unes des autres, & en forment quatre ou cinq rangs, qui ſe croiſſent en travers, ce qui fait une pile d'environ quatre ou cinq pieds. Ils abaiſſent ſur le tout trois ou quatre groſſes poutres, d'une peſanteur énorme, qui ſont placées au milieu de la preſſe en travers, & ſoulevées à un bout par deux poutres de côté, qui ſont enfoncées de quinze à vingt pouces dans la terre, & fixées aux bâſes qui les traverſent. A l'autre bout, eſt ce qu'on appelle une *cage* ou *roue*, avec une vis, pour ſoulever ou abaisser les grosses poutres sur les mayaux, & presser les Raisins. Ils soulevent ensuite, par les poutres de la vis, le bout des arbres sur le côté de la roue ou cage, qui abaisse l'autre bout des poutres du côté. Ils chassent deux ou quatre coins de bois entre la coche, qui est dans les poutres de côté, & ces poutres sont aussi abaissées pour les tenir dans leur position, & les empêcher de se soulever, & ils abaissent ensuite l'autre bout au moyen de la vis, qui sert également à le soulever. Ils se servent de larges pelles d'acier, d'un pied de largeur, sur un & demi de longueur, fort lourdes & tranchantes à l'extrémité, pour couper aisément le marc des Raisins sur les quatre côtés.

Ils commencent par abaisser les grosses poutres sur les Raisins, & ils appellent le vin qui coule alors, *Vin de goutte*, parce que c'est le plus fin & le plus exquis du Raisin. Ce vin est fort léger, & n'a pas assez de corps. Quelques-uns nomment ce pressurage l'*abaissement*, ce qui doit être fait avec beaucoup de dextérité & de promptitude ; car il faut tout de suite décharger le pressoir, pour remettre dans le milieu tous les Raisins qui ont pu glisser sur les côtés, & les pressurer tous promptement une seconde & une troisieme fois. Ils appelent ce second & autres abaissements, *la premiere*, *la seconde*, *la troisieme coupe*, &c., qui doivent être faites en moins d'une demi-heure, si l'on veut avoir du vin fort blanc, parce qu'il ne faut pas donner

le tems aux Raisins de s'échauffer, ni à la liqueur celui de séjourner dans le marc.

Ils mêlent ordinairement le vin de l'abaissement avec celui de la premiere & seconde coupe, & quelquefois avec celui de la troisieme ; mais fort rarement, & suivant que les années sont plus ou moins chaudes. C'est ce qu'ils appellent *Vin fin* de premier pressurage.

Quelques-uns se réservent un ou deux quartauts de la premiere goutte ou du premier abaissement ; mais il est trop léger, & n'a point assez de corps pour pouvoir être transporté.

Des personnes habiles prétendent que le *Vin* des premiers abaissements ne doit être mêlé qu'avec celui de la premiere coupe, si l'on veut l'avoir beaucoup plus délicat ; que d'ailleurs on a assez de tems pour faire ce mélange dans la suite, en cas qu'on trouve les *Vins* trop légers & trop blancs ; au lieu qu'en les mêlant au pressoir, il n'y a plus de remede.

A chaque coupe, on éleve les grosses poutres, & on ôte tous les mayaux, les planches & les perches posées immédiatement sur les grappes, ou le marc. On coupe ce marc sur les quatre côtés, avec des pelles d'acier tranchantes, ou des hachettes, & on rejette sur le pain, avec des pelles de bois, ce qui est coupé : on l'arrange de façon qu'il ne puisse se répandre. Dans les presses, qu'ils appellent *Etiquets*, on prend garde que la roue qui est dans le milieu, porte également sur la totalité de la masse.

Dans le preſſoir, la cage ou teiſſon ayant ſes poutres portées plus ſur le côé de la roue que ſur les coins, la maſſe doit néceſſairement être placée plus en pente vers la roue, que vers le côré des coins. Cela ſe comprendra aiſément, en examinant les deſcriptions des differentes preſſes. Il faut auſſi obſerver qu'à chaque fois que l'on coupe les Raiſins ou le marc, on hauſſe le ſac, parce qu'il eſt toujours placé de maniere qu'il y a un tiers de moins au bas qu'au ſommet.

La ſeconde coupe donne plus de vin que l'abaiſſement & la premiere coupe, parce que les Raiſins ſe briſent mieux alors, & ne gliſſent pas tant ſur les côtés.

On fait couler le vin du preſſoir dans un poinçon défoncé, ou quelques autres grands vaiſſeaux préparés pour cet effet, & enfoncés dans la terre, pour le recevoir. Au premier meſurage, il paroît un peu rouge, mais il perd ce peu de couleur, ſuivant qu'il a bouilli, & qu'il s'eſt clarifié dans le tonneau, & alors il devient parfaitement blanc, ſur-tout quand les deux premieres coupes ont été exprimées avec promptitude; mais principalement lorſque les Raiſins ont été cueillis pendant la roſée, ou par un tems ſombre. Quoique ces vins ſoient blancs, ils les appellent *gris*, parce qu'ils ne ſont faits que de Raiſins noirs.

Si l'année eſt chaude, & que le vin de la troiſieme coupe ait de la couleur, il ne faut pas le mêler avec celui des pré-

cédentes; mais avec celui de la quatrieme, & quelquefois, mais fort rarement, avec celui de la cinquieme. On ne preſſe pas auſſi fort les dernieres coupes que les premieres, & on laiſſe un intervalle d'une bonne demi-heure entre chacune. Le *Vin* qui en provient, ayant plus de couleur, eſt appelé *Œil de perdrix*, ou *Vin de coupe*. Ce vin eſt fort, agréable, beau; il eſt bon pour l'ordinaire, & il devient toujours meilleur en vieilliſſant.

Quand le vin de la quatrieme coupe eſt trop foncé, ils ne le mêlent point avec celui de la premiere & de la ſeconde, mais le laiſſent avec le vin des cinquieme, ſixieme & ſeptieme coupes, qu'ils appellent *Vin de preſſoir*. Ce vin eſt d'un rouge foncé, aſſez dur, mais bon pour une boiſſon de ménage. S'ils ne ſont pas preſſés, ils laiſſent un intervalle d'une heure & demie entre chacune de ces trois dernieres coupes, pour que le vin s'écoule inſenſiblement, & que les hommes employés à ce travail, aient le tems de ſe repoſer; car cet ouvrage, qui eſt très-fatiguant, dure continuellement jour & nuit pendant environ trois ſemaines. Les Vignerons de la Champagne preſſent ſi fortement les Raiſins, qu'après avoir fini & déchargé la maix, le marc eſt auſſi dur qu'une pierre. Ils le mettent dans de vieux tonneaux, & en tirent une eau-de-vie de très mauvais goût, qui eſt cependant bonne à pluſieurs uſages.

Ceux qui ont beaucoup de

Vignes, font deux, trois ou quatre premiers preſſurages de vin fin, pour lefquels ils choiſiſſent toujours les *Raiſins* les plus délicats & les plus mûrs. Ces ſortes de vins font toujours ſupérieurs à tous les autres pour la qualité & le prix ; car, lorſque le vin d'un premier preſſurage ſe vend ſix-cents livres la queue, celui du ſécond ne vaut pas plus de quatre-cent-cinquante livres, quoique tous deux ſortent de la même *Vigne*.

Dans chaque premier preſſurage, il y a ordinairement deux tiers de vin fin, un demi-tiers de vin de coupe, & un demi-tiers de vin de preſſoir. Ainſi, dans une bonne cuvée de cinq ou ſix pieces de vin, on en a trois ou quatre de taille, & deux ou trois de preſſoir.

Des *Raiſins* communs & *noirs* qui reſtent après les premiere, ſeconde ou troiſieme cuvée, ils en font une autre où ils mêlent ceux qui ne font pas bien mûrs, & qu'ils nomment *Verdelet*. Ce mélange produit un vin aſſez coloré, que l'on vend aux habitans de la campagne ou pour les domeſtiques. Ils laiſſent ces Raiſins deux jours entiers dans une grande cuve, avant de les preſſurer, afin de donner plus de qualité au vin ; enſuite ils mêlent au preſſoir tout le produit des differentes tailles ou coupes.

Les *Raiſins blancs* n'entrent point dans cette cuvée ; ils les laiſſent ſur les ſeps juſques vers la Touſſaint, & quelquefois juſqu'au huit ou dix de Novembre, tems auquel les matinées ſont froides : ainſi, ils en font un vin bourru, c'eſt-à-dire, un vin nouveau & doux qui n'a point fermenté, & qu'ils vendent auſſi-tôt.

Ce *Vin* eſt encore meilleur, quand les Raiſins ont été pincés par les gelées blanches d'Octobre & de Novembre, ou au moins flétris par des matinées très-froides. Un peu de pourriture dans ces Raiſins ne nuit point au vin, ſi on lui donne le tems de ſe purifier par fermentation, & de rejetter toute l'ordure qu'il contient.

On peut, ſi on le veut, mêler le vin blanc avec le vin de taille, quand on a occaſion de le vendre tout de ſuite après qu'il a bouilli. Ce vin eſt alors agréable à boire, aſſez paillé, & d'un bon corps.

Tous les vins fins doivent être mis dans des tonneaux neufs, ainſi que ceux de taille ; mais les vins rouges, le verd, & ceux de preſſoir, peuvent être mis dans de vieux tonneaux, pourvu qu'ils ſoient encore bons.

Il ne faut jamais frotter les tonneaux avec du ſoufre ; on ſe contente de les laver avec de l'eau commune un peu avant de les remplir, & de leur donner le tems de bien égoûter. On peut mêler avec l'eau quelques groſſes poignées de fleurs ou de feuilles de *Pécher*, que l'on prétend être très-favorables au Vin. En Champagne, on met ordinairement les vins dans des quartauts & des tonneaux.

La meſure de la riviere eſt différente de celle de la montagne. Les pieces de riviere contiennent environ deux-cent-dix pintes de Paris , & le quartaut cent-dix ; les pieces de montagne , deux-cent-quarante , ou pour le moins deux-cent-trente , & le quartaut cent-quinze ou cent-vingt. On fait une marque à chaque piece & à chaque quartaut avec de la craie , pour diftinguer le vin de la premiere , de la feconde & de la troifieme cuvée , le vin de taille & de preffoir . le vin blanc & le verd : on y marque auffi le nom de la *Vigne* d'où les Raifins ont été tirés.

Depuis quelques années , des particuliers de la Champagne ont entrepris de faire du vin auffi rouge que celui de Bourgogne , & ils ont affez bien réuffi quant à la couleur ; mais felon moi , ces fortes de vins font inférieurs à ceux de Bourgogne , en ce qu'ils ne font pas auffi moëlleux ni auffi agréables au goût ; néanmoins bien de gens en demandent & les préferent.

Comme les vins gris font un peu tombés , on fait , depuis quelques années en Champagne , beaucoup de vin rouge , que l'on débite très-bien en Flandres pour du *Vin de Bourgogne.*

De tous ces vins , il n'y en a point de meilleurs pour la fanté , ni de plus agréables que le *Vin gris de Champagne* , celui qu'on appelle *Œil de perdrix* , ou les vins des deux premieres tailles d'un premier preffurage , dans les années affez chaudes.

Ce vin a du corps , de l'acidité , du feu , un parfum , une vivacité & une délicateffe qui le rend bien fupérieur à tous les vins les plus exquis de la Bourgogne ; & ce qui devroit engager à le préferer , c'eft fa légereté qui le fait couler & paffer bien plus promptement qu'aucun autre vin de ce Royaume.

C'eft une erreur de croire que le vin de Champagne peut donner la goutte ; car à peine voit-on , dans cette Province , un feul homme attaqué de cette maladie : ce qui , felon moi , eft la meilleure preuve du contraire.

Pour faire du bon *vin rouge en Champagne* , il faut cueillir les Raifins noirs pendant la chaleur du jour , les bien choifir , & avoir foin de ne pas les mêler avec les hauts vins , ni avec les verds , ou ceux qui font prefque tous pourris : on les laiffe deux jours dans la cuve , où la liqueur devient rouge par la fermentation. Quelques heures avant de les porter fur le preffoir , on les foule aux pieds , & on en mêle le jus avec le marc , fans quoi le vin ne feroit pas affez rouge. Si on le laiffoit plus de deux jours dans la cuve , il prendroit trop le goût des pépins. En le mêlant avec le vin de preffoir , il deviendroit trop épais , trop dur , & défagréable.

Le vin du premier preffurage étant enlevé , & les tonneaux marqués , on les met en rangs dans une cave ou une cour. Ceux qui font beaucoup de vin , & qui font de bons économes , ont foin de recueillir l'écume qui fort des tonneaux , tandis que les vins fermentent par le moyen d'une efpece d'entonnoir recourbé vers le bas, qui fait tomber l'écume dans un grand baquet de bois placé entre deux tonneaux. Ils jettent ensuite cette écume sur les vins de pressoir. Peu de personnes cependant usent de ce moyen.

On laisse fermenter les vins gris dans les tonneaux pendant dix ou douze jours, parce que ces vins se débarrassent de leur ferment plus ou moins vîte, suivant qu'ils ont plus ou moins de chaleur, ou suivant que les années sont plus ou moins chaudes.

Après que le vin a fermenté, on bouche les tonneaux avec leurs bondons, & on laisse sur le devant une ouverture du diamètre du petit doigt, qu'on bouche dix ou douze jours après avec une cheville de bois appelée *broche*. Cette cheville déborde d'environ deux pouces, pour pouvoir la tirer plus aisément, & la remettre ensuite.

Pendant tout le tems que les vins fermentent, il faut tenir les tonneaux remplis, afin qu'ils puissent rejetter facilement tout ce qu'ils contiennent d'impur : c'est pourquoi on les remplit tous les deux ou trois jours, avant que les bondons soient mis ; tous les huit jours par le petit trou de la broche pendant le premier ou les deux mois suivants ; & ensuite une fois tous les deux mois pendant tout le tems que le vin reste dans la cave, fut-ce même plusieurs années.

Quand les vins n'ont point assez de corps, ou lorsqu'ils sont trop verds, comme cela arrive souvent dans des années froides & humides, ou quand ils ont trop de liqueur, comme ils y sont sujets dans les années chaudes & seches, trois semaines après qu'ils ont été faits, il faut rouler les tonneaux cinq ou six fois, pour bien mêler le vin avec les lies & continuer ainsi tous les huit jours pendant un mois. Ce mélange de la lie étant répeté, renforcera le vin, l'adoucira, hâtera sa maturité, & le rendra potable en aussi peu de tems que s'il avoit été transporté d'une place à l'autre.

Il faut laisser les vins dans le cellier jusques vers le dix d'avril, pour les mettre alors dans les caves voûtées ; mais aussi-tôt que les premiers froids de l'automne commencent à se faire sentir, on les transporte de nouveau dans le cellier. Il est important d'observer à ce sujet que les vins doivent toujours être tenus dans des endroits frais, afin qu'ils ne puissent jamais souffrir de la chaleur ; & comme les caves voûtées sont plus fraîches en été, & plus chaudes en hiver, que l'air extérieur, aussi tôt que la saison devient chaude, il faut y mettre les vins, tant ceux qui sont en tonneaux, que ceux qui sont en bouteilles, & les remonter dans le cellier quand l'air extérieur devient froid.

Rien n'est mieux imaginé que de transvaser des vins ; car l'experience prouve que c'est la lie qui les gâte, & qu'ils ne sont jamais meilleurs & plus vifs que lorsqu'ils ont été bien transvasés. Si l'on veut les mettre

en bouteilles, ou les conſerver en tonneaux, on doit toujours les tranſvaſer d'un tonneau dans un autre, au moins
deux fois, en lavant bien l'un,
& en laiſſant la lie dans le premier.

On tranſvaſe les vins pour
la premiere fois vers le milieu
de Décembre, pour les éclaircir ; la ſeconde, vers le milieu de Fevrier ; & en Mars &
Avril, environ huit jours avant
de les mettre en bouteilles. On
emploie, pour chaque piece de
vin, du *Talc* très-blanc, de la
peſanteur d'une couronne d'or,
de deux deniers quinze grains,
ou de ſoixante-trois grains :
on en prend un pareil poids autant de fois qu'on a de pieces
de vin à tranſvaſer. On met
cette quantité de talc dans une
ou deux pintes du même vin,
& on le laiſſe ainſi un jour ou
deux, pour lui donner le tems
de ſe diſſoudre : d'autres le
mettent dans une pinte d'eau,
ou dans un plus grand volume,
ſuivant ſa quantité, pour en
avancer la diſſolution, qui eſt
toujours difficile à faire. Quelques uns le mêlent dans une
pinte d'eſprit-de-vin. Quand le
talc eſt ramolli, on le bat pour
le bien diviſer ; & quand ſes
parties ſont ſuffiſamment ſéparées, on répand dans le vaiſ-
ſeau qui contient cette diſſolution, autant de pintes de vin
qu'on a de tonneaux à tranſvaſer. On bat enſuite le talc
encore une fois, & on le paſſe
dans une chauſſe très-ſerrée.
Souvent on ajoute encore du
même vin pour bien détremper
le talc ; & quand il ne reſte

plus rien dans la chauſſe, on
paſſe la liqueur à travers un
linge, & on met une bonne
pinte au moins de cette liqueur
dans chaque tonneau, & une
demi-pinte dans chaque quartaut.

On agite enſuite le vin pendant deux ou trois minutes ſeulement, dans le milieu du tonneau avec un bâton, ſans l'enfoncer plus avant. Un particulier a nouvellement trouvé une
méthode plus prompte pour
diſſoudre le talc. Il le fait fondre dans une poêle ſur le feu,
& le réduit en une boule molle
comme de la pâte : cette préparation préliminaire rend le
talc plus diſſoluble dans le vin.
En le fondant ainſi, on doit
avoir ſoin de n'y pas mettre
trop de liqueur, & de proportionner l'eau ou le vin à
ſa quantité.

Le talc travaille ordinairement en deux ou trois jours,
quoiqu'il ne clarifie quelquefois le vin que dans ſept ou
huit jours, & toujours il faut
attendre que le vin ſoit clair
pour le bien tranſvaſer. En hiver, le tems eſt quelquefois ſi
peu propre pour cela, qu'il
eſt néceſſaire de mettre une ſeconde fois du talc dans le même
tonneau, & à la même quantité ; mais quand le tems eſt
clair & froid, le vin ſe clarifie
parfaitement bien, & en beaucoup moins de jours. Sa couleur eſt alors beaucoup plus
vive & plus brillante que s'il
avoit été clarifié, & tranſvaſé
dans un tems plus doux & humide.

Auſſi-tôt que les vins ſont

clairs, il faut les tranſvaſer dans d'autres tonneaux. Quatre ou cinq tonneaux neufs ſuffiſent pour tranſvaſer deux ou trois-cents pieces de vin ; car, lorſque les premiers ſont vuides, on ôte la lie, qu'on verſe dans de vieux tonneaux : on les lave, & on s'en ſert pour tranſvaſer d'autres pieces.

Rien n'eſt plus curieux que la maniere dont les Champenois tranſvaſent leurs vins, ſans déplacer les tonneaux. Ils ont pour cela un tuyau de cuir, ſemblable à un boyau, de quatre ou cinq pieds de longueur, ſur ſix ou ſept pouces de circonférence, bien couſu, à double couture, afin que le vin ne puiſſe couler à travers, & à chaque bout duquel eſt un tuyau de bois, de dix ou douze pouces de longueur, ſur ſix à ſept pouces de circonférence à une de ſes extrémités, & quatre environ à l'autre. Le gros bout de chacun de ces tuyaux entre dans le canal de cuir, auquel il eſt fortement aſſujetti avec du fil-retors ; ils ôtent le bondon du tonneau qu'ils veulent remplir, & font entrer à ſa place le tuyau de bois avec un maillet : chacun de ces tuyaux eſt garni dans le bout avec du linge. Ils les attachent à deux pouces environ en-dedans, & à un pouce au moins du gros bout. Se diminuant inſenſiblement en allant vers le petit bout, ils mettent un large ſiphon de métal au bas du tonneau qu'ils veulent tirer, & ils ajuſtent auſſi dans ce ſiphon le petit bout du tuyau de bois at-

taché à celui de cuir. En ouvrant enſuite le ſiphon ou l'anche, ſans le ſecours de perſonne, preſque la moitié du vin paſſe dans le tonneau vuide, par le ſeul poids de la liqueur. Quand elle eſt parvenue au niveau, & qu'elle ne coule plus, ils ont recours à une eſpece de ſoufflet, d'une conſtruction fort ſinguliere, pour forcer le vin du tonneau qu'ils veulent vuider, à paſſer dans celui qu'ils rempliſſent.

Ce ſoufflet a environ trois pieds de longueur, ſur un pied & demi de large. Sa forme eſt la même que celle du ſoufflet ordinaire, juſqu'à environ quatre pouces du petit bout ; mais à cette diſtance, il a trois ou quatre pouces de largeur. Dans l'intérieur à cet endroit, l'air ne paſſe que par un trou d'un pouce de calibre. Près de ce trou, ſur le côté du petit bout du ſoufflet, ſe trouve une ſouſpape, ou un morceau de cuir, en forme de langue ou piſton de pompe, qui y eſt attaché, & ſe tient tout près, à côté du trou & de l'embouchure ; de ſorte que le ſoufflet étant ſoulevé pour prendre air, & l'air une fois paſſé par ce trou, entre dans le tonneau ſans pouvoir rentrer dans le ſoufflet, qui n'en reprend & ne ſe remplit encore une fois, que par le trou au-deſſous.

L'extrémité du ſoufflet eſt différente de celle des autres ; elle eſt bien fermée par un tuyau de bois d'un pied de longueur, joint en-dedans, collé, & très-fortement attaché par de bonnes chevilles, & qui conduit l'air vers le bas. Ce tuyau eft rond, & de neuf ou dix pouces de circonférence au fommet ; mais fon diamètre diminue infenfiblement vers le petit bout, qui peut aifément entrer dans les tonneaux par le trou du bondon, à la circonférence duquel il fe joint fi exactement, que l'air ne peut ni entrer, ni fortir en aucune maniere.

Ce tuyau pénetre dans le tonneau jufqu'à deux pouces de l'extrémité du foufflet ; & comme il eft à moitié rond au fommet, on le force avec un maillet dans le tonneau. A deux doigts environ au-deffus du bout de ce tuyau, il y a un crochet ou crampon de fer d'un pied de longueur, qui paffe au travers d'un anneau de fer attaché avec des clous au tuyau. On affujettit le foufflet par ce crochet aux cercles du tonneau, fans quoi la force de l'air repoufferoit le foufflet, & le feroit fortir du trou du bondon, & le tonneau mis en perce, ne pourroit fe vuider.

Le méchanifme de ce foufflet eft aifé à concevoir. L'air entre facilement par l'ouverture de deffous, pénètre vers l'extrémité, fuivant que le foufflet eft plus ou moins ferré, & enfile le tuyau qui le fait defcendre vers le bas, pour empêcher cet air de rétrograder, quand le foufflet eft ouvert de nouveau. Il y a dans cet efpace, une foufpape ou languette de cuir, placée, comme on l'a dit, fur l'intérieur du trou, pour fermer cette ouverture, quand on veut reprendre du nouvel air. Ce nou-

vel air pouffe toujours doucement en ferrant le foufflet dans le tuyau, parce que la foufpape s'ouvre à proportion qu'elle eft forcée par l'air ; ainfi, il y entre continuellement un nouvel air dans le tonneau, fans qu'il puiffe en fortir, parce qu'il fe trouve bien arrêté par le tuyau qui le conduit en-dedans, & la foufpape fermée par ce nouvel air.

Cet air chaffé continuellement par la force du foufflet, preffe également la furface du vin contenu dans le tonneau, fans lui caufer la moindre agitation, & le force de paffer par le tuyau du cuir, dans l'autre tonneau que l'on veut remplir. L'air contenu dans ce dernier, s'échappe facilement par le trou du bondon qui refte ouvert.

Ce foufflet fait fortir tout le vin du tonneau, à l'exception de dix ou douze pintes, & l'on s'apperçoit qu'il eft arrivé à ce point, quand le vin fiffle dans le fiphon. Alors on ôte les deux tuyaux de deffus les tonneaux, & l'on ferme auffi-tôt le trou du haut avec une broche ronde de chêne, que l'on chaffe à coups de maillet : on débarraffe enfuite le tuyau de bois, qui eft dans l'anche de métal du tonneau vuide, & on laiffe écouler doucement quelques pintes de vin clair dans un baquet.

On obferve avec attention à chaque moment dans un verre net, fi le vin eft clair. Dès qu'on apperçoit le moindre trouble, on arrête l'anche, fans attendre qu'il foit plus chargé,

& on verse tout de suite dans un sceau le peu de vin qui reste dans le tonneau : on met le vin clair qui a coulé par l'anche dans le tonneau, qu'on remplit au moyen d'un entonnoir de fer blanc, dont la tige a environ un pied de longueur, afin que le vin qui passe à travers, ne puisse causer aucune agitation à celui du tonneau ; & pour qu'il ne puisse y passer aucune ordure, il y a dans le fond de cet entonnoir une platine de fer blanc, percée de petits trous, qui arrête tout ce qui pourroit se présenter de trop épais.

On mêle ensemble, dans un tonneau séparé, tous les fonds des pieces vuidées ; & aussi tôt qu'il y en a un de vuide, ce qui se fait en moins d'une demi-heure, on le lave avec un sceau d'eau, on le laisse égoutter pendant l'espace de quelques minutes, & on le remplit ensuite avec le vin d'un autre que l'on veut transvaser.

Le vin qui a déja été transvasé une fois, doit l'être une seconde fois dans le tems marqué ci-dessus. Quelquefois l'on est obligé de le faire une troisieme fois, pour lui donner une couleur vive, s'il ne l'a pas ; mais quatre jours avant de le transvaser, on lui donne une frisure, suivant l'expression du pays, en y mettant un tiers de la quantité ordinaire de talc.

Les personnes les plus expérimentées transvasent leurs vins d'un tonneau dans un autre, aussi souvent qu'ils les changent de place ; c'est-à-dire, en les descendant du cellier dans la cave, & en les remontant de la cave au cellier, suivant les différentes saisons. On m'a assuré que dans quatre années, ils les transvasent ainsi douze ou treize fois. Ils prétendent que cela les conserve, les soutient, & les rend plus fins & plus délicats.

Ils pensent que le vin, formant continuellement de la lie, qui lui donneroit de la couleur, doit être, si on veut le conserver blanc, souvent transvasé d'un tonneau dans un autre, ou mis en bouteilles ; que l'on ne doit point craindre d'affoiblir les vins par cette opération, parce que plus ils sont transvasés, plus ils acquierent de vigueur, & plus ils sont vifs & brillants en couleur.

Quoique j'aie dit qu'ils ne devroient pas soufrer leurs tonneaux, cependant ils ne manquent pas de le faire la premiere fois qu'ils transvasent. Ils trempent pour cela un morceau de gros linge dans du soufre fondu, & ils en coupent, pour chaque tonneau de vin fin, un bout de la grandeur environ du petit doigt, & le double pour chaque tonneau de vin ordinaire : ils l'allument, & le placent sous le bondon du tonneau qu'ils vuident, avant de faire usage du soufflet. A mesure que le vin descend, il attire à lui une odeur de soufre presqu'imperceptible, qui suffit pour lui donner une couleur plus vive : on peut réitérer encore cette opération au second transvasage, s'il n'en a pas pris le goût au premier ; car dans ce dernier cas, il faudroit le tranſvaſer la ſeconde fois ſans y mettre de meche, pour lui faire perdre le goût du ſoufre, qu'il ne doit jamais avoir.

Les Vins ainſi clairs & beaux peuvent ſe conſerver très-bien dans le tonneau pendant deux ou trois années, & ne rien perdre de leur qualité, ſoit dans la cave, ſoit dans le cellier : ceci doit s'entendre ſurtout des vins de montagnes qui ont un bon corps. Ceux de riviere perdent leur qualité dans le tonneau, & doivent être bus dans les deux premieres années, s'ils ne ſont pas mis en bouteilles ; car, s'ils y ſont mis, ils ſe conſervent quatre, cinq & ſix ans.

Les bouteilles rondes ſont fort en uſage en Champagne. Comme il y a beaucoup de bois dans cette Province, on y a établi trois fort bonnes Maniſactures de verre, où l'on ne fabrique preſque que des bouteilles de ſix pouces environ de hauteur, avec un cou de quatre ou cinq pouces, qui contiennent ordinairement une pinte de Paris, ou un demi-verre de moins. On les vend communément douze ou quinze livres le cent. Il y en a toujours une certaine quantité dans chaque maiſon. Quand on veut boire une piece de vin, on la tire dans des bouteilles bien rincées & égouttées, afin que tout le vin de la piece ſoit également bon.

Quand on veut mettre une piece de vin en bouteilles, on place dans le tonneau un petit ſiphon de métal recourbé vers le bas, & dont l'extré-

mité entre dans la bouteille, au-deſſous de laquelle on met un ſçeau pour recevoir le vin qui peut ſe répandre. On bouche chaque bouteille ſoigneuſement avec un bon bouchon, bien choiſi, ſain, ſolide & compacte. Ces bons bouchons coûtent cinquante ſous ou un écu le cent. On ne peut apporter trop de ſoin dans leur choix ; car, lorſqu'ils ſont défectueux, ils gâtent le vin : cette précaution eſt eſſentielle, quand on veut conſerver du vin, ou le faire voyager en bouteilles.

Lorſque l'on fait uſage de bouteilles qui ont déja ſervi, on les nettoie avec du petit plomb en grains, pour en tirer l'ordure qui reſte attachée dans le fond ; cependant les petits clous valent mieux pour cet uſage, parce qu'ils enlevent plus exactement tout ce qui eſt collé ſur le verre.

Les bouteilles étant toutes remplies, on aſſujettit le bouchon avec une forte ficelle ; & lorſque c'eſt un vin fin, on met un cachet de cire d'Eſpagne ſur le bouchon, afin que le vin ne puiſſe être changé par les domeſtiques. Quelques perſonnes font auſſi mettre leurs armes ſur les bouteilles ; ce qui n'en hauſſe le prix que de trente ſous par cent.

Quand toutes les bouteilles ſont bien bouchées, ficelées & cachetées, on les met dans une cave voûtée, ou dans un cellier, couchées & appuyées l'une contre l'autre ; car ſi elles étoient debout, il ſe formeroit un dépôt de fleurs blanches ſur le vin, dans le petit eſpace vuide qui fe trouve au fommet du cou de la bouteille, qui ne doit jamais être remplie jufqu'au bouchon, mais dans laquelle on laiffe toujours un efpace vuide d'environ fix lignes. Sans cette attention, le vin qui fermente dans différentes faifons de l'année, cafferoit un grand nombre de bouteilles; ce qui arrive encore fouvent, malgré toutes les précautions, fur-tout quand le vin a beaucoup de chaleur, ou qu'il eft un peu verd ou piquant.

Dans quelques années, le vin devient gras & gluant, même dans les bouteilles placées dans les caves voûtées, de maniere qu'il file comme de l'huile en le verfant. Cette maladie attaque les vins, qu'on laiffe plufieurs mois fans les changer de place. En les laiffant plus expofés à l'air, ils perdroient plus de leur vifcofité, qu'en les tenant dans la cave.

Quand on eft obligé de boire un vin vifqueux, on fecoue fortement la bouteille pendant un demi-quart d'heure : on la débouche auffi-tôt après ; & en l'inclinant un peu, on en fait fortir un demi-verre d'écume. Après cette opération, le refte du vin eft potable.

Il y a environ quarante ans que les François n'aimoient que le vin mouffeux, & cela, en quelque forte jufqu'à l'excès ; mais depuis peu, ils commencent à en revenir. Les uns prétendent que l'on y met des drogues fortes pour le faire mouffer ; d'autres, que c'eft

une vifcofité dans le vin, qui fe tourne en écume extrêmement piquante : plufieurs ènfin attribuent cet effet au tems de la Lune, où l'on a mis ces vins en bouteilles.

Il eft vrai que plufieurs Marchands de vin, voyant que l'on aimoit ces vins mouffeux, y mêloient fouvent de l'alun, de l'efprit-de-vin, de la fiente de pigeons, & beaucoup d'autres drogues, pour le faire mouffer plus fortement ; mais il eft certain que le vin mouffe naturellement, quand il a été mis en bouteilles, depuis la vendange jufqu'au mois de Mai. On prétend que plutôt il eft mis en bouteilles après la vendange, & plus il eft mouffeux; mais bien des gens ne font point de cette opinion : car, il eft certain que le vin mouffe davantage, quand il eft mis en bouteilles au fecond quartier du mois de Mars ; c'eft-à-dire, vers la Semaine-Sainte. Alors on n'a befoin d'employer aucun ingrédient, & il fe trouve toujours parfaitement mouffeux. Cette expérience a été répétée tant de fois, qu'on ne peut plus en douter.

Il eft bon de favoir que le vin ne mouffe pas tout de fuite, après avoir été mis en bouteilles ; mais qu'il lui faut au moins fix femaines, & quelquefois fix mois avant de bien mouffer. Quand il a voyagé, il faut le tenir pendant un mois dans une cave voûtée pour le rétablir. Comme les vins, & fur-tout ceux de montagne, ne font pas ordinairement mis en bouteilles dans la Semaine-

Sainte, parce qu'alors ils font trop verds ou trop durs, sur-tout fi l'année a été froide & humide, ou qu'ils font trop liquoreux par des années chaudes, le plus fûr alors pour avoir du vin exquis, eft de ne le mettre en bouteilles qu'à la nouvelle féve d'Août. L'expérience prouve que le vin mouffe fortement, quand cette opération fe fait depuis le dix, jufqu'au quatorze Août; alors il a perdu fon acide, & il eft en même tems mûr & très-moufleux.

On a effayé de ne mettre en bouteilles le vin de montagne qu'à la Semaine-Sainte de la feconde année; c'eft-à-dire, dix-huit mois après la vendange, & l'on a trouvé qu'il moufloit encore fuffifamment, mais moitié moins que celui qui avoit été mis en bouteilles à la féve de Mars de l'année précédente.

On ne penfe pas que le vin de riviere, qui a moins de corps que celui de montagne, puiffe autant mouffer, en ne le mettant en bouteilles que la feconde année. Quand on veut avoir du vin qui ne mouffe point du tout, on ne doit le mettre en bouteilles qu'en Octobre ou en Novembre de l'année après la vendange; & fi on le fait en Juin ou Juillet, il mouffera légérement, très-peu, ou même point du tout.

Pour trouver dans le vin de Champagne tout le mérite qu'il doit avoir, il faut le tirer de la cave voûtée un quart-d'heure avant de le boire, le mettre dans un baquet avec deux ou trois livres de glace, le débou-

cher, & le remettre doucement; car fans cela, le vin cafferoit la bouteille, ou il ne fe rafraîchiroit pas: mais fi on le laiffe tout-à-fait ouvert, il s'évaporera. Quand la bouteille a été un demi-quart d'heure dans la glace, il faut l'en tirer, parce qu'autrement il en feroit trop frappé, & perdroit fa vivacité. Ce vin fera très-bon & d'un goût délicieux, quand il aura été rafraîchi tout ce tems, pourvu qu'il ne foit ni trop, ni trop peu frappé de glace.

Comme ces vins, fur-tout ceux de la même année, travaillent continuellement dans les caves, & encore plus en bouteilles qu'en tonneaux, fuivant les faifons, & les différentes impreffions de l'air, on ne doit point être étonné de voir le même vin, & particuliérement le nouveau, prendre quelquefois différents goûts. Le même vin qui eft potable en Janvier & en Février, paroîtra dur en Mars & en Avril, à caufe que la féve qui commençant à monter, l'agite davantage. Ce même vin paroîtra doux en Juin, en Juillet, & en Août & Septembre; nous le trouverons encore une fois dur, parce que le mouvement de la féve en Août aura mis toutes les parties du vin dans une grande agitation. Cette émotion aura lieu dans les vins de riviere de l'année, & quelquefois dans ceux de montagne de deux ans, qui paroîtront plus doux, plus ou moins exquis, & plus ou moins avancés, fuivant les différentes impreffions qu'ils auront

ront reçues de l'air dans différentes saisons de l'année.

Il faut avoir grande attention de tenir conſtamment le vin dans un lieu frais ; car rien ne lui eſt plus contraire que la chaleur. Il eſt de la plus grande importance d'avoir de bons celliers, & des caves voûtées excellentes. Les meilleurs vins du Monde entier ſe trouvent en Champagne , & l'on n'en rencontre nulle part d'auſſi bons que dans cette Province.

Quand on veut faire une proviſion de vin , & qu'on eſt en état de le garder deux ou trois ans ; ou bien ſi l'on veut en envoyer dans des Provinces éloignées , ou dans les pays étrangers , on doit faire choix de vin de montagne , car ayant plus de corps , il eſt plus en état de ſupporter le tranſport que les vins de rivieres. C'eſt auſſi par cette raiſon que les Anglois , les Flamands , les Hollandois , les Danois & les Suédois demandent de préférence les vins forts , qui peuvent ſupporter le tranſport, & ſe conſerver pendant deux ou trois années ; ce que les vins de riviere ne peuvent faire.

Les meilleurs *Vins de riviere* ſont ceux d'*Auvillier*, *Aï* , *Epernay* , *Pierry* , & *Cumieres*. Les meilleurs de montagne ſont ceux de *Sillery* , *Verzenay* , *Taiſſy* , *Mailly* , & ſur-tout ceux de *Saint-Thierry* , qui ont la plus grande réputation. Ce dernier a eu long-tems la plus grande vogue , & a été le plus recherché , & l'on peut aſſurer qu'il eſt un des meilleurs vins de Champagne.

Tome VIII.

D'après les obſervations que nous venons de faire ſur toutes les pratiques de cette Province dans la culture , la conduite & le traitement des *Vins*, ſoit en les mettant en bouteilles , ſoit en les tranſportant ſucceſſivement des celliers dans les caves , on peut voir que les hommes les plus inſtruits & du meilleur goût de la Bourgogne , du Berry , du Languedoc & de la Provence , ne ſavent pas auſſi bien préparer leurs vins que les habitans de la Champagne ; car , quoique leur vin n'ait pas l'acidité de ceux de Champagne , cependant ils pourroient le vendre plus net , plus fin & plus clair. Ils devroient pour cela eſſayer s'il ne ſe conſerveroit pas mieux en l'ôtant de deſſus ſa lie , qu'en l'y laiſſant , comme ils le font ordinairement. Il faudroit qu'ils ſe déterminaſſent à ne cueillir leurs plus beaux *Raiſins noirs* , qu'à la fraîcheur du matin , ainſi que les plus clairs & les plus mûrs , en obſervant de couper les queues le plus près poſſible de la grappe. A l'égard du preſſurage , en quoi ils manquent ordinairement , il faudroit auſſi-tôt que chaque charge de Raiſins arrive , les fouler , & les verſer dans des tonneaux neufs de moyenne groſſeur , pour les y piétiner ; enſuite, jetter le reſte de chaque charge dans une cuve , où cependant il ne faudroit pas les laiſſer auſſi long-tems qu'ils le font ordinairement , parce qu'ils rendent par là leurs vins communs moins forts. En s'y prenant ainſi , ils pourroient

H

faire quatre, cinq ou six pieces de vins blancs, plus ou moins, suivant qu'ils le jugeroient à propos, & en prendre ensuite le même soin que l'on prend de ceux de Champagne. S'ils vouloient se contenter d'abord d'un moindre bénéfice, les années suivantes leur seroient plus avantageuses, & leurs vins se perfectionneroient de plus en plus par l'expérience, sur-tout ayant la facilité, dans ces Provinces, de pouvoir se procurer aisément des pressoirs.

Leurs vins seroient plus délicats, plus clairs & moins colorés par toutes ces attentions, & avec la moitié moins de rafinement; ils seroient aussi plus propres à être transportés, en les tirant de dessus leurs lies, & encore mieux en les mettant en bouteilles.

Tout ce que nous venons de dire peut être fort utile à ceux qui veulent améliorer leurs vins, ou qui désirent le boire bon; mais ils doivent se ressouvenir que, sur toutes choses, il leur faut de bonnes caves voûtées, fraîches en été & chaudes en hiver.

Il paroîtra peut être singulier que nous nous soyions si fort étendus sur ces détails; mais je prie d'observer que nous ne les avons pas donnés pour ceux qui ont déja des connoissances sur cette matiere, & que l'on n'a en vue que d'instruire ceux qui n'y entendent rien, & qui sont bien éloignés d'avoir une idée du travail qu'exigent les vins pour les façonner, comme on le fait en Champagne.

On ne pratique rien en Champagne, qu'on ne puisse imiter exactement dans les autres Provinces. Le transvasage des vins, la maniere de les rafiner, de les mettre en bouteilles, &c., est par-tout également possible & aisé. Bien des gens pourroient s'enrichir, s'ils vouloient se conformer à ces observations, qui rendroient leurs vins parfaits; au lieu d'un sou ou deux qu'ils vendent ordinairement le pot de leurs vins, ils en tireroient huit ou dix, & ils auroient par-là l'avantage d'augmenter leurs revenus, & la satisfaction de voir rechercher leurs vins nonseulement dans leur propre pays, mais aussi par l'étranger, surtout dans les parties plus voisines de la mer que la Champagne, d'où l'on est obligé de transporter les vins sur des chariots, & par des rivieres, en Allemagne, & dans les parties les plus éloignées du Nord.

Peut-être quelques critiques objecteront la différence des climats, qui ne permet pas la culture des mêmes plants, qui, par leurs qualités différentes, exigent des ménagemens particuliers. Ce raisonnement pourroit être admis, si j'avois prétendu parler à ceux qui sont au fait du traitement du vin, & de la maniere de le rendre bon; mais je le répete, je ne veux instruire que ceux qui ignorent entiérement la méthode dont on se sert dans les pays où l'on fait des vins excellents, soit en raison de la qualité des terres, soit à cause de la chaleur du climat, soit enfin par

l'induftrie de ceux qui les habitent.

En Champagne, où les *Raifins*
ne mûriffent que difficilement,
à caufe du froid qui y regne,
on fait des vins paillés & blancs,
des vins gris, un peu colorés,
& des vins moëlleux & velou-
tés. Pourquoi ne pourroit-on
pas faire de pareils vins dans
le Berry, la Bourgogne, le
Languedoc, la Provence, &c.?
La chaleur du climat ne permettra pas d'y faire des *Vins*
parfaitement *blancs* avec des
Raifins noirs ; ils auront toujours un peu de couleur, mais
ils n'en feront pas moins auffi
exquis que ceux que l'on faifoit en Champagne, il y a cinquante ans : ils auront un
meilleur goût, & feront plus
propres à la fanté que les vins
parfaitement blancs, qu'on ne
peut boire qu'après les repas.

*Differtation fur l'emplacement de
la Bourgogne, & les vins qu'elle
produit ; par M. ARNOUX.*

La Ville de Beaune qui eft
le centre de la haute Bourgogne, eft placée dans le territoire le plus fertile, & le climat le plus ferein de la France.
Elle eft environnée par-tout
d'autres Villes, au nombre defquelles font Autun, ancienne
capitale des Gaules ; Dijon,
capitale du duché de Bourgogne ; Nuits, Saint-Jean de Lau-
ne, Verdun, Seure ou Bellegarde, Châlons-fur-Saone,
Arnay-le-Duc, Saulieu, Fla-
vigny & Sémur.

Beaune eft placée prefque
au centre de ces Villes, qui

n'en font éloignées que de huit,
neuf, douze, vingt-un, ou
vingt-quatre milles, & d'où
l'on tire une grande quantité
de vin.

Tous les favans conviennent
unanimement que Beaune eft
l'ancienne *Bibracle* dont CÉSAR
fait mention dans fes *Commentaires.*

CÉSAR n'ayant plus que pour
deux jours de provifions pour
fon armée, & n'étant qu'à
treize mille tout au plus de *Bibracle*, la ville la plus grande,
la plus riche, & la plus fertile
des *Eduens*, jugea à propos
d'y paffer, pour y prendre de
nouvelles provifions ; ce qui
lui fit abandonner la route de
la Suiffe. (*Comm. Cæf. de Bel.
Gal.*)

L'antiquité de cette Ville,
dont le tems a couvert l'hiftoire d'un nuage épais, n'eft
qu'une foible gloire ; mais un
avantage plus réel eft celui de
fes bons vins, qui procurent
annuellement de nouvelles ri-
cheffes à fes habitans. Elle étoit,
il y a un fiècle, une place
forte, entourée d'un large fof-
fé, dans lequel paffoit la riviere de Burgoife, qui prend
fa fource à un demi-mille environ d'une de fes montagnes:
elle eft encore entourée de
remparts flanqués de quelques
tours & de cinq grands baf-
tions. Les habitans y jouiffent
prefque continuellement d'un
air pur & d'un ciel ferein. Elle
eft à cent lieues de la Médi-
terranée, & à pareille diftance
de l'Océan. Les eaux de la
riviere font comme en fufpens,
avant d'y déterminer leur cours.

Il y auffi dans le voifinage beaucoup d'étangs d'une vafte étendue, qui font marqués fur toutes les Cartes de la France. L'opinion de quelques perfonnes eft que ces eaux fe rendent vers les deux mers.

Cette Ville peut contenir quatorze ou quinze-mille habitans, dont le quart eft employé à cultiver la *Vigne*, & un autre quart à exercer négligemment quelques profeffions qu'il ignore ; l'autre moitié enfin coule une vie molle, oifive & délicieufe. La goutte & le plus grand nombre des autres maladies font bannies de fon enceinte. Les montagnes du voifinage qui produifent des vins exquis, donnent également origine à des fontaines glacées & à de petites rivieres, dont l'eau eft auffi pure que le cryftal. Ces eaux fortent de terre en bouillonnant, & s'élancent hors de terre comme des globes de cryftal de roche, qui confervent leur forme fphérique, jufqu'à ce qu'ils foient répandus à la furface.

Les montagnes de la haute Bourgogne, qui produifent le feul vin qu'on peut & qu'on doit appeler *Vin de Bourgogne*, ne s'étendent que depuis Dijon jufqu'à Châlons-fur-Saone, & on ne doit regarder comme de très-bons vignobles, que les cantons qui fe trouvent depuis Chambertin jufqu'à Chagny, & qui occupent environ vingt-quatre milles d'étendue. Les *Vins* de Dijon & de Châlons ne jouiffent pas de la même réputation que ceux qui font en état d'être tranfportés dans la Grande Bretagne, les Cercles de l'Empire & les Pays-Bas, & ceux qui font refferrés dans les limites que j'indiquerai exactement, & fans craindre d'être contredit.

La même chaîne de montagnes, la même fituation & la même expofition s'étendent prefque auffi loin que Lyon. Toutes ces petites montagnes font entièrement couvertes de *Vignes* ; mais à Châlons le grain de terre eft moins fin & moins léger qu'à Tornus, & plus gros à Mâcon : ce qui fait varier les productions de ces petites montagnes, qui ont cependant le même arrangement & la même expofition.

Toutes les petites vallées font jointes l'une à l'autre, & expofées à l'orient : elles ont la forme d'un arc étendu, & joignent à l'oppofé un rang de montagnes qui repréfentent la même figure, mais qui font beaucoup plus hautes que les collines, & qui paroiffent les joindre, quoiqu'elles en foient éloignées de quinze, vingt, trente & foixante lieues ; ce qui forme le plus agréable coup-d'œil du monde, par leur développement en un ovale de plus de cent-cinquante lieues de circonférence.

De ces montagnes de Beaune, on voit toutes les montagnes oppofées, qui font celles de la Suiffe, de la Franche-Comté, le Mont-Jura, dont parle CÉSAR, & qu'on nomme à préfent le *mont Saint-Claude*, & celles de Savoie. Entre celles-ci eft un vuide affreux, d'une étendue immenfe, & le mont Saint-Bernard qui s'éleve dans les nues, & dont le sommet est toujours couvert de neige, même pendant les plus fortes chaleur de l'été. Quoique cette montagne soit à soixante-cinq lieues de Beaune, on la voit distinctement sans le secours d'une lunette.

Cette plaine qui, comme nous venons de le dire, forme un ovale parfait, est bornée par les montagnes qui font pour elle l'office d'une muraille & d'un rempart : elle est arrosée par la Doux, que CÉSAR appelle *Dubis* dans ses *Commentaires*. Cette riviere prend sa source au pied du Mont-Jura, passe près de Besançon & de Dôle, & se jette dans la Saone à Verdun. Il y a aussi plusieurs autres belles rivieres, qui, après avoir fait plusieurs tours & détours, vont se perdre dans la Saone.

La grande plaine qui est au centre, est si unie, que la Saone qui y coule, trompe les yeux de ceux qui la regardent par son cours imperceptible ; car il est difficile de découvrir la route qu'elle suit. CÉSAR lui-même en fut surpris, comme il le dit dans le Liv. 1. de ses *Commentaires*.

La Saone est une riviere qui sépare les *Edui* & les *Sequani* ; c'est-à-dire, la Bourgogne de la Franche-Comté. Elle tombe dans le Rhône avec une tranquillité incroyable, car on ne peut distinguer avec les yeux le chemin que ses eaux parcourent.

Cette plaine est grande, très-fertile, & si unie, que les Rois de France y assemblent leur

armée, quand ils ont envie de faire voir leur camp aux Reines & aux dames de la Cour.

Derriere le premier rang des montagnes qui produisent de si bons vins, on ne voit que d'autres montagnes & des vallées. Celles qui en sont les plus proches, sont entierement plantées en *Vignes*, & on les nomme *Montagnes en arriere*. Dans les années les plus chaudes & les moins pluvieuses, les *Raisins* qu'on y recueille, donnent un très-bon *Vin*, mais qui n'a jamais le parfum des vins que produisent les montagnes avancées.

La plaine de cet ovale est en partie couverte de *Vignes* : elle produit aussi une grande quantité de toutes sortes de grains, & on y voit de grandes prairies, dans lesquelles serpentent un millier de ruisseaux. Elle est encore ornée de belles forêts remplies de cerfs, de sangliers, & sur-tout de chevreuils, qui y sont excellents, & fournissent aux seigneurs le divertissement agréable de la chasse.

Une grande partie des terres est couverte de vergers, dont les arbres produisent sans culture des fruits excellents ; car, pourvu qu'ils soient greffés, le soleil & le sol font le reste. Les *Pêchers*, qui par-tout accompagnent les *Vignes*, y forment une espece de forêt. Leurs branches peu nombreuses, & leurs feuilles étroites n'interceptent pas les rayons du soleil qui doivent faire mûrir les *Raisins*. Les pêches que ces arbres produisent, sont d'une forme & d'une couleur qui ne previennent point en leur faveur ; mais elles font cependan d'un goût vineux & fucré.

On ne doit point paffer fous filence que le foleil, qui fe leve au-deffus des montagnes de la Savoie, éclaire les montagnes de la Bourgogne pendant toute la journée, & que fes rayons vont frapper, à fon coucher, celles de la Franche-Comté qui y font oppofées, & que c'eft à l'influence de cet aftre, qu'on doit ces excellents *Vins*, & furtout celui d'*Arbois*, fi connu dans toute l'Europe pour fes excellentes qualités.

Avant de parler de la qualité des *Vins de Beaune*, il eft à propos de donner un détail de la maniere dont on y cultive les *Vignes* & dont on fait les vins; car, quoique la Bourgogne, par la qualité de fon fol, & fon expofition au levant, produife naturellement des *Raifins* délicieux, cependant la culture de la *Vigne* contribue beaucoup à leur perfection.

Pendant l'hiver, les Vignerons s'occupent à examiner le fol de leurs *Vignes*, & par quelques charges de nouvelle terre qu'ils y portent, ils fertilifent les endroits qui paroiffent ufés, & exiger de la fubfiftance ; ce qui néanmoins arrive très-rarement. Ils remarquent les places dégarnies, & ils obfervent s'il n'y en a pas quelques-unes qui, par vétufté, ne produifent plus guere. Ils creufent alors de larges tranchées, d'un pied & demi à deux pieds de longueur, fur un pied de profondeur. Si le fol eft maigre, ils y mettent un demi-pied de bonne terre,

& quelquefois un peu de fumier pourri ; mais ordinairement ils n'y mettent rien, & ils fe contentent d'y coucher une ou deux branches d'un fep voifin, qu'ils recouvrent enfuite avec la même terre, de maniere qu'on puiffe voir les deux extrémités de la branche couchée ; favoir, celle qui tient au fep, & celle qui fort de la tranchée, & qui doit fortir de la longueur de trois ou quatre doigts. Ils font beaucoup de tranchées femblables dans une *Vigne*, afin d'être toujours fournis de jeunes feps, qui produifent une bonne quantité de *Raifins* ; car il eft certain que cette branche de *Vigne*, pliée vers le bas en demi cercle dans cette tranchée, étant de l'année précédente, & ayant de larges pores, reçoit deux fortes de nourriture ; l'une de la *Vigne* à laquelle elle tient, & l'autre de la terre où elle prend racine. Ils appellent ces branches *provins* ou *marcottes*.

Elles produifent une grande quantité de *Raifins* qui mûriffent ordinairement les premiers, & qui font bien nourris, gros & bien remplis, mais dont le fuc n'eft pas auffi bon que celui des *Raifins* de vieux feps. La raifon phyfique en eft que la féve n'eft pas auffi épurée en paffant par ces marcottes dont les pores font forts ouverts, qu'elle l'eft dans les vieux feps qui font plus ferrés & moins fpongieux.

Ils labourent la terre à la bêche ordinairement trois fois l'année, vers la fin de Fevrier, ou au commencement de *Mars*, pour la premiere fois, en même tems qu'ils taillent ou émondent leurs *Vignes*.

L'adreſſe & l'habileté du Vigneron ſe montrent dans le choix des plus belles branches qu'il doit tailler, de l'endroit du nœud où on doit les couper, & des branches qu'il faut retrancher entiérement.

J'ai obſervé que de quatre ou cinq branches de l'année ſur un même ſep, les Vignerons n'en laiſſoient qu'une ou deux des meilleures, & qu'ils les tailloient au troiſieme ou quatrieme œil au plus.

On ſuit la même méthode pour les *Vignes* de montagnes, qui donnent les vins les plus fins ; mais dans les *Vignes* en arriere, ou de plaine, on ne laiſſe qu'un ou deux boutons, parce que les ſeps y produiſent trop de branches. Il eſt d'autant plus difficile de donner des préceptes certains ſur cet art, que la variété qui ſe trouve dans le ſol, l'eſpece de *Vignes*, l'expoſition du terrein, exigent un traitement différent.

Quand la *Vigne* eſt taillée, on fiche les échalas, auxquels on attache les branches a un pied & demi au-deſſus de la terre, & horiſontalement. Quand les yeux ou boutons ſont ouverts, & qu'ils ont pouſſé des branches d'un pied & demi environ de longueur, on les attache aux échalas pour les ſoutenir, & leur faire produire du fruit.

Ces échalas ont trois ou quatre pieds de haut, ſur deux pouces d'épaiſſeur : on les fiche en terre ſans ordre ni arrange-

ment, à un pied de diſtance, plus ou moins l'un de l'autre, ſuivant que la *Vigne* eſt plus ou moins garnie de ſeps.

Cependant les extrémités des branches qui y ſont attachées horiſontalement, ſont toutes du même côté.

Cette maniere de placer les échalas ſans ordre, eſt d'une grande conſéquence ; elle fait qu'une branche n'eſt ombragée par une autre, que le moins qu'il eſt poſſible. Cette méthode eſt contraire à celle des Anglois, qui plantent leurs ſeps de *Vignes* en rangs : de-là vient que l'un prive l'autre du ſoleil, & que les *Raiſins* ne mûriſſent point.

Le tems le plus dangereux pour la *Vigne* eſt lorſqu'il regne un vent du nord, qui occaſionne une petite gelée blanche. Si le ſoleil vient à paroître dans la matinée, il ſeche & brûle toutes les jeunes feuilles, les boutons & les *Raiſins*, comme ſi le feu y avoit paſſé.

Quand la *Vigne* a échappé au danger de la gelée, on la laboure encore une fois, & ce ſecond labour s'appelle *binage*. C'eſt après cela que les *Raiſins* commencent bientôt à fleurir, & ils répandent alors une odeur douce & agréable dans tout le pays. C'eſt auſſi dans ce tems que tous les *Vins* qui ſont en tonneaux, dans des caves voûtées, ſi bonnes & ſi profondes qu'elles ſoient, & ſur leurs lies, ſans avoir été tranſvaſés, ni clarifiés, travaillent, fermentent, s'épaiſſiſſent, & ſe couvrent d'une petite fleur blanche comme de

la neige. Les Philofophes ont
de la peine à expliquer cette
queftion phyfique, *utrum detur
actio in diftans?*

Il faut obferver que toutes
les *Vignes* des bonnes montagnes
de la Bourgogne paffent de fleur
en Raifin ; c'eft-à-dire, que
la fleur des Raifins fe change
en grain dans l'efpace de vingt-
quatre heures. Si, pendant ce
tems, il furvient un brouillard
froid, comme pluie froide, les
fleurs tombent au-lieu de fe
changer en Raifins, & ce fecond
danger n'eft pas moins fâcheux
que le premier. Quand par
malheur cet accident arrive,
ils difent que les *Vignes* ont
coulé, c'eft-à-dire, que les
Raifins font tombés.

La fleur fe change en Raifin
à la fin de Juin, ou au commencement de Juillet. Après
cela, la *Vigne* ne craint plus
que la grêle ou une trop grande
fechereffe.

La grêle eft d'autant plus à
craindre dans la Bourgogne,
que les vins forment la plus
grande partie du revenu de ce
pays, & que les Raifins qui
font frappés de ce fléau, com-
muniquent, en quelque forte,
au vin le même goût & la
même odeur que le tonnerre
répand où il tombe, & qu'il eft
impoffible de diffiper.

On laboure la *Vigne* en Juillet
pour la troifieme fois ; ce qu'ils
appelent *Thirling*, rebinage.....
Il y a des années où les Vignerons labourent leurs *Vignes* une
quatrieme fois au mois d'Août;
mais cela n'a lieu que lorfque
la faifon n'eft ni trop chaude
ni trop feche, car ils laiffent

ordinairement croître l'herbe
dans les *Vignes* pour abriter les
Raifins de la chaleur du foleil,
leur procurer de l'ombre, &
empêcher les vapeurs de la terre
de les brûler.

Un mois avant la vendange,
les Magiftrats de Beaune, accompagnés de plufieurs Experts
de probité, font trois vifites,
pour examiner l'état des *Raifins*; & à la troifieme vifite,
ils déterminent un jour pour la
vendange. Aucun particulier,
même dans fa propre *Vigne*, n'ofe
cueillir, avant ce tems, un feul
panier de *Raifins*, fans craindre la
confifcation & une amende confidérable ; car, s'il étoit permis à chacun de faire vendange
fuivant fa fantaifie, ils y auroit des vins trop verds, &
l'envoi qui en feroit fait dans
les pays éloignés, déshono-
reroit la Bourgogne, & en
difcréditeroit les vins. Auffi,
de peur qu'il ne fe répande
quelques vapeurs fur les *Vignes*, quinze jours avant la
vendange ils ont foin de ne
point brûler de paille ni de
chanvre dans les rues, afin
que la fumée ne donne point
de mauvais goût à leurs Raifins.

Dès que ces Raifins font parvenus à leur maturité, les Magiftrats font publier, à fon de
trompe, le jour qu'ils ont fixé
pour faire vendange. Volnay
commence le premier, & Pomard le jour fuivant. Enfuite
toutes les petites montagnes
font leur vendange indiftinc-
tement ; car, après que la ville
de Beaune a vendangé un feul
jour, toutes les côtes de Bourgogne commencent. On verra

bientôt pourquoi Beaune décide la vendange de Volnay & de Pomard. On ne pourroit concevoir comment on peut vendanger fur toutes les montagnes qui fe trouvent depuis Chambertin jufqu'à Chagny, en quatre ou cinq jours, fi l'on ne favoit pas qu'une multitude de montagnards viennent de tous côtés pour travailler à cet ouvrage.

J'ai calculé, d'après plus de vingt-cinq vendanges où je me fuis trouvé, que la récolte de ces montagnes produit, année commune, plus de deux milles queues ou tonneaux de vin. La queue eft toujours divifée en deux poinçons, quelquefois en quatre feuillettes, & fort rarement en huit cabillons. Cette queue contient cinqcents bouteilles de vin, ou, pour parler plus exactement, quatre-cent-quarante pintes, mefure de Paris.

Il convient d'obferver ici que dans toute cette grande étendue, il n'y a dans les *Vignes* qu'une feule efpece de *Raifins*, appelés Noirons, dont les grains font noirs à leur maturité, & tout-à-fait ronds. La plaine & le derriere n'en produifent auffi qu'une feule efpece, dont les grains font plus gros, & un peu plus longs, qu'ils appellent *Gamet*.

Ceux qui veulent faire des vins excellents, ne coupent jamais leurs *Raifins*, que le foleil n'ait diffipé la rofée de la nuit.

Car, quoique cette humidité foit fort légere, elle rafraîchit cependant les Raifins, & les empêche quelquefois de fermenter dans la cuve : ceux qui cherchent plutôt la quantité que la qualité, ne prennent point cette précaution. Pour faire de très-bons vins, ils ne mettent dans une cuve que les Raifins d'une même *Vigne* ; mais prefque tous les propriétaires qui ont cent perches de *Vignes* en différents cantons, mêlent tous leurs Raifins enfemble, parce que, fuivant eux, le fort aide le foible, le bon répare le moindre, & enfin que la cuvée en eft plus abondante.

Le choix des cantons d'où le vin eft tiré, dépend du difcernement que les commiffionnaires apportent en goûtant les vins qu'ils doivent envoyer dans d'autres pays ; & c'eft ce que les Anglois devroient recommander à ceux qui leur en fourniffent.

Lorfque les *Raifins* fermentent dans la cuve, ils jettent leur écume avec tant d'agitation, que l'on entend un tremblement continuel ; ils répandent auffi une odeur fi forte, qu'elle eft capable d'enivrer, & qui parfume la maifon, & même toute une Ville.

On ne laiffe pas les Raifins en repos dans la cuve, mais on les remue fouvent. Les ouvriers les foulent vigoureufement à trois reprifes, pendant l'efpace de deux heures chaque fois. Pour avoir une jufte idée de la maniere dont ils foulent les Raifins dans la cuve, il faut favoir qu'auffi-tôt qu'ils commencent à fermenter, on les piétine pendant deux heures au moins. Six heures après on les piétine encore une fois aufli long-tems : après le même efpace de tems, on recommence ce travail pour la troifieme fois, & on les porte enfuite fur le preffoir.

Il faut obferver que les *Raifins* de Volnay, de Pomard & de Beaune, qui fermentent dans la cuve auffi-tôt qu'ils y font dépofés, ne peuvent y refter les premiers que douze ou dix-huit heures ; ceux de Pomard, un peu moins, & ceux de Beaune auffi long-tems, ou un peu plus, fuivant la légéreté de la terre, & la chaleur des Raifins. Il y a des *Vignes* derriere les montagnes de Beaune, dont les Raifins ne commencent à fermenter dans la cuve, que le huit ou dixieme jour. Nous avons déjà remarqué ci-deffus, que la couleur du vin dépend du plus ou du moins de tems qu'on le laiffe dans la cuve. Par exemple, les *Vins* de Volnay n'ont qu'une couleur d'œil de perdrix, parce qu'ils n'en laiffent les Raifins que peu de tems dans la cuve ; mais pour peu qu'ils y féjournaffent davantage, le vin perdroit de fa délicateffe, & prendroit un goût de grappe & de pepin.

Quand les *Raifins* ont été, fuivant leur qualité, plus ou moins de tems dans la cuve, & qu'ils ont été bien foulés, on voit furnager une liqueur, que l'on nomme *Surmoût.* On a des tonneaux de cent-vingt pots, ou des demi-muids de foixante pots, rangés fur des chantiers ou gîtes, dans lefquels on verfe une portion égale de ce premier coulage, appelé *pied chaud*, ou *Vin de cuve.* Après cela, on porte fur le preffoir les Raifins ; & quand la liqueur en eft bien exprimée, on la répartit également fur les tonneaux, où il y a déja du vin de pied-chaud. Enfuite, on leve le preffoir, & avec des hachettes, on coupe trois ou quatre doigts d'épaiffeur du marc autour du pain ; on jette ces rognures dans le milieu, & on les preffe de nouveau. On coupe enfuite une feconde & une troifieme fois, & le produit de ces trois différens preffurages eft également diftribué dans tous les tonneaux, jufqu'à ce qu'ils foient remplis. On doit obferver que le pied-chaud, ou le le vin qui n'eft pas preffuré, eft la liqueur la plus claire, la plus délicate & la moins colorée : celle de la premiere coupe, eft la plus fpiritueufe ; & celle de la feconde & troifieme taille, la plus dure, la plus rouge, & du goût le plus verd. Ces trois efpeces de vin étant mêlées par parties égales, font un vin bien meilleur, plus durable, & mieux coloré.

Tous les tonneaux étant remplis, on laiffe le trou du bondon ouvert, & le vin en fermentation tremble & s'agite de telle maniere, qu'il répand dans la cave entiere des vapeurs énivrantes. L'émotion eft fi forte, qu'elle éteint une chandelle allumée : fi l'on met de ce vin dans un effai, & fi on le fecoue en le tenant fermé avec le pouce, l'effai fe brife en mille morceaux.

Ce qu'on appelle en Bourgogne *un essai*, est une petite bouteille ronde, de trois ou quatre pouces de longueur sur deux de circonférence, un peu plus petite au sommet, avec un petit bord, pour recevoir le vin & le bouchon. Dès que le vin contenu dans ces tonneaux a jetté son feu & son écume, on les remplit huit jours après, & on les bouche avec une feuille de *Vigne*, que l'on étend sur le trou du bondon ; & afin que les vapeurs du vin ne déplacent pas cette feuille, on pose dessus une petite pierre pour l'assujettir ; parce que, si l'on y mettoit les bondons, le vin qui n'auroit point d'air, jetteroit dehors les fonds des tonneaux. Cinq ou six jours après, on les bondonne, & on perce un petit trou près du bondon, que l'on bouche avec un petit morceau de bois rond & pointu, qu'on appelle *broche* ou *faucet*, & que l'on ôte de tems en tems, pour donner de l'air, & laisser évaporer les vapeurs. Sans cette précaution, le vin feroit éclater le tonneau.

C'est alors que l'on voit à Beaune des Marchands de toutes les parties de l'Europe, qui viennent s'assurer des meilleures caves pour les Rois, les Princes & les Seigneurs.

Les commissionnaires & leurs gourmets goûtent les vins, quoiqu'ils ne soient point encore potables. C'est à eux que s'adressent tous ceux qui veulent avoir du *Vin* de Bourgogne : ils sont comme des juges, qui, de tems immémorial & de pere en fils, décident de toutes les cuves, connoissent les climats, les enclos, les cantons, & toutes les bonnes caves. Il suffit de leur écrire pour telle quantité de vin que l'on souhaite, en leur marquant le canton que l'on choisit. Pourvu qu'on leur en paie le prix dans l'année, on peut être assuré d'être bien servi.

Ces directeurs, ayant reçu toutes les commissions des particuliers, vont chez les propriétaires, où ils remplissent leurs essais du vin des différentes cuves qu'ils trouvent dans les bonnes caves. Ils y attachent des étiquets, qui portent le nom de la cuve, & la quantité de tonneaux qu'elle contient : ils les emportent dans leurs maisons, & les laissent débouchés. Ils les examinent attentivement ; & par les différens changemens de goût & de couleur que le vin éprouve, ils jugent de la qualité future du vin des différentes cuves. Ils font encore une autre épreuve avec ce vin, ils prennent des verres, sur lesquels ils étendent un papier gris, en y formant une cavité qui puissent contenir le quart du verre. La liqueur se filtre à travers, & s'écoule goutte à goutte d'une maniere imperceptible dans le verre qui la reçoit. La simple vue du vin qui filtre, leur fait juger, par une longue expérience, de son goût, de sa couleur, & de la durée de cette couleur.

Les commissionnaires ayant fait leurs achats suivant les ordres qu'ils ont reçus de leurs correspondans & des marchands, se préparent à les faire parvenir à leurs destinations. Quant au prix , ils ne peuvent tromper personne, sans courir de grands risques ; car, s'ils tiroient de ces achats plus d'argent que le vin ne coûte dans les caves, ils s'exposeroient a être pendus par arrêt du Parlement de Bourgogne, qui a fait une Loi pour assurer la fidélité du commerce de ces vins. D'après cette Loi, le bénéfice des commissionnaires est d'un sou pour livre sur les marchés qui ne passent pas soixante livres, & de six deniers seulement pour livre sur toutes les acquisitions qui vont au-delà de cette somme. Ainsi, un particulier qui recevra pour six-cents livres de vin argent de France, paiera d'abord au commissionnaire trois livres pour soixante livres, & douze livres six sous pour les cinq-cent quarante livres restantes, sur le pied de six deniers par livre ; ce qui fera en tout quinze livres six sous, ou douze ou treize shelins, monnoie d'Angleterre, suivant le change : &, pour ce foible bénéfice, le commissionnaire est obligé d'avancer son argent aux propriétaires des vins, quand même il ne seroit pas remboursé par ceux auxquels il a fait des envois, comme cela arrive souvent. Tout commissionnaire qui seroit convaincu par les livres, ou autres preuves, d'avoir exigé au-delà, seroit puni, comme on vient de le dire.

Les commissionnaires, après avoir goûté & acheté les vins, suivant les ordres qu'ils ont reçus, font mettre de nouveaux cercles sur les tonneaux, avec des barres & des chevilles de bois de tremble, & ils y impriment la marque de la Ville. Il faut observer qu'aucun autre pays n'a le droit de les imiter ; & pour plus grande sûreté, ils impriment un *B* avec le feu sur chaque tonneau, avec le chiffre de l'année, avant d'envoyer de Beaune les tonneaux, en quelque endroit que ce soit.

Telles sont les précautions que l'on prend dans cette Ville, pour assurer les vins qui en sortent ; ce qui ne paroît pas fort nécessaire, puisqu'il est certain que leur délicatesse & leur qualité les distinguent de tous les vins de l'univers. Ils sont en outre fort salutaires pour la santé, & surpassent en cela les *Vins de Champagne*, qui plaisent au goût & grattent le palais ; mais qui affoiblissent, exténuent, énervent, & rendent stupides, pour ainsi dire, les corps les plus sains, & qui de plus, suivant une triste expérience, & les écrits de plusieurs Savans que j'ai lus, engendrent la goutte, la gravelle & la pierre.

Après avoir décrit la situation de la ville de Beaune, & des montagnes qui produisent les vins de Bourgogne ; après avoir exposé la maniere d'y cultiver les *Vignes*, d'y faire le *Vin*, de l'essayer, de le choisir, & de s'en procurer ; je vais parler des differentes qualités des *Vins* que ces montagnes produisent. Pour cet effet, je diviserai ce qui suit, en trois petits articles. Je traiterai premiérement des *Vins tendres*, de *primeur* ou *hâtifs*; fecondement, des *Vins de garde*, ou qui peuvent fe conferver; troifiémement enfin, des *Vins blancs*; & je terminerai par donner des inftructions fur les différentes manieres d'envoyer les *Vins de Bourgogne*, & fur-tout les *Vins de Beaune* à Londres.

1º. *Des Vins de Primeur.*

On appelle *Vin de Primeur*, celui qui ne peut fe conferver bon qu'une année, ou tout au plus encore quelques mois de la feconde.

Le premier *Vin* de primeur croît à *Volnay*, village fitué à trois milles environ de Beaune, fur le penchant d'une montagne d'un mille de hauteur au moins, & dont la pente à deux milles de longueur à l'expofition du foleil levant. Volnay & Pomard dépendent de la ville de Beaune. Depuis que les habitans de cette Ville en font devenus feigneurs, comme je l'ai dit avant, ces deux cantons de *Vignes* font obligés de fe régler pour leurs vendanges, d'après la volonté des Magifgiftrats & Experts nommés pour cet effet.

Cette montagne produit le Vin le plus fin, le plus vif, & le plus délicat de la Bourgogne. Les grappes de *Raifin* de Volnay font fort petites, ainfi que les grains. Les branches des feps ne s'élevent gueres qu'à trois pieds de haut pendant toute l'année. Les *Raifins* en font fi délicats, qu'ils ne peuvent refter dans la cuve plus de douze, feize ou dix-huit heures; car fi on les y laiffoit plus long-tems, ils y prendroient un goût de grappe.

Ce vin eft d'une couleur un peu plus foncée que l'œil de perdrix; il eft plein de feu, fort & clair, prefque tout efprit, & enfin le plus excellent de la Bourgogne. Sa violence fe diffipe bientôt; car à la canicule, il décline communément, change de couleur, & fe tourne : mais je fuis perfuadé qu'on le conferveroit plus long-tems dans des caves bien froides. Le meilleur de ce village vient d'un canton de *Vignes* appelé *Champan*.

Pomard eft la feconde piece de *Vigne* précoce : il eft fitué entre Volnay & Beaune. Cette montagne n'eft pas tout-à-fait auffi élevée que la premiere; mais elle eft un peu plus haute que celle de Beaune : elle produit un *Vin* qui a un peu plus de corps, de chaleur, de feu & de parfum que le précédent. Il fe conferve quelques mois de plus que celui de Volnay; le débit en eft plus affuré, & il vaut mieux pour la fanté. Quand on le garde plus d'une année, il fe graiffe, file, fe décolore, & prend la couleur de pélure d'oignon. La meilleure cuve eft celle de Commeraine; elle fe conferve quelquefois dix huit mois.

La ville de *Beaune* a dans fon diftrict une piece de *Vigne* confidérable, qui contient quatre montagnes d'environ quatre milles de longueur, depuis Pomard jufqu'à Savigny. La premiere s'appelle *Saint-Defire*, la seconde la *Montée-Rouge*, la troisieme *les Grèves*, & la quatrieme *la Fontaine de Marconney*. Ces differens sols produisent des *Vins* qui participent de de ceux de Volnay & de Pomard, sans en avoir les défauts ; car ils ont un peu plus de couleur, beaucoup d'autres bonnes qualités, & de la durée.

Les *Vins* de Beaune durent les uns plus, & les autres moins ; mais aucun ne va au delà de deux ans. Ils sont plus doux, plus agréables, d'un meilleur débit que les deux précédens, bien plus favorables à la santé. La couleur de ces vins n'est pas égale, parce qu'elle dépend beaucoup de la maniere de la faire, & de leur plus ou moins de délicatesse. Il y a dans ces quatre montagnes, certains clos en grande réputation ; tels sont le *Féves*, le *Gras*, les *Grèves*, ainsi que les *clos du Roi*, qui produisent des *Vins* délicieux.

Alosse, qui est la quatrieme *Vigne* de primeur, est située sur le penchant d'une montagne, à trois milles environ de Beaune. Ce terrein est en pente, si douce, qu'à peine s'apperçoit-on que l'on monte jusqu'au sommet. Le canton de ce petit village produit des vins d'une délicatesse extrême, moins vifs que les précédents, mais d'un goût très-agréable. La couleur en est un peu plus légere, plus pétillante, mais belle. La montagne qui produit ce vin, est un peu elevée, & en pente trop douce : il n'a ni la fermeté, ni la force des vins des montagnes escarpées. Il est tendre, & n'a point de verd ; il est sujet à devenir gras en peu de tems, & à prendre la mauvaise qualité de la douceur. Malgré cela, on l'envoie dans les pays étrangers ; mais il exige beaucoup de choix & de précautions.

Pernand, qui est entre la derniere *Vigne* & la grande *Vigne* de Savigny, est d'une plus grande étendue, mais peu estimé, les vins n'en étant pas fort délicats ; car, quoiqu'ils aient de la qualité des vins précédens, ils sont néanmoins plus durs & plus fermes, parce qu'ils sont produits sur une montagne plus haute & plus escarpée. Il y a cependant dans ce canton quelques cuves fort bonnes, dont le vin est exporté chez l'étranger, mais sous le nom de vin de Beaune.

Chassagne n'est pas fort considérable par son étendue ; mais il est en grande réputation pour ses vins, qui, selon moi, sont les plus propres pour l'Angleterre, parce qu'ils supportent mieux le transport par terre & par mer. Ils sont extrêmement forts, pleins de feu, fumeux, & communément piquans ; ce qui les rend plus durables que les autres : mais quand on les met en bouteilles dans le tems convenable, & qu'on les boit dès que leur acide commence à diminuer, ce sont les meilleurs vins du monde. Si j'étois chargé d'approvisionner les caves du Roi, & si j'allois en Bourgogne pour en goûter tous les vins, je donnerois vraisemblablement la préference à celui-ci. C'eſt le ſeul vin qu'on puiſſer laiſſer en bouteilles, ſans craindre qu'il ſe graiſſe, qu'il change de couleur, qu'il tourne ou devienne aigre ; enfin, plus il eſt vieux, & meilleur il eſt. Il eſt balſamique & nourriſſant ; mais ſa durée n'eſt guere que de trois ans. Il eſt bon à boire ſur la fin de la ſeconde année, & quelquefois il ſe conſerve quatre ans, quand la vendange a été très-bonne. C'eſt le plus fort des vins de primeur, & celui dont la durée eſt la plus longue.

Savigny eſt une grande étendue de terre, entre Beaune & Pernand, ſituée dans une vallée, entre deux montagnes. Comme les montagnes qui ſont auſſi plantées en *Vignes* ſont expoſées au levant dans une grande étendue & au couchant dans le point où elles ſe rapprochent, elles reçoivent les rayons du ſoleil obliquement d'un côté, & directement de l'autre. Ce ſol produit des vins excellents, fort & ſpiritueux, qui ont du corps & de la délicateſſe, quand ils ſont mis en bouteilles ; mais il faut les viſiter de tems en tems, pour connoître le moment où ils doivent être bus. Ils ſeroient très-bons pour l'Angleterre, & ſe conſerveroient auſſi bien & mieux que le *Chaſſagne*, s'ils n'étoient pas ſi délicats, ni ſi vifs ; ils ſons bons pour la ſanté, mais ſujets à ſe graiſſer.

Auxey eſt aſſez près de la même ſituation, dans un coin, entre les deux montagnes qui s'ouvrent à Mulceaux & Saint-Romanes, où l'on voit de hau-

tes montagnes ſurmontées de rochers très-élevés. Cette *Vigne* produit des *Vins* plus forts, & plus rouges que ceux de Savigny, mais ils n'en ont point la réputation. Ces vins ont plus de corps que les précédens, & ſont plus ſains que ces vins fumeux & pétillans, dont l'excès eſt ſi dangereux.

2°. *Vins de garde, & qui ſe conſervent long-tems.*

Nuits eſt un fort petit village, à neuf milles environ de Beaune, ſur la route de Dijon. L'étendue du territoire de ce village eſt de quatre à cinq milles de terrein. Les perſonnes qui aiment les boiſſons les plus délicates & ſaines, préférent les vins de montagne de Nuits pour leur table. Ils ſont d'abord âpres, mordans & piquans ; mais après la ſeconde, la troiſieme, la quatrieme & la cinquieme année, ils perdent leur âpreté & leur acide, & acquièrent un parfum délicieux. Ils ſont d'une couleur veloutée & foncée, quoique nette & brillante ; Louis XIV ne buvoit que de ce vin.

Le clos de *Vougeot* eſt ſitué à une lieue de Nuits, près de Dijon. Il appartient entiérement à la fameuſe Abbaye de Citeaux, placée entre la Saone & cette montagne. Le *Vin* qu'il produit, approche plus de celui de *Chaſſagne*, qu'aucun autre : il eſt excellent, & on l'exporte ordinairement chez l'étranger.

Chambertin produit le *Vin* le plus eſtimé de toute la Bourgogne : ce lieu eſt ſitué entre

Dijon & Nuits. Ce vin a toutes les bonnes qualités des autres, sans avoir leurs défauts : on peut l'oublier dans la cave, sans craindre qu'il se gâte. J'en ai bu de six ans ; il est quelquefois trouble & épais dans le verre ; mais il s'éclaircit sur-le-champ, & par son émotion, il reprend son esprit, & la couleur la plus vive & la plus nette. Son prix est aussi double de celui des autres *Vins* de Bourgogne. Il a été vendu, à la derniere vendange, quarante & quarante-deux livres sterling sur le chantier, pendant que les *Vins* de Volnay, Pomard, Beaune, n'étoient qu'à vingt livres sterling la queue, qui contient, comme je l'ai dit ci-devant, quatre-cent-quatre-vingts pintes de Paris.

3°. *Vins blancs.*

Avant de parler du *Vin blanc*, il est à propos de remarquer qu'on le fait avec une espece de *Raisins*, qui a deux qualités, qu'on ne trouve point dans ceux d'une autre couleur. La premiere de ces qualités est que si la vendange est tardive, & qu'il survienne des gelées blanches & de grands froids, elle y résiste, tandis que le *Raisin noir* s'aigrit, se fane & se ride.

La seconde est que, dès que ces *Raisins blancs* sont coupés, il faut les mettre sur le pressoir, sans qu'il soit besoin de les déposer dans une cuve, & de les fouler comme les Raisins noirs ; car, si on les faisoit cuver, ils ne donneroient qu'une liqueur livide, rougeâtre & jau-

nâtre : c'est ce dont il faut que le public soit informé.

Après Beaune & Nuits, *Mulceaux* offre la plus grande étendue de *Vignes* de la Bourgogne. Ses vins sont généralement estimés en Allemagne, dans les Pays-Bas, & par toute la France. Ceux des années chaudes & seches sont délicieux, pétillans, agréables, chauds, & de bonne qualité. Ils ne sont pas chers ; & quand ils sont bien choisis, ils forment une boisson très-agréable. Ils se conservent plus d'un an & demi ; mais après cela, ils deviennent quelquefois jaunes, & s'aigrissent.

Puligny est une *Vigne* voisine de Mulceaux, mais beaucoup plus dans la plaine : elle produit les meilleurs vins blancs, qui approchent peu des vins de Mulceaux. Leur renommée n'est pas établie, & leur nom est presque inconnu.

Alosse, dont j'ai parlé dans l'article des premiers vins, produit aussi des *Vins blancs* excellens.

Morachet est un petit canton situé dans la plaine, entre Chassagne & Puligny : il est formé par une veine de terre qui rend son sol tout-à-fait uniforme. Il produit le *Vin blanc* le plus délicat & le plus recherché en France. Il n'y a point de *Vin de Côte-Rotie*, ni *Muscat*, ni *Frontignan*, qui en approche. Ce canton n'en produit qu'une très-petite quantité, qui, pour cette raison, se vend fort cher. Il faut le recommander une année d'avance, parce qu'on le retient toujours avant qu'il soit fait : mais on doit prendre

dre bien des précautions pour n'être pas trompé; car les vins du voisinage de ce clos tiennent un peu de sa qualité, & passent souvent pour Morachet; de maniere qu'on ne peut espérer d'en avoir du véritable, que par le moyen d'un bon correspondant.

Ce vin a des qualités supérieures à tout ce qu'on peut en dire. J'en ai bu de sept ou huit ans, qui étoit extrêmement agréable.

Je vais actuellement parler de toutes les *Vignes* de la haute Bourgogne. Les personnes qui ont voyagé de Dijon à Lyon, tout le long des montagnes, rendront justice à mon exactitude, & je prie ceux qui n'y ont point été, d'être persuadés que ce détail est conforme à la vérité.

J'ai cent fois entendu vanter les *Vins* de plusieurs montagnes des environs d'Auxerre, auxquels on donne le nom de *Vins de Bourgogne*. Il est vrai que ces montagnes sont en Bourgogne, mais situées à quatre-vingt-dix milles des meilleurs cantons, qui seuls produisent les bons *Vins* de Bourgogne. Ces bons vins, qui parfument l'odorat & embaument la bouche, en même tems se font connoître pour véritables *Vins* de Bourgogne; mais les autres parties de la Bourgogne n'ont point ces qualités : tels sont ceux de Chably & d'Auxerre, quoique ces endroits soient réellement en Bourgogne.

Il me reste à exposer la maniere d'exporter les vins en Angleterre. La coutume a tou-

jours été d'y envoyer les *Vins* de Bourgogne en tonneaux ; mais le transport en est long, & l'on court souvent des risques, les messagers de terre & de mer n'étant pas toujours fideles : car, malgré toutes les précautions que l'on peut prendre pour les empêcher de boire le vin, ils trouvent toujours des stratagêmes pour en goûter. S'il est emballé dans de doubles futailles, & empaqueté de paille & de toile, ce n'est qu'un foible obstacle à leur industrie ; & si par hasard le tonneau coule en route, la perte doit être supportée par l'acheteur ; d'ailleurs, les tonneaux causent beaucoup de préjudices aux vins délicats, parce que les esprits s'évaporent facilement à travers leurs parois : ce qui diminue insensiblement la qualité du vin.

Aussi le *Vin* devroit être envoyé en bouteilles de Beaune à Londres : ce qu'il faut faire faire par les commissionnaires, après qu'ils l'ont acheté, en leur ordonnant de le mettre en bouteilles, de les emballer dans des caisses, de les envoyer par terre jusqu'à Auxerre, qui en est éloigné de quatre-vingt-dix milles, & de les embarquer là sur la riviere d'Yone, qui tombe dans la Seine, d'où les vins seront portés à Paris ; & de-là, à Rouen, où il y a des vaisseaux qui vont fort souvent à Londres.

Les agents de Beaune ne demanderoient pas mieux que de mettre en bouteilles le Vin qu'on leur donne commission d'acheter, pourvu que leurs correspondans en demandent

aſſez pour faire une voiture.
Pour cela, deux ou trois perſonnes pourroient ſe réunir
pour demander un millier de
bouteilles, & completter par-là
la voiture. Les habitans de Volnay, par exemple, mettent
leurs vins en bouteilles à la fin
de Décembre. Une perſonne
qui veut avoir cinq-cents bouteilles de *Chaſſagne* ou de *Nuits*,
doit s'entendre avec une autre
qui déſire la même quantité,
& donner des ordres en conſéquence.

L'agent pourra mettre ces
vins en bouteilles une année
après la vendange, plus tôt ou
plus tard ; & par ce moyen,
les acheteurs recevront les vins
qu'ils déſireront dans leur plus
grande bonté. Quant aux prix
des *Vins* de *Beaune*, de *Volnay*,
de *Pomard*, de *Chaſſagne* & de
Nuits, ils ſont preſque les mêmes, à quelques petites différences près. La queue de Vin
de Volnay contient quatre-cent-
quatre-vingts pintes de Paris ;
ce qui fait cinq-cents bouteilles, & coûte dans le pays, en
quelques années, dix, douze,
quatorze ou dix-huit livres ſter-
ling, & au plus vingt livres ſter-
ling. Le tranſport peut coûter
juſqu'à Calais, douze ou treize
livres, & de Calais juſqu'à Londres très-peu. Ainſi, année commune, les *Vins de Bourgogne*
les plus chers, excepté celui de
Chambertin, dont le prix eſt
beaucoup plus fort, reviendront
à peine dans Londres à quatorze ou quinze ſous d'Angleterre la bouteille, ſans y comprendre les droits.

Méthode de faire le Vin *en Provence.*

La délicateſſe du goût des
Raiſins n'eſt pas toujours une
preuve certaine de leur bonté
pour faire du *Vin* : ce n'eſt
pas auſſi toujours avec ces *Raiſins* ſi agréables au goût, que
l'on fait les meilleurs *Vins*.
Nous ne devons pas être ſurpris
que nos vins ne ſoient pas les
plus exquis, puiſque nous n'ob-
ſervons aucune regle dans le
choix que nous devrions faire
de nos *Raiſins*.

Il eſt certain que le jus de
Raiſins de différentes eſpeces
ne peut produire qu'un mêlange confus, ſujet à des altérations différentes dans les tonneaux, occaſionnées par les fermentations que les particules
ſulfureuſes des *Raiſins* y exci-
-tent, & qui ſe mettent aiſément
en mouvement à l'approche de
la chaleur : c'eſt ce qui arrive
aux vins qui ont été fait avec
un mêlange de pluſieurs eſpeces de mauvais *Raiſins*. L'expérience nous apprend que le
Vin fait avec de pareils *Raiſins*,
eſt fort ſujet à fermenter, à
ſe gâter aux premieres chaleurs
du printems. Cette fermentation n'a pas lieu en hiver,
parce que le froid de l'air y met
obſtacle. La même choſe arrive
aux ſucs des *Raiſins* appelés
Claretos, *Plans*, *Eſtrans*, *Pin-
galets*, &c. Le défaut ordinaire
de notre vin eſt qu'il ne peut
ſe conſerver une année entière, & qu'au moindre tranſport,
il eſt ſujet à ſe gâter, à ſe
troubler, & à ſe piquer.

Nous nous en prenons prefque tous au fol, & fur-tout à celui dont le fond eft de plâtre ou de feuilles tranfparentes, tel qu'eft celui d'un grand terrein, depuis les R. P. Capucins, jufqu'à Aiguilles, que l'on appelle communément *Pays blanc*. Mais combien de *Vignes* n'avons-nous pas plantées dans différents fols de même nature? On convient généralement que le fol appelé *Gris*, eft le meilleur pour les *Vignes*; cependant il eft prouvé que le quartier de Molieres, de la dépendance de Barret & de Montaigu, n'eft pas exempt de ce vice. Je penfe donc que cela vient du mêlange d'une trop grande quantité de différentes efpeces de *Raifins*. Je ne difconviendrai cependant pas que l'expérience femble prouver que la nature du fol, la culture & le fumier dont on fe fert, contribuent beaucoup à ce défaut; & c'eft ee que je vais examiner.

Il faut d'abord connoître les *Raifins* propres à faire du bon *Vin*, qui puiffe fe conferver fans fe troubler, ni fe piquer, & favoir comment il doit être fait.

Il eft certain qu'on ne peut faire d'une même *Vigne*, une grande quantité de *Vin* qui foit également bon. Une *Vigne* doit être plantée fur des terreins élevés ou montagnes, à l'expofition du fud ou fud-oueft.

Le grain de terre doit être brun, ou d'une couleur qui en approche Les terres appelées *Arpielo*, *Malaufene* & *Savéon*, peuvent à peine nourrir des

feps de *Vignes* propres à donner du bon vin. Les *Vignes* qui fe trouvent dans le voifinage de la maifon des Peres Auguftins Reformés, communément appelés *Saint-Pierre*, font plantées fur une terre de Savéon, peu propre à produire des *Raifins* d'un goût délicat & bons à faire d'excellents *Vins*.

Le commencement du territoire de Tholonet, eft prefque de la nature du fol que les habitans du pays appellent *Malaufene*, & qui n'eft pas propre à produire de l'excellent *Vin*.

On doit choifir de préférence les *Raifins* qui croiffent dans des terreins pierreux.

Quant à la culture, il eft certain qu'on ne peut faire du bon *Vin* avec des *Raifins* trop nourris, & dont la féve n'a pas atteint le moindre degré de coction ou de maturité.

Les *Vignes* que nous appelons *Olieros*, & qui font ordinairement engraiffées & cultivées difficilement, donnent beaucoup de *Raifins*; mais leur grande quantité de féve les rend peu propres à faire de bon vin. Ceux que nous appelons *Vignobles ouverts*, leur doivent être préférés.

Les Raifins de vieilles *Vignes* valent mieux que ceux des jeunes. Les *Vignes* en état de donner de bon *Vin*, ont vingtcinq ou trente ans. Plus elles font vieilles, & plus leur produit eft eftimé. Jufqu'à ce qu'une *Vigne* ait fept ou huit ans, on ne doit pas en efpérer de bon *Vin*.

Quant au choix des *Raifins*, il faut mêler quelques-unes des meilleures especes : en *Raisins blancs*, l'*Aragnan*, le *Roudeillat*, le *Pascau blanc*, l'*Estrani*, l'*Yni* & l'*Aubré*; en *Raisins noirs*, le *Catalan*, le *Bouteillan* & l'*Uni negré*. Le moût tiré de ces Raisins, doit fermenter dans la cuve au moins trois semaines, pour que les peaux s'en séparent tout-à-fait.

Il faut observer que le mêlange des différentes especes de Raisins doit être en proportion du tems que l'on veut garder les vins.

Les *Raisins noirs*, sur-tout le *Catalan* & le *Bouteillan*, doivent faire plus de la moitié dans la totalité.

Quand on veut avoir un *Vin* d'un *rouge* plus foncé, on doit avoir une grande quantité de *Raisins noirs*, & les laisser plus long-tems dans la cuve, si l'on a occasion de changer le vin de tems en tems.

Pour faire du *Vin blanc*, on prend des *Raisins* appelés *Aubier*, *Uni*, *Roudeillat*, *Aragnan*, *Pignolet*; & pour avoir un *Vin* qui résiste aux chaleurs de l'été, il ne faut avoir que des *Raisins Uni*, *Aubier* & *Aragnan*.

Tout le monde sait que nous avons des *Vins* d'une seule espece de *Raisins*, comme le *Muscat* & le *Clairet*. Pour le *Muscat*, on ne prend que des *Raisins Muscats* rouges & blancs; & pour le *Clairet*, des *Raisins* appelés *Clareto*.

En Provence, on conserve ces *Raisins* pendant tout l'hiver, en les suspendant à des lattes dans une chambre. Toutes les especes ne pourroient pas se conserver ainsi. Il n'y a que le

Pendoulan, ou *Rin de Panse*, le *Land de Pouëre*, le *Verdau*, qui soient bons à garder; l'*Aragnan* & l'*Estrani* peuvent être mis aussi dans la même classe. Le *Clareto*, le *Muscat*, l'*Uni rouge*, le *Barberoux*, l'*Espaguin*, le *Taulier* & le *Roudeillat* ne se conservent pas aussi long-tems. Ils doivent être cueillis en pleine maturité, & avant les pluies; mais il ne faut choisir pour cela, que ceux qui croissent sur de vieux ceps.

On conserve aussi ces *Raisins* pour faire ce que les Latins appelloient *Uvæ Passæ*, non parce qu'ils sont sechés au soleil, mais parce qu'en les suspendant, on les expose au soleil; on les appelle en France, *Raisins secs*. Les Provençaux les nomment *Panses*. Ils ne prennent que des *Raisins* appelés *Rin-Panse Muscats*, pour faire le meilleur *Panse*. Ils employent aussi des *Raisins Aragnans*, qui font le *Panse* commun dans les endroits les plus chauds.

Ils font aussi usage des *Raisins Rondeillats* & du *Plan-Estrani*; mais on n'emploie jamais le *Raisin-Land de Pouëre*, quoique dans les pays chauds, sur les côtes de la mer, on le fasse sécher. Voici la maniere dont on fait les *Panses* en Provence. On attache les *Raisins* à un cordon, dont les deux bouts tiennent à un autre cordon; on les plonge dans de l'eau bouillante, où l'on a jetté un peu d'huile, & on les y laisse jusqu'à ce qu'ils soient ridés : on les tient ensuite exposés au soleil pendant six ou sept jours;

après quoi, on les range dans des caisses, en les preſſant doucement.

Les vins de Provence different entr'eux par leurs vertus & la délicateſſe de leur goût ; & cette différence vient preſque toujours de la nature des *Raiſins* que l'on emploie, de leur degré de maturité, de la diverſité des ſols où les *Vignes* ſont plantées, de la maniere dont on les cultive, de la préparation du vin, & ·la différence du climat plus ou moins chaud.

Les Romains qui, comme nous le liſons dans PLINE, recherchoient les plus excellents *Vins*, ne les diſtinguoient que par les différents cantons où on les recueilloit. Tels étoient le *Setinum*, le *Cœcubum*, le *Falernum*, le *Gauranum*, le *Fauſtianum*, l'*Albanum*, le *Surrentinum* & le *Maſſicum*, qui produiſoient les *Vins* les plus délicats du tems de PLINE. Parmi les *Vins Grecs*, ils diſtinguoient le *Maronéan*, le *Thaſian*, le *Crètan*, le *Coan*, le *Chian*, le *Leſbien*, l'*Icarian*, le *Sinyréan*, &c. Leur luxe voluptueux leur faiſoit auſſi rechercher les *Vins d'Aſie*, comme celui du *Mont-Liban*, & autres, ainſi qu'on peut le voir dans PLINE.

Il eſt à obſerver que les Romains tiroient leurs *Vins* les plus délicieux de la *Campanie*, que l'on nomme à préſent *Terre de Labour*, Province du Royaume de Naples. Ceux des autres cantons de l'Italie ſont bien moins bons. Le *Falerne*, le *Gauranie* & le *Maſſic* proviennent des *Vignes* plantées ſur une montagne aux environs de Mont-

dragon, au pied de laquelle paſſe la riviere Garigliano, anciennement apllée l'*Iris*. Le *Cœcubum*, qui ne différoit du *Falerne* que par l'âge, (c'eſt ainſi que les Latins appeloient l'eſpace de tems pendant lequel les vins conſervent leur vigueur), ſe recueilloit ſur la Terre de Labour, & les *Fundanum* & *Amyclum*, fort près de Gaeta, *Gaïete* ou *Gaète*; le *Sueſſanum*, à *Sueſſa Pometia*, territoire maritime du Royaume de Naples ; le *Colenum*, aux environs de la Terre de Labour, ainſi que dans pluſieurs autres cantons de l'Italie.

Ces *Vins* ſont excellents ; & cette qualité qui eſt le fruit de l'âge plutôt que de l'art, les rend ſupérieurs à tous les autres vins de l'Italie.

Le dernier que les Grecs appellent *Oligophorum*, & les Latins *Tenue* & *Pauciferum*, ſe conſerve fort aiſément dans un lieu froid, ou plutôt dans un air frais, & il s'aigrit par la chaleur ; au-lieu que ceux auxquels les Grecs donnent le nom de *Polyphora*, *Multifora* & *Vinoſa*, deviennent plus vigoureux & ſpiritueux par la chaleur.

Le premier eſt fait avec des *Raiſins* qui abondent en flegmés cruds & dont les parties ſulphureuſes de leur moût ſont plus dilatées. Les derniers au contraires ſont tirés de Raiſins plus mûrs, qui donnent un moût dont les parties ſulphureuſes ſont concentrées & fixées par l'évaporation des parties humides. On peut ajouter à ceci l'abondance de ſoufre de ces derniers, qui fait la vraie force de ces vins. Comme ils n'acquièrent cette qualité fpiritueufe, qu'en reftant expofés à l'air libre, c'eft en conféquence de ce principe, que les anciens avoient imaginé de traiter leurs vins de la maniere fuivante.

PLINE nous apprend qu'en l'année 633 de la fondation de Rome, les Romains mettoient leurs tonneaux remplis de Vin dans des endroits couverts & tournés au nord, femblables à ceux que nous appellons à préfent *Caves*. Ceux qui étoient remplis de Vins vigoureux & fpiritueux, tels que le *Polyphorum*, étoient placés dans des lieux découverts, expofés à la pluie, au foleil, & à toutes les injures de l'air; tandis que les vins moins forts étoient mis à couvert, & les vins foibles dans des endroits creufés & & recouverts de terre.

GALIEN, dans fon livre *des Antidotes, Cap.* 3, & dans fon *Traité des Vins*, remarque très-judicieufement que les vins du premier ordre, ou *Polyphora*, fe confervoient deux ou trois ans dans des lieux froids; mais qu'en les y laiffant trop longtems, ils s'aigriffoient, & qu'en conféquence on les expofoit à un air plus chaud, comme on le faifoit en Afie, avant que les Romains en euffent connoiffance. C'eft ainfi que les Afiatiques, les Romains & les Grecs étoient parvenus à conferver leurs Vins auffi long—tems.

La plus ancienne époque de ce traitement des *Vins* parmi les

Romains, fuivant PLINE, eft environ l'année 633. Cet auteur qui vivoit longtems après Vefpafien, nous affure que l'on confervoit les *Vins* l'efpace de cent ans; & qu'après ils devenoient épais, & d'une confiftance de miel, de maniere qu'on ne pouvoit les boire fans les mêler avec de l'eau.

Il ajoute ainfi, *Quò generofius eft vinum, eò magis vetuftate craffefcit.* C'eft-à-dire, plus le vin eft généreux, plus auffi il s'épaiffit par l'âge. Ce que nous voyons encore dans les vins d'Efpagne.

Cet épaiffiffement de ces Vins eft moins extraordinaire que celui des *Vins Afiatiques*, dont parle GALIEN, dans fon livre *de la Refpiration*. Ces Vins renfermés dans de grandes flafques, & fufpendus près du feu dans leurs cheminées, acquéroient par l'évaporation la dureté du fel. Ce qu'ARISTOTE dit des *Vins d'Arcadie*, expofés au feu & à la fumée, eft encore plus furprenant, *itâ exficcatur in utribus, ut derafum bibatur*; c'eft-à-dire, qu'il fe féchoit tellement dans des outres, qu'il falloit le ratiffer pour le boire : ce Vin avoit acquis une telle confiftance, qu'on étoit obligé de le ratiffer & de le détremper dans de l'eau pour le boire.

Pour faire leurs *Vins*, les Romains jettoient dans une cuve de bois reliée en cercles, ou bandes de bois flexibles, le moût qu'ils avoient exprimé des *Raifins* en les foulant aux pieds. Quand le *Vin* avoit fermenté affez de tems pour rejetter fes impuretés les plus groſſieres, ils le tiroient de la cuve pour le mettre en tonneaux, où il continuoit à fermenter ; & pour aider ſa dépuration, ils y mêloient une certaine quantité de plâtre, de craie, d'argile, de poudre de marbre, de poix, de ſel, de réſine, de lie de vin nouveau, d'eau ſalée, de myrrhe, ou d'herbes aromatiques. Chaque pays avoit ſon uſage particulier, & on appeloit cette opération *conditura vinorum*.

Ils laiſſoient le *Vin* dans les tonneaux juſqu'au printems ſuivant, & quelquefois juſqu'à-près la ſeconde ou la troiſieme année, ſuivant la nature du vin, & le canton d'où il avoit été tiré. Ils le tranſvaſoient en-ſuite dans des vaſes de terre, qu'ils enduiſoient en-dedans de poix fondue, & ils écrivoient en-dehors le nom du canton où le vin avoit été fait, ainſi que le nom du Conſul Romain de ce tems : ils appelloient cette tranſvaſion, *Diffuſio vinorum*, ou *Vina defundere*.

Ils avoient deux ſortes de vaſes pour les *Vins* ; la premiere étoit l'*amphora*, & l'autre le *cadus*. PANCIROLUS & d'autres diſent que l'*amphora* avoit une forme quarrée ou cubique. Quant à ſon volume, les Auteurs ne s'accordent point ; cependant, la plupart penſent qu'elle contenoit environ quatre-vingt livres de liqueur. Ce vaſe étoit reſſerré au cou ; & quand il étoit rempli, on le bouchoit avec du liége. Le *cadus* avoit la forme d'un *Ananas*, & pouvoit contenir moitié plus que l'*amphora*. Ces vaſes étant bien bouchés, on les portoit dans une chambre expoſée au ſud, & à l'étage le plus élevé de la maiſon de campagne où le vin avoit été fait : on nommoit ce lieu *Apotheca*.

C'étoit pour diſſiper l'humidité ſuperflue de ce Vin, qu'on l'expoſoit à la chaleur du ſoleil, au feu & à la fumée : ce qui faiſoit donner à cet endroit le nom de *Fumarium*, à cauſe de la fumée qui s'y amaſſoit, & ſe diſſipoit enſuite par le tuyau de la cheminée.

Ces Vins qui prenoient, comme il a été dit, la conſiſtance du miel, pouvoient ſe conſerver pendant un tems conſidérable : *Adhùc vina ducentis ferè annis jam in ſpeciem reducta mellis aſperi ; etenim hæc natura Vini in vetuſtate eſt*, dit PLINE, *lib.* 14. *Chap.* 4 ; de ſorte qu'on avoit de la peine à les boire à cauſe de leur épaiſſiſſement ; & pour les rendre potables, ils étoient obligés d'y ajouter de l'eau chaude, & on les paſſoit enſuite à travers un tamis : ce qu'ils appelloient, ſuivant MARTIAL, *Saccatio Vinorum*.

Turbida ſollicito tranſmittere cæcuba ſacco.

Il eſt vrai qu'ils avoient d'autres Vins de même nature, qu'ils ne paſſoient pas au tamis, ou à la chauſſe ; tel étoit le *Maſſicum*, qu'ils expoſoient à l'air pendant une nuit, pour lui procurer aſſez de fluidité, comme le dit HORACE, *lib.* 2. *Chap.* 4.

Maſſica ſi cœlo ſupponas vina ſereno.

Nocturnâ , si quid crassi est , tenua-
bitur aurâ ,
Et decedet odor nervis inimicus: at illa
Integrum perdunt lino vitiata sapo-
rem.

Ce Vin étoit fort désagréable
à boire, quand il n'avoit pas
été rafraîchi avec de la glace ou
de la neige qu'on y mêloit,
ou dans laquelle on plongeoit
les bouteilles. Les plus voluptueux mêloient la neige avec
le Vin, & le passoient ensuite
à travers un couloir d'argent,
que PAULUS , Jurisconsulte ,
appelle *colum Vinorum*.

Méthode de planter les Vignes
*dans l'Orléanois; de la distance
entre chaque rang ; de la largeur des sentiers , quand une
Vigne est plantée; des différentes especes de Plants ; de
la distance entre chaque Plant ;
de la maniere d'enlever & de
replanter les vieux seps.*

On ne doit point ouvrir les
tranchées avant que le terrein
destiné à être planté, ait été
tracé ; afin que l'on puisse donner , autant que l'emplacement
pourra le permettre, à tous les
rangs & aux sentiers , une
longueur & largeur proportion-
nées & uniformes. Comme le
sep de *Vigne* prend sa nourriture dans la tranchée, elle doit
avoir quelques pouces de largeur de plus que les sentiers.

L'usage ordinaire est de donner cinq pieds de largeur aux
tranchées , & autant aux sentiers , quand on plante des
Vignes de *Raisins noirs* , sur-tout
des Auvernats, dont les branches doivent toujours être at-

tachées en longueur. Cette méthode est la meilleure pour ces
sortes de *Vignes*, & il faudroit
planter les seps à deux pieds
six pouces de distance les uns
des autres. Quelques personnes
n'observent pas exactement
cette proportion, & ne donnent que quatre pieds & demi
aux tranchées & aux sentiers.

Plusieurs ne laissent qu'un
pied & demi de distance entre
chaque plant, quand la tranchée & le sentier n'ont pas plus
de largeur que dans les *Vignes*
dont je vais parler ; mais les
seps plantés si près les uns des
autres, doivent nécessairement
être contournés circulairement;
& comme , au bout de quelques années , leurs racines
s'entre-mêlent, ils ne doivent
pas durer aussi long-tems : d'ailleurs, ils exigent des engrais
plus fréquens, & plus abondans que ceux que l'on plante
à une plus grande distance.

D'autres, au contraire, donnent à la tranchée & aux sentiers près de six pieds de largeur, & quelquefois davantage;
mais cette distance est trop
forte : cependant , si elle étoit
beaucoup moindre , il seroit
difficile de cultiver le milieu de
la tranchée, qui doit néanmoins
l'être comme le reste.

Malgré ce que nous avons
dit, les Vignerons de la Bourgogne ne cultivent pas tout le
terrein , quand les distances
sont aussi grandes : ils se contentent de remuer légérement
le milieu de ces tranchées, &
de labourer la terre seulement
le long des rangs de plants.
En suivant cette méthode , il

eſt avantageux pour les culti-vateurs de donner une pareille largeur aux tranchées.

Les Vignerons qui achetent ou louent des *Vignes* avec des tranchées auſſi larges, les arra-chent ſouvent, pour en replan-ter d'autres à une moindre diſ-tance, ſans ſe mettre en peine ſi les ſeps dureront moins de tems.

Mais les propriétaires doivent ſuivre une meilleure méthode, en donnant cinq pieds de lar-geur aux tranchées, autant aux ſentiers ; & deux pieds ſix pou-ces de diſtance entre chaque plant, ſur-tout quand on em-ploie des ſeps de *Vignes Au-vernats*, parce qu'ils fourniſſent des marcottes. La tranchée étant plus large, & les plants plus éloignés les uns des autres, ils ſe procureront une nour-riture plus abondante, & les branches pourront être mieux étendues.

Une *Vigne* plantée ſuivant cette méthode, dure plus long-tems, réſiſte mieux aux gelées de l'hiver, & produit de meil-leurs & des plus beaux fruits; & ces fruits qui parviennent plus aiſément à leur maturité, donnent de meilleur vin. Auſſi les Vignerons de la Bourgogne trouvent-ils beaucoup d'avan-tage en plantant leurs *Vignes* de cette maniere, parce qu'ils ont d'ailleurs moins de ſeps à attacher, à émonder, à tailler &c ; mains comme il y a moins de plants, & qu'ils ſont trop éloignés les uns des autres, la plupart des Vignerons penſent différemment.

Quand je dis qu'en plantant des *Auvernats* , on doit donner cinq pieds de largeur aux tran-chées , autant aux ſentiers, & deux pieds ſix pouces de diſ-tance entre chaque pied de *Vigne* , je n'entends parler que des *Vignes* plantées dans un très-bon fonds de terre, parce qu'a-lors elles dureront pluſieurs an-nées ſans être renouvelées.

Quant aux terres , où l'on eſt obligé de renouveller la *Vigne* après vingt ou vingt-cinq ans, il ſuffira de donner quatre pieds & demi de largeur aux tranchées, ainſi qu'aux ſentiers, ſur vingt pouces de diſtance entre les plants. Les ſeps n'y dureront pas long-tems, parce que les racines qui s'étendent au loin dans la terre, ſe nuiſent réciproquement. Je ſuppoſe ce-pendant que cette terre eſt paſ-ſablement bonne ; ſans quoi, la largeur des tranchées & des ſentiers , ainſi que la diſtance entre les plants, devroient être plus grandes, ou bien l'on ſe-roit obligé d'y mettre plus ſou-vent des engrais.

Il y a deux ſortes de plants; celui de boutures , & celui de marcottes. La bouture eſt une jeune branche de l'année, qui n'a point de racines, & au gros bout de laquelle on laiſſe toujours un nœud du bois de l'année précédente. C'eſt de la bouture dont on fait commu-nément uſage, en ſe contentant d'en ôter les tendrons & les ſommets. Lorſqu'on les prend ſur les ſeps, on en fait des paquets, que l'on met en terre avant l'hiver, & on les y laiſſe juſqu'à ce qu'on puiſſe les plan-ter au printems.

Ces boutures réussissent ordinairement quand elles ont été bien choisies, plantées dans un sol bien préparé, & qu'elles sont bien cultivées. Il est cependant dangereux de s'en servir dans des terres naturellement humides, & qui retiennent l'eau. Si on les plante de bonne-heure, & s'il survient des pluies froides & abondantes, elles se remplissent d'eau, se dépouillent de leur écorce, & périssent au-lieu de prendre racine. Si au contraire on les met en terre trop tard, & s'il survient de fortes chaleurs & de grandes sécheresses, avant qu'elles aient poussé des boutons assez forts, elles sont bientôt brûlées. Pour obvier à ces inconvénients, il vaut mieux faire usage de la seconde espece de plant, non-seulement dans les terres humides, mais aussi dans toutes les autres.

Les marcottes sont des branches longues de trois ans, que l'on a couchées en terre, & qui ont poussé des racines. Ces plants sont meilleurs, & moins sujets à manquer. On peut les planter en tout tems pendant l'hiver, & dans toutes sortes de terres, pourvu qu'elles ne retiennent pas l'eau; car, dans ce cas il vaudroit mieux attendre jusqu'au mois de Mars pour les planter, ou au moins jusqu'à ce que la terre fût en bon état.

On doit émonder les marcottes avant de les mettre en terre, c'est-à-dire, couper quelques-unes de leurs branches, & quand elles sont foibles à l'endroit où elles étoient pliées,

il faut les retrancher toutes, à l'exception de celles qui ont le plus de racines, & les plus fortes.

Les marcottes sont beaucoup moins sujettes à s'abreuver d'eau que les boutures, parce qu'ayant des racines avant d'être plantées, elles poussent de nouvelles fibres, plutôt que celles qui n'en ont point.

Ces marcottes, il est vrai, sont plus rares que les boutures; mais il est aisé de s'en procurer pour des âcres entiers, en prenant les précautions nécessaires, & en marcottant d'avance toutes les branches d'une *Vigne*.

On les plante sur une nouvelle terre, ou dans les places vuides d'une *Vigne* déja établie.

Quand on les destine pour une piece de terre nouvelle, il faut les coucher dans les rangs, entre les seps de *Vigne*, & entre chaque rang, de maniere qu'elles soient à une distance suffisante les unes des autres, afin qu'elles ne se nuisent pas réciproquement, & que le Vigneron puisse passer entr'elles pour les émonder; car il est nécessaire de les houer trois fois l'année pour détruire les mauvaises herbes qui les étoufferoient, & les priveroient d'une partie de leur nourriture.

Cette portion de terre est une espece de pépiniere dont on peut tirer des plants, pour remplacer ceux qui ont manqué.

Je pense qu'il est prudent qu'un propriétaire ait toujours un canton rempli de marcottes, puisque les boutures prennent difficilement, afin de pouvoir remplacer les plants qui viennent à manquer, ou qui sont mal choisis ; ce qui est un soin particulier, qu'exige la culture de la *Vigne*.

Je dirai, à la fin de l'article suivant, de quelle maniere on doit planter les marcottes en rigoles.

Il est de l'intérêt d'un propriétaire d'ordonner que sa *Vigne* soit toujours garnie entiérement de plants, afin qu'elle puisse produire une bonne quantité de *Raisins* ; mais il arrive souvent que, malgré toutes les précautions imaginables, une *Vigne* se trouvera fort dégarnie par la quantité de plants qui périssent de tems en tems, & que l'on ne peut pas toujours remplacer, faute de marcottes. Quelquefois aussi il n'y a pas assez de bois sur les seps du voisinage, & on ne peut employer le sommet des branches, qui n'est point propre à cet usage. Dans ce cas, il faut garnir ce vuide avec un autre plant.

Quelques Vignerons diront peut-être qu'il est fort rare de voir réussir de nouveaux plants au milieu d'une *Vigne*. On répond à cela, qu'à la vérité des plants placés dans le milieu d'une *Vigne*, ne réussissent point, quand la terre n'a pas été bien préparée auparavant, ou lorsque la culture en est négligée ; mais que ces plants manquent rarement, quand on prend soin, après la vendange, d'ôter les tiges mortes, & d'ouvrir la terre à une bonne profondeur avant l'hiver, non-

seulement pour l'ameublir, mais aussi pour ne pas couper & endommager au printems les racines des seps voisins : ce qui leur nuiroit beaucoup. Il faut aussi mettre dans chaque trou un panier de terre nouvelle & fraîche, avec environ la douzieme partie d'un panier de fumier bien consommé, surtout si la terre est pierreuse, mêlée de glaise, ou graveleuse.

J'ai vu, dans une piece de *Vigne* très-forte en bois, & de l'âge de cent ans, un plant du milieu très-fort, jusqu'au troisieme œil, & qui continue à être en bon état, quoique ces seps soient plantés dans des terres aussi fortes qu'on puisse en trouver dans aucune de nos pieces de *Vigne*. Ainsi, si les plants du milieu réussissent, même dans les terres fortes, comme les légeres leur conviennent encore mieux, on peut conclure qu'il n'y a point de terrein où l'on ne puisse remplacer ces plants.

Les Vignerons pourront dire encore qu'un plant du milieu ne réussira pas parmi de jeunes seps, qui, poussant avec force, l'étoufferont de leurs branches.

Je conviens que cela peut arriver ; mais alors on sera assuré, l'année suivante, de trouver dans la *Vigne* assez de bois pour coucher des marcottes : & alors il est inutile de remplir le vuide avec un plant nouveau, qui vraisemblablement ne réussiroit pas si bien, & ne produiroit pas aussi-tôt du fruit que la marcotte, qui en donne dès la même année qu'elle est faite.

Ce raisonnement est plus juste que la conséquence qu'ils en tirent ; savoir, qu'il est inutile de mettre des plants dans ces milieux : car un Vigneron coupant chaque année tout le bois de sa *Vigne*, qui pourroit servir à faire des marcottes, & n'y mettant point de plant, le vuide ne se trouvera jamais rempli. C'est au contraire une raison pour placer chaque année des plants dans les milieux vuides, pour s'y assurer des marcottes.

Du tems de planter une Vigne, & des différentes manieres de le faire.

Les terres qui peuvent servir à la culture de la *Vigne*, étant de différente nature , on doit aussi planter en différents tems. Dans les terres sablonneuses , & remplies de cailloux , dont le fond ne retient pas l'eau, on peut planter un entre-plant après les plus grands froids de l'hiver , sans aucun risque ; parce que ces terres ne retenant point l'eau, sont toujours bonnes au fond, & que les plants n'y manquent jamais.

On ne plante pas ordinairement dans les terres d'Olivet, Saint-Memin, &c., des pieces de *Vigne* entieres, dans les endroits où il y en a déja eu ; parce que l'usage est de ne pas arracher les plants que l'on trouve bons, quant au bois & à l'espece.

Pour moi, j'ai toujours trouvé que ces mêlanges de vieux & de très-jeunes plantes faisoient le plus mauvais effet dans une même piece de terre , &

je n'approuverai jamais cette méthode ridicule.

Dans les terres fortes, & dans toutes celles qui retiennent l'eau , on ne doit planter qu'au mois d'Avril, ou au commencement de Mai, parce que la *Vigne* n'y prend pas aisément racine , sur-tout si l'année est fort chaude & seche, ou fort pluvieuse ; deux inconvéniens également à craindre pour les plants qui y sont nouvellement placés.

Dans un canton de peu d'étendue , il arrive souvent que les terres sont de nature différente, & que par conséquent une espece de *Vigne* réussiroit d'un côté , & manqueroit de l'autre ; parce qu'il arrive communément que les saisons sont ou trop chaudes ou trop froides & pluvieuses, & que les différentes especes de plantes sont bonnes ou mauvaises, suivant leur nature, celle de la terre dans laquelle elles sont , & la température des saisons. Je pense qu'il est plus prudent de ne planter que les cantons qui sont véritablement propres à cette culture, & qu'il est bon d'employer plusieurs especes de *Vignes* sur les terreins qui leur conviendront le mieux, sur-tout quand on n'est pas assuré qu'une espece réussira mieux qu'une autre ; car, dans le cas contraire , il ne faut planter que celle qui convient le mieux à la nature du sol.

Quand j'ai dit qu'il étoit souvent avantageux d'avoir différentes especes de plantes dans une certaine étendue de terre, je n'ai pas prétendu que l'on mit plufieurs efpeces dans la même rigole, ou dans le même rang, comme les Vignerons le font ordinairement, quand ils plantent des *Vignes* pour ceux qui font obligés de ne faire qu'une forte de vin avec toutes efpeces de *Raifins*, qu'ils veulent cependant faire paffer pour du pur Auvernat, quoiqu'il n'y en ait tout au plus qu'un tiers ; mais je fuis d'avis qu'on ne mette qu'une efpece de plante dans chaque différente efpece de terre, afin que toutes foient féparées, & qu'au tems de la vendange, on puiffe faire tel vin qu'on voudra : ce qui feroit fort difficile, fi toutes les efpeces de *Raifins* étoient mêlées confufément les unes avec les autres ; car aucun ouvrier ne pourroit jamais parvenir à les démêler, & d'ailleurs on perdroit beaucoup de tems fi l'on vouloit le tenter.

On plante une *Vigne* de deux manieres, ou fur une terre unie non défoncée, ou en rangs défoncés.

On plante fur une terre unie, quand elle a été nivelée & tracée ; on creufe un trou avec la bêche, & on y met le plant, pourvu néanmoins que cette terre ait été bien préparée.

La méthode de planter une *Vigne* en rangs ouverts, eft prefque la feule qui foit en ufage dans l'Orléanois ; & c'eft fans contredit la meilleure, parce qu'il eft certain qu'en plantant de cette maniere, la terre a été ouverte, & remuée jufqu'au fond : ce qui la rend plus meuble, & facilite aux racines le moyen de s'étendre.

Le meilleur tems pour planter les boutures qui ont été empaquetées & enterrées avant l'hiver, eft lorfque leur écorce fe gonfle ; ce qui peut fe connoître par une efpece de protubérance qui s'éleve autour de la bleffure, ainfi que par les boutons qui font prêts à s'ouvrir : mais il ne faut pas que ces boutures foient trop feches. On doit les mettre dans un baquet d'eau, & ne les en retirer que pour les planter ; car lorfque la chaleur ride celles qui font plantées, elles ne prennent pas aifément racine, & plufieurs même font en danger de périr.

C'eft par cette raifon qu'il vaut mieux planter une *Vigne* dans une faifon pluvieufe & humide, ou au moins par un tems couvert, que pendant les chaleurs & par un vent fec.

On fe fert communément de deux différens outils de fer, pour creufer le trou qui doit recevoir la bouture, ou d'une bêche, ou d'une groffe befaiguë ou pioche. La bêche eft préférable pour cela, pourvu que la terre foit ameublée dans toute la longueur & la largeur de la tranchée, & qu'elle foit défoncée affez profondément.

Les mauvais ouvriers fe fervent communément de la pioche ; auffi ne font-ils que du mauvais ouvrage, comme les Vignerons, qui fe contentent de creufer un trou pour y planter la bouture, fans labourer le refte de la terre. De cette maniere, il arrive fouvent que les jeunes racines ne trouvant qu'une terre dure, dans laquelle elles ne peuvent pénétrer, ne s'étendent point, comme elles le feroient, dans une terre défoncée, ameublie par l'air & les gelées, &c., & telle qu'elle fe trouve dans une tranchée bien travaillée avec la bêche, dans toute fa longueur.

Tems de cueillir la Vendange.

La vendange du *Raifin Auvernat*, étant la plus précieufe de toutes celles que l'on a à recueillir dans une piece de *Vigne*, il faut attendre la maturité de ces Raifins, fi l'on veut faire de bon vin.

Et comme il y a certains fols où les Raifins trop coupés verds fermentent trop dans la cuve, & d'autres au contraire qui, étant coupés fort mûrs, ne fermentent que très-peu, & fe confervent mieux, il eft abfolument néceffaire que ceux qui ont de pareilles *Vignes*, s'appliquent foigneufement à connoître la qualité de leurs terres.

Mais on peut dire en général de tous les bons *Auvernats* de ce pays, qu'ils doivent toujours avoir une pointe de verd quand on les cueille, fur-tout dans les années chaudes, & lorfque les terres font graffes, ou qu'elles ont été fumées; car, il ne fuffit pas, pour avoir de bon vin, de couper le *Raifin* au dégré de maturité néceffaire, mais il faut encore choifir une faifon convenable pour vendanger. Par exemple, on ne doit commencer, ni continuer à cueillir par un tems de pluie, quoique bien des gens ne foient pas bien fcrupuleux fur ce

point, en prétendant que le vin ne s'en vendra pas moins.

J'avoue que cela peut quelquefois arriver ainfi; mais ils conviendront avec moi qu'ils donnent par-là une qualité inférieure à leur vin. On doit auffi attendre que la rofée, fouvent fort abondante dans cette faifon, foit entièrement diffipée, & qu'il n'y ait plus d'humidité, foit fur les *Raifins*, foit fur les feuilles; car l'expérience nous apprend que la moindre quantité d'eau qui entre dans cette efpece de vin, lui fait perdre beaucoup de fa bonté.

C'eft-pourquoi, on ne peut pas choifir un tems trop ferein pour couper le *Raifin Auvernat*. Dans un grand nombre de vignobles de la France, comme en Bourgogne, & dans d'autres Provinces dont les Vins ont une grande réputation, on ne cueille la vendange que pendant la plus belle partie du jour; c'eft-à-dire, que les Vignerons commencent leur ouvrage fort tard, & finiffent quelque temps avant le coucher du foleil.

Il eft vrai qu'il eft quelquefois bon de ne vendanger qu'après la pluie; mais ce doit toujours être quelques femaines, ou au moins plufieurs jours après, & l'on ne doit jamais cueillir le *Raifin* pendant qu'elle tombe.

Quand, par exemple, il n'eft pas tombé de pluie depuis long-tems, que les *Raifins* font ridés par la chaleur, qu'à peine contiennent ils autre chofe que les pepins, & que la peau en eft épaiffe & coriaffe, fi on

les cueilloit alors, ils ne donneroient que très-peu de vin,
& ce vin même tourneroit
bientôt à l'aigre, comme cela
est arrivé à la plupart des *Vins
rouges* de l'année 1718, qui
avoit été extrêmement chaude &
seche; dans ce cas, on ne doit
vendanger qu'après une pluie.

Mais il faut donner le tems
aux *Raisins* d'en tirer avantage;
ce que l'on reconnoît, quand
les grains sont devenus gros
& qu'ils tombent.

Pour ce qui regarde les autres especes rouges ou blanches, on peut les cueillir avec
moins de précautions, pourvu
qu'elles aient le dégré de maturité qui convient aux différentes terres sur lesquelles elles sont plantées.

Des Vins de l'Orléanois.

Depuis long-tems on cher-
che à décrier à Paris & ailleurs les *Vins d'Orléans*, & sur-
tout les rouges, & l'on remarque que ceux qui en parlent
avec le plus de mépris ne peuvent s'en passer, & qu'ils s'en
procurent, comme il a été de
tout tems, pour les mêler avec
leurs vins foibles, sans couleur, ou viciés de quelque autre maniere, & aussi pour fortifier les meilleurs, les plus délicats, & les plus distingués de
leurs vins.

Ils mêlent les *Vins d'Orléans*
avec les *Vins de Bourgogne*; &
c'est de ce mêlange, que tous
les Marchands de vin à Paris
remplissent leurs caves, pour
le joindre encore avec des vins
de moindre qualité, ou pour

le vendre tel qu'il est, en conservant cependant des vins d'Orléans purs pour leur table, leur
famille, & tous ceux qui défi-
rent avoir du vin naturel &
non falsifié.

Les grands achats que l'on
fait annuellement de ce vin,
& la grande quantité de vins rouges & blancs que l'on est si empressé d'acheter long-tems avant
qu'ils soient faits, pour les
transporter à Paris, en Flandres, en Angleterre, & jusques dans les Iles de l'Amérique, où ils se conservent bons
jusqu'à la derniere goutte, font
preuve, selon moi, que les *Vins
d'Orléans* ne sont pas aussi mé-
prisables qu'on voudroit le faire
croire.

Car, il faut convenir que,
s'ils n'avoient pas d'aussi bonnes qualités, ou s'ils avoient
quelques défauts, on ne viendroit pas d'aussi loin pour les
chercher, & l'on ne seroit pas
si empressé de s'en pourvoir.

Quelques personnes disent
que les *Vins d'Orléans* sont âpres,
rouges, violens, qu'ils ne sont
pas agréables à boire, & que
ceux qui en font débauche, en
sont incommodés; ce qui n'arrive jamais à ceux qui boivent
la même quantité de *Vin de Bourgogne*, de *Champagne*, & autres
vins du Royaume.

Je réponds que ces préten-
dus défauts des *Vins d'Orléans*
sont les véritables qualités qui
les font tant rechercher; car,
pourvu qu'ils n'aient pas trop
fermenté dans la cuve, ils com-
muniquent leur couleur & leur
force aux autres vins avec lesquels on les mêle, & qui n'au-

roient pu jamais être vendus fans cela.

D'ailleurs, quand ces vins font défectueux, ce n'eft que par accident; & l'on auroit pu l'empêcher, en les laiffant moins de tems dans la cuve.

Quant à ceux qui en font incommodés en buvant trop, ils peuvent prévenir ce mal par la fobriété.

L'eau-de-vie, par exemple, ne fe boit point en fi grande quantité que le vin, & l'on ne boit point autant d'un vin violent que d'un foible. Quand le vin eft trop fort, on y met de l'eau, ou l'on en boit moins, & alors il nourrit, au-lieu d'incommoder & d'abrutir; ainfi, quand on fe reffent d'avoir trop bu de ces vins, il ne faut s'en prendre qu'à la quantité & non à la qualité.

Quel que foit le préjugé mal fondé qu'on peut avoir contre les *Vins d'Orléans*, il faut cependant convenir qu'ils l'emportent fur prefque tous les autres, & que l'on peut fe les procurer comme on veut les avoir, & tels qu'on les demande; c'eft-à-dire, délicats, bons à boire fur le champ, rouges fans âpreté, plus ou moins durs, fans avoir perdu de leurs qualités, & enfin tels qu'ils foient potables dans le cours de l'année, & plufieurs années après.

Il y a dans ce Royaume plufieurs vignobles, dont les vins, quoique en réputation, ne pourroient cependant pas paffer l'année fans fe gâter, s'ils n'étoient mêlés avec les nôtres, qui ont plus de qualités.

Mais fi les gens qui mépri-

fent tant nos vins, nous reprochoient de ne pas les favoir faire, leur opinion feroit plus jufte que d'accufer nos vins de n'être pas bons; car, ils ont toutes les qualités qu'ils doivent avoir; & s'ils ont quelques défauts, ce n'eft que par accident, & faute d'être bien conditionnés.

Il faut convenir que les *Vins d'Orléans* font bons, mais qu'ils font mal conditionnés. Il n'eft donc queftion que de rectifier nos procédés, & je vais en indiquer les moyens.

Il y a dans ces vignobles tant de différentes efpeces de plants, & elles croiffent fur des fols fi différents, qu'ils feroit difficile de donner des inftructions particulieres pour la maniere de faire les vins de chacune. Je dirai feulement en général, que pour faire de bon vin, le fol doit être propre aux *Vignes*, bien expofé au foleil, en pente aifée, tourné au fud, & plutôt fec qu'humide; que les plants doivent être d'une bonne efpece; que la *Vigne* foit plutôt vieille que jeune, peu fumée, toujours bien cultivée, & labourée dans des tems convenables; qu'on doit laiffer affez mûrir les Raifins avant de les couper, & les mettre dans des tonneaux après qu'ils font foulés, fi l'on veut faire du vin rouge, & ne pas le boire tout de fuite.

Il eft certain que, fi toutes ces chofes s'accordent, il eft aifé de faire de bon vin; mais il faut encore obferver ce qui fuit.

On fait dans ces vignobles,
ainfi

ainſi que dans pluſieurs autres, des vins rouges & blancs. Je parlerai d'abord des vins rouges, & enſuite des blancs, ſur leſquels il y a peu de choſe à dire.

Le meilleur, & le plus precieux de tous les vins de ces cantons, eſt l'*Auvernat*, dont il y a ſix eſpeces: ſavoir, l'*Auvernat teint*, le *noir*, le *rouge*, le *gris*; & deux eſpeces de *blancs*, qui ſont l'*Auvernat blanc de Soler*, & celui du *Pays-bas*.

L'*Auvernat teint* eſt le plus rouge; & comme c'eſt toujours la qualité qui donne la couleur & le corps aux *Auvernats*, & les empêche de ſe graiſſer, quand on ne les mêle qu'avec le *Raiſin rouge*, on ne doit les laiſſer que peu de tems dans la cuve, ſur-tout dans les années où il eſt probable que les vins prendront aiſément de la couleur, & quand ils croiſſent ſur un ſol où ils ont d'ordinaire aſſez de couleur, en fermentant peu.

Quelques perſonnes prétendent qu'un quart de vin ou environ de *Teint* ou de *Gros-noirs* dans une cuve de quinze poinçons d'*Auvernat rouge*, doit produire un bon effet.

J'avoue que ce mélange donnera au vin une belle couleur, ſans lui donner d'âpreté, pourvu qu'il ne reſte pas trop long-tems dans les tonneaux; mais comme cette couleur ne lui augmente point ſa qualité, je penſe que la teinture d'*Auvernat*, qui eſt fort rouge, ſubſtantielle & vineuſe, produit un meilleur effet. Dans ce cas, il eſt néceſſaire de mettre plus

de ce *Teint* que du *Gras-noir*, parce que les couleurs d'Auvernat ſont beaucoup plus foibles que celles des deux autres eſpeces de Raiſins.

Plus les Raiſins de l'une & de l'autre eſpece ſont mûrs, plus ils rendent de vin, & plus ils ont de couleur; c'eſt-pourquoi, il ne faut jamais les cueillir, qu'ils ne ſoient parvenus à leur parfaite maturité.

Le *Teint d'Auvernat* ne doit pas être planté indifféremment dans toutes ſortes de terre, car il n'y réuſſiroit pas également. Il ne faut d'abord en planter que peu pour eſſayer le terrein, & ne pas le mêler tellement avec d'autres, qu'on ne puiſſe les diſtribuer aiſément dans chaque cuve; ce qui ſeroit difficile, s'il étoit planté confuſément avec d'autres eſpeces d'Auvernats.

Quoique le *Teint-Auvernat* ſoit un très bon Raiſin, cependant il faut avouer que, ſi l'on en mettoit trop dans l'Auvernat rouge, il en altéreroit la qualité; car, ce dernier vin n'eſt jamais meilleur, que lorſqu'il eſt fait ſans mêlange d'autres Raiſins. Il a ordinairement aſſez de couleur & de force, non-ſeulement pour ſe ſoutenir par lui-même, mais auſſi pour faire débiter les autres vins d'une qualité inférieure avec leſquels on le mêle.

Je ſuppoſe cependant que cet *Auvernat rouge* ait été recueilli ſur de bonnes terres; car il y en a qui, par leur nature, ne rendent pas aſſez de vin, & dans ce cas, il eſt bon d'y planter de l'*Auvernat-Teint.*

K

A la vérité ce vin, ainſi mêlé, ne ſera pas auſſi fin que celui qui n'eſt fait qu'avec de purs Auvernats rouges; mais il ſe conſervera mieux, ſi l'on veut en faire un *Auvernat* d'une forte acidité, & d'une ſaveur agréable & ſans couleur. On mêlera à l'*Auvernat rouge* environ la ſeptieme partie de *Mélier* ou de bons *Auvernats blancs*, tels qu'ils croiſſent dans les *Vignes* de Blois; mais pour faire ce mélange, il eſt néceſſaire que ce *Mélier* ou *Auvernat blanc* mûriſſe en même tems que l'*Auvernat rouge*.

Un vin fait ſuivant cette méthode, eſt ſi bon, qu'il pourroit paſſer pour du *Vin de Bourgogne*. On le vend à Paris & dans d'autres endroits pour tel, dans des bouteilles couvertes d'oſier, & les meilleurs gourmets y ſont ſouvent trompés.

L'*Auvernat* ſans diſtinction eſt rouge. On attribue cette couleur à ſa peau brune; car elle n'eſt pas d'un rouge auſſi foncé que celle de l'*Auvernat-Teint*, mais plus foncé que l'*Auvernat gris*, qui eſt preſque tout-à-fait blanc. Cette eſpece d'*Auvernat* eſt la plus commune parmi les noirs, & elle produit auſſi un des meilleurs vins de ces cantons.

L'*Auvernat noir* eſt auſſi fort commun dans ces pays, quoiqu'il ſoit connu de peu de gens. Ses grains ſont plus ronds que ceux des autres *Auvernats*, & ſa peau qui eſt auſſi noire que le jais, eſt la ſeule choſe à laquelle on puiſſe le reconnoître. Il y a auſſi une autre eſpece, que quelques Vignerons appellent *Auvernat de Tours*, & qui ne differe en rien du rouge, ſinon en ce que ſon bois eſt fort gros, ainſi que ſon fruit. Ce Raiſin eſt long & bien rempli, & il ſeroit à déſirer que cette eſpece ne fût pas ſi rare dans ces pays, car elle eſt la plus belle & la meilleure de toutes.

L'*Auvernat gris* n'eſt ni blanc, ni noir, ni rouge, mais d'un gris perlé, quand il eſt parvenu à ſa plus grande maturité. On a cependant obſervé que dans certaines terres, cette couleur devient noire douze ou quinze ans après que la *Vigne* a été plantée, ſans cependant que le vin perde ſa qualité. Ce changement de couleur n'eſt pas univerſel; car j'ai vu de vieilles *Vignes* d'*Auvernats* qui n'avoient éprouvé aucune altération.

Quand cet *Auvernat gris* eſt fait tout de ſuite, ſans avoir été trop travaillé, & qu'il eſt une fois ſorti du lieu où il a été recueilli, il eſt aiſé de le faire paſſer pour quelque vin que ce ſoit, en le vendant tel qu'il eſt, ou mêlé avec d'autres vins plus colorés; mais la proportion de ce mélange doit être telle, que la quantité de l'*Auvernat gris* ne ſoit jamais ſurpaſſée par le *rouge*.

Maniere de faire les **Vins** *dans l'Orléanois.*

Les *Raiſins*, étant coupés, on les foule dans une auge ou dans une cuve, ou dans la pierre même du preſſoir. Quelquefois auſſi on les porte tout de ſuite ſur le preſſoir; mais cette méthode n'eſt employée que quand on veut faire du vin bon à boire dans le moment, & qu'on ne veut pas le laiſſer fermenter du tout dans la cuve.

Ceux qui ſe ſervent d'une auge pour broyer leurs Raiſins, ne peuvent le faire exactement ſans beaucoup de peine & de tems, & ils ſont obligés de ſoulever avec beaucoup d'efforts ces poinçons, pour jetter les Raiſins foulés dans la cuve, où ils doivent fermenter.

La maniere de broyer les Raiſins dans la cuve quand elle eſt remplie, eſt pire que la premiere, en ce que, malgré toutes les précautions que l'on puiſſe prendre, & le tems que l'on puiſſe y employer, il eſt abſolument impoſſible que l'ouvrage ſoit bien fait; car, après que le vin aura cuvé autant qu'il eſt néceſſaire, & qu'il aura été porté ſur le preſſoir avec ſon marc, il ſe trouvera encore une partie des Raiſins qui ne ſera pas à moitié broyée. Dans ce cas, le marc rendra moins de vin, & le vin n'aura pas toute la couleur qu'il doit avoir. Ainſi, les Raiſins ne doivent jamais être broyés de cette maniere, quand on peut le faire autrement.

Mais ſi c'eſt une perte pour le propriétaire de ne pas tirer du marc tout le vin qu'il auroit pu produire, ce ſera un avantage pour le Vigneron, qui tirera du marc une meilleure boiſſon.

Comme il y a de l'inconvénient à piétiner les Raiſins, ſoit dans une auge, ſoit dans une cuve, comme je l'ai fait voir,

il ſera mieux, ſans contredit, de faire uſage d'une preſſe qui broyera mieux les Raiſins.

D'ailleurs, cette preſſe ſervira pour quatre paniers, tandis qu'une auge n'en peut contenir que deux. Cette preſſe doit être placée de maniere que le vin puiſſe tomber dans la cuve, & qu'en levant la trape, on puiſſe pouſſer tout le marc avec le pied; ce qui n'eſt pas auſſi aiſé avec une auge.

Après que les Raiſins ont été foulés, on jette le marc dans la cuve avec le vin, ou on les ſépare l'un de l'autre, ſuivant la maniere dont on veut faire le vin.

Quand le vin a cuvé pendant un tems conſidérable, il eſt moins verd, moins ſujet à ſe graiſſer, & plus en état de ſe garder, que s'il étoit fait tout de ſuite, & pour être bu auſſi-tôt.

Mais ſi on le laiſſe trop cuver, on lui ôte beaucoup de ſa qualité, parce qu'il perd une partie de ſon acide, qu'il ne ſe conſerve qu'une année, lorſque le Raiſin a été recueilli ſur de certaines terres, & qu'il prend toujours un goût de grappe & de pepin ſur d'autres. Quand, pour avoir ſéjourné trop long-tems dans la cuve, il prend une couleur de ſang de bœuf, on lui donne le nom de *gros vin*, & ce vin eſt communément meilleur à garder qu'à boire.

Quand ce vin a ce défaut, on ne peut le rendre potable, qu'en le mêlant avec d'autres vins blancs ſecs & nouveaux.

C'eſt cet excès de fermentation qui rend les *Vins d'Or-léans* durs, & qui les difcrédite fans aucune diſtinction, quoiqu'ils ne foient pas tous faits de cette maniere ; mais il eſt aifé de prévenir cet inconvénient.

Ceux qui mettent dans la cuve le vin avec les marcs, & & ne le laiſſent pas trop cuver, pour favoir s'il n'eſt pas trop fort, en tirent de tems en tems par quelques petits trous qu'ils font dans la cuve ; mais je n'approuve pas cette méthode, par les raifons que je donnerai dans l'article fuivant.

D'autres font ufage d'un échalas, ou de quelque morceau de bois qu'ils jettent dans la cuve ; ils l'en retirent promptement, laiſſent couler dans un verre le vin qui s'y eſt attaché, & l'examinent pour juger s'il a aſſez de couleur, s'il fait un cercle d'écume, & s'il bouillonne : ce qu'ils appellent *faire la roue*. D'autres enfin, attendent que le marc foit monté à une certaine hauteur, pour juger du degré de la fermentation.

Quant à moi, je fuis d'avis que ce feroit une méthode plus fûre d'enfoncer la main aſſez avant dans une cuve en fermentation, d'y prendre une poignée de marc, & de la porter au nez, comme font les Teinturiers, pour juger de l'état de la cuve : on pourroit connoître auſſi par-là fi le vin eſt fait, & s'il a aſſez de couleur.

S'il a encore de la douceur, il faut le laiſſer travailler, juſqu'à ce qu'il ait changé de goût, & que fon odeur foit devenue

aſſez forte pour affecter vivement l'odorat.

Un vin pris dans la cuve au degré où il doit être, ne fentira jamais la grappe. Il fera toujours bon à boire, & fe conſervera pluſieurs années.

Je conviens auſſi qu'un vin trop long-tems cuvé, devient âpre, acide, & qu'il perd de fa qualité. Comme c'eſt le pepin & non la peau qui cauſe cette âpreté & cette acidité, on empêche ce défaut, en ne le laiſſant pas trop cuver.

Mais comme on peut fe tromper fouvent, en laiſſant trop ou trop peu cuver le vin, je crois que le plus fûr feroit d'ôter les pepins, en foulant le Raifin avec les pieds avant de le mettre dans la cuve.

Cet ouvrage n'eſt pas auſſi difficile qu'on pourroit l'imaginer ; car un ouvrier fuffiroit pour détourner les pepins de ce que fouleroit un autre, auſſi vîte qu'il puiſſe travailler.

Quand on broie les Raifins dans une preſſe, on pourroit employer pluſieurs perſonnes pour ôter les pepins, & les mettre dans un panier couvert, de fix pieds environ de longueur, fur quatre de large, & dix ou douze pouces de hauteur ; ce qui ne feroit point d'embarras, en le plaçant dans le milieu de la preſſe. Deux hommes, avec des cribles, en fépareroient les peaux.

Un crible feroit plus expéditif, & tiendroit moins de place ; un homme fuffiroit même pour faire cet ouvrage.

J'ai vu pluſieurs de ces cribles ; mais en voici un qui me paroît plus commode.

Il doit être fait avec du fil de cuivre, qui eſt plus ſouple, moins ſujet à ſe rouiller, & plus durable que le fil de fer.

Les mailles ont un pouce de largeur, & ſont preſque d'une figure octogone : il eſt monté ſur deux cerceaux joints enſemble, l'un ſur l'autre ; & quand il eſt fini, on le couvre d'un troiſieme cerceau ou bande, de quatre pouces environ de hauteur.

A meſure que le marc piétiné ſe remplit, on met deſſous un banc pour le ſupporter, ou un petit cerceau, de deux ou trois doigts de haut, qui tient autour du fond du crible ; & outre cela, quatre barres de fer, de la groſſeur du petit doigt ſeulement, afin qu'elles ne retiennent pas les peaux des Raiſins.

Ces quatre barres doivent être miſes en croix pour ſe ſoutenir.

Les bouts traverſeront les deux cerceaux, & couvriront le troiſieme, & le treillage de fil d'airain y ſera attaché en pluſieurs endroits.

On en taille le bois du cerceau en deux endroits oppoſés, à un pouce environ de profondeur, ſur trois de largeur, ſuivant les bâtons qui doivent le ſupporter, & être placés ſur un panier poſé au-deſſus de la cuve où l'on foule les Raiſins.

Il eſt auſſi à propos que ces entailles ſoient recouvertes de fer aſſez épais & rond, pour qu'elles ne faſſent pas mal aux mains de ceux qui manient le crible, qui eſt lourd, & qu'il faut quelquefois tranſporter d'une place à l'autre, ou remuer fortement.

Ce crible peut avoir un pied de hauteur, ſur huit ou neuf de circonférence, un pouce d'épaiſſeur au ſommet, & quelque choſe de plus au bas, à cauſe d'une bande de bois placée autour, pour ſoutenir le treillis, comme je l'ai dit avant.

Celui qui foule ayant broyé les Raiſins, au-lieu de pouſſer le marc dans la cuve avec le pied, comme on le fait ordinairement, le prend avec un baquet, ou avec les deux mains, & le jette dans le crible. Un ouvrier ſépare enſuite les pepins des peaux, auſſi bien qu'il eſt poſſible, jette les pepins dans un ſeau, & vuide de tems en tems dans la cuve le marc & le vin dont on a ôté les pepins.

L'ouvrage étant fini, on leve la trape, pour tirer le vin qui ſe trouve dans la preſſe.

Quelques-uns broyent les marcs encore une fois ; mais je crois cet ouvrage fort inutile, car il ne peut pas donner beaucoup de vin, & que ce que l'on en tire, n'a rien de bon : cependant, ſi peu qu'il y ait, on peut le mêler avec ce qui eſt dans la cuve.

Un marc de Raiſin, qui a pu produire dix poinçons, donne environ cinquante pintes de vin ; ce qui dépend de la groſſeur des Raiſins, & de la chaleur du tems pendant la récolte.

Lorſque le Vin fermente avec les peaux, il eſt néceſſaire d'obferver de tems en tems s'il a affez de couleur, & s'il eft fuffifamment fait pour le tirer. Quand on trouve qu'il n'eft pas affez rouge, il faut jetter le marc dans la cuve pour le colorer, & ne jamais le forcer. On doit auffi couvrir la cuve avec une toile de lin double, & mettre la planche de la preffe deffus, fi l'on craint qu'il ne perde une partie de fa force.

Il n'en eft pas de même quand on laiffe les pepins avec le vin dans la cuve, parce qu'alors il fermente plus fortement; ce qui n'arrive pas quand on les a retranchés. C'eft par cette raifon qu'on doit toûjours les ôter : on eft fûr alors d'avoir du vin bien fait, & qu'il fe confervera plufieurs années fans fe gâter, s'il a affez fermenté.

Si tous les *Vins d'Orléans rouges* étoient faits de cette maniere, on n'entendroit pas dire que ce font de gros vins âpres; car il faut convenir que les pepins feuls leur donnent cette mauvaife qualité. On ne doit donc regarder ce défaut, que comme accidentel, puifque nous donnons une méthode aifée pour y remédier.

Plufieurs propriétaires fe plaignent que les Marchands ne paient pas plus les Vins faits fans pepins que les autres, quoiqu'ils foient meilleurs, & qu'ils coûtent quelque chofe de plus.

D'après cela, ils ont difcontinué d'employer ce moyen ; ce que je n'approuve point, parce qu'on ne doit rien épargner pour faire de bon vin,

& qu'à la fin les Marchands deviendront affez raifonnables pour diftinguer les vins faits fans pepins, & en augmenter le prix.

Comme les vins faits fans pepins font fujets à fe graiffer, il eft bon de prévenir cet inconvénient, en cueillant les Raifins avant leur pleine maturité, & de les faire peu fermenter. Ils ne pourront alors devenir trop épais, parce que les pepins n'y étant pas, il eft impoffible qu'ils foient trop forcés.

Pendant que le Vin fermente dans la cuve, il faut échauder les tonneaux, en y mettant environ une pinte d'eau bouillante, pour les nétoyer & les rendre plus propres.

On bouche le trou du bondon auffi-tôt que l'eau y eft introduite, on le fecoue, & on le retourne fur chaque côté, afin qu'il foit humecté par tout.

On prétend que cette eau chaude enleve le goût du bois ; mais j'en doute fort. Pour faire cet effai, il faudroit d'abord s'affurer fi les tonneaux ont quelque mauvais goût.

Quand les tonneaux ont été bien rincés & égouttés, on les place fur des gîtes ou chantiers, & on les y affermit avec des pierres ou autres chofes pour les empêcher de rouler, tandis qu'on les remplit.

On fufpend un panier pour recevoir le marc tombé du preffoir, & l'empêcher d'entrer dans les tonneaux quand on les remplit ; parce que le vin, en bouillant, rejette l'écume, la lie , les peaux & les pepins, pour fe purifier ; & quelquefois un peu de ce marc fuffiroit pour boucher entièrement les trous des tonneaux.

Pour prévenir cet accident, on peut clouer fur les trous une petite grille de fil d'airain, à très petites mailles , qui arrêtera les peaux & les pepins.

On peut auffi , pour plus grande fûreté , attacher une autre petite grille au-dedans de l'entonnoir ; mais il faut lui donner trois ou quatre doigts d'élévation , pour qu'elle n'empêche pas le vin de paffer.

Avant de commencer à mettre les marcs fur la maie du preffoir , on doit raffembler tous les ou tils néceffaires ; car il feroit imprudent de s'expofer à manquer dans ce moment de ce dont on ne peut pas fe paffer.

La vis étant la partie la plus fragile & la plus effentielle d'un preffoir , le propriétaire doit toujours en avoir une de réferve en cas de néceffité.

On doit auffi examiner, avant la vendange , fi les vergues ne font pas pourries ; car , c'eft ce qui manque ordinairement, & alors il n'eft pas auffi aifé d'y remédier qu'à la vis caffée.

Pour que les folives ou vergues d'un preffoir puiffent durer long-tems , quand elles font originairement bonnes , il faut que le preffoir foit airé , furtout par les extrémités de ces pieces , & qu'il n'y ait autour ni marc , ni terre.

Plufieurs perfonnes élevent un ouvrage de maçonnerie autour de chacune de ces vergues , & c'eft ce qu'il y a de

mieux imaginé pour le faire durer long-tems.

Quand le preffoir eft mis en ordre , & que le vin a cuvé affez long-tems , on le porte fur la maie du preffoir. Quand il eft éloigné de la cuve , on fait ufage d'un panier ; & s'il eft près, on prend un feau , qu'on laiffe écouler fur une planche foutenue fur les bords de la cuve à un bout, & à l'autre fur le milieu de la preffe. Cette planche doit être garnie fur les deux côtés d'un rebord , d'un pouce de hauteur , pour empêcher le vin qui coule du panier de tomber à terre.

Une piece de bois, creufée d'un pouce environ de profondeur , feroit préférable, parce que les rebords de la planche ne font jamais affez bien joints pour que le vin ne puiffe pas s'échapper.

Plufieurs, pour vuider leurs cuves plus aifément, y mettent une anche, par laquelle ils tirent le vin clair dans une cuvette, où ils le prennent enfuite avec un feau , pour le vuider dans des tonneaux.

Pour cela , la cuve doit être mife fur un chantier, & la terre doit être creufée à l'endroit de l'anche.

Avant de tirer le vin au clair, il faut toujours commencer par ôter la couverture de la cuve, pour empêcher le vin de la forcer, & cela doit être fait de maniere que celui qui vuide , ne foit pas obligé de lever fi haut pour remplir le feau.

Cette maniere de vuider une cuve eft fort commode ; mais je parlerai, dans l'article fuivant, de l'inconvénient qui peut en réfulter.

Le marc étant placé fur le milieu de la maie du preffoir, on le couvre d'une planche avec des *meaux*, dont on met deux ou trois rangées, fuivant le plus ou le moins d'épaiffeur des marcs ; parce que moins on tourne la vis, & moins elle eft en danger de fe caffer. Plus le marc eft épais, plus il faut retrancher de *meaux* ; car il fuffit qu'il y ait une certaine diftance entre la roue & la vis : ce qui n'auroit pas lieu, fi le marc etoit fort épais, ou fi l'on mettoit plufieurs rangées de *meaux*.

Il n'eft pas néceffaire de mettre l'anneau de la corde dans le crochet, avant que la roue ait été abaiffée fur les *meaux*, & qu'on ait examiné fi le tout eft droit, & fi aucun des *meaux* ne s'eft pas dérangé.

Avant d'abaiffer la roue fur les *meaux*, il faut bien frotter la vis avec du favon.

Le favon blanc fec & peu huileux eft le meilleur pour graiffer les vis ; car, lorfqu'il eft trop gras, il attire les rats, qui rongent la vis, ou cette huile forme une fubftance épaiffe, qui en rend le fervice plus pénible.

Le pivot doit auffi être placé à une diftance raifonnable du milieu du preffoir, fur l'axe de la roue, & bien frotté de fain doux, pour le faire tourner plus aifément : d'autres font ufage d'un levier de fer, qui réuffit pour le moins auffi bien que le moyeu.

Quand les perches font plus longues que courtes, & que le pivot eft percé à une hauteur convenable, on a plus de force & d'aifance pour preffurer le marc.

Lorfque tout eft préparé, on fait le premier preffurage, que l'on réitere à trois fois différentes, a peu de diftance l'une de l'autre ; parce que *l'Auvernat* contenant beaucoup de feu, fon marc fe fecheroit tout de fuite, & donneroit beaucoup moins de vin, fi on laiffoit écouler trop de tems entre chaque preffurage.

Ce n'eft pas affez de graiffer la vis du preffoir à la premiere opération, avant que le corps du preffoir foit abaiffé ; fi c'eft un preffoir à roue, on doit recommencer de tems en tems, fur-tout quand on s'apperçoit que la vis eft rude, ou qu'elle craque lorfque l'on tourne le pivot.

Quelques-uns, avant de donner au marc la derniere façon, qu'ils appellent *le Babageat*, le percent avec un inftrument de fer, fans toucher les côtés, pour l'empêcher de tomber fur le milieu. Ils prétendent que par cette opération, le marc produit environ deux pintes de vin de plus par poinçon.

Je n'en ai jamais fait l'effai ; & cela ne fe pratique guere que fur les marcs de vin blanc, parce qu'ils font plus épais, & beaucoup moins chauds que ceux de vins Auvernats.

Le dernier preffurage étant fait, on peut attendre douze ou quinze heures avant d'enlever le marc, pour le laiffer égoutter & fecher, à moins que l'on ait befoin du preffoir pour faire d'autre vin.

Quoique le vin tiré de la cuve ſoit le même que celui du preſſoir, cependant on le diſtingue, en nommant celui de la cuve *Pied chaud*, & l'autre *Vin de Preſſoir*.

Le premier eſt celui qui vient des Raiſins rouges ou blancs, après qu'ils ont été foulés, ſoit qu'ils aient été mis dans la cuve ou non ; & le ſecond eſt ce qui découle des marcs par le preſſurage. Comme ce dernier a toujours beaucoup plus de couleur & de qualité que le premier, on les mêle enſemble, afin que le tout ſoit égal ; ſans quoi, une partie du vin de la même cuve ſeroit trop délicat, & foible en couleur, & l'autre trop rouge & trop âpre : ce qui ne conviendroit pas aux Marchands, qui aiment un vin égal.

Quand je dis que le vin doit être de même qualité, je n'entends parler que de celui d'une même cuve, & non d'une cave entiere ; car, comme tout le vin qu'un Marchand achete, ne peut être entièrement débité en même tems, & qu'il cherche ſouvent des vins bien colorés, & un peu fermes, & quelquefois des vins plus délicats & potables dans le moment, un propriétaire doit avoir des tonneaux de différens degrés de couleur & de fermentation, afin que le vin délicat puiſſe être bu le premier ; & le plus ferme, quelque tems après, ou l'année ſuivante : car, pour l'ordinaire, on aime mieux le vin vieux que le nouveau.

En général cependant, il eſt plus avantageux pour un propriétaire d'avoir du vin plutôt un peu ferme, qu'un vin trop délicat, qui peut ſe graiſſer ou même ſe gâter, s'il n'eſt pas vendu tout de ſuite ; tandis que le premier, qui eſt plus ferme, ſe conſerve beaucoup de tems, & peut ſe vendre long-tems après.

Les Marchands mépriſent ſouvent, ou paroiſſent mépriſer & rejetter un vin qui n'a que peu fermenté ; mais ce n'eſt ſouvent qu'une ruſe de la part de ceux qui ſont employés pour acheter les vins, afin de les avoir à meilleur marché : c'eſt-pourquoi, il faut les laiſſer dire, & ne pas leur ceder, parce que, ſi le vin n'eſt pas vendu d'abord, il le ſera tôt ou tard ; cependant, s'il étoit prêt à être bu, on ſeroit forcé de l'abandonner, même au-deſſous de ſon prix.

Des gens, par avarice, & pour ne pas perdre un peu de vin, ne rempliſſent entièrement leurs tonneaux, que quand le vin a jetté ſon plus grand feu ; ils le laiſſent bouillir juſqu'à ce qu'il n'ait plus de force, & ils y mettent un ſeau de vin le jour ſuivant ou deux jours après, afin qu'il ne ſoit pas aſſez rechauffé pour bouillir une ſeconde fois.

Cette maniere de traiter le vin eſt fort mauvaiſe, car par-là toute l'ordure du vin reſte au fond du tonneau ; ce qui en augmente la lie, & contribue ſouvent au dépériſſement du vin, & le trouble : auſſi les

Marchands rejettent-ils de pareils vins.

Il eſt beaucoup mieux de remplir tout de ſuite juſqu'au bondon avec du vin de preſſoir; parce que, les tonneaux étant toujours pleins, le vin ſe purifie davantage, devient clair en moins de tems, plus agréable au goût, & peut être vendu plutôt.

Ce n'eſt pas aſſez de remplir les tonneaux juſqu'au bondon une premiere fois; on doit recommencer ſouvent cette opération, & auſſi-tôt qu'il a ceſſé de bouillir, afin de l'exciter à continuer, & faire la même choſe le jour ſuivant, & recommencer enſuite tous les deux jours, pendant une ſemaine, ou plus long-tems.

La néceſſité de remplir les tonneaux auſſi-tôt qu'on a mis du vin nouveau, a été prouvée par l'accident qui eſt arrivé aux *Vins* de l'année 1718, qui avoit été trop chaude & ſeche pendant les mois de Juillet & Août.

Les vins furent cette année ſi fumeux, qu'ils bouillirent beaucoup, & diminuerent conſidérablement dans les tonneaux. Pluſieurs perſonnes négligerent de les remplir d'abord juſqu'au bondon, & leurs vins s'aigrirent; ce qui n'eſt pas arrivé à ceux qui eurent la précaution de les remplir tout-à-fait, & de continuer. Ainſi, pour éviter cet inconvénient, ceux qui ont beaucoup de vin, doivent toujours prendre le dernier fait pour remplir tous les tonneaux; & quand on n'en

a qu'un tonneau, on doit avoir du vin dans un baril deſtiné au rempliſſage. Auſſi-tôt que le vin a ceſſé de bouillir, ce qui reſte de ce baril doit être bien bouché, afin qu'il ne s'évapore point, & ne perdre pas ſa force.

Je dirai auſſi, en paſſant, que pluſieurs ſe trompent en faiſant peu fermenter leurs vins dans les années chaudes, parce qu'ils bouillonnent auſſi-tôt que le Raiſin eſt foulé; mais ce n'eſt qu'une fauſſe fermentation, qui ne provient que de la chaleur qui eſt dans le Raiſin : c'eſt pourquoi, on doit, malgré cela, le laiſſer cuver aſſez long-tems. C'eſt dans de pareilles années, qu'il eſt eſſentiel d'ôter les pepins des Raiſins, & de laiſſer ſuffiſamment fermenter le vin.

Il y a, à la vérité, quelques inconvéniens à remplir les tonneaux juſqu'au bondon, dès que le vin eſt envonné, parce qu'il eſt impoſſible de n'en pas perdre, & qu'il ſe mêle avec l'écume & la lie qui ſortent par le trou du bondon; mais on peut y remédier, en plaçant des conduits au-deſſus du bondon, & des terrines ou baquets au-deſſous, pour recevoir ce qui tombe.

Comme l'on prétend que le plomb communique une qualité pernicieuſe au vin, le plus ſûr eſt de faire ces conduits en étain, & de maniere que leur extrémité ſoit de la groſſeur du trou du bondon; car, ſi ce trou étoit plus large que le conduit, le vin ſe répandroit dehors, & passeroit entre le bois & la bobeche.

On doit avoir des tonneaux ou barils pour y vuider ces terrines, à mesure qu'elles se remplissent; on les ferme avec une toile de lin épaisse & double, pour empêcher ce vin de perdre sa qualité.

La lie se précipite peu-à peu au fond des tonneaux, avec l'écume à laquelle elle s'incorpore.

Quelques jours après, le vin étant devenu clair, on vuide les tonneaux, & la lie reste au fond.

Ce vin ne doit point être mêlé dans les autres tonneaux d'où il est sorti. Les uns disent cependant que ce vin recueilli est le plus fin & le plus fort; & d'autres prétendent le contraire. Quoi qu'il en soit, il est toujours vrai qu'il est fort bon, pourvu qu'on le tienne bien bouché dans le tonneau où il a été recueilli.

Je crois aussi qu'on peut sans scrupule s'en servir pour remplir les tonneaux; mais il n'est pas nécessaire de consulter là-dessus les Marchands & Vignerons : car, les uns n'ont pas assez de jugement & de sincérité, & les autres sont trop intéressés. Je parle en connoissance de cause, fondé sur plusieurs expériences, & sans autre intérêt que celui du public.

Les personnes qui craignent de faire la dépense des tuyaux & baquets nécessaires pour recueillir le vin qui sort des tonneaux en bouillant, ont mal calculé; car le vin qu'ils épargneroient par ce moyen, leur

rendroit, dès la premiere année, bien au-delà de leurs frais.

D'autres craignent par-là de ne pas vendre leurs vins, & prétendent que les Marchands ont meilleure opinion des tonneaux remplis d'écume jusqu'aux premiers cercles, & qu'ils rebutent au contraire ceux qui sont trop propres.

Il est vrai qu'autrefois on regardoit à cela, & que cette considération pouvoit être bien fondée alors, attendu qu'on ne faisoit jamais usage de ce vin : mais cela est différent aujourd'hui; car les Marchands connoissent cette maniere de conserver le vin qui sort des tonneaux en bouillant.

D'ailleurs, un Marchand peut aisément savoir s'il y a beaucoup de lie dans un tonneau, en le perçant au bas, environ à deux doigts de l'entaille, qui doit recevoir le fond.

Le vin ayant jetté toute son écume, il sera à propos de goûter celui de tous les tonneaux, pour reconnoître s'il n'y en a point qui aient un mauvais goût; car ceux qui les acheteroient tels, mettroient le mauvais sur le compte du vendeur.

Quelques personnes prétendent qu'après le jour de la Saint-Martin, on ne peut obliger les Marchands qui ont acheté le vin, de prendre celui qui est gâté dans les tonneaux, parce qu'il est plus difficile d'y remédier; d'autres disent que les Marchands en sont responsables trois mois après que les tonneaux ont été remplis, pourvu qu'il n'ait pas été enlevé des chantiers.

Quand le vin a ceffé de bouillir, il faut le couvrir avec le gros bout du bondon, pour l'empêcher de s'évaporer ; & huit ou dix jours après, le remplir & le bondonner.

Quelques-uns fe fervent de bondons d'environ fix pouces de longueur, parce qu'on peut les ôter fans barbouiller les tonneaux d'écume ; mais je penfe que les bondons larges font meilleurs, en faifant deux trous à côté, l'un à-peu-près du diamètre d'un petit foffet, & l'autre de celui du petit doigt, de maniere qu'on puiffe y introduire un petit entonnoir d'étain, garni en-dedans, à deux pouces de l'extrémité d'une grille à petits trous, comme ceux d'une rape à tabac, qui empêchera, en rempliffant les tonneaux, les picrres, les peaux, les pepins & la lie, d'y entrer. Le grand trou fervira à introduire l'entonnoir, & le petit à donner de l'air au tonneau pendant qu'on y verfera le vin.

Le petit trou doit être fait en même tems qu'on perce le tonneau, pour y mettre le vin avec le grand entonnoir de bois ; car, la bobeche rempliffant exactement le trou du bondon, le vin couleroit lentement, fi l'air contenu dans le tonneau, n'avoit pas une iffue pour s'échapper.

De cette maniere, les tonneaux ne feront point barbouillés d'écume ; le vin ne fera pas troublé, comme il arrive

quelquefois en enfonçant le bondon, & le vin fera moins expofé à l'air.

Il ne faut pas manquer de remplir les tonneaux tous les quinze jours, après qu'ils ont été bondonnés, jufques vers la Saint-André ; enfuite, il n'y a plus rien à faire jufqu'au fort de l'hiver, c'eft-à-dire, vers le milieu de Fevrier, parce que la gelée peut faire gonfler le vin.

L'Auvernat n'eft pas le feul *Vin rouge* que produifent ces vignobles ; on y en fait auffi d'autres qui ont la même couleur, mais qui font de qualité différente.

Le bon *Lignage*, par exemple, & le *Vin* fait avec toutes fortes de *Raifins* : le premier fe fait avec l'*Auvernat rouge*, le *Teint*, le *Gris*, le *Blanc*, le tendre *Samoireau*, le *Mélier*, & toutes les meilleures efpeces de *Raifins rouges* : le fecond eft compofé de toutes fortes de *Raifins* bons & mauvais, mais plus des derniers que des premiers ; ce qui fait comprendre aifément pourquoi l'un a moins de qualité que l'autre. Comme ce dernier eft généralement confommé dans le pays, on le fait de toutes manieres, tendre pour le boire fur le champ, ou plus ferme pour le conferver plus long-tems. Quant à l'autre, ils y apportent plus de foin, en l'envoyant à Paris.

Toutes ces efpeces de Raifins ne font pas cueillies avec la même attention que l'*Auvernat rouge*, qui ne fupporte point l'eau : cependant, le vin en eft meilleur quand ces Raifins font coupés dans une faison plutôt chaude & seche, que froide & humide.

On connoît, dans quelques endroits de ces vignobles, trois especes de vins rouges, qui portent le même nom, qu'on diftingue cependant les uns des autres.

Les *Raifins* qui donnent ces *Vins*, font, le *Samoireau rouge*, le *Duc* & le *Fourchu*, qui ont tous trois des qualités différentes.

Le *Samoireau tendre* réuffit fort bien dans les terres d'Olivet, Saint-Mefmin & Cléry, où il eft plus abondant que dans aucun autre endroit. On en fait un vin particulier, qui fe conferve long-tems, pourvu qu'il ne foit pas mélangé, & qu'on le laiffe peu fermenter dans la cuve, pour le rendre ferme, & l'empêcher de fe graiffer.

On peut mêler ce *Raifin* avec l'*Auvernat rouge*, parce qu'ils mûriffent tous deux en même tems. Le *Samoireau* donne la couleur à l'*Auvernat*, le foutient & le rend durable; mais il n'en faut mêler qu'une petite quantité, de peur qu'il ne change ou ne détruife entiérement la qualité de l'*Auvernat*, qui, en la perdant, perd auffi fon nom, & n'eft plus regardé que comme un bon *Vin de Lignage*, ou un compofé de toutes fortes de *Raifins*, & fort différent de celui des propriétaires, qui eft regardé comme un *Auvernat pur*. Si l'on veut rendre ce *Vin de Lignage* encore meilleur, on peut mettre un quart de bon *Mélier*.

Le *Samoireau dur* eft un peu plus coloré que le tendre, quand il a fermenté à un dégré convenable. On peut y mêler un ou deux poinçons de vin blanc, ou un peu moins, en le mettant en tonneau. Quand cela eft fait, on doit prendre une meilleure efpece de Mélier, ce vin n'ayant pas beaucoup de feu; car, quand il eft pur, & qu'il a paffé l'année, fa qualité va toujours en diminuant: alors on fait ufage de rapé & non de copeaux, ou telles maies de grains, fans y mettre de *Raifins*; ce qui le rendroit dur & défagréable à boire.

Il fuffit d'y mettre un tiers ou au plus la moitié de grains dans le poinçon, & l'on remplit enfuite le tonneau jufqu'au bondon. On fait ufage de ces rapés, pour fe défaire des fonds de tonneaux & des vins affoiblis mêlés.

La troifieme efpece de *Samoireau* dont je parlerai, conferve le Vin plus long-tems.

Le *Samoireau fourchu* eft le meilleur des trois : il donne de la couleur aux autres, raffermit ceux qui font foibles, & corrige ceux qui ont quelques défauts.

Pour en connoître la couleur, on en jette contre une muraille ; & fur l'impreffion qu'il fait, on décide de l'effet qu'il produira.

Un feul poinçon de ce *Samoireau fourchu* colorera fix poinçons de *Samoireau blanc*, & quelquefois plus, fuivant la chaleur de la faifon, & la quantité de vin que la *Vigne* aura produit. Ce *Vin* eft non-feulement bon à boire quand il eſt pris à tems, mais il eſt encore un remede contre le flux de ſang, & autres maladies. Son marc a la propriété de guérir les rhumatiſmes.

Ce *Vin* a une qualité que n'ont pas les autres. Plus il eſt vieux, meilleur il eſt; car il vaut mieux après douze ou quatorze années de garde, qu'à deux ou trois ans.

On le met quelquefois en bouteilles; mais il ſe conſerve également bien dans des tonneaux, pourvu qu'on ait ſoin de les tenir toujours pleins, & qu'ils ſoient même cerclés de fer à chaque bout.

Le vin, le marc & le bois, ou plutôt les cendres de ce bois, ont auſſi beaucoup d'autres propriétés dont je ne parlerai pas.

On vendange ces deux eſpeces de *Samoireau* beaucoup plus tard que la premiere, qui mûrit en même tems que l'*Auvernat*.

Le territoire de Mardic eſt le plus propre pour ces plants; & ceux qui produiſent le plus de ces *Samoireaux*, dur & fourchu, ſont Bon & Chéri. Il y en a très-peu dans les autres cantons de ce vignoble.

Comme le *Fourchu* ne donne jamais autant de *Vin* que quand les plants ſont un peu vieux, pluſieurs perſonnes voulant jouir promptement de leurs travaux, n'ont pas la patience d'attendre ſi long-tems, malgré la connoiſſance qu'elles en ont; c'eſt pourquoi, non-ſeulement elles ne plantent point de ſeps de cette eſpece, mais elles arrachent même ceux qu'elles ont

Le plant eſt néanmoins précieux, comme on peut en juger par les effets qu'il produit, & le prix qu'il coûte; car on le vend communément le double du prix des meilleurs du pays: & je ne ſais comment ceux qui le détruiſent, ou qui n'en élevent point, ne s'en repentent point tôt ou tard.

Comme il n'y a pas beaucoup de choſes à dire ſur la maniere de faire le *Vin blanc*, & que j'en ai déja parlé au commencement de cet article, je m'étendrai peu à ce ſujet.

Quoiqu'il y ait pluſieurs ſortes de *Raiſins blancs*, on ne fait cependant guere que de deux eſpeces de vin : l'un *doux* & l'autre *ſec*.

Le premier, tel que le *Muſcat* ou le *Gendin* de Saint-Meſmin. Ceux de *Marigny*, de *Rebrechein*, & autres cantons voiſins, peuvent être regardés comme les plus précieux, par la quantité d'argent qu'ils font verſer dans le Royaume; car on les envoie en Hollande, en Flandres, en Angleterre, &c. Pour rendre ce vin meilleur, on ne ſe contente pas que les *Raiſins* ſoient parvenus à leur parfaite maturité, & qu'ils ſoient à moitié pourris; on attend ſouvent que la gelée ait paſſé deſſus, pour avoir du vin que l'on appelle *Bourru*.

Il y a des années où l'on differe la vendange juſqu'au quinze ou vingt Novembre. Alors le froid eſt ſi vif, que la glace pend après les *Raiſins*, qui ſont tout-à-fait flétris, & les vendangeurs ſont obligés de porter du feu dans les *Vignes* pour se réchauffer.

Il est vrai qu'en retardant aussi long-tems la récolte, la quantité du vin est beaucoup moindre; mais il en est meilleur, & se vend beaucoup plus cher : ce qui peut revenir au même, à peu de chose près.

Les *Vins* dont je parle, quoique doux de leur nature, n'ont cependant pas toujours le même dégré d'agrément ; cela dépend de la saison, c'est-à-dire, que plus l'été & l'automne sont chauds, & plus le vin a de liqueur, & qu'il en a moins dans des saisons contraires.

Cela est si vrai, que l'année 1719 ayant été chaude, ces *Vins*, déja doux en eux-mêmes, eurent infiniment plus de liqueur qu'à l'ordinaire, & conserverent cette qualité au-delà d'une année, & les vins secs de plusieurs endroits devinrent doux & clairs.

Quelques *Vins rouges* ont été aussi fort doux, ce qui est très-rare, & se sont conservés bons jusqu'au mois de Fevrier 1721. Il est vrai qu'ils étoient épais, & qu'en s'éclaircissant, ils ont perdu leur douceur, & sont devenus plus spiritueux.

Quoique les *Vins blancs* perdent leur douceur, ils n'en sont pas moins bons ; mais comme ils conservent un certain goût qui ne plaît pas à tout le monde, il vaut mieux les vendre le plutôt possible.

On sait par expérience que les bons *Raisins* font presque toujours de bon *Vin*. Parmi les *Raisins blancs*, les meilleurs, sans contredit, sont le *Mélier* &

l'*Auvernat blanc* des pays plats. Les *Formentes* ou *Bourgignons*, le *Maledevaux*, le *Framboise*, le *Gois blanc*, &c., font un Vin plus propre à jetter qu'à boire. Cependant les *Vignes* des Vignerons sont remplies de ces mauvais plants, parce qu'ils donnent plus de vin, & que la plupart résistent mieux aux accidents. Comme ils n'ont égard qu'à la quantité, ils retirent moins de bénéfice de leurs *Vignes* que les propriétaires.

On ne peut trop laisser mûrir les *Raisins blancs*; car, plus ils sont mûrs, plus ils rendent de vin. La pourriture ne leur donne aucun mauvais goût ; mais quand elle a commencé avant leur pleine maturité, ils sont sujets à devenir jaunes : on doit aussi remarquer les terreins qui produisent presque toujours des vins graissés, & les soigner en conséquence.

Ainsi, quand on cueille les *Raisins*, ils doivent avoir encore un peu de verd, afin que le vin qui en provient, se conserve sec, à quoi l'*Auvernat blanc* des pays plats & le *Mélier* contribuent beaucoup. Le dernier empêche le vin de se graisser, & le premier le rend clair : ainsi, il est bon d'en planter avec le *Mélier*; & si l'on mêle ces deux especes ensemble, on obtient de très-bon vin.

Il faut faire en sorte de ne cueillir les *Raisins blancs*, que par un beau tems; car la pluie qui y seroit mêlée, seroit très-contraire à la qualité du vin, quoique bien des gens ne soient pas fort scrupuleux sur cet article. Il est vrai que cet inconvénient n'est pas grand à l'égard des *Auvernats* ; cependant , comme on doit toujours tendre à la plus grande perfection, il est bon de choisir pour vendanger un tems sec & chaud.

Comme l'on ne fait pas cuver le vin blanc , on porte le Raisin dans des paniers, directement sur le pressoir, où les Vignerons le foulent avec leurs sabots , qu'ils choisissent pour cela larges & unis.

On foule les *Raisins* tout de suite, à mesure que l'on apporte les paniers de la *Vigne ;* sans quoi le vin seroit jaune, couleur désagréable à la vue, & encore plus au goût, parce qu'elle donne au vin une mauvaise qualité.

A mesure que l'on presse les *Raisins*, & que la pierre se remplit, on met le vin dans les poinçons ou quarts de poinçon, que l'on emplit, à un seau près ou environ, suivant la grosseur du tonneau. Pour le faire bouillir, on les remplit jusqu'au trou du bondon avec le vin des deux premieres tailles ; & ce qui reste, avec ce que produisent les autres tailles, sert à remplir les Vins après la diminution du premier bouillonnement.

On doit toujours presser le marc quatre fois, soit pour du *Vin rouge*, soit pour du *blanc*, sans y comprendre le premier pressurage.

Quelques personnes, à la troisieme taille, hachent le milieu du marc avec un harpon de fer ou pioche, en laissant tout autour un demi-pied de largeur , pour contenir ce qui est pioché en dedans ; & à la quatrieme taille , elles coupent les bords, & les rejettent sur le milieu.

On prétend qu'un pain, ainsi travaillé, donne plus de Vin. Comme le marc du *Vin blanc* est plus épais, & qu'il a moins de feu que l'*Auvernat*, il ne se desseche pas sitôt, & exige par conséquent qu'on le laisse égoutter plus long-tems entre chaque coupe.

On presse communément ceux-ci pendant la nuit, quand l'ouvrage du jour est fini, & que les pressureurs ont soupé.

Lorsque le vin blanc est froid, on le remplit, on y met le bondon, & l'on tient toujours les tonneaux pleins, à moins que ce ne soit dans le cœur de l'hiver ; car, lorsqu'il y a du vuide dans les tonneaux, le vin devient jaune dans presque tous les pays : mais quand cela arrive, il est aisé d'y remédier, ou en le remuant avec un bâton de noiserier fendu en quatre, qu'on fait entrer par le trou du bondon, ou en secouant fortement le poinçon, qu'on laisse quelquefois sur le bondon, pour y faire descendre la lie, que l'on mêle ensuite encore une fois en retournant le tonneau ; ce qui suffit pour ôter au vin cette couleur jaune.

L'autre méthode paroît être la meilleure ; car, outre que le vin ne prend point air, elle se fait encore en bien moins de tems. On n'est pas obligé d'ôter le bondon de chaque tonneau & de le remettre, & l'on se contente de le remplir

avec

avec un très-petit entonnoir.

On fait, depuis quelques années, des *Vins blancs rapés*, dont on n'a pas tiré grand profit; on s'en est servi pour les mêler avec les gros *Vins rouges* qui avoient peu de qualité, & ils ont été vendus aux gens du peuple à bas prix, comme des vins très-communs.

Il est inutile de nommer les cantons qui produisent les meilleurs *Vins blancs*; car les Marchands ne prennent pas la peine de distinguer les vins qui ont le plus ou le moins de qualité : d'ailleurs, ils y sont souvent trompés eux-mêmes par les propriétaires qui ont des *Vignes* dans différens cantons, & qui mêlent leurs mauvais vins avec les bons.

Je n'approuve point du tout cette pratique ; en effet un Marchand qui veut avoir du Vin d'un certain canton, peut ne pas être en état de gouverner celui d'un autre canton ; car, la même conduite ne produit pas les mêmes effets sur des vins différens.

Quand la vendange des *Vins rouges* & *blancs* est entiérement terminée, on doit avoir soin du pressoir, & empêcher que les rats ne rongent la vis en la frottant d'ail, dont ces animaux ne peuvent souffrir l'odeur, & en la couvrant d'une vieille futaille pour empêcher la poussiere de tomber dessus; car on ne peut la tenir trop nette.

Des Vignes d'Angleterre.

On ne voyoit, il y a quelques années, que très-peu de *Vignes* en Angleterre ; quoique les anciennes histoires fassent connoître qu'autrefois elles y étoient fort communes ; car on a des preuves, que dans plusieurs parties de ce Royaume, il y avoit jadis des vignobles considérables pour l'usage des Abbayes, des Monasteres & des habitans ; mais nous ignorons absolument quelle étoit la qualité des *Vins* de ce tems-là, ainsi que ce qui a donné lieu à l'anéantissement des *Vignes* de ce tems-là, & au grand discrédit où elles sont tombées. Depuis plusieurs siecles, on a fait beaucoup d'essais pour rétablir cette culture ; mais le ridicule qu'on a jetté depuis peu sur ces tentatives, a tout-à-fait découragé les planteurs.

Il est vrai que, si l'on en juge d'après le succès des *Vignes* qui ont été nouvellement plantées aux environs de Londres, on n'aura pas lieu de s'encourager à ce travail ; car, le Vin ne s'en est pas trouvé aussi bon qu'on auroit pu le désirer. Cependant, cela ne doit pas empêcher de faire encore des essais, sur-tout si l'on considere avec combien peu d'attention ces plantations ont été faites; car il y en a peu qui soient placées sur des sols & à des expositions convenables, & aucune n'a été plantée ni soignée comme elle auroit dû l'être, ainsi que je le démontrerai dans l'instant.

En France même & en Italie les *Vignes* ne réussiroient pas mieux avec un pareil traitement. Je vais donc proposer simplement mon opinion fondée sur quelques essais que j'ai vu faire, & sur des instructions que j'ai reçues des contrées où des particuliers qui cultivent la *Vigne* pour leur consommation, & celle de leurs amis, ainsi que d'après les méthodes des Vignerons de ce pays. J'espere que je détruirai par-là tous les préjugés, ou au moins que j'engagerai le public à suspendre son jugement, jusqu'à ce qu'on ait fait de nouveaux essais avec plus d'intelligence & de méthode.

Ce qu'il y a de plus important à considérer en plantant des *Vignes*, c'est de choisir le sol & l'exposition ; car, si ce choix est mal fait, on ne doit point espérer de réussir : le succès de la plantation dépendant entièrement de ces deux choses. Le meilleur sol pour planter une *Vigne* en Angleterre, est une marne légere & sablonneuse, sur un pied & demi ou deux pieds au plus de profondeur, jusqu'au gravier ou à la craie, dont les fonds sont bons pour la *Vigne*. Mais si le sol est profond, & le fond de glaise ou de marne fort, il ne sera point du tout propre à cette culture ; car, quoique les *Vignes* y poussent vigoureusement, & y produisent beaucoup de Raisins, cependant ils y mûrissent tard, & leur jus est plus rempli d'humidité, mal digéré, & abondant en crudités, qui, en fermentant, rendent le vin aigre & d'un mauvais goût ; ce qu'ont éprouvé tout ceux qui ont fait du vin en Angleterre.

Un sol riche, léger & profond, tel qu'on le trouve près de Londres, ne convient donc point à la *Vigne*, parce que les racines pénètrent trop avant dans la terre, pour profiter des influences du soleil & de l'air : ce qui fait que la sève en est crûe, le fruit moins bon, & qu'il mûrit tard : ce qui lui est très-nuisible ; car, comme il puise une partie de sa nourriture dans l'air, l'automne, qui est naturellement humide, doit contribuer beaucoup à le rendre moins parfait.

On doit encore avoir égard à l'emplacement, qui doit être, s'il est possible, au nord d'une riviere, sur une élévation inclinée au sud, & d'une pente graduée, afin que les eaux puissent mieux s'écouler ; mais si le terrein est trop escarpé, il ne convient point du tout. Il est à désirer qu'il se trouve à une certaine distance de quelques montagnes plus hautes, qui défendent la *Vigne* du nord & nord-ouest ; d'ailleurs, au moyen de cette disposition, les rayons du soleil sont réfléchis avec plus de force, & l'exposition est beaucoup plus chaude. Ajoutez à cela qu'une terre de craie, comme il y en a beaucoup en Angleterre, augmente la chaleur, en réfléchissant plus vivement les rayons du soleil.

Le voisinage de ce terrein doit être ouvert & montagneux ; car, s'il étoit couvert de bois, bas & marécageux, l'air seroit toujours rempli de particules humides, qui proviennent de l'abondante transpiration des arbrés & des exhalaisons des marais ; ce qui est très-nuisible aux fruits , comme on l'a observé ci-dessus. Ces *Vignes* doivent aussi être exposées au levant , afin que le soleil du matin puisse sécher de bonne heure l'humidité de la nuit , qui , en restant trop long-tems sur les *Vignes* , retarde beaucoup la maturité des fruits , les rend cruds , & de mauvais goût. Il n'y a d'ailleurs rien à craindre de cette exposition ; car les vents d'orient nuisent rarement aux *Vignes*. Les vents du sudouest , du nord-ouest & du nord sont les plus fâcheux en Angleterre , tant pour les *Vignes* , que pour la plupart des autres fruits ; & il est nécessaire , autant qu'on le peut , de les en garantir.

Quand on a fait choix d'un sol favorable & bien exposé , on le prépare à être planté , en s'y prenant de la maniere suivante. On laboure le terrein au printems , aussi profondément qu'on le peut , en retournant le gazon dans le fond du sillon. On herse exactement la surface ; on brise les mottes , & l'on enleve toutes les racines des herbes nuisibles. On recommence le labour , & l'on herse souvent pendant le cours d'une année au moins , pour ameublir la terre & la rendre légere ; ce qui la fertilise aussi , en présentant successivement ses différentes parties à l'air , dont elle absorbe les particules nutritives , sur tout si elle y reste long-tems exposée avant que l'on y plante. Au mois de Mars suivant , on donne encore un

labour ; & , après avoir nivelé le terrein , on y trace des lignes du sud-ouest au nord-ouest , à la distance de dix pieds l'un de l'autre. Ces lignes sont coupées par d'autres , dont la distance est de cinq ou six pieds ; & c'est dans le point où ces lignes se croisent , que chaque pied de *Vigne* doit être planté. De cette maniere , les seps se trouveront à dix pieds de rang en rang , & à cinq ou six pieds dans les rangs ; ce qui est la véritable distance : car ils ne doivent jamais être plus rapprochés. C'est cependant en cela que la plupart des cultivateurs se sont considérablement trompés. Quelquesuns n'ont laissé que cinq pieds entre chaque rang , & trois pieds entre les plants ; d'autres ont cru beaucoup faire , en mettant six pieds en tout sens : mais ces distances sont insuffisantes , comme je le démontrerai ; car , lorsque les rangs sont trop rapprochés , les rayons du soleil & l'air ne peuvent plus y pénetrer pour dessecher l'humidité , qui produit de mauvais effets quand elle est retenue sur les plants. Quand les seps sont placés en quarré exact , & à six pieds seulement , l'air ne circule plus dès que les branches ont poussé de tous côtés , & l'humidité de l'automne y séjourne au grand préjudice du fruit. En Angleterre , les automnes étant souvent pluvieux , ou accompagnés de rosées froides & de brouillards , il faut prendre toutes les précautions possibles pour dissiper cette humidité , ainſi que les vapeurs qui s'élevent de la terre.

Les habiles Vignerons des autres pays, qui veulent avoir de bonnes *Vignes*, laiſſent une grande diſtance entre les rangs; & ceux-mêmes qui préferent la qualité à la quantité du vin, ne plantent leurs ſeps qu'à dix pieds de rang à rang, & quelquefois à douze. BELON a obſervé, il y a près de deux-cents ans, qu'on plaçoit dans les Iſles de l'Archipel, les ſeps de *Vignes* à une grande diſtance les uns des autres, & que le vin qu'on en obtenoit, étoit bien préférable à celui qu'on faiſoit ſur des *Vignes* plus ſerrées. Il aſſure qu'il a fait la même remarque dans tous les pays où il a voyagé. Mais nous n'avons pas beſoin de recourir à l'antiquité, pour nous aſſurer de ce fait, quand nous voyons journellement que toutes les plantations ſerrées, de quelque eſpece que ce ſoit, ne produiſent pas des fruits auſſi bien colorés, d'une maturité auſſi prompte, ni d'auſſi bon goût que ceux qu'on recueille ſur des plantations où l'air & les rayons du ſoleil ont un libre accès.

Après avoir preſcrit la diſtance que l'on doit donner aux ſeps, paſſons à la maniere de les planter; mais auparavant je dois conſeiller de choiſir avec diſcernement les eſpeces de *Raiſins* convenables : car, c'eſt en cela que nous nous ſommes groſſièrement trompés en Angleterre, où nous n'avons à préſent que les *Raiſins* les plus doux & les meilleurs à manger; ce qui eſt abſolument

contraire à la pratique générale des Vignerons des autres pays, qui ſavent que de pareils *Raiſins* ne font jamais de bon *Vin*, & qui donnent la préférence à ceux dont le jus, après avoir fermenté, donne une liqueur noble & riche. Ces *Raiſins* ſont toujours âpres, & ne ſont en aucune maniere agréables au goût.

Cette obſervation eſt confirmée par la maniere dont on fait le *Cidre* en Angleterre ; car les meilleures pommes à manger, ne produiſent qu'une mauvaiſe liqueur, au-lieu que les eſpeces les plus rudes & les plus âpres, après la fermentation, donnent une liqueur forte & vineuſe. Je crois qu'il en eſt de même des autres fruits. La chaleur naturelle du ſoleil mûrit & prépare leurs ſucs de maniere à les rendre agréables au goût; mais un degré de chaleur de plus, occaſionné par la fermentation ou quelqu'autre cauſe, les rend plus foibles & moins ſpiritueux. Ce qu'on obſerve à l'égard de ces mêmes fruits, confirme cette aſſertion. Si l'on tranſplante quelques fruits d'été ou d'automne qui mûriſſent parfaitement en Angleterre, ſans le ſecours de l'art, dans un climat plus chaud de quelques degrés, ces fruits deviennent farineux & inſipides; de même, ſi ces fruits ſont mauvais en compotes, parce que la chaleur du feu leur a fait perdre toute leur ſaveur : & au contraire, les fruits qui ne peuvent pas être mangés cruds, deviennent exquis dans les pays chauds, & surpaffent les meilleurs de nos cantons.

Il eft donc clair que ces *Raifins*, agréables au goût, ne font pas propres à faire du vin, à caufe de la forte fermentation que leur jus doit fubir. Ainfi, comme nous n'avons en Angleterre que de ces derniers *Raifins*, il faut commencer avant toute chofe, par fe procurer les bonnes efpeces des pays étrangers, & les choifir fuivant l'efpece de vin que l'on veut avoir. Je penfe que celle qui doit le mieux réuffir en Angleterre, eft l'*Auvernat*, ou le vrai *Raifin de Bourgogne*, que l'on ne rencontre guere dans les *Vignes* Angloifes, quoiqu'elle foit commune en treilles dans les jardins : c'eft celle que l'on préfere dans la Bourgogne, la Champagne, l'Orleanois, & dans la plupart des autres vignobles de la France. On m'a affuré que ce *Raifin* réuffit fort bien dans plufieurs cantons au nord de Paris, où l'on prend un foin particulier de fa culture. Je confeille donc à ceux qui veulent effayer de planter des *Vignes* en Angleterre, de fe procurer des boutures de cette efpece dans ces pays ; mais pour cela il faut y employer des gens honnêtes & intelligents, afin d'être affuré de n'avoir que de cette efpece, qui eft très-rare à trouver, à moins que ce ne foit dans quelques *Vignes* de propriétaires, qui ont à cœur de conferver la réputation de leurs vins. Rien n'eft plus ordinaire aux Vignerons, que de planter trois ou quatre efpeces de *Raifins* dans la même *Vigne*, & de les mêler toutes au tems de la vendange. Ce mélange rend leur *Vin* moins délicat, & le fait fermenter en différents tems & de maniere différente.

Quand on s'eft procuré des boutures, que l'on doit toujours préférer aux marcottes ou plants enracinés par les raifons déjà données, on les plante vers le commencement d'Avril, après avoir fait tremper dans l'eau leur plus groffe extrémité, pendant fept ou huit heures, & de la longueur d'environ trois pouces. On creufe un trou, d'un pied de profondeur, avec une bêche, ou quelqu'autre inftrument, dans chaque endroit où fe croiffent les lignes tracées fur le terrein ; on y place une forte bouture, en la penchant un peu. On remplit le trou avec de la terre, que l'on preffe légérement avec le pied contre la bouture, & on y éleve une petite hauteur d'environ trois pouces, jufqu'à l'œil ou bouton de l'extrémité, pour empêcher que le vent & l'action du foleil ne la deffechent : de cette maniere, il n'y aura que ce dernier bouton qui pouffera ; la plupart des autres fourniront des racines ; & la branche deviendra forte & vigoureufe.

Ce travail étant terminé, il n'y aura plus rien à faire jufqu'à ce que les boutures pouffent, fi ce n'eft qu'on doit tenir conftamment la terre nette de mauvaifes herbes. Comme l'efpace qui fe trouve entre les rangs eft fort grand, on peut y femer des Légumes peu élevés, de maniere cependant qu'ils ne se trouvent pas assez près des seps, pour qu'en les recueillant on soit en danger d'endommager les rejettons. On pourra suivre cette méthode pendant trois ou quatre ans ; c'est-à-dire, jusqu'à ce que ces seps commencent à produire du fruit. Alors il ne faudra plus mettre de Légumes en été, parce que, plus la terre sera nette, plus elle réfléchira de chaleur sur les *Raisins* ; mais, après la récolte des *Raisins*, il sera encore possible d'y planter des *Choux-fleurs* pour le printems. Il suffit pour cela de labourer la terre, sans qu'il soit nécessaire d'y porter de l'eau, ni d'employer aucun autre expédient, malgré l'opinion de quelques personnes ; car en Angleterre, on ne doit point craindre que ces *Choux-fleurs* périssent par la sécheresse.

Quand les boutures commencent à pousser, on enfonce, près de chacune, un échalas d'environ trois pieds de long, auquel on fixe la branche, pour l'empêcher de se casser ou de se coucher à terre. A mesure que cette branche fait des progrès, on l'attache de nouveau ; on retranche tous les petits rejettons latéraux, s'il y en a quelques-uns, & l'on nettoie toujours la terre entre les seps. C'est en cela que consiste toute la culture du premier été.

Mais à la Saint-Michel, quand les seps de *Vignes* ont fini de pousser, il faut les émonder ; car, si cet ouvrage n'est pas fait avant le printems, le sommet des branches, étant tendre,

est en danger d'être détruit, si l'hiver est rude.

L'émondage consiste dans le retranchement des branches à deux yeux. Lorsque cette opération est faite, on élève la terre autour pour les abriter davantage de la gelée. Au commencement de Mars, on laboure exactement entre les seps pour resserrer la terre, en observant de ne pas trop enfoncer la bêche sur les racines, de peur de les couper. En faisant ce travail, on élève encore la terre autour de chaque plant, sans cependant couvrir les deux jeunes yeux de la branche de l'année précédente, destinés à produire du nouveau bois.

Quand les seps commencent à travailler dans les premiers jours de Mai, on fiche, à côté de chaque plant, deux bâtons qui doivent être un peu plus grands & plus forts que ceux de la première année : on y attache les deux branches, s'il en a deux, & l'on retranche constamment toutes les petites latérales ou traînantes, afin de fortifier les autres. On tient aussi toujours la terre nette de mauvaises herbes, comme ci-devant.

L'automne suivant, il faut les tailler de la maniere suivante. Quand un plant a produit deux branches fortes, & d'une vigueur égale, on les coupe toutes deux, en n'y laissant que trois yeux, & l'on n'en conserve que deux sur les foibles. Sur les seps qui n'ont produit qu'une branche forte & une foible, on raccourcit la forte à trois yeux, & la foible à un ou deux au plus. Quand il n'y a qu'une branche forte, on la taille aussi à deux yeux, pour en obtenir plus de bois l'année suivante.

Au printems, vers le commencement de Mars, on laboure encore une fois la terre entre les seps comme ci-devant. On fiche deux échalas à côté de tous les seps qui ont deux branches, à une distance convenable de chaque côté, pour pouvoir les y attacher, en les tirant au-dehors, vers les échalas; ce qui doit former un angle d'environ quarante-cinq degrés avec la tige. Mais il ne faut en aucune maniere les plier horizontalement, comme on le fait quelquefois; car les branches trop voisines de la terre sont généralement affectées par les vapeurs humides qui en sortent, sur-tout quand elles ont du fruit, & ce fruit n'a jamais un aussi bon goût, & ne mûrit pas aussi aisément que si les branches étoient plus élevées.

Au mois de Mai, quand les seps commencent à pousser, il faut les examiner avec soin, retrancher toutes les branches foibles & penchées à mesure qu'elles paroissent, & attacher aux échalas toutes celles qui sortent des yeux forts, pour les empêcher d'être cassées par le vent.

Cet ouvrage doit être recommencé au moins tous les trois semaines, depuis le commencement de Mai, jusqu'aux dernier jours de Juillet. Par ce moyen, les branches destinées pour l'année suivante seront fortes, plus mûres, & mieux préparées à porter du fruit; parce qu'elles auront joui de l'air & du soleil, qui sont absolument nécessaires pour digérer leurs sucs; au-lieu que si elles étoient étouffées par un grand nombre de petites branches foibles & pendantes, elles seroient privées des rayons du soleil, l'humidité y séjourneroit plus long-tems, & les vaisseaux du jeune bois acquerroient une dimension plus large : ce qui occasionneroit un passage plus libre aux sucs cruds; d'ailleurs, la plupart des branches étant entièrement remplies de moëlle, resteroient d'une couleur verdâtre : ce qui est en tout tems le signe d'une mauvaise qualité des seps.

On doit aussi tenir le sol constamment net; parce que, s'il y a quelques plantes parmi les seps de *Vignes*, elles retiendront la rosée plus long-tems, & par leur transpiration elles occasionneront une plus grande humidité que si la terre étoit nette.

En automne, il faut émonder les seps. Cette saison, comme nous l'avons dit, est plus convenable que le printems. Comme les plants auront alors trois ans, ils seront assez forts pour produire du fruit, & il est nécessaire de les émonder. Ainsi, en supposant que les deux branches de l'année précédente aient été raccourcies à trois yeux, & que chacune d'elles ait produit deux fortes branches l'été précédent, la plus haute doit être taillée à trois bons yeux, sans y comprendre l'œil du bas situé précisément au-dessus du bois de l'année précédente, qui produit rarement autre chose qu'une branche foible & penchée. Toutes les branches du bas doivent être raccourcies à deux bons yeux. Ces dernieres ne font destinées qu'à produire des branches vigoureuses pour l'année suivante, & les premieres à porter du fruit ; mais quand les seps font foibles, & qu'ils n'ont pouffé que deux ou trois branches dans la précédente faifon, il n'en faut laisser qu'une avec trois yeux pour porter du fruit, & l'on rabaisse les autres à deux yeux, ou même à un feul qui soit bon, pour en avoir des branches fortes l'été suivant : car, il n'y a rien qui caufe plus de dommage aux seps, que d'y laisser trop de bois, fur-tout pendant qu'ils font jeunes, ainfi que de les trop furcharger, parce qu'on les affoiblit ainfi, de maniere qu'ils ne peuvent fe rétablir dans l'efpace de plufieurs années, malgré qu'ils foient traités avec tout l'art poffible.

Au mois de Mars, on laboure exactement la terre comme ci-devant, en obfervant de ne pas endommager les racines ; mais fi l'on rencontre de petites racines horizontales tout près de la furface, on les coupe contre la tige. Ces racines font celles que les Vignerons appellent *Racines du jour*, & qui ne font d'aucune utilité. Après avoir labouré la terre, on fiche les échalas, comme il a été dit ci-deffus, à chaque côté du fep, & à

feize pouces environ de la tige ; on y attache les deux branches émondées à trois yeux pour porter du fruit, en prenant garde, comme il a été dit, de ne pas les placer trop horizontalement : enfuite, on enfonce un autre échalas auprès du fep, auquel on attache les deux branches taillées à deux yeux, pourvu qu'elles foient affez longues ; fans quoi, quand leurs yeux commencent à pouffer, on les paliffe droites aux échalas, pour les empêcher de tomber à terre, ou d'être caffées par les vents.

Au mois de Mai, il faut foigneufement examiner de nouveau les feps, pour en retrancher toutes les branches latérales foibles à mefure qu'elles paroiffent. Les branches qui montrent du fruit, doivent être attachées aux échalas pour les mettre à l'abri des vents, jufqu'à ce qu'elles foient étendues au delà du fruit, pour les arrêter alors ; mais les branches deftinées à porter du fruit l'année fuivante, doivent être attachées à l'échalas du milieu. Par cette méthode, les branches fructueufes ne cauferont aucun ombrage à celles du milieu, qui n'en feront point non plus à celles des fruits, & chacune fera expofée à l'air & au foleil.

Ce travail doit être réiteré tous les quinze jours ou trois femaines, depuis le commencement de Mai, jufqu'au milieu de Juillet. C'eft le feul moyen de tenir toujours les branches dans leur véritable pofition, & d'empêcher que les feuilles ne foient renverfées , ce qui retarderoit beaucoup l'accroiffement du fruit ; & en tenant les feps débarraffés de branches horizontales , le fruit ne fera pas couvert & à l'ombre par les feuilles, mais au contraire il aura conftamment l'avantage de jouir de l'air & du foleil : ce qui eft de la plus grande conféquence ; car le fruit étant couvert au printems par des branches penchées , & enfuite expofé à l'air quand on retranche les feuilles , & qu'on coupe les branches , comme. on le fait fouvent , il devient dur , & refte dans le même état pendant trois femaines , quelquefois même il ne fait plus de progrès , comme je l'ai fouvent obfervé. Ainfi , l'on ne peut avoir trop de foin de les tenir toujours en un bon état d'accroiffement , comme le font très-bien les Vignerons des autres pays ; mais en Angleterre , la plupart des Jardiniers n'y font point d'attention. Quand leurs *Raifins* fouffrent de cette négligence , ils s'en prennent au climat, ou à l'intempérie de l'air , qui eft trop fouvent un moyen d'excufer ou de couvrir leur pareffe. Je ne puis m'empêcher de parler ici de la pratique abfurde de ceux qui ôtent les feuilles de leurs feps , placées fur les fruits , afin , difent-ils , de les expofer au foleil , & de les faire mûrir. Mais ils ne font pas attention combien ils expofent par-là ces mêmes fruits aux rofées froides , qui tombent abondamment en automne , & qui retardent beaucoup l'accroiffe-

ment du fruit : d'ailleurs , les fruits ne mûriffent jamais auffi parfaitement , étant expofés entièrement au foleil , que s'ils étoient légèrement abrités par des feuilles. Si l'on retranche ces feuilles , qui font abfolument néceffaires pour préparer les fucs deftinés à l'accroiffement du fruit, les parties groffieres que ces feuilles doivent en féparer , y refteront mêlées ; ce qui rendra ce fruit plus mauvais , que fi l'on avoit laiffé les feuilles fur les branches : mais fi l'on retranche continuellement les branches foibles & pendantes à mefure qu'elles paroiffent , le fruit ne fera pas trop à l'ombre , malgré les feuilles des branches qui le portent.

Quand le fruit eft mûr , on peut couper à moitié les branches qui le portent , avant de le cueillir ; ce qui rendra le fruit beaucoup meilleur , parce que la fève ira plus directement au fruit , les particules humides s'évaporeront plus aifément , & les fucs feront mieux digérés. Cette pratique eft en ufage parmi les Vignerons les plus expérimentés de la France méridionale , quand ils veulent faire du *Vin* excellent. Quand le fruit eft coupé , ils le fufpendent fur des cordeaux dans une chambre feche , où ils le laiffent un mois entier , avant de le porter au preffoir. Cette méthode augmente beaucoup la force du *Vin* , en faifant évaporer une grande partie de l'humidité des fruits. Quelques perfonnes qui habitent le Tirol , près de l'Italie , fuivent conftamment cet ufage pour faire les vins les plus riches & les plus délicieux. BURNET, ainfi que beaucoup d'autres voyageurs, confirment ce fait ; mais, malgré tous les foins que l'on peut prendre, foit dans la culture des *Vignes*, foit dans la façon du *Vin*, le *Vin* n'eft jamais auffi bon quand la *Vigne* eft encore jeune, que quand elle a dix ou douze ans, & ces *Vignes* deviennent toujours meilleures jufqu'à l'âge de cinquante ans ; ce qui eft confirmé par plufieurs curieux étrangers, ainfi que par les Marchands de vin Anglois, qui diftinguent le produit d'une jeune *Vigne* de celui d'une plus vieille, par la couleur du vin ; ce qui eft fort aifé à expliquer par la différente ftructure des vaiffeaux des plants. Ceux des jeunes plants, étant plus larges & d'une texture plus lâche, admettent avec facilité une plus grande quantité de nourriture groffiere qui paffe jufqu'au fruit ; tandis que ceux des vieux feps, étant plus ligneux & plus refferrés, ne fourniffent paffage qu'à des fucs plus élaborés, & le fruit en eft beaucoup meilleur. Les *Raifins* d'une jeune *Vigne* font plus gros & rendent plus de vin ; ce qui remplace en partie la qualité, que l'on retrouve après quelques années. Quant à la fermentation que le vin doit fubir, & au travail qu'il exige, on en trouvera le détail à l'article VIN, auquel je renvoie le lecteur.

Lorfque la *Vigne* eft en état de produire du fruit, on doit la traiter de la maniere fuivante. Premièrement, en l'émondant, il ne faut jamais laiffer trop de branches fur une racine, ni les tailler trop longues ; car, quoiqu'en le faifant on fe procure une plus grande quantité de fruits, cependant le fuc n'en fera jamais auffi bon que fur une quantité modérée mieux nourrie, & les pieds en feront plus affoiblis. Cette maniere de tailler eft fi préjudiciable aux *Vignes*, qu'en laiffant des cantons à ferme dans quelques pays, on infere toujours dans les baux une claufe par laquelle on fpécifie combien de branches on doit laiffer fur chaque fep, ainfi que le nombre des boutons qu'on doit conferver fur chaque branche ; car, fi l'on ne retenoit pas ainfi les Vignerons, ils furchargeroient les feps de maniere qu'en peu d'années, les racines fe trouveroient épuifées, & deviendroient fi foibles, qu'on ne pourroit y remédier qu'après un tems très-confidérable : d'ailleurs, on n'obtiendroit par-là que de mauvais vin, qui feroit bientôt perdre leur réputation aux cantons où ce pernicieux ufage feroit établi.

Les Italiens ne laiffent généralement fur chaque fep fort, que quatre branches, dont deux des plus fortes ont quatre yeux, & les deux plus foibles font réduites à deux ; ce qui eft fort différent de la pratique qu'on fuit en Angleterre, où on laiffe communément fix ou huit branches fur chaque pied, & fix ou huit boutons fur chacune ; de forte que quand elles réuſſiſſent toutes , une ſeule racine produit près de quatre fois plus de *Raiſins* qu'en Italie. Par-là ces *Raiſins* ne peuvent pas être bien nourris , & les ſeps ſont bientôt épuiſés , comme il arrive aux autres arbres fruitiers , quand on y laiſſe une plus grande quantité de fruits qu'ils n'en peuvent nourrir.

Ce qu'il faut enſuite obſerver , c'eſt de tenir la terre parfaitement nette entre les ſeps, de ne laiſſer jamais croître aucune plante ni bonne , ni mauvaiſe ; de la labourer ſoigneuſement chaque printems, & d'engraiſſer le terrein tous les trois ans de différente manière , ſuivant la nature du ſol , & avec les matieres qu'on peut ſe procurer le plus aiſément.

Si la terre eſt forte & ſujette à ſe lier à la ſurface, le ſable de mer ou des cendres de charbon de terre ſeront un très-bon engrais ; mais ſi la terre eſt ſeche & légere , un peu de chaux, mêlée avec du fumier, ſera préférable. On répand légérement ces matieres ſur le terrein , & en labourant, on les enterre également dans chaque partie. Comme ces engrais ſont très-utiles à la *Vigne* , on ne doit pas regretter la dépenſe qu'ils exigent ; & comme il eſt néceſſaire d'en mettre tous les trois ans, ſi une *Vigne* eſt grande , on peut la diviſer en trois parties égales, dont on en améliorera une chaque année, pour éviter une trop forte dépenſe à la fois. Cette méthode convient auſſi aux endroits où l'on ne peut ſe procurer dans une année une quantité ſuffiſante d'engrais pour une grande *Vigne.*

Ce labour & le tranſport de cet engrais doivent toujours avoir lieu vers le commencement de Mars ; alors on coupe toutes les racines de la ſurface, ou , comme le diſent les Vignerons , les racines du jour : mais l'on prend garde de ne pas endommager les plus groſſes avec la bêche, en creuſant trop avant autour des tiges. Après cet ouvrage, on fiche les échalas, un à côté de chaque ſep, à ſeize pouces environ de la tige, pour y attacher les plus longues branches fructueuſes ; & un autre auprès de chaque tige, auquel on attache perpendiculairement les deux plus courtes branches , qui doivent fournir du bois l'année ſuivante.

En été, on examine de nouveau les *Vignes* , pour ôter toutes les branches foibles & penchées, & attacher réguliérement les bonnes à meſure qu'elles naiſſent. Au mois de Juin, on arrête celles qui ont du fruit à trois nœuds au-delà des *Raiſins* , mais ſans toucher aux branches droites deſtinées à donner du fruit l'année ſuivante. Ces dernieres ne doivent pas être arrêtées avant le milieu de Juillet, & alors on les laiſſe à cinq pieds environ de longueur. Si elles étoient pincées plutôt, elles pouſſeroient pluſieurs branches inclinées ſur les côtés des yeux ; ce qui donneroit beaucoup de peine pour les retrancher , & feroit un tort conſidérable aux boutons.

N. B. Tout cet émondage d'été doit être exécuté avec les doigts, & non avec la serpette, parce que les blessures faites avec un instrument tranchant pendant l'été, ne se guerissent pas aussi vite que lorsqu'elles sont faites en pinçant légèrement le bouton. Cette opération est très-facile avant que la branche soit devenue ligneuse.

Quand une *Vigne* est ainsi émondée avec soin, elle fait plus de plaisir à voir qu'aucune plantation d'arbres ou d'arbrisseaux. Si les rangs sont réguliers ; si les échalas sont placés exactement, & si les branches sont droites, & arrêtées à une hauteur égale, on ne trouvera rien qui ait une plus belle apparence. Lorsque les *Vignes* sont en fleur, elles répandent l'odeur la plus agréable, sur-tout le matin & le soir ; & les *Raisins* en mûrissant, donnent un nouveau plaisir.

Mais comme la beauté des *Vignes* dépend de la disposition de leurs branches, il faut avoir grand soin de les attacher régulièrement, & de pourvoir chaque année à se procurer de nouveau bois pour l'année suivante, parce que celui qui a produit du fruit, est toujours retranché entièrement après la récolte, ou au moins raccourci à deux yeux, pour donner des branches l'année suivante, quand il n'y en a pas un nombre suffisant sur celles qui sont attachées droites. En été, lorsque les seps sont dans leur perfection, ils ont six branches droites attachées pour le bois de l'année suivante, & trois ou quatre branches à fruit, & l'on ne

doit jamais en conserver un plus grand nombre, par les raisons que nous venons de donner.

N. B. L'Auvernat, ou le véritable Raisin Bourguignon, *est le plus estimé en France, parce qu'il n'est jamais aussi serré, & qu'il mûrit plus également. On doit aussi par cette raison le préferer en Angleterre, quoiqu'en général les especes, dont les grappes sont serrées, soient les plus estimées parmi nous ; ce qui n'est pas raisonnable : car on peut remarquer que ces Raisins sont ordinairement mûrs d'un côté, & verds de l'autre.*

Différentes especes de Vignes.

J'indiquerai ici quelques especes de *Vigne*, que l'on conserve dans plusieurs jardins, plutôt par curiosité, que pour la qualité de leurs fruits.

1°. *Vitis Indica, foliis cordatis, dentatis, subtùs villosis, cirrhis racemi-feris. Linn. Flor. Zeyl.* 99. *Plum. Ic.* 59. *f.* 2, *Cissi species. Jacq.* ; Vigne dont les feuilles sont en forme de cœur, dentelées & velues en-dessous, avec des vrilles branchues. [*The Wild Indian Vine*].

Vitis sylvestris Indica, acinis rotundis. Raii Dend. 67. ; Vigne sauvage des Indes, à grains ronds. *Scembra Valli. Rheed. Mal.* 7. *p. t.* 6.

2°. *Vitis Labrusca, foliis cordatis ; sub-trilobis, dentatis, subtùs tomentosis. Linn. Sp. Plant.* 203 ; Vigne dont les feuilles sont en forme de cœur, dentelées, presqu'à trois lobes, & cotonneuses en-dessous. [*The Wild Virginia Grape*].

Vitis sylvestris Virginiana. C. B. P. 299 ; Vigne sauvage de Virginie.

3°. *Vitis vulpina, foliis cordatis, dentato - serratis, utrinque nudis. Linn. Sp.* 203 ; Vigne dont les feuilles sont en forme de cœur, sciées, dentelées, & unies des deux côtés. [*The Virginia Fox Grape*].

Vitis vulpina, dicta Virginiana nigra. Pluk. Alm. 392 ; Raisin de renard de la Virginie, ou Vigne noire de Virginie, dite *de renard*.

4°. *Vitis laciniata, foliis quinatis, foliolis multi - fidis. Linn. Hort. Cliff.* 74. *Roy. Lugd-B.* 223; Vigne dont les feuilles ont cinq lobes, découpées en plusieurs pointes. [*The Parsleyleaved Grape*]·

Vitis laciniatis foliis. Corn. Canad. 182 ; Vigne à feuilles découpées, nommée *Vigne à feuilles de Persil*, ou *Laciouta*.

5°. *Vitis arborea, foliis suprà decompositis, foliis lateralibus pinnatis. Linn. Sp. Plant.* 203 ; Vigne à feuilles décomposées vers le haut, avec des lobes ailées sur les côtés.

Frutex scandens, Petroselini foliis, Virginianus, claviculis donatus. Pluk. Mant. 85 ; Arbrisseau grimpant de Virginie, à feuilles de Persil, & garni de vrilles. [*The false Pepper-tree*].

Reynardsonia. Rand. Ind. Hort. Chels. faussement appelé *Arbre à Poivre*.

Indica. La premiere espece croît naturellement dans les deux Indes. Ses tiges sont ligneuses, & poussent plusieurs branches minces, & garnies de vrilles branchues, par le moyen desquelles elles s'attachent aux arbres voisins qui les soutiennent. Ses feuilles sont en forme de cœur, dentelées sur leurs bords, & velues endessous. Ses fleurs sont disposées en grappes, comme celles des autres especes, & produisent des *Raisins* à grains ronds, d'un goût âpre.

Labrusca. La seconde espece a des tiges ligneuses, qui poussent plusieurs branches. Ces branches s'attachent, par leurs vrilles, à tous les objets voisins. Ses feuilles sont larges, & la plupart divisées en trois lobes, dentelées sur leurs bords; ces feuilles ont le dessous couvert d'un duvet blanc. Son fruit est disposé en grappes comme les autres *Raisins*. Les grains en sont ronds & noirs, & le jus en est âpre.

Vulpina. La troisieme a des feuilles en forme de cœur, dentelées sur leurs bords, & lisses sur les deux surfaces. Cette plante grimpe sur les arbres par le moyen de ses vrilles, comme les autres especes. Son fruit est disposé en grappes, dont les grains sont noirs, & le jus a le goût & l'odeur du *Renard*; ce qui lui a fait donner le nom de *Raisins de Renard*, par les habitans du pays.

Laciniata. La quatrieme, qu'on regarde comme originaire du Canada, est depuis long-tems cultivée dans les jardins européens pour son fruit, qui n'a cependant que peu de goût, & qui mûrit tard en automne; c'est ce qui l'a fait bannir de presque tous les jardins Anglois, où l'on n'en conserve plus que quelques plants pour la variété. Les tiges & les branches de cette efpece reffemblent à celles de la *Vigne* commune, mais fes feuilles font découpées en plufieurs fegmens étroits. Les grains en font ronds, blancs, & difpofés en paquets clairs.

Arborea. La cinquieme efpece eft rangée avec la *Vigne*, par LINNÉE; mais fes caracteres ne font pas affez connus en Europe, pour déterminer le genre propre auquel elle appartient; car elle produit rarement des fleurs ici, & n'a jamais donné de fruits en Angleterre. Sa tige eft ligneufe, & pouffe plufieurs branches minces & garnies de vrilles, qui s'attachent à tous les plants voifins pour fe foutenir. Ses feuilles font compofées de plufieurs petits lobes ailés, & divifés comme ceux du Perfil commun : elles font d'un vert luifant en deffus, & d'un vert beaucoup plus pâle en-deffous. Les fleurs qui fortent des ailes des tiges en paquets clairs, font petites, blanches, & compofées de cinq petits pétales étendus, qui tombent bientôt. Cette efpece ne produit point de fruit en Angleterre; mais les grains que j'ai reçus de l'Amérique, renfermoient tous chacun trois pepins.

M. RAND lui donne le titre de *Reynardfonia*, en l'honneur de M. REYNARDSON, de Hillendon, près d'Uxbridge, grand collecteur de Plantes étrangeres; mais il n'en a point donné les caracteres.

Culture. La premiere efpece étant originaire des contrées méridionales, ne peut fubfifter en Angleterre fans chaleur artificielle. On la multiplie aifément par les graines, quand on peut s'en procurer des pays où elle croit naturellement; car elles n'en produifent point ici. On répand ces femences dans de petits pots, que l'on plonge dans une couche chaude de tan. Quand les plants qui en proviennent, font en état d'être enlevés, on les met chacun féparément dans de petits pots remplis de terre légere; on les plonge dans une nouvelle couche chaude de tan; on les tient à l'ombre, jufqu'à ce qu'ils aient formé de nouvelles racines, & on les traite enfuite comme les autres plants délicats qui viennent des mêmes contrées, en les tenant conftamment dans la ferre chaude, fans quoi ils ne profiteroient pas. Ces plants perdent leurs feuilles en hiver.

La feconde & troifieme efpeces croiffent en grande abondance dans les bois de l'Amérique, & l'on m'a affuré qu'il y en avoit plufieurs autres efpeces, dont les fruits étoient très-peu inférieurs à quelques-unes des plus belles efpeces de l'Europe; malgré cela, l'on penfe généralement en Amérique, qu'il eft impoffible d'en faire du vin. Je crois cependant pouvoir affurer que c'eft plutôt faute d'expérience, que par le défaut du fol & du climat; & je fuis perfuadé qu'au lieu de planter des *Vignes* dans les terres riches & légeres, comme les habitans de ces pays l'ont généralement pratiqué, on feroit mieux de les placer fur des terreins élevés, dont le fond feroit rempli de rochers : car, le grand défaut du *Raifin* dans ces contrées, eft que les grains crevent tous avant de parvenir à leur maturité ; ce qui n'eft occafionné que par trop de nourriture : on pourroit remédier à cet inconvénient, en plantant les *Vignes* fur un mauvais fol. Cela peut auffi venir de l'humidité de l'air, occafionnée par la tranfpiration des arbres, &c. Cette humidité étant abforbée par le fruit, peut en faire crever la peau. Il feroit difficile de remédier à cela, avant que le pays fût plus dégarni de bois ; mais cette confidération doit empêcher de planter des *Vignes* dans les endroits, où il y a des forêts.

Revenons à nos efpeces de *Vignes*. On conferve les deux précédentes dans les Jardins de Botanique ; mais je n'ai vu encore aucun de ces plants produire du fruit dans ce pays. On peut les multiplier par marcottes comme la *Vigne* ordinaire. Ces marcottes prennent racine en une année, & peuvent être enlevées & tranfplantées au printems contre une muraille chaude ; car, fi elles étoient expofées à un trop grand froid pendant l'hiver, elles feroient fujettes à être détruites, fur-tout dans leur jeuneffe.

L'émondage & le traitement qu'elles exigent, font les mêmes que pour les autres *Vignes*, excepté cependant qu'on leur laiffe moins de branches, & qu'il faut les tailler plus près : mais le *Raifin de Renard*

ne veut pas être beaucoup taillé ; car, en fuivant une méthode contraire, fes branches font plus foibles l'année fuivante, & ne parviennent jamais à une groffeur fuffifante pour produire du fruit.

On plante la quatrieme efpece contre un mur, & on la traite comme la *Vigne* ordinaire. On peut la multiplier par boutures ou par marcottes, comme les précédentes.

On conferve la cinquieme dans quelques jardins pour la variété ; mais comme elle produit rarement des fleurs en Angleterre, elle n'eft pas fort remarquable. Ce plant eft originaire de la Virginie & de la Caroline, d'où fes femences m'ont été envoyées. Comme cette efpece ne produit point de grains dans ce pays-ci, on la multiplie généralement en marcottant les jeunes branches, qui pouffent des racines dans la même année. Ces marcottes font bonnes pour être tranfplantées à demeure ; elles exigent un foutien, & leurs jeunes branches font tendres, & fujettes à être détruites par la gelée : on la plante contre une muraille, comme paliffade, à l'expofition du midi, où elles réuffiront mieux que fi elles étoient entierement expofées en plein air, & attachées à des échalas.

Les jeunes branches de ces plants doivent être raccourcies au printems à deux ou trois boutons, pour que le bois foit beaucoup plus fort l'été fuivant ; & quand elles font régulierement paliffées contre

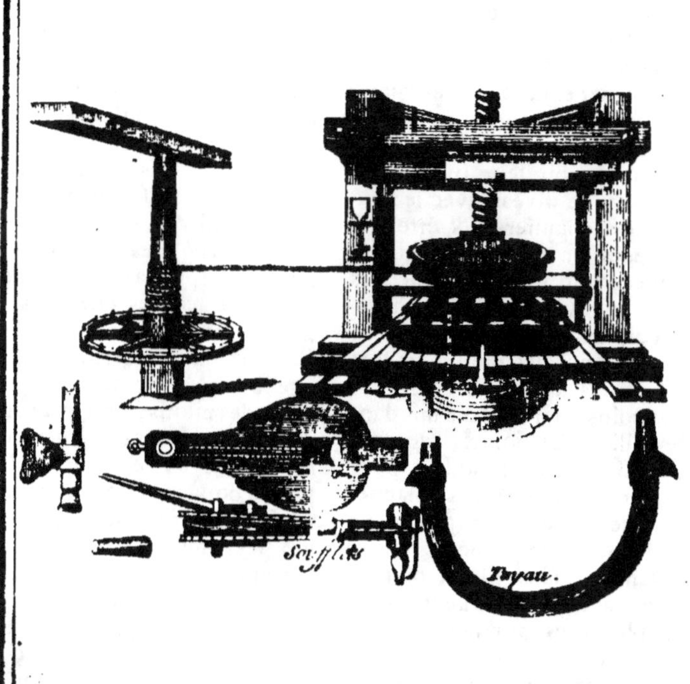

Profil du Grand Pressoir.

donner une pente de trois ou quatre pouces ſur le devant aux quatre chantiers, pour faciliter l'écoulement du vin dans la pierre placée ſous le devant, & au milieu du baſſin, à travers les trous qui y ſont pratiqués.

On met enſuite ſur ces quatre chantiers, en travers du baſſin, quelques pieces de bois, qui doivent avoir leur ſurface ſupérieure de niveau avec le ſommet des chantiers, & être découpées en tailles, de quatre pouces en longueur ſur les deux côtés du baſſin pour recevoir les pieces de maie, de maniere qu'elles puiſſent y être aſſujetties à chaque côté avec des coins, après avoir mis dans le milieu des joints, de l'argile & de la mouſſe, pour empêcher le vin de s'échapper par ces iſſues. Ces pieces de maie ſont ſimplement jointes enſemble, ſans filets, ni gravures, afin qu'elles s'approchent de plus près aux deux bouts, & au milieu des encoignures dans toute leur longueur, entre les chantiers, & ſur le côté des dernieres pieces de maie; ces pieces doivent s'élever dans le milieu en faitage, de maniere à former une gouttiere dans chaque jointure, pour faciliter l'écoulement du vin : on creuſe auſſi, pour le même uſage, une entaille tout autour de l'extrémité des pieces de maie, en forme de gouttiere.

Dans la place deſtinée pour les ſolives, à droite ou à gauche du baſſin, on fait un trou aſſez large pour y élever un dé de maçonnerie, de douze pieds

de profondeur, ſur huit de long, & cinq de large. Une des trois fondations en maçonnerie qui ſupporte le baſſin, y ſert au lieu d'un côté de la muraille aux ſolives, qui ſont chaſſées dans la terre au bas dudit châſſis, à douze pieds de profondeur, & ſont de quinze ou ſeize pieds au - deſſus du niveau de la terre : elles ſont jointes avec les pilotis qui les traverſent, & ſur leſquels ont met les ſolives, qui ſont toutes jointes avec des crampons de bois, excepté la derniere, qui eſt tenue par les chantiers au lieu de crampons ; enſuite on éleve la maçonnerie, dans laquelle on renferme les extrémités des pilotis, ainſi que celles des crampons, pour empêcher les ſolives de ſe ſoulever. Ces pilotis doivent être placés dans un ſens contraire aux chantiers qui les environnent, ou traverſent à tous les trois pieds ; & qui tiennent à queue d'aronde dans les ſupports quarrés. L'eſpace laiſſé entre la maçonnerie n'eſt pas rempli, afin de préſerver de la pourriture les ſolives, & que, s'il eſt néceſſaire, elles puiſſent deſcendre dans la foſſe. Les ſolives doivent être miſes de maniere que les côtés puiſſent occuper le milieu du baſſin, en inclinant de deux pouces au-de-là. Le devant & les côtés ſont unis & droits, mais le dos & les ſommets reſtent brutes. On fait un rebord ſous les pieces de maie, de deux ou trois pouces, pour ſupporter la charge. Le ſommet des ſolives eſt joint ou aſſemblé à une ſolive de traverse, sur laquelle porte toute la force & la résistance de la presse. Cette solive diagonale doit être fortement attachée avec des clous & des pieces de bois de charpente au-dessous des têtes de solives. Dans le milieu, de l'autre côté du bassin, on met dessus une terre unie ; entre les extrémités des chantiers, deux fausses solives, à un peu de distance de la véritable, parce que c'est sur le côté que l'essieu est entaillé pour recevoir les solives, & les empêcher de reculer en arrière. Celles-ci sont un peu élargies vers les fausses solives ; on les soutient avec quatre pieces de traverse ou poutres fortes, dont deux sont sur le front & deux sur les côtés, aboutissant sur elles, & les tenant dans leur place. Ces pieces de traverse sont soutenues par de la terre unie ou une plaque de terre & les poteaux, & à l'autre bout elles entrent précisément au milieu des fausses solives : il faut les trouer à quatre pieds environ de hauteur, afin que les chevilles mouvantes puissent y entrer, & que la solive puisse se reposer dessus. Ces fausses solives doivent avoir des trous au fond, pour recevoir des chevilles de bois, qui traversent la plaque de terre, & qui sont découpées à moitié de leur épaisseur, afin de pouvoir entrer dans les entaillures, & être assujetties par des clavettes, où elles traversent les fausses solives. On assemble aussi ces solives au sommet, par le moyen d'une traverse,

& on les soutient encore une fois au bas par deux autres traverses sur les côtés ; ces pieces de traverse sont placées sur les poteaux, & jointes dans la plaque de terre par une queue d'aronde : elles sont supportées par un petit dé de maçonnerie, précisément de leur grandeur, & caché entièrement dans la terre. Il doit y avoir aussi, à chaque côté, une grosse piece qui traverse le bassin, & lie ensemble les fausses solives avec les véritables devant & derriere : on attache celles-ci au sommet des solives, en leur donnant un pied & demi de pente depuis la place, où elles sont mortoisées dans les fausses solives.

On fait aussi dans la terre, sur le côté des fausses solives, à dix pieds du bassin, une fosse de douze pieds de profondeur, & de dix pieds en quarré, pour y placer les deux billots qui doivent être joints au fond, & séparés par les gros bouts, à deux pieds environ au-dessus de la terre, de maniere que la vis puisse tourner entr'eux. Ces billots doivent se joindre au fond avec les pilotis par une queue d'aronde, & les pilotis doivent l'être aux solives. Au sommet, à quinze pouces environ de la tête, ils doivent être liés avec des solives & des chevilles, pour les tenir séparés, & les empêcher de se diviser. L'espace entre les billots & les pilotis doit être rempli de terre bien battue : les solives qui sont dans le corps des billots, ont sept ou huit pouces d'épaisseur.

Au milieu des folives eft creufé un trou pour le paffage de la vis, qui y entre perpendiculairement, & qui eft arrondie dans cet endroit où elle eft réduite à la troifieme partie de fon épaiffeur. A un pied plus bas que les folives, eft placée une traverfe, pour foutenir du bas jufqu'au fommet la vis en repos. On difpofe, fur cette traverfe, une plaque de fer, qui fert d'axe à la vis quand elle tourne. Cette vis doit avoir douze pieds de longueur, fur treize pouces d'épaiffeur à fa bâfe. Le bout de cette vis, ou l'extrémité de la ligne fpirale, doit être de trois pouces & demi, & former un quarré exact; on la fait paffer au travers de la roue placée à trois pieds au-deffus du niveau de la terre: elle doit être équarrie d'un pouce & demi environ dans fon épaiffeur, pour que fon affemblage avec la roue foit folide. Cette roue eft garnie de rais & gourmettes de traverfe, ainfi que de chevilles, pour faciliter à cinq ou fix hommes le moyen de la mettre en mouvement.

Enfin, l'on place, à cinq pieds au-deffus des pieces de maie, deux grandes folives ou poutres, qui doivent paffer entre les vraies folives & les fauffes: on les équarrit, & on les perce au gros bout fur les deux côtés qui touchent aux folives, & on les laiffe entrer dans une entaille pour les empêcher de fortir; & au dos l'on met une clavette qui les affure, afin qu'elles ne foient pas déplacées, parce qu'on ne

peut les mettre dedans: mais cependant de telle maniere qu'elles puiffent fe mouvoir entre les folives, fans changer de pofition. Ces folives ou poutres doivent être bien ajuftées dans leur couche, & jointes avec des clavettes, de maniere qu'elles ne puiffent fe féparer l'une de l'autre; mais elles s'ouvrent infenfiblement depuis les fauffes folives, jufqu'à la vis, pour lui faire place. A l'extrémité de ces poutres eft ajufté l'écrou de la vis avec des clavettes movibles, par le moyen duquel elle peut s'abaiffer & s'élever & élever ou abaiffer en même tems les poutres comme une efpece de balance, qui a fon centre fur les fauffes folives, & fon point d'appui fur les grandes folives, ainfi que fur le pain qui eft fur la maie. Quand on preffe, avant d'élever les groffes poutres ou le corps du *Preffoir* par le moyen de la vis, on abaiffe un peu fur les côtés des fauffes folives, afin de pouvoir placer les encoignures entre les folives & les aiguilles qui font fur les fauffes folives: enfuite on abaiffe ce corps du *Preffoir* avec la même vis du côté des fauffes folives; & quand on a ajufté le pain avec des perches, des planches & des mayaux, en mettant en mouvement la roue qui fait tourner la vis, on le preffe fortement.

Les poutres du corps du *Preffoir* doivent avoir deux pieds & demi d'épaiffeur; & fi elles ne font pas affez fortes, on en met deux l'une fur l'autre, & quelquefois trois, s'il eft

néceſſaire, & on les joint enſemble avec des broches de
fer, en différents endroits, ſur
la couche & dans le front, afin
qu'elles travaillent enſemble.
On éleve, à l'extrémité du
Preſſoir, à côté des fauſſes ſolives, un petit échafaud avec
un eſcalier, pour donner la
facilité de mettre & d'ôter les
encoignures & les aiguilles.

*Du grand Preſſoir façonné, ou
en Châſſis.*
[*The great framed Preſs.*]

Cette eſpece de *Preſſe* eſt
conſtruite comme l'autre, excepté qu'au-lieu de billots, on
ſe ſert d'un châſſis. On creuſe
une foſſe de douze pieds de
profondeur, ſur neuf pieds de
diamètre ; & pour ſoutenir les
terres, on éleve une muraille
de maçonnerie tout autour,
en forme de puits, de ſept
pieds de diamètre, afin de pouvoir y placer un ouvrage en
bois d'une forme quarrée, &
dont les pieces ſont jointes
avec des poteaux, des ſolives
& des chevrons, comme une
croix de Saint-André. On place
dans ce châſſis une pierre du
poids d'environ trois-mille livres, & on fixe la vis au centre de ce châſſis, afin que le
tout puiſſe tourner enſemble,
& tenir ainſi les ſolives ſur le
corps de la roue pour preſſer
le *Raiſin*, comme s'il y avoit
un homme ſuſpendu au bout
d'une perche attachée à l'autre
bout, pour preſſer quelque
choſe dans le milieu.

A deux ou trois pieds de
terre eſt une roue dont l'effort,

joint au poids du châſſis, fait
deſcendre la vis qui abaiſſe le
corps du *Preſſoir* ou la ſolive.

Le *Châſſis* doit avoir dix
pieds de hauteur, ſur quatre
pieds neuf pouces de largeur
de chaque côté. On doit avoir
grand ſoin des Preſſoirs à billots, pour ne pas les laiſſer
devenir trop durs, de peur
que les ſolives ne ſe briſent
en pieces ; car rien n'a plus
de force qu'une vis. La queue
d'aronde doit être fort exacte,
& la vis, ainſi que l'écrou,
doivent être faits avec beaucoup d'art & proportionnés à
l'ouvrage.

Ces grands *Preſſoirs* à pref-
ſurer vingt ou vingt cinq pieces de Vin, étant diminués
d'un quart, pourront encore
preſſurer douze ou quinze pieces de vin ; mais alors il faut
diminuer d'un quart, & ſuivant cette proportion, la grof-
ſeur de toutes les pieces dont
nous avons parlé.

*Noms, longueur & épaiſſeur des
pieces qui compoſent un grand
Preſſoir.*

Les ſolives principales doivent avoir trente-deux ou trente-cinq pieds de longueur ; &
l'une dans l'autre, deux pieds &
demi ou trois pieds d'épaiſſeur.

Les ſolives de côté, vingt-
huit pieds de longueur, ſur
deux pieds environ d'épaiſſeur
au bas, & dix-huit pouces au
ſommet.

Les pilotis, douze pieds de
longueur, ſur douze ou treize
pouces d'épaiſſeur.

Il faut obſerver de les

Plan du Grand Pressoir à vin

faire avec des contre-queues d'aronde aux côtés.

Le premier est placé à quinze pouces du fond des côtés ; on en donne trois du sommet à celui qui est dans la terre, & le dernier doit être de niveau avec le sommet du faux chantier.

Sur les pilotis des côtés ou joues, & sur ceux des billots, sont placés des crampons de bois, de neuf pieds de longueur, sur neuf ou dix pouces d'épaisseur, pour les lier ensemble.

Les chantiers ont six pieds de longueur, sur quinze ou seize pouces quarrés.

La platine de terre a dix-huit pieds de long, sur environ dix-huit pouces de large, & quinze pouces d'épaisseur.

Les fausses solives, quatorze ou quinze pieds de longueur, sur treize ou quatorze pouces de large ; neuf pouces d'épaisseur en bas, & six au sommet : elles doivent être rabotées de la longueur des clavettes, pour supporter la poutre principale.

La piece de traverse des fausses solives a six pieds de longueur, sur quatre pouces de largeur, & neuf ou dix pouces d'épaisseur.

Les clavettes des solives, en forme d'écrou de vis, ont cinq pieds & demi de longueur, sur huit pouces d'épaisseur à la tête ; mais elles sont réduites à la moitié de cette grosseur dans le reste de la longueur.

Les chevilles des clavettes ont quatorze pouces de longueur, sur environ cinq de large, & au moins un pouce & demi d'épaisseur.

Les deux pieces de bois de charpente qui traversent les deux fausses solives, ont environ huit pieds de longueur, sur quatre ou cinq pouces d'épaisseur, & la même largeur que les fausses solives.

Les deux autres pieces de bois qui traversent les fausses solives, ont neuf pieds de longueur, sur environ huit pouces d'épaisseur.

Les poteaux, six pieds de longueur, sur huit ou neuf pouces d'épaisseur.

Les pieces de maie, qui forment le bassin, douze pieds de longueur, sur six pouces d'épaisseur.

Les grandes pieces de bois de traverse, placées en forme de main entre les fausses solives, six ou sept pouces d'épaisseur.

Les deux billots ont chacun quatorze pieds de longueur, sur seize pouces environ d'épaisseur à la tête, & douze au fond.

La vis, quinze pouces au bas avant d'être équarrie, & treize pouces, suivant le pied de la vis, qui forme une ligne spirale, & douze pieds de longueur.

La roue, dix pieds de diamètre avec des rayons, de quatre pouces d'épaisseur, de même que les côtés sur lesquels sont placées les chevilles de bois, de quatre ou cinq pouces de hauteur dans la circonférence de la roue, pour huit ou neuf hommes.

L'écrou de la vis, six pieds

de longueur, fur deux pieds
de large, & quatorze pouces
d'épaiſſeur, étant garni de fer.

La piece de traverſe des
joues, cinq pieds de longueur,
fur environ un pied d'épaiſſeur, & la même largeur que
le ſommet des joues.

Les aiguilles placées ſous le
noyau entre les deux joues,
doivent être de la même largeur que les joues, & de
treize ou quatorze pouces d'é-
paiſſeur.

Les ſolives qui embraſſent
l'extrémité des joues, doivent
être de deux pouces plus hautes que la partie baſſe des aiguilles, & d'un pied de largeur, fur environ cinq pouces
d'épaiſſeur.

Le noyau a deux pieds de
haut, fur douze ou quatorze
pouces d'épaiſſeur : il eſt placé
entre les aiguilles & la traverſe, & il paſſe à travers les
joues & le noyau, avec une
clavette qui doit être travaillée fort juſte ; car c'eſt-là
où réſide la force entiere du
Preſſoir.

Les encoignures ont deux
pieds de longueur, fur neuf
ou dix pouces de largeur, &
ſix ou ſept pouces d'épaiſſeur.

Le châſſis dans le *Preſſoir* à
cadre a dix pieds de longueur
ou de profondeur, fur quatre
pieds neuf pouces de largeur
en quarré.

Le moyeu a huit pieds &
demi de longueur, fur cinq
pouces environ d'épaiſſeur d'un
côté, & ſix de l'autre.

Toutes ces pieces de bois
doivent être de chêne, excepté
la vis, que l'on fait de bois

d'orme, afin qu'elle dure plus
long-tems ; & le noyau, de
bois de noyer.

On peut donner plus ou
moins de longueur à ces bois
de charpente, ſuivant qu'ils
ont plus ou moins de groſſeur.

Deſcription d'une petite Preſſe.
[*The ſmall framed Preſs.*]

Cette eſpece de *Preſſoir* eſt
moins bon, & preſſure auſſi
beaucoup moins de vin ; cependant, beaucoup de perſonnes s'en ſervent pour de petites vendanges, & en effet il
peut ſuffire pour huit ou dix
pieces de vin.

Sa conſtruction légere eſt à-
peu-près la même que celle
des autres, & je vais expliquer
en quoi il en diftere.

La foſſe doit avoir quatre
pieds de profondeur, fur quatorze pieds de largeur, & dix-
huit de long, plus ou moins,
ſuivant la grandeur que l'on
veut donner au *Preſſoir*.

On conſtruit trois petites
murailles en pierres de taille
en travers, qui occupent le
fond du quarré du baſſin. La
muraille du milieu doit avoir
deux pieds d'épaiſſeur, & celles
de côté deux pieds & demi.
On laiſſe, au milieu de chacune
des murailles de côté, une
ouverture de vingt pouces environ en quarré, qui doit recevoir les deux joues placées
l'une vis à vis de l'autre, à
chaque côté du baſſin, qui doit
pencher d'un pouce & demi
vers la pierre. Elles doivent
être quarrées, & plantées fur
trois côtés de l'extrémité des

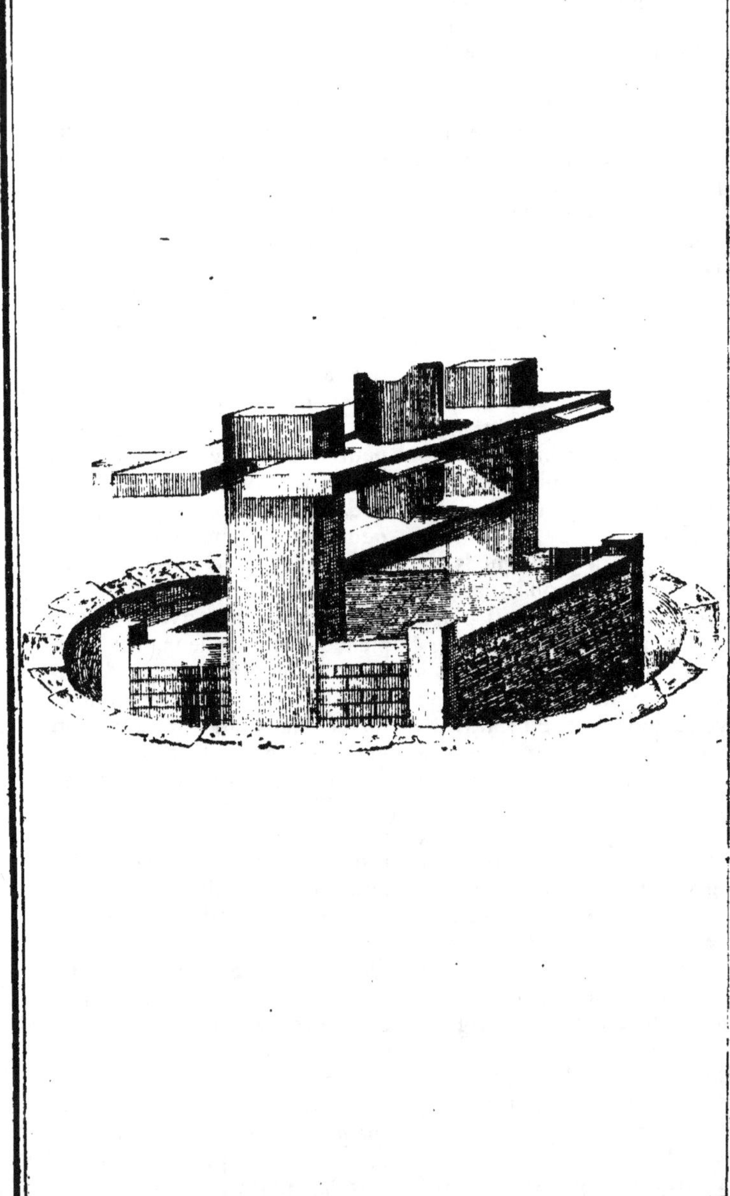

Petit Pressoir.

chantiers ; mais le haut doit rester brut & raboteux. Dans les côtés, vers la pierre, on fait une entaille à la hauteur de deux pieds & démi du bassin, de trois pouces de largeur, quatre pouces de profondeur, & deux pieds de haut, en montant vers la tête.

On place de faux chantiers sur la muraille du milieu ; & sur chacune des autres, deux pilotis qui embrassent les joues, auxquelles ils sont joints par des soutiens & des queues d'aronde. En croisant les pilotis & les faux chantiers, on met les quatre chantiers dans des entailles, comme dans les autres *Pressoirs*. Ceux du milieu embrassent les joues, auxquelles ils sont joints comme les pilotis, & s'étendent de huit ou neuf pouces au-delà des pilotis qui sont derriere les joues.

Les sommets des chantiers doivent être entaillés d'un pouce & demi, pour recevoir les pilotis, & assujettir le tout ensemble. On met sur ceux-ci les pieces de maie, que l'on attache ensemble, comme il a deja été dit, & le bassin est semblable à celui des autres *Pressoirs*

Le noyau de la vis doit être de sept ou huit pouces plus long que le dos des joues, & il les embrasse dans leurs parties les plus épaisses. Il est placé sur celles-ci, & supporté par des clavettes qui traversent les joues, & des broches de fer arrêtées derriere les joues avec des clavettes. Il est également arrêté dans la face par quatre barres de fer, qui forment un quarré d'un pied & demi, &

qui sont traversées dans les angles par des broches, de quatre ou cinq pouces de longueur vers le robinet de la vis.

On place sur ce noyau des planches de la même longueur, croisées de maniere que leurs extrémités soient tournées vers le front du *Pressoir* ; & sur ces planches, l'on met deux pieces de traverse de la même longueur que le noyau, & qui embrassent le sommet des joues sous leurs têtes, en les plaçant dedans à chaque bout dans le front où elles sont jointes. Ces pieces de traverses & joues doivent être clouées ensemble, & l'on met quatre pieces de bois croisées qui tiennent ferme la tête des solives, & s'étendent dans la moitié de la longueur des pieces principales, avec un soutien à chacune.

On place ensuite une vis semblable aux autres, avec un quarré au bas, pour l'assujettir à une roue qui doit être disposée horizontalement, & solidement unie avec la vis, au moyen des rayons placés à un pied de distance les uns des autres, & croisés. Ces rayons doivent être hors des côtés, de trois ou quatre pouces dans la moitié de leur largeur, pour pouvoir contenir la corde qui est autour de la roue. On place, sous le centre de la roue, un mouton de la longueur de l'espace entre les joues, & de huit pouces d'épaisseur ou plus, pour faire une espece de tenon à chaque bout qui entre dans l'entaille des joues. Le mouton doit être soutenu par une broche de fer qui entre au

bout de la vis, & par-là le tient
suspendu de maniere à pouvoir
se remuer ; & pour y réussir,
il faut que le bout de la broche qui est dessous le mouton,
joue avec la clavette qui la tient
à l'autre bout de la vis.

On place, à dix ou douze
pieds du *Pressoir*, une roue ho-
rizontale ou perpendiculaire,
avec un essieu ou axe qui doit
jouer dans des balanciers de
bois bien fixés. On attache à
une des raies ou chevilles de la
roue qui est sur la maie, l'œillet d'une grosse corde, de
deux pouces & demi de grosseur, & de maniere qu'on puisse
faire faire deux tours à la roue,
avant que la corde soit ten-
due, & qu'elle puisse faire le
tour de la roue cinq ou six
fois. On l'attache, par l'autre
bout, à celui qui est à côté
du *Pressoir* : on emploie huit
ou dix hommes pour tourner
cette roue, & il est de grande
conséquence de remarquer
quand il n'y a plus qu'un tour
& demi de la corde sur la roue ;
& s'il y a un autre pain à pressurer, on doit remettre deux
ou trois tours à la roue pour
finir le pressurage, sans quoi
on risqueroit de casser la roue
au bas, & d'estropier les pressureurs. Quand le pain est assez
pressuré, on arrête la roue
perpendiculaire pendant une
demi-heure, pour donner le
tems au vin de s'écouler dans
cette espece de *Pressoir*. Il n'y
a que le mouton supporté par
le noyau, qui remplace le corps
du *Pressoir*, ou les grosses poutres. On doit avoir un homme
expérimenté, ou maître pres-

sureur, qui commande aux autres pour conduire le pressurage, couper & hacher le pain
autant qu'il sera nécessaire.

*Pieces particulieres d'un petit
P.essoir.*

Les deux joues doivent avoir
seize pieds de longueur, sur
dix-huit ou vingt pouces d'é-
paisseur.

Le noyau, quinze ou seize
pieds de longueur, sur environ
trois de large.

Le linteau doit avoir seize
pieds de long, sur treize ou
quatorze pouces d'épaisseur.

Le bois de traverse, six pieds
de long, sur six ou sept pouces
d'épaisseur.

Les pilotis, douze pieds de
longueur, sur douze ou treize
pouces d'épaisseur.

La vis, sept ou huit pieds
de longueur, sur environ treize
pouces d'épaisseur à la ligne
spirale, & seize pouces au bas
dans le quarré, qui doit être
entaillé de deux pouces pour
recevoir la roue.

Le mouton, douze pieds &
demi de longueur, sur dix-sept
ou dix-huit pouces de large
dans le milieu ; dix aux bouts,
& huit ou dix d'épaisseur dans
le milieu, & six ou sept pouces
aux extrémités.

La roue du milieu, neuf pieds
de diamètre, sur dix ou onze
pouces d'épaisseur.

La roue perpendiculaire doit
être du même diamètre, sur
cinq ou six pouces d'épaisseur
dans toutes ses parties.

L'axe de cette roue doit
avoir dix ou onze pieds de long,

fur huit pouces de diamètre.

Les faux chantiers & les pieces de maie doivent être les mêmes dans toutes leurs dimentions que dans les autres *Preſſoirs*.

Les chantiers ont dix-huit pieds de longueur ſur les mêmes largeur & épaiſſeur, que dans les autres *Preſſoirs*.

Le noyau a les mêmes meſures que les autres ; c'eſt-à-dire, ſept a huit pieds de longueur, ſur cinq ou ſix pouces quarrés.

Cette deſcription des différentes eſpeces de *Preſſoirs* qui ſont d'uſage en Champagne, & les *Planches* ci-jointes, ſuffiront, à ce que j'eſpere, pour diriger ceux qui voudront en faire conſtruire de ſemblables.

VITIS IDÆA. *Voyez* VACCINIUM.

VITIS SYLVESTRIS. *Voyez* CLEMATIS.

ULEX. *Linn. Gen. Plant.* 786. *Geniſta Spartium. Tourn. Inſt. R. H.* 645. *Tab.* 412. [*Furze, Gorſe, or Whins.*] Genêt épineux, ou petit Houx à jonc, ou Lande bruſque.

Caraĉteres. Le calice de la fleur a deux feuilles. La corole eſt compoſée de cinq pétales, & papilionnacée. L'étendard eſt large, érigé, ovale, en forme de cœur, & dentelé à l'extrémité. Les aîles ſont plus courtes & obtuſes. La carène eſt compoſée de deux pétales obtus, dont les bords ſont joints au bas. La fleur a dix étamines, dont neuf ſont jointes, & l'autre ſéparée. Ces étamines ſont terminées par des antheres ſimples. Le germe, qui eſt oblong & cylindrique, ſoutient un ſtyle érigé & couronné

par un petit ſtigmat obtus, & ſe change dans la ſuite en un légume oblong, gonflé, & à une cellule qui s'ouvre en deux valves, & renferme un rang de ſemences en forme de rein.

Ce genre de plantes eſt rangé dans la troiſieme ſeĉtion de la dix-ſeptieme claſſe de LINNÉE, qui comprend les plantes, dont les fleurs ont dix étamines jointes en deux corps.

Les eſpeces ſont :

1º. *Ulex Europæus, foliis villoſis, acutis, ſpinis ſparſis. Lin, Sp. Plant.* 741 ; Genêt épineux, avec des feuilles à épines aiguës, éparſes & velues.

Geniſta ſpinoſa major, longioribus aculeis. C. B. P. 394 ; Genêt épineux commun, à longues épines, ou petit Houx. Bruſque, Jonc marin, Ajonc ou Lande.

Geniſta ſpinoſa. Dod. Pempt. 659.

2º. *Ulex Capenſis, foliis obtuſis, ſolitariis, ſpinis ſimplicibus terminalibus. Flor. Leyd. Prod.* 372 ; Genêt ou petit Houx d'Afrique, avec des feuilles ſolitaires, obtuſes, & garnies d'épines ſimples aux extrémités.

Geniſta Spartium bacciferum, Ericæ foliis, Africanum. Pluk. Alm. 166 ; Genêt d'Afrique à baies, & à feuilles de Bruyere.

Ce genre de plantes étoit connu par les anciens Botaniſtes, ſous le nom de *Geniſta ſpinoſa* & *Geniſta ſpartium* ; mais ces noms compoſés ont été rejettés : & comme il y a un autre genre de plante qui porte le nom de *Geniſta*, LINNÉE a nommé celle-ci *Ulex*, nom que PLINE lui avoit déjà donné.

Europæus, Le Genêt épineux, ou *petit Houx*, comme on le

nomme dans différens cantons de l'Angleterre, est si bien connu, qu'il n'est pas nécessaire de le décrire.

Il y en a deux ou trois variétés, qu'on trouve souvent sur les communes, & parmi les bruyeres de plusieurs parties de l'Angleterre ; mais comme elles ne sont pas spécifiquement différentes, & que d'ailleurs on ne les cultive pas souvent, elles ne méritent pas une description particuliere.

Cependant comme plusieurs botanistes les regardent comme spécifiquement différentes, j'ai pris la peine de les semer dans un jardin, & j'ai reconnu qu'elles viennent toutes des mêmes semences.

Ces plantes se multiplient abondamment par semences ; de sorte que quand elles sont une fois établies dans un canton, elles s'étendent bientôt sur tout le terrein ; car, à mesure que les grains mûrissent, leurs légumes s'ouvrent par la chaleur du soleil, & elles sont lancées avec élasticité à une grande distance tout autour. Par ce moyen, la terre se couvre de jeunes plantes, qui ne sont point aisées à détruire quand elles sont une fois bien enracinées.

On semoit ces plantes, il y a quelques années, pour en former des haies autour des champs. Elles deviennent bientôt assez fortes pour servir de défense contre les bestiaux ; mais elles se dégarnissent aussi en peu de tems par le bas, & souvent il en périt quelques-unes : ce qui forme des vuides dans les haies ; aussi les a-t-on abandonnées. On les a aussi multi-

pliées sur de très-mauvaises terres sablonneuses, qui ont plus rapporté de cette maniere, qu'elles n'auroient fait autrement, sur-tout dans les pays où les matieres combustibles de toutes especes sont cheres ; car, on se sert de ce *Genêt* pour échauffer les fours, cuire la chaux & les briques, & secher la drèche. Dans des cantons où les matieres combustibles sont rares, j'ai vu de mauvaises terres qui n'auroient pas rapporté cinq schelings par acre, & qui semées en *Genêt épineux*, produisoient par année une livre sterling. Mais cette pratique ne doit pas avoir lieu dans les cantons où le bois & les autres matieres combustibles sont à bon marché, ainsi que dans ceux qui peuvent produire de la bonne herbe ou du bled. On n'en parle ici que pour avertir que les mauvaises terres couvertes de cette plante, peuvent être utiles au propriétaire.

Capensis. La seconde espece est originaire des environs du Cap de Bonne-Espérance, où elle s'éleve communément à la hauteur de cinq ou six pieds ; mais en Europe on la cultive dans quelques jardins par curiosité : elle est beaucoup plus basse. Sa tige est ligneuse, dure & couverte d'une écorce grisâtre, quand elle est jeune, & qui devient brune dans la suite. Ses branches sont minces & ligneuses. Les feuilles sont solitaires & obtuses, & les branches son terminées par des épines. Quoique cette plante soit cultivée depuis plusieurs années, dans les jardins Anglois, elle n'y a point encore produit de fleurs.

Cette efpece étant trop dè-licate pour pouvoir fupporter en plein air le froid de nos hivers, il faut la conferver dans la ferre avec les plantes exoti-ques les plus dures, qui n'exi-gent point de chaleur artificielle.

Il eft fort difficile de les mul-tiplier par marcottes ou par boutures ; car les marcottes ne peuvent pouffer de bonnes ra-cines, qu'au bout de deux ou trois ans, & les boutures pren-nent difficilement. Ces plantes ne produifent point de femen-ces en Europe. Elles font fort rares dans nos contrées, & elles ont peu de bonté ; cependant, comme elles confervent leur ver-dure, les curieux les cultivent dans leurs jardins pour la variété.

ULMARIA. *Voyez* SPIRÆA.

ULMUS. *Tourn. Inft. R. H.* 601. *Tab.* 372. *Linn. Gen. Plant.* 281. [*The Elm-Tree.*] Orme.

Caracteres. Le calice de la fleur eft perfiftant, rude, & formé par une feuille décou-pée fur fes bords en cinq poin-tes, & colorée en-dedans. La fleur n'a point de corolle ; mais l'on y obferve cinq étamines en forme d'alêne, deux fois plus longues que le calice, & terminées par des antheres cour-tes, érigées, & à quatre fil-lons, avec un germe orbicu-laire & érigé, qui foutient deux ftyles réfléchis & couronnés par des ftigmats velus. Le germe de-vient enfuite une capfule ronde, comprimée & bordée, qui renfer-me une femence ronde & applatie.

Ce genre de plantes eft rangé dans la feconde fection de la cinquieme claffe de LINNÉE, qui comprend celles dont les fleurs ont cinq étamines & deux ftyles.

Les efpeces font :

1°. *Ulmus campeftris, foliis oblongis, acuminatis, duplicato-ferratis, bafi inæqualibus* ; Orme avec des feuilles oblongues, ter-minées en pointe aiguë, double-ment fciées, & des bafes inégales.

Ulmus vulgatiffima, folio lato, fcabro. Ger. Emac. 1480 ; Orme commun & rude, ou l'Orme à larges feuilles.

2°. *Ulmus fcaber, foliis oblongo-ovatis, inæqualiter ferratis, caly-cibus foliaceis* ; Orme avec des feuilles oblongues, ovales, iné-galement fciées, & des calices feuillés aux fleurs.

Ulmus folio latiffimo, fcabro. Ger. Emac. 1481 ; Orme à feuil-les rudes & très-larges, appelé, par les perfonnes peu inftrui-tes, Orme Britannique.

3°. *Ulmus fativus, foliis ova-tis, acuminatis, duplicato-ferratis, bafi inæqualibus* ; Orme à feuilles ovales, terminées en pointe aiguë, & doublement fciées, dont les bâles font inégales.

Ulmus minor, folio-angufto, fcabro. Germ. Emac. 1480 ; Orme Anglois, à petites feuilles.

4°. *Ulmus glaber, foliis ovatis, glabris, acutè ferratis* ; Orme à feuilles ovales & unies, fciées à dents aiguës fur leurs bords.

Ulmus folio glabro. Germ. Emac. 1481 ; Orme à feuilles unies.

5°. *Ulmus Hollandica, foliis ovatis, acuminatis, rugofis, inæ-qualiter ferratis, cortice fungofo* ; Orme à feuilles ovales, rudes, terminées en pointe aiguë, & inégalement fciées, avec une écorce fpongieufe.

Ulmus major Hollandica, an-

guttis & magis acuminatis, samarris, folio latissimo, scabro. Pluk. Alm. Orme de Hollande.

68. *Ulmus minor, foliis oblongo-ovatis, glabris, acuminatis, duplicato-serratis*; Orme avec des feuilles oblongues, unies, terminées en pointe aiguë, & doublement sciées.

Ulmus minor, folio angusto, glabro; Orme à feuilles étroites & unies, appelé par quelques-uns, *Orme droit.*

Campestris. La premiere espece se trouve communément dans les Provinces du nord-ouest d'Angleterre, où l'on assure qu'elle croît naturellement dans les bois. Cet arbre s'éleve à une très-grande hauteur. L'écorce des jeunes branches est lisse & fort dure; mais celle des vieux arbres est rude & se fend. Les branches s'étendent & ne croissent point érigées comme celles de la troisieme espece. Les feuilles sont rudes, & doublement sciées sur leurs bords; leur bâse est inégale : elles ont environ trois pouces de longueur sur deux de large. Elles sont d'un vert foncé, & postées sur de courts pétioles.

Les fleurs naissent au mois de Mars en paquets sur les branches minces; elles sont d'un rouge foncé, & produisent des capsules ovales & bordées, qui renferment une semence ronde, comprimée, & qui mûrit au mois de Mai. Le bois de cet arbre est propre à tout, plus qu'aucune autre espece d'*Orme.* Il s'éleve à une très-grande hauteur; mais, comme ses feuilles ne paroissent que fort tard au printems, peu de personnes les plantent près de leurs habitations.

Scaber. La seconde espece croît naturellement dans quelques Provinces septentrionales de l'Angleterre, où on lui donne le nom de *Wetch-Hazel, Noisettier magique*, ou de *Sorcier*, à cause de la ressemblance de ses branches & de ses feuilles, avec celle de cette espece de Noisettier. Cet arbre est fort élevé. L'écorce des jeunes branches est fort lisse, dure, & d'un brun jaunâtre, tacheté de blanc. Ses feuilles sont ovales, de six pouces de longueur sur quatre environ de largeur, & également sciées sur leurs bords. Ses fleurs, qui sont disposées en paquets vers l'extrémité des branches, ont des calices longs, feuillés & verts : elles paroissent au printems avant les feuilles, & les semences mûrissent à la fin de Mai. Le bois de cet arbre est moins bon que celui du précédent : on employoit cependant autrefois ses branches à plusieurs usages, spécialement pour les arcs.

Sativus. La troisieme est communément connue dans les pépinieres, sous le nom d'*Orme Anglois*, qui est une fausse dénomination; car elle n'est point originaire de l'Angleterre, quoiqu'on l'ait trouvée près de Londres, ou dans des plantations faites avec de jeunes arbres tirés du voisinage. Il n'est pas aisé de déterminer de quel pays cet arbre a été apporté. Quelques-uns prétendent cependant qu'il vient de l'Allemagne. Cette espece étant bien connue, je n'en donnerai au-

cune defcription. Ses fleurs font
d'un rouge purpurin : elles paroiffent généralement au commencement de Mars ; mais je
ne leur ai jamais vu produire
de femences.

Glaber. La quatrieme eft fort
commune dans plufieurs parties
de Herefordshire, d'Effex, &
dans d'autres Comtés du nord-
eft de l'Angleterre. Cet arbre
devient grand & eft fort eftimé.
Ses branches s'étendent au-dehors comme celles de la premiere efpece. Ses feuilles font
ovales, fciées, à dents aiguës
fur leurs bords, & plus unies
que dans la plupart des autres,
& ne paroiffent pas avant le
milieu ou la fin de Mai ; ce
qui eft caufe qu'on plante rarement cet arbre près des habitations.

Hollandica. La cinquieme efpece eft bien connue fous le
titre d'*Orme de Hollande*, où elle
a été portée au commencement
du regne du Roi *Guillaume.* Cet
arbre a été long-tems à la
mode, & fort recherché, à
caufe de fes progrès rapides.
On en faifoit beaucoup ufage
il y a quelques années, pour
en former des haies dans les
jardins ; mais il y étoit fort
peu propre, car il pouffe des
branches très-fortes, irrégulieres, & fort éloignées les
unes des autres. Ses feuilles
font fort larges & rudes, &
fes branches font couvertes
d'une écorce rude, fpongieufe
& défagréable; d'ailleurs, quand
ces haies font taillées, elles
paroiffent nues pendant l'été,
& le bois de cet arbre n'eft
bon à rien.

Minor. La fixieme efpece fe
trouve dans les haies de plufieurs parties de l'Angleterre.
Ses branches ont une écorce
unie & grifâtre, & croiffent
érigées. Ses feuilles font plus
étroites, plus pointues, plus
unies que celles de l'*Orme Anglois*, & paroiffent plus tard dans
le printems ; mais elles tombent
auffi plus tard en automne. Plufieurs perfonnes ont donné à
cette efpece le nom d'*Orme Ir-
landois.*

Il y a quelques variétés de
cet arbre que l'on conferve
dans les pépinieres ; mais leur
différence n'eft pas affez remarquable pour mériter attention:
c'eft pourquoi, on n'en par-
lera pas, non plus que de celles
à feuilles panachées, dont on
connoît plufieurs nuances, que
quelques perfonnes recher-
chent.

Culture. Toutes les efpeces
d'*Ormes* peuvent être multipliées
par marcottes, ou au moyen
des rejettons que pouffent les
racines des vieux arbres. Cette
derniere pratique eft celle des
Jardiniers de pépinieres ; mais,
comme on les coupe fouvent
avec de mauvaifes racines, la
plupart manquent, ou leur fuccès eft fort douteux; au-lieu
que les marcottes ne courent
aucun rifque, & ont toujours
de meilleures racines. Ces dernieres font d'ailleurs des progrès plus rapides que les autres, & ne pouffent pas autant
de rejettons. Ainfi, cette méthode devroit être univerfel-
lement préférée, avec d'autant
plus de raifon, qu'un très-petit
canton rempli de ces plants

 suffira pour garnir une pépiniere d'une étendue confidérable, avec les marcottes que
l'on en tirera annuellement.
Quand on veut fe procurer de
ces arbres, le mieux eft de facri-
fier un petit terrein à cet ufage.

Le fol le plus propre à une
pareille pépiniere, eft une marne
fraîche, ni trop légere & feche,
ni trop humide & lourde. Cette
terre doit être bien labourée ;
&, pour la rendre meilleure,
l'on y enterre un peu de fumier pourri. En faifant ce travail, ou doit avoir grand foin
d'ôter toutes les racines des
mauvaifes herbes, qui feroient
beaucoup de tort aux marcottes,
fi on les laiffoit dans la terre,
d'autant plus qu'on ne pourroit
plus les déraciner enfuite. Quand
la terre eft de niveau, on y
met les plants à huit pieds
environ de diftance en tout
fens. La meilleure faifon pour
ce travail eft l'automne, auffi
tôt que les feuilles commencent
à périr, afin que les plantes
puiffent prendre racine avant
les féchereffes du printems.
Par-là, l'on s'épargnera la peine
& la dépenfe des arrofemens;
car, fi elles font bien établies
avant ce tems, elles n'exigeront
plus que très-peu d'eau.

On laiffe croître ces plantes
pendant deux années, en obfervant de bien nettoyer la
terre, & de la labourer avec
foin chaque printems ; alors
elles feront affez bien établies,
& leurs racines feront affez
fortes pour que leurs branches
puiffent être couchées en terre.
Comme on a déjà donné la méthode de marcotter à l'article

Marcottes, je ne la répéterai
pas ici.

Un an après, quand les marcottes font bien enracinées, on
les enleve, pour les tranfplanter dans une pépiniere, dont
le fol foit bon & bien préparé.
On y place les plants en rangs
éloignés d'environ quatre pieds,
& à deux pieds entr'eux dans
les rangs ; ce qui doit être fait
en automne, afin que les feuilles commencent à périr. On
répand du terreau fur la furface de la terre, au-deffus des
racines, pour les conferver,
& les empêcher d'être endommagées par les gelées de l'hiver & le hâle du printems. Au
moyen de cette précaution,
elles ne courent aucun rifque.

Dans l'été fuivant, on tient
conftamment la terre nette entre les plants ; on les émonde
en automne, & on jette bas -
toutes les branches latérales un
peu fortes, qui empêcheroient
les progrès de la tige droite.
Mais il faut y laiffer quelques-
unes des petites branches pour
retenir la féve dans les tiges ;
car fi on les ébranle trop, elles
font fujettes à devenir trop foibles : ce qui fait pencher leur
tête vers la terre, & rend les
tiges courbes.

Les plants peuvent refter
dans cette pépiniere pendant
quatre ou cinq ans, en obfervant de labourer la terre exactement entr'eux chaque printems, & de les émonder comme il vient d'être dit. Par là,
on les avancera, & ils feront
en état d'être tranfplantés à demeure au bout de quatre ou
cinq ans.

Ces arbres sont fort propres
à être plantés en rangs dans des
haies, sur le bord des champs,
où ils réussissent beaucoup
mieux que dans un bois ou
dans des plantations serrées.
Leur ombrage ne sait pas beaucoup de tort a tout ce qui croît
au-dessous : mais quand on les
transplante dans des haies, il
faudroit bien travailler la terre,
& n'y point laisser de racines ;
sans quoi, ces arbres sortant
d'un meilleur sol, ne feroient
aucun progrès dans ces nouvelles places.

La Saint-Michel est un bon
tems pour ce travail, par les
raisons que nous avons données
ci-dessus ; mais quand ils sont
plantés, il faut les fixer contre
des piquets, pour les empêcher
d'être déplacés par les vents.
On retranche aussi une partie
de leur tête, afin que les vents
aient moins de prise : mais on
ne doit en aucune maniere arrêter ni raccourcir leur principale tige, ni tailler leurs branches trop courtes : car, si l'on
n'en laissoit pas quelques unes
pour attirer la séve, ils seroient
en danger de périr.

On plante aussi ces arbres à
une certaine distance des jardins & des bâtimens, pour
rompre la violence des vents ;
car aucun autre n'est plus propre à cet usage. On peut les
élever en forme de haie, en
les taillant chaque année ; ce
qui les rend fort serrés & beaux
jusqu'à la hauteur de quarante
à quarante-cinq pieds. Disposés de cette maniere, ils servent d'abri contre la fureur des
vents ; mais on ne doit pas les

placer trop près d'un jardin où
il y a des arbres fruitiers ou
autres plantes, parce que les
racines des Ormes coulent su-
perficiellement sous la terre à
une grande distance, & s'en-
treméient avec les autres racines des autres arbres, qu'ils
privent de leur nourriture. Il
ne faut pas non plus les planter sur des allées de gravier
ou d'herbes destinées à être bien
entretenues, parce qu'ils poussent des rejettons en grande
abondance, gâtent les allées,
& les rendent désagréables à la
vue.

Mais pour de grands jardins
qui ont besoin d'ombrage, il
n'y a presque point d'arbres
aussi propres que celui-ci à
cet usage. Il est aisé à transplanter quand il est grand ; &
si l'on veut se procurer de l'ombre en peu de tems, on peut
en planter d'un pied de circonférence par le tronc, qui réussiront, s'ils sont traités avec
soin, prendront racine, & croîtront, quoique moins bien que
de jeunes arbres. Mais pour
cela, il faut les prendre dans
des pépinieres, avec de bonnes racines, & non dans des
haies, comme on le fait quelquefois sans racine, & souvent
en danger de périr : c'est ce
qui a fait manquer tant de plantations de cette espece, où
quelques arbres vivent deux ou
trois ans, où tous sont d'une
courte durée. Leurs tiges
n'augmentent point ; elles deviennent creuses, & périssent
dans le milieu, de maniere qu'il
ne reste plus que leur écorce
qui les conserve quelques an-

nées ; mais le premier hiver rude ou été sec, les détruit généralement.

Malgré ce que j'ai dit, que les *Ormes*, élevés dans une pépiniere, peuvent être transplantés avec sûreté beaucoup plus grands que les autres arbres, cependant, je ne prétends pas conseiller par-là de les planter trop gros ; car, avec un peu de patience, ceux qui n'ont que des tiges de quatre ou cinq pouces de circonférence, font en peu d'années de meilleurs arbres, que ceux qui ont été plantés beaucoup plus gros, & parviennent bientôt à une plus grande hauteur : d'ailleurs, quand ils font petits, on les transplante beaucoup plus aifément, ils ont moins befoin de tuteurs, & font moins en danger de manquer. Ainfi, il vaut beaucoup mieux faire choix de jeunes arbres en bon état, pris dans un fol d'une qualité inférieure à celui où on veut les mettre, que de planter de grands arbres, à moins qu'on n'ait befoin d'en avoir promptement un petit nombre pour fe procurer de l'ombre. Dans ce cas même, il fera prudent de planter de jeunes arbres entre les grands, pour les remplacer en cas d'accident.

En plantant ces arbres, il faut avoir foin de ne pas enterrer les racines trop profondément ; car rien ne leur eft plus nuifible, fur-tout fi on les met dans une marne humide, ou dans la glaife : & fi la glaife eft près de la furface, il fera néceffaire d'élever une hauteur de terre à chaque arbre, pour

mettre les racines au-deffus de la furface, & les empêcher de pourrir en hiver par trop d'humidité.

Quand on multiplie ces arbres au moyen des rejettons qu'on détache fur les vieux pieds, on les plante ordinairement en rang affez près les uns des autres dans des planches ; on les arrofe dans des tems fecs, pour les aider à prendre racine, & on les laiffe ordinairement deux ans dans ces planches. Au bout de ce tems, ceux qui ont réfifté, ont de bonnes racines ; mais il en périt beaucoup : on les tranfplante en pépiniere, où on les traite comme les marcottes.

Quelques perfonnes multiplient la quatrieme efpece au moyen des graines qu'elle produit toujours en grande abondance, & qui mûriffent au mois de Mai. On les feme fur une planche de terre fraiche & marneufe : on les recouvre légérement, on les arrofe dans les tems fecs ; & fi l'on veut aider les femences à pouffer, on les tient à l'ombre : car, j'ai toujours remarqué qu'elles réuffiffoient mieux à l'ombre, qu'expofées au foleil. Quand les plants pouffent, on doit les nettoyer exactement ; & après deux ans de féjour dans le femis, elles feront en état d'être mifes en pépiniere, où on les traitera comme les précédentes.

Quand on examine plufieurs des dernieres plantations qui ont été faites à grands frais depuis quarante ans dans des parcs & des jardins, & que l'on voit leur peu de progrès, on eft

dégoûté

dégoûté de planter des arbres ; mais il faut faire attention que la plus grande partie de ces arbres, a été enlevée dans des haies, ou fur de vieux pieds ; que prefque tous n'avoient que peu de racines, mal garnies de fibres, & que ceux qui ont pouffé, n'ont prefque point fait de progrès. J'ai vu plufieurs plantations qui, après dix à douze années de croiffance, ont été prefque totalement détruites par un hiver rude, ou un été fort fec ; car les racines ne s'étant pas fort étendues dans la terre, les arbres font devenus foibles, & tout en végétant, ils n'ont pu réfifter à une forte gelée, ou à une grande fécbereffe : mais ceux qui ordonnoient ces plantations, avoient befoin d'ombre, & vouloient un coup-d'œil ; ce qui les a empêché de fuivre une meilleure méthode. S'ils n'avoient employé que des arbres de la groffeur du pouce, au bout de dix ou douze années, ils auroient joui des deux avantages qu'ils défiroient ; au-lieu qu'après ce tems, ils ont vu périr leurs grands arbres.

Plufieurs de ces plantations, après avoir beaucoup coûté, ont paru réuffir. Pendant deux ou trois ans, les arbres ont pouffé des branches fortes, & de la longueur de leurs tiges, de maniere qu'on a cru ces arbres hors de danger. Mais peu d'années après, on a vu leur fommet fe détruire, & leurs troncs fe pourrir & fe creufer par degrés ; & quoiqu'ils aient continué à pouffer des branches latérales, cependant les

Tome VIII.

tiges n'ont plus augmenté en groffeur.

Quelques plantations faites dans les mêmes endroits, peu d'années après, en arbres d'un dixieme plus petits que les précédens, ont beaucoup mieux profité. Ces derniers font le double plus gros que les autres & dans un bien meilleur état ; ce qui prouve qu'on doit toujours planter de jeunes arbres, avec d'autant plus de raifon, qu'ils exigent beaucoup moins de frais.

Il eft encore très-néceffaire de recommander ici de ne jamais tailler les arbres, comme on le fait que trop fouvent près de Londres ; car par-là on les empêche de croître, & communément on les fait périr.

UMBELLA, *une Ombelle*, eft l'extrémité d'une tige ou d'une branche divifée en plufieurs pédoncules ou rayons, qui partent du même point, & font difpofés de maniere qu'ils forment un cône renverfé. Quand les pédoncules qui forment la tige, font divifés & fous-divifés en d'autres de même forme, pour produire les fleurs & les fruits, ceux du premier ordre font appelés *Rayons*, & les feconds *Pédoncules*, & alors l'Ombelle eft nommée *Ombelle compofée.*

UMBELLIFERUS, Plante ombellifere, eft celle dont les fleurs font produites en Ombelle, & repréfentent en quelque maniere un parafol. De cette efpece font, les *Panais*, les *Carottes*, le *Fenouil*, le *Perfil*, &c.

URENA. *Hort. Flth.* 319.

Linn. Gen. Plant. 754. [*Indian Mallow*]. Mauve d'Inde.

La fleur est malvacée ; elle a un double calice, dont l'extérieur est d'une feuille légérement découpée au bord en cinq parties, & l'intérieur est de cinq feuilles persistantes, & divisées jusqu'au fond. La corolle est composée de cinq pétales oblongs, émoussés à leur extrémité, mais étroits à leur bâse, où ils sont réunis. La fleur a dans son centre plusieurs étamines, jointes en une colonne à leur bâse, étendues & ouvertes au sommet. On observe encore dans cette fleur un germe rond, & à cinq angles, avec un style simple, & dix stigmats velus & réfléchis. Ce germe se change dans la suite en un fruit pentagonal, presque rond, hérissé, sillonné, & divisé en cinq cellules, qui renferment chacune une semence angulaire.

Ce genre de plantes est rangé dans la troisieme section de la seizieme classe de LINNÉE, qui comprend celles dont les fleurs ont plusieurs étamines jointes avec le style en un corps.

Les especes sont :

1°. *Urena lobata, foliis angulatis. Linn. Hort. Cliff.* 348. *Hort. Ups.* 200. *Fl. Zeyl.* 256. *Roy. Lugd-B.* 358 ; Mauve des Indes, à feuilles angulaires.

Urena Sinica, Xanthii facie. Hort. Elth. 340 ; Uréna de la Chine, ayant l'apparence du plus petit Glouteron.

Trifolio affinis Indiæ orientalis, Xanthii facie. Breyn. cent. 82. *t.* 35.

Lappago Amboinica. Rumph.

amb. 6. *p.* 59. *t.* 25. *Burm. Ind. p.* 149.

2°. *Urena aculeata, foliis inferioribus angulatis, superioribus tri - lobis quinquè - lobisque, acutè serratis ;* Uréna dont les feuilles basses sont angulaires, & celles du haut à trois & à cinq lobes, sciées à dents aiguës.

Alcea Indica frutescens, foliis ad marginem exasperatis, Bryoniæ albæ divisis, è sinu Bengalensi. Pluk. Phyt. Tab. 5. *f.* 3 ; Alcée des Indes en arbrisseau, avec des feuilles garnies de piquants sur leurs bords, & divisées comme celles de la Brione blanche.

3°. *Urena sinuata, foliis sinuato-multifidis, villosis. Flor. Zeyl.* 257 ; Uréna à feuilles sinuées, velues, & à plusieurs pointes.

Alcea Indica frutescens, foliis in lacinias variè dissectis. Pluk. Phyt. tab. 74. *f.* 1. Alcée des Indes, à feuilles différemment découpées.

Malvinda foliis inferioribus multi-fidis, superioribus incisis, flore solitario. Burm. Zeyl. 150. *t.* 69. *f.* 2.

Urena. Rheed. Malab. 10. *p.* 3. *t.* 2.

Le Docteur DILLÉNIUS a donné à ce genre le titre d'*Uréna*, dans le *Hortus Elthamensis*, parce que les caracteres de ces plantes different de toutes les especes de *Mauves*. Ces plantes portent aussi le même nom dans le *Hortus Malabaricus*.

Lobata. La premiere espece croît naturellement à la Chine & en Amérique : elle s'eleve avec une tige droite à plus de deux pieds de haut, & devient ligneuse en automne. Elle pousse quelques branches latérales cyindriques, roides, couvertes d'une écorce d'un vert foncé, & garnies de feuilles roides, angulaires, de deux pouces environ de longueur, fur deux pouces & un quart de large, placées fur de longs pétales, d'un vert foncé en-deffus, & pâles en-deffous. Les fleurs, qui font folitaires, naiffent aux aiffelles des tiges dont elles font rapprochées : elles ont la même forme que celles de Mauve, mais plus petites, & d'un rouge foncé. A ces fleurs fuccèdent des capfules rondes, armées de piquants, velues, & divifées en cinq cellules, qui renferment chacune une femence en forme de rein. Cette plante fleurit depuis le mois de Juillet jufqu'à l'hiver, & fes femences mûriffent fucceffivement.

Aculeata. La feconde efpece eft originaire de la Côte de Malabar, d'où fes femences m'ont été envoyées. Sa tige, ligneufe & de trois pieds de hauteur, fe divife en quatre ou cinq branches couvertes d'une écorce grife, & garnies de feuilles de différentes formes. Celles du bas font angulaires, d'un pouce & demi de longueur, fur à-peu-près autant de largeur ; celles du haut font découpées les unes en trois, & les autres en cinq lobes angulaires & obtus : elles font d'un vert foncé en-deffus, d'un vert pâle en-deffous, avec des bords fciés à dents aiguës, & fupportées par de longs pétioles. Les fleurs qui fortent feules aux aîles de la tige, font de la même forme que les précédentes, mais plus grandes ;

leurs pétales font étroits à leur bâfe, & ont des onglets d'un rouge foncé : elles paroiffent en Août & en Septembre ; mais leurs femences ne mûriffent point dans ce pays, à moins que l'automne ne foit chaud.

Sinuata. Les femences de la troifieme efpece ont été envoyées de Malabar. Ses tiges, velues & divifées en plufieurs branches, s'élevent à deux pieds environ de hauteur, & font garnies de feuilles oblongues, & partagées en trois lobes obtus, jufqu'à la côte du milieu. Ces lobes qui font découpés en plufieurs parties, font verts fur les deux faces & velus. Les fleurs font feffiles aux tiges, folitaires, placées aux aîles des feuilles, & de la même forme que celles de la précédente ; mais d'un rouge pâle, avec un fond d'un rouge foncé. Elles paroiffent en Août & en Septembre ; mais leurs femences ne mûriffent en Angleterre que dans les années chaudes.

Culture. On multiplie ces plantes par leurs graines, qu'il faut femer au commencement du printems. Quand elles font en etat d'être enlevées, on les met dans des pots ; on les plonge dans une nouvelle couche chaude pour hâter leurs progrès, & on les traite enfuite comme les efpeces délicates d'*Hibifcus*, dont on peut confulter l'article. Si les plantes font avancées au printems, & placées après dans la ferre chaude, elles perfectionneront leurs femences la même année ; ou bien on pourra les conferver pendant l'hiver dans la ferre chaude, où les graines mûriront l'année suivante. Les plantes subsistent rarement après.

URTICA. *Tourn. Inst. R. H.* 534. *Tab. 308. Linn. Gen. Plant.* 935. ainsi nommée d'*Urere*, *Lat.* brûler, parce que cette plante brûle fortement ceux qui la touchent. [*The Nettle.*] L'Ortie.

Caractères. Elle a des fleurs mâles & des fleurs femelles, placées à une certaine distance les unes des autres, quelquefois sur le même pied, & quelquefois sur des pieds séparés. Les fleurs mâles, qui ont un calice composé de quatre feuilles rondes & concaves, n'ont point de corolle, mais seulement un nectaire en forme de vâse, placé dans le centre ; & quatre étamines en alêne, étendues, & terminées par des antheres à deux cellules. Les fleurs femelles ont un calice ovale, persistant, & composé de deux valves : elles n'ont ni pétales, ni étamines ; mais un germe ovale & sans style, couronné par un stigmat velu. Ce germe devient ensuite une semence ovale & applatie, qui mûrit dans le calice.

Ce genre de plantes est rangé dans la quatrieme section de la vingt-unieme classe de LINNÉE, qui comprend celles qui ont des fleurs mâles & des fleurs femelles sur le même pied, & dont les fleurs mâles ont quatre étamines.

Les especes sont :

1. *Urtica dioïca, foliis oppositis, cordatis, racemis geminis. Linn. Sp. Pl.* 984. *Mat. med.* 201. *Gmel. Sib.* 3. *p.* 30. *n.* 19.

Neck. Gallob. p. 383. Pollich. Pal. n. 901. *Mattusch. Sil. n.* 690. *Dœrr. Nass.* 242 ; Ortie, avec des feuilles en forme de cœur, & opposées, & à épis disposés par paires.

Urtica urens maxima. C. B. P. 232 ; la plus grande Ortie piquante.

2. *Urtica urens, foliis oppositis, ovalibus. Linn. Sp. Plant.* 984. *Gmel. Sib.* 3. *p.* 30. *n.* 18. *Pollich. Pal. n.* 900. *Dœrr. Nass. p.* 242. *Flor. Dan.* 739 ; Ortie à feuilles ovales, & opposées.

Urtica urens minor. C. B. P. 232 ; la plus petite Ortie piquante.

3. *Urtica pilulifera, foliis oppositis, ovatis, serratis, amentis fructiferis, globosis. Linn. Sp.* 1395 ; Ortie à feuilles ovales, sciées & opposées, avec des semences renfermées dans des chatons globulaires.

Urtica urens, pilulas ferens ; seu Dioscoridis, femine Lini. C. B. P. 232 ; Ortie brûlante, qui produit des pilules & des semences semblables à celles du Lin, communément appelée Ortie Romaine.

Urtica Romana. Lob. Ic. 522.

4. *Urtica Dodartii, foliis oppositis, ovatis, sub-integerrimis, amentis fructiferis, globosis. Linn. Sp.* 1395 ; Ortie à feuilles ovales, oppofées, & presqu'entieres, avec des chatons globulaires, qui contiennent les semences.

Urtica altera, pilulifera, Parietariæ foliis. Act. Par. 131. *Dod. Mem.* 4. *p.* 323 ; autre Ortie produisant des pilules, à feuilles de Pariétaire, communément appelée, *Marjolaine d'Espagne.*

5. *Urtica Cannabina , foliis oppofitis , tripartitis , incifis. Lin. Hort. Upfal. 282. Gmel. Sib. 3. p. 31. n. 20. Kniph. Cent. 1. n. 93*; Ortie à feuilles oppofées, & divifées en trois parties.

Urtica foliis profundè laciniatis , femine Lini. Amman. Ruth. 249; Ortie à feuilles profondément découpées, avec des femences femblables à celles du Lin.

6. *Urtica cylindrica , foliis oppofitis , oblongis , amentis cylindricis , folitariis , indivifis , feffilibus. Linn. Sp. Plant. 984*; Ortie à feuilles oblongues, & oppofées, avec des chatons fimples, cylindriques, non divifés, & feffiles.

Urtica foliis oblongis , ferratis , nervofis , petiolatis. Flor. Virg. 187; Ortie à feuilles oblongues, fciées, nerveufes & pétiolées.

7. *Urtica Mariana , foliis oppofitis , ovato-lanceolatis , acuminatis , crenatis , amentis cylindricis , indivifis*; Ortie à feuilles ovales, en forme de lance, à pointe aiguë, crenelées & oppofées, avec des chatons cylindriques, & non divifés.

Urtica minor , iners , Mariana , feminibus ex alis foliorum racemofis , non ramofis. Pluk. Mant. 190; la petite Ortie du Maryland, avec des femences raffemblées en paquets longs, placés aux aîles des feuilles, & non branchus.

8. *Urtica Canadenfis , foliis alternis , cordato-ovatis , amentis ramofis , diftichis , erectis. Linn. Hort. Cliff. 441. Roy. Lugd-B. 210. Gron. Virg. 145. Gouan. Monfp. 485*; Ortie à feuilles alternes, en forme de cœur & ovales, avec des chatons erigés, branchus & doubles.

Urtica maxima ramofa Canadenfis. H. R. Par.; la plus grande Ortie rameufe du Canada.

9. *Urtica nivea , foliis alternis , fub-orbiculatis , utrinquè acutis , fubtùs tomentofis. Linn. Hort. Cliff. 441. Roy. Lugd-B. 210. Jacq. Hort. t. 166*; Ortie à feuilles alternes, prefque orbiculaires, pointues à chaque extrémité, & cotonneufes en-deffous.

Urtica racemifera maxima Senarum , foliis fubtùs argenteâ lanugine , villofis. Pluk. Amalth. 212; la plus grande Ortie à grappes de la Chine, à feuilles couvertes d'un duvet argenté en-deffous, & velues.

Rameum majus. Rumph. Amb. 5. p. 214.

10. *Urtica Balearica , foliis oppofitis , cordatis , ferratis , amentis fructiferis , globofis. Linn. Sp. 1395. Blackw. t. 321. f. 1*; Ortie à feuilles en forme de cœur, fciées & oppofées, avec des chatons & des fruits globulaires.

Urtica pilulifera , folio anguftiori , caule viridi , Balearica. Boerh. ind. alt. 11. 106; Ortie des Ifles Baléares, à feuilles étroites, qui produifent des pilules, avec une tige verte.

Dioïca. La premiere efpece eft une mauvaife herbe, fort commune fur le bord des foffés & autres lieux incultes. Ses racines s'étendent & couvrent la terre de maniere qu'il faut les arracher avec foin pour s'en débarraffer, quand elles font établies dans les jardins. Cette plante eft quelquefois d'ufage en Médecine, & l'on peut la trouver dans les champs presqu'en toutes faisons [f].

Urens. La feconde efpece eft auffi une mauvaife herbe, que l'on trouve dans les jardins & les champs cultivés ; mais comme elle eft annuelle, il eft plus facile de la détruire que la précédente.

Ces plantes font fi bien connues, qu'il eft inutile de les décrire.

Pilulifera. La troifieme efpece croît naturellement dans les marais de Romney, & près de Yarmouth : elle eft annuelle, & s'éleve à près de trois pieds de hauteur. Sa tige herbacée, épaiffe, d'une couleur purpurine, eft entièrement couverte de poils piquans. Ses branches font oppofées. Ses feuilles font en forme de cœur : celles du bas ont trois pouces de longueur, fur deux de large vers leur bâfe, & font terminées en pointe aiguë, profondément fciées fur leurs bords, oppofées, fupportées par de longs pétioles, & armées, fur les deux furfaces, de poils piquans. Les fleurs mâles & les femelles fortent des aîles des feuilles aux mêmes nœuds fur chaque côté de la tige. Les mâ-

____

[f] Le fuc d'*Ortie* depuré, arrête le crachement de fang, l'hémorrhagie de nez, le flux des hémorrhoides, & la dyffenterie : la graine de cette plante en ptifane eft très-utile dans toutes les efpeces d'hydropifies, parce qu'elle eft très-apéritive & diuretique ; prife en poudre, elle guérit fouvent le goître fans nuire à l'eftomac ni à la fanté.

les naiffent au-deffus des femelles fur des pédoncules longs & minces, ou chatons fort ferrés. Les fleurs femelles font poftées fur de plus courts pédoncules, & raffemblées en têtes globulaires. A ces fleurs fuccedent des femences liffes & luifantes, comme celles du Lin. Cette plante fleurit dans les mois de Juillet & Août, & fes femences mûriffent en automne.

Balearica. La dixieme efpece a été découverte dans les Ifles Baléares, par M. SALVADOR, Apothicaire de Barcelonne, qui en a envoyé les femences dans plufieurs jardins, où l'on a cultivé cette plante pendant plufieurs années. Elle differe de la troifieme efpece, en ce que fes feuilles font plus étroites & fes chatons globulaires ; mais comme ces deux plantes ont quelque reffemblance, il eft fouvent difficile de les diftinguer.

Dodartii. La quatrieme efpece, qui eft originaire de l'Efpagne & d'Italie, eft auffi une plante annuelle. Ses tiges font beaucoup plus minces que celles de la précédente, & pouffent rarement des branches. Ses feuilles naiffent par paires fur des pétioles fort minces ; elles font ovales, en forme de lance, & la plupart entieres. Les fleurs mâles & femelles, qui fortent aux aîles des feuilles, font de la même forme que celles de la dixieme. Toutes les parties de cette plante font armées de poils piquans : elle fleurit & perfectionne fes femences en même tems que la précédente.

Culture. On peut aifément

multiplier ces plantes en répandant leurs graines au mois de Mars, fur une planche de terre riche & légere. Quand les plantes ont pouffé, on les tranfporte dans les plates-bandes du parterre, où on les mêle avec d'autres. On fe fait un jeu de furprendre les perfonnes qui ne connoiffent point ces plantes, en les engageant à en cueillir une branche pour la fentir. Lorfqu'elles ont pris racine, elles n'exigent plus aucun autre foin que d'être tenues nettes de mauvaifes herbes. Si l'on donne à ces graines le tems de fe répandre d'elles-mêmes, elles produifent fans culture des plantes qui fleuriffent au printems fuivant.

Les femences de la troifieme efpece font quelquefois d'ufage en Médecine.

Cannabina. La cinquieme efpece fe trouve en Tartarie, d'où fes femences ont été portées au Jardin Impérial à Petersbourg, & delà ont été repandues dans la plupart des pays de l'Europe. Sa racine eft vivace, & produit plufieurs tiges quarrées, de cinq ou fix pieds de hauteur, & garnies de feuilles oblongues, profondément découpées en trois lobes, fortement dentelées fur leurs bords, oppofées & portées fur de longs pétioles. Les fleurs naiffent aux ailes des feuilles en chatons longs & cylindriques. Les fleurs mâles fortent fur le bas de la tige, & les femelles fur le haut. A ces dernieres fuccedent des femences femblables à celles du Lin, & renfermées dans les calices triangulaires de la fleur. Cette plante fleurit en Juillet, & fes femences mûriffent en automne. Les tiges & les feuilles de cette efpece font armées de poils piquans.

On la multiplie aifément par femences, ou en divifant fes racines : elle réuffit dans tous les fols, & à toutes les expofitions.

Cylindrica. La fixieme efpece, qui croît naturellement dans le Canada, & dans d'autres parties de l'Amérique feptentrionale, eft une plante annuelle, dont la tige eft luifante, herbacée, divifée en plufieurs branches, & garnie de feuilles oblongues, fciées, fortifiées longitudinalement de trois nerfs, oppofées, & portées fur de longs pétioles. Les fleurs naiffent aux ailes des feuilles en chatons fimples, & non-divifés : elles paroiffent tard dans l'année, & les femences ne mûriffent pas en Angleterre, à moins que l'automne ne foit très favorable.

Mariana. La feptieme efpece fe trouve auffi dans l'Amérique feptentrionale. Sa racine eft vivace, & produit plufieurs tiges de deux ou trois pieds de hauteur, garnies de feuilles ovales, en forme de lance, oppofées, portées fur de longs pétioles, crenelées fur leurs bords, & terminées en pointe aiguë. Ses fleurs fortent des ailes des feuilles à chaque côté de la tige, en chatons longs, cylindriques & non-divifés : elles paroiffent en Août; mais leurs femences ne mûriffent point en Angleterre.

Canadensis. La huitieme est encore originaire du Canada & de la Virginie. Sa racine est vivace ; ses tiges s'élevent à deux pieds de haut. Ses feuilles sont ovales, en forme de cœur, & alternes sur les tiges ; les fleurs sont réunies en chatons branchus aux ailes des feuilles : elles paroissent vers l'automne ; mais elles produisent rarement des semences dans ce pays.

Les deux dernieres especes sont communes dans plusieurs jardins anglois, où on les conserve plutôt pour la variété que pour leur beauté. On peut les multiplier en divisant leurs racines au printems : elles réussissent dans presque tous les sols, & à toutes les expositions, & elles supportent en plein air le froid le plus rude de ce climat.

Nivea. La neuvieme espece croît sans culture à la Chine, où on lui donne le nom de *Peama.* Cette plante qui est vivace, pousse de sa racine plusieurs tiges, de trois ou quatre pieds de haut, garnies de feuilles ovales, terminées en pointe à chaque extrémité, de quatre pouces de longueur sur deux & demi de large, sciées sur leurs bords d'un vert foncé en-dessus, fort blanches en-dessous, fortifiées par cinq veines longitudinales, placées alternativement sur les tiges, & portées sur de fort longs pétioles. Les fleurs sortent des ailes des feuilles en chatons clairs ; mais elles ne produisent point de semences en Angleterre.

On peut aussi multiplier cette

espece en divisant ses racines au mois de Mai ; car, dans cette saison cette plante est dans sa moindre vigueur, & c'est en hiver qu'elle fleurit le plus fortement.

On doit la planter dans des pots remplis de terre légere ; & comme elle est trop délicate pour pouvoir supporter en plein air le froid de notre climat, il faut la tenir dans des pots pour la mettre à couvert en hiver, & ne l'exposer en plein air que trois mois de l'année, pendant les chaleurs de l'été.

UVA URSI. *Voyez* ARBUTUS UVA URSI. L.

VULNÉRAIRE. *V.* ANTHYLLIS VULNERARIA. L.

UVULARIA. *Linn.* Gen. *Plant.* 373. [*The Uvularia*]. l'Uvulaire, espece de Laurier Alexandrin.

Caracteres. La fleur n'a point de calice : la corolle a six pétales oblongs, érigés, & en forme de lance ; elle contient six étamines en forme d'alêne, terminées par des antheres oblongues, érigées & quarrées, & un germe oblong, obtus & triangulaire, qui soutient un style plus long que les étamines, & couronné par un stigmat triple, obtus & étendu. Ce germe se change dans la suite en une capsule oblongue & obtuse, avec trois lobes, & autant de cellules remplies de semences plates & orbiculaires, disposées dans un double rang.

Ce genre de plantes est rangé dans la premiere section de la sixieme classe de LINNÉE, qui comprend celles dont les fleurs ont six étamines & un style.

Les efpeces fonr :

1°. *Uvularia amplexi-folia, foliis amplexicaulibus.* Linn. Sp. Plant. 304. Hall. Helv. f. n. 1237. Mattufch. Sil. n. 237 ; Uvulaire à feuilles amplexicaules.

Uvularia foliis cordato-oblongis. Flor. Leyd. 29 ; l'Uvulaire des montagnes.

Smilax perfoliata, ramofa, flore albo. Barr. Rar. 58. t. 720. & t. 719.

Polygonatum lati-folium ramofum. Bauh. Pin. 303. Bauh. Hifl. 3. p. 531. Moris. Hifl. 3. p. 537. S. 13. t. 4. f. 11. Raii Hifl. 665.

Polygonatum lati-folium, ramofum. Clus. Hifl. 1. p. 276.

Laurus Alexandrina. Cam. Ep. 936 ; Laurier Alexandrin.

2°. *Uvularia per-foliata, foliis per-foliatis.* Linn. Amœn. Acad. 2. p. 337 ; Uvulaire à feuilles perfoliées.

Polygonum ramofum, flore luteo, majus. Cornut. Canad. 38 ; Sceau de Salomon branchu, à groffe fleur jaune.

Polygonatum lati-folium, perfoliatum Brafilianum. Bauh. Pin. 303. Prodr. 139.

Amplexi-folia. La premiere efpece croit naturellement en Bohème & en Saxe. Sa racine eft vivace, & fa tige annuelle. Cette tige qui s'éleve à deux pieds environ de hauteur, pouffe une ou deux branches vers le bas, & eft garnie de feuilles oblongues, unies, terminées en pointe aiguë, & amplexicaules. Les fleurs fortent feules du centre des feuilles fur des pédoncules longs & minces : elles font compofées de fix pétales oblongs, nuds & jaunes,

& penchent vers le bas. Elles paroiffent à la fin d'Avril ; mais elles produifent rarement des femences en Angleterre.

Perfoliata. La feconde efpece, qui eft originaire de l'Amérique Septentrionale, a une racine vivace & une tige annuelle. Sa racine eft compofée de plufieurs fibres épaiffes & charnues, defquelles fortent plufieurs tiges, prefque toutes divifées en deux autres, à une petite diftance de la terre : elles font étendues & garnies de feuilles oblongues, unies, pointues, larges à leur bâfe, & qui entourent la tige de maniere qu'elle paroît paffer à travers. Les fleurs font compofées de fix pétales oblongs, jaunes, & terminés en pointe aiguë : elles font portées fur des pédoncules minces, qui s'élevent du milieu des feuilles & penchent vers le bas. Les fleurs paroiffent à-peu-près dans le même tems que celles de la précédente ; mais elles ne font pas fuivies de femences en Angleterre.

Ces plantes ont d'abord été rangées dans le genre des *Polygonatum* ; BOERHAAVE les a jointes avec la *Fritillaria* ; mais le titre d'*Uvularia* leur a été donné par LINNÉE, à caufe de la reffemblance de leur fruit avec l'*Uvula*.

Culture. Ces deux plantes font dures, & fubfiftent en pleine terre ; mais comme leurs fleurs n'ont pas beaucoup de beauté, on ne les conferve que pour la variété. On les multiplie en divifant leurs racines : on les tranfplante vers la Saint-Michel dans les plates-bandes du parterre : mais on ne doit les tranfplanter & les divifer que tous les trois ans ; car , fi on le faifoit plus fouvent , elles ne profiteroient pas auffi bien , & leurs fleurs feroient beaucoup moins fortes. Elles fe plaifent dans une marne légere , plutôt que fur un fol trop humide & trop fort.

WACHENDORFIA. *Burman.* [*The Wachfendorf.*] la Wachendorf.

Caractéres. La fpathe ou gaine de la fleur eft bivalve. La corolle a fix pétales oblongs , dont les trois fuperieurs font érigés , & les trois inférieurs étendus & ouverts. La fleur a deux nectaires hériffés , & placés à chaque côté des pétales fupérieurs : elle a trois étamines inclinées , plus courtes que les pétales , & terminées par des antheres penchées. Le germe qui eft placé au-deffus , eft rond & triangulaire ; il foutient un ftyle mince , penché , couronné par un ftigmat fimple , & fe change dans la fuite en une capfule ovale, à trois angles obtus , & divifée en trois cellules , qui renferment chacune une femence velue.

Le titre de ce genre lui a été donné par le Docteur JEAN BURMAN , Profeffeur de Botanique à Amfterdam , en l'honneur du Docteur EVERARD JACOB WACHENDORF , Profeffeur de Phyfique, de Botanique & de Chymie à Utrecht.

Ce genre de plantes eft rangé dans la premiere fection de la troifieme claffe de LINNÉE, dans laquelle fe trouvent comprifes celles qui ont trois étamines & un ftyle.

Les efpeces font :

1°. *Wachendorfia thyrfi-folia, fcapo fimplici. Linn. Sp. Plant,* 59 ; la Wachendorf à tige fimple , avec des feuilles en forme de thyrfe.

Wachendorfia foliis lanceolatis, quinqué-nerviis , canaliculo plicatis , floribus in thyrfum collectis, Burman. Monogr. 2. f. 2.

2°. *Wachendorfia paniculata , fcapo polyftachio. Linn. Sp. Plant,* 59 ; la Wachendorf à tige divifée , & à fleurs en panicules.

Wachendorfia foliis enfi-formibus , tri-nerviis , floribus paniculatis. Burm. Monogr. 4. f. 1 ; la Wachendorf à feuilles en forme d'épée , ayant trois veines , & des fleurs en panicules.

Sifyrinchium ramofum Æthiopicum. Breyn. Cent. 85. t. 37. Rudb. Elys. 2. p. 13. f. 10.

Afphodelus lati-folius, floribus patulis. Breyn. Prodr. 3. p. 22. t. 9. f. 1.

Erythro-Bulbus , Hellebori albi plicatis foliis. Pluck. Mant. 70.

Thyrfi-folia. La premiere croît naturellement au Cap de Bonne-Efpérance. Sa racine épaiffe , tubéreufe comme celle du *Jonc* , & d'un rouge foncé , pouffe des fibres perpendiculaires de la même couleur , qui s'étendent & produifent plufieurs rejettons. Les feuilles qui s'élevent immédiatement de la racine , font grandes , en forme de cœur & canelées : elles ont cinq veines pliffées en forme d'éventail. La plus grande de ces feuilles a deux pieds de longueur fur trois pouces de large , & elles font toutes d'un vert foncé. La tige , qui s'éleve du centre des têtes entre les feuilles , jufqu'a la hauteur de trois ou quatre pieds , est garnie de feuilles de la même forme que celles du bas ; mais plus étroites , alternes , & qui embrassent la tige à moitié de leur bâte. Tandis que les fleurs sont jeunes , elles sont renfermées dans des spathes ou gaines qui s'ouvrent peu de tems après. Ces spathes se fanent , & se dessechent ensuite ; mais elles restent sur la tige comme celles de l'Asphodele jaune. Les fleurs naissent sur les côtés de la tige , & forment des épis clairs au sommet. Plusieurs sont soutenues sur un pédoncule commun , & s'ouvrent l'une après l'autre , de maniere qu'on en voit rarement plus d'une seule épanouie à la fois sur le même pédoncule. Les fleurs supérieures sont presqu'érigées , & les inférieures sont inclinées vers le bas : elles sont velues , & d'une couleur de safran au-dehors ; mais unies , & jaunes en-dedans , & elles ont généralement six pétales. Quelquefois celles du bas n'en ont point ; mais dans ce cas , la place est occupée par le pointal : ce qui est une singularité de la Nature. Quand les fleurs du bas sont fanées , le germe se gonfle , & devient une capsule presque triangulaire , ovale , émoussée , & à trois cellules , qui renferment chacune trois semences , couleur de pourpre , velues , & fixées à un placenta oblong.

Culture. On multiplie cette plante par les rejettons qui sortent de la tête principale , comme dans quelques *Iris* à feuilles de *Glayeul.* On enleve ces rejettons à la fin d'Août , ou au commencement de Septembre , lorsqu'elles sont dans l'état le plus inactif : on les plante dans des pots remplis d'une terre molle , marneuse , & mêlée d'un peu de sable de mer. Si la saison est chaude & seche , il sera prudent de placer ces pots de maniere qu'ils ne soient exposés qu'au soleil du matin , jusqu'à ce que les rejettons aient poussé de nouvelles racines ; car le grand soleil en desseche la terre trop vîte , & si on les arrose trop , les racines sont sujettes à pourrir. Quand elles ont bien repris , on peut les placer dans une situation abritée , & au plein soleil , où on les laisse jusqu'aux approches des premieres gelées du matin. Alors on les place sous un vitrage de couche chaude avec les *Ixia* , & autres plantes à racines bulbeuses & tubéreuses du Cap de Bonne-Espérance , & on les traite suivant la méthode qui a été prescrite pour ces mêmes plantes.

Paniculata. La seconde espece se trouve aussi au Cap de Bonne-Espérance ; mais elle est moins élevée. Sa racine , qui est de la même forme que celle de la premiere , pousse plusieurs feuilles plissées , de six pouces environ de longueur , qui ont chacune trois veines profondes longitudinales. Du centre de ces feuilles naît une tige d'un pied de hauteur , de laquelle sort une ou deux branches latérales. Le bas de cette tige est de couleur pourpre , & son sommet est vert & velu. Les pédoncules qui sortent aux nœuds de la tige, soutiennent deux ou trois fleurs d'un pourpre pâle, qui paroissent au commencement d'Août, & auxquelles succedent des capsules, dont les semences mûrissent en Angleterre.

Cette espece exige la même culture que la precédente, & elle est également dure.

WALTHERIA. *Linn. Gen. Plant.* 741. [*The Waltheria.*] la Walther.

Caracteres. La fleur est malvacée ; le calice, qui a la forme d'un vase, est persistant, & formé par une feuille découpée en cinq pointes sur ses bords. La corolle est composée de cinq pétales en forme de cœur, étendus & ouverts. La fleur a cinq étamines réunies en un cylindre, & terminées par des antheres claires, avec un germe ovale, qui soutient un style simple, & couronné par un stigmat divisé en deux parties. Ce germe devient ensuite une capsule ovale à une cellule, qui renferme une semence obtuse.

Ce genre de plantes est rangé dans la premiere section de la seizieme classe de LINNÉE, qui comprend celles dont les fleurs ont cinq étamines jointes en une colonne.

Les especes sont :

1°. *Waltheria Americana, foliis ovalibus, plicatis, serrato-dentatis, capitulis pedunculatis. Linn, Sp. Plant.* 941; la Walther à feuilles ovales, plissées, sciées & dentelées, qui produit des fleurs sur des pédoncules.

Althææ similis Americana, flore luteo. Herm. Lugd-B. 2. *p.* 267.

Betonica arborescens, foliis amplioribus. Pluck. Alm. 67. *t.* 150. *f.* 6.

Althæa Americana pumila, flore luteo, spicato. Breyn. Cent. 1. *f.* 57; petit Althea d'Amérique à fleurs jaunes & en épis, ou le *Monosperm-Althæa arborescens, villosa, folio majori. Isnard. Act.* 1721. *p. p.* 362. *f.* 14.

2°. *Waltheria Indica, foliis ovatis, serratis, plicatis, capitulis sessilibus. Prod. Leyd.* 348; la Walther à feuilles ovales, sciées & plissées, avec des têtes de fleurs sessiles.

Malvinda Ulmi-folia, flosculis pusillis, muscosis. Burm. Zeyl. 149. *t.* 68.

Melochia foliis oblongis, obtusis, serratis, tomentosis, floribus consortis. Hort. Cliff. 343.

Betonica arborescens, villosis foliis, profundè venosis, floribus ex alis foliorum glomeratis. Pluck. Mant. 31.

3°. *Waltheria angusti-folia, foliis lanceolatis, serratis, capitulis pedunculatis. Prod. Leyd.* 348. *Fl. Zeyl.* 244; la Walther à feuilles en forme de lance & sciées, avec des têtes de fleurs sur des pédoncules.

Betonica arborescens, Maderaspatana, villosa, foliis profundè venosis. Pluck. Alm. 67. *Tab.* 150; Bétoine de Madras, en arbre, à feuilles velues, & profondément veinées.

Monosperm-Althæa arborescens, villosa, flore minore. Isn. Act. 1721. *p.* 278. *t.* 14.

Ce genre de plantes est représenté dans les Mémoires de l'Académie des Sciences de Paris, par M. D'ISNARD, qui lui a donné le titre de *Monofperm-Althæa*, à caufe de la reffemblance de cette plante avec l'*Althea*, & parce qu'elle n'a qu'une fimple femence dans chaque fleur ; mais LINNÉE a changé ce nom en celui de *Waltheria*, en l'honneur d'AU-GUSTE·FRÉDÉRIC WALTHER, Profeffeur à Leipfic, & Botanifte curieux.

Americana. La premiere efpece croît naturellement au Bréfil, ainfi que dans plufieurs parties des Ifles de l'Amérique : elle a une tige molle, ligneufe, & de deux pieds environ de hauteur, qui pouffe deux ou trois branches latérales. Ses feuilles font oblongues, ovales, unies, fciées fur leurs bords, d'un vert pâle, jaunâtre, & alternes. Ses fleurs, qui font recueillies en épis ferrés & épais au fommet de la tige, ont des calices mous & velus, & cinq petales joints à leur bâfe : elles font petites, d'un jaune brillant, étendues & ouvertes. A chaque fleur fuccede une femence angulaire, qui mûrit dans le calice. Elles paroiffent en Juiller & en Août, & leurs femences mûriffent en automne.

Indica. La feconde efpece, qui fe trouve également dans les deux Indes, s'éleve à la hauteur de huit ou dix pieds avec une tige d'arbriffeau branchue, & couverte de poils mous. Ses feuilles font alternes, portées fur des pétioles, de quatre pouces de longueur fur deux de large au milieu, arrondies aux deux bouts, d'un vert jaunâtre, fort velues, molles, & à plufieurs veines longitudinales. Les pédoncules fortent des côtés des branches, & font terminées par des grappes de fort petites fleurs feffiles, qui à peine fortent hors de leurs calices qui font mous & velus. A ces fleurs fuccede une femence fimple, enveloppée dans le calice : cette plante fleurit dans prefque tous les mois d'été, & fes femences mûriffent fucceffivement.

Angufti-folia. La troifieme efpece eft originaire de Campêche & de l'Inde. Ses femences m'ont été envoyées de ce premier endroit. Ses tiges font ligneufes, de fix ou fept pieds de hauteur, & divifées en plufieurs branches moins velues que celles de la précédente. Les feuilles font en forme de lance, de trois pouces & demi environ de longueur fur un & demi de large, d'un vert jaunâtre, fciées fur leurs bords, & velues ; mais elles ne font pas fi molles que celles de la précédente. Elles ont plufieurs veines qui partent de la côte du milieu, & font poftées fur de longs pétioles. Les fleurs font petites, jaunes, recueillies en paquets ronds fur de courts pédoncules, & feffiles aux aîles des feuilles : elles paroiffent en Juin, Juillet & Août, & perfectionnent leurs femences en automne.

Culture. On multiplie ces plantes par leurs graines, qu'il faut femer fur une couche chaude. Quand les plantes qui en proviennent, font en état d'être tranfplantées, on les met chacune féparément dans un petit pot ; on les plonge dans une

nouvelle couche chaude , &
on les traite enfuite comme les
autres plantes tendres qui viennent du nième pays, en les tenant conftamment dans la ferre
chaude de tan : car elles ne
profiteroient pas fans cela en
Angleterre. Ces plantes fleuriffent dans la feconde année ,
& produifent des femences : on
peut les conferver trois ou
quatre ans, en les tranfplan-
tant fouvent , & en taillant
leurs racines pour les tenir dans
les bornes néceffaires ; car fi
on les laiffoit long-tems dans
la couche de tan , leurs racines poufferoient à travers les
trous du fond des pots , & s'é-
tendroient à une grande diftance dans le tan. Quand cela
arrive , & que leurs racines font
ou coupées ou caffées , elles
y furvivent rarement. Lorfque
les plantes prennent racine
dans le tan, elles pouffent fortement , & ne peuvent être
tenues dans des bornes convenables. Lorfque ces racines
font dérangées , leurs branches penchent, & leurs feuilles
fe rident & tombent. Ainfi,
pour conferver ces plantes ,
il faut les tirer hors du tan ,
au moins une fois toutes les fix
femaines pendant l'été , & les
changer de pots tous les deux
mois. Au moyen de ce traitement , on pourra conferver
les deux dernieres efpeces pendant plufieurs années ; mais la
premiere ne fubfifte guere plus
de deux ans.

WARNERA. *Hydraftis. Lin.*
Gen. 704. [*The Warnera, or*
Yellow-root.] la Warner , ou
Racine jaune.

Caracteres. La fleur n'a point
de calice. La corolle eft compofée de trois pétales ovales
& réguliers , qui renferment
un grand nombre d'étamines
plus courtes que les pétales ,
& terminées par des antheres
obtufes & comprimées : elle à
plufieurs germes recueillis en
une tête ovale , avec des ftyles
courts , & couronnés par des
ftigmats larges & comprimés.
Ces germes deviennent enfuite
une baie, compofée de plufieurs
grains, comme les *Fraifes* , &
qui renferment chacun une femence oblongue.

Ce genre de plantes eft rangé
dans la feptieme fection de la
treizieme claffe de LINNÉE, qui
comprend celles dont les fleurs
ont plufieurs organes de la génération , mâles & femelles.

Le titre de ce genre lui a
été donné en l'honneur de RI-
CHARD WARNER , écuyer , de
Woodford-row , en Effex, Botanifte fort curieux , & grand
collecteur de plantes.

Nous ne connoiffons qu'une
efpece de cette plante , favoir :

Warnera Canadenfis , la Warner , ou Racine jaune.

Hydraftis Canadenfis. Linn. Sp.
Syft. Plant. t. 2. *p.* 674 ; Herbe
aquatique du Canada.

Hydrophyllum verum Canaden-
fium. Linh. Sp. Plant. 1. *p.* 146.

Cette plante croît naturellement dans le Canada , & dans
plufieurs autres parties de l'A-
mérique feptentrionale. Sa racine eft compofée de tuber-
cules épais, charnus, d'un jaune
foncé en dedans, couverts d'u-
ne peau brune , & qui produifent des fibres en plufieurs par-

tiés au printems. De cette racine
sortent un ou deux pétioles de
neuf pouces environ de hauteur, sur lesquels sont une ou
deux feuilles à deux lobes sciés
sur leurs bords. Le pédoncule
est terminé par une fleur composée de trois pétales ovales &
blancs, qui renferment plusieurs
étamines & styles. A cette fleur
succede un fruit composé de
plusieurs grains, comme ceux
des *Fraises*, & qui devient rouge
en mûrissant. Cette plante fleurit
en Mai, & son fruit se perfectionne en Juillet.

Cette plante est assez commune dans les jardins anglois,
où elle ne se multiplie pas beaucoup : elle se plaît à l'ombre
& à l'humidité ; car, quand
elle est plantée dans une terre
seche, ou fort exposée au soleil, elle subsiste rarement en
été. Ainsi, il faut la placer
dans un sol humide & marneux,
& à l'ombre, où elle doit rester trois ou quatre années sans
être remuée.

WATSONIA. *Antholiza. Lin.
Gen. Plant. Ed. nouv. n. 64.* Le
titre de ce genre lui a été donné en l'honneur de mon ami
le savant Docteur GUILLAUME
WATSON, dont les connois-
sances en Botanique exigent
avec justice ce tribut. [*The
Watsonia.*] La Watson.

Caracteres. La fleur a une gaîne qui se divise en deux parties
presque jusqu'au fond. La corolle est monopétale ; son tube
est long, un peu recourbé,
& gonflé à la partie haute. Le
bord est découpé en six segmens
obtus, étendus & ouverts. La
fleur a trois étamines longues,

minces, & terminées par des
antheres oblongues & pen-
chées, avec un germe rond à
trois angles, qui soutient un
style mince, un peu plus long
que les étamines, & couronné
par trois stigmats divisés en
deux parties. Ce germe se change dans la suite en une capsule
ronde à trois angles, & à trois
cellules, qui s'ouvrent en trois
valves, & renferment chacune
trois ou quatre semences rondes.

Ce genre de plantes appartient
à la premiere section de la troisieme classe de LINNÉE, qui
comprend celles dont les fleurs
ont trois parties mâles & une
femelle. Elle differe du *Gladiolus*, en ce qu'elle a une fleur
tubulée, monopétale ; & du
Crinum par ses trois étamines.

Elle a été intitulée par le
Docteur TREW, *Meriana flore
rubello*, avant qu'il ait eu connoissance du nom que je lui avois
donné ; mais il m'a écrit depuis,
que puisque c'étoit moi qui
eut élevé la plante de semence, il supprimeroit son titre, &
adopteroit le mien ; reconnois-
sant que j'avois plus de droit
de la nommer, & d'autant plus
que la figure qu'il en avoit
publiée, avoit été prise sur
une plante du Jardin de Chelséa.

LINNÉE lui a donné le nom
d'*Antholyza.*

Les especes sont :

1°. *Watsonia Meriana, floribus
infundibuli-formibus, sub-æquali-
bus* ; la Watson à fleurs en
forme d'entonnoir, & à pétales
égaux.

*Antholyza Meriana, Lin. Syst.
Plant. t. 1. p. 103. Sp. 4.*

Meriana flore rubello. Trew.

Tab. 40 ; Mériane à fleurs rouges.

2°. *Watsonia humilis , foliis gladiolatis , floribus majoribus ;* la Watson nain , à feuilles en forme d'épée , & à grandes fleurs.

Antholyza Merianella , Linn. Syst. Plant. t. 1. p. 103. Sp. 5.

Ces plantes croissent naturellement aux environs du Cap de Bonne-Espérance. La racine de la première est bulbeuse , comprimée , en forme de rein , & couverte d'une peau fibreuse & brune. Ses feuilles sont en forme d'épée , d'un pied environ de longueur sur un pouce de large , & terminées en pointe aiguë. Les deux côtés de ces feuilles ont des bords tranchants ; mais le milieu est plus épais , & garni d'une côte qui déborde : elles sont d'un vert pâle , & s'élevent immédiatement de la racine. La tige sort de la racine entre les feuilles , & s'éleve à un pied & demi de haut. Les fleurs naissent sur les côtés , & sont postées alternativement à un pouce & demi environ de distance l'une de l'autre. Chacune a une gaîne composée de deux feuilles jointes à leur bâse , où elles sont larges ; mais elles diminuent de largeur jusqu'à leur extrémité. Avant que la fleur paroisse , cette gaîne est de la même couleur verte que la tige , & n'est divisée que dans une petite partie de sa longueur ; mais elle se rend ensuite presque jusqu'au bas , se fane avant que la fleur soit détruite , & forme une enveloppe à la capsule. Le tube de la fleur , qui a un pouce & demi de longueur , est étroit à sa bâse , un peu recourbé , & gonflé considérablement dans la moitié de sa partie haute. Son extrémité est divisée en six segmens obtus , étendus , & à-peu-près égaux. La fleur qui est d'un rouge de cuivre en-dehors , & d'un rouge foncé en-dedans , a trois étamines un peu plus longues que les pétales , recourbées & terminées par des antheres oblongues , d'un brun foncé , fixées au milieu , à l'apex des étamines , & penchées. Au fond du tube du pétale est placé un germe ovale , & à trois angles , qui soutient un style mince , un peu plus long que les étamines , & couronné par trois stigmats divisés en deux parties réfléchies. Ces fleurs paroissent généralement en Avril ou en Mai , & leurs semences mûrissent en Juillet.

Les graines de celle-ci , ainsi que de quelqu'especes d'*Ixia* , m'ont été envoyées par mon ami Monsieur JOB BASTER de Zirickzée. Elles ont réussi dans le Jardin de Chelséa , & plusieurs des plantes qu'elles ont produites , ont donné depuis de belles fleurs.

Humilis. La seconde espece est d'un crû plus bas que la première. Ses feuilles ont rarement plus de six pouces de longueur ; mais elles sont aussi larges que celles de la précédente , & d'un vert plus léger. La tige s'éleve entre les feuilles à neuf pouces environ de hauteur , & soutient quatre ou cinq fleurs qui y sont sessiles. Ces fleurs sont plus grandes ,

mais

mais de la même couleur que celles de la premiere, & paroiſſent plus tard.

Culture. On multiplie ces plantes par les nombreux rejettons que leurs racines produiſent, comme les *Crocus* & les *Gladioles*, & on les tranſplante au mois d'Août auſſi-tôt que les tiges ſont flétries. Les plus groſſes racines doivent être miſes chacune ſéparément dans des pots remplis d'une terre fraîche & légere : on peut les laiſſer en plein air juſques vers la fin de Septembre, tems auquel les feuilles commencent à paroître au deſſus de la terre, pour les mettre alors à couvert ; car cette plante étant originaire des pays chauds, doit être ſenſible à la gelée. On l'a ainſi ménagée juſqu'à preſent ; & tant que ſes racines ne ſeront pas plus communes, il ne ſeroit pas prudent de les riſquer en plein air pendant l'hiver. Elles pourroient cependant être aſſez dures pour ſupporter le froid de nos hivers ordinaires, étant placées dans une plate-bande chaude & ſeche, & étant un peu couvertes pendant les fortes gelées ; car celles qui ont été miſes dans une caiſſe de vitrage ouverte & airée, ont mieux réuſſi que celles qui ont été tenues dans la ſerre chaude. Les fleurs de ces premieres étoient beaucoup plus fortes, & de plus longue durée : cependant celles de la ſerre chaude ont fleuri un mois plutôt ; mais elles avoient tant filé, qu'elles n'ont point produit de ſemences, au lieu que celles qui ont été traitées aſſez

durement, & auxquelles on a donné beaucoup d'air, ont rarement manqué.

La meilleure maniere de traiter ces racines eſt de plonger en Octobre les pots qui les contiennent dans une vieille couche de tan qui ait perdu ſa chaleur, & de couvrir cette couche d'un vitrage, qu'il faut ôter chaque jour dans le tems doux, afin qu'elles puiſſent avoir autant d'air qu'il eſt poſſible, pour les empêcher de filer ; mais il faut les couvrir dans les mauvais tems, & les mettre à l'abri de la gelée. A la fin de Mars, quand elles commencent à pouſſer leurs tiges de fleurs, on met les pots dans une caiſſe de vitrage airée ; & dès que les fleurs ſont paſſées, on les place en plein air, pour qu'elles puiſſent perfectionner leurs ſemences.

On plante trois ou quatre rejettons ou petites racines dans un pot, ſuivant leur force, & on les traite comme les groſſes dans la premiere année. Après ce tems, elles ſeront aſſez fortes pour fleurir, & alors il faudra les mettre chacune dans un pot.

WINTERANIA. *Lin. Sp. Plant.* 636. [*Winter's Bark.*] Canelier ſauvage des Barbades.

Caracteres. Le calice de la fleur eſt en forme de cloche, & compoſé de trois lobes ronds & concaves. La corolle a cinq pétales ovales, ſeſſiles, & plus longs que le calice, avec un nectaire conique en forme de gobelet, concave, & de la longueur des pétales. La fleur n'a point d'étamines, mais ſeulement des antheres linéaires, paralleles, diftinctes, & poftées fur l'extérieur du nectaire, & au milieu defquelles eft un germe qui foutient un ftyle cylindrique, couronné par trois ftigmats obtus, & qui fe change dans la fuite en une baie ronde & à trois cellules, renfermant deux femences en forme de cœur.

Ce genre de plantes eft rangé dans la premiere fection de la onzieme claffe de LINNÉE, avec celles dont les fleurs ont plus de dix & moins de vingt étamines ou antheres, & un ftyle.

Nous n'avons qu'une efpece de ce genre.

1°. *Winterania Canella. Lin. Sp. Plant.* 636. *Caffia Cinnamomea, five Cinnamomum fylveftre Barbadenfium. Pluck. Alm.* 89. *tab.* 161. *f.* 7; Canelier fauvage, ou Caffe des Barbades.

Winterania. Linn. Hort. Cliff. 488. *Mat. Med.* 119.

Winteranus cortex. Clus. Exot. 75. *Blackw. t.* 206.

Laurus foliis enerviis, obovatis, obtufis. Linn. Sp. Plant. 1. *p.* 371.

Canella foliis oblongis, obtufis, nitidis, racemis terminalibus. Brown. Jam. 215. *t.* 27. *f.* 3.

Arbor baccifera, Lauri-folia, aromatica, fructu viridi calyculato, racemofo. Sloan. Jam. 165. *Hift.* 2. *p.* 87. *t.* 19. 1. *f.* 2. *Catesb. Carol.* 2. *p.* 50. *t.* 50.

Cet arbre croit naturellement dans la plupart des Ifles angloifes des Indes occidentales où il s'éleve à la hauteur de vingt pieds environ. Sa tige eft ordinairement garnie de branches depuis la terre jufqu'au fommet, couverte d'une écorce de couleur cendrée, claire,

& fort chargée de feuilles oblongues, de deux pouces environ de longueur, étroites près du pétiole, plus larges & arrondies à l'autre extrémité, fur un pouce de largeur, d'une couleur claire, ou vert pâle, poftées fur de courts pétioles, & placées fans ordre vers l'extrémité des branches, où les fleurs fortent auffi prefqu'en forme d'ombelle. Ces fleurs font compofées de cinq pétales oblongs, de couleur écarlate, & elles produifent des baies rondes qui portent un calice ombiliqué à leur fommet, & qui renferment des femences noires & luifantes.

Toutes les parties de cette plante, fon écorce, fes feuilles & fon fruit font fort aromatiques, & ont la faveur du pain d'épice.

Les habitans de ces contrées fe fervent de l'écorce pour affaifonner leur mêts : elle eft auffi d'ufage en Médecine pour purger le flegme [g]. On n'eft point affuré fi cette écorce eft la même que celle qui a été apportée du Détroit de Magellan, en 1578, par le Capitaine WINTER.

Cet arbre étant originaire des pays chauds, eft trop délicat pour pouvoir fubfifter en Angleterre, fans le fecours con-

---

[g] Outre l'ufage de cette écorce dans les Ragouts à la place de Poivre & de clous de Girofle, on en confit dans la verdeur; alors on l'emploie avec un grand fuccès contre le fcorbut; mais fon ufage nuit à ceux qui ont le tempérament bilieux & échauffé.

tinuel d'une serre chaude. J'ai
élevé plusieurs de ces plantes
avec des semences qui m'ont
été envoyées d'Antigoa il y a
quelques années : elles ont crû
jusqu'à la hauteur de quatre à
cinq pieds ; mais elles n'ont
point encore produit de fleurs.

Ces plantes veulent être tenues en hiver dans la couche
de tan de la serre chaude ; on
les arrose légerement dans cette
saison ; mais en été elles demandent beaucoup d'eau , & de
l'air quand le tems est chaud.
En les traitant ainsi , on peut
très-bien les conserver : mais
il est difficile de les multiplier ;
car j'ai marcotté plusieurs de
leurs branches basses , & aucune n'a pris racine. J'ai planté
aussi des boutures , qui n'ont
pas mieux réussi ; de sorte que
le moyen le plus sûr est de se
procurer des semences fraiches
de l'Amérique.

X

XANTHIUM. *Tourn. Inst. R.
H. 438. Tab. 252. Linn. Gen.
Plant. 937. [Lesser Burdock].*
la petite Bardane , ou petit
Glouteron.

Caracteres. Cette plante a des
fleurs mâles & des fleurs femelles sur le même pied. Les
fleurs mâles ont un calice commun & écailleux , & sont composées de plusieurs fleurons
tubulés en forme d'entonnoir ,
égaux , disposés en hémisphere ,
& découpés en cinq segmens
sur leurs bords : ils ont chacun
cinq fort petites étamines terminées par des antheres érigées
& paralleles. Les fleurs femelles , qui sont placées par paires
sous les mâles , n'ont ni pétales
ni étamines ; mais elles produisent un fruit oblong , ovale ,
épineux , & à deux cellules ,
dont chacune contient une semence oblongue , convexe d'un
côté , & unie de l'autre.

Ce genre de plantes est rangé
dans la cinquieme section de la
vingt-unieme classe de LINNÉE ,
avec celles qui ont des fleurs
mâles & femelles séparées , &
dont les fleurs mâles ont cinq
étamines.

Les especes sont :

1°. *Xanthium strumarium , caule
inermi , foliis cordatis , trinerva-
tis. Linn. Hort. Cliff. 443. Hort.
Ups. 284. Fl. 778. 864. Fl. Zeyl.
569. Mat. Med. 201. Roy. Lugd. B.
85 ;* Xanthium avec une tige
sans épines , & des feuilles en
forme de cœur , & à trois
veines.

Lappa minor , sivè *Xanthium
Dioscoridis. Bauh. Pin.* 198.

Xanthium , sivè *Lappa minor.
J. B. 3. 572 ;* petit Glouteron ,
ou petite Bardane.

2°. *Xanthium Canadenſe, caule inermi, foliis cunei-formibus ovatis. ſub tri-lobis. Linn. Sp. 1400.*

Xanthium Orientale. Linn. Syſt. Plant. t. 4. p. 137. Sp. 2 ; petite Bardane du Canada, avec une tige ſans épines, & des feuilles ovales, en forme de coin, & preſqu'à trois lobes.

Xanthium majus Canadenſe. H. L. 635 ; le plus grand Xanthium du Canada.

Lappa Canadenſis, minori congener, ſed precerior. Raii Hiſt. 165.

3°. *Xanthium ſpinoſum, ſpinis ternatis. Linn. Hort. Upſal, 283* ; petite Bardane du Portugal, avec de triples épines.

Xanthium Luſitanium ſpinoſum. Pluck. Alm. 206. t. 239. f. 1. Herm. Parad. 246. t. 246. Magn. Hort. 208. Volk. Norib. 149. f. 149 ; Xanthium épineux du Portugal.

4°. *Xanthium Chinenſe, caule inermi, ramoſo, aculeis fructibus erectis, longiſſimis* ; petite Bardane de la Chine, avec une tige ſans épines & branchue, dont les épines du fruit ſont fort longues & érigées.

Strumarium. La premiere eſpece croît naturellement en Europe, ainſi que dans l'Inde, d'où ſes ſemences m'ont été envoyées. On l'a trouvée dans quelques endroits de l'Angleterre ; mais on ne l'y rencontre plus depuis pluſieurs années. Je l'ai cependant recueillie une fois ſur la route, près du College de Dulwich. Sa tige, qui eſt ronde, & marquée de pluſieurs taches noires, s'éleve dans une bonne terre à deux pieds de hauteur, & pouſſe pluſieurs branches laté-

rales. Ses feuilles ſont poſtées ſur des pétioles minces, & de quatre pouces environ de longueur. Ses pédoncules s'élevent aux aiſſelles de la tige. Les feuilles ſont preſqu'en forme de cœur, & quelques unes des plus grandes ſont découpées ſur leurs bords en trois lobes aigus : elles ſont auſſi irrégulièrement dentelées, terminées en pointe aiguë, d'un vert foncé en-deſſus, & d'un vert pâle en-deſſous. Les fleurs naiſſent en épis clairs ; les fleurs mâles ſont placées au ſommet, & les femelles au-deſſous : elles ſont d'une couleur herbacée, & recùeillies en têtes rondes. Ces fleurs produiſent un fruit oblong, ovale, & fortement armé d'épines courtes & érigées. Cette plante fleurit en Juillet, & ſes ſemences mûriſſent en automne.

Cette eſpece a été fort recommandée par quelques Médecins pour guérir les tumeurs ſcrophuleuſes & la lepre ; mais l'on s'en ſert rarement aujourd'hui. [h].

Canadenſe. La ſeconde eſpece, qui eſt originaire de l'Amérique ſeptenirionale, a des tiges beaucoup plus épaiſſes & plus élevées que celles de la premiere. Ses feuilles ſont moins creuſées à leur bâſe, diviſées moins profondément, & inégalement dentelées ſur les bords. Elles ont trois fortes veines longitudinales ; mais elles ſont

---

[h] La racine de cette plante eſt d'un goût âcre & amer, ce qui fait qu'on l'eſtime digeſtive & réſolutive.

de la même couleur que celles de la précédente. Les fleurs font produites en épis plus courts & plus clairs ; le fruit eſt beaucoup plus gros , & armé d'épines plus fortes & recourbées. Ces fleurs paroiſſent en Août ; & dans les années chaudes , elles perfectionnent leurs fruits en automne.

Spinoſum. La troiſieme eſpece ſe trouve en Portugal & en Eſpagne. Ses tiges s'élevent à trois pieds de haut , & pouſſent, dans toute leur longueur , des branches garnies de feuilles oblongues , dentelées ſur leurs bords, terminées en pointe aiguë , de deux à trois pouces de longueur ſur neuf lignes de large , d'un vert foncé en-deſſus , blanches en-deſſous , & poſtées ſur de fort courts pétioles. Les fleurs ſortent des parties latérales des branches , au nombre de deux & trois à chaque bouton. Parmi ces fleurs, il y en a une femelle à laquelle ſuccede un fruit oblong , ovale , & armé d'épines minces, aiguës & érigées. Les tiges & les branches ſont armées ſur chaque côté d'épines longues, roides & triples ; ce qui les rend dangereuſes à manier. Cette plante fleurit en Juillet & en Août ; & dans les années chaudes , ſes ſemences mûriſſent en automne.

Chinenſe. La quatrieme eſpece croît naturellement à la Chine, d'où ſes ſemences m'ont été ſouvent envoyées. Cette plante reſſemble à la premiere ; mais elle devient plus groſſe , & elle pouſſe plus de branches. Ses fleurs naiſſent en épis clairs au ſommet des tiges. Son fruit reſſemble à celui de la premiere ; mais ſes épines ſont plus minces, ſimples & droites. Cette plante fleurit à-peu-près dans le même tems que la troiſieme eſpece ; mais ſes ſemences ne mûriſſent point en Angleterre, à moins que l'automne ne ſoit chaude.

Culture. Toutes ces plantes ſont annuelles. La premiere produit des ſemences qui tombent en automne : ces graines produiſent des plantes qui n'exigent aucun autre ſoin que d'être éclaircies dans les endroits où elles ſont trop ſerrées, & d'être tenues nettes de mauvaiſes herbes. La ſeconde eſpece ſe multiplioit facilement autrefois de la même maniere ; mais depuis quelques années , les automnes ont été ſi contraires , que les ſemences n'ont pu parvenir à leur maturité.

La troiſieme eſpece perfectionne ſes graines ſur des plantes de ſemences écartées ; mais comme elles manquent ſouvent, le plus ſûr eſt d'élever des plantes ſur une couche de chaleur modérée. Lorſqu'elles ont acquis aſſez de force , on les place ſur une plate-bande chaude, dans un ſol maigre qui retarde leurs progrès, & les rend plus fructueuſes ; car ſi on les plantoit dans une terre riche, elles deviendroient très-ſucculentes , & leurs fleurs, qui ne paroîtroient que fort tard en automne , ne donneroient point de ſemences mûres.

La quatrieme eſpece doit être élevée ſur une couche chaude au printems : on met enſuite chaque plante dans un petit pot, & on les plonge dans une nouvelle couche chaude pour hâter leurs progrès. Quand elles ont acquis une certaine force, on les accoutume par degrés à supporter l'air ouvert. Au mois de Juin, on peut en ôter quelques-unes des pots, & les planter en motte dans une plate-bande à l'exposition du midi, où elles perfectionneront leurs semences, si la saison est favorable.

Toutes ces plantes se plaisent sur un sol riche & humide.

XANTHOXYLON ÉPINEUX. *Voy.* MORUS XANTHOXYLUM.

XANTHOXYLUM. *Lin. Gen. Plant.* 335. [*The Tooth-ache-tree.*] Arbre du mal de dent.

Caractères. Cette plante a des fleurs mâles & des fleurs femelles sur différents pieds. La fleur mâle n'a point de calice, mais seulement cinq pétales ovales, & cinq étamines minces, plus longues que les pétales, & terminées par des antheres sillonnées. La fleur femelle a trois germes réunis à leur bâse, qui ont chacun un style latéral, couronné par un stigmat obtus, & se changent ensuite en autant de capsules qui contiennent chacune une semence ronde, dure & luisante.

Ce genre de plantes est rangé dans la cinquieme section de la vingt-deuxieme classe de LINNÉE, qui comprend celles qui ont des fleurs mâles & femelles sur différents pieds, & dont les fleurs mâles ont cinq étamines.

Les especes sont :

1º. *Xanthoxylum, Clava Her-*culis, *foliis pinnatis. Linn. Sp. Plant.* 1455.

Xanthoxylum spinosum, Lentisci longioribus foliis, Evonymi fructu capsulari. Catesb. Carolin. 1. *p.* 26 ; Xanthoxylon épineux, avec de plus longues feuilles de Lentisque & des capsules, comme celles du Fusain.

Le *Frangi-panier. Offic.*

2º. *Xanthoxylum Americanum, foliis pinnatis, foliolis oblongoovatis, integerrimis, sessilibus;* Xanthoxylon à feuilles aîlées, dont les lobes sont oblongs, ovales, très-entiers & sessiles, ordinairement appelé *Arbre du mal de dent.*

Fragara, Fraxini folio. Duham. 1. *p.* 229. *t.* 97 ; nommé par les Jardiniers, *Frêne épineux.*

Clava Herculis. La premiere espece croît naturellement dans la Caroline Méridionale, où elle s'éleve à la hauteur de quinze ou seize pieds. Sa tige ligneuse, & d'un pied d'épaisseur, est couverte d'une écorce rude & blanchâtre, & armée d'épines courtes & épaisses, qui deviennent fort grosses à mesure que le tronc augmente, de maniere qu'à la fin elles forment des protubérances ou élévations terminées par une épine. Les feuilles sont quelquefois placées par paires, & quelquefois éparses sans ordre. Elles sont composées de trois, quatre, ou cinq paires de lobes en forme de lance, opposés & terminés par un lobe impair. Ces lobes sont d'un vert foncé en-dessus, d'un vert jaunâtre en-dessous, un peu sciés sur leurs bords, & postés sur de courts pétioles. A l'extrémité des branches fortent des pédoncules divifés & écartés , qui foutiennent des fleurs en panicule clair. Ces fleurs font compofées de cinq pétales blancs, petits, & fans enveloppe ou calice. Quelques-uns regardent cependant ces pétales comme le calice ; mais comme ils font d'une couleur différente des feuilles , je penfe qu'ils font réellement des pétales. En-dedans font placées cinq étamines terminées par des antheres rondes ; & dans les fleurs femelles, il y a cinq ftyles fixés lateralement fur des germes. Quand la fleur eft paffée, chaque germe devient une capfule ronde & quarrée , qui renferme une femence ronde , dure & luifante. On donne quelquefois à cette efpece le nom de *Pariétaire en Arbre.*

Elle a été généralement confondue avec le *Bois jaune épineux* ou l'*Hercule jaune* du Chevalier fir HANS SLOANE ; mais elle en eft très-différente : car dans les Indes Occidentales elle eft un des plus grands arbres de bois de charpente , & les échantillons que j'ai reçus de la Jamaïque , font fort différents de ceux de la Caroline. Les feuilles de la premiere font deux fois plus grandes que celles de la derniere. Leurs lobes ont prefque trois pouces de longueur fur un & demi de large. Ils font feffiles au petiole , & n'ont point d'impair à l'extrémité. Je n'ai pas vu les fleurs de cette plante ; mais fes capfules ont cinq cellules , qui contiennent chacune une femence noire , dure & luifante.

Americanum. La feconde efpece eft originaire de la Penfylvanie & du Maryland. Elle a une tige ligneufe de dix ou douze pieds de haut, & qui pouffe vers fon fommet plufieurs branches couvertes d'une écorce purpurine , & armées d'épines courtes , épaiffes , & difpofées par paires. Ses feuilles font inégalement aîlées , & compofées de quatre ou cinq paires de lobes oblongs , ovales , terminés par un lobe impair , & feffiles à la côte du milieu , qui eft armée en-deffous de quelques petites épines. La furface fupérieure de ces feuilles eft d'un vert foncé, & le deffous eft d'un verr pâle. Elles ont un goût chaud & mordant. L'écorce de l'arbre eft un remede contre le mal de dent , & c'eft de cette propriété qu'elle a pris fon nom.

Les fleurs croiffent en panicules clairs, comme celles de l'efpece précédente : elles produifent un fruit à cinq cellules , qui renferment chacune une femence dure & luifante.

Culture. On multiplie généralement ces plantes par femences ; mais comme ces graines ne mûriffent jamais dans ce pays, il faut fe les procurer des endroits où les plantes croiffent naturellement. On peut auffi les multiplier par marcottes. Quand on reçoit ces graines en Angleterre , on les répand le plutôt qu'il eft poffible dans des pots remplis de terre légere : car elles ne croiffent pas la premiere année ; & quand on les tient hors de terre jufqu'au printems, elles ne pouflen: souvent qu'au bout de deux ans. On enfonce les pots en terre jusqu'aux bords dans une plate-bande exposée au levant, & on les laisse ainsi pendant tout l'été : on empêchera par-là la terre des pots de se dessécher trop vîte ; ce qui arrive souvent quand ils sont seulement posés à terre, & exposés au soleil Le seul soin qu'on doit en prendre, est de les tenir constamment nets de mauvaises herbes, & de les rafraîchir de tems en tems avec de l'eau pendant les sécheresses. En automne, on place ces pots sous un vitrage ordinaire de couche chaude, où ils puissent être à l'abri de la gelée, ou bien on les enterre dans une plate-bande chaude, & on les couvre de tan, pour empêcher la gelée d'y pénétrer. Au printems suivant, on les plonge dans une couche chaude, qui fera pousser les plantes. Quand elles paroissent, on les arrose souvent & légerement : on les tient nettes de mauvaises herbes ; & à mesure que l'été avance, celles de la seconde espece doivent être accoutumées par degrés à supporter l'air ouvert, auquel il faut les exposer en Juin, en les plaçant dans une situation abritée, où on les laisse jusqu'à l'automne, pour les mettre alors sous un vitrage de couche chaude, où elles doivent passer l'hiver.

Au printems suivant, avant que les plantes commencent à pousser, on les enleve avec précaution, & on les plante chacune séparément dans de petits pots, que l'on plonge

dans une couche de chaleur modérée ; ce qui les avancera fortement, & leur fera pousser de nouvelles racines. Il faudra ensuite avoir soin de les mettre à couvert pendant un ou deux hivers, jusqu'à ce qu'elles aient acquis de la force. Au printems, quand le danger des gelées est passé, on peut en enlever quelques-unes, & les mettre en pleine terre, dans un lieu chaud & abrité, où la seconde espece réussira très-bien, & résistera au froid : mais la premiere étant moins dure, il faut la placer contre une muraille exposée au midi, où elle poussera fort bien. On en avoit planté plusieurs de cette espece en plein air dans le Jardin de Chelséa, il y a quelques années : elles y avoient réussi, & supporté le froid sans couvertures ; mais le rude hiver de 1740, les a détruites entierement. On peut multiplier ces plantes en coupant quelques-unes de leurs fortes racines, auxquelles on conserve leurs fibres : on les met dans des pots remplis de terre légere, & on les plonge dans une couche de chaleur modérée. Ces racines poussent & deviennent des plantes ; mais celles-ci ne réussissent pas si bien, & ne deviennent pas aussi grandes que celles de semences.

XÉRANTHEME *ou* **LA GRANDE IMMORTELLE.** *V.* **Xeranthemum Annuum.** *L.*

XÉRANTHEMUM. *Tourn. Inst. R. H.* 499. *Tab.* 284. *Linn. Gen. Plant.* 851 ; de ξηρὸς sec, & ἄνϑος Fleur, c'est-à-dire, *Fleur seche.* **Clusius** appelle cette plante *Ptarmica Austriaca* ;

mais ce nom étant appliqué à un autre genre, le titre de *Xeranthemum* eſt à préſent généralement reçu. On lui donne vulgairement le nom d'*Immortelle*, parce que ſa fleur peut être conſervée pendant pluſieurs années. Elle a des pétales roides, qui réſonnent comme s'ils étoient de métal. [*Eternal Flower, or Ptarmica.*] Fleur Eternelle, ou Ptarmica vulgò, Immortelle. Le Xerantheme.

Caractères. La fleur eſt compoſée de fleurons hermaphrodites & de fleurons femelles, qui ont un calice commun & écailleux. Les fleurons hermaphrodites qui forment le diſque, ſont en entonnoir, étendus & découpés en cinq pointes ; les fleurons femelles qui compoſent la bordure ou les rayons, ſont tubulés, & diviſés en cinq p'us petites pointes égales. Les fleurons hermaphrodites ont cinq courtes étamings terminées par des antheres cylindriques, & un germe qui ſoutient un ſtyle mince, couronné par un ſtigmat diviſé en deux parties. Ce germe devient enſuite une ſemence oblongue, couronnée de poils, & qui mûrit dans le calice. Les fleurons femelles n'ont point d'étamines ; mais leurs germes, leurs ſtyles & leurs ſemences ſont ſemblables à ceux des hermaphrodites.

Ce genre de plantes eſt rangé dans la ſeconde ſection de la dix-neuvieme claſſe de LINNÉE, qui comprend celles dont les fleurs ſont compoſées de fleurons femelles & hermaphrodites fructueux.

Les eſpeces ſont :

1°. *Xeranthemum Annuum, herbaceum, folis lanceolatis, patentibus, caule herbaceo. Linn. Sp. Plant.* 1201. *Jacq. Vind.* 150. *Gouan. Monſp.* 436. *Jacq. Auſtr.* t. 388. *Scop. Carn. n.* 1096. *Pall. It.* 3. *p.* 590. *Kniph. Cent.* 4. *n.* 100. *Hall. Helv. n.* 122 ; Immortelle à feuilles étendues, & en forme de lance, avec une tige herbacée.

Xeranthemum flore ſimplici, purpureo, majori. H. L. ; fleur immortelle, avec une plus groſſe fleur ſimple & pourpre, communément appelée *Ptarmica grande immortelle.*

Jacea Oleæ folio, capitulis ſimplicibus. Bauh. Pin. 272.

Ptarmica Auſtriaca. Cluſ. Hiſt. 2. *p.* 11.

2°. *Xeranthemum inapertum, foliis lineari-lanceolatis, utrinquè tomentoſis* ; Immortelle à feuilles linéaires, en forme de lance, & cotonneuſes ſur les deux ſurfaces.

Xeranthemum flore ſimplici, purpureo, minori. Tourn. Inſt. R. H. 499 ; Immortelle avec une plus petite fleur pourpre & ſimple.

Jacea Oleæ folio. Bauh. Pin. 272.

3°. *Xeranthemum orientale, foliis lineari-lanceolatis, capitulis cylindricis, ſemine maximo* ; Immortelle à feuilles linéaires, & en forme de lance, avec des têtes cylindriques, & une fort groſſe ſemence.

Xeranthemum flore purpureo, ſimplici, ſemine maximo. H. L. ; Immortelle avec la plus petite fleur pourpre & ſimple, & la plus groſſe ſemence.

Jacea Oleæ folio, capitulis compactis. Bauh. Pin. 272.

4°. *Xeranthemum speciosissimum, fruticosum, erectum, foliis amplexicaulibus, lanceolatis, tri-nerviis, ramis uniformibus, sub nudis, floribus pedunculatis. Linn. Sp. Pl. 1202. Berg. Cap. 270*; Immortelle en arbrisseau & érigée, avec des feuilles en forme de lance, amplexicaules & à trois nerfs, & des branches presque nues, produisant des fleurs sur des pédoncules.

Xeranthemum tomentosum, latifolium, flore maximo. Burm. Afr. 178. tab. 66. f. 2; Immortelle à grandes fleurs & à larges feuilles, cotonneuses, produisant une très-grande fleur.

Elichrysum Africanum arborescens, foliis incanis, latioribus. Boerh. Lugd.-B. 1. p. 121.

Chrysocome seu Argyrocome Gnaphaloïdes, Africana, amplissimis floribus. Seb. Thes. 2. p. 45. t. 43. f. 6.

5°. *Xeranthemum retortum, caulibus frutescentibus, provolutis, foliis tomentosis, recurvatis. Lin. Sp. 858*; Immortelle avec des tiges d'arbrisseau traînantes, & des feuilles cotonneuses, recourbées.

Xeranthemoïdes procumbens, Polii folio. Hort. Elth. 423; Immortelle bâtarde & traînante, avec une feuille de Polium de montagne.

6°. *Xeranthemum Sesamoïdes, ramis unifloris, imbricatis, foliis linearibus, adpressis. Linn. Sp. Plant. 1203. Berg. Cap. 273*; Immortelle avec des branches couchées les unes sur les autres, produisant une seule fleur, & des feuilles linéaires & pressées.

Xeranthemum ramosum, foliolis squamosis, linearibus, floribus argenteis. Burm. Afr. 181. tab. 67. f. 2; Immortelle branchue, à petites feuilles écailleuses & linéaires, avec des fleurs argentées.

Annuum. La premiere espece croît naturellement en Autriche & dans quelques parties de l'Italie : on la cultive depuis long-tems dans les jardins anglois comme une plante d'ornement. Elle offre plusieurs variétés ; une à grosse fleur simple & blanche, une autre pourpre & blanche & à fleurs doubles. Quoique celle-ci ne diffère de l'autre que par la couleur & la multiplicité de ses pétales, & qu'on n'en ait point fait mention comme d'une espece distincte, cependant, si l'on conserve ses graines soigneusement & si on les seme séparément, elle retient constamment ses différences.

Ces plantes sont annuelles : elles ont une tige mince, branchue, couverte d'un duvet blanc, angulaire, sillonnée, de deux pieds environ de hauteur, & garnie de feuilles en forme de lance, d'un pouce & demi de longueur sur trois lignes de large, blanches, sessiles & étendues. Cette tige se divise en quatre ou cinq branches garnies vers le bas de quelques feuilles, de la même forme que les autres, mais plus petites : le haut des branches est nud, & soutient à son sommet une fleur composée de plusieurs fleurons femelles & hermaphrodites, renfermés dans un calice commun, écailleux, & d'une

couleur argentée. A ces fleurs
succedent des semences oblongues & couronnées de poils :
les pétales de ces fleurs sont
secs ; de maniere qu'en les cueillant parfaitement seches , & en
les tenant à l'abri de l'air ,
elles conserveront long - tems
leur beauté. Cette plante fleurit en Juillet, Août & Septembre , & ses semences mûrissent
en Automne.

Inapertum. La seconde espece
est originaire de l'Italie : ses tiges ne s'élevent qu'à un pied
de hauteur , & ne poussent pas
autant de branches que la précédente ; ses feuilles sont plus
étroites , & la plante entiere
est fort blanche : ses fleurs ne
sont pas à moitié si grosses que
celles de la premiere ; & les
écailles des calices sont fort
brillantes & argentées. Cette
espece fleurit en même tems
que la précédente.

Orientale. La troisieme espece,
qui a été apportée du Levant ,
s'éleve à-peu-près à la même
hauteur que la premiere : ses
feuilles sont plus étroites &
plus rapprochées sur les tiges
au sommet. En toutes autres
choses ces plantes sont fort semblables ; mais leurs fleurs sont
beaucoup plus petites, d'une
couleur pourpre plus pâle, &
ont des calices cylindriques :
les semences sont fort grosses,
& il y en a rarement plus de
trois ou quatre dans chaque
tête. Cette espece fleurit vers
le même tems que la premiere.

Culture. Ces fleurs étoient
autrefois beaucoup plus cultivées dans les jardins anglois ,
qu'elles ne le sont à présent,

excepté les deux especes à fleurs
doubles, que les Jardiniers des
environs de Londres multiplient
en grande abondance : ils en
portent les fleurs aux marchés
pendant l'hiver, pour orner les
chambres, & suppléer aux autres fleurs, que l'on ne se procure pas aisément dans cette
saison. Celles-ci étant cueillies
entiérement épanouïes ,.& soigneusement sechées, se conservent fraîches & belles pendant
plusieurs mois ; mais, comme
il n'y en a que de blanches &
de pourpre, les Jardiniers ont
coutume de les tremper dans
différentes teintures, les unes
d'un beau bleu, d'autres de
couleur écarlate, & quelques-
unes rouges, pour former une
belle variété : quand elles sont
bien colorées & suspendues ensuite, jusqu'à ce qu'elles soient
tout-à-fait seches, elles conservent leurs couleurs autant
qu'elles durent On ne met point
ces tiges de fleurs dans l'eau,
mais dans des pots ou autres
vases à moitié remplis de sable
sec, dans lequel on enfonce
les tiges. Par ce moyen, elles
conserveront leur beauté pendant tout l'hiver.

On multiplie ces plantes par
leurs graines, que l'on peut
semer en automne ou au printems sur une plate - bande de
terre légere ; mais la derniere
saison est préférable, car les
plantes d'automne fleurissent
plutôt, & leurs fleurs sont plus
doubles & beaucoup plus grandes que celles du printems : les
premieres donnent toujours de
bonnes semences ; au-lieu que
celles du printems manquent

dans les années froides, & dans les saisons chaudes & seches, les plantes ne parviennent pas à une certaine grosseur.

Quand les plantes ont poussé, & qu'elles ont environ deux pouces de hauteur, il faut les transplanter dans une autre plate-bande contre une muraille chaude, une palissade, ou une haie à quatre ou cinq pouces de distance les unes des autres, ou dans une plate-bande du parterre : de cette maniere ces plantes supporteront très-bien le froid de nos hivers ordinaires ; & au printems elles n'exigeront aucun autre soin, que d'être tenues nettes de mauvaises herbes : car elles peuvent toujours rester en place. Elles commenceront à fleurir en Juin, &, au commencement de Juillet, on pourra les cueillir pour les faire secher : mais il faut laisser quelques-unes des meilleures fleurs & des plus doubles de chaque espece pour semences. Ces graines mûriront dans l'espace de six semaines ou deux mois, & on les seme annuellement pour conserver les especes.

Speciosissimum. La quatrieme, qui est originaire du Cap de Bonne-Espérance, s'éleve avec une tige d'arbrisseau à la hauteur de trois ou quatre pieds, & se divise en quatre ou cinq branches dont les parties basses sont garnies de feuilles à pointe épaisse, de deux pouces environ de longueur sur un de large, blanches en-dessous, & rangées sans ordre. Le sommet des branches est nud, & terminé par une grosse fleur jaune com-

posée de plusieurs rayons oblongs & à pointe aiguë dans la bordure ; & le milieu, ou le disque qui déborde, est composé de fleurons hermaphrodites d'un jaune brillant.

Retortum. La cinquieme espece croit aussi naturellement au Cap de Bonne-Espérance ; ses tiges fort minces, ligneuses, & traînantes, s'étendent à trois ou quatre pieds de longueur, & sont garnies de petites feuilles argentées, placées sans ordre, sessiles & réfléchies : les fleurs naissent aux côtés des branches. Une & quelquefois deux ou trois fleurs s'élevent de la même pointe : elles ont des calices écailleux ; leurs bordures ou rayons sont composés de plusieurs demi-fleurons femelles blancs, & le milieu ou le disque, de fleurons hermaphrodites. A ces fleurs succedent des semences oblongues, & couronnées de poils. Cette plante fleurit en Juillet & Août, mais ses graines mûrissent rarement en Angleterre.

Sesamoïdes. La sixieme espece se trouve encore aux environs du Cap de Bonne-Espérance : elle a une tige d'arbrisseau branchue, qui s'éleve à trois ou quatre pieds de haut ; ses branches sont minces comme celles du *Genêt* d'Espagne, mais plus blanches ; elles ont de fort petites feuilles en forme d'écailles, sessiles aux branches, étroites, blanches, & terminées en pointe aiguë. Les tiges sont chacune terminées par une grosse fleur argentée, dont le calice est roid, sec & écailleux. Les rayons de la fleur font composés de plusieurs demi-fleurons femelles secs, & le disque ou milieu est composé de fleurons hermaphrodites. Ces fleurons sont remplacés par des semences oblongues, couronnées de poils, & qui ne mûrissent point en Angleterre.

Culture. Comme ces dernieres plantes ne perfectionnent pas leurs semences dans notre climat, on les multiplie par boutures que l'on plante pendant tout l'été sur une planche de terre légere : & , en les tenant à l'ombre, elles prennent aisément racine ; quand elles sont assez fortes, on les enleve avec précaution, on les met chacune séparément dans des pots remplis de terre légere : on les place à l'ombre jusqu'à ce qu'elles aient formé de nouvelles racines ; on les transporte ensuite dans une nouvelle situation abritée où elles aient plus de soleil, & on les y laisse jusqu'à l'automne, pour les mettre alors à couvert ; car elles sont trop délicates pour subsister en plein air dans la saison froide: mais elles n'exigent cependant point de chaleur artificielle. J'ai conservé quelques-unes de ces plantes sous des vitrages ordinaires de couche chaude pendant tout l'hiver ; en les exposant toujours au plein air dans les tems doux, mais en les couvrant pendant les gelées, ces plantes sont devenues plus fortes, & ont mieux fleuri que celles qui ont été tenues dans la serre. Ainsi, je recommande cette maniere de les traiter comme la meilleure ; car elles sont sujettes à filer dans la serre,

& fleurissent mal ensuite. D'ailleurs, ces dernieres sont moins belles que celles qui sont plus exposées à l'air.

En été , il faut les placer au-dehors dans une situation abritée avec d'autres plantes exotiques dures : on les arrose souvent dans les tems secs ; mais en hiver on leur donne peu d'eau. Comme ces plantes ne sont pas de longue durée, on fait de jeunes marcottes pour leur succéder : elles subsistent au plus quatre ou cinq ans ; &, après ce tems, elles deviennent désagréables à la vue.

XIMENIA. *Plum. Gen. Nov.* 6. *tab.* 21. *Linn. Genn. Plant.* 1105. Le titre de ce genre lui a été donné par le pere PLU-MIER en l'honneur de FRANÇOIS XIMENÈS, Espagnol, qui a publié une relation de plantes & d'arbres du Mexique en quatre livres, dans l'année 1615. [*The Ximenia.*] la Ximenès.

Caractères. La fleur a un petit calice de trois feuilles qui tombent. La corolle est monopétale, en forme de cloche, & découpée au sommet en trois segmens tournés en arriere. La fleur a huit étamines en forme d'alêne, & terminées par des antheres simples, avec un petit germe ovale, placé sous la fleur, & qui soutient un style fort court, & couronné par un stigmat à tête : ce germe se change dans la suite en une baie ovale & charnue, qui contient une noix ovale, & a une cellule, dans laquelle est renfermée une semence de la même forme.

Ce genre de plantes est rangé

dans la premiere section de la huitieme classe de LINNÉE, avec celles dont les fleurs ont huit étamines & un style.

Les especes sont :

1°. *Ximenia Americana, foliis oblongis, pedunculis multi-floris. Lin. Gen. Plant. 1193*; la Ximenès à feuilles oblongues, avec des pédoncules qui apportent plusieurs fleurs.

Ximenia multi-flora. Jacq. Amer. 106. t. 177. f. 31.

Ximenia aculeata, flore villoso, fructu luteo. Plum. Gen. Nov. 6. Ic. 261. f. 1; la Ximenès épineuse, avec une fleur velue & un fruit jaune.

2°. *Ximenia Agihalid, foliis lanceolatis*; la Ximenès à feuilles jumelles, & en forme de lance.

Agihalid. Alpin. Ægypt. 38.

Americana. La premiere espece croît naturellement dans les Isles des Indes Occidentales : elle s'éleve avec une tige ligneuse à la hauteur de vingt pieds, & pousse de chaque côté plusieurs branches armées d'épines, & garnies de feuilles en forme de lance, & potées sans ordre. Les fleurs qui naissent à l'extrémité des branches, ont un pétale en forme de cloche, & découpé presque jusqu'au bas en trois segmens roulés en arriere, velus, & jaunes en dedans : à ces fleurs succede un fruit oblong, ovale, charnu, & de la forme d'une Prune, qui renferme une Noix dure de même forme.

Agihalid. La seconde espece se trouve en Egypte, où elle devient un arbre d'une hauteur médiocre; sa tige est grosse &

ligneuse : ses branches sont minces, roides, & couvertes d'une écorce verte tandis qu'elles sont jeunes, & armées d'épines fortes; ses feuilles qui sortent par paires, sont plus larges que celles du *Buis*, terminées en pointe, mais de la même substance & couleur : les fleurs sortent sur les parties latérales des branches, & sont de la même forme que celles de l'*Hyacinthe*, mais plus petites & blanches; elles sont remplacées par des baies oblongues & noires, qui renferment une Noix ovale, dans laquelle se trouve une amande ou semence.

Culture. Ces deux especes se multiplient par leurs fruits, qu'il faut faire venir des pays où elles croissent naturellement : on les met dans des pots remplis de terre légere, & on les plonge dans une bonne couche chaude de tan : si ces semences sont fraîches, les plantes paroîtront au bout de six semaines ou deux mois. Quand elles ont environ trois pouces de haut, on les transplante avec soin chacune dans un petit pot rempli de terre légere, on les plonge dans une bonne couche de tan, on les tient à l'ombre jusqu'à ce qu'elles aient repris racine, & on les traite ensuite comme les autres plantes tendres des pays chauds.

On peut les laisser pendant le premier été dans la couche de tan sous un vitrage où elles réussiront mieux que dans la serre chaude : mais en automne, lorsque les nuits commencent à devenir froides, on les retire dans la serre chaude, &

on les plonge dans la couche de tan, où elles doivent rester constamment, en observant de leur donner de plus grands pots, quand elles en ont besoin. Pendant l'été, lorsque la saison est chaude, il faut leur procurer beaucoup d'air. Au moyen de ce traitement, ces plantes feront de bons progrès ; mais on ne peut pas espérer de les voir fleurir de très-bonne-heure dans ce pays.

XIPHION ou XIPHIUM. *Tourn. Inst. R. H. 362. tab. 189* ; *Iris. Lin. Gen. Plant.* 57 [*Bulbous Iris, or Flower-de-luce.*] Iris bulbeux *ou* Fleur-de-Lis, Iris de Perse.

Caractères. Les fleurs ont chacune une gaîne ou spathe persistante. La corolle a six pétales, dont les trois extérieurs sont grands, obtus & réfléchis, & les intérieurs sont érigés pointus, & joints aux autres à leur bâse : elles ont trois étamines en forme d'alêne, couchées sur les pétales réfléchis, & terminées par des antheres oblongues & comprimées. Le germe qui est oblong, & posté sous la fleur, soutient un style court & couronné par un stigmat divisé en trois parties. Ce germe devient ensuite une capsule oblongue angulaire, & à trois cellules remplies de semences rondes.

Ce genre de plantes est rangé dans la seconde section de la neuvieme classe de TOURNEFORT, qui renferme les herbes à *Fleur de Lis* découpées en six parties, & dont le calice devient le fruit. Cet auteur a séparé ce genre de l'*Iris*, parce que sa racine est bulbeuse. Nous pouvons ajouter que ses feuilles sont en forme de carène, & que le stigmat de la fleur est long & étroit. LINNÉE a joint les plantes de ce genre, ainsi que le *Sisyrinchium* & l'*Hermodactylus* de TOURNEFORT à celui de l'*Iris*, & les a comprises dans la premiere section de la troisieme classe, qui renferme les plantes, dont les fleurs ont trois étamines & un style. Quoiqu'il n'y ait point de différence essentielle entre les fleurs de ce genre & celles de l'*Iris* ; cependant, comme ce dernier embrasse plusieurs especes, il vaut mieux les séparer, d'autant plus que ces plantes different fortement par leur port.

Les especes sont :

1°. *Xiphion sivè Xiphium Persicum, foliis carinatis, caule longioribus* ; Iris bulbeux, à feuilles en forme de carène, plus longues que la tige.

Xiphion Persicum præcox, flore variegato. Tourn. Inst. R. H. 363 ; Iris bulbeux printanier de Perse, à fleur panachée. Iris de Perse.

Iris Persica. Lin. Syst. Plant. t. 1. pag. 110. Sp. 22.

2°. *Xiphion sivè Xiphium vulgare, foliis subulato-canaliculatis, caule brevioribus* ; Iris bulbeux à feuilles canelées, en forme d'alêne, plus courtes que la tige.

Iris bulbosa, flore cæruleo-violaceo. C. B. P. 40 ; Iris bulbeuse, à fleurs d'un bleu de Violette. Iris d'Espagne.

Iris Xiphion. Lin. Syst. Plant. tom. 1. p. 110. Sp. 21.

3°. *Xiphion sivè Xiphium latifolium, foliis subulato canalicula-*

tis, floribus majoribus ; Iris bulbeux, avec des feuilles canelées, en forme d'alène, & de plus grandes fleurs.

Iris bulbosa, lati-folia, caule donata. Bauh. Pin. 38.

Xiphion lati-folium, caule donatum, flore cæruleo. Tourn. Inst. R. H. 363 ; Iris bulbeux, à larges feuilles, & à tige, avec une fleur bleue. Le faux Hermodacte.

4°. *Xiphion sivè Xiphium, plani-folium, foliis planis, caule longioribus* ; Iris bulbeux, à feuilles unies, plus longues que la tige.

Iris bulbosa, lati-folia, flore cæruleo. J. B. 2. 703 ; Iris bulbeux, à larges feuilles, & à fleur bleue.

Persicum. La premiere espece croît naturellement en Perse ; mais on la cultive depuis plusieurs années dans les jardins anglois pour la beauté de ses fleurs : elle a une racine ovale & bulbeuse, de laquelle sortent cinq ou six feuilles d'un vert pâle, creusées en forme de carène, de six pouces environ de longueur sur un de large à la bâse, & terminées en pointe. Entre ces feuilles s'élevent la tige, qui a rarement plus de trois pouces de hauteur, & qui soutient une ou deux fleurs renfermées dans des spathes. Ces fleurs ont trois pétales érigés, ou étendards, d'un bleu céleste pâle, & trois pétales réfléchis ou tombans, qui sont en dehors, de la même couleur ; mais la levre a un trait jaune, transversal dans le milieu, & sur chaque côté plusieurs taches sombres, avec

une plus grosse marque pourpre foncé au fond. Ces fleurs sont odoriférantes, & elles paroissent généralement en Février ; ce qui les rend plus agréables.

Vulgare. La seconde espece se trouve dans les pays chauds de l'Europe. Il y en a plusieurs variétés : la plus commune est à fleurs bleues ; mais il y en a à fleurs jaunes, une autre à fleurs blanches, & une autre à fleurs bleues, avec des tombans blancs ; une avec des tombans jaunes, une à fleurs violettes & tombans bleus, & plusieurs autres encore : mais celles-ci sont regardées comme des variétés propres par la culture.

La racine de cette espece est bulbeuse : ses feuilles sont creusées & terminées en pointe où leurs deux côtés se rencontrent ; elles ne sont pas si longues que la tige de fleurs, qui s'éleve entr'elles, & qu'elles embrassent de leur bâse. Cette tige soutient deux ou trois fleurs, renfermées chacune dans une gaîne séparée au sommet de la tige : elles sont de la même forme que celles de la premiere espece ; mais elles different dans leur couleur. Celle-ci fleurit en Mai, & ses semences mûrissent en Août.

Lati-folium. La troisieme espece a des racines bulbeuses plus grosses que celles des précédentes : ses feuilles sont de la même forme que celles de la seconde ; mais beaucoup plus larges : la tige de ces fleurs est près de deux fois plus haute que celle de la précédente ; & les fleurs ont plus que le double

ble en grofleur. Quelques perfonnes croient que celle-ci eft une variété de la feconde : mais je fuis perfuadé qu'elle eft une efpece diftincte ; car j'ai élevé pendant plufieurs années un grand nombre de plantes de femences, & je n'en ai jamais vu une feule dégénérer vers la feconde. J'en ai pareillement élevé plufieurs de la feconde efpece, & n'en ai jamais vu une feule qui ait paru tendre vers la troifieme.

Il y a beaucoup de variétés de cette efpece qui different par la couleur de leurs fleurs. Quelques-unes font d'un bleu foncé; d'autres d'un pourpre foncé. Les unes ont de belles fleurs panachées, qui font le plus agréable effet, quand elles font épanouïes : mais elles ne durent pas long-tems, à moins que la faifon ne foit froide, ou qu'elles ne foient à l'ombre. Celle-ci fleurit cinq ou fix femaines après la feconde efpece ; ce qui prouve encore qu'elle en eft fpécifiquement différente.

Plani-folium. La quatrieme eft originaire de l'Efpagne & du Portugal. Sa racine a une enveloppe brune ; elle eft blanche en-dedans & d'une faveur douce : fes feuilles, qui ont huit ou neuf pouces de longueur fur plus d'un pouce de largeur à leur bâfe, font prefqu'unies; mais, vers leur bâfe, elles font creufées en forme de carène, terminées en pointe, d'un vert pâle en-deffus, & un peu blanches en-deffous. Les fleurs font poftées fur des pédoncules nuds, qui fortent de la racine, & s'élevent à un pied & demi de

hauteur. Chaque fleur eft enveloppée dans une gaîne féparée : elles ont la même forme que celles des autres efpeces; elles répandent une odeur fort agréable, & paroiffent en Mai : mais elles font de peu de durée.

Il y a quatre ou cinq variétés de cette efpece qui different par la couleur de leurs fleurs. La plus commune a de fleurs bleues.

Culture. On les multiplie par les rejettons de leurs racines : mais, pour obtenir de nouvelles variétés, il faut les femer de la maniere fuivante :

On commence par fe procurer des femences de bonnes fleurs. Au commencement de Septembre, on fe pourvoit de terrines plates ou caiffes percées de plufieurs trous au fond, pour laiffer échapper l'humidité, on met fur chaque trou des morceaux de tuile, ou des coquilles d'huitres, pour les empêcher de fe boucher, on les remplit de terre fraîche, légere & fablonneufe, & on y répand deffus les femences affez épaiffes, & le plus également qu'il eft poffible : on les recouvre d'un demi-pouce environ de la même terre, & l'on place les caiffes ou terrines, de maniere qu'elles jouiffent du foleil du matin jufqu'à onze heures ; & fi la faifon eft fort feche, on les arrofe de tems en tems.

On peut les laiffer dans cette fituation jufqu'au milieu d'Octobre : alors on les place à une expofition plus chaude & au plein foleil pendant la plus grande partie du jour, de maniere auffi qu'elles foient à l'a-

bri des fortes gelées. On les
laissera dans cet endroit pendant tout l'hiver , en observant
de les tenir nettes de mauvaises herbes , & de Mousse, qui,
dans cette saison, s'étend aisément sur la surface de la terre
dans les pots , quand ils sont
exposés en plein air.

Les plantes paroîtront au printems : alors on les arrosera de
tems en tems , si la saison est
seche , & on les tiendra constamment nettes de mauvaises
herbes. A mesure que la saison avance , & que le tems devient chaud , on les remet
dans leur premiere situa-
tion , de maniere qu'elles ne
soient exposées qu'au soleil du
matin. Quand les feuilles commencent à se fletrir, ce qui a
lieu vers le mois de Juin , on
enleve les mauvaises herbes &
les feuilles mortes, on crible
dessus six lignes environ de terre
fraîche , & on les laisse toujours dans le même lieu pendant tout l'été : elles n'exigeront alors aucun autre soin ,
que d'être tenues propres jusqu'au commencement d'Octobre , qui est le tems de les remettre dans leur exposition
chaude : on ôte légèrement la
surface de la terre , & on en
crible de la plus fraîche dessus.

On les laisse dans cette place
pendant tout l'hiver comme ci-
devant, & au printems on les
traite comme il a été prescrit
pour les années précédentes.

Quand les feuilles sont fle-
tries , on enleve les bulbes ,
en passant la terre à travers
d'un crible fin , & l'on prepare
une planche ou deux de terre

fraîche & légere , dans lesquelles on les plante à trois pouces environ de distance en tous
sens , & à trois pouces de profondeur : ces planches doivent
être tenues constamment nettes
de mauvaises herbes & de Mousse , & , si l'hiver est rude , il
faut les couvrir de tan pourri
ou de chaume de Pois, pour
empécher la gelée d'y pénétrer.
Au printems, précisément avant
que les plantes commencent à
pousser , on remue la surface
des planches , & l'on y répand
environ six lignes de terre fraîche , ce qui fortifie considérablement les racines.

Au printems & en été , on
les tient toujours nettes de mauvaises herbes. A la Saint Michel , on remue la terre encore une fois , on crible dessus
de la terre fraîche comme auparavant , & on observe encore , en hiver & au printems ,
de tenir les planches nettes ;
car c'est en cela que consiste
presque tout le traitement qu'elles exigent. Au mois de Juin
suivant , la plupart de ces racines donneront des fleurs :
alors on les examinera soigneusement , & on marquera avec
des bâtons toutes celles dont
les fleurs sont belles. Aussi-tôt
que les feuilles seront mortes,
on pourra enlever ces racines,
& les planter dans le parterre
parmi les autres especes exotiques.

Il faudra laisser subsister les
planches de pépiniere , les tenir
toujours nettes, & cribler de
la nouvelle terre dessus comme
ci-devant. L'année suivante, les
racines qui n'auront point fleuri,

poufferont des boutons, & l'on pourra connoître celles qui mériteront d'être confervées pour le parterre : on les marquera comme les premieres, &, après la chûte de leurs feuilles, on les enlevera pour les planter avec les autres belles efpeces dans une plate-bande à l'expofition du levant, & dans une terre fraîche & légere. Les plantes communes pourront être mêlées avec d'autres fleurs à racines bulbeufes dans les larges plates-bandes du jardin à fleurs, où elles feront une variété agréable.

Les belles plantes, obtenues de femences, fe multiplient par rejettons, comme les autres fleurs à racines bulbeufes. On plante ces rejettons dans des plates-bandes féparées des racines à fleurs, où on les laiffe un an, jufqu'à ce qu'elles aient affez de force pour fleurir : alors elles peuvent être enlevées pour être placées dans le parterre avec les vieilles racines.

Il n'eft pas néceffaire d'enlever de terre ces bulbes plus fouvent que tous les deux ans ; ce que l'on doit toujours faire, après que les feuilles font péries : fans quoi, elles poufferoient de nouvelles fibres, & il feroit alors trop tard pour les ôter. Il ne faut pas non plus les tenir long-tems hors de terre ; un mois fuffit : car, fi on les laiffoit dehors plus de tems, les bulbes fe rétréciroient, & leurs fleurs feroient foibles l'année fuivante.

La terre, qui convient le mieux à ces fleurs, eft une marne légere & fablonneufe :

une terre de pâturage avec le gafon, mife en tas jufqu'à ce que l'herbe en foit tout à-fait pourrie, vaut encore mieux. Car ces bulbes ne fe plaifent pas dans un fol riche & mêlé de fumier. Il ne faut pas nonplus les planter dans un lieu trop expofé au foleil : car, dans une pareille fituation, les fleurs ne confervent que peu de jours leur beauté, & leurs racines feroient expofées à périr. Mais, dans une plate-bande où le foleil ne donne que jufqu'à onze heures, elles profitent & fleuriffent extrêmement bien ; fur-tout fi le fol n'eft ni trop humide, ni trop fec.

Il faut conferver les graines des plus belles fleurs, & les femer chaque année : par ce moyen, on obtiendra toujours de nouvelles variétés, dont quelques - unes furpafferont de beaucoup les anciennes.

L'Iris de Perfe eft fort eftimée par rapport à l'extrême beauté de fes fleurs, & parce qu'elles paroiffent de bonne heure au printems ; car elles font toujours dans leur perfection au mois de Fevrier ou au commencement de Mars fuivant que la faifon eft plus ou moins avancée, & alors il y a peu d'autres plantes en fleurs.

On peut multiplier celles-ci par femences comme les autres efpeces ; mais les caiffes dans lefquelles on les répand, doivent être mifes en hiver fous un vitrage de couche, pour les abriter des fortes gelées ; parce que ces plantes étant jeunes font un peu délicates. Je n'ai jamais pu obtenir de variétés avec les femences de cette efpece, & leurs fleurs ont toujours été les mêmes.

On multiplie auffi ces plantes par rejettons de la même maniere que les autres ; mais leurs racines ne doivent être tranfplantées que tous les trois ans : on ne doit pas non-plus les tenir trop long-tems hors de terre, parce qu'elles fe ré-tréciffent, & périffent bientôt.

Cette efpece étoit autrefois plus commune dans les jardins des environs de Londres, qu'elle ne l'eft à préfent. Je foupçonne qu'elle n'a été détruite que parce que l'on y laiffoit les racines trop long-tems hors de terre.

XYLON. *Voy.* BOMBAX.

XYLOSTEUM. *Voy.* LONICERA PYRENAÏCA. *L.*

Y

YEBLE, *ou* PETIT SUREAU. *Voyez* SAMBUCUS HUMILIS.

YEUSE *ou* CHÊNE VERT. *Voyez* ILEX.

YUCCA. *Dillen. Gen. Nov.* 5. *Lin. Gen. Plant.* 388 ; *Cordyline. Roy. Lug. Prod.* 22. [*Indian Yucca, or Adam's Needle.*] Yucca des Indes *ou* l'Eguille d'Adam.

Caracteres. La fleur qui n'a point de calice, eft en forme de cloche, & compofée de fix larges pétales, dont les onglets font joints ; & de fix étamines courtes, réfléchies, & terminées par de petites antheres : fon germe eft oblong, à trois angles, plus long que les étamines, fans aucun ftyle, & couronné par un ftigmat obtus, & à trois fillons ; il fe change dans la fuite en une capfule oblongue, triangulaire,

& divifée en trois cellules remplies de femences comprimées, & difpofées les unes fur les autres en deux rangs.

Ce genre de plantes eft rangé dans la premiere fection de la fixieme claffe de LINNÉE, qui comprend celles dont les fleurs ont fix étamines & un ftyle.

Les efpeces font ·

1°. *Yucca gloriofa, foliis integerrimis. Vir. Cliff.* 29. *Kniph. cent. n.* 100 ; Yucca à feuilles entieres.

Yucca foliis Aloës. C. B. P. 91 ; Yucca à feuilles d'Aloës, communément nommée l'*Eguille d'Adam.*

Cordyline foliis pungentibus, integerrimis. Roy. Lugd.-B. 22.

2°. *Yucca Aloï-folia, foliis crenulatis, ftriétis. Lin. Sp. Plant.* 319 ; Yucca à feuilles étroites, légerement crénelées.

*Yucca arborefcens, foliis rigi-

dioribus , reƈtis , ſerratis. Dill. Hort. Elth. 435 ; Yucca en arbre , à feuilles droites , roides & ſciées.

Aloë Yuccæ foliis , cauleſcens. Pluk. Alm. 19. *t.* 256. *f.* 4 ; Yucca à feuilles d'Aloës.

3°. *Yucca Draconis , foliis crenatis , nutantibus. Lin. Sp. Plant.* 319 ; Yucca à feuilles penchées & crénelées.

Draconi arbori affinis Americana. Bauh. Pin. 506.

Cordyline foliis pungentibus , crenatis. Roy. Lugd.-B. 22.

Yucca Draconis , folio ſerrato. Hort. Elth. 437 ; Yucca ſerpentaire en arbre , à feuilles ſciées , ou *Yucca farineux.*

4°. *Yucca filamentoſa, foliis ſerrato-filamentoſis. Linn. Sp. Plant.* 319 ; Yucca à feuilles ſciées , & garnies de filets.

Yucca foliis filamentoſis. Mor. Hiſt. 2. *p.* 419 ; Yucca à feuilles garnies de filamens.

Glorioſa. La premiere de ces plantes , qui eſt originaire de la Virginie , & des autres parties de l'Amérique ſeptentrionale , eſt depuis long-tems cultivée dans les jardins anglois , où on la tenoit autrefois dans la ſerre , parce qu'on la croyoit trop délicate pour pouvoir ſupporter en plein air le froid de nos hivers ; mais depuis quelques années , ces plantes ont été miſes en pleine terre dans un ſol ſec , où elles ont réſiſté aux plus grands froids.

Cette eſpece s'éleve rarement au-deſſus de deux pieds & demi ou trois pieds de hauteur. Sa tige eſt garnie preſque juſqu'à terre de feuilles larges , roides , & ſemblables à celles de l'*Aloës* ; mais plus étroites , d'un vert foncé , & terminées par une épine aiguë & noire.

Cette plante produit fréquemment des panicules de fleurs qui ſortent du centre des feuilles. Les tiges qui s'élevent à trois pieds de hauteur, pouſſent de tous côtés des branches qui s'étendent à une diſtance conſidérable. Les fleurs ſont placées fort éloignées les unes des autres ſur les tiges ; ce qui les rend moins apparentes que celles des autres eſpeces. Elles ſont blanches en-dedans , & chaque pétale eſt marqué en-dehors d'une raie pourpre ; elles ſont en forme de cloche , & pendent vers le bas : elles paroiſſent en Août & en Septembre ; mais elles ne produiſent point de ſemences en Angleterre.

Aloï-folia. La ſeconde eſpece s'éleve à la hauteur de dix à douze pieds, avec une tige épaiſſe, rude, charnue & garnie d'une tête ou touffe de feuilles au ſommet. Ces feuilles ſont plus étroites, plus roides que celles de l'eſpece précédente , d'un vert plus clair , légérement ſciées ſur leurs bords , & terminées par des épines aiguës. La tige des fleurs ſort du centre des feuilles , & s'éleve à deux ou trois pieds de hauteur, & pouſſe des branches au-dehors en forme de pyramide. Les fleurs, qui ſont ſeſſiles ſur les branches , & qui forment un épi régulier , ſont d'un pourpre brillant en dehors , & blanches en-dedans ; ce qui leur donne une belle apparence. Elles ſe montrent dans le même tems que celles de la premiere , mais moins souvent. Quand cette plante a produit ses fleurs, la tête périt, & il en repousse une ou deux nouvelles, qui sortent sur le côté de la tige au-dessous de la vieille.

Draconis. La troisieme espece croît naturellement dans la Caroline méridionale, d'où ses semences m'ont été envoyées sous le titre de *Graines à l'huile.* Les tiges de celle-ci s'élevent à trois ou quatre pieds de haut ; ses feuilles sont étroites, d'un vert foncé, penchées vers le bas, sciées sur leurs bords, & terminées en épine aiguë. Je n'ai jamais vu les fleurs de cette espece ; mais on m'a assuré qu'elles étoient blanches.

Filamentosa. L'espece à filamens est moins commune dans les jardins anglois que les autres ; mais comme elle est originaire de la Virginie, on peut aisément la tirer de ce pays. Sa tige & ses feuilles ressemblent à celles de la premiere espece ; mais ses feuilles sont obtuses, & n'ont point d'épine à leur extrémité. La tige qui s'éleve à cinq ou six pieds de haut, est généralement garnie dans presque toute sa longueur de fleurs plus grosses & plus blanches que celles des autres especes, & qui sont sessiles à la tige. Les côtés des feuilles sont ornés de longs filets qui pendent vers le bas.

Culture. On multiplie toutes ces plantes ou par semences quand on a pu s'en procurer, ou par des rejettons ou des têtes prises sur les vieilles plantes, comme on le fait pour les *Aloës.*

On répand leurs graines dans des pots remplis d'une terre fraîche & légere, & on les plonge dans une couche de chaleur modérée, où les plantes pousseront cinq ou six semaines après. Lorsqu'elles ont atteint la hauteur de deux ou trois pouces, on les met chacune séparément dans de petits pots remplis d'une même terre fraîche & légere, & on les plonge dans une couche chaude, en observant de leur donner beaucoup d'air, & de les arroser à proportion de la chaleur de la saison, & de la couche où elles sont placées.

En Juillet, il faut les accoutumer par degré à supporter l'air ouvert, auquel on les expose ensuite tout-à-fait pour les endurcir avant l'hiver. On les place dans une situation bien abritée, où l'on pourra les laisser jusqu'au commencement d'Octobre, pour les distribuer alors dans la serre parmi les especes d'*Aloës* les plus dures, & on les traite comme il a été prescrit pour ces mêmes *Aloës*, auxquels je renvoie le Lecteur.

Quand ces plantes ont acquis de la force, celles de l'espece commune, ainsi que celles de l'espece à filasse, peuvent être mises dans une plate-bande chaude, où elles supporteront très-bien le froid de nos hivers communs ; mais les autres doivent être tenues dans des pots, pour pouvoir les mettre à l'abri en hiver. Si on les traite comme le grand *Aloës d'Amérique*, elles réussiront très-bien.

Les rejettons pris fur les vieilles plantes , doivent être tenus
dans un endroit fec pendant une
femaine ou dix jours avant de
les planter , afin que leur bleffure puiffe fe fécher , fans quoi
ils feroient fujets à pourrir par
l'humidité.

Comme la feconde & troi-
fieme efpeces ne pouffent pas
autant de rejettons que les premiere & quatrieme , pour les
multiplier , on peut couper les
têtes en Juin , & les planter
après avoir fait fécher les parties bleffées. Ces têtes prendront bientôt racine , pourvu
que les pots foient placés dans
une couche de chaleur modérée ; & en les coupant , on fera
pouffer de nouveaux rejettons :
de forte que par cette méthode ,
on peut obtenir des plantes en
abondance.

Z

Z E A   Z E A

Z ANTHOXYLUM. *Voyez*
Xanthoxylum.

ZEA. *Linn. Gen. Plant.* 926.
Maïs. *Tourn. Inft. R. H.* 531.
Tab. 303. 304. 305. [*Turkey-
corn.*] Bled de Turquie, Bled
d'Inde *ou* Maïs.

Caractères. Cette plante a des
fleurs mâles & des fleurs femelles éloignées fur le même
pied. Les fleurs mâles qui font
difpofées en épis clairs, ont
des calices ovales, oblongs &
remplis de paille , qui s'ouvrent
en deux valves , & renferment
chacune deux fleurs. Elles ont
deux nectaires courts & comprimés , avec trois étamines
femblables à des poils , & terminées par des antheres qua-
drangulaires, qui s'ouvrent au
fommet en quatre cellules. Les
fleurs femelles font placées au-
deffous des mâles, difpofées en
gros épis, & enveloppées de
feuilles : elles ont des calices
épais , remplis de paille , à deux
valves , courtes , larges , mem-
braneufes & perfiftantes , avec
un petit germe & un ftyle mince , couronné par un ftigmat
fimple & velu vers la pointe.
Le germe devient enfuite une
femence ronde , comprimée,
angulaire à la bâfe , & à moitié renfermée dans fon propre
receptacle.

Ce genre de plantes eft rangé
dans la troifieme fection de la
vingt-unieme claffe de LINNÉE,
avec celles qui ont des fleurs
mâles & femelles à de certaines diftances fur la même racine , & dont les fleurs mâles
ont trois étamines.

Les efpeces font :

1°. *Zea Americana , caule al-
tiffimo , foliis latioribus , pendu-*

lis , *spicâ longissimâ* ; Bled de Turquie avec une tige très-élevée, des feuilles très-larges & pendantes, & un très-long épi.

Mays granis aureis. Tourn. Inst. R. H. ; Maïs des Indes, à graines jaunes.

Frumentum Indicum. Cam. Epit. 186. *Dod. Pempt.* 509.

2°. *Zea Alba , caule graciliore, foliis carinatis , pendulis , spicâ longâ , gracili* ; Bled de Turquie, avec des tiges plus minces, des feuilles creusées dans le milieu & pendantes, & un épi long & mince.

Mays granis albicantibus. Tourn. Inst. R. H. 531 ; Maïs des Indes , à graines blanches.

3°. *Zea vulgaris , caule humiliori , foliis carinatis , pendulis , spicâ breviori* ; Bled de Turquie, avec une tige plus basse , des feuilles en forme de carène , & un épi plus court.

Maïs spicâ aureâ & albâ. Tourn. Inst. R. H. 331 ; Maïs à épi jaune & blanc.

Ces trois especes ont été généralement regardées comme n'étant que des variétés de la même ; mais , d'après une longue expérience, je puis assurer qu'elles font distinctes & différentes, & qu'elles ne changent point par la culture.

Americana. La premiere qui croît naturellement dans les Isles des Indes Occidentales , a une tige très-grosse , forte , & de dix ou douze pieds de hauteur. Ses feuilles font longues , larges , penchées vers le bas , & fortifiées par une côte principale , large & blanche ; les fleurs mâles fortent en épis branchus fur le haut des tiges : ces épis ont huit ou dix pouces de longueur. Les fleurs femelles qui font produites au bas des feuilles fur le côté de la tige, font difposées en épis ferrés, longs , épais , & fortement couvertes de gaines ou fpathes minces. Vers l'extrémité de ces enveloppes pend un petit paquet de filamens , que l'on croit deftiné à recevoir & conduire la poussiere fécondante des fleurs mâles , jufqu'aux germes des femelles.

Quand les femences de cette efpece font mûres, les épis ont neuf ou dix pouces, & quelquefois un pied de longueur ; mais elles mûriffent rarement en Angleterre.

Je n'ai vu aucune variété de couleurs dans cette efpece, quoique vraifemblablement elle doive donner les mêmes que les autres en couleur & en graines ; mais comme celle-ci eft moins commune en Europe , nous ne la connoiffons pas fi bien.

Alba. La feconde efpece qu'on cultive en Italie, en Efpagne & en Portugal, a des tiges plus minces que celles de la précédente, & rarement de plus de fix ou fept pieds de haut. Ses feuilles font plus étroites que celles de la premiere, & creufées en forme de carène. Leur extrémité eft penchée vers le bas. Les épis des fleurs mâles font plus courts. Les épis de la graine font plus minces, & n'ont au plus que fix ou fept pouces de longueur. Ces graines ne parviennent pas en maturité en Angleterre , à moins que la faifon ne foit chaude, & qu'elles n'aient été semées de bonne - heure dans un fol & à une expofition chaude.

Vulgaris. On cultive la troifieme efpece dans les parties feptentrionales de l'Amérique, ainfi qu'en Allemagne. Ses tiges font minces, & s'élevent rarement à plus de quatre pieds de hauteur. Ses feuilles, qui font plus courtes & plus étroites que celles des deux efpeces précédentes, font creufées en forme de carène, & leurs fommets penchent vers le bas. Les épis des fleurs mâles font courts, & ceux de la graine n'ont guere que quatre ou cinq pouces de longueur. Comme les graines de cette efpece mûriffent par-faitement bien en Angleterre, & en auffi peu de tems que l'*Orge*, on peut l'y cultiver avec avantage.

Il y a plufieurs variétés des deux dernieres efpeces, qui different par la couleur de leurs graines. La plus commune eft d'un blanc jaunâtre; mais il y en a quelques-unes d'un jaune foncé, d'autres pourpre, & quelquefois avec des graines de plufieurs couleurs, entre-mêlées fur le même épi, quand les différentes variétés font plantées l'une près de l'autre, & que la pouffiere fécondante peut fe mêler : mais lorfque ces variétés font placées à une diftance convenable les unes des autres, la récolte eft femblable à la femence qu'on a employée. On ne cultive pas beaucoup ces plantes en Angleterre pour l'ufage ; mais en Italie & en Allemagne les pauvres gens en font

leur nourriture, ainfi que dans plufieurs parties de l'Amérique feptentrionale, où on la traite de la maniere fuivante.

Culture. On laboure d'abord la terre au printems ; & après l'avoir nivelée, on y trace des lignes. On éleve de petites hauteurs, à trois ou quatre pieds de diftance, & on met dans chacune trois ou quatre bonnes femences, que l'on couvre d'un pouce environ de terre : on fait enfuite la même chofe fur la ligne qui fe trouve à quatre pieds plus loin, jufqu'à ce que toute la piece de terre foit remplie. Suivant cette méthode, fix pintes de femences fuffifent pour un acre de terre, qui produit communément cinquante boif-feaux de ce bled, fi le fol eft bon.

En femant cette graine, on obferve de féparer les couleurs qui, par ce moyen, rendent toujours la même efpece; mais l'expérience a prouvé qu'en les entre-mêlant, elles produifent un mêlange de toutes les efpeces dans chaque rang, & fouvent dans le même épi. Quelques perfonnes affurent même qu'el-les fe mêlent les unes avec les autres à la diftance de quatre ou cinq perches, s'il n'y a pas entr'elles quelques haies élevées ou des bâtimens.

Il n'y a rien de plus important dans le traitement de cette graine, que de la tenir nette de mauvaifes herbes, en houant fouvent la terre. Quand les tiges ont fait beaucoup de progrès, on éleve la terre autour de chaque plante pour la fortifier, & conferver l'humidité fur les

racines pendant un tems considérable.

Quand la graine est mûre,
on coupe les tiges sur terre ; &
après en avoir séparé les épis,
on étend les tiges au soleil pour
les faire sécher & durcir, afin
de pouvoir en faire des haies
& des apentis semblables à ceux
qu'on fait en Angleterre avec
des roseaux : ce qui est fort
utile dans les pays chauds ; &
quand le fourrage est rare, on
en nourrit le bétail en vert,
dès que les graines sont ré-
coltées.

On porte cette graine au moulin
pour en tirer la farine. En Amérique, en Italie & en Allemagne
les pauvres en font du pain ,
& dans quelques pays chauds,
les habitans rotissent les épis
entiers, en apprètent les graines
de différente maniere, & en
préparent plusieurs mêts; mais
ceux qui ne sont point accou-
tumés à cette nourriture, la
trouvent insipide : cependant,
dans les tems de disette, cette
graine vaut mieux pour les pauvres que la farine de *Feves*,
ou d'autres especes dont on fait
usage en Angleterre. En tout
tems, elle est une nourriture
saine pour le bétail, les porcs,
& les volailles ; de sorte que
dans des terres légeres & sablonneuses où les *Feves* & les
Pois ne réussissent pas bien, on
peut cultiver cette graine avec
avantage.

On peut la cultiver à moins
de frais, en se servant de la
houe à cheval ; car cette façon
de remuer la terre paroît être
particuliérement faite pour cette
espece de plante ; c'est pour-

quoi, je vais donner la méthode dont on s'est servi avec
la houe à cheval, & qui a
réussi au-delà de toute attente.

Le terrein qui fut destiné à
cette culture, étoit léger, sa-
blonneux, & point du tout riche.
Il fut labouré profondément
avant l'hiver, & mis en faîtage
jusqu'au printems : alors on le
hersa bien, on en brisa les
mottes ; & au commencement
d'Avril, on le laboura pour la
seconde fois. Après l'avoir nivelé & hersé ensuite pour le
rendre uni, on répandit les semences dans des rigoles éloignées de quatre pieds , & à un
pied environ de distance entr'elles.

Quand les plantes eurent acquis trois pouces de hauteur,
on en enleva quelques - unes
avec la houe à main dans les
endroits où elles étoient trop
serrées, & on laboura les intervalles des rangs peu profondément, pour détruire les mauvaises herbes. Lorsque les tiges
furent plus avancées, on laboura plus profondément, &
l'on tira la terre sur chaque
côté des plantes. Dès que les
mauvaises herbes commencerent
à reparoître, on laboura pour
la troisieme fois, afin de les
détruire : ce dernier travail rendit la terre nette jusqu'à la
maturité de la graine, parce
que la saison n'étoit point humide ; car autrement il auroit
fallu un quatrieme labour pour
y parvenir. Chaque tige produisit depuis trois jusqu'à six
épis de graines ; ce qui donna
un bénéfice considérable.

On seme ce Bled à peu-près

dans le même-tems que l'*Orge*, favoir, dans une terre légere & chaude, à la fin de Mars, ou au commencement d'Avril; & dans une terre froide, au milieu ou à la fin d'Avril : car dans cette efpece de terre, cette graine eft fujette à pourrir, fur-tout fi la faifon eft humide. Si l'on admet les groffes efpeces dans un jardin par curiofité, on doit les femer fur une couche de chaleur modérée, au commencement de Mars. Quand les plantes font affez fortes pour être enlevées, on les tranfporte fur une autre couche tempérée, pour les faire avancer ; mais il ne faut pas les tenir trop couvertes, de crainte qu'elles ne viennent à filer. Quand le tems eft doux, on les accoutume à fupporter l'air ouvert; & au commencement de Mai, on les enleve en motte : on les place dans une plate-bande chaude, à trois ou quatre pieds de diftance, & on les arrofe foigneufement fi le tems eft fec, jufqu'à ce q'elles aient pouffé de nouvelles racines. Après quoi, elles n'exigent plus aucun autre foin que d'être tenues nettes de mauvaifes herbes. Si l'année eft chaude, ces plantes perfectionnent leurs graines en automne.

ZÉDOAIRE. *Voyez* Costus Arabicus.

ZÉDOAIRE Rond, ou GALENGA. *V.* KÆMPFERIA.

ZINZIBER. *V.* Amomum.

ZIZIPHORA. *Lin. Gen. Plant.* 33. *Clinopodium. Tourn. Inft. R, H.* 194. *Tab.* 92. [*Field Bafil*]. Bafilic des champs.

Caracteres. Le calice de la

fleur eft long, rude, cylindrique, & légérement divifé en cinq parties fur fes bords. La fleur qui eft en mafque, a un tube long & cylindrique. La levre fupérieure eft ovale, réfléchie & entiere. La levre inférieure ou barbe eft partagée en trois fegmens égaux : elle a deux étamines étendues, & terminées par des antheres oblongues, avec un germe divifé en quatre parties, qui foutient un ftyle hériffé, & couronné par un ftigmat à pointe aiguë & réfléchi. Ce germe fe change dans la fuite en quatre femences oblongues, qui mûriffent dans le calice

Ce genre de plantes eft rangé dans la premiere fection de la feconde claffe de LINNÉE, qui comprend celles dont les fleurs ont deux étamines & un ftyle.

Les efpeces font :

1°. *Ziziphora capitata, capitulis terminalibus, foliis ovatis. Lin. Sp. Plant.* 31. *Kniph. Orig. Cent.* 8. *n.* 100. *Pall. It.* 2. *p.* 522 ; Ziziphora avec des têtes qui terminent les tiges, & des feuilles ovales.

Clinopodium fiftulofum, pumilum, Indiæ occidentalis, fummo caule floridum. Pluk. Alm. 111 ; Bafilic des champs bas & fiftuleux, originaire des Indes occidentales, & produifant des fleurs fur le fommet de la tige.

Thymus humilis lati-folius. Buxb. Cent. 3. *p.* 28. *t.* 51. *f.* 1,

2°. *Ziziphora tenuior, floribus lateralibus, foliis lanceolatis. Lin. Sp. Plant.* 31 ; Ziziphora à fleurs placées fur les côtés de la tige, & à feuilles en forme de lance.

Acinos Syriaca, folio mucro-

*nato, capfulis hirfutis. Mor. Hift.
3. p.* 404; Ziziphora de Syrie,
avec une feuille à pointe aiguë,
& une capfule velue.

3º. *Ziziphora Hifpanica, floribus lateralibus, foliis inferioribus lineari-lanceolatis, fummis ovato-mucronatis;* Ziziphora avec
des fleurs difpofées fur les côtés des tiges, dont les feuilles
du bas font linéaires, & en
forme de lance, & celles du
haut ovales & terminées en
longues pointes.

4º. *Ziziphora Alpina, foliis lanceolatis, floribus terminalibus.
Lin. Hort. Cliff.* 305; Bafilic
des champs des Alpes, avec
des feuilles en forme de lance,
& des fleurs qui terminent
les tiges.

*Clinopodium Alpinum, Rofeum,
Satureïæ foliis. Boccon. Mus. 119;*
Bafilic des Alpes, avec des
têtes comme la Rofe, & des
feuilles de Sarriete.

Capitata. La premiere efpece,
qui eft annuelle, croît naturellement dans la Virginie. Sa tige
quarrée & de quatre pouces
environ de hauteur, pouffe depuis le bas des branches latérales, oppofées, & terminées
par un paquet de petites fleurs,
entourées de feuilles ovales,
& terminées en pointe aiguë.
Les fleurs ont un calice mince
& cylindrique, hors duquel
elles paroiffent à peine : elles
font de couleur de pourpre,
& n'ont que deux étamines.
Ces fleurs paroiffent dans les
mois de Juin, Juillet & Août,
& leurs femences mûriffent environ fix femaines après.

Tenuior. La feconde efpece fe
trouve en Efpagne, & dans le

Levant : elle pouffe plufieurs
tiges minces, ligneufes, d'un
pied environ de hauteur, &
garnies de feuilles en forme de
lance, à-peu-près de la longueur de celles de *Sarriete d'été,*
& d'une odeur femblable. Les
fleurs qui naiffent en têtes verticillées autour des tiges, reffemblent à celles de la précédente, & paroiffent dans la même faifon.

Hifpanica. Les femences de la
troifieme efpece m'ont été données par le Docteur RUSSEL,
qui les a tirées d'Alep : elle
s'éleve à huit ou neuf pouces
de hauteur. Ses tiges pouffent
des branches dans toute leur
longueur. Les feuilles du bas
font étroites & velues ; celles
du haut font ovales, & finiffent
en-dehors en pointe aiguë. Les
fleurs font verticillées, & femblables à celles de l'efpece
précédente. Toutes les parties
de cette plante ont une odeur
de *Pouliot.*

Alpina. La quatrieme efpece
eft originaire des Alpes & de
l'Apennin. Ses tiges qui s'élevent à fix pouces environ de
hauteur, font garnies de petites feuilles en forme de lance, & oppofées. Les fleurs font
raffemblées en un paquet au
fommet des tiges : elles font
de la même forme & de la
même couleur que celles de la
premiere, & entourées de feuilles en forme de lance.

Culture. Toutes ces plantes
font annuelles, & on ne peut
les multiplier que par graines.
On les feme dans une platebande de terre légere au printems ou en automne. Celles

qui pouffent en automne, réfiftent au froid de l'hiver, &
deviennent beaucoup plus grandes que celles du printems ;
mais ni les unes ni les autres
ne s'élevent fort haut. Il faut
les femer en place ; car elles
ne profitent pas bien quand elles font tranfplantées, à moins
qu'on ne les enleve en motte.
Ces plantes ont une odeur forte
& aromatique, qui approche
un peu de celle de la *Sariette
d'été* ; mais comme elles ont
peu de beauté, on les cultive
rarement, fi ce n'eft dans les
jardins de Botanique pour la
variété.

Les femences des plantes qui
pouffent en automne, mûriffent en Juillet & en Août ;
mais celles du printems ne fe
perfectionneront pas avant la
fin d'Août ou au commencement de Septembre. Si l'on
donne à ces graines le tems de
fe répandre, elles produiront
des plantes qui n'exigeront aucun autre foin, que d'être tenues nettes de mauvaifes herbes, & éclaircies où elles feront trop ferrées.

ZIZIPHUS. *Tourn. Inft. R.
H.* 627. *Tab.* 403. *Rhamnus.
Linn. Gen. Plant.* 235. [*The
Jujube.*] Jujubier *ou* Gingeole.

Caracteres. La fleur n'a point
de calice ; la corolle eft monopétale, en forme d'entonnoir, étendue, ouverte au fommet, & découpée en quatre ou
cinq fegmens : elle a cinq étamines en forme d'aléne, dont
les bâfes font inférées dans le
pétale, & qui font terminées
par de petites antheres. La
fleur a un germe ovale, qui

foutient deux ftyles minces,
couronnés par des ftigmats obtus, & fe change dans la fuite
en une baie oblongue & ovale,
qui renferme une noix fimple
de la même forme, & à deux
cellules, dans chacune defquelles eft une femence oblongue.

Ce genre de plantes eft rangé
dans la feptieme fection de la
vingt-unieme claffe de TOURNE-
FORT, qui comprend les arbres & les arbriffeaux qui produifent des fleurs en *Rofe*, dont
le pointal devient un fruit pre-
gnant avec une femence pierreufe. LINNÉE a joint ce genre
au *Rhamnus*, qu'il a rangé dans
la premiere fection de fa cinquieme claffe, dans laquelle
font comprifes les plantes dont
les fleurs ont cinq étamines &
un ftyle ; mais les fleurs de
ces plantes ayant deux ftyles,
devroient être féparées du
Rhamnus.

Les efpeces font :

1°. *Ziziphus Jujuba, aculeis
geminatis, rectis, foliis oblongo-
ovatis, ferratis* ; Jujubier avec
des épines érigées, & difpofées par paires, & des feuilles
oblongues, ovales & fciées.

Jujuba fylveftris. Bauh. Pin.
446.

Ziziphus. Dod. p. 807 ; Jujubier commun.

*Rhamnus Ziziphus. Linn. Syft.
Plant. t.* 1. *p.* 546. *Sp.* 23.

2°. *Ziziphus fylveftris, aculeis
geminatis, altero recurvo, foliis
ovatis, nervofis* ; Jujubier avec
des épines jumelles, dont une
eft recourbée, & des feuilles
ovales & nerveufes.

Ziziphus fylveftris. Tourn. Inft.
627 ; Jujubier des forêts.

*Rhamnus lotus. Lin. Syst. Plant.
t. 1. p. 544. Sp. 18.*

3°. *Ziziphus Œnoplia , aculeis solitariis, recurvis, pedunculis aggregatis , foliis cordato-rotundis , nervosis , subtùs tomentosis* ; Jujubier avec des épines solitaires & recourbées , des pédoncules en grappes , & des feuilles rondes en forme de cœur , nerveuses , & cotonneules en-dessous.

Jujuba aculeata , nervosis foliis , infrà sericeis , flavis. Burm. Zeyl. 131 ; Jujubier épineux , avec des feuilles nerveuses , soyeuses & jaunes en dessous.

Rhamnus Œnoplia. Linn. Syst. Plant. t. 1. p. 545. Sp. 22.

4°. *Ziziphus Africana , aculeis geminatis , rectis , foliis ovatis , nervosis* ; Jujubier avec des épines doubles & droites , & des feuilles ovales & nerveuses.

Rhamnus spina Christi. Linn. Syst. Plant. t. 1. p. 546. Sp. 24.

Œnoplia spinosa. Bauh. Pin. 477. Cius. Hist. 2. p. 313.

Nabia palurius , Athenæi credita. Alp. Ægypt. 16. *t.* 19.

Jujube , sive Ziziphus Africana , mucronatis foliis , spinâ gemellâ. Pluk. Alm. 199 ; Jujubier d'Afrique , avec des feuilles pointues , & des épines doubles.

Jujuba. La premiere espece croit naturellement dans les pays chauds de l'Europe : elle a une tige ligneuse , qui se divise en branches courbées , irregulieres , & armées de fortes épines érigées à chaque nœud. Ses feuilles , qui ont deux pouces de longueur sur un de large , sont légerement sciées sur leurs bords , & por-

tées sur de courts pétioles. Ses fleurs sont sessiles , & sortent deux ou trois ensemble du même bouton sur les côtés des tiges : elles sont petites , jaunes , & produisent un fruit ovale , de la grosseur d'une *Prune* médiocre , d'un goût un peu doux & visqueux , & qui renferme un noyau dur , oblong , & pointu aux deux extrémités.

Le fruit de cet arbre étoit autrefois d'usage en Médecine : on le regarde comme pectoral , & propre à calmer la toux , les pleurésies , & les humeurs chaudes & violentes ; mais on en trouve rarement aujourd'hui dans les boutiques. En Italie & en Espagne , on sert ce fruit sur les tables au dessert pendant l'hiver , comme une confiture seche. [i].

Sylvestris. La seconde espece se trouve aux environs de Tunis en Afrique. Ses tiges minces & ligneuses poussent plusieurs branches foibles , couvertes d'une écorce grise & armées d'épines , qui sortent par paires à chaque nœud. L'une de ces épines est longue & érigée , & l'autre courte & recourbée. Les feuilles sont petites , ovales , veinées , d'un demi-pouce de longueur , sur autant de largeur , & sessiles aux branches. Comme je n'ai pas

[i] Les *Jujubes* , par leur mucilage doux , appaisent les irritations de la poitrine & des poumons , calment les toux facheuses ; adoucissent la pituite acre : elles sont utiles aussi pour les reins & pour l'ardeur des urines & de la Vessie.

vu les fleurs de cette efpece, je ne puis donner une
plus ample defcription de cette
plante.

Œnoplia. La troifieme efpece, qui eft originaire de l'Inde,
s'éleve avec des tiges d'arbriffeau
à la hauteur de dix à douze
pieds, & pouffe plufieurs branches minces, couvertes d'une
écorce jaunâtre, & armées à
chaque nœud d'épines folitaires
& recourbées. Ses feuilles font
rondes, en forme de cœur, de
deux pouces environ de longueur, fur autant de large,
dentelées aux périoles, à trois
veines longitudinales, & couvertes d'un duvet jaunâtre en-
deffous. Les fleurs fortent en
paquets des aîles des branches:
elles font petites, jaunâtres,
& produifent un fruit ovale,
du volume d'une petite *Olive*,
& qui renferme un noyau de
la même forme.

Africana. La quatrieme efpece fe trouve en Syrie, d'où
fes femences m'ont été envoyées. Sa racine pouffe plufieurs tiges d'arbriffeau, qui fe
divifent en branches minces,
armées d'épines droites, & poftées par paires à chaque nœud.
Ses feuilles font petites, ovales, veinées, alternes, & poftées fur de fort courts périoles.
Ses fleurs font petites, jaunes,
& fortent fur le côté des branches. Son fruit eft rond, &
de la groffeur d'une *Prunelle
fauvage.*

Culture. On conferve ces plantes dans quelques jardins curieux, feulement pour la variété ; car elles ne produifent
point de fruits en Angleterre.

La premiere & la quatrieme,
qui font les plus dures, fubfiftent rarement pendant l'hiver
en Angleterre, même étant
plantées contre une muraille
expofée au midi. J'en ai confervé dans cette fituation pendant deux ou trois ans, parce
que les hivers étoient doux ;
mais elles ont enfuite été détruites par une forte gelée. On
peut les multiplier en plantant
leurs noyaux, auffi-tôt qu'ils
font mûrs, dans des pots remplis d'une terre fraîche & légere. On tient ces pots en hiver fous un vitrage ordinaire
de couche chaude, & à l'abri
des fortes gelées. Au printems,
on plonge les pots dans une
couche de chaleur modérée,
qui fera germer ces femences.
Quand les plantes paroiffent,
on les accoutume par degrés
au plein air, auquel on les expofe au mois de Juin, en les
plaçant contre une haie dans
un tems fort fec, & on les arrofe fouvent.

On peut les laiffer dans cette
fituation jufqu'au commencement d'Octobre, pour les mettre alors dans une ferre, ou
fous un vitrage de couche chaude, afin qu'elles foient à l'abri
des fortes gelées ; mais il faut
leur donner autant d'air qu'il
eft poffible dans les tems doux.

Pendant l'hiver, on les arrofe
de tems en tems, jufqu'à ce
que leurs feuilles foient tombées ; ce qui arrive toujours
dans cette faifon. Mais après,
il faut leur ménager les arrofemens ; car l'humidité pourrit
les tendres fibres de leurs racines, & fait périr les plantes.

Au mois de Mars , précisément avant qu'elles commencent à pousser , on les tranfplante chacune féparément dans
de petits pots remplis d'une
terre fraîche & légere : on les
plonge dans une couche de
chaleur modérée , pour leur
faire prendre plutôt racine ; &
au mois de Mai, on les accoutume par degrés en plein air ,
auquel on les expofe bientôt
après.

C'eft ainfi que doivent être
traitées ces plantes, tandis qu'elles font jeunes , parce qu'alors
elles font délicates ; mais après
trois ou quatre années , on peut
en placer quelques - unes en
pleine terre , contre une muraille ou paliffade chaude , où
elles fupporteront affez bien le
froid de nos hivers ordinaires,
fi elles font dans un fol fec ;
mais dans les fortes gelées ,
elles exigent un abri , & il fera
prudent d'en conferver une ou
deux dans des pots , pour les
placer dans la ferre en hiver.

On peut auffi multiplier ces
plantes au moyen des rejettons
que les vieux arbres pouffent
fouvent ; mais ces rejettons ne
produifent jamais de fi fortes
racines que les plantes de femences , & ne réuffiffent pas
auffi-bien : c'eft pourquoi, on
ne les multiplie guere de cette
maniere.

La feconde efpece étant moins
dure que la premiere , il eft néceffaire de la tenir en pots , &
de la placer en hiver dans une
ferre , où on la traite comme
les autres plantes exotiques dures ; mais on ne doit pas trop
l'arrofer dans cette faifon , fur-

tout après qu'elle a perdu fes
feuilles.

On multiplie cette efpece par
fes graines , qu'il faut fe procurer du pays où elle croît
naturellement. On les feme dans
des pots remplis de terre légere , & on les plonge dans une
couche chaude de tan , qui fera
paroître les plantes dans l'efpace de fix femaines , fi les femences font bonnes. Quand
elles commencent à avancer ,
on les endurcit par degrés ,
& au mois de Juin , on peut
les placer en plein air dans une
fituation abritée ; mais en automne , on les met à couvert
pour tout l'hiver. Au printems,
& avant qu'elles commencent
à pouffer leurs feuilles , on les
tranfplante avec foin chacune
féparément dans de petits pots ,
que l'on plonge dans une couche de chaleur modérée , pour
leur faire pouffer de nouvelles
racines. En été , on les expofe
au dehors , & en hiver on les
enferme dans la ferre.

Les troifieme & quatrieme
efpeces, qui font plus délicates
que la précédente , ne réuffiroient pas dans ce pays fans le
fecours d'une ferre chaude. On
les multiplie de la même maniere que la précédente ; mais
les plantes doivent être traitées
plus délicatement : car il ne faut
pas les expofer entièrement au
plein air , dans aucun tems de
l'année. Pendant l'été , il faut
leur procurer beaucoup d'air
dans le tems chaud , & en hiver on les tient dans une ferre
chaude.

ZYGOPHYLLUM. *Linn.*
Gen. Plant. 474. *Fabago. Tourn.*
Inft.

Inst. R. H. 258. Tab. 135. [*Bean Caper*]. Faux Caprier.

Caractères. Le calice de la fleur est composé de cinq feuilles ovales & obtuses. La corolle a cinq pétales obtus, plus longs que le calice, & dentelés à leur extrémité. Elle a un nectaire fermé, qui contient un germe composé de plusieurs petites écailles ou feuilles, auxquelles sont fixées les bâses des étamines. La fleur a dix étamines en forme d'alêne, terminées par des antheres oblongues, avec un germe oblong, qui soutient un style en alêne, couronné par un stigmat simple, & se change ensuite en une capsule ovale, à cinq angles, & à cinq cellules, qui renferment plusieurs semences rondes.

Ce genre de plantes est rangé dans la premiere section de la dixieme classe de LINNÉE, qui comprend celles dont les fleurs ont dix étamines & un style.

Les especes font :

1°. *Zygophyllum Fabago, foliis petiolatis, foliolis ob ovatis, caule herbaceo. Linn. Sp.* 551; faux Caprier avec des feuilles pétiolées, des lobes presque ovales, & une tige herbacée.

Fabago Belgarum, sivè Peplus Parisiensium. Lugd. 458; faux Caprier commun, *ou* Peplus des Parisiens.

Capparis Fabago. Dod. Pempt. 741.

2°. *Zygophyllum sessili-folium, foliis sessilibus, foliolis lanceolato-ovalibus, margine scabris, caule fruticoso. Linn. Sp.* 552; Zygophylle à feuilles sessiles, dont les lobes sont en forme de

Tome VIII.

lance, ovales & à bords rudes, avec une tige d'arbrisseau.

Fabago Africana arborescens, flore sulphureo, fructu rotundo. Com. Plant. Rar. 10; faux Caprier d'Afrique en arbre, à fleur couleur de soufre, & à fruit rond.

3°. *Zygophyllum Morgsana, foliis sub-petiolatis, foliolis obovatis, caule fruticoso. Linn. Sp.* 551; Zygophylle avec des feuilles à peine pétiolées, des lobes presque ovales, & une tige d'arbrisseau.

Fabago triphylla & tetraphylla, flore tetrapetalo, fructu membranaceo, quadrangulari. Burm. Plant. Afr. 7; Zygophylle à trois & quatre feuilles, avec une fleur à quatre pétales, & un fruit quarré & membraneux.

Planta Africana frutescens, Portulacæ foliis, Morgsani Syrorum ex brevi pediculo binis. Pluck. Amalth. 173. *t.* 429. *f.* 4.

4°. *Zygophyllum fulvum, capsulis ovatis, acutis. Linn. Sp. Plant.* 386. *Kniph. Cent.* 3. *n.* 100; Zygophylle avec des capsules ovales & à pointe aiguë.

Fabago flore luteo, petalorum unguibus rubris, fructu sulcato, acuto-oblongo. Burm. Plant. Afr. 6; Zygophylle à fleur jaune, dont les onglets des pétales sont rouges, avec un fruit aigu, oblong & sillonné.

Fabago. La premiere espece croît naturellement en Syrie : on la cultive depuis long-tems dans quelques jardins curieux de l'Angleterre. Sa racine épaisse & charnue pénetre profondément dans la terre, & devient, en vieillissant, aussi grosse que le bras d'un homme. Ses tiges périssent chaque automne, jusqu'à la racine, qui pousse tous les ans de nouvelles branches en nombre proportionné à sa force. Ces tiges s'élevent à trois ou quatre pieds de haut, & poussent quelques branches latérales, unies, vertes, noueuses, & garnies de feuilles lisses, charnues comme celles du *Pourpier*, d'un vert bleuâtre, & postées par paires sur un pétiole d'un pouce de longueur. Les fleurs qui naissent sur les côtés de la tige, sortent deux ou trois ensemble du même bouton sur de courts pédoncules : elles sont composées de cinq petales ronds, concaves, d'une couleur rougeâtre en-dehors, & de dix étamines deux fois plus longues que les pétales. A ces fleurs succedent des capsules longues, prismatiques, a cinq côtés, & à plusieurs cellules remplies de semences rondes. Cette espece fleurit en Juin & en Juillet, & ses semences mûrissent en automne. [k]

Sessili-folium. La seconde espece, qui se trouve au Cap de Bonne Espérance, s'eleve avec une tige épaisse & ligneuse, à la hauteur de trois ou quatre pieds, & pousse plusieurs branches garnies de feuilles succulentes, placées par quatre, & sessiles. Ses fleurs qui naissent aux côtés des tiges sur des pédoncules longs & minces, sont composées de cinq pétales de couleur de soufre, avec une

tache brune à chaque onglet. A ces fleurs succede un fruit rond, penché, & à cinq cellules, qui contiennent chacune deux semences rondes. Cette plante reste en fleur pendant tout l'été & l'automne, & ses semences mûrissent en hiver.

Morgsana. La troisieme espece est aussi originaire du Cap de Bonne Espérance : elle a une tige d'arbrisseau, divisée en plusieurs branches irregulieres & noueuses, de quatre ou cinq pieds de haut, & garnies de feuilles épaisses, succulentes, plus larges & plus obtuses que celles de la seconde espece, & placées par quatre à chaque nœud, deux sur chaque pétiole opposé. Les fleurs qui sortent des côtés de la tige sur des pédoncules minces, n'ont que quatre pétales plus larges que ceux de la seconde espece ; mais de la même couleur, avec une tache brune à chaque onglet. Le fruit a quatre aîles larges, membraneuses, & semblables aux voiles d'un moulin. Cette plante fleurit durant la plus grande partie de l'été ; mais son fruit mûrit rarement bien en Angleterre.

Fulvum. La quatrieme espece vient encore du Cap de Bonne-Espérance. Ses tiges poussent des branches basses, ligneuses, irrégulieres & noueuses. Ses feuilles sont de la consistance de celles du *Pourpier*, étroites aux pétioles, mais ovales à l'autre extrémité, & disposées par quatre à chaque nœud comme dans la précédente. Les fleurs qui sortent des côtés de la tige sur de minces pédoncules, sont

---

[k] Le *Fabago* est estimé un excellent vermifuge.

d'un jaune pâle, & ont une grande tache rouge aux onglets de chaque pétale. Le fruit est ovale, de neuf lignes environ de longueur, & a cinq sillons profonds : il est divisé en cinq cellules remplies de semences rondes. Cette plante fleurit durant une grande partie de l'année, & son fruit mûrit en automne & en hiver.

Culture. La premiere espece ne se multiplie que par ses graines, qui mûrissent fort bien en Angleterre dans les années chaudes. On peut les semer au printems sur une couche de chaleur modérée, ou sur une plate-bande chaude de terre légere. Celles de la couche pousseront au bout de trois semaines ou un mois ; & un mois environ après, les plantes seront assez fortes pour être transplantées. Alors on les met chacune séparément dans de petits pots remplis d'une terre fraiche & légere ; on les plonge dans une couche de chaleur modérée, pour leur faire prendre racine, & on les tient à l'ombre pendant le jour. On les endurcit ensuite par degrés à supporter l'air ouvert, auquel on les tient exposées pendant tout l'été ; mais en automne, quand leurs tiges commencent à se flétrir, on les place sous un vitrage de couche chaude, pour les mettre à couvert des gelées ; car elles sont un peu délicates, tandis qu'elles sont jeunes. Au printems suivant, on peut les ôter des pots, & les planter dans une plate-bande à l'exposition du midi, tout près d'un mur, dans un

sol sec & rempli de décombres, où elles supporteront le froid sans couverture. On voit dans le jardin de Chelsea une plante de cette espece, qui a plus de cinquante ans, & qui résiste aux plus grands froids sans couverture : elle produit annuellement une grande quantité de fleurs & de fruits.

Les plantes semées en pleine terre n'exigeront aucun autre soin que d'être tenues nettes de mauvaises herbes, & d'être éclaircies où elles sont trop épaisses. Il leur faut de la place pour croître la premiere année ; & quand leurs tiges périssent en automne, on couvre la surface de la terre avec du tan, pour empêcher la gelée de pénétrer jusqu'aux racines, ou bien on y met, pendant les gelées, de la paille, ou du chaume de pois, qui feront le même effet, & préserveront les jeunes plantes qui sont alors un peu délicates. Au printems, on enleve les racines avec soin, & on les plante contre une muraille chaude, comme il a été dit ci-dessus.

Les trois autres especes étant trop délicates pour pouvoir résister en plein air au froid de nos hivers, il faut les tenir dans des pots, & les enfermer dans la Serre en automne. On multiplie ces plantes par semences, ou par boutures.

Les seconde & quatrieme especes perfectionnent leurs semences assez bien en Angleterre : ainsi on peut les multiplier en les semant au printems sur une couche de chaleur modérée. Quand les plantes

244 ZYG

ont à-peu-près un pouce de
hauteur, on les met chacune
féparément dans de petits pots
remplis de terre légere ; on les
plonge dans une couche de
chaleur modérée , & on les
tient à l'ombre jufqu'à ce
qu'elles aient repris racine. Enfuite, à mefure que la faifon
avance, on les endurcit, en
les accoutumant par degrés à
fupporter l'air ouvert , auquel
il faut les expofer entierement
à la fin de Mai, en les plaçant
dans une fituation chaude &
abritée, où on pourra les laiffer jufqu'à l'automne. Alors on
les met dans une caiffe de vitrage feche & airée, où elles
réuffiront mieux que dans une
Serre ; car elles exigent beaucoup d'air dans les tems doux,
& fans ce fecours leurs branches font fujettes à devenir
foibles & délicates : ce qui les
expofe fouvent à être endommagées en hiver par l'air humide ; mais elles n'ont pas
befoin de chaleur artificielle ,
& il fuffit, pour qu'elles pro-

ZYG

fitent bien , de les tenir à l'a-
bri des gelées.

La troifieme efpece produit
rarement de bonnes femences
en Angleterre : ainfi on la multiplie par boutures , de même
que les deux autres : cette méthode eft la plus expéditive.

Les plantes des femences
font cependant toujours plus
fortes , & s'élevent à une plus
grande hauteur.

Ces boutures peuvent être
plantees dans une planche de
terre légere pendant tous les
mois de l'été. Si elles font bien
couvertes de cloches, & abri-
tées du foleil , elles pousseront
des racines en cinq ou fix femaines de tems. Alors on les
enlevera avec précaution ; on
les mettra en pots , & on les
tiendra à l'ombre jufqu'à ce
qu'elles aient formé de nouvelles racines. Après quoi, on
les placera dans une fituation
chaude & abritée , & on les
traitera comme les plantes de
femences.

FIN DU HUITIEME ET DERNIER VOLUME.

CATALOGUE

DES Arbres & Arbriſſeaux fort durs, dont les feuilles tombent, & qui profitent en Angleterre en plein air, & ſans abri.

NOUS avons ſeulement donné dans ce Catalogue le titre générique de chaque arbre ou arbriſſeau, & ajouté les numéros, comme ils ſont marqués dans le corps de l'Ouvrage, aux différentes eſpeces ; de ſorte qu'on peut conſulter les titres latins, auxquels ſont ajoutés les noms ordinaires, françois & anglois, qui peuvent inſtruire nos Lecteurs auſſi — bien que s'ils étoient annexés à chaque eſpece.

Nous les avons auſſi réduits en une liſte, & non pas en pluſieurs, ſuivant leurs différens crûs, comme ils étoient dans les Editions précédentes du *Dictionnaire des Jardiniers*, & nous les avons marqués avec les lettres A. B. C. D. Les arbres qui ſont marqués par un A, ſont ceux qui s'élevent à plus de quarante pieds de haut ; ceux marqués B, montent de vingt à quarante pieds de haut ; C, de dix à vingt-cinq ; & ceux D, ſont des arbriſſeaux plus bas. A ceux qui produiſent des fleurs, ou qui ſont odorans, & qui méritent d'être placés dans un jardin d'ornement, on a joint la lettre F : par-là, on ſera en état de choiſir tels arbres & arbriſſeaux convenables à tous les plans & projets différens.

On ne joint pas à cette liſte quelques-uns des arbriſſeaux qui ſont de peu de durée, tels que l'*Armoiſe*, le *Romarin*, la *Lavande*, la *Santoline*, &c. parce que, quand ils périſſent, ils occaſionnent des vuides dans la plantation.

A

ACER, 1. Sycomore, A *Sicamore*.   ACER, 3. Erable à feuilles de
ACER, 2. Erable, C. *Maple*   Frêne, A. *Ash-Leved Maple.*

ACER, 4. Erable de Norvege, B. *Norway Maple.*

ACER, 5. Erable à fleurs, CF. *Flowering Maple.*

ACER, 6. Erable à sucre, B. *Sugar Maple.*

ACER, 7. Erable de montagne, C. *Mountain Maple.*

ACER, 8. Erable d'Italie, A. *Italian Maple.*

ACER, 9. Erable de Montpellier, C. *Montpelier Maple.*

ACER, 10. Erable oriental, C. *Eastern Maple,*

ACER, 11. Erable à feuil'es ovales, D. *Oval-Leaved Maple.*

ÆSCULUS. Maronnier d'Inde, AF. *Horse Chestnut.*

ALNUS, 1. Aune commun, B. *Common Alder.*

ALNUS, 2. Aune à feuilles longues. B. *Long-Leaved Alder.*

ALNUS, 3. Aune nain, D. *Dwarf Alder.*

AMORPHA. Indigo bâtard, DF. *Bastard Indigo.*

AMYGDALUS, 1. Amandier, CF. *Almond-Tree.*

AMYGDALUS, 5. Amandier nain, DF. *Dwarf Almond.*

ANDROMEDA, 2, 3, 5, D.

ANNONA, 8. Assiminier *ou* Annone. C. *Pap w.*

ARALIA, 3. Angélique en arbie, D. *Angelica-Tree.*

B

BASTERIA. Les Quatre-Epices, la Pompadour, DF. *Allspice.*

BERBERIS, 1. Epine-Vinette, D. *Barberry.*

BETULA, 1. Bouleau, B. *Birch-Tree.*

BIGNONIA, 3. Fleurs à trompette, *ou* Jasmin écarlate de Virginie, CF. *Catalpa.*

C.

CARPINUS, 1. Charme, A. *Hornbeam.*

CARPINUS, 2, 3, 4. Charme à fruit de Houblon, C. *Hop Hornbeam.*

CASSINE, 1. Buisson à baies de Casse, D. *Cassioberry Bush.*

CASTANEA, 1. Châtaignier, A. *Chestnut.*

CASTANEA, 2. Châtaignier nain, D. *Chinquapin.*

CEANOTHUS, 1. Thé du Nouveau-Jersey, DF. *Jersey Tea.*

CELTIS, 1, 2. Micocoulier, B. *Nettle-Tree.*

CELTIS, 3, 4. C. Micocoulier.

CEPHALANTHUS. Bois à bouton. D. *Button-Tree.*

CERASUS. Cerisier à doubles fleurs, CF. *Double flowering Cherry.*

CERASUS, 4. Cerise parfumée *ou* Cerisier de Mahaleb, D. *Parfumed Cherry.*

CERASUS, 5. Ragouminier, petit Cerisier. DF. *Dwarf Cherry.*

CERCIS, 1, 2. Arbre de Judée, C. F. *Judas-Tree.*

CHIONANTUS. Snaudrap, Arbre de Neige, CF. *Snowdrop-Tree.*

CLETHRA, DF. Jasmin de Virginie.

COLUTEA, 1. Séné en vessie, C F. *Bladder Sena.*

COLUTEA, 2, 3. Baguenaudier, D F.

CORIARIA. Sumach à feuilles

de Myrte, D. *Myrtle-Leaved Sumach.*

CORNUS, 7. D. Cornouiller. *Dog-wood.*

CORNUS, 1, 2, 3, 4, 5, 6. Cornouiller.

CORYLUS, 1, 2, 3. Noisetier, C. *Nut-Tree.*

CRATÆGUS, 1, 2. B. Cormier.

CRATÆGUS, 2, 3. D. Alisier, Aubépine.

CUPRESSUS, Cyprès d'Amérique, dont les feuilles tombent. *American Deciduous Cypress.*

CYDONIA. Cognassier, C. *Quince-Tree.*

CYTISUS, 1, 2. *Laburnum.* Cytise. B F.

CYTISUS, 3, 5, 12. DF. Cytise.

D.

DAPHNE, 2, 5, 7, 8. L'Auréole, Mezereon, D F.

DIERVILLA, D. Dierville, espece de Chevrefeuille.

Diospyros, 1, 2 Datte des Indes, Plaqueminier, C. *Date Plum.*

E.

ELÆAGNUS, 1, 2. Olivier sauvage, C. *Wild Olive.*

EMERUS, 1, 2. Séné de Scorpion *ou* Baguenaudier des Jardiniers, D F. *Scorpion Sena.*

EVONYMUS, 1, 2. Fusain, C. *Spindle-Tree.*

F.

FAGUS. Hêtre, A. *Beech-Tree.*

FRANGULA, 1, 2. Aune portant baies, D. *Berry-Bearing Alder.*

FRAXINUS, 1, 4. Frêne, A. *Ash-Tree.*

FRAXINUS, 2, 3, 5, 6. Frêne, B. *Ash.*

G.

GLEDITSIA, 1, 2. Acacia à trois épines, *ou* Carouge à miel, C. *Three — Thorned Acacia.*

H.

HAMAMELIS. Noisetier magique, D. *Witch Hazel.*

HIBISCUS, 1. *Althæa frutex.* D F.

HIPPOPHAE, 1, 2. Nerprun de mer, C. *Sea Buckthorn.*

HYDRANGEA, D.

HYPERICUM, 3, 4, 6. Herbe de Saint Jean, D F. Mille-Pertuis. *St. Johns'wort.*

J.

JOHNSONIA, D.
ITEA, DF.
JUGLANS, 1, 2, 3. Noyer, A.

Walnut.
JUGLANS, 4, 5, 6. Noyer, B.
Hickery nut.

L.

LARIX, 1. A. Meleze. *Larch-Tree.*
LAURUS, 6, 7, 8. C. Laurier.
LIGUSTRUM, 1. Troefne, C.
Privet.

LIQUIDAMBER, 1, 2. B.
LONICERA, 1, 2, 3, 4, 5, 6,
7. Chevrefeuille élevé, CF.
Upright Honey Suckle.

M.

MAGNOLIA, 1. Laurier doux,
CF. 3, 4, BF. *Sweet bay.*
MESPILUS, 3, 4, 5, 6, 7, 8, 9,
10, 12, 13, 14, 15, 16. Nefflier, BF. *Medlar.*

MESPILUS, 17, 18, 19, 20, 21,
22. CF.
MORUS, 6. Mûrier, B. *Mulberry.*
MYRICA, 1, 2, 3, 4. C. *Candle
Berry.*

O.

ONONIS, 5. Arrête-Bœuf, B.
Reft-Harrow.

OROBUS, 10. CF. *Caragana.*

P.

PADUS, 1. Cerifier d'oifeau,
CF. 2, 3. BF. *Bird Cherry.*
PALIURUS. Epine du Chrift,
C. *Chrit's Thorn.*
PAVIA. Maronnier d'Inde,
écarlate, CF. *Scarlet Horfe-
Cheftnut.*
PERICLYMENUM, 5, 6, 7.
Chevrefeuille, CF. *Honey-
Suckle.*
PERSICA, 1. Pêcher, BF, 2,

3. CF. *Peach.*
PHILADELPHUS, 1, 2, 3. Se-
ringa. CF. *Syringa.*
PISTACIA, 1, 4. C.
PLATANUS, 1, 2. Platane, A.
Plant-Tree.
POPULUS, 1, 2, 3, 4, 5, 6.
Peuplier, A. *Poplar.*
PRINOS, 1, 2. C.
PTELEA, 1. Chevrefeuille *ou*
Treffle, C, *Trefoil Shrub.*

Q.

QUERCUS, 1, 2, 5, 9, 13.
Chêne, A. *Oak.*

QUERCUS, 7, 8, 11, 12, 14,
15; B. Chêne. *Oak.*

R.

RHAMNUS, 1, 2, 3. Nerprun, C. *BuckThorn.*

RHODODENDRON, 1, 2. Espece de Laurier-Rose, C. *Rose-Laurel.*

RHUS, 1, 2, 3, 4, 5, 6. Sumach, CF. *Sumach.*

ROBINIA, 1, 2. AF. 3, 10. Acacia. CF. *Acacia.*

ROSA. Toutes sortes de Rosiers, DF. *Rose.*

RUBUS, 5, 6. Ronce, CF. *Bramble.*

S.

SALIX, 1, 2, 3. A. 5, 6, 7, 8, 9, 10, 11. Saule, B. *Sallow.*

SAMBUCUS, 1. B, 2, 3. Sureau, C. *Elder.*

SORBUS, 1, 2. Cormier *ou* Sorbier, B. *Service.*

SPARTIUM, 1, 2, 3. Genêt, CF. *Broom.*

SPIRÆA, 1, 2, 3, 6, 7, 8. CF.

STAPHYLEA, 1, 2. Noix en vessie, C. *Bladder-Nut.*

STEWARTIA, CF.

SYRINGA. Lilas, B, 2, 3. CF. *Lilac.*

T.

TACAMAHACCA, B.

TAMARIX, 1. Tamarisc, B, 2. C. *Tamarisk.*

TILIA, 1, 2. Tilleul, A, 3, 4. B. *Lime-Tree.*

TOXICODENDRON, 2, 3, 4, 5. Arbre à Poison, C. *Poison Oak.*

TULIPIFERA. Tulipier, AF. *Tulip-Tree.*

V.

VIBURNUM, 1, 2, 3, 4. Viorne, CF. *Way-Faring-Tree.*

VITEX, 1, 2. Agnus-Castus, C. *Chaste-Tree.*

ULMUS, 1, 2, 3, 4. Orme, A, 5. B. *Elm.*

LISTE des Plantes & Arbrisseaux grimpans dont les branches doivent être soutenues, pour les empêcher de traîner sur la terre, & qui doivent être attachées aux murs, avec des pesseaux ou treillis.

BIGNONIA, 1, 2, 5, 6, 8. Jasmin écarlate de Virginie, *ou* Fleur à trompette. *Trumpet-Flower.*

CEANOTHUS, 2. Thé du nouveau-Jersey.

CLEMATIS, 4, 5, 6, 7, 8, 9,

10, 11, 12, Clematite. *Traveller's Joy.*

GLYCINE, 2. Réglisse à racine noueuse. *Kidney-Bean-Tree.*

HEDERA, 1. Lierre. *Ivy.*

JASMINUM, 1. Jasmin. *Jasmine.*

LYCIUM, 6, 7. *Boxthorn.*

MENISPERMUM, 1, 2, 3. *Moon-seed.*

MESPILUS, 6. Nefflier. *Medlar.*

PASSIFLORA, 2. Fleur de la Passion. *Passion-Flower.*

PERICLYMENUM, 1, 2, 3, 4, 5, 6, 7, 8. Chevrefeuille. *Honey-Suckle.*

PERIPLOCA, 1. Soie de Virginie. *Virginia Silk.*

ROSA, 8, 9. Rosier. *Rose.*

SMILAX, 1, 2, 3, 4, 9, 11. Liseron épineux *ou* Salsepareille. *Rough Bindweed.*

SOLANUM, 8. Morelle. *Nightshade.*

TOXICODENDRON, 2, 6. Vernis, Arbre à Poison. *Poison Oak.*

VITIS, 1, 5. Vigne. *Vine.*

CATALOGUE

Des Arbres ou Arbrisseaux durs & toujours verts.

Ceux qui sont marqués d'un A croissent à plus de quarante pieds de haut ; ceux marqués B, s'élevent à vingt ou quarante pieds de haut ; ceux avec la lettre C, à dix ou vingt pieds ; & ceux marqués d'un D, sont des arbrisseaux bas.

ABIES, 1, 2, 3, 4, 5. Sapin, A. 6, 7, 8, 9. B. *Fir-Tree.*

ALATERNUS, 1, 2, 3, 4. C. Alaterne.

ARBUTUS, 1, 2. Arbousier *ou* Fraisier en arbre, C. *Strawberry.*

BUPLEVRUM, 6. Oreille de Lievre, D. *Hare's Ear.*

BUXUS, 1, 2. Buis, C. 3. D. *Box.*

CELASTRUS, 1. Arbre à bâton D. *Staff-Tree.*

CISTUS, 1, 2, 3, 4, 5, 6, 7, 8, 9, 12, 13, 14, 15, 16. Ciste *ou* Rose de Roc, D. *Rock-Rose.*

CNEORUM. Larme de veuve, D. *Widow-Wail.*

CUPRESSUS, 1, 2. Cyprès, B. 3, C. 5, D. *Cypress.*

CYTISUS, 6. Citise *ou* Treffle, D. *Trefoil-Tree.*

DAPHNE, 1, 4. L'Auréole, D. *Mezereon.*

EVONYMUS, 3. Fusain, D. *Spindle-Tree.*

HYPERICUM, 3, 4, 6; Herbe de Saint-Jean *ou* Millepertuis ; D. *S. John's-Wort.*

ILEX, 1. Houx, B. 2, 3, C. *Holly.*

JUNIPERUS, 1, 10, 11. Genevrier, D. 2, 3, 4, 5, 6, C. 7, 8, 12, 13, B. *Juniper.*

KALMIA, 1, 2, 3. Espece de Laurier-Rose, D. *Rose-Laurel.*

LARIX, 3. Cedre du Liban, A. *Cedar of Libanus.*

LAURUS, 1, 2. Laurier, B. *Bay-Tree.*

LIGUSTRUM, 2. Troëfne, C. *Privet.*

MAGNOLIA, 2. Tulipier à feuilles de Laurier, C. *Laurel-Leaved Tulip-Tree.*

MEDICA, 8. Luferne. D. *Moon Trefoil.*

MESPILUS, 6. Pyrancantha, C.

PADUS, 4, 5, 6. Laurier de Portugal, C. *Laurel.*

PERICLYMENUM, 1, 8. Chevrefeuille, D. *Honeyfuckle.*

PHILLYREA, 1, 2, 3. C, 4, 5, 6, 7. D

PINUS, 1, 3, 5, 10, 13. Pin, A. 2, 4, 6, 7, 11. B. 8, 9, 14. C. *Pine-Tree.*

QUERCUS, 3, 16. Chêne. A, 17, 20. B. 19. C. 18. *Oak.*

ROSA, 8, 9 Rofier, D. *Rofe.*

TAXUS, If, B. *Yew.*

THUYÀ, 1, 2. Arbre de vie, C. *Tree of Life.*

VIBURNUM, 5, 6. Laurus-Thymus, D. *Laurier Tinviorne.*

CATALOGUE

De Plantes dures & vivaces qui profitent dans les plates-bandes découvertes, fans aucun abri, dont les racines n'exigent pas d'être enlevées de la terre chaque année, & qui produifent des fleurs d'ornement convenables aux parterres.

ACONITUM, 1, 2, 3, 4, 5, 7, 8, 9, 10. Aconite. *Wolfsbane.*

ADONIS, 3. Aîle de Faifan *ou* Œil d'Oifeau. *Pheafant-Eye.*

ANTHEMIS, 16, 17. Camomille. *Camomile.*

ANTHERICUM, 1, 3. Herbe à l'Araignée. *Spiderwort.*

ANTIRRHINUM, 3, 4, 5. Mufle de Veau. *Snap-Dragon.*

APOCYNUM, 3. Apocin, Ouette *ou* Tue-Chien. *Dogsbane.*

AQUILEGIA, 1, 2, 3, 4. Colombine. *Ancolie Columbine.*

ASCLEPIAS, 6, 9, 10, 11. Soyeufe, Ouette. *Swallow-Wort.*

ASPHODELUS, 1, 2, 3, 4. Afphodele. *King's-Spéar.*

ASTER, 1, 2, 4, 5, 6, 7, 8, 9, 10, 12, 14, 15, 16, 17, 18, 19, 20, 21, 22, 23, 24, 25, 26, 27, 28, 29. Aftre ou Herbe à l'Etoile. *Starwort.*

BELLIS, 3. Marguerite *ou* Pâquerette. *Daify.*

CHELONE, 1, 2, 3.

COREOPSIS, 4. *Tick-Seed.*

CYCLAMEN, 1, 2. Pain de Pourceau. *Sowbread.*

DELPHINIUM, 5, 6, 7, 9. Pied d'Alouette. *Lark-Spar.*

DIANTHUS, 1, 4. Œillet. *Gilliflower.*

DICTAMNUS, Dictamne blanc ou Fraxinelle. *Fraxinella.*

ERYNGIUM, 4, 5, 6. Houx maritime, Panicaud marin. *Sea Holly.*

FUMARIA , 3 , 7, 8. Fumeterre. *Fumitory.*

GENTIANA , 1 , 2 , 4. Gentiane. *Gentian.*

HELIANTHUS , 2. Soleil , Tournefol. *Sun-flower.*

HELLEBORUS , 3 , 4 , 5 , 6. Hellébore. *Hellebore.*

HEMEROCALLIS , 1 , 2 , 4. Hémérocale. *Day Lily.*

HESPERIS , 1 , 2 , 4. Julienne. *Rocket,* ou *Dame's violet.*

HIBISCUS , 18. Mauve d'Inde. *Indian Mallow.*

HIERACIUM , 3. *Hawkweed.*

IBERIS , 2. *Candy Tuft.*

INULA , 3 , 6 , 10. *Yellow Starwort.*

IRIS , 2 , 3 , 4 , 5 , 6 , 7 , 8 , 9 , 10, 13, 16, 17, 18, 19. Iris. *Flower-de-luce.*

IXIA , 1.

LATHYRUS , 15 , 16. Gesse. *Everlasting Pea.*

LUPINUS , 6. Lupin. *Lupine.*

LYCHNIS , 1, 2, 3, 4, 5. à Fleurs blanches doubles. *With double Flowers.*

MEADIA.

MONARDA , 1 , 2. Monarde. *Oswego Tea.*

ONONIS , 6 , 15. Arrête-Bœuf. *Rest-Harrow.*

OROBUS , 4 , 7 , 8. Orobe. *Bitter Vetch.*

PŒONIA. Toutes les variétés , Pivoine & variétés. *Piony.*

PAPAVER , 7. Pavot. *Poppy.*

PHLOX , 2 , 3 , 4 , 5 , 6 , 7. *Lychnidea.*

PULMONARIA , 3 , 6. Pulmonaire. *Lungwort.*

PULSATILLA. Coquelourde & especes. *Pasque Flower.*

RUDBECKIA , 1 , 2 , 4 , 5 , 6. Petit Tournefol. *Dwarf Sun Flower.*

SOLIDAGO , 9, 10, 11 , 12, 13, 14, 15, 16, 17, 18, 19, 20, 21, 22, 23, 24, 25, 27, 28, 29, 30, 31. Verge d'or. *Golden Rod.*

THALICTRUM , 3 , 5. Thalictron, Rhue des Prés, le Pigamon. *Feather'd Columbine.*

TRACHELIUM. Gantelée. *Throat-wort.*

TROLLIUS , 1 , 2. Renoncule globulaire. *Goldylocks.*

VERATRUM , 1 , 2 , 3 , 4. Hellébore blanc. *White Hellebore.*

VERBASCUM , 10. Bouillon blanc ou Molène. *Mullein.*

VERONICA , 3 , 4 , 5 , 6 , 7, 8, 9, 10, 13, 14. Véronique. *Speedwell.*

LISTE des Plantes qui profitent sous l'égout des Arbres, dont les feuilles tombent , & que l'on peut placer dans les endroits couverts.

ACANTHUS , 1 , 2 , 3 , 4 , 5. Branche ursine. *Bear's Breech.*

ACONITUM , 6. Aconite. *Wolfsbane.*

ACTÆA , 1 , 2 , 3. Herbe de Saint-Christophe. *Herb Christopher.*

ANEMONE , 1 , 2 , 3. Anemone. *Anemony.*

ARALIA , 1 , 2. Angélique à baies.

CONVALLARIA. Toutes les especes de Lys des vallées, *ou* Muguet. *Lily of the Valley.*

GEUM , 1 , 2 , 3 , 4 , 5. Benoîte ou Herbe de Saint-Benoît, Galiot. *London Pride.*

HEMEROCALLIS , 3. Lys de Saint-Bruno ,

Bruno, Hémérocale. *S. Brunos Lily.*

HYPERICUM, 7. Herbe de Saint-Jean. Millepertuis. *S. Johns Wort.*

PRIMULA. Toutes les variétés de Primevere. *Primrose.*

VINCA, 1, 2. Pervenche. *Periwincle.*

VIOLA, 1, 2. Avec leurs variétés. Violette. *Violet.*

C A T A L O G U E

De Plantes qui font trop délicates pour refter en plein air, pendant l'hiver, en Angleterre, mais qui n'exigent point de chaleur artificielle : on les appelle communément Plantes de ferre. Celles dont les tiges & les feuilles font fucculentes réuffiront mieux, fi elles font tenues en hiver dans des caiffes de vitrages, feches & aérées, où elles puiffent jouir du foleil & de l'air dans le tems doux.

AGAVE, 1, 2, 7. Aloës. *Aloë.*

AIZOON, 1, *Sempervive.* Efpece de Ficoïde *ou* Joubarbe. *Evergreen.*

ALOE, 1, 3, 4, 5, 6, 8, 9, 10, 11, 12, 13, 14, 15, 16, 17, 18, 19, 20, 21. Aloës. *Aloë.*

ANTHERICUM, 4, 5, 6, 7, 8, 9. Herbe à l'Araignée. *Spiderwort.*

ANTHOLYZA, 1, 2. Antholize, efpece de Gladiole.

ANTHOSPERMUM. Arbre d'Ambre.

ANTHYLLIS, 6, 7. La Vulnéraire, barbe de Jupiter. *Jupiter's Beard.*

ARCTOTIS, 2, 3, 4, 5, 6, 7, 8. *Wind Seed.*

ARISTOLOCHIA, 4, 5. Ariftoloche. *Birthwort.*

ASCLEPIAS, 12, 13, 14, 15. Dompte-Venin, Ouette. *Swallow Wort.*

ASPARAGUS, 5, 6, 7, 8, 9, 10. Afperge.

ASPHODELUS, 6. Afphodele. *King's Spear.*

ASTER, 31, 32, 37. Aftre. Herbe à l'Etoile. *Starwort.*

AURANTIUM, 1, 2, 3, 4, 5. Oranger. *Orange.*

BACCHARIS, 1. Afpic *ou* Lavande du Laboureur, Bacchante. *Plough-man's Spikenard.*

BIGNONIA, 5, 12. Fleur à trompette. *Trumpet-Flower.*

BOSEA. Verge d'or.

BRABEJUM, Amandier d'Afrique.

BUBON, 3, 4. Perfil de Macédoine, Férule. *Macedonian. Parfley.*

BUPHTHALMUM , 7 , 10 , 11 , 12. Œil de Bœuf. *Ox-Eye.*

BUPLEVRUM , 7. Oreille de Lievre. *Hare's-Ear.*

CACALIA , 5 , 6 , 7 , 8. Pas-d'Aîne , Cacale. *Foreign. Colt's-Foot.*

CALENDULA , 7 , 8. Soucy. *Marigold.*

CALLA. Arum d'Ethiopie.

CAMPANULA , 14 , 15. Campanule. *Bell-Flower.*

CAPPARIS, 1 , 2. Caprier. *Caper.*

CELASTRUS , 3 , 4. Arbre à bouton. *Staff-Tree.*

CERATONIA. Carouge *ou* Caroubier. *S. John's Bread.*

CEREUS , 11. Cierge *ou* Flambeau. *Torch-Thiſtle.*

CHIRONIA , 1 , 2.

CHRYSOCOMA , 3 , 4. Touffe d'or. *Goldylocks.*

CISTUS , 10 , 11 , 17 , 18. Roſe de Roc , Ciſte. *Rock-Roſe.*

CLIFFORTIA , 1 , 2 , 3.

CLUTIA , 1 , 2 , 3.

CONVOLVULUS , 16 , 22 , 27. Liſeron. *Bindweed.*

CORONILLA , 1 , 2. Coronille. *Jointed podded Colutea.*

COTYLEDON , 4 , 5 , 6 , 7 , 8 , 9. *Navelwort.*

CRASSULA , 1 , 2 , 3 , 4 , 5 , 6 , 7 , 8 , 9 , 10 , 11. Plante graſſe, Orpin *ou* Anacampſeros.

CUNONIA, Eſpece de Gladiole.

CUPRESSUS , 6. Cyprès. *Cypreſſ.*

CYCLAMEN , 3 , 4 , 5 , 6. Pain de Pourceaux. *Sowbread.*

CYTISUS , 4 , 14 , 15. Cytiſe. *Tree Trefoil.*

DIOSMA , 1 , 2 , 3 , 4. Millepertuis d'Afrique.

EBENUS , Ebénier. *Ebony.*

EUPHORBIA , 6 , 7 , 10 , 12 , 13 , 16. Euphorbe.

FERRARIA , plante bulbeuſe & liliacée.

GALENIA. La Galien.

GERANIUM , 21 , 22 , 23 , 24 , 25 , 26 , 27 , 28 , 29 , 30 , 31 , 32 , 33 , 34 , 35 , 36 , 37 , 38 , 39 , 43. Bec de Grue. *Cranesbill.*

GNAPHALIUM , 10 , 16 , 18 , 20 , 21. Immortelle. *Cudweed.*

GREWIA , 1 , 2.

GUAJACUM , 3. Gayac *ou* Bois-Saint.

HALLERIA. Chevrefeuille à mouche d'Afrique.

HELIOTROPIUM , 4 , 5 , 6. Héliotrope.

HERMANNIA , toutes les eſpeces.

HYPERICUM , 8. Herbe de la Saint-Jean , Millepertuis. *S. John's wort.*

JASMINUM , 5 , 6. Jaſmin. *Jasmine.*

IBERIS , 1. Thlaſpi. *Candy-Tuft.*

INULA , 12. l'Aunée. *Yellow Starwort.*

JUSTITIA , 4.

IXIA , 2 , 3 , 4 , 5 , 6 , 7 , 8.

KIGGELARIA.

LAURUS , 3 , 4 , 5 , 9. Laurier. *Bay.*

LEONURUS , 1 , 2. Queue de Lion. *Lion's-Tail.*

LIMON , toutes les variétés du Limonier. *Lemon.*

LOTUS , 5 , 16. Treffle. *Bird's-Foot. Trefoil.*

LYCIUM , 1 , 2 , 3 , 4 , 7 , 8 , 9 , 10. *Boxthorn.*

MALVA , 14. Mauve. *Mallow.*

MEDEOLA , 1 , 2 , 3.

MELIA , 1 , 2. *Bead-Tree.*

CATALOGUE

De Plantes qui ne profitent pas en Angleterre pendant l'hiver, sans chaleur artificielle.

Celles qui sont marquées d'un A, doivent être placées dans une serre chaude de tan, & celles marquées d'un B, réussissent à un degré de chaleur plus modéré.

ACACIA. *Voy.* Mimosa. 1, 2, 3, 4, 11, 22. B, 5, 6, 7, 8, 9, 10, 12, 13, 14, 15, 16, 17, 18, 19, 20, 21.

ACACIA. Epine d'Egypte. A. *Egyptian Thorn.*

ACHYRANTHES, 1, 2, 3, 4, B.

ADANSONIA. A. Pain de Singe.

ADENANTHERA. A. Haie fleurie bâtarde.

ÆSCHYNOMENE, 1, 3, 4. Plante sensitive bâtarde. *Sesban.* A. *Sensitive Plant.*

AGAVE, 3, 4, 5, 6, 8, B. Aloës d'Amérique. *Aloë.*

ALOE, , 2, 7, 22, 24. B. Aloës d'Afrique.

ALPINIA. A. Alpine.

AMARYLLIS, 5, 7, 8, 11. Lys, Asphodèle *ou* Lys Narcisse. B. *Lily Daffodil.*

AMOMUM, 1, 2, 3. Gingembre. A. *Ginger.*

ANACARDIUM, Pommier d'Acajou. A. *Cashew-Nut.*

ANANAS. A. Ananas. *Pine-Apple.*

ANDRACHNE, 1, 2, 3. A. Orpin bâtard.

APOCYNUM, 4, 5, 6, 7, 8, 9, 10, 11. Apocin, Ouate *ou* Soyeuse. B. *Dogsbane.*

ARISTOLOCHIA, 8, 9, 10, 11, 12, 13. Aristoloche. B. *Birthwort.*

ARUM, 10, 11, 13, 14, 15, 16, 17, 18, 19. Pied de Veau. A. *Wake-Robin.*

ARUNDO, 4, 5. Roseau. A. *Reed.*

ASCLEPIAS, 17, 18, 19, 20. Dompte-venin. B. *Swallow-Wort.*

BANISTERIA, 1, 2, 3, 4, 5, 6, 7. A. Erable grimpant.

BARLERIA, 1, 2, 3, A. 4. B. La Barelier.

BARTRAMIA. A. *Voy.* Triumfetta.

BAUHINIA, 1, 2, 3, 4, 5, 6, 7, 8, 9, 10. A Ebenier de montagne.

BESLERIA, 1, 2, 3, A. La Besler.

BIGNONIA, 4, 9, 10, 11, 13, 14, 15. Jasmin écarlate de Virginie *ou* Fleur à trompette. *Trumpet-Flower.*

BIXA. A. Rocou.

BOCCONIA. A. La Boccone *ou* Chelidoine à feuilles de chêne.

BOMBAX, 1, 2. A. Arbre à Coton de soie *ou* Fromager. *Cotton.*

BONTIA. Olivier sauvage des Barbades. B. *Wild-Olive.*

BREYNIA, 1, 2. A *Voy.* Capparis. Caprier à feuilles d'Eléagnus.

BRUNSFELSIA. A. La Brunsfels.

CACAO. A. Caca-Oyer. *Cocoa*.

CACTUS, 1, 2, 3, 4. Melon-Chardon. A, 5, 6. B. *Melon Thiftle*.

CÆSALPINIA, 1, 2. A. Cæfalpine, Santal bâtard.

CAMERARIA, 1, 2. A.

CANNA, 2, 3, 4, 5. Balifier *ou* Rofeau fleuriffant. B. *Flowering-Reed*.

CAPPARIS, 3, 4, 5, 6, 7, 8, 9, 10. Caprier. B. *Caper*.

CAPRICUM, 7, 8, 9, 10. Poivre de Guinée. B. *Guinea-Pepper*.

CARICA, 1, 2. Papaie. A. *Papaw*.

CARYOPHILLUS, 1. Arbre de Girofle. A. Piment, Toutes-Epices, 2, 3, 4, 5. B. *Cloves*.

CASSIA, 2, 3, 4, 8, 10, 11, 13, 17. A. Caffe.

CATESBÆA. A. Epine de Lys. *The Lily Thorn*.

CEDRUS, 1, 2, 3. *Voy.* Mahagony. B. *Mahogany*.

CELASTRUS, 5. Arbre à bâton. B. *Staff-Tree*.

CERBERA, 1, 2, 3. *Ahovay. Manghos*.

CEREUS, 1, 2, 3, 4, 5, 6, 7, 8, 9, 10. Cierge *ou* Chardon en torche. B. *Torch-Thiftle*.

CESTRUM, 1, 2, 3, 4, 5, 6. B. Jafminoïde.

CHAMÆROPS, 1, 2. B. Le Sabal *ou* Palmier nain.

CHRYSOBALANUS, 1, 2. A. Icaque *ou* Prunier Coco.

CHRYSOPHYLLUM, 1, 2. A. Pomme étoilée.

CITHAREXYLON, 1, 2. Bois de Guitarre. B. *Fiddle-wood*.

CLUSIA, 1, 2. A. Paletuvier de Montagne.

CLUTIA, 4. B. La Clute *ou*

Alaternoïde d'Afrique.

COCCOLOBA. Raifinier du bord de la mer. A. *Sea-fide grape*.

COFFEA. Cafier. A. *Coffee*.

COLUMNIA. A.

COLUTEA, 5. Baguenaudier *ou* Séné en Veffie. B. *Bladder Sena*.

COMMELINA, 3. B. La Commeline.

CONOCARPUS, 1, 2. Arbre à bouton. B. *Button-wood*.

CONVOLVULUS, 14, 19, 31, 32. Liferon. A. *Bind Weed*.

CONYZA, 5, 7, 9, 11, 12, 13. La Conyze *ou* Herbe aux Puces. B. *Flea-Bane*.

COPAIFERA. A. Baumier de Copahu.

CORDIA. A. Sebefte. Collococcus.

CORNUTIA. A. La Cornute.

CORONILLA, 7. A. Coronille.

COSTUS. A. Le grand Gingembre fauvage *ou* le Zedoaire.

COTYLEDON, 10. Cotyledon, Nombril de Vénus. B. *Navelwort*.

CRATEVA, 1, 2. A. Poivre à odeur d'ail.

CRESCENTIA, 1, 2. A. Arbre à Callebaffe *ou* Pain de Singe.

CRINUM, 1, 2, 3, 4. Lys Asphodèle. B. *Lily-Hyacinth*.

CROTON, 6, 7, 8, 9, 12. A. Ricin bâtard *ou* Noix médicinale.

CURCUMA, 1, 2. A. Safran des Indes.

CYNANCHUM, 4, 6. B. Apocin, fcammonée.

CYTISUS, 16. CITISE. B. *Bafe-Trefoil*.

DATURA, 7. Pomme épineufe. B. *Thorn-Apple*.

DRACONTIUM, 2, 3, 4, 5. La Serpentaire. A. *Dragon*.

DURANTA, 1, 2, 3. A. La Durante.

ELEAGNUS, 3. B. Olivier sauvage à larges feuilles.

ELLISIA. B.

EMERUS, 3. B. Baguenaudier des Jardiniers.

ERYNGIUM, 10. Panicaud Marin. A. *Sea-Holly*.

ERYTHRINA, 1, 2, 3, 4, 5, 6. Arbre de Corail. B. *Coral-tree*.

EVONYMUS, 4. Fusain. B. *Spindle-tree*.

EUPATORIUM, 6, 10, 11, 14. B. Eupatoire.

EUPHORBIA, 1, 2, 3, 4, 5, 8, 9, 14, 15, 17. Euphorbe *ou* Épurge. B. *Spurge*.

FUCHSIA, B. La Fuchsius.

GARCINIA. Le Mangoustan. A. *Mangosteen*.

GESNERIA, 1, 2. A. La Gesner.

GNAPHALIUM, 17, 24. Immortelle. B. *Cudweed*.

GOSSIPIUM, 3, 4. Arbre à Coton. A. *Cotton-tree*.

GUAJACUM, 1, 2. LIGNUM VITÆ. A. Gayac *ou* Bois-Saint.

GUILANDINA, 1, 2, 4. A. Bonduc *ou* Chicot.

HÆMANTHUS, 1, 2. Tulipe du Cap. B. *Blood-flower*.

HÆMATOXYLUM. Bois de Campêche. A. *Logwood*.

HEDYSARUM, 6, 7, 8, 16, 18. B. Sainfoin d'Espagne.

HELICTERES, 1, 2, 3. A. *Screw-tree*.

HELIOTROPIUM, 8, 9, 11. Héliotrope. B. *Turnsole*.

HERMANDIA. Hermandie. A. *Jackin-a-Box*.

HIBISCUS, 5, 6, 7, 13, 23. Mauve de Marais. B. *Marsh-Mallow*.

HIPPOCRATEA. A.

HIPPOMANE, 1, 2, 3. A. Mançaneel.

JASMINUM, 7. Jasmin. A. *Jasmine*.

JATROPHA, 1, 2, 3, 4, 5, 6, 7, 8. A.

INGA, 1, 2. A.

JUSTICIA, 1, 3, 6, 7, 8. A. 5. B.

KARATAS. Ananas sauvage. A. *Penguin*.

KÆMPFERIA. A.

LANTANA. Viburnum d'Amérique *ou* la Viorne. B. & especes.

LAURUS, 10. Laurier. B. *Bay*.

LAWSONIA, 1, 2. B.

LIPPIA. B.

LORANTHUS. B.

MALPIGHIA. Cerisier des Barbades. B. *American Cherry*.

MAMMEA. A.

MARANTA, 1, 2, Bois de Flèche. B. *Arrow-Root*.

MELASTOMA. Groseiller d'Amérique. B. & especes.

MIMOSA, 4, 5, 6, 7, 8, 9. A. Acacia, Sensitive, Cassie.

MUNTINGIA, 1, 2, 3. B.

MUSA, 1, 2. Bananier *ou* Figuier d'Adam. *Plantain-tree*.

MYRTUS, 8, 9. Myrte. B *Myrtle*.

NYCTANTHES, 1, 2. Jasmin d'Arabie. A. *Arabian Jasmine*.

OPUNTIA, 2, 3, 4, 5, 6, 7, 8. Raquette *ou* Figue d'Inde. B. 9. A. *Indian—Fig*.

OROBUS, 11, 12. Orobe. B. *Bitter Vetch*.

OXALIS, 7. Oseille sauvage. B. *Wood Sorrel*.

PALMA, 2, 3, 4, 5, 6, 7, 10, 11, 12, 13, 14. Palmier. A. 19. B. *Palm-Tree*.

PANCRATIUM, 3, 4, 5, 6, 7, 8, 9, Asphodèle de mer. A. *Sea Daffodil*.

PARKINSONIA. Epine de Jérusalem. B. *Jerusalem Thorn*.

PASSIFLORA, 4, 5, 6, 9, 10, 11, 12, 13, 14, 15, 16, 17, 18, 19. Fleur

de la Paſſion. A. *Paſſion-Flower.*
PAULLINIA. B. & eſpeces.
PERESKIA. B.
PERICLYMENUM , 2 , 3 , 4. Chevrefeuille. A. *Honey-Sukle.*
PERIPLOCA, 3 , 4 , 5 , 6. Soie Indienne. B. *Indian-Silk.*
PERSEA. Poire d'Avocat. B. *Avocado Pear.*
PETREA. A.
PHYLLANTHUS. B.
PHYSALIS. Ceriſe d'hiver , 6 , 9. B. *Winter Cherry.*
PIERCEA , 1 , 2. B.
PIPER , 3 , 4 , 5 , 6 , 7 , 8 , 9 , 10 , 11 , 12 , 14. A. Poivrier.
PISONIA. Fingrigo. B.
PISTACIA , 7 , 8. Térébinthe , Piſtachier & Lentiſque. A. 9. B. *Piſtacia nut.*
PLUMBAGO , 2. B. *Leadwort.*
PLUMERIA , 1 , 2 , 3 , 4 , 5. B.
POINCIANA. Poincillade. A. *Flower-Fence.*
PSORALEA , 3 , 6 , 8. B.
PTELEA , 2. Treffle en arbriſſeau. B. *Trefoil Shrub.*
RANDIA. A.
RHUS , 14. Sumach. B. *Sumach.*
RIVINIA , 1 , 2. Groſeilles. A. *Currants.*
ROBINIA , 4 , 5 , 6 , 7 , 8 , 9. Faux Acacia. B. *Falſe Acacia.*
RONDELETIA , 1 , 2. A.
RUELLIA , 1 , 2 , 3 , 4. A. *Snap-Graſſ.*
SACCHARUM. Canne à Sucre. A. *Sugar-Cane.*
SAMIDA , 1 , 2. B. Guidone.
SAPINDUS. Savonier , Arbre aux Savonettes. B. *Sope Berry.*
SAPOTA , 1 , 2. A. Sapotillier.

SCHINUS , 2. Maſtic des Indes , Molle , Poivrier du Pérou. A. *Indian Maſtich.*
SICYOS , 3. A. Concombre à ſimple ſemence.
SISYRINCHIUM , 3. Bermudienne. A. *Earth-nut.*
SMILAX , 12 , 13 , 14. Salſepareille. B. *Rough Bind weed.*
SOLANUM , 10 , 17 , 18 , 19 , 20 , 21 , 22 , 23 , 24 , 27 , 29 , 30 , 31 , 32 , 33. Morelle. B. *Nightshade.*
SOPHORA , 2. A. Eſpece de Coronille *ou* Citiſe.
SPARTIUM , 11. Genêt. B. *Broom.*
SURIANA. A. La Surian.
TABERNEMONTANA , 1 , 2. A.
TAMARINDUS. Tamarin en arbre. A. *Tamarind-Tree.*
TETRACERA. A.
TEUCRIUM , 18 , 19. Germandrée. B. *Germander.*
THEOBROMA. Cedre bâtard. A. *Baſtard-Cedar.*
TITHYMALUS. Eſpurge. B. *Spurge.*
TOLUIFERA. A. Baume de Tolu. *Balſam of Tolu Tree.*
TOURNEFORTIA , 1 , 2 , 3 , 4 , 5 , 6. A.
TOXICODENDRON , 8 , 9. Arbre à Poiſon , Vernis. *Poiſon Oak.*
TURNERA , 1 , 2. A. La Turnere , eſpece de Ciſte.
VANILLA , 1 , 2. A. Vanillier.
VINCA , 3. Pervenche. B. *Periwinkle.*
URTICA , 9. Ortie. B. *Nettle.*
WALTHERIA , 1 , 2. A. La Walther.

CATALOGUE

DE Plantes médicinales qui peuvent être cultivées dans les jardins, étant assez dures pour supporter le froid en plein air. Celles qui se trouvent dans les champs, & qui sont généralement appelées Herbes sauvages, *sont aussi distinguées avec les lieux de leur crû naturel ; de sorte que toutes personnes qui désireront les cultiver, pourront savoir où les trouver. Les titres de ces Plantes sont les mêmes que ceux adoptés dans les Pharmacopées, & on y a ajouté les numéros des especes comprises dans le corps de cet Ouvrage.*

ABROTANUM MAS ANGUSTIFOLIUM MAJUS. C. B. P. Armoise. Sp. 1. *Southernwood.*

ABSINTHIUM VULGARE MAJUS J. B. Absinthe commune, croissant sur les chemins, dans les haies, & sur des tas de fumier. Sp. 1. *Wormwood.*

ABSINTHIUM PONTICUM TENUI FOLIUM INCANUM. C. B. P. Absinthe Romaine. Sp. 2. *Roman Wormwood.*

ABSYNTHIUM MARINUM ALBUM. Ger. Absinthe du rivage de la mer. Sp. 13. *Sea Wormwood.*

ACANTHUS SATIVUS *vel* MOLLIS VIRGILII. C. B. P. Branche Ursine. Sp. 1. *Bear's Breech.*

ACETOSA PRATENSIS. C. B. P. Oseille commune des prairies, & autres pâtures. Sp. 1. *Common Sorrel.*

ACETOSA ARVENSIS LANCEOLATA. C. B. P. Oseille de brebis, qui croît sur des terres seches & graveleuses. Sp. 3. *Sheep's Sorrel.*

ACETOSA ROTUNDI FOLIA HORTENSIS. C. B. P. Oseille de France. Sp. 4. *French. Sorrel.*

ACORUS VERUS, *sivè* CALAMUS AROMATICUS OFFICINARUM. C. B. P. Le vrai Acorus *ou* Glayeul à odeur douce, croissant dans des eaux profondes & dormantes ; mais il est rare. Sp. 1. *The true Acorus.*

ADIANTHUM FOLIIS LONGICRIBUS, PULVERULENTIS, PEDICULO NIGRO. C. B. P. Cheveux de Vénus *ou* Capillaire croissant dans les fentes

tes des vieux murs, & sur les côtés des bancs ombrés. *Black Maiden-hair.*

AGERATUM FOLIIS SERRA-TIS. C. B. P. Eupatoire *ou* Aigremoine. Achillæa. Sp. 8. *Sweet Maudlin.*

AGRIMONIA OFFICINARUM. Inft. R. H. Agrimoine qui croît dans des bois, & fur des chemins ombrés & fer-més de haies. *Agrimony.*

ALCEA VULGARIS MAJOR. C. B. P. Mauve, Verveine croiffante dans les pâtures, Malva. *Vervain Mallow.*

ALCHEMILLA VULGARIS. C. B. P. Pied de Lion croiffant dans les pâtures. Sp. 1. *Ladies Mantle.*

ALKEKENGI OFFICINARUM. Inft. R. H. Alkekange *ou* Coqueret phyfalis. Sp. 1. *Winter Cherry.*

ALLIUM SATIVUM. C. B. P. Ail. Sp. 1. *Garlick.*

ALSINE MEDIA. C. B. P. Móuron *ou* Morgeline, qui croît fur tous les tas de fumier & dans tous les jardins. *Chickweed.*

ALTHÆA DIOSCORIDIS & PLINII. C. B. P. Mauve de Marais *ou* Guimauve croif-fante dans les chemins hu-mides du Comté de Kent. *Marsh Mallow.*

AMARANTHUS MAXIMUS. C. B. P. Amaranthe. Sp. 5. *Flower-gentle.*

AMMI MAJUS. C. B. P. Herbe à l'Evêque *ou* l'Ammi. Sp. 1. *Bishop's weed.*

ANAGALLIS PHŒNICEO FLO-RE. C. B. P. Pimprenelle *ou* Mouron femelle croiffant dans les terres labourées; *Tome VIII.*

mais il eft affez rare. Sp. 2. *The female Pimpernel.*

ANCHUSA PUNICEIS FLORI-BUS. C. B. P. Lithofpermum, Orcanette. *Alkanet.*

ANETHUM HORTENSE. C. B. P. *Dill.* Sp. 1. Anet commun.

ANGELICA SATIVA. C. B. P. Angélique. Sp. 1. *Angelica.*

ANONIS SPINOSA, - FLORE PURPUREO. C. B. P. Arrête-Bœuf croiffant fur des com-munes & dans des lieux in-cultes. Ononis. Sp. 1. *Reft-Harrow.*

ANTHORA, *feu* ACONITUM SALUTIFERUM. C. B. P. Aco-nitum Sp. 4. Aconit falutaire. *Wholefome Monk'shood.*

APARINE VULGARIS. C. B. P. Rièble *ou* Grateron croiffant dans les haies, &c. *Clivers,* ou *Goofe-Graff.*

APIUM PALUSTRE, & APIUM OFFICINARUM. C.B.P. Ache *ou* grand Perfil croiffant dans les eaux dormantes. Sp. 4. *Smallage.*

APIUM HORTENSE. *Ger.* Perfil de jardin. Sp. 1. *Garden Parfley.*

APIUM MACEDONICUM. C. B. P. Perfil de Macédoine. Bu-bon. Sp. 1. *Macedonian Parfley.*

AQUILEGIA SYLVESTRIS. C. B. P. Colombine *ou* Ancolie fauvage, croiffante dans les bois; mais elle eft très-rare. Sp. 1. *Wild Columbine.*

ARISTOLOCHIA CLEMATIS RECTA. C. B. P. Ariftoloche érigée. Sp. 3. *Creeping Birth-wort.*

ARISTOLOCHIA LONGA VERA. C. B. P. Ariftoloche longue. Sp. 2. *Long Birth-wort.*

ARISTOLOCHIA ROTUNDA,

FLORE EX PURPURA NI-
GRO. C. B. P. Ariftoloche
ronde. Sp. 1. *Round Birth-
Wort.*

ARTEMISIA VULGARIS MA-
JOR. C. B. P. Armoife croif-
fante fur le bord des champs.
Sp. 1. *Mug-Wort.*

ARUM VULGARE. *Ger.* Pied de
Veau croiffant dans des bois
& fous des haies. Sp. 1.
Wake-Robin.

ARUNDO VULGARIS , *fivè*
PHRAGMITES DIOSCORIDIS.
C B.P. Rofeau croiffant dans
des eaux profondes. Sp. 1.
The Reed.

ASARUM VULGARE. *Park.* Cabaret croiffant dans des endroits humides & ombrés ,
mais il eft rare. Sp. 1. *Afarabacca.*

ASCLEPIAS FLORE ALBO. C.
B. P. Herbe à l'Hirondelle
ou Ouatte, Sp. 1. *Swallow-
wort. Tame Poifon.*

ASPARAGUS SATIVUS. C. B. P.
Afperge. Sp. 1. *Sparagus.*

ASPERULA *fivè* RUBEOLA MON-
TANA ODORA. C. B. P. Hé-
patique des bois , croiffante
dans les bois & places ombrées. Sp. 1. *Wood Roof.*

ASPHODELUS ALBUS RAMO-
SUS MAS. C. B. P. Le vrai
Afphodèle blanc. Sp. 2. *The
true white Afphodel ,* ou
King's fpear.

ASPHODELUS LUTEUS, & FLO-
RE , & RADICE. C. B. P.
L'Afphodèle jaune. Sp. 1.
Yellow King's Spear.

ASPLENIUM *fivè* CETERACH.
J. B. Scolopendre croiffante
fur les vieux murs. *Spleen
wort , or Milt-wort.*

ASTER ATTICUS , CŒRULEUS

VULGARIS. C. B. P. Herbe
à l'Etoile *ou* Aftre bleu d'I-
talie. Sp. 1. *Blue Italian Starwort.*

ATRACTYLIS LUTEA. C. B. P.
Chardon en quenouille jaune.
Carthamus. Sp. 2. Carthame.
Yellow diftaff Thiftle.

ATRIPLEX FŒTIDA. C. B. P.
Arroche puante , croiffante
fur des tas de fumier & dans
des terres cultivées. Chenopodium. Sp. 2. *Stinking Orach.*

ATRIPLEX HORTENSIS ALBA ,
fivè PALLIDE VIRENS. C. B.
P. Arroche de jardin. Sp. 1.
Garden Orach.

BALSAMITA MAJOR. *Dod.
Pempt.* Tanéfie. Tanacetum
Sp. 3. *Coftmary ,* ou *Ale-
Coft.*

BARDANA VULGARIS MAJOR.
Park. Bardane croiffante près
des côtés des routes. Arctium. Sp. 1. *Burdock.*

BEHEN ALBUM OFFICINARUM.
J. B. Behen blanc, croiffant
fur les terres labourables.
Cucubalus. Sp. 2. *Spatling-
Poppy.*

BELLIS SYLVESTRIS, CAULE FO-
LIOSO , MAJOR. C. B. P.
Marguerite Sauvage ou Pâ-
querette croiffante dans les
champs de blé & les pâtu-
rages. Chryfanthemum. Sp.
2. *Ox Eye Daify.*

BELLIS SYLVESTRIS MINOR. C.
B. P. Marguerite *ou* Pâquerette croiffante dans les
champs herbus. Sp. 1. *Daify.*

BERBERIS DUMETORUM. C. B.
P. Epine-Vinette commune
croiffante dans quelques haies
Sp. 1. *Berberry ,* ou *Piperidge
Bufh.*

BETA ALBA, *vel* PALLESCENS,

QUÆ CICLA OFFICINARUM. C. B. P. Bette blanche. Sp. 2. *White Beet.*

BETA RUBRA VULGARIS. C. B. P. Bette rouge. Sp. 3. *Red Beet.*

BETONICA PURPUREA. C. B. P. Bétoine sauvage, croissante dans les bois, &c. Sp. 1. *Wood Betony.*

BISTORTA RADICE MINUS INTORTA. C. B. P. Bistorte croissante dans les prairies humides. Sp. 1. *Bistort*, ou *Snake weed.*

BLITUM ALBUM MAJUS. C. B. P. Amaranthe *ou* petite Blette blanche. Amaranthus. Sp. 8. *White Blites.*

BLITUM RUBRUM MAJUS. C. B. P. Blette rouge. Amaranthus Sp. 6. *Red Blites.*

BORAGO FOLIIS CŒRULEIS. J. B. Bourrache croissante dans des terres labourables. Sp. 1. *Borage.*

BOTRYS AMBROSIOÏDES VULGARIS. C. B. P. Arroche sauvage, Pied d'Oie *ou* Chêne de Jérusalem. Chenopodium. Sp. 4. *Oak of Jerusalem.*

BRASSICA CAPITATA ALBA. C. B. P. Chou. Sp. 1. *Cabbage.*

BRYONIA ASPERA, *sivè* ALBA, BACCIS RUBRIS. C. B. P. Brione blanche croissante dans les haies & sur les côtés des bancs. Sp. 1. *Briony.*

BRYONIA LÆVIS, *sivè* NIGRA RAMOSA. C. B. P. Brione noire *ou* Racine-Vierge, croissante dans les bois & sous des haies. Tamus. Sp. 1. *Black Briony.*

BUGLOSSUM ANGUSTI-FOLIUM MAJUS. C. B. P. Buglosse de jardin *ou* Orcanette. Anchusa. Sp. 1. *Garden Bugloss.*

BUGLOSSUM SYLVESTRE MINUS. C. B. P. Buglosse sauvage, croissante sur les terres labourables. Lycopsis. Sp. 1. *Wild Bugloss.*

BUGULA VULGARIS. *Park.* Petite Consoude, croissante dans la plupart des prairies & dans les bois. Sp. 1. *Bugle.*

BUPHTHALMUM COTULÆ FOLIO. C. B. P. Œil de Bœuf. Anthemis. Sp. 12. *Ox-Eye.*

BURSA PASTORIS MAJOR, FOLIO SINUATO. C. B. P. Bourse à Pasteur, croissante à côté des sentiers en tous lieux. Sp. 1. *Shepherd's Purse.*

BUXUS ARBORESCENS. C. B. P. Buis en arbre croissant sur la montagne de Box, près de Darkin en Surry. Sp. 1. *Box-tree.*

CALAMINTHA VULGARIS, *vel* OFFICINARUM GERMANIÆ. C. B. P. Calament de montagne, croissant sur les terres incultes. Melissa. *Mountain Calamint.*

CALAMINTHA PULEGII ODORE, *sivè* NEPETA. C. B. P. Calament à odeur de Pouliot, croissant sur les bords des routes & autres places incultes. Melissa.

CALAMINTHA ARVENSIS VERTICILLATA. C. B. P. Calament aquatique, croissant à côté des fossés & dans la plupart des terres labourables. Mentha. *Water Calamint.*

CALCITRAPA FLORE PURPUREO. *Vaill.* Chardon étoilé, croissant sur les côtés des bancs. Centaurea. Sp. 40. Lin. *Star Thistle.*

CALTHA VULGARIS. C. B. P. Petit Souci commun. Calendula. Sp. 2. *Marigold.*

CANNABIS SATIVA. C. B. P. Chanvre croiſſant ſur les tas de fumier. Sp. 1. *Hemp.*

CAPPARIS SPINOSA, FRUCTU MINORE, FOLIO ROTUNDO. C. B. P. Caprier. Sp. 1. *Caper.*

CARDAMINE MAGNO FLORE PURPURASCENTE. Inſt. R. H. Cardamine *ou* chemiſe des Dames, croiſſante dans les prairies. Sp. 1. *Ladies Smock, or Cuckow flower.*

CARDIACA. Inſt. R. H. Matricaire croiſſante à côté des ſentiers. Sp. 1. *Motherwort.*

CARDUUS ALBIS MACULIS NOTATUS, VULGARIS. C. B. P. Chardon croiſſant dans les lieux incultes. Sp. 4. *Our Lady's Thiſtle.*

CARLINA ACAULOS, MAGNO FLORE. C. B. P. Carline. Sp. 3. *Carline.*

CARTHAMUS OFFICINARUM, FLORE CROCEO. Inſt. R. H. Carthame *ou* Safran bâtard. Sp. 1. *Safron-flower, or baſtard ſafron.*

CARVI. Cæſalp. Carvi croiſſant ſur des tas de fumier, mais que l'on trouve rarement.

CARUM. Sp. 1. *Caraway.*

CARYOPHILLATA VULGARIS. C. B. P. Benoîte croiſſante dans les bois & les haies. Geum. Sp. 1. *Avens,* ou *herb. bennet.*

CARYOPHYLLUS ALTILIS MAJOR. C. B. P. Œillet. Dianthus. Sp. 5. *Clove Gilliflower.*

CENTAURIUM MAJUS, FOLIO IN LACINIAS PLURES DIVISO. C. B. P. grande Centaurée. Centaurea. Sp. 3. *Great Centaury.*

CENTAURIUM MINUS. C. B. P. Centaurée croiſſante dans les champs cultivés & dans les bois. Gentiana. Sp. 1. *Centaury.*

CEPA VULGARIS. C. B. P. Oignon. *Onion.*

CHÆROPHYLLUM SATIVUM. C. B. P. Cerfeuille. Sp. 5. *Chervil.*

CHAMÆDRIS VULGO VERA EXISTIMATA. J. B. Germandrée, croiſſante ſur des terres craïeuſes. Teucrium. Sp. 6. *Germander.*

CHAMÆMELUM NOBILE, *ſivè* LEUCANTHEMUM ODORATUM. C. B. P. Camomille croiſſante ſur des communes & bruyeres. Anthemis. Sp. 2. *Chamomile.*

CHAMÆMELUM VULGARE, LEUCANTHEMUM DIOSCORIDIS. C. B. P. Camomille des champs, croiſſante ſur les terres labourables & les tas de fumier. Anthemis. Sp. 2. *Mayweed, Field Chamomile.*

CHAMÆPITYS LUTEA VULGARIS, *ſivè* FOLIO TRIFIDO. C. B. P. Germandrée en arbre, croiſſante ſur des terres labourables. Teucrium. Sp. 16. *Ground Pine.*

CHELIDONIUM MAJUS VULGARE. C. B. P. Eclaire croiſſante dans les bois & les haies. Sp. 1. *Celandine.*

CHELIDONIA ROTUNDI-FOLIA MINOR. C. B. P. Scrofulaire croiſſante à côté des foſſés, & dans d'autres places humides. Ranunculus. *Pilewort.*

CHENOPODIUM FOLIO TRIANGULO. Inſt. R. H. Arroche qui croît dans les allées, &

autres places qui ne sont pas fréquentées. Sp. 1. *Mercury, or Allgood.*

CICER SATIVUM. C. B. P. Poischiche. Sp. 1. *Cicer*, ou *Chich Peas.*

CICHORIUM SYLVESTRE, *sivè* OFFICINARUM. C. B. P. Chicorée sauvage, croissante dans des allées & des communes. Sp. 1. *Wild Succory.*

CICUTA MAJOR. C. B. P. Ciguë croissante sur les côtés des bancs. Conium. Sp. 1. *Hemlock.*

CISTUS MAS, FOLIO OBLONGO INCANO. C. B. P. Rose de Roc ou Ciste. Sp. 2. *Holy Rose.*

CISTUS LADANIFERA CRETICA, FLORE PURPUREO. *Tourn. Cor.* Ciste de Crète, produisant de la Gomme. Sp. 9. *Gum Cistus.*

CNICUS SYLVESTRIS HIRSUTIOR, *sivè* CARDUUS BENEDICTUS. C. B. P. Chardon béni. Sp. 1. *Carduus*, ou *the Blessed Thistle.*

COCHLEARIA FOLIO SUBROTUNDO. C. B. P. Herbe aux Cuillers. Sp. 1. *Scurvy-Grass.*

COCHLEARIA FOLIO SINUATO. C. B. P. Herbe aux Cuillers de mer, croissante dans des marais salés. Sp. 2. *Sea Scurvy-Grass.*

CONYZA MAJOR VULGARIS. C. B. P. Herbe aux Puces ou Conise, croissante sur les terres seches. Sp. 1.

CONYZA MINOR FLORE GLOBOSO. C. B. P. Herbe aux Puces *ou* petite Conise, croissante sur des terres craïeuses, incultes. Inula. 6.

Lin. Sp. 1. *Fleabane.*

CORIANDRUM MAJUS. C. B. P. Coriandre. Sp. 1. *Coriander.*

CORONOPUS SYLVESTRIS HIRSUTIOR. C. B. P. Plantain ou Corne de Cerf, croissant sur les communes & places incultes. Plantago. Lin. *Buckshorn Plantain.*

CORONOPUS RUELLII. J. B. Cresson de pourceau *ou* Corne de Cerf, croissant sur des communes humides. Cochlearia. Lin. Sp. 5. *Swines Cress.*

CORYLUS SYLVESTRIS. C. B. P. Noisetier de bois, croissant dans les bois. Sp. 1. *Hazel.*

COTULA FŒTIDA. *Dod.* Camomille puante, croissante sur les terres labourables. Anthemis. *Stinking Chamomile.*

COTYLEDON MAJOR. C. B. P. Grand Cotylédon *ou* Manche sauvage, croissant sur les côtés des levées & sur les murailles, mais qui se trouve rarement près de Londres. Sp. 1. *Navelwort*, ou *Wall-Penniwort.*

CRITHMUM, *sivè* FŒNICULUM MARITIMUM MINUS. C. B. P. Perce-Pierre, Fenouil marin *ou* Criste-Marine, croissante sur les rochers dans le voisinage de la mer. Sp. 1. *Samphire.*

CROCUS SATIVUS. C. B. P. Safran. Sp. 1. *Safron.*

CRUCIATA HIRSUTA. C. B. P. Croisette velue, croissante à côté des haies. Valantia. Lin. Sp. 5. *Crosswort.*

CUCUMIS SYLVESTRIS ASININUS DICTUS. C. B. P. Concombre fauvage. Momordica. Sp. 4. *Wild-Cucumber.*

CUCUMIS SATIVUS VULGARIS. C. B. P. Concombre cultivé. Sp. 1. *Garden Cucumber.*

CUPRESSUS META IN FASTIGIUM CONVOLUTA QUÆ FŒMINA PLINII. C. B. P. Cyprès commun Sp. 1. *Common Cypress.*

CYANUS MONTANUS LATIFOLIUS, *vel* VERBASCULUM CYANOÏDES. C. B. P. Le plus grand Bluet de montagne. Centaurea. Sp. 7. *Great Blue Bottle.*

CYANUS MINOR, *fivè* SEGETUM. C. B P. Petit Bluet des Bleds, croiſſant parmi le Bled, &c. Centaurea. Sp. 11. *Small Blue Bottle.*

CYCLAMEN HEDERÆ FOLIO. C. B. P. Pain de Pourceau, à feuilles de Lierre. *Sowbread.*

CYNARA HORTENSIS, FOLIIS ACULEATIS, ET NON ACULEATIS, C. B. P. Artichaud. Sp. 1. *Artichoke.*

CYNOGLOSSUM MAJUS VULGARE. C. B. P. Langue de Chien *ou* Cynogloſſe, croiſſante près des haies & en d'autres places incultes. Sp. 1. *Hound's Tongue.*

CYPERUS ODORATUS, RADICE LONGA, *fivè* CYPERUS OFFICINARUM. C. B. P. Souchet long des boutiques. *Long Cypress*

DAUCUS FOLIIS FŒNICULI TENUISSIMIS. C. B. P. Daucus de Candie. Athamanta. Sp. 2. *Daucus of Crete,* ou *Candy Carrot.*

DAUCUS VULGARIS. *Clus. Hiſt.* Carotte fauvage *ou* Nid d'Oiſeau, croiſſante à côté des sentiers, dans les champs & autres places incultes. Sp. 1. *Wild Carrot,* ou *Bird'sneſt.*

DELPHINIUM MAJUS, *fivè* VULGARE. *Park.* Larkspur, Pied d'Alouette *ou* Conſoude des champs, croiſſante en abondance dans le Comté de Cambridge. Sp. 1.

DENS LEONIS LATIORI FOLIO. C. B. P. Dent-de-Lion *ou* Piſſenlit, croiſſante ſur les murs & dans tous champs. Leontodon. Sp. 1. *Dandelion.*

DIGITALIS PURPUREA, FOLIO ASPERO. C. B. P. Digitale qui ſe trouve à côté des bancs, dans des bois & d'autres places incultes. Sp. 1. *Fox-Glove.*

DIPSACUS SATIVUS. C. B. P. Chardon à foulon, cultivé dans quelques parties de l'Oueſt de l'Angleterre. Sp. 2. *Manured Teaſel.*

DIPSACUS SYLVESTRIS, AUT VIRGA PASTORIS MAJOR. C. B. P. Chardon à foulon fauvage, *ou la* grande Verge à Paſteur, croiſſant ſur les levées feches. Sp. 1. *Wild Teaſel.*

DORONICUM RADICE SCORPII. C. B. P. Doronic *ou* Pet de Léopard. Sp. 1. *Leopard's-Bane.*

DRACONCULUS POLYPHYLLUS. C. B. P. Dragon commun. Arum. Sp. 8. *Dragons.*

ECHIUM VUGARE. C. B. P. Viperine : elle croìt dans des terres incultes & parmi le Bled. Sp. 1. *Viper's Bugloſſ.*

ELATINE FOLIO SUB ROTUNDO. C. B. P. Véronique femelle, croiſſante ſur les terres labourables. Antirrhinum. *Lin. Sp.* 4. Linaria. *Mill. Sp.* 15.

Fluellin, ou *female Speedwell*.

ENDIVIA LATIFOLIA SATIVA. C. B. P. Endive *ou* Chicorée. Cichorium. Sp. 4. *Endive*.

EQUISETUM PALUSTRE, LONGIORIBUS SETIS. C. B. P. Prêle *ou* Queue de Cheval, croissante à côté des fossés & dans d'autres places humides. *Horse-Tail*.

ERUCA LATIFOLIA ALBA, SATIVA DIOSCORIDIS. C. B. Roquette. Sp. 1. *Rocket*.

ERYNGIUM MARITIMUM. C. B. P. Panicaud marin, croissant sur les rivages de la mer. Sp. 1. *Eryngo*.

ERYSIMUM VULGARE. C. B. P. Vélar *ou* Tortelle qui se trouve sur les murs & à côté des chemins. C'est une plante fort commune. Sp. 1. *Hedge Mustard*.

EUPATORIUM CANNABINUM. C. B. P. Eupatoire à feuilles de Chanvre, croissant sur le bord des fossés & des eaux dormantes. Sp. 1. *Hemp-Leaved Agrimony*.

EUPHRASIA OFFICINARUM. C. B. P. Euphraise qui croît dans les communes & les champs cultivés. Sp. 1. *Eyebright*.

FABA. C. B. P. Féve. Sp. 1. *Garden Bean*.

FABA MINOR, *sivè* ETUINA. C. B. P. Féve de Cheval *ou* Féverolle. Sp. 2. *Horse Bean*.

FILIPENDULA VULGARIS, AMOLON PLINII. C. B. P. Filipendule croissante sur les communes, &c. Sp. 10. *Dropwort*.

FILIX RAMOSA MAJOR, PINNULIS OBTUSIS NON DENTATIS. C. B. P. Fougere femelle, croissante sur les communes & bruyeres. Sp. 1. *Female Fern*.

FILIX NON RAMOSA DENTATA. C. B. P. Fougere mâle, croissante à côté des bancs & dans les bois. Sp. 2. *Male Fern*.

FŒNICULUM VULGARE GERMANICUM. C. B. P. Fenouil. On le trouve sur des terres incultes. Sp. 1. *Fennel*.

FŒNICULUM DULCE. C. B. P. Fenouil doux. Sp. 3. *Sweet Fennel*.

FŒNUM GRÆCUM SATIVUM. C. B. P. Senegré *ou* Fenu grec. Trigonella. Sp. 1. *Fenugreek*.

FRAGARIA VULGARIS. C. B. P. Fraisier croissant dans les bois. Sp. 1. *Strawberry*.

FRANGULA SEU ALNUS NIGRA, BACCIFERA. *Park*. Sureau portant des baies, fort commun dans les bois humides. Sp. 1. *Berry Bearing Alder*.

FRAXINELLA. *Clus. Hist*. Fraxinelle *ou* Dictamne blanc. Dictamnus. Sp. 1. *Fraxinella*, ou *white Dittany*.

FUMARIA OFFICINARUM, & DIOSCORIDIS. C. B. P. Fumeterre. Herbe qui croît dans les terres labourées. Sp. 1. *Fumitory*.

GALEGA VULGARIS. C. B. P. Rhue de Chevre. Sp. 1. *Goat's-Rue*.

GALIUM LUTEUM. C. B. P. Caillelait, croissant à côté des levées & dans les prés. Sp. 1. *Ladies Bedstraw*, ou *Cheese-Rennet*.

GENISTA ANGULOSA & SCOPARIA. C. B. P. Genêt à ballet, croissant sur les communes, &c. Spartium. Sp. 5. *Broom*.

GENTIANA MAJOR LUTEA. C. B. P. Gentiane. Sp. 1. *Gentian*, ou *Fellwort*.

GERANIUM FOLIO MALVÆ RO-
TUNDO. C. B. P. Bec de Grue,
croiſſant à côté des levées.

GERANIUM MOSCHATUM. C. B.
P. Bec de Grue muſqué,
croiſſant dans les chemins bor-
dés de haies, qui ne ſont pas
fréquentés. Cette plante eſt
rare. Sp. 17. *Musk Crane's-bill.*

GERANIUM ROBERTIANUM PRI-
MUM. C. B. P. Bec de Grue *ou*
l'Herbe à Robert, croiſſante
près des haies. *Herb Robert.*

GLYCYRRHIZA SILIQUOSA, *vel*
GERMANICA. C. B. P. Réglisse
Sp. 1. *Liquorice.*

GNAPHALIUM VULGARE MAJUS.
C. B. P. Immortelle croiſſante
ſur les communes, &c. Fi-
lago. Lin. *Cudweed.*

GRAMEN CANINUM ARVENSE,
ſivè GRAMEN DIOSCORIDIS.
C. B. P. Chiendent qui couvre
toutes les terres labourables.

GRATIOLA CENTAUROÏDES. C.
B. P. Hyſſope de haie. Sp. 1.
Hedge Hyſſop.

GROSSULARIA SPINOSA SATIVA.
C. B. P. Groſeiller. Sp. 1.
Gooſeberry.

HARMALA. *Dod. Pempt.* Rhue
ſauvage. Peganum. *Lin. Sp.*
Wild Rue.

HEDERA ARBOREA. C. B. P.
Lierre grimpant ſur les arbres. Sp. 1. *Ivy.*

HEDERA TERRESTRIS VULGARIS.
C. B. P. Lierre rampant, croiſſant ſous les haies & à côté
des levées. Glechoma. *Lin.*
Ground Ivy, or Alehoof.

HELENIUM VULGARE. C. B. P.
Elecampane. Inula. Sp. 1. *Ele-*
campane.

HELLEBORUS ALBUS, FLORE
SUBVIRIDI. C. B. P. Hellébore

blanc. Veratrum. Sp. 1. *White*
Hellebore.

HELLEBORUS NIGER, FLORE
ROSEO. C. B. P. Hellébore
noire. Sp. 3. *Black Hellebore.*

HEPATICA FLORE SIMPLICI CŒ-
RULEO. *Clus. Hiſt.* Hépatique.
Sp. 1. *Liverwort.*

HERBA PARIS. *Ger.* Raiſin de
Renard *ou* Herbe à Paris,
croiſſant dans des bois ombrés. Sp. 1. *Paris.*

HERNIARIA GLABRA. J. B. Herniaire. Sp. 1. *Rupture wort.*

HIERACIUM MAJUS, FOLIO SON-
CHI. C. B. P. Herbe à l'E-
pervier, croiſſante à côté des
chemins. C'eſt une herbe fort
commune. *Hawk-weed.*

HORDEUM DISTICHUM. C. B. P.
de l'Orge. Sp. 1. *Barley.*

HERMINUM SCLAREA DICTUM.
C. B. P. Orvale. Sclarea. Sp.
1. *Clary.*

HORMINUM SYLVESTRE, LA-
VENDULÆ FLORE. C. B. P.
Orvale ſauvage, croiſſant dans
les champs incultes. Sp. 1.
Wild Clary.

HYACINTHUS OBLONGO FLORE
CŒRULEUS MAJOR. C. B. P.
Jacinthe croiſſante dans les
bois & ſous les haies. Sp. 1.
Hair-Bells.

HYOSCYAMUS ALBUS MAJOR. C.
B. P. Juſquiame. Sp. 1. *White*
Henbane.

HIOSCYAMUS VULGARIS NIGER.
C. B. P. Juſquiame noire,
croiſſante ſur les communes
& dans les champs cultivés.
Sp. 1. *Black Henbane.*

HYPERICUM VULGARE. C. B. P.
Millepertuis. Herbe fort commune, ſous des haies & à
côté des chemins. Sp. 1. *St.*
Johns' wort.

HYSSOPUS

HYSSOPUS OFFICINARUM, CŒ-RULEA, *sivè* SPICATA. C. B. P. Hyssope. Sp. 1. *Hyssop.*

JASMINUM VULGATIUS, FLORE ALBO. C. B. P. Jasmin. Sp. 1. *Jasmine.*

IBERIS LATIORI FOLIO. C. B. P. Cresson sciatique *ou* Passe-Rage. Lepidium. Sp. 4. *Sciatica Cress.*

IMPERATORIA MAJOR. C. B. P. Impératoire. Sp. 1. *Master-wort.*

IRIS ALBA FLORENTINA. C. B. P. Iris de Florence. *Orris.*

IRIS VULGARIS GERMANICA, *sivè* SYLVESTRIS. C. B. P. Iris ou Flambe. Sp. 2. *Garden flo-wer-de-Luce.*

IRIS SYLVESTRIS FŒTIDA. *Inst.* R. H. Glayeul puant, croissant dans les bois & dans la plu-part des endroits incultes. Sp. 19. *Stinking Gladwin.*

IRIS PALUSTRIS LUTEA. *Ger.* Iris jaune *ou* faux Acorus crois-sant dans des eaux dormantes. Sp. 1. *Bastard Acorus.*

ISATIS SATIVA, *vel.* LATIFOLIA. C. B. P. Pastel. Sp. 1. *Woad.*

JUNIPERUS VULGARIS FRUTI-COSA. C. B. P. Genevrier croissant sur des Bruyeres. Sp. 1. *Juniper.*

KALI MAJUS, COCHLEATO SEMINE. C. B. P. Soude. Salsola. Sp. 3. *Glass-wort.*

LACTUA SATIVA. Laitue. Sp. 1. *Lettuce.*

LAMIUM ALBUM, NON FŒ-TENS, FOLIO OBLONGO. C. B. P. Ortie blanche, crois-sante sous les haies. Sp. 2. *White Archangel.*

LAMIUM PURPUREUM FŒTI-DUM, FOLIO SUB-ROTUN-DO, *sivè* GALEOPSIS DIOS-

CORIDIS. C. B. P. Ortie rouge, croissante à côté des levées. Sp. 1. *Red Archangel,* ou *Dead Nettle.*

LAPATHUM FOLIO ACUTO PLANO. C. B. P. Patience, avec des feuilles à pointe aiguë, croissante dans les champs & places incultes. Sp. 4. *Sharp-pointed Dock.*

LAPATHUM AQUATICUM FO-LIO CUBITALI. C. B. P. Pa-relle ou Patience des ma-rais, croissante dans les eaux dormantes. Sp. 3. *Great water Dock.*

LAPATHUM HORTENSE RO-TUNDI-FOLIUM, *sivè* MON-TANUM. C. B. P. Rhubarbe des Moines, bâtarde. Ru-mex. Sp. 2. *Bastard Monk's Rhubarb.*

LAPATHUM FOLIO ACUTO, RUBENTI. C. B. P. Patience rouge, croissante à côté des chemins. *Bloodwoort.*

LAPATHUM HORTENSE, FO-LIO OBLONGO, *sivè* SECUN-DUM DIOSCORIDIS. C. B. P. Patience de jardin. Rumex. Sp. 1. *Patience.*

LAPATHUM HORTENSE LATI-FOLIUM. C. B. P. Véritable Rhubarbe des Moines. *True Monk's Rhubarb.*

LAPATHUM PRÆSTANTISSI-MUM, RHABARBARUM OF-FICINARUM DICTUM. *Mo-ris.* Le Rapontic. Rheum. Sp. 2. *Rhapontic.*

LAVENDULA ANGUSTI-FOLIA. C. B. P. Lavande. Sp. 2. *Lavender.*

LAVENDULA LATI-FOLIA. C. B. P. Lavande en épi. Sp. 1. *Lavender spike.*

LAUREOLA SEMPERVIRENS,

FLORE VIRIDI, QUIBUSDAM LAUREOLA MAS. J. B. Lauréole mâle *ou* Garou, croiffant dans les bois. Daphne. Sp. 2. *Spurge Laurel.*

LAUREOLA FOLIO DECIDUO, FLORE PURPUREO, OFFICINIS LAUREOLA FŒMINA. C. B. P. Mefereon, Bois-Genti *ou la* Lauréole femelle. Daphne. Sp. 1. *Mezereon*, ou *Spurge Olive.*

LAURUS VULGARIS. C. B. P. Le Laurier. Sp. 2. *The Bay.*

LENS VULGARIS. C. B. P. Lentille. Sp. 1. *The Lentil.*

LENTICULA PALUSTRIS VULGARIS. C. B. P. Lentille d'eau, croiffante en tous lieux fur la furface des eaux dormantes. *Duk's Meat.*

LEPIDIUM LATIFOLIUM. C. B. P. La grande Pafferage, croiffante fur des terres incultes, fans être très-commune. Sp. 1. *Dittander*, ou *Pepper wort.*

LEUCOÏUM INCANUM MAJUS. C. B. P. Giroflier *ou* Violier. Cheiranthus. Sp. 6. *Stock-Gilli-flower.*

LEUCOÏUM LUTEUM VULGARE. C. B. P. Giroflier *ou* Violier jaune, croiffant fur de vieux murs & bâtimens. Cheiranthus. Sp. 3. *Wall-flower.*

LEVISTICUM VULGARE. C. B. P. Livêche. Ligufticum. Sp. 1. *Lovage.*

LICHEN TERRESTRIS CINEREUS. *Raii Syn.* Hépatique de terre, croiffante fur les bruyeres & communes. *Ash-Coloured Ground-Liverwort.*

LIGUSTRUM GERMANICUM. C. B. P. Troefne croiffant dans les haies. Sp. 1. *Privet.*

LILIUM ALBUM, FLORE ERECTO, & VULGARE. C. B. P. Le Lis blanc. Sp. 1. *White Lily.*

LILIUM CONVALLIUM ALBUM. C. B. P. Lis des vallées *ou* Muguet, croiffant dans des bois ombrés. Convallaria. Sp. 1. *Lily of the Valley.*

LIMONIUM MARITIMUM MAJUS. C. B. P. Le Behen rouge, qui croît dans les marais falés. Sp. 1. *Sea Lavender.*

LINARIA VULGARIS LUTEA, FLORE MAJORE. C. B. P. Linaire *ou* Lin fauvage, qui fe trouve à côté des bancs. Sp. 1. *Toad-flax.*

LINGUA CERVINA OFFICINARUM. C. B. P. Scolopendre *ou* Langue de Cerf, croiffante fur les murs des puits, & dans d'autres endroits humides. *Hart's-Tongue.*

LINUM SATIVUM. C. B. P. Lin. Sp. 1. *Flax.*

LINUM PRATENSE, FLOSCULIS EXIGUIS. C. B. P. Lin fauvage, croiffant dans les prés & pâtures. Sp. 13. *Mountain* ou *purging Flax.*

LITHOSPERMUM MAJUS ERECTUM. C. B. P. Grémil, croiffant fur des terres incultes. Sp. 1. *Gromwill* ou *Graymill.*

LOTUS HORTENSIS ODORA. C. B. P. Lotier odorant *ou* Mélilot. Trifolium. Sp. 12. *Sweet Trefoil.*

LUNARIA RACEMOSA MINOR. C. B. P. Bulbonac *ou* petite Lunaire, croiffante fur les communes & bruyeres. *Moonwort.*

LUPINUS SATIVUS, FLORE ALBO. C. B. P. Lupin blanc. Sp. 5. *White Lupine.*

LUPULUS MAS & FŒMINA. C.
B. P. Houblon mâle & fe-
melle. *Hop.*

LYCOPERSICON FRUCTU CE-
RASI. *Inst.* R. H. Pomme
d'Amour. Sp. 1. *Love Apple.*

LYSIMACHIA LUTEA MAJOR.
C. B. P. La Corneille, croiffante à côté des foffés· Sp.
1. *Loose-strife.*

MAJORANA VULGARIS. C. B.
P. Marjolaine. Origanum.
Sp. 7. *Sweet Marjoram.*

MALVA SYLVESTRIS, FOLIO
SINUATO. C. B. P. Grande
Mauve, croiffante fur les levées, & dans les lieux incultes. Sp. 1. *Mallow.*

MALVA ROSEA, FOLIO SUB-
ROTUNDO. C. B. P. Mauve
rofe d'outremer *ou* Pafferofe.
Alcea. Sp. 1. *Hollyhock.*

MANDRAGORA FRUCTU RO-
TUNDO. C. B. P. Mandra-
gore. Sp. 1. *Mandrake.*

MARRUBIUM ALBUM VULGA-
RE. C. B. P. Le Marrube
blanc, croiffant fur les terreins fecs & crayeux. Sp.
1. *White Horehound.*

MARRUBIUM NIGRUM FŒTI-
DUM. BALLOTE DIOSCORI-
DIS. C. B. P. Marrube noir
ou puant, croiffant fur les
levées & à côté des chemins.
Ballote. Sp. 1. *Black* ou *Stinking Horehound.*

MARUM VULGARE. *Ger.* Sarriette. Satureïa. Sp. 4. *Herb
Mastich*, ou *Mastich Thyme.*

MARUM SYRIACUM, *vel* CRE-
TICUM. H. L. Marum de
Candie. Teucrium. Sp. 7.
Marum, ou *Syrian Mastich.*

MATRICARIA VULGARIS, *vel*
SATIVA. C. B. P. Matricaire
croiffante fur les tas de fu-

mier, & dans des endroits
qui ne font pas fréquentés.
Sp. 1. *Feverfew.*

MELILOTUS OFFICINARUM GER-
MANIÆ. C. B. P. Mélilot,
croiffant fur le bord des
champs incultes. Tri-folium.
Sp. 11. *Melilot.*

MELISSA HORTENSIS. C. B. P.
Baume *ou* Méliffe. Sp. 1.
Balm.

MENTHA ANGUSTI-FOLIA SPI-
CATA. C. B. P. Menthe. Sp.
1. *Mint*, ou *Spearmint.*

MENTHA ROTUNDI-FOLIA PA-
LUSTRIS *sivè* AQUATICA MA-
JOR. C. B. P. Menthe aquatique, croiffante dans des
foffés & les eaux baffes. Sp.
11. *Water-mint.*

MENTHA SPICIS BREVIORIBUS,
& HABITIORIBUS, FOLIIS
MENTHÆ FUSCÆ, SAPORE
FERVIDO PIPERIS. *Raii Syn.*
Menthe poivrée, croiffante
dans des endroits aquatiques.
Sp. 6. *Pepper Mint.*

MENTHA SYLVESTRIS, LONGIO-
RI FOLIO. C. B. P. Menthe
fauvage, croiffante dans des
lieux incultes. Sp. 4. *Horse-
mint.*

MERCURIALIS TESTICULATA,
sivè MAS, & SPICATA, *sivè*
FŒMINA DIOSCORIDIS &
PLINII. C. B. P. Mercuriale
mâle & femelle, croiffante
à côté des chemins. Sp. 2.
French Mercury.

MESPILUS APII FOLIO, SYL-
VESTRIS, SPINOSA, *sivè* OXYA-
CANTHA. C. B. P. Aubé-
pine *ou* Epine blanche, croiffante dans les haies. Sp.
4. *White Thorn*, ou *Haw
Thorn.*

MESPILUS VULGARIS. J. B. Le

Nefflier commun. Sp. 1. *Common Medlar.*

MEUM FOLIIS ANETHI. C. B. P. Le MEUM. Athamanta. Sp. 1. *Mew*, ou *Spignel.*

MILIUM SEMINE LUTEO *vel* ALBO C. B. P. Millet blanc ou jaune. Sp. 1. *Millet.*

MILLEFOLIUM VULGARE ALBUM. C. B. P. Millefeuille croiffant par-tout à côté des chemins. Achillea. Sp. *Yarrow*, *Milfoil*, ou *Nofebleed.*

MYRRHIS MAGNO SEMINE LONGO SULCATO. J. B. Cerfeuil. Scandix. Sp. 5. *Sweet Cicely*, ou *Sweet Fern.*

NAPUS SATIVUS. C. B. P. Navet. Rapa. Sp. 2. *Sweet Navew*, ou *French Turnep.*

NAPUS SYLVESTRIS. C. B. P. Navet fauvage, croiffant fur les levées. Rapa. Sp. 3. *Wild Navew*, ou *Colefeed.*

NASTURTIUM AQUATICUM SUPINUM. C. B. P. Creffon aquatique, croiffant dans les foffés & eaux dormantes. Sifymbrium. Sp. 1. *Water Creff.*

NASTURTIUM HORTENSE VULGATUM. C.B.P. Creffon de jardin. Sp. 1. *Garden Creff.*

NEPETA MAJOR VULGARIS. *Park.* Herbe aux Chats, croiffante dans les champs fecs & crayeux. Sp. 1. *Nep*, ou *Cat-Mint.*

NICOTIANA MAJOR LATIFOLIA. C. B. P. Tabac. Sp. 2. *Tobacco.*

NIGELLA FLORE MINORE SIMPLICI CANDIDO. C. B. P. Fleur de fenouil *ou* Nielle. Sp. 3. *Fennel-Flower.*

OCYMUM VULGATIUS. C. B. P. Bafilic. Sp. 1. *Bafil.*

OLEA SATIVA. C. B. P. Olivier. Sp. 1. *Olive tree.*

OPHIOGLOSSUM VULGATUM. C. B. P. Langue de Serpent, croiffante dans les prairies humides. *Adder's tongue.*

ORCHIS MORIO MAS, FOLIIS MASCULATIS. C. B. P. Satirion mâle, croiffant dans les bois & les prairies humides. Sp. 2. *Male fatyrium*, ou *Fools-ftones.*

ORCHIS MORIO FŒMINA. C. B. P. Satyrion femelle, qui croît dans des prairies. Sp. 1. *Female Satyrium.*

ORIGANUM SYLVESTRE, CUNILA BUBULA PLINII. C. B. P. Marjolaine fauvage, croiffante dans des places feches & incultes. Sp. 1. *Wild Marjoram.*

ORIGANUM ONITES. C. B. P. Origan de Crète. Sp. 6. *Origany of Crete.*

OROBUS SILIQUIS ARTICULATIS, SEMINE MAJORI. C. B. P. Orobe. Ervum. Sp. 5. *Bitter Vetch.*

OSMUNDA REGALIS. *Ger.* Fougere fleurie *ou* l'Ofmonde. Sp. 1. *Flowering Fern*, ou *Ofmund-Royal.*

OXYS. *Inft. R. H.* Ofeille fauvage, croiffante dans des bois humides. Oxalis. Sp. 1. *Wood Sorrel.*

PŒONIA FŒMINA, FLORE RUBRO MAJORE. C. B. P. Pivoine femelle. Sp. 2. *Piony.*

PŒONIA FOLIO NIGRICANTI SPLENDIDO, QUÆ MAS. C. B. P. Pivoine mâle. Sp. 1. *Male Piony.*

PANAX COLONI, & MARRUBIUM AQUATICUM ACUTUM. *Ger.* Panacée croiffante à côté des foſſés & dans des lieux aquatiques. Stachys. Sp. 8. *Clowns all-Heal.*

PANAX PASTINACÆ FOLIO. C. B. P. Paſtinaca. Sp. 3. *Hercules's all-Heal.*

PANICUM GERMANICUM, *ſivè* PANICULA MINOR. C. B. P. Sp. 1. Le Panis. *Panic.*

PAPAVER HORTENSE SEMINE ALBO. C. B. P. Pavot blanc. Sp. 9. *White. Poppy.*

PAPAVER HORTENSE SEMINE NIGRO. C. B. P. Pavot noir. Sp. 8. *Black Poppy.*

PAPAVER ERRATICUM, RHEAS DIOSCORIDIS, THEOPHRASTO, PLINIO. C. B. P. Pavot rouge *ou* Coquelicot, croiſſant ſur les terres labourables. Sp. 1. *Red Poppy.*

PARIETARIA OFFICINARUM. C. B. P. Pariétaire des boutiques, croiſſante ſur des murailles. Sp. 1. *Pellitory of the wall.*

PARONICHIA RUTACEO FOLIO. *Ger.* Herbe aux Panaris, croiſſante ſur des murs & bâtimens. Saxifraga. *Lin. Rue leawed Whitlow.*

PASTINACA SATIVA LATIFOLIA. C. B. P. Panais. Sp. 2. *Parſnep.*

PASTINACA SYLVESTRIS LATIFOLIA. C. B. P. Panais ſauvage, croiſſant dans des lieux incultes. Sp. 1. *Wild Parſnep.*

ENTAPHYLLOïDES ARGENTINA DICTA. *Raii Syn.* Quinte-feuille, Argentine *ou* Tanaiſie ſauvage, croiſſante ſur les communes, & à côté des foſſés. Potentilla. Sp. 1. *Silverweed* ou *Wild Tanſey.*

PERFOLIATA VULGATISSIMA, *ſivè* ARVENSIS. C. B P. Percefeuille croiſſante ſur les terres labourables. Buplevrum. Sp. 1. *Thorough Wax.*

PERYCLIMENUM NON PERFOLIATUM GERMANICUM. C. B. P. Chevrefeuille, croiſſant dans les haies. Sp. 5. *Honey Suckle.*

PERSICARIA MITIS MACULOSA. C. B. P. La Perſicaire, qui croît ſur les tas de fumier. Sp. 2. *Spotted Arſeſmart.*

PERSICARIA URENS, *ſivè* HYDROPIPER. C. B. P. Poivre d'eau *ou* Curage croiſſant à côté des foſſés & dans des lieux aquatiques. Sp. 1. *Arſe-ſmart*, ou *Water Pepper.*

PETASITES MAJOR ET VULGARIS. C. B. P. Le Pétaſite *ou* Herbe aux Teigneux, croiſſante à côté des foſſés Sp. 1. *Buttor-Bur.*

PEUCEDANUM GERMANICUM. C. B. P. Fenouil de Porc *ou* Queue de Pourceau. Cette plante eſt fort rare en Angleterre. Sp. 1. *Hog's-Fennel,* ou *Sulphur-wort.*

PHELLANDRIUM, *vel* CICUTARIA AQUATICA QUORUMDAM. J. B. Ciguë aquatique, croiſſante dans les eaux dormantes. *Water Hemlock.*

PILOSELLA MAJOR REPENS HIRSUTA. C. B. P. Piloſelle, croiſſante ſur des murs, & dans des communes ſeches & graveleuſes. *Mouſe-ear.*

PIMPINELLA SANGUISORBA MINOR. C. B. P. Pimprenelle croiſſante ſur les terres crayeuſes. Potentilla. Sp. 1. *Burnet.*

PIMPINELLA SAXIFRAGA MA-

JOR ALTERA. C. B. P. Le plus grand Saxifrage , croiſſant dans des pâtures. Sp. 1. *Burnet Saxifrage.*

PIMPINELLA SAXIFRAGA MINOR ALTERA , UMBELLA CANDIDA. C. B. P. Saxifrage de Pimprenelle , croiſſante ſous les haies & à côté des champs. Sp. 2. *The leſſer Burnet Saxifrage.*

PISUM ARVENSE, FLORE CANDIDO , FRUCTU ROTUNDO ALBO. C. B. P. Pois de champ. Sp. 1. *Pea.*

PLANTAGO LATIFOLIA SINUATA. C. B. P. Plantain croiſſant dans les lieux humides. *Plantain.*

PLANTAGO ANGUSTIFOLIA MAJOR. C. B. P. Plantain à feuilles étroites , croiſſant ſur des tas de fumier & à côté des chemins , en tous lieux. *Narrow - Leaved Plantain ,* ou *Ribwort.*

PLUMBAGO QUORUMDAM. *Clus. Hiſt.* La dentelaire , Herbe au Canar *ou* Maleherbe. Sp. 1. *Toothwort ,* ou *Leadwort.*

POLIUM MARITIMUM ERECTUM MONSPELIACUM. C. B. P. Polium de montagne. Sp. 4. *Poley Mountain.*

POLIUM ANGUSTIFOLIUM CRETICUM. C. B. P. Polium de Candie. Sp. 5. *Poley of Crete.*

POLYGONATUM LATIFOLIUM VULGARE. C. B. P. Le Sceau de Salomon , croiſſant dans quelques bois , mais qui n'eſt pas commun. Convallaria. Sp. 3. *Salomon's Seal.*

POLYGONUM LATIFOLIUM. C. B. P. La renouée *ou* Trai-

naſſe. On trouve cette plante dans des lieux incultes. *Knotgraſſ.*

POLYPODIUM VULGARE. C. B. P. Le Polypode : il croît ſur des bancs ombrés & ſur des murailles. Sp. 1. *Polipody.*

PORRUM COMMUNE CAPITATUM. C. B. P. Porreau. Sp. 1. *Leek.*

PORTULACA LATIFOLIA , *ſivè* SATIVA. C. B. P. Pourpier. Sp. 1. *Purſlane.*

PRIMULA VERIS. *Inſt.* R. H. Primevere , qui croît dans les bois & ſous les haies. Sp. 1. *Primroſe.*

PRIMULA VERIS MAJOR. *Ger.* Primevere *ou* Primerolle , croiſſante dans les près. Sp. 2. *Cowſlip ,* ou *Paigles.*

PRUNELLA MAJOR , FOLIO NON DISSECTO. Petite Conſoude ; elle ſe plaît dans les prés & pâtures. Sp. 1. *Self-Heal.*

PRUNUS SYLVESTRIS. C. B. P. Prunelle croiſſante dans les haies. Sp. 1. *Sloe-tree.*

PSYLLIUM MAJUS ERECTUM. C. B. P. Herbe aux puces. Sp. 1. *Fleawort.*

PTARMICA VULGARIS, FOLIO LONGO SERRATO , FLORE ALBO. J. B. Herbe à éternuer. Cette plante eſt commune dans les bois & ſous des haies. Achillea. Sp. 10. *Sneeze-wort.*

PULEGIUM LATIFOLIUM. C. B. P. Pouliot croiſſant dans des communes humides. Sp. 1. *Penny royal.*

PULEGIUM ANGUSTIFOLIUM. C. B. P. Pouliot de Cerf. Sp. 3. *Hart's Penny royal.*

PULMONARIA MASCULOSA LA-

TIFOLIA. *Park.* Pulmonaire tachetée. Sp. 1. *Spotted Lung-wort*, ou *Jerusalem Sage.*

PUNICA SATIVA. *Inst.* R. H. Grenadier. Sp. 1. *Pomegranate.*

PUNICA SYLVESTRIS, FLORE PLENO MAJORE. *Inst.* R. H. Grenadier sauvage, à double fleur. Sp. 2. *Wild Pomegranate with a large double flower.*

PYRETHRUM HISPANICUM. C. B. P. Pariétaire d'Espagne. Anthemis. Sp. 1. *Pellitory of Spain.*

PYROLA ROTUNDIFOLIA MAJOR. C. B. P. La Pyrole croissante dans les bois au nord de l'Angleterre. Sp. 1. *Winter Green.*

QUINQUEFOLIUM MAJUS REPENS. C. B. P. Quinte-feuille croissante dans les pâtures. Potentilla. Lin. *Cinque-Foil.*

RANUNCULUS PRATENSIS, RADICE VERTICILLI MODO ROTUNDO. C. B. P. Renoncule, Tubéreuse *ou* Grenouillette fort commune dans les prairies. *Crowfoot.*

RANUNCULUS APII FOLIO, LÆVIS. C. B. P. La Renoncule des marais, qui croît dans les eaux stagnantes. *Marsh Crowfoot.*

RAPA ROTUNDA SATIVA. C. B. P. Navet. Sp. 1. *Turnep.*

RAPHANUS MINOR OBLONGUS. C. B. P. Rave. Sp. 1. *Radish.*

RAPHANUS RUSTICANUS. C. B. P. Raifort, qui croît ordinairement sur les tas de fumier, & sur le bord des champs. Cochléaria. Sp. 5. *Horse Radish.*

RHAMNUS CATHARTICUS. C. B. P. Nerprun *ou* Noirprun croissant dans les haies. Sp. 1. *Buck-Thorn.*

RHUS FOLIO ULMI. C. B. P. Sumach. Sp. 1. *Sumach.*

RIBES VULGARIS, FRUCTU RUBRO. H. L. Groseiller à fruit rouge. Sp. 1. *Red-Currant.*

ROS SOLIS FOLIO ROTUNDO. C. B. P. Le Rossolis *ou* Rosée du soleil, croissant sur des rosées où il y a des marais. *Rosa Solis*, ou *Sundew.*

ROSA ALBA VULGARIS MAJOR. C. B. P. Le Rosier à fleur blanche. Sp. 16. *White-Rose.*

ROSA DAMASCENA, FLORE PLENO. *Hort. Eyst.* La Rose incarnate *ou* Rosier de damas à double fleur. Sp. 15. *Damask Rose.*

ROSA RUBRA MULTIPLEX. C. B. P. La Rose rouge. Sp. 20. *Red Rose.*

ROSA SYLVESTRIS VULGARIS, FLORE ODORATO, INCARNATO. C. B. P. Rosier sauvage *ou* Chinorrodon croissant dans les haies. Sp. 1. *Dog Rose*, ou *wild Briar.*

ROSMARINUS HORTENSIS, ANGUSTIORI FOLIO. C. B. P. Romarin. Sp. 1. *Rosemary.*

RUBIA TINCTORUM SATIVA. C. B. P. Garance. Sp. 1. *Madder.*

RUBUS VULGARIS, *sivè* RUBUS FRUCTU NIGRO. La Ronce croissante dans les haies. Sp. 1. *The Bramble*, ou *Black-Berry.*

RUBUS IDÆUS SPINOSUS, FRUCTU RUBRO. J. B. Framboisier *ou* Ronce du mont Ida, croissant dans les bois. Sp. 3. *Raspberry-Bush.*

RUSCUS MYRTI-FOLIUS ACULEATUS. *Inst.* R. H. Houx-Frelon, Buis piquant *ou* Petit-Houx qui se trouve dans les bois & sur les communes. Sp. 1.

Knee-Holm ; ou *Butcher's Broom.*

Ruscus ancusti-folius, fructu folio innascente. *Inst. R. H.* Laurier Alexandrin, a feuilles étroites. Sp. 2. *Horse-Tongue* , ou *double-Tongue.*

Ruscus latifolius , fructu folio insidente. Inst. R. H. Le Laurier Alexandrin , à larges feuilles. Sp. 3. *Bay of Alexandria.*

Ruta hortensis latifolia. C. B. P. La Rhue des jardins. Sp. 1. *Rue.*

Ruta muraria. C. B. P. La Rhue de muraille , croissante sur les murs, & sur des bâtimens , dans les lieux humides. *White Maidenhair*, ou *Wall Rue.*

Sabina folio Tamarici Dioscoridis. C. B. P. Le Savinier *ou* la Sabine. Sp. 1. *Savin.*

Salvia nigra. C. B. P. La Sauge rouge commune. Sp. 1. *Common Red Sage.*

Salvia minor, aurita & non aurita. C. B. P. La petite Sauge. Sauge franche *ou* Sauge de Provence. Sp. 3. *Sage of Virtue.*

Sambucus fructu in umbella nigro. C. B. P. Le Sureau , croissaqt dans les haies. Sp. 1. *Elder.*

Sambucus racemosa rubra. C. B. P. Sureau de montagne. Sp. 3. *Mountain Elder.*

Sambucus humilis , *sivè* ebulus. C. B. P. L'Yeble *ou* petit Sureau qui croît en Angleterre , mais qui n'est pas fort commun dans les environs de Londres. Sp. 4. *Dwarf Elder* ou *Danewort.*

Sanicula officinarum. C. B. P. La Sanicle , croissante dans les bois & places ombrées. *Sanicle.*

Santolina foliis teretibus. R. H. Santoline *ou* petit cyprès commun. *Lavender-Cotton.*

Saponaria major lævis. C. B. P. Saponaire , croissante à côté des levées. Sp. 1. *Sopewort.*

Satureja hortensis , *sivè* cunila sativa Plinii. C. B. P. Sarriette. Sp. 1. *Savory.*

Satureja montana durior. C. B. P. Sariette d'hiver ou de montagne. Sp. 3. *Winter Savory.*

Saxifraga rotundi-folia alba. C. B. P. Saxifrage blanche, croissante dans les près. Sp. 1. *White Saxifrage.*

Scabiosa pratensis hirsuta , quæ officinarum. C. B. P. Scabieuse velue de prairie & des boutiques , croissante sur les terres labourables. Sp. 1. *Scabious.*

Scabiosa radice succisa , flore globoso. *Raii Syn.* Scabieuse sauvage , Mors du Diable *ou* Succise , croissante dans les bois & sous les haies. Sp. 2. *Devil's bit* ou *Wood Scabious.*

Scordium legitimum. *Park.* Germandrée aquatique *ou* le Scordium , croissante dans des lieux aquatiques. Cette plante est rare. Teucrium. Sp. 11. *Scordium* ou *Water Germander.*

Scordium alterum , *sivè* salvia agrestis. C. B. P. Sauge

Sauge sauvage *ou* le faux Scordium, croiffant dans les bois & fur les bruyeres. Teucrium. Sp. 10. *Wood Sage.*

SCORZONERA LATIFOLIA SINUATA. C. B P. La Scorfonere. Sp. 1. *Scorzonera,* ou *Viper - grafs.*

SCROPHULARIA NODOSA FŒTIDA. C. B. P. La grande fcrophulaire croiffante dans des bois & lieux couverts. Sp. 1. *Fig-wort.*

SCROPHULARIA AQUATICA MAJOR. C. B. P. Scrophulaire aquatique *ou* Béroine d'eau, Herbe du fiége, croiffante fur le bord des foffés. Sp. 2. *Water fig-wort,* ou *Water Betony.*

SECALE HYBERNUM *vel* MAJUS. C. B. P. Le plus grand Seigle *ou* Seigle d'hiver. Sp. 1. *Rye.*

SEDUM MAJUS VULGARE. C. B. P. La grande Joubarbe, croiffante fur le toît des maifons & fur les murailles. Sempervivum. Sp. 1. *Houfleek.*

SEDUM MINUS TERETI-FOLIUM ALBUM. C. B. P. Petite Joubarbe *ou* Trique—Madame, croiffante fur les murailles, &c. Sp. 1. *Leffer Houfleek.*

SEDUM MINUS VERMICULATUM ACRE. C. B. P. La Vermiculaire brûlante, croiffante fur des murailles & bâtimens. Sp. 5. *Wall Pepper,* ou *Stone - Crop.*

SENECIO MINOR VULGARIS. C. B. P. Seneçon, croiffant fur des murs, fur des terres labourables, & dans les fentiers, dans toute l'Europe ; & dans les jardins. *Ground- fel, Simfon.*

SERPYLLUM VULGARE MAJUS. C. B. P. Thym *ou* le plus grand Serpolet, croiffant fur les bruyeres & communes. Thymus. Sp. 6. *Mother-of-Thyme.*

SESELI PRATENSE. C. B. P. Saxifrage des prés, croiffant dans des pâtures humides. *Meadow Saxifrage.*

SILER MONTANUM MAJUS. Mor. Umb. La Livêche bâtarde *ou* le Lafer de montagne. Sp 1. *Siler mountain ; laftard Lovage,* ou *common Hartwort.*

SINAPIS RAPI-FOLIA. C. B. P. La Moutarde *ou* Senevé ; croiffante fur des tas de fumier, &c. Sp. 2. *Muftard.*

SINAPIS HORTENSIS, SEMINE ALBO. C. B. P. Moutarde blanche. Sp. 1. *White Muftard.*

SISARUM GERMANORUM. C. B. P. Chervi d'Allemagne. Sium. Sp. 4. *Skirret.*

SIUM LATIFOLIUM. C. B. P. Le grand Chervi, à larges feuilles, croiffant dans des eaux dormantes. Sp. 1. *Broad-leaved water Parfnep.*

SIUM AROMATICUM, SISON OFF CINARUM. Inft. R. H. Berle bâtarde & aromatique ; *ou* l'Ammon des boutiques, croiffante fous des haies & dans des allées ombrées. Sison. Sp. 1. *The German ; ou common Ammomum.*

SMYRNIUM. Matth. Le maceron commun, croiffant à côté des champs, & qui n'eft pas commun. Sp. 1. *Alexanders.*

SOLANUM HORTENSE. *Ger.* Morelle qui croît sur des tas de fumier. Sp. 1. *Nightshade.*

SOLANUM SCANDENS, *sivé* DULCAMARA. C. B. P. Morelle grimpante *ou* Vigne-Vierge, croiffante dans les haies. Sp. 8. *Woody Nichtshade.*

SOLDANELLA MARITIMA MINOR. C. B. P. Soldanelle *ou* Chou marin, croiffante fur le rivage de la mer Convolvulus. Sp. 29. *Seacole-wort,* ou *Sea-Bindweed.*

SONCHUS ASPER LACINIATUS. C. B. P. Laiteron épineux, croiffant fur les terres labourables. *Prickly Sowthiftle.*

SONCHUS LÆVIS LACINIATUS LATIFOLIUS. C. B. P. Le Laiteron, croiffant fur les mêmes terres. *Smooth Sowthiftle.*

SOPHIA CHIRURGORUM. *Ger.* Thalictron des boutiques *ou* Herbe de Félix, croiffant fur les mêmes terres labourables. Sifymbrium. Sp. 6. *Felixweed.*

SORBUS SATIVA. C. B. P. Sorbier. Sp. 2. *True fervice.*

SORBUS TERMINALIS. *Ger.* Cormier à feuilles d'Erable, croiffant dans les haies. Cratægus. Sp. 2. *Wild Service.*

SPINACHIA VULGARIS, CAPSULA SEMINIS ACULEATA. *Inft.* Epinard. Sp. 1. *Spinach.*

STAPHYSAGRIA. *Matth.* La Staphifaigre *ou* l'Herbe aux Poux. Delphinium. Sp. 8. *Staves-acre.*

STŒCHAS PURPUREA. C. B. P. Lavande françoife. Sp. 1. *French Lavender,* ou *Stickadore.*

STŒCHAS CITRINI TENUIFOLIA NARBONENSIS. J. B. Immortelle jaune *ou* Stœchas citrin. Gnaphalium. Sp. 1. *Goldy-locks.*

STRAMONIUM FRUCTU SPINOSO OBLONGO, FLORE ALBO. *Inft.* R. H. Pomme épineufe, croiffante fur les tas de fumier. Datura. Sp. 1. *Thorn-Apple.*

SYMPHYTUM CONSOLIDA MAJOR FŒMINA, FLORE ALBO, *vel* PALLIDE LUTEO. C. B. P. Grande Confoude, croiffante dans des lieux incultes. Sp. 1. *Comfrey.*

TAMARISCUS NARBONENSIS. *Lob.* Tamaris *ou* Tamarin de Narbonne. Sp. 1. *Tamarifk.*

TANACETUM VULGARE LUTEUM. C. B. P. Tanaifie croiffante dans des allées qui ne font pas fréquentées. Sp. 1. *Tanfey.*

TELEPHIUM VULGARE. C. B. P. Orpin, Longuevie, Reprife *ou* Joubarbe des vignes, croiffante dans les bois & dans les terres humides. Sedum. Sp. 14. *Orpine.*

THAPSIA CAROTÆ FOLIO. C. B. P. La Thapfie. Sp. 3. *Deadly Carrot.*

THLASPI ARVENSE SILIQUIS LATIS. C. B. P. Le Thlafpi à larges filiques, croiffant dans les terres labourables, & qui eft rare. Sp. 2. *Treacle Muftard.*

THLASPI ARVENSE, VACCA-

.RIÆ INCANO FOLIO, MA-
JUS. C. B. P. Thlaspi sauvage, croissant dans les terres
labourables, & près des
haies. Sp. 1. *Mithridate*
Mustard.

THUYA THEOPHRASTI. C. B.
P. Arbre de Vie. Sp. 1.
Tree of Life.

THYMELÆA FOLIIS LINI. C.
B. P. Saint Bois *ou* Garou.
Daphne. Sp. 7. *Spurge-Flax.*

THYMUS VULGARIS, FOLIO
TENUIORI. C. B. P. Thym.
Sp. 2. *Thyme.*

TITHYMALUS PALUSTRIS
FRUTICOSUS. C. B. P. Es-
purge de marais en arbris-
seau. Euphorbia. Sp. 22.
German Spurge, ou *greater*
Esula.

TITHYMALUS LATIFOLIUS,
CATAPUTIA DICTUS. H.
Espurge à larges feuilles.
Euphorbia. Sp. 18. *Garden*
Spurge.

TITHYMALUS FOLIIS PINI,
forté DIOSCORIDIS PITYMA.
C. B. P. Plus petit Espurge.
Euphorbia. Sp. 27. *The lesser*
Esula.

TORMENTILLA SYLVESTRIS.
C. B. P. Tormentille, croissante sur les bruyeres. Sp.
1. *Tormentil.*

TRAGACANTHA. C. B. P.
Adragant *ou* Barbe de Renard. Sp. 1. *Goat's Thorn.*

TRICHOMANES, *sivé* POLYTRI-
CHUM OFFICINARUM. C.
B. P. Le Politric croissant
sur les murs & sur le bord
des bancs ombrés. Sp. 1.
Maiden-Hair.

TRIFOLIUM PRATENSE PUR-
PUREUM MAJUS. C. B. P.
Treffle *ou* Triolet des prés,

croissant dans les pâtures.
Sp. 1. *Trefoil.*

TRIFOLIUM ARVENSE HUMI-
LE SPICATUM, *sivé* LAGO-
PUS. C. B. P. Treffle *ou*
Pied de Lievre, croissant
sur les terres labourables.
Sp. 9. *Hare's-foot Trefoil.*

TRIFOLIUM PALUSTRE. C. B.
P. Treffle d'eau *ou* Herbe
aux Punaises, *ou* la Mé-
nianthe, croissant dans les
terres marécageuses. Mé-
nianthes. *Bog-bean*, ou *Marsh*
Trefoil.

TRITICUM HYBERNUM, ARIS-
TIS CARENS. C. B. P. Fro-
ment. Sp. 1. *Wheat.*

TUSSILAGO VULGARIS. C. B.
P. Tussilage *ou* Pas-d'Asne,
croissant sur les terres sté-
riles. Sp. 1. *Colts foot.*

VALERIANA HORTENSIS,
PHU FOLIO OLUSATRI
DIOSCORIDIS. C. B. P. Va-
lériane. Sp. 1. *Valerian.*

VALERIANA PALUSTRIS MI-
NOR. C. B. P. Petite Valériane, croissante dans des
prés humides & dans les
bois. *The lesser Valerian.*

VALERIANA SYLVESTRIS MA-
JOR FOLIIS ANGUSTIORI-
BUS. Rand. Grande Valé-
riane sauvage, croissante
sur des terres crayeuses. Sp.
2. *Wild Valerian.*

VERBASCUM MAS LATIFO-
LIUM LUTEUM. C. B. P.
Bouillon blanc *ou* Molêne,
croissant sur des bancs secs,
& sur les terres sablonneuses. Sp. 1. *Mullein.*

VERBENA COMMUNIS, CŒ-
RULEO FLORE. C. B. P. Verveine croissante près des cours
des Fermiers. Sp. 1. *Vervain.*

VERONICA MAS SUPINA, ET VULGATISSIMA. C. B. P. Véronique mâle *ou* Thé d'Europe, croiſſante dans des lieux déſerts & couverts de bois. Sp. 1. *Speed well ou Paul's Betony.*

VERONICA AQUATICA MAJOR, FOLIO SUB ROTUNDO. *Mor. Hiſt.* Le Beccabunga à feuilles rondes *ou* Creſſon de fontaine, croiſſant dans les eaux dormantes. Sp. 14. *Brooklime.*

VICIA SATIVA VULGARIS, SEMINE NIGRO. C. B. P. Ivraie *ou* Veſce. Sp. 5. *Vetch ou Tare.*

VINCA PERVINCA VULGARIS. *Ger.* Pervenche, croiſſante dans les haies & bois. Vinca. Sp. 1. *Periwinkle.*

VIOLA MARTIA PURPUREA, FLORE SIMPLICI. C. B. P. Violette de Mars, croiſſante dans les bois & près des haies. Sp. 1. *Violet.*

VIOLA TRICOLOR HORTENSIS REPENS. C. B. P. Penſée, Herbe commune dans le Nord de l'Angleterre. Sp. 10. *Heart's-eaſe ou Panſies.*

VIRGA AUREA ANGUSTIFOLIA MINUS SERRATA. C. B. P. Verge d'or, croiſſante dans des Lois & près des haies. Solidago. Sp. 1. *Golden Rod.*

VITEX FOLIIS ANGUSTIORIBUS, CANNABIS MODO DISPOSITIS. C. B. P. Agnus-Caſtus. Sp. 1. *The Chaſte-Tree.*

VITIS IDÆA, FOLIIS OBLONGIS CRENATIS, FRUCTU NIGRICANTE C. B. P. Airelle *ou* Myrtille, croiſſante ſur des Bruyeres marécageuſes. Vaccinium. Sp. 1. *Bilberry.*

VITIS VINIFERA. C. B. P. La Vigne. Sp. 1. *The Vine.*

ULMARIA. *Cluſ.* La Reine des Prés, croiſſante dans des prés humides & à côté des foſſés. Spiræa. Sp. 12. *Meadows ſweet ou Queen of the Meadows.*

URTICA URENS MAXIMA. C. B. P. Ortie croiſſante près des haies & des levées de terre. Sp. 1. *Nettle.*

URTICA URENS, PILULAS FERENS, PRIMA DIOSCORIDIS, SEMINE LINI. C. B. P. L'Ortie Romaine *ou* Ortie à pilules. Sp. 1. *The Roman Nettle.*

XANTHIUM. *Dod.* Petite Bardane *ou* petit Glouteron. Sp. 1. *The leſſer Burdock.*

ZEABRISA DICTA, *vel* MONOCOCCOS GERMANICA. C. B. P. Triticum Monococcum. Sp. 7. L. Eſpece d'Orge à épis. *Spelt ou S. Peter's Corn.*

CATALOGUE

Des grands Arbres compris dans la Pharmaco-*pée de* Londres *, à cause de leurs propriétés médicinales , mais qui , s'élevant à une trop grande hauteur , ne peuvent être placés dans de petits jardins.*

ABIES MAS CONIS SURSUM SPECTANTIBUS. C. B. P. Le Sapin argenté. Sp. 1. *The Silver Fir.*

ABIES TENUIORI FOLIO, FRUCTU DEORSUM INFLEXO. C. B. P. Le Sapin de Norvege *ou* Arbre à poix. Sp. 2. *The common* ou *Spruce Fir* ou *Pitch-tree.*

AMIGDALUS SATIVA. C. B. P. L'Amandier. Sp. 1. *The Almond-tree.*

ARMENIACA FRUCTU MAJO-RE. *Inst.* R. H. L'Abricotier. Sp. 1. *The Apricot.*

BETULA. C. B. P. Le Bouleau. Il croît naturellement dans les bois. Sp. 1. *The Birch-tree.*

CASTANEA SATIVA. C. B. P. Châtaignier. Sp. 1. *The Chestnut tree*

CERASUS MAJOR AC SYLVES-TRIS FRUCTU SUB DULCI, NIGRO COLORE INFICIEN-TE. C. B. P. Cerisier à fruits noirs , croissant dans des haies & dans quelques bois. Sp. 2. *The Black Cherry.*

CERASUS SATIVA ROTUNDA, RUBRA & ACIDA. C. B. P. Cerisier à fruits rouges. Sp. 1. *The Red Cherry.*

CYDONIA FRUCTU OBLONGO LÆVIORI. *Inst.* R. H. Le Cognassier. Sp. 1. *The Quince-tree.*

FICUS COMMUNIS. C. B. P. Le Figuier. Sp. 1 ¯*he Fig tree.*

FRAXINUS EXCELSIOR. C. B. P. Le Frêne , qui croît dans les rangées des haies. Sp. 1. *The Ash tree.*

FRAXINUS ROTUNDIORI FO-LIO. C. B. P. Le Frêne à Manne. Sp. 2. *The Manna Ash.*

ILEX ACULEATA COCCI GLAN-DIFERA. C. B. P. Chêne Kermès. Quercus. Sp. 18. *The Kermes Oak.*

LARIX FOLIO DECIDUO CO-NIFERA. J. B. Le Larix *ou* Méleze. Sp. 1. *The Larch-tree.*

MALUS SYLVESTRIS, ACIDO FRUCTU ALBO. *Inst.* R. H. Le Pommier sauvage , qui croît dans les haies. Sp. 1. *The Crab-tree.*

MALUS SATIVA. *Raii Syn.* Le Pommier. Sp. 2. *The Apple tree.*

MORUS FRUCTU NIGRO. C. B. P. Le Mûrier. Sp. 1. *The Mulberry.*

NUX JUGLANS, *sivè* REGIA VULGARIS. Le Noyer Juglans. Sp. 1. *The Walnut.*

PERSICA MOLLI CARNE, &

VULGARIS, VIRIDIS & AL-
BA. C. B. P. Le Pêcher. Sp.
1. The Peach-tree.

PINUS SATIVA. C. B. P. Le
Pin. Sp. 1. The Pine-tree.

PINUS SYLVESTRIS C. B. P.
Le Pin sauvage. Sp. 1. The
Wild Pine ou Pinaster.

POPULUS NIGRA. C. B. P. Le
Peuplier noir, croissant dans
les rangées des haies. Sp. 3.
The Black-Popler.

PYRUS SATIVA. C. B. P. Le
Poirier. Sp. 1. The Pear tree.

QUERCUS LATIFOLIUS FŒMI-
NA. C. B. P. Le Chêne, qui
croît dans les forêts & les
bois. Sp. 1. The Oak-tree.

SALIX VULGARIS ALBA ARBO-
RESCENS. C. B. P. Le Saule,
qui se trouve sur le bord des
rivieres. Sp. 1. The Willow.

SUBER LATIFOLIUM, PERPE-
TUÒ VIRENS. C. B. P. Le
Liége. Quercus. Sp. 20. The
Cork-tree.

TILIA FŒMINA, FOLIO MA-
JORI. C. B. P. Le Tilleul.
Sp. 1. The Lime-tree.

ULMUS CAMPESTRIS & THEO-
PHRASTI. C. B. P. L'Orme
qui croît dans les rangées des
haies. Sp. 3. The Elm-tree.

L I S T E

*DES Articles de PHYSIQUE appliquée à la
Culture Végétale, qui sont traités dans le
Dictionnaire de MILLER.*

ÆTHER.

AIR.

ANATOMIE DES PLANTES.

ARC EN CIEL. *Rainbow.*

ARGILE OU TERRE GLAISE. *Clay.*

ATMOSPHERE.

BAROMETRE.

CIRCULATION DE LA SEVE. *Sap.*

CLIMAT.

EAU. *Water.*

EQUINOCTIAL OU EQUINOXE.

FEU. *Fire.*

FLUIDITÉ.

FROID. *Cold.*

GELÉE. *Frost.*

GÉNÉRATION des Plantes.

GLACE, *Ice.*

GRAVITÉ.

HIVER. *Winter.*

HUMIDITÉ.

HYDROSTATIQUE.

HYGROMETRE & HYGROSCOPE.

LÉGÉRETÉ. *Levity.*

LUMIERE. *Light.*

LUNE, les influences.

MARNE. *Marl.*

MICROSCOPE.

NATUREL.

NATURE.

NEBULEUX. *Nebulous.*

NEIGE. *Snow.*

NIELLE, BRUINE, ROUILLE. *Blight, Mildew.*

NITRE.

NIVEAU. *Level.*

PANACHÉ, causes Physiques de ce Phénomene. *Variegated.*

PLANTE.

PLUIE. *Rain.*

ROSÉE. *Dew.*

ROUILLE ou NIELLE. *Mildew.*

SABLE. *Sand.*

SEL. *Salt.*

SEMENCES. *Seed.*

SEVE. *Sap.*

SOLEIL. *Sun.*
SOLSTICE.
TEMS, Etat de l'Atmofphere. *Weather.*
TERRE, confidérée en général comme Element. *Earth.*

TERRE MARNE. *Marl.*
—— GLAISE. *Clay.*
——GRASSE. *Loam.*
—— MEUBLE. *Mould.*
THERMOMETRE, THERMOSCOPE.
TONNERRE. *Thunder.*

VAPOREUX. *Vaporiferous.*
VAPEURS ou EXHALAISONS. *Vapours.*
VÉGÉTAUX. *Végétables.*
VÉGÉTATION.
VENT. *Wind.*

LISTE

DES Termes de la BOTANIQUE.

AMENTACÉE (*Fleurs*).
ANTHERES.
APÉTALES.
ARBRES LANIGERES.
ARTICULATION ou JOINTURE.
AXE.
BALAUSTE.
BIVALVE.
CALICE.
CAMPANIFORME.
CAPILLAIRES.
CAPRÉOLÉES, ou à VRILLES.
CAPSULES.
CAULIFÉRES.
CELLULES.
CHAIR ou POULPE.
CHATON.
CHEVELUS.
CONE.
CONIFÈRES.
EFFLORESCENCE, ou EPANOUISSEMENT.
ESCULENTES (*Plantes*).
ETOILÉES.
ETAMINES.
EXOTIQUES.
FAINES.

FEUILLES, leurs Efpeces.
FILS-AVANT-LE PERE.
FISTULAIRES.
FLEURS, leurs Efpeces.
FLEURISTES.
FLORIFERES.
FRUCTIFERES.
GLANDIFERES.
GLANDS.
HERBEUX.
HERBIFERE.
HERBIVORE.
HERBORISTE.
HERBORISER.
HOMOGÈNES (*Plantes*).
HYPOPHYLLOSPERMES.
LABIÉES.
LEGUME.
LEGUMINEUX.
LOCULAMENT.
MUCILAGE.
MUCILAGINEUX.
NERFS.
PANICULE.
PAPILIONACÉE.
PAPPUS.

PARASITES.
PEDICULE ou PEDONCULE.
PÉTALE.
PLANTES EPIPHYLLOSPERMES.
—— SUCCULENTES.
—— VASCULIFERES.
—— VIVACES.
—— BIS-ANNUELLES.
—— ANNUELLES.
QUEUE, PETIOLE ou PEDONCULE.
RACINES, leurs Efpeces.
SEGMENS des Feuilles.
SEMENCES.
SEMENCE ECHINÉE ou Piquante.
SEMENCE MENISPERME ou en Croiffant.
SEMINIFERE.
SILIQUEUSE.
SOMMETS ou ANTHERES.

STYLE.	TÊTES DE FLEURS	(*fleurs*).
SULPHUREUX , ou	SUSPENDUES , ou	TUBULÉES, ou Tiges
de Couleur de	pendantes.	en tuyaux.
Soufre.	TRIPETALEUSES	

L I S T E

DES *Articles* de JARDINAGE & d'AGRICULTURE.

ABRI HORIZONTAL. *Horizontal shelter.*	COUCHES CHAUDES. *Hot Beds.*	*Kitchen Garden.*
ALLFE. *Walk ; Glade.*	CROTTINS DE CHE-VAL. *Horse-Dung.*	JARDIN PARTERRE. *Parterre.*
AMPHITHÉATRE.	DRECHE. (*) *Malt-Dust.*	JETS D'EAU.
ANTHOLOGIE.		LABOUR. *Ploughing.*
ARBRES. *Trees.*	FLAGUAGE. *Lopping.*	LABYRINTHE. *Wilderness.*
ARBRES NAINS. *Dwarf-trees.*	ENGRAIS. *Manure.*	
ARBRISSEAUX. *Shrubs.*	ESPALIER.	MARCOTTE. *Layers.*
	EXCORTICATION.	MARCOTTER. *Arcuation.*
ARBUSTES. *Bushes.*	FONTAINES. *Fountains.*	MELONIERE. *Melonry.*
A PECT DU NORD. *Northern Aspect.*	FRUITS.	MOMIE ou CIRE A GREFFER. *Mummy.*
AVENUE. *Avenue.*	FRUITS PRÉCOCES. *Ripening of Fruit.*	MOUSSERONS. *Mushroom Beds.*
BASSIN, ou FONTAINES.	FUMIERS. *Dung.*	MURAILLE. *Walls.*
BERCEAUX. *Arbours.*	GALLERIES.	MURAILLES CHAU-DE. *Hot Walls.*
BOIS. *Woods.*	GLACIERE. *Ice house.*	ORANGERIE. *Orangery , Green house ou Conservatory.*
BOIS (petits) *Groves.*	GRAVIER OU SABLE. *Gravel.*	
BORDURES. *Borders; Edgings.*	GREFFE. *Grafting.*	
BOSQUETS. *Bosquets.*	GREFFE EN ECUS-SON. *Inoculating.*	PARTERRE.
BRULURE.	GREFFE EN ARC. *Inarching.*	PATURAGE. *Pasture.*
CABINET DE JAR-DIN. *Cabinets.*	HAIE. *Hedges Fences.*	PÉPINIERE. *Nursery.* PERCE-OREILLES. *Earwigs.*
CENDRES. *Ashes.*	HAIES-VIVES. *Quick-Hedges.*	
CHENILLES. *Caterpillars.*	HERBES A GAZON. *Grass.*	PLAINE. *Lawn.*
CLÔTURES , *Fences.*		PLANCHE DE TERRE. *Beds.*
COLLINE. *Hill.*	HOUER. *Hoeing & Horse-hoeing.*	PLANTER. *Planting.*
COMMUNES ou LANDES. *Commons.*	JARDINS. *Gardens.*	PLANTER EN SENS CONTRAIRE *Planting Reverse.*
COMPARTIMENTS.	JARDIN POTAGER.	
COMPOSITION D'EN-GRAIS. *Composts*		PLATE BANDE. *Border.*
COUCHES. *Beds.*	(*) Voyez le Mot , MALT-DUST dans l'Index des *Noms Anglais.*	PRÈS , PRAIRIE. *Meadow.*
		PRESSOIR.

PRESSOIR. *Wine-Press.*

QUARTIER DÉSERT. *Solitude* ou *Wilderness.*

QUINCONCE. *Quincunx.*

SABLE. *Sand.*

SALLON. *Salloon.*

SÉMINAIRE. *Seminary.*

SERRE CHAUDE ou à fourneaux. *Stove.*

STATUES & VASES.

TAILLE D'ARBRES. *Pruning.*

TAN, TANNÉE. *Tan* or *Tanner's Bark.*

TERRASSE.

TERRE ou CHAMPS. *Land, its improvement.*

TRANSPORTATION DES PLANTES.

VASES.

VERGER. *Orchard.*

VIN ou LIQUEUR VINEUSE. *Wine.*

TABLE DES PARAGRAPHES

Contenus dans les Articles VIGNE & VIN.

Tome VIII.

f

THE ENGLISH NAMES

Of Plants mentioned in this Work, referring to their Latin and French names.

A

ABELE-TREE. Voyez *Populus* ; Peuplier , Arbre d'Abeilles.

ACACIA, *or* EGYPTIAN THORN. V. *Mimosa, Acacia* ; Epine d'Egypte.

ACACIA, the FALSE. V. *Robinia* ; faux Acacia.

ACACIA, the GERMAN. V. *Prunus* ; Prunier sauvage.

ACACIA, the THREE-THORNED, *or* HONEY-LOCUST. V. *Gleditsia* ; Carouge à Miel, *ou* Acacia à trois épines.

ACONITE, *or* WOLF'S-BANE. V. *Aconitum* ; Aconite, *ou* Tue-Loup.

ACONITE, the WINTER. V. *Helleborus* ; Hellébore, *ou* Aconite d'hiver.

ADAM'S-APPLE. Voy. *Aurantium* ; Pomme d'Adam.

ADDER'S-TONGUE. V. *Ophioglossum;* Langue de Serpent.

ADDER'S-WORT, *or* SNAKE-WEED. Voy. *Polygonum*, *ou Bis-torta* ; la Bistorte, *ou* Serpentaire.

ADONIS-FLOWER. V. *Adonis*;

Œil d'Oiseau , *ou* Aîle de Faisan.

AFRICAN BROOM. Voy. *Aspalathus* ; Genêt Africain , *ou* Aspalathe.

AFRICAN MARIGOLD. V. *Tagetes* ; Œillet d'Inde.

AGRIMONY. V. *Agrimonia* ; Aigremoine.

AGRIMONY, the WATER. V. *Bidens* ; Chanvre aquatique.

AGUE-TREE, *or* SASSAFRAS. V. *Laurus* ; Laurier Sassafras.

ALECOAST, *or* COASTMARY. Voy. *Tanacetum* ; Tanaisie , *ou* côté de Marie.

ALEHOOF, *or* GROUN IVY, V. *Glechoma* ; Lierre rampant.

ALDER-TREE. Voy. *Alnus* ; l'Aune.

ALDER, the BERRY-BEARING. Voy. *Frangula*; l'Aune noir, *ou* Bourgêne portant baies, *ou* Bourdaine.

ALHEAL. Voy. *Panax* ; Ginseng & Ninseng.

ALHEAL, the CLOWN'S. Voy. *Sideritis*; Crapaudine.

ALISANDER, *or* ALEXANDER. Voy. *Smyrnium* ; le Maço-

ron, *ou* gros Perfil de Macédoine.

ALKANET , V. *Anchufa*; Buglofe, *ou* Orcanette.

ALLELUIAH, *or* WOOD-SOR-
REL. Voy. *Oxalis*; Ofeille
fauvage, *ou* Alleluia.

ALLIGATOR-PEAR. Voy. *Laurus Perfea*; Laurier. Poire de
Crocodille. Poire d'Avocat.

ALLSPICE. V. *Caryophyllus*;
Arbre de Girofle , *ou* de
toutes Epices.

ALMOND-TREE. Voy. *Amyg-
dalus*; Amandier.

ALMOND , the DWARF. V.
Perfica; Pêcher.

ALMOND , the ETHIOPIAN.
Voy. *Brabejum*; Amandier
d'Afrique.

ALOE. Voy. *Agave* : Aloës
d'Amérique.

AMARANTH. V. *Amaranthus*
ou *Célofia*; Amaranthe à
Crête.

AMARANTH , the GLOBE. V.
Gomphrena ; Amaranthoïde.

AMBER-TREE. V. *Anthofper-
mum*; Arbre d'Ambre.

ANATOMY OF PLANTS. Ana-
tomie des plantes.

ANEMONY. Voy. *Anemone.*
Anemone.

ANIS. Voy. *Apium* , fivé *Pimpinella Anifum* ; Anis commun.

APPLE. V. *Malus*; Pommier.

APPLE , the CUSTARD. V.
Annona; Pomme de Flan ,
Affiminier , Guanabane ,
cœur de Bœuf, *ou* Annone.

APPLE of LOVE. V. *Lycoper-
ficon*, & *Solanum* ; Pomme
d'amour.

APPLE , the MAD. V. *Melongena*; Mélongene. Mayenne.
Aubergine.

APPLE , MALE BALSAM. V.
Momordica; Pomme de Merveille.

APPLE , the PARADISE. V.
Malus Pumila ; Pommier du
Paradis.

APPLE , the SOUR , *or* SOUR-
SOP. V. *Annona muricata* ;
Annone à fruits hériffés ,
& dont le goût eft acide.

APPLE , the SWEET , *or* SU-
GAR. V. *Annona fquamofa* ;
Annone, *ou* Cœur de Bœuf
à fruit doux.

APPLE , the THORN. Voy.
Datura, ftramonium; Pomme
épineufe , *ou* l'Endormie.

APRICOT. Voy. *Armeniaca* ;
Abricotier.

ARCHANGEL. Voy. *Lamium* ;
l'Ortie blanche, *ou* l'Archan-
gélique.

ARON , *or* WAKE — ROBIN.
Voyez *Arum* ; Pied de Veau.

ARROW-ROOT. V. *Maranta* ;
Bois de Fleche. Rofeau *ou*
Canne d'Inde.

ARSMART. Voy. *Polygonum* ;
Biftorte.

ARTICHOKE. Artichaut.

ARTICHOKE of JERUSALEM.
Voy. *Helianthus tuberofus* ;
Topinambour , *ou* Poire de
terre.

ASARABACCA. Voy. *Afarum* ;
Cabaret, *ou* Oreille d'Homme.

ASH. Voy. *Fraxinus* ; Frêne.

ASH , the MOUNTAIN. Voy.
Sorbus ; Sorbier de Montagne.

ASHES, Cendre, efpece d'engrais.

ASPARAGRASS, *or* SPARROW-
GRASS. Voy. *Afparagus* ;
Afperge.

ASPEN-TREE. Voy. *Populus
tremula* ; Tremble.

ASPHODEL. Voy. *Asphodelus*; Asphodele , *ou* Lance de Roi

ASPHODEL , the AFRICAN. Voy. *Anthericum annuum. Asphodeloïdes* : Asphodele d'Afrique.

ASPHODEL LILY. V. *Hemerocallis*, sivè *Crinum* ; Hémerocale , & Crinum , le Lys Asphodele.

AVENS. Voy. *Geum* ; Benoite ; Galiot , *ou* Reins.

AVENUE. Avenue.

AVOCADO PEAR. V. *Laurus Persea* , & *Persea* ; Poire d'Avocat.

AX-VETCH. V. *Securidaca* ; Vesce en forme de hache.

AZAROLE. V. *Mespilus* , & *Cratægus Azarolus* ; l'Azerolier.

B

BALM of GILEAD. Voy. *Dracocephalon Canariense* ; Baume de Gilead.

BALM of GILEAD-FIR. Voy. *Abies Balsamea* ; Sapin , dit Baumier de Gilead.

BALSAM of CAPEVI. Voy. *Copaïba* & *Copaïfera* ; Baumier de Capaha.

BALSAM-TREE. Voy. *Pistacia, Lentiscus* ; Lentisque.

BALSAMINE. Voy. *Impatiens* ; Balsamine.

BALSAM-APPLE. Voy. *Momordica* ; Pomme de Merveille.

BAMBOO CANE. V. *Arundo Bambos* ; Bambou , Roseau.

BANANA. V. *Musa* ; Bananier.

BANEBERRIES. V. *Actæa* ; Herbe de Saint-Christophe , ou Baies de Poison.

BARBADOES CHERRY V. *Malpighia Glabra* ; vulgairement appelé *Cerisier des Barbades*.

BARBADOES FLOWER FENCE. Voy. *Poinciana* ; Poincillade , ou Haie fleurie des Barbades.

BARBERRY. V. *Berberis*. Epine-Vinette.

BARLEY. V. *Hordeum* ; Orge.

BARLEY , the NAKED. V. *Triticum* ... , Orge nud. Hordeum nudichon.

BARRENWORT. Voy. *Epidemium* ; Chapeau d'Eveque.

BASIL. V. *Ocymum* ; Basilic.

BASIL , the STONE. V. *Thymus*.

BASTARD ACACIA. Voy. *Robinia , Pseudo-Acacia* ; faux Acacia.

BASTARD DITTANY. V. *Marrubium , Pseudo-Dictamnus* ; faux Dictame.

BACHELOR'S-BUTTON. V. *Lychnis Dioeci* ; Bouton de Bachelier.

BACHELOR'S PEAR. Voy. *Solanum mammosum* ; Solanum des Barbades à fruit couleur d'or , de la forme d'une petite Poire renversée , appellée *Poire de Bachelier*.

BAULM. Voy. *Melissa* ; Mélisse. Baume.

BAULM , the MOLUCCA. V. *Moluccella* ; Mélisse des Moluques.

BAULM , the TURKEY. V. *Dracocephalon* ; la Moldavique , ou Mélisse des Moldaves.

BAY. V. *Laurus* ; Laurier.

BAY of ALEXANDRIA. V. *Ruscus* ; Laurier Alexandrin. Houx-Frelon.

BAY , the CHERRY. Voy.

Padus Avium ; Cerisier d'Oiseau, Arbre de Sainte Lucie.

BAY, the INDIAN. V. *Laurus
Indica* ; Laurier des Indes.

BAY, the ROSE. V. *Nerium* ;
Laurier Rose.

BAY, the SWEET-FLOWERING.
Voy. *Magnolia* ; Tulipier à
feuilles de Laurier.

BEAD TREE. Voy. *Melia* ; Azedarach. Faux Sicomore, *ou*
Lilas des Indes.

BEAM, the HARD, *or* HORN-
BEAM. V. *Carpinus* ; Charme.

BEAM-TREE the WHITE. Voy.
Crategus aria ; Cormier sauvage, Arbre à feuilles
blanches, *ou* l'Allouche.

BEAN. Voy. *Faba* ; Féve de
Jardin, *&* Féve de Marais,
ou Féverolle.

BEAN, the HOG, *or* BOGBEAN.
Voyez *Menyantes* ; Treffle
d'Eau, le Ménianthe.

BEAN, the KIDNEY, *or* FRENCH.
V. *Phaseolus* ; Haricot.

BEAN CAPER. V. *Zygophyllum* ;
faux Caprier.

BEAN TREFOIL. Voy. *Cytisus* ;
Cytise.

BEAN-TREE. Voy. *Erythrina*,
Arbre de Corail.

BEAN, the KIDNEY-BEAN-TREE.
Voyez *Glycine comosa*, &
Glycine tomentosa ; Glycine,
ou Haricot grimpant du Ma-
ryland, *ou* Arrête-Bœuf
grimpant.

BEARD, the OLDMAN's Voyez
Clematis ; Clématite.

BEAR's-BREECH. V. *Acanthus* ;
Acante *ou* Branc-Ursine.

BEAR's-EAR. Voy. *Auricula* ;
Auricule, Oreille d'Ours.

BEAR's-EAR SANICLE. Voyez
Cortusa, & *Verbascum* ; Sanicle
d'Oreille d'Ours.

BEAR's-FOOT. Voy. *Helleborus* ;
Hellebore noir.

BEDINJAN, *or* POTTLE JOHN.
V. *Melongena* ; Aubergine.

BED STRAW, OUR LADY's. V.
Galium ; Caille-Lait, *ou*
Petit-Muguet.

BEE-FLOWER. Voy. *Orchis bi-
folia* ; Orchis-mouche, *ou*
Papillon.

BEECH-TREE. V. *Fagus* ; Hêtre.

BEET. V. *Beta* ; Poirée, Bette
blanche.

BELL-FLOWER. BELLS, the CAN-
TERBURY. V. *Campanula
media*, Campa-
nule, *ou* Gan-
telée de Can-
torbery.

BELL's-HAIR. Voy. *Hyacinthus* ;
Jacinthe.

BELL-FLOWER, the PEACH-
LEAVED. BELL-FLOWER,
the STEEPLE. V. *Campanu-
la decurrens* ;
Campanule à
feuilles de Pê-
cher.

BELL-PEPPER. Voy. *Capsicum* ;
Poivre de Guinée.

BELLY-ACHE WEED. V. *Jatropha
Staphysagri-folia* ; Ricin bâtard d'Amérique.

BELMUSK, *or* ABELMOSK. Voy.
Hibiscus Abelmoscus ; le Musc,
l'Ambrette, *ou* Alcée d'E-
gypte.

BENJAMIN TREE. Voy. *Laurus
Benzoin* ; Laurier Benzoin.

BENNET HERB. Voyez *Geum* ;
Benoîte, Galiot, *ou* Récise.

BERBERY. V. *Berberis* ; Epine-
Vinette.

BETONY. V. *Betonica* ; Bétoine.

BETONY, PAUL's. V. *Veronica* ;
Véronique.

BETONY, the WATER. Voyez
Scrophularia aquatica ; Scrofulaire aquatique.

BETHLEHEM STAR. V. *Ornitho-*

galum; Jacinthe du Pérou, Etoile de Bethléhem.

BI-FOIL, *or* TWAYBLADE. V. *Ophrys*; la Double-Feuille.

BILBERRY. Voyez *Vaccinium*; Airelle *ou* Myrtille.

BINDWEED. Voy. *Convolvulus*; Liferon.

BINDWEED, the BLACK. Voy. *Tamus*; Racine-Vierge, Sceau de Notre Dame.

BINDWEED, the PRICKLY. V. *Smylax*; Salfe-Pareille, Liferon Epineux.

BIRCH TREE of AMERICA. V. *Piftacia Simaruba*; Grand-Térébinthe à écorce de Bouleau, nommé vulgairement *Bouleau de la Jamaïque*.

BIRD-CHERRY. Voyez *Padus Avium*; Cerifier d'Oifeau, *ou* Agrappe.

BIRD'S-EYE. V. *Adonis* & *Primula*; Œil d'Oifeau, & Primevere.

BIRD's-FOOT. Voy. *Ornithopus*; Pied d'Oifeau.

BIRD's-FOOT TREFOIL. Voyez *Lotus*; Lotier.

BIRD's NEST. Voyez *Daucus*; Nid d'Oifeau.

BIRD PEPPER. Voyez. *Capficum minimum*; Poivre de Guinée, appelé *Poivre d'Oifeau*.

BIRTHWORT. V. *Ariftolochia*; Ariftoloche.

BISHOP's-WEED. Voy. *Ammi*; Herbe à l'Evêque, l'Ammi.

BITTER-SWEET. Voy. *Solanum Dulcamara*; Morelle vivace & grimpante, communément appelée *Douce-Amere*, *Vigne-Vierge*.

BITTER-VETCH. Voy. *Orobus*; Orobe *ou* Vefce amere.

BITTER WORT. V. *Gentiana*; Gentiane..

BLACK BERRY. Voyez *Rubus fruticofus*; la Ronce.

BLACK BRIONY. Voy. *Tamus*; Bryone noire.

BLACK THORN. Voyez *Prunus fylveftris*; Prunier *ou* Prunellier fauvage.

BLADDER-NUT. V. *Staphylæa*; Nez coupé, *ou* faux Piftachier.

BLADDER NUT, the AFRICAN. V. *Royenia*; Staphylodendron d'Afrique.

BLADDER SENA. Voy. *Colutea*; Séné-en Veffie. Baguenaudier, faux Séné.

BLIGHT; Nielle, Bruine, *ou* Rouille.

BLITE. Voy. *Blitum*; la Blette.

BLOOD FLOWER. V. *Hæmanthus*; Fleur de Sang. Tulipe du Cap.

BLOOD-WORT. Voy. *Rumex fanguineus*; Patience rouge, *ou* Sang de Dragon.

BLUE BOTTLE. V. *Hyacinthus*, ou *Centaurea montana*; Centaurée, *ou* Bluet de montagne.

BLUE DAISY. Voy. *Globularia*; Globulaire, *ou* Marguerite bleue.

BOLBONACH, *or* WHITE SATTEN. V. *Lunaria*; Bulbonac, *ou* la grande Lunaire.

BONANA. V. *Mufa*; Bananier, *ou* Figuier d'Adam.

BORDERS; Plates-bandes. Planches à élever des fleurs, &c.

BORECOLE. Voyez *Braffica laciniata*; le Chou calibre.

BORRAGE. Voyez *Borago*, Bourache.

BOX. Voy. *Buxus*; Buis.

BOX THORN. Voyez *Lycium*; Jafminoïde.

BRAKE. Voy. *Filix*; Fougere.

BRAMBLE. Voy. *Rubus*; Ronce, *ou* Framboisier.

BRANK-URSINE. V. *Acanthus*; Acanthe, *ou* Branc-Ursine.

BREAD, SAINT—JOHN'S. Voyez *Ceratonia*; Carouge, *ou* Caroubier.

BRIAR, the SWEET. BRIAR, the WILD. } V. *Rosa Eglantaria*; Églantier.

BRIONY. Voy. *Brionia*; Bryone couleuvrée, Vigne blanche.

BRIMSTONEWORT. Voy. *Peucedanum*; Queue de Pourceau.

BRISTOL-FLOWER. V. *Lychnis.*

BROCCOLI. Voy. *Brassica Italica, Broccoli dicta*; Chou Broccoli.

BROOKLIME. Voyez *Veronica Becabunga*; Bécabunga, *ou* la Véronique aquatique.

BROOM, AFRICAN. Voy. *Aspalathus*; Genêt Africain, *ou* Aspalathe.

BROOM. Voy. *Genista*; Genêt.

BROOM, the BUTCHER'S. Voy. *Ruscus*; Brusc, Buis piquant, Balai de Boucher.

BROOM, the GREEN. V. *Spartium Coparium*; Genêt à Balai, *ou* commun.

BROOM, the Spanish. V. *Genista Florida*; Genêt d'Espagne.

BROOM, the WHITE. V. *Spartium Lusitanicum*; Genêt de Portugal.

BROOM, RAPE. V. *Orobanche*; Rave sauvage à Genêt, Orobanche.

BROWN-WORT. V. *Scrophularia & Prunella*; Sanicle.

BRUISE-WORT. V. *Lychnis.*

BUCKSHORN, or HARTSHORN PLANTAIN. Voy. *Plantago*; Plantain découpé, *ou* Corne-de-Cerf.

BUCKTHORN. V. *Rhamnus Catharticus*; Nerprun *ou* Noirprun.

BUCKTHORN, the SEA. Voy. *Hippophaë*; Rhamnoïde.

BUCK WHEAT. V. *Helxine & Fagopyrum*; Bled noir, *ou* Sarrasin. MILLER *a oublié cette plante.*

BUDDING. V. *Inoculating*; Greffe en Ecusson.

BUGLE. V. *Ajuga & Bugula*; Bugle, *ou* petite Consoude.

BUGLOSS. V. *Anchusa*; Buglose, Orcanette.

BUGLOSS, the VIPER'S. Voy. *Echium*; Vipérine, l'Herbe aux Viperes.

BULLACE-TREE. Voy. *Prunus sylvestris, fructu majore albo*; Prunier sauvage à gros fruit blanc.

BULLY TREE. V. *Chrysophyllum*; Pomme étoilée.

BURDOCK. V. *Arctium*; Bardane, Glouteron, Herbe aux Teigneux, le Pétasite.

BURDOCK, the LESSER. Voy. *Xanthium*; petite Bardane.

BURNET. V. *Sanguisorba*; Pimprenelle.

BURNET-SAXIFRAGE. Voyez *Pimpinella*; Boucage, Pimprenelle-Saxifrage.

BUTCHER'S BROOM. V. *Ruscus*; Brusc, Houx-Frelon; Balai de Boucher.

BUTTER-BUR. V. *Petasites*; Petasite.

BUTTERFLY-FLOWER. Voy. *Orchis bi-folia*; Double-Feuille, *ou* Fleur en Papillon.

BUTLERWORT. V. *Pinguicula*; Grassette, Herbe grasse *ou* huileuse.

BUTTON-TREE. Voy. *Platanus* ou *Cephalanthus* ; Bois à boutons.

BUTTON-TREE of JAMAÏCA. Voy. *Conocarpus* ; Arbre à boutons de la Jamaïque.

C.

CABBAGE. V. *Brassica* ; Chou.

CABBAGE , the SEA. Voyez *Crambe* ; Chou Marin.

CABBAGE TREE. Voy. *Palma altissima* ; Palmier-Chou.

CAJOU. V. *Anacardium* ; Pommier d'Acajou.

CALABASH. Voy. *Cucurbita* ; Potyron , Courge *ou* Callebasse.

CALABASH TREE. V. *Crescentia* ; Arbre à Callebasse , Callebassier d'Amérique , *ou* Pain de Singe.

CALAMINT. V. *Melissa Calamintha* ; Calament.

CALAMINT , the WATER. V. *Mentha hirsuta* Menthe aquatique.

CALTROPS. Voyez *Tribulus* ; Chausse-Trape , Choix de Chevalier.

CALVE'S SNOUT. V *Antirrhinum* ; Mufle-de-Veau.

CAMMOCK. V. *Ononis spinosa* ; Bœuf épineux.

CAMOMILE. V. *Anthemis* ; Camomille.

CAMPHIRE-TREE. V. *Laurus Camphora* ; Camphrier.

CAMPION. V. *Lychnis* ; Compagnon *ou* Lychnis.

CANDLE-BERRY-TREE. Voy. *Myrica Ceri-fera* ; Arbre de Cire , Piment Royal.

CANDY CARROT. V. *Athamantha* ; Meum des Boutiques , Spignel.

CANDY-TUFT.
CANDY-TUFT-TREE. V. *Iberis semper virens* ; Thlaspi de montagne toujours vert, Toupet en Touffe , de Candie.

CANE, the BAMBOO. Voyez *Arundo Bambos* ; Canne de Bambou.

CANE , the DUMB. V. *Arum arborescens* ; Arum à tige érigée, *ou* Canne muette.

CANE , the FISHING-ROD. V. *Arundo* ; Roseau à Pêcheurs.

CANE , the SUGAR. V. *Saccharum* ; Canne à Sucre.

CANTERBURY-BELL. Voyez *Campanula* ; Campanule , Gantelée.

CAPER, the BEAN. Voy. *Zygophyllum* ; faux Caprier.

CARAWAY. Voyez. *Carum* ; Chervi , Carvi , Cumin des Prés.

CARDINAL'S-FLOWER. Voyez *Rapuntium Lobelia* ; Fleur Cardinale.

CARLINE THISTLE. V. *Carlina* ; Carline *ou* Chaméléon.

CARLOCK. Voy. *Sinapis* , ou *Raphanus, Raphanistrum* ; faux Raifort.

CARNATION. Voyez *Dianthus* ; Œillet.

CARNATION, the SPANISH. V. *Poinciana* ; Poincillade.

CAROB. V. *Ceratonia* ; Carouge ou Caroubier.

CARROT.

CARROT. V. *Daucus*; Carotte.

CARROT, the DEADLY. Voy. *Thapsia*; Turbith végétal, *ou* la Thapsie.

CARROT, the CANDY. Voy. *Athamanta*; le Meum des Boutiques, le Spignel.

CARROT, the SCORCHING. V. *Thapsia*; la Thapsie.

CASSADA, or CASSAVI. Voy. *Jatropha*; Manihot, Cassave.

CASSIDONY. V. *Stæchas*; Stæchas *ou* Cassidony, Lavande de France.

CASSIDONY, the MOUNTAIN. CASSIDONY, the GOLDEN. V. *Gnaphalium Stæchas*; Immortelle jaune, *ou* Stæchas citrin.

CASSIOBERRY-TREE. Voyez *Cassine*; Buisson à baies de Casse, Thé de la mer Méridionale, *ou* Phillyrea du Cap.

CATCHFLY. Voy. *Silene Armeria*; Compagnon pourpre & visqueux, communément appelé l'*Attrape-Mouche de Lobel*.

CATERPILLAR PLANT. Voyez *Scorpiurus*; Chenille, *ou* Queue de Scorpion.

CATERPILLARS. V. *Chenilles*, maniere de les détruire.

CAT-MINT. V. *Nepeta*; l'Herbe-aux Chats.

CAULI-FLOWER. Voy. *Brassica Botrytis*; le Chou-Fleur.

CEDAR of BERMUDAS. CEDAR of CAROLINA. V. *Juniperus Bermudiana*, & *Juniperus Caroliniana*; Cedres de Bermude & de la Caroline.

CEDAR, the BASTARD. Voy. *Theobroma*; Cedre bâtard.

CEDAR, of LIBANUS. V. *Larix Cedrus*; Cedre du Liban.
Tome VIII.

CEDAR of LYCIA. V. *Juniperus Lycia*; moyen Cedre de Lycie, *ou* Genêvrier à feuilles de Cyprès, & à grosses baies.

CEDAR, the WHITE. Voyez *Cupressus disticha*; Cedre blanc, *ou* Cyprès, dont les feuilles font rangées fur deux rangs, & tombent.

CELANDINE. V. *Chelidonium*; Chelidoine, Eclair.

CELERI. Voy. *Apium dulce*, *rapaceum*, Céleri.

CELLS of PLANTS. Cellules formées dans les vâses, *ou* cosses de semences.

CENTAURY. Voyez *Gentiana Centaureum*; la plus petite Centaurée.

CETERACH. V. *Asplenium*; le Cétérach, Capillaire commun, Polytric.

CHAMOMILE. Voy. *Anthemis*; Camomille.

CHARLOCK. V. *Sinapis*, & *Raphanus*, *Raphanistrum*; Moutarde *ou* Séneve, le faux Raifort.

CHASTE-TREE. Voy. *Vitex*; Agnus-Castus, Arbre chaste.

CHEESE-RUNNET. V. *Galium*; Caille-Lait, *ou* petit Muguet.

CHERRY-TREE. Voy. *Cerasus*; Cerisier.

CHERRY-BAY. V. *Padus*; Cerisier d'Oiseau, Laurier-Cerise.

CHERRY of BARBADOES. V. *Malpighia*; Cerisier des Barbades.

CHERRY, the BIRD. CHERRY LAUREL. Voy. *Padus*; Cerisier d'Oiseau, Laurier-Cerise.

CHERRY, the CORNELIAN. V. *Cornus*; Cornouiller.

CHERRY, the PORTUGAL. V. *Padus Lusitanica* ; petit Laurier-Cerise de Portugal.

CHERRY , the COWHEDGE. V. *Malpighia* ; Cerisier des Barbades.

CHERRY, the WINTER. Voy. *Physalis* & *Solanum* ; Alkekenge , Coqueret.

CHERRY, the PERFUMED. V. *Cerasus Mahaleb* ; Mahaleb , Bois de Sainte - Lucie , *ou* Cerisier odorant.

CHERVIL. Voy. *Chærophyllum* ; Cerfeuil.

CHERVIL. V. *Scandix* ; Cerfeuil , *ou* Chervi.

CHESTNUT-TREE. V. *Castanea* ; Châtaignier *ou* Marronier.

CHESTNUT , the HORSE. } CHESTNUT , the SCARLET HORSE } V. *Æsculus Hippocastanum, Æsculus Pavia* ; Marronier d'Inde, & le Pavia.

CHICHES. V. *Cicer* ; Pois Chiche.

CHICKLING PEA. V. *Lathyrus odoratus* ; Gesse *ou* Pois odorant.

CHICKWEED. V. *Alsine* ; Alsiné *ou* Mouron maritime.

CHICKWEED, the BERRY-BEARING. V. *Cucubalus* ; Mouron portant baies.

CHIVES. V. *Cepa sectila Junci foliis* ; Ciboulette *ou* Civette.

CHOCOLATE-NUT. V. *Cacao* ; la Noix de Chocolat , le Cacaoyer.

CHRISTMAS-ROSE. V. *Helleborus niger* ; Hellébore noir.

CHRIST'S-THORN. V. *Paliurus* ; Paliure . Epine de Christ , Porte-Chapeau.

CHRISTOPHER-HERB. Voyez *Actea* ; l'Herbe de Saint-Christophe.

CIBOULS. Voy. *Cepa fissilis* ; la Ciboule.

CICELY. Voy. *Chærophyllum* ; Cerfeuil.

CINQUEFOIL. CINQUEFOIL-SHRUB. } V. *Potentilla fruticosa* ; Quintefeuille en arbrisseau.

CINNAMON. V. *Laurus Cinnamomum* ; Laurier Cinnamome.

CISTUS, *or* ROCK ROSE. V. *Cistus* ; Ciste.

CISTUS, the DWARF. Voyez *Helianthemum* ; Ciste nain , *ou* Fleur du Soleil.

CITRON-TREE. Voy. *Citrus* ; Citronier, Bergamotte.

CITRUL. Voy. *Anguria* ; Melon d'eau, Citrouille , *ou* Pasteque.

CIVES. Voy. *Cepa sectila Junci foliis* ; Ciboulette *ou* Civette.

CLARY. V. *Horminum* ; l'Ormin.

CLARY , the GARDEN. CLARY , the WILD. } Voyez *Salvia* ; Sauge sauvage & de jardin.

CLIMBER. V. *Clematis* & *Vitis arborea* ; la Clématite & la Vigne , appelée *le Perpetris des Anglois*.

CLIVERS. V. *Aparine* ; l'Herbe aux Oies , Grateron *ou* Rieble.

CLOUD-BERRY. V. *Rubus Chamæmorus*.

CLOVER. V. *Trifolium agrarium* ; Treffle jaune des Prairies , *ou* Treffle de Houblon, *ou* Treffle des Guérets.

CLOVER , the SNAIL. V. *Medicago* ; Treffle , Luserne, *ou* Sainfoin.

CLOVE GILLI-FLOWER. Voy. *Dianthus* ; Œillet.

CLOWNS WOUNDWORT. Voy. *Sideritis* ; Crapaudine.

COAST MARY. Voy. *Tanace—*

tum ; Tanaisie *ou* Côte de Marie.

COB-NUT. Voy. *Corylus ;* Noisetier.

COCCYGRIA. Voy. *Rhus Cotinus ;* Sumach, *ou* Fustel des Corroyeurs.

COCKSCOMB. ⎫ V. *Celosia cristata ;* Amaranthe à crête.
COCKSCOMB ⎬
AMARANTH. ⎭

COCKSHEAD. Voy. *Onobrychis,* ou *Hedysarum Caput Galli ;* plante que MILLER n'a point traitée.

COCOA-NUT. V. *Cocos* ou *Palma Cocos ;* le Coco, Palmier.

CODLIN-TREE. V. *Malus ;* petite espece de Pommier comme le Paradis, que l'on nomme *Codlin ;* propre à se procurer par la greffe des arbres nains.

CODLINS and CREAM. Voyez *Epilobium hirsutum ;* Epilobe, *ou* Lierre velu à grosses fleurs.

COFFEE. V. *Coffea ;* le Caffier, *ou* l'Arbre produisant le Caffé.

COLE-SEED. ⎫ V. *Brassica Orientalis ;* Chou du levant à feuilles en forme de cœur.
COLE-WORT. ⎭

COLE-WORT, the SEA. V. *Convolvulus, Soldanella ;* Chou Marin, Soldanelle.

COLLI-FLOWER. V. *Brassica Botrytis ;* Chou-Fleur.

COLOQUINTIDA. Voy. *Cucurbita ;* Coloquinte.

COLT'S-FOOT. V. *Tussilago ;* Tussilage, *ou* Pas-d'Ane.

COLT'S-FOOT, the ALPINE. Voy. *Cacalia ;* Pas-d'Ane des Alpes, *ou* Cacale.

COLUMBINE. Voy. *Aquilegia ;* Ancolie.

COLUMBINE, the FEATHERED. V. *Thalictrum Aquilegi-Folium ;* Thalictron, *ou* Rhue-des-Près plumacée à feuilles d'Ancolie.

COMFRY. V. *Symphytum ;* Consoude.

COMFRY, the SPOTTED. V. *Pulmoñaria ;* Pulmonaire.

COMPARTMENTS. Compartimens de jardins.

COMPOST. Engrais, Fumiers.

COMPOUND-FLOWERS. Fleurs composées de fleurons & de demi fleurons, &c.

CONE. Cône, vâse de semences de figure conique.

CONSOUND, the GREAT. V. *Symphytum officinale ;* Consoude des boutiques.

CONSOUND, the MIDDLE. V. *Bugula ;* Bugle, *ou* petite Consoude.

CONSOUND, the LEAST. V. *Bellis ;* la plus petite Consoude.

CONSOUND, SARACENS. V. *Solidago ;* Verge d'Or.

CONSERVATORY. V. *Green-House ;* Orangerie. Serre.

CONVAL LILY. Voyez. *Convallaria ;* Lis des vallées, Muguet.

CORAL-TREE. V. *Erythrina ;* Arbre de Corail.

CORIANDER. V. *Coriandrum ;* Coriandre.

CORK TREE. V. *Quercus Suber ;* le Liege.

CORN BOTTLE. Voy. *Centaurea ;* grande Centaurée, Ambrette.

CORN FLAG. Voyez. *Gladiolus ;* Glayeul, Gladiole.

CORN MARIGOLD, V. *Chrysanthemum ;* Souci des Bleds, *ou* Marguerite dorée.

CORN VIOLET. Voy. *Campa-*

nula; Campanule, Gantelée.

CORN SALLAD. V. *Valeriana locusta*; Blanchette, Mâche, Poule grasse, Salade de Chanoine, Doucette.

CORNELIAN CHERRY. CORNEL-TREE. } V. *Cornus*; Cornouiller.

CORNICULATE PLANTS. Plantes oreillées.

COST-MARY. V. *Tanacetum*; Tanaisie, *ou* côte de Marie.

COTTON. V. *Gossipium*; Coton.

COTTON, the SILK. Voyez *Bombax*; Fromager, Arbre à coton de soie.

COTTON WEED. V. *Filago*; Herbe à coton.

CORYMBUS. Corymbe.

COUCH, *or* DOG GRASS. V. *Gramen*; Chiendent.

COVENTRY BELLS. V. *Campanula*; Campanule.

COWL, the FRIARS. V. *Arum Proboscidium*; Arum sans tige à capuchon de Moine.

COWSLIP. V. *Primula elatior*; Primevere.

COWSLIP of JERUSALEM. V. *Pulmonaria Officinalis*; Pulmonaire des boutiques.

COWS LUNGWORT. V. *Verbascum Tapsus*; grand Bòuillon-Blanc, Pulmonaire de Vaches, *ou* Molêne.

CRAB-TREE. V. *Malus sylvestris*; Pommier sauvage.

CRANE'S-BILL. V. *Geranium*; Bec de Grue, Herbe-à-Robert, *ou* l'Herbe à l'Esquinancie.

CRESS. V. *Lepidium*; Cresson-Alenois *ou* Nasitor.

CRESS, the INDIAN. V. *Tropæolum*; Capucine *ou* Cresson d'Inde.

CRESS, the SCIATICA. V. *Iberis*; Cresson sauvage, Cresson de roc.

CRESS, the SWINES. V. *Cochlearia*; Herbe aux Cuillers.

CRESS, the WATER. CRESS, the WINTER. } Voy. *Sisymbrium*; Cresson de fontaine.

CRIMSON GRASS VETCH. Voy. *Lathyrus Nissolia*; Gesse.

CROSS-WORT. V. *Cruciata* ou *Valantia*; Croisette.

CROSS of JERUSALEM. V. *Lychnis Chalcedonica*; Croix de Jérusalem, *ou* Fleur de Constantinople.

CROWFOOT. V. *Ranunculus*; Renoncule.

CROW GARLICK. V. *Cepa*; l'Ail.

CROW FLOWERS. V. *Lychnis*.

CROWN IMPERIAL. V. *Fritillaria Imperialis*; Couronne Impériale.

CUCKOW FLOWER. Voy. *Cardamine*; Fleur de Coucou.

CUCUMBER. V. *Cucumis*; Concombre.

CUCUMBER, the WILD. Voyez *Momordica*; Concombre sauvage.

CUDWEED. Voy. *Gnaphalium* & *Filago*; Herbe à coton.

CULLION. Voyez *Orchis*; Satyrion.

CUMIN. V. *Cuminum*; Cumin.

CURRANT-TREE. Voyez *Ribès*; Groseiller.

CUSTARD APPLE. Voyez *Annona*; Assiminier, Pomme de Flan.

CYPRESS-TREE. Voy. *Cupressus*; Cyprès.

CYPRESS, the GARDEN, *or* LAVENDER COTTON. Voy. *Santolina*; petit Cyprès, Santoline.

Cypress, the Summer. Voy. *Chenopodium*, *Scoparia*; Belveder *ou* Pyramidale.

D.

Daffodil. V. *Narcissus* ; Narcisse, Asphodele.

Daffodil Lily. V. *Amaryllis*; Lis Asphodele, Lis Narcisse.

Daffodil, the Sea. V. *Pancratium* ; Asphodele Maritime.

Daisy. V. *Bellis*; petite Marguerite, *ou* Paquerette.

Daisy, the Ox Eye. Voyez *Chrysanthemum montanum*, ou *Gramini-folium*; Souci de Montagne, *ou* petit Œil-de-Bœuf de montagne, *ou* Souci des bleds, Œil-de-Bœuf à feuilles graminées.

Dames Violet. V. *Hesperis* ; Julienne, Violier des Dames.

Dandelion. Voy. *Leontodon*; Dent-de-Lion, Pissenlit.

Danewort, *or* Dwarf Elder. Voy. *Sambucus* ; Sureau.

Date-Tree. Voyez *Palma Dactylifera* ; Palmier-Dattier.

Date Plum. Voyez *Diospyrus*; Datte des Indes, Plaqueminier.

Day Lily. V. *Hemerocallis* ; Lis Hémérocale.

Dead Nettle. V. *Lamium* ; Ortie blanche.

Deadly Carrot. V. *Tapsia*; Thapsie, Maleherbe *ou* Turbith végétal.

Deadly Nightshade. Voyez *Atropa* ; Morelle morte *ou* le Poison.

Devil in a Bush. Voy. *Nigella* ; la Nielle, *ou* toute Epice.

Devil's Bit. V. *Scabiosa succisa*; Scabieuse des bois, *ou* Mors-du-Diable.

Dew. La Rosée.

Dier's Broom. V. *Genista florida* ; Genèt d'Espagne des Teinturiers.

Dier's Weed. V. *Reseda luteola*; le Réséda, *ou* l'Herbe-Maure.

Dill. V. *Anethum*; Anet.

Distaff Thistle. V. *Atractylis* ; Chardon en Quenouille.

Dittander, *or* Pepperwort; V. *Lepidium*; Cresson-Alenois, *ou* Nasitor.

Dittany. Voyez *Origanum Dictamnus* ; Dictame de Crète, Origan.

Dittany, the Bastard. Voy. *Marrubium*, *Pseudo-Dictamnus*; faux Dictame.

Dittany, the White. V. *Dictamnus* ; Fraxinelle, *ou* Dictame blanc.

Dock. Voy. *Rumex*; Oseille, Patience, Parelle.

Doctor Tinkar's Weed. V. *Triosteum* ; l'Herbe sauvage du Docteur Tinkar, *ou* le faux Ipécacuana.

Dog'sbane. Voy. *Apocynum*, *Asclepias*, & *Cynanchum* ; Tue-Chien, Apocin, Dompte-Venin, Ouette.

Dogbery-Tree. Voy. *Cornus* ; Cournouillier.

Dog-Grass. Voyez *Gramen* ; Chiendent.

Dog's Mercury. Voyez *Mercurialis perennis* ; Mercuriale de montagne.

Dog's-Tooth. V. *Erythronium*; Dent-de Chien.

Dog's Stones. Voyez *Orchis* ; Satyrion.

Dog's-Tongue. V. *Cynoglof-fum*; Cynogloffe, *ou* Langue-de-Chien.

Dogwood. V. *Cornus*; Cornouiller, *ou* Bois-de-Chien.

Dogwood of Jamaïca. Voy. *Robinia alata*; faux-Acacia, *ou* Cornouiller de la Jamaïque.

Dogwood of Virginia. Voy. *Laurus Americana*; Laurier, *ou* Cornouiller de la Virginie.

Double-Leaf, *or* Twiblade. Voyez *Ophrys*; la Double-Feuille.

Double Tongue. Voy. *Ruſcus*; Houx-Frelon.

Dove's-Foot. Voy. *Geranium Perenne*, *Orientale*; Bec de Grue Oriental, à racine d'Aſphodele; Bec de Grue le plus grand, à pied de Pigeon, des Pyrénées.

Dragons. V. *Dracontium*; Serpentaire *ou* Dragon.

Dragon-Tree. V. *Palma-Draco*; le Palmier-Dragon.

Dragon, the Wild, *or* Tarragon. Voy. *Abrotanum*, ou *Artemiſia Dracunculus*; Armoiſe, Auronne, Abſinthe.

Dropwort. V. *Spiræa Filipendula*; la Filipendule.

Dropwort, the Water. V. *Œnanthe*; la Filipendule aquatique.

Duck's-Foot. Voy. *Podophyllum*; Pied-de-Canard, *ou* Pomme-de-Mai.

Duck's-Meat. Voy. *Lenticula* ou *Lemna*; Lentille d'eau.

Dung; Fumier.

Dwale, *or* Deadly Nightshade. Voy. *Atropa*; Morelle mortelle, *ou* Poiſon.

Dwarf Bay. V. *Daphne*; Garou, *ou* Bois gentil.

Dwarf Cistus. Voy. *Helianthemum*; Ciſte nain, *ou* Tourneſol.

Dwarf Almond. V. *Perſica nana*; Pêcher nain.

Dwarf Oak. V. *Quercus humilis*; Chêne nain.

Dwarf-Trees; Arbres nains.

E.

Earth; la Terre.

Earth-Nut. V. *Bunium*; Terre-Noix.

Earth Peas. Voy. *Lathyrus*; Geſſe.

Earth Peas, the African. Voy. *Arachis*; Noix-de-Terre, *ou* Salſe Pareille de Terreneuve.

Edging; Bordure.

Eglantine. V. *Roſa Eglantaria*; Roſier Sauvage, Eglantier.

Elder-Tree. V. *Sambucus*; Sureau.

Elder, the Marsh. V. *Viburnum*; Viorne.

Elder, the Spanish. V. *Saururus*; Queue-de-Lézard.

Elecampane. Voy. *Inula-Helenium*; Enule-Campane, *ou* Aunée.

Elm-Tree. Voy. *Ulmus*; Orme.

Enchanter's Nightshade. V. *Circæa*; Circée, Herbe aux Magiciennes.

Endive. V. *Cicorium*; Chicorée, Endive.

Equinoctial. 〉
Equinox. 〉 Equinoxes.

Eringo. Voy. *Eringium*; Houx-Maritime, Panicaud-Marin.

ESPALIER ; Arbres en espalier.
ETERNAL-FLOWER. V. *Gnaphalium* & *Xeranthemum* ; Immortelle.
EVERGREEN HONEYSUCKLE. V. *Periclimenum* ; Chèvrefeuille.
EVERGREEN OAK. V. *Quercus semper virens* ; Chêne vert.
EVERGREEN PRIVET. V. *Ligustrum* ; le Troêne.
EVERGREEN ROSE. V. *Rosa semper virens* ; Rosier toujours vert.
EVERGREEN THORN. V. *Mespilus Pyracantha* ; Epine toujours verte.
EVERLASTING PEA. Voy. *Lathyrus lati-folius* ; Gesse à large feuille.
EXOTIC PLANTS. Plantes exotiques *ou* étrangeres.
EYE BRIGHT. V. *Euphrasia* ; Euphraise.

F.

FEATHERFEW. V. *Matricaria* ; la Matricaire.
FEATHER, the PRINCES. Voy. *Amaranthus* ; Amaranthe.
FELONWORT. V. *Solanum.*
FELLWORT. Voyez *Gentiana* ; Gentiane, petite Centaurée.
FENCES. Clôture, Haie.
FENNEL. V. *Fœniculum* ; Fenouil.
FENNEL, the HOGS. V. *Peucedanum* ; Fenouil de-Porc, *ou* Queue-de-Pourceau.
FENNEL-GIANT. Voyez *Ferula* ; Férule, *ou* grand Fenouil.
FENNEL the SCORCHING. Voy. *Thapsia* ; Thapsie, Maleherbe, *ou* Turbith végétal.
FENNEL-FLOWER. Voy. *Nigella* ; la Nielle.
FENUGREEK. Voy. *Trigenella* ; Fenugrec, Sénegré.
FERN. V. *Filix* ; Fougere.
FERN, the SWEET. Voyez *Scandix odorata* ; Cerfeuil odorant.
FEVERFEW. Voy. *Matricaria* ; la Matricaire.
FEVERFEW, the BASTARD. Voy. *Parthenium* ; Matricaire bâtarde.
FIDDLE DOCK. Voyez *Rumex pulcher* ; Patience en forme de violon.
FIDDLE WOOD. V. *Citarexylon.* Bois de Guitarre, *ou* Bois Côtelette.
FIELD BASIL. Voy. *Acinos* ou *Thymus* ; Basilic sauvage, *ou* Serpolet.
FIG - TREE. ⎤ V. *Ficus* & *Ficus*
FIG, the AR- ⎬ *Indica* ; Figuier
CHED IN- ⎰ commun, & le
DIAN. ⎦ Figuier desIndes.
FIG, the INDIAN. Voy. *Opuntia* ; Raquette, Figue d'Inde, *ou* Cordasse.
FIG, the INFERNAL. Voy. *Argemone* ; Pavot épineux, *ou* Chardon des Américains.
FIG, PHARAOH'S. Voy. *Musa* ; Bananier, Figuier d'Adam.
FIG MARIGOLD. V. *Mesembryanthemum* ; Figue d'Inde, *ou* Ficoïde.
FIG WORT. Voy *Scrophularia* ; Scrophulaire.
FILBERT. Voy. *Corylus maxima* ; l'Avelinier.
FINGRIGO. Voyez *Pisonia* ; Fringego.
FINOCHIA. V. *Fœniculum Azoricum*, Petit Fenouil des Açores, nommé *Finochio.*
FIR-TREE. V. *Abies* ; Sapin.
FIR the SCOTCH. V. *pinus rubra* ; Pin rouge.

FIRE. Feu, Elément.

FISTULAR FLOWERS. Fleurs fistulaires.

FLAG, the CORN. V. *Gladiolus* ; Glayeul, Gladiole.

FLAG, the COMMON. Voy. *Iris squalens* ; Flambe *ou* Iris.

FLAG, the SWEET SCENTED. V. *Acorus.* Jonc odorant.

FLAG, the YELLOW MARSH. V. *Iris Pseudo-Acorus* ; Flambe.

FLAX. V. *Linum* ; Lin.

FLAX, the TOAD. V. *Linaria* ; la Linaire.

FLEABANE. Voy. *Conyfa* ; Herbe-aux-Puces, Conife.

FLEABANE, the AFRICAN. V. *Tarchonanthus* ; Conife d'Afrique en Arbriffeau, *ou* Sauge du Cap.

FLEAWORT. Voy. *Plantago-Pfyllium* ; l'Herbe-aux-Puces, vivace.

FLIXWEED. V. *Sifymbrium Sophia* ; Moutarde de Haie, nommée Sophia, *ou* Herbe de Félix, Talictron des Boutiques.

FLOWER. Fleur.

FLOWER-DE-LUCE. Voy. *Iris* & *Xiphion* ; Iris bulbeux, Iris de Perfe.

FLOWER GENTLE. V. *Amaranthus*; Amaranthe.

FLOWER ETERNAL. Voy. *Xeranthemum* ; Immortelle *ou* Xéranthême.

FLOWER EVERLASTING. Voyez *Gnaphalium* ; Immortelle.

FLOWER-FENCES. V. *Poinciana* ; Haie fleurie.

FLOWER, the FOUR O'CLOCK. Voy. *Mirabilis* ; Merveille du Pérou, Belle-de-Nuit.

FLOWER, SUN. V. *Helianthus* ; Fleur du foleil, Tournefol, *ou* Soleil.

FLUELLINE. Voyez *Veronica* ; Véronique.

FLYWORT, *or* CATCHFLY. Voy. *Lychnis* & *Silene Armeria* ; Compagnon, *ou* Lychnis vifqueux, communément nommé l'*Attrape Mouche de Lobel.*

FOOLS STONES. Voy. *Orchis* ; Satyrion.

FOX GLOVE. Voyez *Digitalis* ; Digitale.

FOUNTAIN. Fontaine.

FRAMBOISE. Voy. *Rubus Idæus*; Framboifier.

FRENCH COWSLIP. V. *Auricula* ; Auricule, Primevere.

FRENCH HONEY SUCKLE. Voy. *Hedyfarum* ; Chevrefeuille de France, Sainfoin d'Efpagne.

FRENCH LAVENDER. Voy. *Stœchas* ; Lavande de France, Caffidony.

FRENCH MARIGOLD. Voy. *Tagetes* ; Œillet d'Inde.

FRENCH MERCURY. V. *Mercurialis* ; Mercuriale.

FRENCH WHEAT. V. *Helxine*, ou *Polygonum Fagopyrum* ; Bled noir *ou* Sarrafin, non compris dans le Dictionnaire.

FRENCH WILLOW. V. *Epilobium*; Lierre herbacé, *ou* l'Herbe de Saint-Antoine.

FRIARS COWL. Voy. *Arum Probofcidium* ; Arum, *ou* Pied-de-Veau fans tige, *ou* Capuchon de Moine.

FRINGE-TREE. V. *Chionanthus* ; Arbre à franges, Snaudrap, *ou* Arbre de neige, Amélanchier de Virginie.

FRITILLARY. Voy. *Fritillaria* ; Fritillaire, Tulippe, *ou* Couronne Impériale.

FRITILLARY CRASSA Voyez *Stapelia* ; Apocin, Fleur-de-Crapeau, Herbe-à-l'Hirondelle,

rondelle , Fritillaire graffe.
FROST ; la Gelée.
FRUIT ; Fruit.
FUMATORY. Voyez *Fumaria* ;
Fumeterre.

FUMATORY, the BULBOUS ROOTED.
FUMATORY , the BLADDER.
} Voy. *Fumaria bulbofa* ; grande Fumeterre bulbeufe à racine folide.

FUMATORY, the PODDED. *Idem.*
FURZ. Voy. *Ulex* ; Genêt épineux, *ou* petit Houx à jonc , Lande *ou* Brufque.
FUSTICK·TREE. Voyez *Morus Tinctoria* ; Murier des Teinturiers.

G.

GALE , *or* SWEET WILLOW. Voy. *Myrica* ; Mirte à-Chandelle , Gale , *ou* Saule doux , Mirte Hollandois , *ou* Piment Royal.
GALINGALE. V. *Cyperus* ; Souchet , Herbe de Chipre.
GALLERIES.
GALLOAK. V. *Quercus* ; Chêne.
GARDENS ; Jardins.
GARLICK. Voy. *Allium* ; Ail.
GARLICK , the CROW or WILD. V. *Cepa* ; Ail fauvage.
GATTON-TREE. Voy. *Cornus* ; Cornouiller.
GAULE , *or* DUTCH WILLOW. V. *Myrica* ; Gale , *ou* Piment Royal.
GELDER ROSE. V. *Viburnum Opulus* ; Rofe de Gueldre.
GENERATION. Génération des plantes.

GENTIAN.
GENTIA-NELLA.
} V. *Gentiana* ; Gentiane, petite Centaurée.

GERMANDER.
GERMANDER-TREE.
GERMANDER, the WATER.
} V. *Teucrium* , Germandrée en Arbre , Ivette, Chamædrys, Sauge fauvage.

GILLI FLOWER. V. *Dianthus* ; Œillet.

Tome VIII.

GILLI·FLOWER, the QUEEN'S. Voy. *Hefperis* ; Julianne *ou* Julienne.
GILLI-FLOWER , the STOCK. Voy. *Cheiranthus* ; Giroflier , *ou* Violier : Girofflée jaune.
GILL-GO-BY-GROUND. Voy. *Glechoma* ; Lierre rampant.
GINGER. V. *Amomum* ; Gingembre.
GLADE ; Clairiere, Allées , *ou* Percées dans les bois.
GLADWIN. V. *Iris fœtidiffima* , ou *Xiris* ; le Glayeul puant.
GLANDULOUS ; Glanduleux.
GLASSWORT. V. *Salicornia* & *Salfola* ; Salicorne, Soude.
GLASTENBURY THORN. Voy. *Mefpilus pyracantha* ; Epine luifante ; Buiffon ardent.
GLOBE DAISY. V. *Globularia* ; la Globulaire , Marguerite bleue.
GLOBE CROWFOOT. V. *Trollius* ; Renoncule globulaire.
GLOBE AMARANTHUS. Voy. *Gomphrena* ; Amaranthoïde , Immortelle.
GLOBE-FLOWER , *or* BOTTLE. Voy *Centaurea* ; grande Centaurée, Ambrette.
GLOBE THISTLE. Voy. *Echinops* ; Chardon globulaire ,

la Boulette , *ou* l'Echinope.

GOAT'S BEARD. V, *Tragopogon*; Barbe-de-Bouc , Salfifi.

GOAT'S RUE. Voyez *Galega* ; Rhue-de-Chevre.

GOAT'S-STONES. V. *Orchis*.

GOAT'S THORN. V. *Tragacantha*; Epine de Chevre, Adragant , *ou* Barbe-de-Renard.

GOLD of PLEASURE. V. *Myagrum* ; Cameline.

GOLDY-LOCKS. V. *Chryfocoma*; Floccon *ou* Touffe d'or.

GOLDEN FLOWER-GENTLE. V. *Amaranthus* ; Amaranthe.

GOLDEN-CUPS. V. *Ranunculus & Trollius* ; Renoncule globulaire.

GOLDEN ROD. Voy. *Solidago*; Verge-d'Or.

GOOSBERRY. V. *Groffularia*; Grofeiller.

GOOSBERRY of BARBADOES. V. *Pereskia* ; Cierge , Grofeiller des Barbades.

GOOSBERRY, the AMERICAN. Voy. *Melaftoma* ; Grofeiller d'Amérique.

GOOSE-GRASS. Voy. *Aparine* ; l'Herbe-aux-Oies, Grateron *ou* Rieble.

GOOSE-FOOT. V. *Chenopodium*; Pied-d'Oie , Arroche , Bon-Henry , Piment *ou* Botris , Ambroifie *ou* Thé du Mexique.

GORSE *or* FURZ. Voy. *Ulex* ; Genêt épineux , petit Houx à Jonc , &c.

GO-TO-BED AT NOON. Voyez *Tragopogon* ; Barbe-de-Bouc , Salfifi.

GOURD. } V. *Cucurbita* ; Potiron , Courge , *ou* Callebaffe.
GOURD, the BITTER. }

GOURD, the INDIAN TREE. Voyez *Crefcentia* ; Arbre à Callebaffe, Callebaffier d'Amérique , ou Pain-de-Singe.

GOURD, the SOUR. V. *Adanfonia* ; Gourde acide d'Ethiopie , *ou* Pain-de-Singe.

GOUT-WORT. V. *Ægopodium* ; l'Herbe à la goutte , petite Angélique fauvage.

GRAFTING.

GRAIN, the OILY. V. *Sefamum*; Graine huileufe , Jugeoline , Sélame.

GRAIN , the SCARLET. Voy. *Opuntia & Quercus Coccifera* ; Figue d'Inde , qui nourrit la Cochenille , & le Chêne fur lequel on trouve le Kermès.

GRAPE. V. *Vitis* ; la Vigne.

GRAPE, the SEA-SIDE. Voy. *Coccoloba* ; Raifinier du bord de la mer.

GRAPE HYACINTH. Voyez *Mufcari* ; Mufc *ou* Grappe de Jacinthe.

GRASS. V. *Gramen* ; Chiendent.

GRASS of PARNASSUS. Voyez *Parnaffia* ; Herbe *ou* Gafon du Parnaffe.

GRASS, the THREE LEAVED. Voy. *Trifolium* ; Treflle.

GRASS-VETCH. Voy. *Lathyrus* ; Geffe.

GRASS, the VIPER'S. Voyez *Scorzonera* ; Scorfonere

GRAVEL. Gravier pour former les allées.

GRAVITY.

GRAYMILL , *or* GROMWELL. Voy. *Lithofpermum* ; Grémil, Herbe-aux-Perles.

GREEK VALERIAN. V. *Polemonium* ; Valériane Grecque.

GREEN HOUSE. Orangerie.

GREEN the WINTER. Voyez *Pyrola* ; la Pyrolle , *ou* Verdure d'hiver.

GROMWELL. V. *Lithofpermum* ;

Grémil, Herbe-aux-Perles.

GROUND IVY. Voy. *Glechoma*; Lierre rampant.

GROUND PINE. V. *Teucrium Chamæpitys*; Ivette commune & jaune.

GROUNDSEL. Voy. *Senecio* & *Erigeron*; Seneçon, Herbe-aux-Puces.

GROUNDSEL, the AFRICAN. V. *Cacalia Ficoïdes*; Seneçon d'Afrique.

GROVE. Bocage, *ou* petit Bois.

GUAVA. V. *Psidium*; Guayavier, ou Poirier des Indes; Plaqueminier.

GUINEY CORN. Voy. *Milium*; Millet d'Inde.

GUINEY HENWEED V. *Petiveria*: Herbe-aux-Poules de Guinée.

GUINEY PEPPER. V. *Capsicum*; Poivre de Guinée.

GUINEY WHEAT Voy. *Zea*; Bled d'Inde ou Mays.

GUM SUCCORY. V. *Chondrilla*; Cartilage, Chicorée de Gomme.

H.

HAIR-BELL. V. *Hyacinthus*; Jacinte.

HARDBEAN. Voyez *Carpinus*; Charme.

HARE'S-EAR. Voy. *Buplevrum*; Oreille-de-Lievre, Perce-feuille.

HARE'S-FOOT THREFOIL. V. *Tri-folium arvense*; Treffle, Pied-de-Lievre, *ou* la Rougeole.

HARE'S LETTUCE. V. *Sonchus*; Laiteron, *ou* Chardon-de-Pourceau.

HARE'S-STRONG. V. *Peucedanum*; Queue-de-Pourceau, *ou* Fenouil-de-Porc.

HARMEL. V. *Peganum*; Rhue sauvage.

HARTWORT. V. *Tordylium*; Persil sauvage.

HART'SWORT of ETHIOPIA. Voy. *Buplevrum fruticosum*; Oreille-de-Lievre, *ou* Seseli d'Ethiopie.

HART'S-HORN. Voy. *Plantago*; Plantain.

HART'S-TONGUE. Voy. *Lingua Cervina*; Langue-de-Cerf.

HATCHET-VETCH. V. *Securi-* daca; Vesce en forme de hache.

HAWKWEED. Voy. *Hieracium*; Herbe à l'Epervier.

HAWTHORN. Voyez *Cratægus coccinea*; l'Aubépine.

HAZEL. V. *Corylus*, Noisetier.

HAZEL, the WITCH. Voyez *Ulmus*; Orme.

HEART'S-EASE. Voy. *Viola tricolor*; Violette de trois couleurs, *ou* Pensée.

HEATH. V. *Erica*; Bruyere.

HEATH, the BERRY-BEARING. Voy. *Empetrum*; Bruyere à baies noires, *ou* Camarigne.

HEATH, the LOW PINE. V. *Coris*; Coris.

HEDGES. Haies.

HEDGE-HOG. Voy. *Medicago*; Haie-de-Pourceau, Luserne.

HEDGE-HOG THISTLE. Voy. *Cactus*; Cierge, Melon-Chardon.

HEDGE HYSSOP. V. *Gratiola*; Hissope de haie, Herbe-à-Pauvre-Homme, Gratiole.

HEDGE MUSTARD. V. *Erysimum*; Moutarde de haie, Vélar, Tortelle, Herbe-au-Chantre.

HEDGE NETTLE. V. *Galeopsis*; Ortie morte & puante, Ortie de haie.

HEDGE NETTLE SHRUB. V. *Prasium*; Ortie de haie en arbrisseau.

HELIOTROPE. V. *Heliotropium*; Héliotrope.

HELIOTROPE, *or* SUN FLOWER. Voy. *Helianthus*; Fleur du-Soleil, Tournesol.

HELLEBORE, the BLACK. V. *Helleborus*; Hellébore noir.

HELLEBORE, the BASTARD. Voyez *Serapias*; Hellébore bâtard, Helléborine.

HELLEBORE, the WHITE. V. *Veratrum*; Hellébore blanc.

HELMET-FLOWER. V. *Scutellaria*; la Toque.

HEMLOCK. V. *Cicuta*; Ciguë.

HEMLOCK, the BASTARD. V. *Ligusticum Peloponnesiacum*; Ciguë bâtarde *ou* aquatique.

HEMLOCK, the WATER. V. *Phyllandrium aquaticum*; Ciguë aquatique.

HEMP. V. *Cannabis*; Chanvre mâle & femelle.

HEMP AGRIMONY. V. *Eupatorium*; Chanvre d'Aigremoine.

HEMP, the BASTARD. Voyez *Datisca*; Chanvre bâtard.

HEMP, the WATER. Voy. *Bidens*; Chanvre aquatique.

HENBANE. Voyez *Hyoscyamus*; Jusquiame; Hanebane, Potelée.

HENBANE, the YELLOW. V. *Nicotiana latissima*; Tabac, *ou* Jusquiame jaune.

HERB BENNET. V. *Geum*; Herbe de Saint-Benoît, Galiot, *ou* Récise.

HERB CHRISTOPHER. V. *Actæa*; Herbe de Saint-Christophe.

HERB GERARD. V. *Angelica*; Angélique.

HERB of GRACE. V. *Ruta*; Rhue.

HERB PARIS. V. *Paris*; Herbe-à-Pâris.

HERB ROBERT. Voyez *Geranium Robertianum*; Herbe à-Robert.

HERB TREFOIL. Voy. *Trifolium*; Trefle.

HERB TRINITY. V. *Viola*; Herbe de la Trinité, Pensée.

HERB TRUE LOVE. Voyez *Pâris*; Raisin-de Renard, Véritable-Amour, Herbe à Pâris.

HERB TWO-PENCE. V. *Lysimachia Nummularia*; l'Herbe aux-Ecus, la Nummulaire.

HERB WILLOW. Voy. *Epilopium*; l'Herbe de Saint-Antoine, Lierre herbacé.

HERCULES'S-ALL.-HEAL. V. *Heracleum & Pastinaca*; la Berce *ou* fausse Branc-Ursine, Panais *ou* Pastenade.

HERMODACTYL. Voyez *Hermodactylus*; Hermodacte.

HIGHTAPER. V. *Verbascum Tapsus*; Bouillon-Blanc, Molène.

HILL. Montagne, Colline.

HOG'S-FENNEL. V. *Peucedanum*; Fenouil-de-Porc, *ou* Queue-de-Pourceau.

HOG PLUM. Voyez *Spondias*; Prune noire d'Amérique, Monbin.

HOG WEED. Voyez *Boërrhavia*; Herbe-à-Cochon, la Boërrhaave.

HOLLOW-ROOT. Voyez *Fumaria*; Fumeterre *ou* Fiel de Terre.

HOLLY HOCK. V. *Alcea*; Mauve Tremiere, Alcée.

HOLLY TREE. V. *Ilex Aquifolium*; le Houx.

HOLLY, the KNEE; Voyez *Ruscus*; Houx-Frelon, Buis piquant, petit Houx.

HOLLY, the SEA. V. *Eryngium*; Houx-Maritime, Panicaud-Marin, Chardon-Roland.

HOLM OAK. Voyez *Quercus Ilex*; l'Yeuse, *ou* Chêne verd.

HOLY ROSE. V. *Cistus*; Ciste.

HOLY THISTLE. Voy. *Cnicus*; Chardon béni.

HONE-WORT. Voyez *Sium*; le Chervi.

HONESTY. Voy. *Lunaria* Bulbonac, *ou* Grande-Lunaire.

HONEY SUCKLE. V. *Periclymenum*; Chevrefeuille.

HONEY SUCKLE, the FRENCH. V. *Hedysarum*; Chevrefeuille de France, Sainfoin d'Espagne.

HONEY SUCKLE, the TRUMPET. V. *Periclymenum semper virens*; Chèvrefeuille toujours verte.

HONEY SUCKLE, the UPRIGHT, V. *Lunicera*; Chevrefeuille.

HONEY-FLOWER. V. *Melianthus*; Mélianthe.

HONEY-WORT. V. *Cerinthe*; le Mélinet.

HOP HORNBEAM. V. *Carpinus Ostrya*; le Charme à fruit de Houblon, *ou* Bois dur du Canada.

HOP, the WILD. Voy. *Ptelea*; Trefle en arbrisseau, Orme à trois feuilles.

HOPS. V. *Lupulus*; Houblon.

HOREHOUND. Voy. *Marrubium*; Marrube.

HOREHOUND, the BLACK. Voy. *Ballota*; Marrube noir.

HOREHOUND, the BASE. Voy. *Stachys*; Marrube bas, Stachys, *ou* Epi fleuri.

HOREHOUND, the BASTARD. V. *Sideritis*; Marrube bâtard, *ou* Crapaudine.

HOREHOUND, the WATER. V. *Lycopus*; Marrube aquatique.

HORISONTAL SHELTER; Abri horisontal.

HORNBEAM. Voyez *Carpinus*; le Charme.

HORNED POPPY. Voy. *Chelidonium glaucum*; Pavot cornu à fleurs jaunes.

HORNS and HEDGEHOG. Voy. *Medicago*; Luserne.

HORSE CHESTNUT.) V. *Æsculus Hippocastanum*, *Æsculus Pavia*;
HORSE CHESTNUT, the SCARLET. (Marronier d'Inde & le Pavia, Châtaigne de Cheval.

HORSE-MINT. Voyez *Mentha*; Menthe.

HORSE-RADISH. Voy. *Cochlearia Armoracia*; grand Raifort sauvage, *ou* le Cran.

HORSE-TAIL. Voy. *Equisetum*; Queue de-Cheval, Presle.

HOSE-IN-HOSE. V. *Primula farinosa*; Primevere de jardin.

HOSESHOE VETCH. Voy. *Hippocrepis*; Fer-de-Cheval.

HOT-BED. Couche chaude.

HOUND'S-TONGUE. Voy. *Cynoglossum*; Langue-de-Chien, Cynoglosse.

HOUSLEEK. V. *Sedum* & *Sempervivum*; Joubarbe.

HUMBLE PLANT. Voy. *Mimosa*; Sensitive.

HYACINTH. Voy. *Hyacinthus*; Jacinthe.

HYACINTH, the GRAPE.) V. *Muscari*; Jacinthe du Pérou, Musc,
HYACINTH of PERA. (Jacinthe en grappe.

HYACINTH, the STARRY, V. *Ornithogalum*; Jacinthe étoilée, Ornithogalon.

HYACINTH, the TUBERO E. V. *Polyanthes* & *Crinum Africaaum* ; Tubéreufe.

HYDROSTATICS. L'Hydroftatiqie.

HYGROMETER. Hygrometre.

HYSSOP. Voy. *Hyjjopus*; l'Hyflope.

HYSSOP, the HEDGE. V. *Gratiola* ; Hyflope de Haie, Gratiole.

J.

JACINTH. Voy. *Hyacinthus* ; Jacin he.

JACK BY THE-HEDGE. Voyez *Eryfimum* ; Moutarde de Haie, Velar-Tortelle, *ou* Herbe au Chantre.

JACK-IN A BOX. V. *Hernandia* ; Hernandie, Jacques dans une boëte.

JACOB's LADDER. Voy. *Polemonium* ; Valerienne grecque.

JALAP. V. *Convolvulus Jalapa* ; Jalap.

JALAP, the FALSE. V. *Mirabilis Jalana*; faux Jalap, Merveille du Pérou, Belle de-Nuit.

JASMINE. Voy. *Jafminum* ; Jafmin.

JASMINE, the ILEX LEAVED. V. *Lantana Africana* ; Jafmin d'Afrique, à feuilles de Houx.

JASMINE, the AMERICAN SCARLET. Voy. *Bignonia* ; Jafmin d'Amérique, à fleurs écarlate.

JASMINE, the RED, of JAMAÏCA. Voyez *Plumeria* ; Jafmin rouge de la Jamaïque.

JASMINE, the PERSIAN. Voyez *Syringa Perfica* ; Lilas de Perfe.

JASMINE, the FENNEL-LEAVED. *Ipomœa* ; Quamoclite *ou* Liferon écarlate, nommé *Jafmin à feuilles de Fenouil*.

ICE. Glace.

ICE-HOUSE. Glaciere.

JERUSALEM ARTICKOKE. Voyez *Helianthus tuberofus* ; Poire-de-terre, *ou* Topinambour.

JERUSALEM COWSLIP. V. *Pulmonaria officinalis*, Pulmonaire Primevere de Jérufalem.

JERUSALEM SAGE. Voy. *Phlomis*; Sauge en arbre, *ou* de Jérufalem.

JESUITS BARK, the FALSE. V. *Baccharis....* ; faux Quinquina des Jéfuites.

JET D'EAU. Ornement de jardin.

JEWS MALLOW. V. *Corchorus* ; Mauve de Juif.

IMMORTAL EAGLE FLOWER. Voy. (S.) *Impatiens*.

IMMORTAL FLOWER. V. *Gnaphalium* ; Immortelle.

INARCHING.-Greffe en arc.

INDIAN ARROW ROOT. Voy. *Maranta* ; Racine à fleche des Indes.

INDIAN CRESS. Voyez *Tropæolum*. Capucine, Creffon d'Inde.

INDIAN CORN. Voy. *Zea* ; Bled d'Inde.

INDIAN FIG. V. *Opuntia*; Figue d Inde.

INDIAN GOD-TREE. Voy. *Ficus Indica* ; Figuier des Indes.

INDIAN REED. V. *Canna*; Bafilier, *ou* Canne d'Inde.

INDIGO. V *Indigo-fera* ; Indigo.

INOCULATING. Greffe en écuffon.

JOB's TEARS. Voy. *Coix Lacryma Job* ; Larme de Job.

(S.) JOHN's BREAD. V. *Ceratonia* ; le Carouge ou Caroubier.

JOHN's-WORT. V. *Hypericum ;* le Millepertuis.

JOHN's-SWEET. Voy. *Dianthus ;* Œillet.

JONQUIL. V. *Narcissus Jonquilla;* Jonquille.

IRON-WOOD. V. *Sideroxylum;* Bois de Fer , Arbre laiteux des Antilles , Thé de Boër-rhaave.

IRON-WORT. Voy. *Sideritis ;* Crapaudine.

IUCCA. V. *Yucca ;* Yucca des Indes , Aiguille-d'Adam.

JUDAS-TREE. V. *Cereis ;* Arbre de Judée , *ou* le Gainier.

JUJUBE. V. *Zizyphus;* Jujubier *ou* Gingeole.

JULIANS. Voyez *Hesperis ;* Julienne.

JUNIPER. Voyez *Juniperus ;* Genèvrier.

JUPITER's BEARD. Voy. *Anthyllis Barba jovis ;* Barbe-de-Jupiter.

IVY-TREE. Voy. *Hedera ;* le Lierre.

IVY , the GROUND. V. *Glechoma ;* Lierre rampant.

K.

KATKIN. Chaton *ou* filet.

KIDNEY-BEAN, Voy. *Phaseolus;* Haricot.

KIDNEY-WORT. V. *Geum &* *Cotyledon ;* Herbe grasse, Cotylédon.

KING's SPEAR. Voyez *Asphodelus ;* Asphodele , Lance-de-Roi.

KITCHEN-GARDEN. Jardin potager.

KNAPWEED. Voy. *Centaurea ;* grande Centaurée , Ambrette.

KNEE HOLLY. { V. *Ruscus aculeatus ;* Houx-
KNEE-HOLM. { Frélon , Buis piquant.

KNIGHT's-CROSS. V. *Lychnis.*

KNOT-BERRIES. Voy. *Rubus ;* Ronce.

KNOT-GRASS. Voy. *Poligonum Aviculare ;* la Renouée , *ou* Trainasse.

KNOT-GRASS, the MOUNTAIN. V. *Illecebrum ;* l'Herbe aux Panaris.

L.

LABURNUM. Voy. *Cytisus Laburnum;* Cytise , Ebénier des Alpes, Faux Ebénier.

LABYRINTH. Labyrinthe.

LADIES BEDSTRAW. Voy. *Galium ;* Caille-Lait , *ou* petit Muguet.

LADIES BOWER. Voyez *Clematis ;* Clématite , l'Herbe aux Gueux.

LADIES COMB. Voy. *Scandix;* Peigne-de-Vénus , Cerfeuil, Chervi.

LADIES MANTLE. V. *Alchemilla;* Pied-de-Lion , Mantelet-de-Dame.

LADIES SEAL. Voy. *Tamus ;* Sceau de Notre Dame , Racine Vierge.

LADIES SLIPPER. V. *Cypripedium;* Sabot de-la-Vierge.

LADIES SMOCK. V. *Cardamine ;* Cresson Cardamine.

LADIES TRACES. Voyez *Orchis.*

LADDER to HEAVEN. V. *Con-*

vallaria ; Lis des Vallées, Muguet.

LAMB's LETTUCE. Voy. *Valeriana locusta* ; Blanchette, la Mâche, Poule-graffe, Salade de Chanoine, *ou* Doucette.

LAND. Terre.

LARCH-TREE. V. *Larix* ; la Meleze.

LARK-PUR. Voy. *Delphinium* ; Pied-d'Alouette, Herbe-aux-Poux, *ou* la Staphifaigre.

LASERWORT. Voy. *Laferpitium* ; le Lafer.

LAVENDER. Voy. *Lavendula* ; Lavande.

LAVENDER-COTTON. V. *Santolina* ; Aurône femelle, Garde-Robe, Santoline.

LAVENDER, the FRENCH. Voy. *Stæchas* ; Lavande de France, Caffidony *ou* Sæchas.

LAVENDER, the SEA. V. *Limonium* ; Lavande maritime.

LAUREL.

LAUREL, the PORTUGAL. V. *Padus* ; Laurier de Portugal.

LAUREL of ALEXANDRIA. V. *Rufcus* ; Laurier Alexandrin.

LAUREL, the DWARF, of SPURGE. V. *Daphne* ; Laurier d'Epurge, Auréole, Garou, Bois-Gentil.

LAUREL, the SEA SIDE. V. *Phyllanthus* ; Laurier du bord de la mer.

LAURUSTINUS. Voy. *Viburnum Thymus*; Laurier-Thim à feuilles velues.

LAWN. Plaine.

LAYERS. Marcottes, maniere de les faire.

LEADWORT. Voyez *Plumbago* ; la Dentelaire, l'Herbe au cancer, *ou* Maleherbe.

LEAVES. Feuilles.

LEEKS. V. *Porrum* ; Poireau *ou* Porreau.

LEGUME.

LEMON TREE. Vóyez *Limon* ; Limonier, efpece de Citronier.

LEMON, the WATER. V. *Paffiflora Lauri-folia* ; Pomme de Lianne.

LENTIL. V. *Ervum Lens* ; Lentille.

LEOPARDS-BANE. V *Doronicum*; Pet-de Leopard, Doronic.

LETTUCE. V. *Lactuca* ; Laitue.

LETTUCE, the LAMB's. V. *Valeriana locusta* ; Laitue-d'Agneau, *ou* Doucette.

LETTUCE, the WILD. V. *Prenanthes* ; Laitue fauvage.

LEVEL. Niveau.

LEVITY. Légéreté.

LIFE EVERLASTING. V. *Gnaphalium* ; Immortelle.

LIGHT. Léger.

LILY. V. *Lilium* ; Lis.

LILY ASPHODEL. Voyez *Hemerocallis* & *Crinum* ; Lis Afphodele.

LILY DAFFODIL. V. *Pancratium* & *Amaryllis* ; Lis Narciffe, *ou* Lis afphodele ; Amaryllis.

LILY, the BELLADONNA. V. *Amaryllis*, Belladonne, *ou* Lis rouge du Mexique.

LILY, the DAY.

LILY, SAINT-BRUNO's. Voyez *Hemerocallis Liliaftrum*; l'Hémérocale, Lis de St. Bruno.

LILY, the GUERNSEY. Voyez *Amaryllis Sarnienfis* ; Lis de Grenefey, *ou* la Grenefienne.

LILY HYACINTH. V. *Scilla Lilio-Hyacinthus* ; Squille *ou* Lis-Jacinthe commun, à fleur bleue.

LILY, the VALLEY. Voyez *Convallaria* ; Lis des Vallées.

LILY

LILY, the MEXICAN. LILY of JAPAN. V. *Amaryllis Regina*; Lis mexicain.

LILY, the PERSIAN. V. *Fritillaria Persica*; Fritillaire, *ou* Lis de Perse.

LILY, the SUPERB. V. *Gloriosa superba*; Lis superbe.

LILY, the WATER. Voyez *Nymphæa*; Nenufar *ou* Lis d'eau.

LIME TREE. V. *Tilia*; Tilleul *ou* Tillau.

LIME, the SOUR. Voy. *Limon spinosum*; Limonier à fruit aigre.

LION's-LEAF. V. *Leontice*; Pied-de-Lion.

LION's FOOT. V. *Catananche*; Pied-de-Lion de Candie.

LION's-TAIL. Voyez *Leonurus*; Queue-de-Lion.

LIQUIDAMBER. Arbre de Storax.

LIQUORICE. Voy. *Glycirrhiza*; Reglisse.

LIQUORICE-VETCH. V. *Orobus*; Orobe.

LIQUORICE, the WILD. Voy. *Astragalus*; Reglisse sauvage, *ou* Astragale.

LIVE EVER. Voy. *Anacampseros* & *Semper-Vivum*; Joubabe.

LIVE IN IDLENESS. V. *Viola*; Violette.

LIVERWORT. Voy. *Hepatica* & *Lichen*; Hepatique *ou* l'Herbe-au-Foie.

LIZARD's TAIL. Voy. *Saururus*; Queue-de-Lézard.

LOAM. Terre grasse.

LOCKER GOULANS. V. *Trollius*; Renoncule globulaire.

LOCUST, *or* SAINT-JOHN's BREAD. V. *Ceratonia*; Carouge *ou* Caroubier.

LOCUST the BASTARD. Voyez

Tome VIII.

Hymenæa; Courbaril, faux Caroubier.

LOCUST of VIRGINIA. Voyez *Gleditsia* & *Robinia Pseudo-Acacia*; Carouge à Miel, *ou* Acacia à trois épines.

LOGWOOD. V. *Hematoxylum*; Bois de Campêche.

LONDON PRIDE. V. *Saxifraga punctata*; Saxifrage *ou* Geum ponctué, nommé *Orgueil-de-Londres* ou *le Point si joli*.

LOOKING-GLASS, VENUS's. V. *Campanula Speculum*; Campanule *ou* Miroir de-Vénus.

LOOSESTRIFE, V. *Lysimachia*; Corneille.

LOOSESTRIFE, the PODDED. V. *Epilopium*; Lierre herbacé.

LOOSESTRIFE, the SPIKED. V. *Lytrum Salicaria*; Corneille pourpre, *ou* Salicaire.

LOPPING. Élaguage.

LOTE TREE. Voyez *Celtis*; Micocoulier.

LOTE, the BASTARD. Voyez *Diospyrus*; Dattes des Indes, Plaqueminier *ou* Gayac du Japon, Pishamin *ou* Persimon, Prune de Pitchumon.

LOVE-APPLE V. *Lycopersicum* & *Solanum*; Pomme d'Amour.

LOVE IN-A MIST. V. *Passiflora fœtida*; Amour dans un brouillard, *ou* Grenadille fétide.

LOVE LIES-A-BLEEDING. Voy. *Amaranthus Sanguineus*.

LOVEAGE. Voyez *Ligusticum*; Liveche.

LOUSEWORT. Voy. *Delphinium*; Pied d'Alouette, *ou* l'Herbe-aux-Poux.

LUCERN. Voyez *Medica*; la Luserne.

LUNGWORT. Voy. *Pulmonaria*; Pulmonaire.

LUNGWORT , COWS. Voyez *Verbascum Tapsus* ; Bouillon-Blanc , Pulmonaire de vache , *ou* Molène.

LUPINE. V. *Lupinus* ; Lupin ; Pois Lupin.

LUSTWORT V *Drosera* ; Rosée du Soleil , Rossolis.

M.

MACCAW-TREE. Voyez *Palma* ; Palmier.

MAD APPLE. Voy. *Melongena* ; Mayenne , Mélongene , Aubergine.

MADDER. V. *Rubia* ; Garance.

MADDER , PETTY. V. *Asperula* ; Petite Garance.

MADWORT. Voyez *Alysson* ; l'Herbe à la rage , Cameline , Alisson.

MAHOGANY. V. *Cedrus* ; Cedre de Mahogani.

MAIDEN HAIR. V. *Adianthum* ; Capillaire *ou* Cheveux-de-Vénus.

MAIDEN HAIR , the BLACK. Voy. *Filicula & Acrosticum , Asplenium Adianthum* ; espece de Capillaire *ou* Fougeres , dont le feuillage est en forme de cheveux.

MAIDEN HAIR , the ENGLISH. V. *Trichomanes* ; Idem. Capillaire politric.

MAIDEN HAIR , the WHITE. Voyez *Ruta Muraria* ; Rhue-de-Muraille , *ou* Cheveux-Blancs des Dames, *ou* Sauve-Vie.

MALABAR NUT. Voy. *Justicia* ; Noyer de Malabar.

MALE BALSAM APPLE. Voyez *Momordica* ; Pomme de Merveille.

MALLOW. V. *Malva* ; Mauve.

MALLOW , the Jews. V. *Corchorus* ; Mauve de Juif.

MALLOW, the INDIAN. Voyez *Urena & Sida* ; Mauve des Indes.

MALLOW , the MARSH. V. *Althæa* ; Guimauve.

MALLOW , the ROSE V. *Alcea* ; Alcée , Mauve - Tremiere , Mauve Rose.

MALLOW , the SYRIAN. Voyez *Hibiscus* ; Mauve de Syrie.

MALLOW , the TREE. V. *Lavatera* ; Mauve en arbre.

MALLOW, the VENITIAN. V. *Hibiscus Trionum* ; Mauve de Venise.

MALLOW , the Yellow. Voyez *Abutilon* ou *Seda* ; fausse Guimauve.

MALT DUST. Racines ou Germes de Dreche , grains moulus pour faire de la Bierre ; espece d'engrais regardé comme très propre à fertiliser un sol stérile , & contenant une chaleur naturelle qui occasionne une fermentation convenable dans les terres , sur lesquelles on le répand ; ce que ceux qui habitent les pays où l'on fait la Dreche ont expérimenté.

Quelques personnes pensent que rien n'adoucit plus la terre que cette espece d'engrais , quand le sol est une glaise aigre & rude , soit pour avoir été trop long-tems sans être cultivé & exposé à l'air , soit parce que l'eau y auroit trop séjourné.

Article omis dans le corps de l'ouvrage.

MAMMEE. V *Mammea.*

MAMMEE SAPOTA. V. *Sapota* ;

Sapotille de Mammée , Sapotier *ou* Saportillier.

MANCHINEEL-TREE. V. *Hippomane* ; Mancenillier.

MANDRAKE. Voy. *Mandragora* ; Mandragore.

MANGO TEEN. V. *Garcinia* ; le Mangouftan.

MANGROVE TREE. V. *Hibiscus.*

MANGROVE GRAPE. Voyez *Coccolobus* ; Raifinier du bord de la mer.

MANTLE, LADIES. V. *Alchemilla;* Mantelet de Dame , Pied de-Lion.

MANURE. Engrais , Marne , &c.

MAPLE TREE V. *Acer* ; Erable.

MARACOCK, Voy. *Paffiflora Murucuia*

MARIGOLD. Voyez *Calendula* ; Souci.

MARIGOLD , the AFRICAN. V. *Tagetes* ; Œillet d'Inde.

MARIGOLD , the CORN. Voy. *Chryfanthemum* ; Souci des Bleds . *ou* Marguerite dorée.

MARIGOLD , the FIG. Voyez *Mefambryanthenum.*

MARIGOLD , the FRENCH. V. *Tagetes patula* ; petit Œillet d'Inde , nommé *Souci François.*

MARIGOLD , the MARSH. V. *Caltha* , Souci de marais.

MARJORAM.
MARJORAM , the POT.
MARJORAM , the WILD.
MARJORAM , the WINTER.
} V. *Origanum* ; Origan.

MARLE. MARNE , engrais.

MARSH ELDER. Voy. *Viburnum* ; Viorne *ou* Sureau de marais.

MARSH MALLOW. V. *Althæa;* Guimauve.

MARSH TREFOIL. V. *Mentanthes ;* Trefle d'eau , l'Herbe des marais

MARTAGON. V. *Lilium Pomponium* ; Lis Martagon.

MARVEL of PERU. V. *Mirabilis* ; Merveille du Pérou , Belle de-Nuit.

MARUM , *or* MASTICH. Voy. *Satureja* ; Sarriette , Maron , Maftic.

MASTER WORT. Voy. *Imperatoria & Aftrantia* ; Impératoire , Sanicle de montagne.

MASTICH. Voyez *Satureja* ; Sarriette.

MASTICH-TREE. V. *Piftacia Lentifcus* ; Lentifque , arbre à maftic.

MASTICH-TREE of JAMAICA. Voyez *Cornus* ; Cornouiller de la Jamaïque.

MASTICH , the INDIAN Voy. *Schinus* ; Maftic des Indes , Molle , *ou* Poirier du Pérou.

MATFELON , *or* KNAPWEED. Voy. *Centaurea* ; grande Centaurée , Ambrette.

MAUDLIN. V. *Achillea Alpina* ; Milefeuille des Alpes , *ou* Matricaire blanche.

MAY BUSH. V. *Mefpilus.*

MAY LILY. Voy. *Convallaria* ; Muguet.

MAY WEED. V. *Anthemis arvenfis* , Camomille , *ou* l'Herbe de Mai.

MEADOW. Prairie.

MEADOW RUE. V. *Thalictrum;* Rhue des-Prés, le Thalictron.

MEADOW SAFFRON. Voyez *Colchicum;* Colchique, Safran-des Prés.

MEADOW SWEET. V. *Spiræa tomentofa*, Spiræa, *ou* Reine-des—Prés de Virginie, à feuilles velues en deffous.

MEADOW TREFOIL. V. *Tri-folium repens*, & *Tri-folium agrarium*; Treffle de prairie.

MEALLY-TREE. V. *Viburnum lantana*; Viorne d'Italie *ou* Coudre Mancienne.

MEDICK. V. *Medica*; Luserne.

MEDICK VETCLING. Voyez *Onobrychis*; Chèvre-feuille de France, Sainfoin d'Espagne, Treffle.

MEDICK, the BASTARD. V. *Medicago*; Luserne bâtarde.

MEDLAR. V. *Mespilus*; Nefflier.

MELANCHOLY THISTLE. V. *Cirsium* ou *Carduus Cirsium*; Chardon mou & doux d'Angleterre

MELILOT. V. *Tri-folium*, *Melilotus offic'nalis*; Melilot.

MELON, the MUSK. V. *Melo*; Melon.

MELON, the WATER. Voyez *Anguria* · Melon d'eau.

MELON THISTLE. V. *Cactus Melocactus*; Melon épineux.

MERCURY. Voy. *Mercurialis*; Mercuriale.

MERCURY, the ENGLISH. V. *Chenopodium*, *Bonus-Henricus*; Arroche à feuilles triangulaires, nommée *Mercure Anglois*, *Tout-Bon*, ou *Bon-Henri*.

MERCURY, the FRENCH. V. *Mercurialis annua*; Mercuriale de France.

MEU, *or* SPIGNEL. V. *Athamanta Meum*; Méum des boutiques, *ou* Spignel.

MEZEREON. V. *Daphne*; l'Aureole, Garou. Bois Gentil.

MICROSCOPE. Microscope.

MILDEW. Nielle, maladie des arbres.

MILFOIL. V. *Achillea*; Millefeuille.

MILK-VETCH. V. *Astragalus*; Astragale, Réglisse sauvage.

MILK-VETCH, the BASTARD. V. *Phaca*; Astragale bâtard.

MILKWORT. Voyez *Polygala* & *Glaux*; Mouron maritime. Herbe à lait.

MILKWORT, *or* WARTWORT. V. *Euphorbia*; Euphorbe, Herbe à lait.

MILLET. V. *Milium*; Millet.

MILTWASTE. V. *Asplenium*; le Céterach, Capillaire commun.

MINT. Voy. *Mentha*; Menthe.

MINT, the CAT'S V. *Nepeta*; Herbe aux-Chats.

MISLETO. V. *Viscum*; le Gui.

MITHRIDATE MUSTARD. V. *Thlaspi* & *Iberis*; Thlaspi ou Moutarde bâtarde.

MOCK ORANGE. V. *Philadelphus*; Séringa

MOCK PRIVET. V. *Phillyrea*.

MONEYWORT. V. *Lysimachia Nummularia*; la Nummulaire.

MONK'S HOOD. V. *Aconitum*; Aconite.

MONK'S RUBARB. V. *Rumex Alpinum*; Patience des Alpes.

MOON-SEED. V. *Menispermum*; Menilperme, *ou* semence en forme de croissant.

MOON-WORT. Voy. *Lunaria*; Lunaire.

MOON TREFOIL. V. *Medica*; Treffle en forme de lance.

MOSS. Voy. *Muscus*; Mousse.

MOTH-MULLEIN. Voy. *Verbascum*; Bouillon—Blanc Molène.

MOTHERWORT. V. *Cardiac* & *Matricaria*; la Matricair

MOTHER of THYME. V. *Thymus*; Thim.

MOULD. Terre meuble.

MOUNTAIN HEATH. Voye

Saxifraga oppositi-folia ; Saxifrage *ou* Bruyere de montagne.

MOUSE-EAR. Voy. *Hieracium* ; Oreille-de-Souris.

MOUSE-TAIL. V. *Myosurus* ; Queue-de-Souris.

MUGWORT. Voy. *Artemisia* ; Armoise.

MULBERRY-TREE. V. *Morus* ; Murier.

MULBERRY BLIGHT. Voyez *Blitum* ; Blet *ou* Bet, Epinard-Fraise.

MULLEIN.
MULLEIN, the
MOTH. } Voy. *Verbascum* ; la Molène.

MUMMY. Momie, *ou* cire verte propre à greffer.

MUSHROOM. Mousserons, Champignons, &c.

MUSK HYACINTH. V. *Muscari* ; Musc *ou* grappe de Jacinthe.

MUSK-SEED. V. *Hibiscus Abelmoschus* ; le Musc, l'Ambrette *ou* Alcée d'Egypte.

MUSTARD. V. *Sinapis* ; Moutarde.

MUSTARD, the CHINA. Voy. *Sinapis* & *Brassica* ; Moutarde de la Chine.

MUSTARD, the HEDGE. Voy. *Erysimum* ; Moutarde de haie, Velar, Tortelle.

MUSTARD, the MITHRIDATE. V. *Thlaspi* ; Moutarde bâtarde.

MUSTARD, the TOWER. V. *Turritis* ; Moutarde cylindrique, *ou* la Tourette.

MUSTARD, the TREACLE. V. *Thlaspi* & *Lepidium* ; fausse Moutarde *ou* Moutarde de Thériaque.

MYRRH. V. *Myrris*, ou *Chærophyllum*, *Scandix*, *Sison* ; Myrrhe *ou* Cerfeuil.

MYRTLE. V. *Myrtus* ; Myrte.

MYRTLE, the DUTCH.
MYRTLE, the CANDLEBERRY. } Voy. *Myrica* ; Myrte à chandelle, Myrte Hollandois, Piment Royal, Gale.

N.

NASBERRY-TREE. V. *Chrysophyllum* ; l'arbre qui produit la Pomme étoilée.

NATURE. Nature.

NAVELWORT, the BASTARD. V. *Crassula* ; Plantes grasses.

NAVELWORT, VENUS'S. Voy. *Cynoglossum Lini-folium* ; Cynoglosse, nommée *Nombril-de-Vénus*.

NAVELWORT, the WATER. V. *Hydrocotyle* ; l'Ecuelle-d'eau.

NAVEW. V. *Rapa* ; Navet.

NECTARINE. Brugnon.

NEGRO OIL. V. *Palma* ; Palmier.

NEP. V. *Nepeta* ; Herbe-aux-Chats.

NERVES. Nervures. *Voy.* Nerf.

NETTLE. V. *Urtica* ; Ortie.

NETTLE, the DEAD. V. *Lamium* ; la grande Ortie morte.

NETTLE, the HEDGE. Voy. *Galeopsis* ; Ortie morte & puante.

NETTLE, the SHRUBBY HEDGE. V. *Prasium* ; Ortie de haie en arbrisseau.

NETTLE-TREE. Voy. *Celtis* ; Micocoulier.

NIGHTSHADE. Voy. *Solanum* ; Morelle.

NIGHTSHADE, the CLIMBING. V. *Basella*, Morelle grimpante de Malabar.

NIGHTSHADE, the DEADLY. V. *Atropa*, Morelle mortelle, ou Poison.

NIGHTSHADE, the ENCHANTERS. V. *Circea*; l'Herbe au Magiciennes.

NIGHTSHADE, the AMERICAN. V. *Pieea*; Solanoïde, Morelle d'Amérique.

NIPPLEWORT. V. *Lapsana*; Cicorée.

NITRE. Nitre.

NONE-SO PRETTY. Voy. *Saxifraga punctata*; Saxifrage ponctuée, ou le Point-si joli.

NONE SUCH, *or* FLOWER of BRISTOL. V. *Lychnis*.

NORTHERN ASPECT. Aspect du Nord.

NOSE BLEED. Voy. *Achillea*; Millefeuille.

NURSERY. Pépiniere.

NUT, the HAZEL. V. *Corylus*; Noisettier.

NUT, the BLADDER. V. *Staphylæa*; faux Pistachier.

NUT, the COCOA. V. *Cocos*; Coco, Palmier.

NUT, the EARTH. Voy. *Arachis*; Noix de terre, Salse-Pareille de Terreneuve, Pistachier de terre.

NUT, the PEAS. V. *Lathyrus tuberosus*, la Gesse tubéreuse, ou le Magjon.

NUT, the PHYSIC. V. *Jatropha*; Cassave. Noix medicinale d'Amérique.

NUT, the PIG. V. *Bunium*; Noix de terre *ou* de cochon.

NUT, the MALABAR. V. *Justicia*; Noyer de Malabar.

NUT, the WALNUT. V. *Juglans*; Noyer.

O.

OAK. Voy. *Quercus*; le Chêne.

OAK, the EVER GREEN. OAK, the HOLM. V. *Quercus Semper vivens*, & *Ilex* ou *Granuntia*; Chêne vert.

OAK of JERUSALEM. V. *Chenopodium Botrys*; Chêne de Jérusalem, Botrys *ou* Piment.

OATS. V. *Avena* Avoine.

OILY-GRAIN. Voy. *Sesamum*; Graine huileuse, Jugeoline, Sésame.

OILY-PALM. V. *Palma oleosa*; Palmier.

OLEANDER. V. *Nerium*; Laurier-Rose.

OLIVE TREE. V *Olea*; Olivier.

OLIVE, the WILD. Voy. *Eleagnus*; Olivier sauvage *ou* de Bohème.

OLIVE, the WILD BARBADOES. V. *Bontia*; Olivier sauvage des Barbades.

OLIVE, the SPURGE. Voyez *Daphne*; Laurier d'Epurge, Aureole.

ONE BERRY, V. *Paris*; Raisin-de-Renard.

ONE BLADE. V. *Smilax*; Salse-Pareille.

ONION. V. *Cepa*; Oignon.

ONION, the SEA. Voy. *Scilla*; Oignon de mer, Scille *ou* Squille.

ORACH. V. *Atriplex* & *Chenopodium*; Arroche.

ORANGE TREE. V *Aurantium*; Oranger

ORANGE-MINT. Voyez *Mentha rubra*.

ORANGE, the MOCK. V. *Philadelphus*; Seringa.

ORCHARD. Verger.

ORIGANY. Voyez *Origanum* ; Origan.

ORPINE. Voy. *Sedum* ; Sédum ou Orpin.

ORPINE, the TRUE. Voy. *Telephium*, Orpin, Herbe-aux-Crapauds.

ORPINE, the BASTARD. Voyez *Andrachne* ; Orpin bâtard.

OSIER Voy. *Saux* ; Osier.

O-MUND-ROYAL. V. *Osmunda* ; l'Osmonde Royale.

OX-EYE. Voyez *Buphtalmum* ; Œil-de-Bœuf.

OX-EYE the DAISY. V. *Chrysanthemum* ; Marguerite en Œil-de Bœuf.

OX-LIP. Voy. *Primula*, Primevere.

P.

PAIGLES *or* COUSLIP. V. *Primula* ; Primevere.

PALM TREE, PALMETTO { Voy. *Palma Prunifera* ; Palmier nain.

PANIC. V. *Panicum Italicum* ; le Panis.

PANICLE. Panicule.

PANIES. Voy. *Viola Tricolor* ; Violette à trois couleurs, *ou* Pensée.

PAPAW. V. *Carica* ; Papaie.

PAPPOSE PLANTS. Plantes succulentes.

PARADISE APPLE. Voy. *Malus Pumila* ; Pommier du Paradis.

PARASITICAL PLANTS. Plantes parasites.

PARK LEAVES. Voy. *Hypericum Androsæmum* grand Millepertuis en arbrisseau, *ou* la Toute-Saine.

PARSLEY. Voy. *Apium* ; Persil.

PARSLEY, the BASTARD. V. *Caucalis* ; Persil bâtard.

PARSLEY, the FOOL'S. Voy. *Æthusa* ; petite Ciguë.

PARSLEY, the MOUNTAIN. V. *Athamanta* ; Persil de montagne, *ou* le Méum des boutiques.

PARSLEY, the WILD MILKY. Voyez *Selinum* ; Persil laiteux, ou Persil de Marais.

PARSLEY, the MACEDONIAN. V. *Bubon* ; Persil de Macédoine, *ou* Férule.

PARSNEP. Voyez *Pastinaca* ; Panais.

PARSNEP, the COWS. Voyez *Sphondylium* ou *Heracleum* ; Persil-de-Vache.

PARSNEP, the PRICKLY-HEADED. V. *Echinophora* ; Panais épineux.

PARSNEP, the WATER. Voy. *Sium* ; Chervi, Panais aquatique.

PASQUE FLOWER. Voy. *Pulsatilla* ; Pulsatille, Fleur-de-Pàques, l'Herbe-au Vent, *ou* Coquelourde.

PASSION FLOWER. V. *Passiflora* ; Fleur-de-la-Passion.

PASTURE. Pâture, *ou* paturage.

PATIENCE. V. *Rumex* ; Patience ; Oeille.

PEA. Voyez *Pisum* ; Pois.

PEACH. V. *Persica* ; Pêcher.

PEACH, the WOLF'S Voyez *Lycopersicon*.

PEAR-TREE. Voyez *Pyrus* ; Poirier.

PEAS, EARTH NUT. ⎤ V. *Lathyrus Lati-folius* ; PEAS, EVER-LASTING. ⎦ Gesse à larges feuilles.

PEAS, the HEART. Voyez

Cardiospermum ; Pois - de-Merveille.

PEAS, the PIGEON. V. *Cytisus Caïan* ; Citise-Cajan , Pois-de-Pigeon.

PEAS, the WINGED. V. *Lotus tetragonolobus* ; Lotier rouge *ou* Pois aîlé.

PEDICLE. Pédicule *ou* Pédoncule.

PELLITORY of the WALL. V. *Parietaria*, Pariétaire.

PELLITORY of SPAÏN V. *Anthemis Pyrethrum* Camomille, *ou* Pariétaire d'Espagne.

PELLITORY, the DOUBLE. V. *Achillea* ; Millefeuille.

PENGUIN. V. *Karatas* ; Ananas sauvage.

PENNYROYAL. Voy. *Pulegium cervinum* ; Pouillot à feuilles étroites.

PENNY WORT. V. *Cotyledon* ; Nombril-de-Vénus.

PENNY-WORT, the MARSH. Voy. *Hydrocotyle.*

PEONY. V. *Peonia* ; Pivoine *ou* Pionne.

PEPPER, the JAMAÏCA. Voy. *Caryophyllus Pimento* ; Poivrier de la Jamaïque , *ou* Piment.

PEPPER, the POOR MAN'S. Voy. *Lepidium* ; Poivrée, *ou* Poivre-à Pauvre-Homme.

PEPPER, the INDIAN. Voyez *Capsicum* ; Poivre d'Inde *ou* de Guinée.

PEPPER, the WALL. Voyez *Sedum acre* ; petit Sédon à fleurs jaunes, *ou* Poivre de muraille, la Vermiculaire brûlante.

PEPPER, the WATER. Voy. *Persicaria*, ou *Polygonum Lapathi-folium*; Poivre d'eau.

PEPPER MINT. V. *Mentha Piperita* ; Menthe Poivre.

PEPPER-WORT. V. *Lepidium* ; Poivrée, Passerage *ou* Cresson.

PERENNIAL PLANTS. Plantes vivaces.

PERIWINKLE. V. *Vinca* ; Pervenche.

PESTILENCE-WORT. V. *Petasites*, ou *Tussilago* ; Pétasite, Herbe-aux-Teigneux.

S. PETER'S-WORT. V. *Ascyrum* & *Hypericum* ; Herbe-de-Saint-Pierre.

PETTY-WHIN. V. *Ulex* ; petit Houx ; *Ononis spinosa*, Anonis épineux.

PHEASANT'S EYE. V. *Adonis* ; Œil-de-Faisan.

PHEASANT's-EYE. PINK. V. *Dianthus* ; Œillet, Œil-de-Faisan.

PHYSIC NUT. Voy. *Jatropha multifida* ; Noix Médicinale françoise d'Amérique, Ricinoïde.

PIGEON PEA. V. *Cytisus Caïan*; Cytise Cajan , Pois-de-Pigeon.

PILEWORT. V. *Ranunculus* ; Renoncule, scrotulaire.

PIMENTO, *or* JAMAÏCA PEPPER. V. *Caryophyllus Pimento*; Piment *ou* Poivrier de la Jamaïque.

PIMPERNEL, Voy. *Anagallis* ; Mouron.

PIMPERNEL, the WATER. V. *Samulus* ; Pimprenelle aquatique.

PIMPILLO. V. *Opuntia Curassavica* ; Peloton garni d'épine, *ou* le plus petit Opuntia de Curaçao.

PIMPINEL. V. *Pimpinella* & *Sanguisorba* ; Pimprenelle.

PINEASTER. V. *Pinus sylvestris*; Pin.

PINE-APPLE.

PINE-APPLE. Voy. *Ananas* ; Ananas.

PINE, the DWARF. V. *Teucrium Chamæpytis* ; Ivette commune & jaune.

PINE-TREE. V. *Pinus* ; Pin.

PINE, the WILD. V. *Karatas* ; Ananas sauvage.

PINK. V. *Dianthus* ; Œillet.

PIPE TREE. Voyez *Syringa* ; Lilas.

PIPE, the PUDDING. V. *Caffia fiftula* ; Caffe purgative d'Alexandrie, *ou* Caffe-des boutiques.

PIPERIDGE TREE. V. *Berberis* ; Epine-Vinerre.

PISHAMIN, *or* PERSIMON. Voy. *Diofpiros* ; Datte des Indes, Plaque-minier, Gayac du Japon, Pis hamin, Perfimon, *ou* Prune de Pitchumon.

PISTACIA ; PISTACHIER.

PITCH-TREE. Voyez *Platanus* ; Platane.

PLANE-TREE, the FALSE. Voy. *Acer* ; Erable.

PLANT. V. *Planta* ; Plante.

PLANTAIN.
PLANTAIN, the BUCKSHORN. V. *Plantago* ; Plantain.

PLANTAIN TREE. Voy. *Mufa* ; Bananier.

PLANTAIN SHOT. Voy. *Canna* ; Canne *ou* Roleau.

PLANTING. Planter.

PLANTING REVERSE, Planter en fens contraire.

PLIANT-MEALLY TREE. Voyez *Viburnum* ; Viorne.

PLOWING, *or* PLOUGHING of LAND. Labour.

PLOWMAN'S-SPIKENABD. Voy. *Conyfa* ; Afpic *ou* Lavande du Laboureur.

PLUM-TREE. Voy. *Prunus* ; Prunier.

Tome VIII.

PLUM, the AMERICAN.
PLUM, the BLACK. V. *Chryfobolanus* ; Prunier-Coco, Icaque, Prunier-des-Afnes, Icaco.

PLUM, the HOG. Voy. *Spondias* ; Prune noire d'Amérique Monbin, efpece de Mirobolan.

PLUM, the MAIDEN. V. *Chryfobolanus* ; Prunier-Coco.

PLUM, the INDIA DATE. Voy. *Diofpyros* ; Datte des Indes, Prune de Pitchumon.

POCCOON. V. *Sanguinaria* ; la plus grande Eclair.

POCKWOOD. Voy. *Guajacum* ; Gayac.

POETS ROEMARY. Voy. *Cafia*, *ou Ofyris* ; Cafie-des Poëtes.

POISON ASH.
POISON OAK. V. *Toxicodendrum* ; Vernis *ou* Arbre à Poifon.

POISON BUSH. V. *Tithymalus* ; Tithymale, *ou* Epurge.

POKE, *or* PORK PHYSIC. Voy. *Phytolacca* ; Raifin d'Amérique.

POLEY-MOUNTAIN. V. *Polium* ; Polium de montagne.

POLYANTHUS. Voyez *Primula* ; Primevere.

POLYPODY. Voy. *Polypodium* ; Polypode.

POMEGRANATE V. *Punica* ; Grenadier à fruit.

PONDWEED. V. *Potamogeton*, *ou Rumex aquaticus* ; Patience de Marais, *ou* la Pareille.

POOR MAN's-PEPPER. Voyez *Lepidium* ; Poivrée, *ou* Poivre à-Pauvre-Homme.

POPLAR-TREE. Voy. *Populus* ; Peuplier.

POPY. Voy. *Papaver* ; Pavot.

POPPY, the HORNED. V. *Chelidonium glaucum* ; Pavot cornu, à fleur jaune.

k

POPPY, the PRICKLY. Voyez *Argemone*; Pavot épineux, *ou* Pavot du Mexique.

POPPY, the SPATLING. Voyez *Cucubalus latí-folius*; Pavot baveux.

POTATO, the SPANISH. V. *Convolvulus Batatas*; Patates d'Espagne, Liseron à petites racines bulbeuses.

POTATOES. Voyez *Lycopersicum tuberosum*; Pomme-de-Terre.

PRICKLY PEAR. Voyez *Opuntia & Cactus*; Poire épineuse, Raquette.

PRICK-MADAM. V. *Sedum minus* ou *album*. Trique-Madame, *ou* petite-Joubarbe.

PRICK TIMBER. V. *Evonymus*; Fusain, Bonnet-de-Prêtre, Bois-de-Chien.

PRIEST's-PINTLE. Voy. *Arum*; Pied-de-Veau.

PRIMROSE|V. *Primula*, Primevere.

PRIMROSE, the NIGHT. PRIMROSE-TREE. V. *Œnothera*; l'Herbe-aux-Asnes, *ou* Prime-vere en arbre.

PRIVET. V. *Ligustrum*; Troêne.

PRIVET, the MOCK. Voy. *Phillyrea*; Filaria.

PRUNING. Elaguage; Taille des Arbres.

PUDDING GRASS. Voyez *Pulegium*; Pouillot.

PUDDING-PIPE-TREE. V. *Casia*, ou *Osyris*; Casie des Poëtes.

PUMKIN. V. *Pepo*; Citrouille.

PURGING-NUT. Voy. *Jatropha*; Noix purgative.

PURPLEWORT. Voy. *Tri-folium rubens*; le Treffle rouge.

PURSLANE. Voyez *Portulacca*; Pourpier.

PURSLANE, the SEA. V. *Atriplex & Chenopodium*; pourpier de mer, Arroche.

Q.

QUAKING GRASS. Voy. *Gramen Tremulum maximum*.

QUEEN's GILLI FLOWER. Voy. *Hesperis*; Violier des Dames, Raquette, Julienne, *ou* Alliaire.

QUEEN of the MEADOW. Voy. *Spiræa Ulmaria*; Reine-des-Prés, *ou* Barbe-de-Chevre.

QUICK. Voy. *Mespilus*.

QUICKBEAM. QUICKEN TREE. Voy. *Sorbus*; Sorbier, Cormier.

QUINCE TREE. Voy. *Cydonia*; Cognassier.

QUINCUNX. Quinconce.

R.

RADIATED FLOWERS. Fleurs radiées.

RADISH. V. *Raphanus*; le Raifort *ou* Radix.

RADISH, the HORSE. Voyez *Cochlearia Armoracia*; Grand Raifort sauvage, *ou* le Cran.

RAGGED ROBIN. Voy. *Lychnis flosculi*; Lychnis des prés, la Maglonette, *ou* Robin en lambeaux.

RAGWORT. V. *Othonna*; Herbe à Chiffons, espece de Jacobée.

RAIN. Pluie.

RAINBOW. L'arc en ciel.

RAMPION. V. *Campanula Rapunculus*; Raiponce.

RAMPION WITH SCABIOUS HEADS. Voy. *Jasione* ; Raiponce à tête de Scabieuse.

RAMSONS. V. *Allium Ursinum*; Ail sauvage, à larges feuilles.

RAPE. V. *Rapa*; Rave *ou* Navet.

RAPE, the BROOM V. *Orobanche* ; Rave sauvage à balai, *ou* l'Orobanche.

RAPE, the WILD. V. *Sinapis nigra* ; Rave sauvage.

RASP-BERRY. Voy. *Rubus*; la Ronce , *ou* Framboisier.

RATTLE-GRASS V. *Rhinanthus*; Herbe-aux-Poux , Crête-de-Coq.

REDWOOD. Voy. *Ceanothus arborescens* ; Céanothus , nommé *Bois rouge* ou *Bois de sang.*

REED. Voy. *Arundo*; Canne *ou* Roseau.

REED, the INDIAN FLOWE-RING. Voy. *Canna* ; Roseau fleuri des Indes , Balisier, *ou* Canne d'inde.

REST-HARROW. Voy. *Ononis*; Arrête Bœuf, *ou* Bugronde.

RHUBARB. V. *Rheum Rhaponticum* ; Rhubarbe.

RHUBARB , the MONK'S. V. *Rumex Alpium*; Rhubarbe des Moines.

RIBWORT. V. *Plantago* ; Plantain.

RICE. V. *Oryza* ; Riz.

RIPENING of FRUIT. Méthode pour se procurer des fruits primeurs.

ROBIN WAKE. V. *Arum*; Pied-de-Veau.

ROCKET. Voy. *Eruca* ; la Roquette.

ROCKET , the CORN. V. *Bunias Erucago* ; Masse-à-Bedeau , Roquette des Champs.

ROCKET , the GARDEN. Voy. *Hesperis matronalis* ou *alba* ,
Julienne *ou* Julianne.

ROCKET, the WINTER. Voy. *Sisymbrium*; Roquette d'hiver.

ROCK-ROSE. V. *Cistus* ; Ciste.

ROOTS. Racines.

ROSE BAY. V. *Nerium* ; Laurier-Rose.

ROSE-BAY , the MOUNTAIN. V. *Kalmia* ; Laurier-Rose de montagne.

ROSE-CAMPION. V. *Agrostemma*; Lychnis sauvage.

ROSEMARY. Voy. *Rosmarinus* ; Romarin.

ROSE of JERICHO. V. *Anastica* ; la Rose de Jéricho.

ROSE-ROOT. V. *Semper-Vivum*; Joubarbe.

ROSE , the CHINA. V. *Hibiscus Sinensis* ; Rose de la Chine.

ROSE , the GELDER. V. *Viburnum Opulus* ; Rose de Gueldre , Obier, Pelotte-de-Neige.

ROSE , the ROCK. V. *Cistum* ; Ciste.

ROSE , the SOUTH-SEA. Voy. *Nerium Indicum*; Laurier-Rose , *ou* Rose de la Mer du Sud.

ROSE-TREE. V. *Rosa* ; Rosier.

RUE. Voy. *Ruta* ; Rue.

RUE , DOG'S Voy. *Scrophularia Canina*; Scrophulaire commun , appelé *Rue-de-Chien*.

RUE , the GOAT'S. Voy. *Galega*; Rue-de-Chevre , *ou* Galéga.

RUE , the MEADOW. V. *Thalictrum* ; Rue des-Prés , le Pigamon , Racine-d'Or , *ou* le Thalictron.

RUE, the SYRIAN. V. *Peganum* ; Rue-sauvage de Syrie , *ou* l'Armel.

RUE , the WALL. Voy. *Ruta Muraria* ; Rue-de-Muraille.

RUPTURE-WORT. Voyez

Herniaria ; l'Herniaire.

RUSH. Voy. *Juncus* ; Jonc.

RUSH , the FLOWERING. Voy. *Butomus* ; Jonc fleuri, *ou* Glayeul aquatique.

RYE. Voy. *Secale* ; Seigle.

RYE-GRASS. V. *Gramen* ; Ivraie, Chiendent, Herbe à Seigle, Raigras.

S.

SAFFRON. V. *Crocus* ; Safran.

SAFFRON , the BASTARD. V. *Carthamus* ; Carthame , *ou* Safran bâtard.

SAFFRON , the MEADOW. V. *Colchicum* ; Colchique *ou* Safran des prés.

SAGE. V. *Salvia* ; Sauge.

SAGE of JERUSALEM. Voyez *Phlomis* ; Sauge en arbriffeau, *ou* Sauge de Jerufalem.

SAGE, the INDIAN WILD. V. *Lantana Camara* ; Viorne d'Amérique, à feuilles de Sauge.

SAGE, the WOOD. Voy. *Teucrium* ; Sauge fauvage , Germandrée en arbriffeau, Ivette, Chamædris.

SAGE TREE. Voy. *Phlomis* ; Sauge en arbriffeau.

SAINFOIN. Voy. *Onobrichis* ; Sainfoin ; Voyez *Hedyfarum*.

SALLOW. V. *Salix* ; Saule.

SALOMON'S SEAL Voy. *Convallaria* ; Sceau de Salomon , Lis des vallées , Muguet.

SALT. Sel.

SALTWORT. Voyez *Salicornia* & *Salfola* ; Salicorne , Soude.

SAMPHIRE. V. *Crithmum* ; Perce-Pierre , Fenouil Marin , Bacille , Herbe de Saint-Pierre, Crift-Marine.

SAND. Sable.

SANICLE. V. *Saxifraga* ; Saxifrage , Sanicle.

SANICLE , the BEAR'S EAR. V. *Cortufa* ; Sanicle d'Oreille-d'Ours , Cortufe.

SAP. Séve.

SAPPADILLA. V. *Chryfophyllum* ; Arbre qui produit la Pomme étoilée.

SARACENS CONSOUND. Voy. *Solidago* ; Verge-d'Or.

SASSAFRAS. Voy. *Laurus Saffafras* ; Laurier-Saffafras.

SATIN , the WHITE. V. *Lunaria annua* ; grande Lunaire, Bulbonic.

SATYRIUM. Voy. *Orchis* ; Satyrion.

SAUCE-ALONE. Voy. *Eryfimum Alliara* ; Alliaire , Violette des Dames , à odeur d'Ail.

SAVIN. Voy. *Juniperus Sabina* ; Savinier, *ou* Sabine.

SAVIN, the INDIAN. V. *Bauhinia* ; Savinier *ou* Sabine des Indes , *ou* la Bauhin.

SAVORY. Voyez *Satureïa* ; Sarriette.

SAW-WORT. Voy. *Serratula* ; Herbe-à-fcie , *ou* Sarrette.

SAXIFRAGE. Voy. *Saxifraga* ; Saxifrage.

SAXIFRAGE , the BURNET. V. *Pimpinella* ; Boucage.

SAXIFRAGE , the GOLDEN. Voy. *Chryfofplenium* ; Scolopendre , Saxifrage-d'Or.

SAXIFRAGE, the MEADOW. V. *Peucedanum* ; Fenouil-de-Porc , l'Herbe-au-Soufre , Queue-de-Pourceau , *ou* Saxifrage de Prairie.

SCABIOUS. V. *Scabiofa* ; Scabieufe.

SCARLET CARDINAL - FLO-
WER. V. *Rapuntium Cardi-
nalis*; Fleur Cardinale.

SCARLET LYCHNIS. Voy. *Lychnis Chalcedonica*; Croix - de -
Jérusalem, *ou* Fieur de Conf-
tantinople.

SCARLET OAK. Voy. *Quercus
rubra*; Chêne écarlate.

SCIATICA CRESS. Voy. *Lepidium Virginicum*; Creffon
fciatique.

SCORCHING FENNEL. Voyez
Thapfia; la Thapfie, Maleherbe, *ou* Turbith végétal.

SCORPION-GRASS, *or* CATER-
PILLAR. Voyez *Scorpiurus*;
Queue-de-Scorpion, *ou* Che-
nille.

SCORPION SENNA. Voyez
Emerus; Séné-de-Scorpion,
Baguenaudier des Jardiniers.

SCULL-CAP. V. *Scutellaria*; la
Toque.

SCURVY-GRASS. V. *Cochlearia*;
l'Herbe-aux-Cuillers.

SEA-BUCKTHORN. V. *Hippo-
phae*; le Ramnoïde.

SEA-CABBAGE. Voy. *Crambe*;
Chou Marin.

SEA-COLEWORT. V. *Convo'vu-
lus Soldanella*; Chou de Mer,
Soldanelle.

SEA LAVENDER. V. *Limonium*;
Lavande de mer.

SEA-PINK. V. *Statice*; Œillet
Marin, Gafon d'Olympe,
Statice, *ou* l'Herbe à fept têtes.

SEEDS Semences.

SEGMENTS. Segments *ou* parties.

SELF-HEAL. V. *Prunella*; Bru-
nelle *ou* Sanicle.

SEMINARY. Séminaire, lieu
propre à femer *ou* à ferrer
des graines.

SEMINAL LEAVES. Feuilles
féminale.

SENGREEN, *or* HOUSLEEK.
Voyez *Sedum* & *Semper
Vivum*; Joubarbe *ou* Sédum.

SENNA, the BASTARD. Voyez
Caffia; Caffe *ou* Séné fauvage.

SENNA, the BLADDER. Voyez
Colutea; Séné en veffie, *ou*
faux Séné.

SENNA, the JOINTED-POD-
DED. Voyez *Coronilla*; Coronille.

SENNA, the SCORPION. Voy.
Emerus; Séné de Scorpion,
Baguenaudier des Jardiniers.

SENSITIVE PLANT. V. *Mimofa
Senfitiva*; Senfitive.

SERMOUNTAIN. V. *Laferpitium*;
le Lafer.

SERPENT'S-TONGUE. V. *Ophio-
gloffum*; Langue-de-Serpent,
ou l'Herbe-fans Coûture.

SERVICE, the WILD. V. *Cratægus*; Alifier.

SERVICE-TREE. V. *Sorbus*; le
Sorbier.

SETTER-WORT, *or* BEAR'S-
FOOT. V. *Helleborus fœtidus*;
Hellébore puant.

SETWELL. V. *Valeriana*; Valérienne.

SHADDOCK. V. *Aurantium De-
cumana*; Pompelmous, *ou*
Chadock, efpece d'Orange.

SHAVE-GRASS. Voyez *Equife-
tum*; Prêle, *ou* Queue-de-
Cheval.

SHEPHERD'S-NEEDLE. Voyez
Scandix; Aiguille *ou* Peigne-
de-Vénus, Cerfeuil *ou* Chervi.

SHEPHERD'S-POUCH. V. *Alyffum*; *ou* *Thlafpi Burfa Pafto-
ris*; Bourfe-à-Pafteur.

SHEPHERD'S STAFF. V. *Diofa-
cus Pilofus*; Verge-à-Paf-
teur, *ou* Chardon à Foulon
fauvage.

SIDE-SADDLE FLOWER. Voy.

Sarracenia ; Fleur de Selle-de-Femme.

SILK—GRASS. V. *Alve & Apocynum* ; Herbe à Soie, Aloës & Apocin.

SILK—GRASS of VIRGINIA. V. *Periploca* ; Soie de Virginie, Apocin.

SILVER BUSH. Voy. *Anthyllis Barba Jovis* ; Barbe-de-Jupiter, Arbuste d'argent, Vulnéraire barbu, *ou* Ebénier en arbrisseau.

SILVER-TREE. Voyez *Protea* ; Arbre argenté.

SILVER-WEED V. *Potentilla Argentea* ; Quintefeuille argentée.

SKIRRET. V. *Sium* ; Chervi.

SLIPPER, the LADY'S. Voy. *Cypripedium* ; Sabot - de - la - Vierge.

SLOE-TREE. V. *Prunus sylvestris* ; Prunier sauvage.

SMALLAGE. V. *Apium graveolens* ; Ache *ou* grand Persil.

SNAIL TREFOIL. V. *Medicago* ; Luserne.

SNAKEWEED. V. *Bistorta* ; la Bistorte.

SNAKEROOT. Voy. *Aristolochia Serpentaria* ; Aristoloche de Virginie.

SNAKEROOT, the RATTLE. Voy. *Polygala Senega* ; Racine de Serpent à sonnettes du Sénégal.

SNAPDRAGON. V. *Antirrhinum* ; Muffle-de-Veau.

SNAPDRAGON of AMERICA. V. *Ruellia* ; Muffle-de-Veau de l'Amérique.

SNAP-TREE. V. *Justicia*.

SNEEZE-WORT. Voyez *Achillea Ptarmica* ; Eupatoire de Mésué, *ou* l'Herbe à éternuer.

SNOWDROP. Voy. *Galanthus* ; Perce-neige.

SOLDANEL. V. *Soldanella* ; Soldanelle.

SOLDIER, the FRESH—WATER. Voyez *Stratiotes* ; Aloës de Marais.

SOLSTICE. Solstice.

SOPEBERRY. Voy. *Sapindus* ; l'Arbre à baies de savon, arbre aux savonnettes, *ou* Savonnier.

SOPEWORT. Voy. *Saponaria* ; Herbe à Savon, Saponaire *ou* Savonnaire.

SORREL. V. *Acetosa* ; l'Oseille.

SORREL, the INDIAN. Voy. *Hibiscus Gossipi—folius* ; Ketmie *ou* Oseille des Indes.

SORREL, the WOOD. V. *Oxalis* ; Oseille sauvage.

SOURSOP. V. *Annona muricata* ; Annone dont le fruit est acide.

SOUTHERN-WOOD. V. *Abrotanum* ; Armoise.

SOWBREAD. V. *Cyclamen* ; Pain de Pourceau.

SOW THISTLE, V. *Sonchus* ; Laitron. Chardon de Pourceau.

SPANISH ARBOR - VINE. V. *Convolvulus*.

SPANISH BROOM. Voyez *Genista florida*, & *Spartium Junceum* ; Genêt d'Espagne.

SPANISH ELDER. V. *Saururus* ; Queue-de-Lézard, Sureau d'Espagne.

SPANISH MARJORAM. Voyez *Urtica Dodartii* ; Ortie à Pillules, nommée *Marjolaine d'Espagne*.

SPANISH-NUT. V. *Sisyrinchium bulbosum* ; Bermudienne bulbeuse.

SPANISH PICKTOOTH. Voyez *Daucus Mauritamus* ; Carotte d'Espagne.

SPANISH ROSEMARY. Voyez

Passerina ; Saffamoude, Ro—marin d'Efpagne.

SPARROW GRASS. V *Afpara-gus* ; Afperge.

SPATLING POPPY. V. *Cucubalus lati-folius* ; Pavot baveux.

SPEARAGE. Voyez *Afparagus* ; Afperge.

SPEAR-MINT. Voyez *Mentha viridis* ; Menthe.

SPEAR , the KING'S. Voyez *Afphodelus* ; Afphodele, Lan-ce-de Roi.

SPEAR-WORT. V. *Ranunculus fanguineus* ; Renoncule à fleur couleur de fang.

SPEEDWELL. Voy. *Veronica* ; Véronique.

SPIDERWORT. V. *Phalangium* & *Ephemerum* ; l'Herbe - à - l'Araignée.

SPIGNEL. Voy. *Athamanta* ; le Méum des boutiques.

SPIKE LAVENDER. V. *Lavendula fpica* ; Lavande.

SPINACH. Voy. *Spinacia* ; Epi-nard.

SPINDLE-TREE. V. *Evonymus* ; Fufain , Bonnet-de-Prêtre , ou Bois-de-Chien.

SPINDLE-TREE, the AFRICAN. Voy. *Celaftrus* ; Fufain d'A-frique , ou Bois à bâton.

SPLEENWORT. V. *Afplenium* ; Cétérach , Capillaire com-mun , Polytrie, Sauve-vie , ou la Doradille.

SPLEENWORT the ROUGH. V. *Lonchitis* ; Lonchite.

SPOONWORT. Voy. *Cochlearia* ; l'Herbe aux Cuillers.

SPURGE LAUREL. V. *Daphne* ; Laurier d'Epurge , Auréole , Garou.

SPURGE OLIVE. Voy. *Daphne Cneorum* ; Epurge à feuilles d'Olivier.

SPURRY. Voy. *Arenaria* ; efpece d'Hépatique.

SQUASHES. Voy. *Cucurbita* ; Po-tyron , Courge ou Callebaffe.

SQUILL. Voy. *Scilla* ; Squille ou Scille , Oignon de Mer.

STAGSHORN-TREE. Voy. *Rhus* ; Sumach.

STAMINA. Etamines.

STAR-APPLE. V. *Chryfophyllum* ; Arbre qui produit la Pomme étoilée.

STAR FLOWER. V. *Melianthium* ; Fleur à étoile.

STAR HYA-CINTH. STAR of BETH-LEHEM. STAR of NA-PLES. } Voy. *Ornithogalum* ; Etoile de Bethléhem , ou Jacinthe du Pé-rou.

STAR THISTLE. Voy. *Centaurea Sphæro — cephala* ; Chardon étoilé.

STARWORT. Voy. *After* ; Aftre ; Herbe-à-l'Etoile.

STARWORT, the YELLOW. Voy. *Inula Mariana* ; Enule du Ma-ryland.

STATUES. Statues , ornement de Jardin.

STELLATE PLANTS. Plantes ra-diées ou étoilées.

STICKADORE. V. *Stæchas* ; La-vande de France, ou Caffidony.

STINKING BEAN-TREFOIL. Voy. *Anagyris* ; Féve de Treffle puant , ou Bois puant.

STOCK GILLIFLOWER. V. *Cheiranthus* ; Girofflier, Violier.

STOCK — GILLIFLOWER , the DWARF. Voy. *Hefperis* ; Ro-quette , Julienne.

STONE-BREAK. V. *Alchemilla*.... Saxifrage.

STONE CROP. V. *Sedum album* ; petite Joubarbe, ou Trique-Madame.

STONE-CROP-TREE. V. *Cheno-podium fruticosum ;* Arroche en arbrisseau du Mexique.

STORAX, the LIQUID. V. *Liqui-dambar ;* Arbre de Storax.

STORAX-TREE. V. *Styrax ;* Storax en arbre.

STOVE ; serre chaude, serre à fourneau.

STRAW-BERRY. Voy. *Fragaria ;* Fraisier.

STRAW-BER-RY BLITE. STRAW-BER-rySPINACH. } V. *Blitum capita-tum ;* Epinard-Fraise.

STRAW-BERRY-TREE. V. *Arbu-tus ;* Arbousier, Arbre à Fraise.

STYLE. V. *Stylus ;* Style.

SUCCORY. V. *Cichorium ;* Chico-rée ; Endive.

SUCCORY, the GUM. V. *Chon-drilla ;* Cartilage , Chicorée de Gomme , *ou* Chondrille.

SUGAR-CANE. Voy. *Saccharum ;* Canne à sucre.

SUGAR MAPLE. V. *AcerSaccha-rinum ;* Erable à sucre.

SULPHUR-WORT. V. *Peuceda-num ;* l'Herbe-au-Soufre, Fe-nouil-de-Porc, *ou* Queue-de-Pourceau.

SULTAN-FLOWER. V. *Centaurea Moschata ;* Centaurée , *ou* Bluet du Levant , Sultan doux, Ambrette , *ou* Fleur du grand Seigneur.

SUMACH, the MYRTLE-LEAVED. Voyez *Coriaria ;* Sumach , *ou* Rondon à feuilles de Myrte, l'arbre à tanner les cuirs.

SUMACH. SUMACH, the TANNERS. SUMACH, the VENITIAN. } V. *Rhus Cotinus ;* Sumach ; Arbre à tanner les cuirs.

SNOWDROP-TREE. Voy. *Chio-nanthus ;* Snaudrap , Arbre-à-Franges , Arbre-de-Neige ,

Amelanchier de Virginie.

SUMMIT of FLOWERS. Sommets *ou* antheres.

SUN. Soleil.

SUN-DEW. V. *Drosera ;* Rosée-du Soleil , *ou* Rossolis.

SUN-FLOWER. V. *Helianthus ,* Soleil, Tournesol , Fleur-du-Soleil.

SUN-FLOWER , the DWARF. V. *Rudbeckia ;* Tournesol nain.

SUN-FLOWER , the WILLOW-LEAVED. V. *Helenium ;* Enule-campane, & Fleur-du-Soleil bâtarde.

SUN-SPURGE. V. *Euphorbia.....* Euphorbe *ou* Tithymale.

SWALLOW-WORT. Voy. *Ascle-pias ;* Dompte-Venin, Apocin, Soyeuse.

SWEET-APPLE. Voyez *Annona Africana ;* Annone d'Afrique à fruit doux , *ou* la Pomme douce.

SWEET-JOHNS. SWEET-WIL-LIAM. } V. *Dianthus Barbatus ,* & *prolifer ;* Œillet barbu *ou* Œillet-de-poëte de jar-din , Œillet prolifere.

SWEET WILLIAM of BARBA-DOES , Voy. *Ipomœa ;* Qua-moclite.

SWEET WILLOW. V. *Myrica ;* Myrte à chandelle , Gale , Saule doux.

SWINES CRESS. Voy. *Cochlearia Armoracia ;* l'Herbe-aux-Cuillers, grand Raifort sau-vage , *ou* Cresson de Cochon.

SYCAMORE. SYCAMORE, the FALSE. } V. *Acer Pseu-do-Platanus ;* grand Erable, faux Platane, Sycomore.

TAMARIND.

T.

TAMARIND. Voy. *Tamarindus* ; Tamarin *ou* Tamarinier.

TAMARISK. V. *Tamrix* ; Tamarix.

TAN. Tan *ou* Tannée.

TANSEY. Voy. *Tanacetum* ; Tanaisie, le Coq, *ou* Côte-de-Marie, l'Herbe-au-Coq, *ou* la Menthe Coq.

TANSEY, the WILD. Voyez *Potentilla Anserina* ; Argentine, *ou* Tanaisie sauvage.

TARE. V. *Vicia sativa* ; Vesce ordinaire de Jardin, Vesce cultivée souvent, nommée *Ivraie*.

TARRAGON. Voyez *Abrotanum* ; Santoline, Garde Robe.

TEASEL. V. *Dipsacus* ; Chardon-à-Foulons.

TEA, the SOUTH SEA. Voyez *Cassine* ; Thé de la Mer Méridionale.

THERMOMETER. Thermometre.

THISTLE. V. *Carduus* ; Chardon.

THISTLE, the BLESSED. Voyez *Centaurea Benedicta* ; Chardonbéni.

THISTLE, the CARLINE. V. *Carlina* ; Chaméléon, *ou* Carline.

THISTLE, the DISTAFF. THISTLE, the FISH. Voy. *Atractylis* Chardon en Quenouille.

THISTLE, the FULLER's. Voyez *Dipsacus* ; Chardon-à-Foulons.

THISTLE, the GLOBE. Voyez *Echinops* ; Chardon globulaire, la Bolette, *ou* l'Echinope.

THISTLE, the LADIES. Voyez *Carduus Marianus* ; Chardon-Marie.

Tome VIII.

THISTLE, the MELANCHOLY. Voy. *Carduus Cirsium* ; Chardon mou & doux d'Angleterre.

THISTLE, the MELON. Voyez *Cactus Melocactus* ; Melon épineux.

THISTLE, the MILK. Voy. *Carduus Marianus* ; Chardon-Marie, *ou* Chardon laiteux.

THISTLE, the SOW. Voy. *Sonchus* ; Chardon-de-Pourceau, *ou* le Laitron.

THISTLE, the STAR Voy. *Centaurea Sphæro-Cephala*. Chardon étoilé.

THISTLE, the TORCH. V. *Cactus* ; Cierge épineux.

THORN APPLE. Voyez *Datura Stramonium* ; Pomme épineuse.

THORN, CHRIST's. V. *Paliurus* ; Épine de Christ, paliure, *ou* Porte-Chapeau.

THORN COCK-PUR Voyez *Cratægus*, *Crus-Galli* ; Epine, Ergot de Coq, Azerolier de Virginie, Epine luisante.

THORN, the BLACK. V. *Prunus Sylvestris* ; Prunier sauvage.

THORN, the BOX. Voyez *Lycium* ; Jasminoïde ; Jasmin bâtard.

THORN, the EGYPTIAN. Voyez *Mimosa Nilotica*, Acacia, Epine d'Egypte.

THORN, the EVERGREEN. THORN, the GLASTENBURY. Voy. *Mespilus Pyracantha* ; Epine toujours verte, *ou* Buisson ardent.

THORN, the GOAT's. V. *Tragacantha* ; Epine-de-Chevre, Adragant, *ou* Barbe-de-Renard.

THORN, the HAW. Voy. *Cra-*

l

tægus Oxyacantha ; Aubepin , *ou* Aubépine.

THORN , the PURGING. Voy. *Rhamnus Catharticus ;* Nerprun.

THORN , the WHITE. Voyez *Mespilus Cratægus Oxyacantha* ; Epine blanche.

THOROUGH-WAX. V. *Buple-vrum rotundi folium* ; Oreille-de Lievre , *ou* Perce-feuille.

THREE—LEAVED GRASS. V. *Trifolium* ; Trefle.

THRIFT. Voy. *Statice* ; Œillet Marin , Gafon d'Olympe , Statice , l'Herbe à fept têtes.

THROATWORT. V. *Campanula Trachelium* ; Campanule gan-telée , *ou* Gant - de - Notre-Dame.

THUNDER. Le tonnerre.

THYME.

THYME, the   V. *Thymus* ; Thym.
LEMON.

THYME , the MASTICH. Voy. *Satureïa* ; Sarriette.

TICK-SEED. V. *Corifpermum.*

TOAD-FLAX. V. *Linaria* , ou *Dodartia Linaria* ; Lin - de-Crapauds.

TOBACCO. Voyez *Nicotiana* ; Tabac.

TOOTH-PICK. Voyez *Daucus* ; Carotte.

TOOTH-WORT. Voy. *Dentaria* ; la Dentelaire.

TORMENTIL. Voy. *Tormentilla* ; la Tormentille.

TOUCH-ME-NOT. Voy. *Impa-tiens ; noli tangere* ; Balfamine jaune.

TOWER MUSTARD. V. *Turri-tis* ; Moutarde cylindrique , la Tourette.

TRACES. LADY'S. V. *Orchis.*

TRAVELLER'S JOY. Voyez *Clematis Vitalba* , Clématite grimpante , nommée *Viorne* ,

ou *la Joie du Voyageur.*

TREACLE MUSTARD. Voyez *Thlafpi* & *Iberis* ; Moutarde bâtarde.

TREE GERMANDER. Voyez *Teucrium* ; Germandrée en arbriffeau.

TREE of LIVE. Voy. *Thuya* ; Arbre de vie.

TREE , the CHASTE. Voy. *Vi-tex Agnufcaftus* ; l'arbriffeau chafte.

TREE , the CORK. V. *Quercus Suber* ; le Liége.

TREE , the INDIAN GOD. V. *Ficus Relfgiofa* ; Figuier du Malabare , *ou* Figuier des Pagodes.

TREE , the WHITE-LEAF, *or* MEALLY. Voyez *Viburnum Lantana ;* Viorne d'Italie , *ou* Coudre-Mancienne.

TREFOIL. V. *Trifolium* ; Treffle.

TREFOIL. SHRUB. V. *Doryc-nium* & *Ptelea ;* Trefle en arbriffeau.

TREFOIL , the BEAN. Voyez *Cytifus* ; Cytife.

TREFOIL , the BIRD'S FOOT. Voy. *Lotus ;* le Lotier.

TREFOIL , the MARSH. Voy. *Menyanthes* ; Treffle d'eau , le Ménianthe , *ou* l'Herbe-des-Marais.

TREFOIL , the MOON. Voyez *Medica ;* Treffle en forme de lune , Luferne.

TREFOIL , the SNAIL. Voyez *Medicago ;* Treffle *ou* Luferne en limaçon.

TREFOIL , the STAR-HEA-DED.

TREFOIL , the STRAW-BERRY-HEADED.   Voy. *Trifolium fragferum ;* Treffle-Frai-fier.

TRUE-LOVE. V. *Paris*; Raisin-de-Renard; Véritable-Amour.

TRUMPET - FLOWER. Voyez *Bignonia*; Fleur à Trompette, Jasmin écarlate de Virginie.

TRUMPET HONEY SUCKLE. Voyez *Periclymenum*; Chevrefeuille.

TUBEROSE ROOTS. Racines tubéreuses.

TULIP. V. *Tulipa*; Tulippe.

TULIP, the AFRICAN. Voy. *Hæmanthus*; Tulippe du Cap, Fleur-de-Sang.

TULIP-TREE. Voy. *Tulipifera*; Tulippier.

TULIP-TREE, the LAUREL-LEAVED. Voyez *Magnolia*, grand Tulippier à feuilles de Laurier.

TURBITH. V. *Thapsia*; Thapsie, Turbith végétal, Maleherbe.

TURK'S-CAP. V. *Lilium Martagon*; Martagon, Bonnet-de-Turc.

TURK'S HEAD. Voyez *Cactus Melocactus*; gros Melon-Chardon, quelquefois nommé *Bonnet de-Turc*.

TURKY BAULM. Voy. *Dracocephalum Moldavica*; Moldavique *ou* Mélisse des Moldaves.

TURKY WHEAT. V. *Zea*; Bled de Turquie, *ou* Mays.

TURNEP. ⎱ V. *Rapa Napus*;
TURNEP, the ⎰ Naver *ou* Turnipe.
FRENCH.

TURNEP CABBAGE. V. *Brassica*, *Napo-Bassica*; Chou à racine de Navet, Chou Navet, *ou* Chou-Rave.

TURNHOOF, *or* GROUND IVY. Voy. *Glechoma*; Lierre rampant.

TURNSOL. Voy. *Heliotropium* & *Helianthus*; Fleur-du—Soleil, Tournesol.

TURPENTINE, the VENICE. V. *Larix*; Méleze, qui produit la Térébenthine de Venise.

TURPENTINE TREE. V. *Pistacia Terebinthus*; le Térébinthe *ou* Pistachier sauvage mâle & femelle.

TUTSAN. V. *Hypericon Ascyron*; l'Ascirum Hypéricoïdes.

TWYBLADE. V. *Ophrys*, *Nidus avis*; la Double-feuille.

V.

VALERIAN. Voyez *Valeriana*; Valérienne.

VALERIAN, the GREEK. V. *Polemonium cæruleum*; Valérienne grecque.

VAPOUR. Vapeur.

VASES. Vâses, ornemens de jardin.

VEGETABLES. Végétaux.

VEGETATION. Végétation.

VENUS COMB. Voyez *Scandix*; Aiguille *ou* Peigne-de-Vénus, Cerfeuil, Chervi.

VENUS LOOKING-GLASS. V. *Campanula*; *Speculum Veneris*, Campanule érigée, nommée Miroir-de-Vénus.

VENUS NAVELWORT. Voyez *Cynoglossum Linifolium*; Cynoglosse à feuilles de Lin, *ou* Nombril-de-Vénus.

VERVAIN. V. *Verbena*; Verveine.

VERVAIN MALLOW. V. *Alcea*; Passe-Rose *ou* Mauve-Rose.

VETCH. V. *Vicia*; Vesce.

VETCHLING. Voyez *Lathyrus*; Gesse.

VETCH, the BITTER. V. *Orobus*; Orobe.

VETCH, the CHICHLING. | V. *Lathyrus Nissolia*; la Gesse cramoisie.
VETCH, the CRIMSON-GRASS. |

VETCH, the HATCHET. Voy. *Securidaca*; Vesce en forme de hache.

VETCH, the HORSE SHOE. V. *Hippocrepis*; Fer de-Cheval.

VETCH, the KIDNEY. Voyez *Anthyllis Vulneraria*; Vulnéraire, *ou* Vesce en forme de roignon.

VETCH, the LIQUORICE. V. *Glycine*; Réglisse sauvage à racine noueuse, *ou* vesce laiteuse.

VETCH, the MEDICK. Voy. *Astragalus*; Astragale, *ou* Vesce à lait.

VINE. V. *Vitis*; Vigne.

VINE, the BLACK. V. *Tamus*; Bryonne noire, Racine-Vierge, *ou* Sceau de-Notre-Dame.

VINE, the SPANISH ARBOR.

V. *Convolvulus*.

VINE, the WHITE. V. *Bryonia*; Bryonne, *ou* Vigne blanche.

VIOLET. V. *Viola*; Violette.

VIOLET, the DAME'S *or* QUEEN'S. Voyez *Hesperis*; Julienne *ou* Julianne; Violette des Dames.

VIOLET, the BULBOUS. Voy. *Galanthus*; Violette bulbeuse, Perce-Neige.

VIOLET the DOG'S TOOTH. Voy. *Erythronium*; Violette en Dents--de-Chien, *ou* Dents-de-Chien.

VIOLET, the CORN *or* VENUS LOOKING-GLASS. Voyez *Campanula speculum*; Campanule, Miroir-de-Vénus.

VIPER'S BUGLOSS. V. *Echium*; Vipérine.

VIPERS-GRASS, V. *Scorzonera*; Scorsonere.

VIRGIN'S BOWER. V. *Clematis*; Berceau-de-Vierge, Herbe-aux-Gueux, Clematite.

VIRGINIAN ACACIA. Voyez *Robinia*; Acacia de Virginie.

VIRGINIAN SILK. V. *Periploca*; Soie-de-Virginie, Apocin.

W.

WAKE ROBIN. V. *Arum*; Pied-de-Veau.

WALKS. Allées.

WALL-FLOWER. V. *Cheiranthus*; Giroflier *ou* Violier.

WALLS. Murailles.

WALLWORT, *or* DWARF ELDER. V. *Sambucus Ebulus*; Sureau nain *ou* Hieble.

WALNUT. V. *Juglans*, Noyer.

WARTWORT. Voy. *Euphorbia*... Tithymale, *ou* Herbe-à-Verrue.

WATER. Eau.

WATER CALAMINTH. Voyez *Mentha palustris*; Menthe de Marais.

WATER CRESS. V. *Sisymbrium Nasturtium aquaticum*; Cresson d'Eau.

WATER DROPWORT. Voyez *Œnanthe Fistulosa*; Filipendule aquatique.

WATER GERMANDER. Voyez *Teucrium*... Germandrée aquatique.

WATER HEMP AGRIMONY. V. *Bidens*; Chanvre aquatique, Aigremoine.

WATER HOREHOUND. V. *Lycopus*; Marrube aquatique.

WATER LILY. V. *Nymphæa*; Nenuphar, *ou* Lis d'eau.

WATER PARSNEP. Voy. *Sium*; Chervi.

WATER PEPPER. Voyez *Hydropiper*; Poivre d'eau, Persicaire, Cul—Ecorché, Curuge.

WATER VIOLET. V. *Hottonia*; Violier d'eau, *ou* la Plume d'eau.

WAY FARING—TREE. Voyez *Viburnum*; Viorne.

WEATHER. Tems, disposition de l'air.

WEEDS. Herbes sauvages.

WEED, the ⎤ V. *Reseda*, *lu*-
DYERS.   ⎬ *teola*; la Gaude
WELD, *or* | *ou* Herbe à jau-
WOULD.   ⎦ nir.

WEEPING - WILLOW. Voyez *Salix Babylonica*; Saule de Babylone, *ou* Saule pleurant.

WHEAT. V. *Triticum*; Bled, Froment.

WHEAT, the COW. V *Melampyrum*; Bled-de-Vache.

WHEAT, the FRENCH. Voy. *Helxine*. Bled noir, Sarrasin.

WHEAT, the INDIAN. V. *Zea*; Bled d'Inde.

WHINS, *or* GORSE. Voyez *Ulex*; Genêt épineux, petit Houx.

WHICKEN, *or* QUICKBEAM. V. *Sorbus Aucuparia*; Sorbier des Oiseleurs, Arbre à grives, *ou* Cochêne.

WHORTLEBERRY. Voy. *Vaccinium*; Airelle, *ou* Myrtille.

WIDOW WAIL. V. *Cneorum*; Camelée.

WILDERNESS. Quartier désert, lieux écarrés dans un jardin.

WILLIAM, SWEET. V. *Dianthus barbatus*; Œillet barbu, Œillet de Poëte de jardin à larges feuilles.

WILLOW HERB. V. *Lythrum*; la Salicaire.

WILLOW, the DUTCH *or* SWEET. V. *Myrica*; Saule doux, Piment Royal.

WILLOW, the FRENCH. Voy. *Epilobium*; Lierre herbacé *ou* de France.

WILLOW—TREE. Voy. *Salix*; Saule, Osier, Marseau.

WIND. Vent.

WIND FLOWER. V. *Anemone*; Anemone, Fleur - au—vent.

WIND-SEED. V. *Arctotis*; Anémonosperme.

WINE. Vin & liqueurs vineuses.

WINTER ACONITE. V. *Helleborus*; Hellébore noire, *ou* Aconite d'hiver.

WINTER CHERRY. Voyez *Physalis Alkekengi*; Cerise d'hiver, Alkékenge, *ou* Coqueret.

WINTER CRESS. Voy. *Sisymbrium*; Cresson d'hiver.

WINTER GREEN. Voyez *Pyrola*; Verdure d'hiver, la Pyrolle.

WITCH HAZLE. Voy. *Ulmus Scaber* & *Hamamelis*; Noisetier magique, l'Orme à feuilles rudes.

WOAD. Voyez *Isatis*; Pastel *ou* Guede.

WOLFSBANE. Voy. *Aconitum*; Aconite.

WOODBINE. Voy. *Periclymenum vulgare*; Chevrefeuille.

WOODROOF. V. *Asperula*; Hépatique des bois.

WOOD SAGE. Voy. *Teucrium Scorodonia*; Sauge des bois, ou sauvage.

WOOD SORREL. Voy. *Oxalis*; Oseille sauvage.

WOODY NIGHTSHADE. Voy. *Solanum Semper virens*; Solanum en arbrisseau, toujours vert, & à feuilles de Laurier.

WORMWOOD. V. *Absinthium*, Absinthe.

WOUNDWORT. V. *Vulneraria cornicina*; Vulnéraire herbacée.

WOUNDWORT. V. *Solidago*; Verge-d'Or.

WOUNDWORT of ACHILLES. V. *Achillea Clavennæ*, Mille-feuille des Alpes.

Y.

YARROW. V. *Achillea*; Mille-feuille.

YARROW, the WATER. Voy. *Hottonia*; Millefeuille aquatique.

Fin de la Table des noms anglois.

CALENDRIER

CALENDRIER
DES JARDINIERS,

DÉSIGNANT les ouvrages qu'on doit faire chaque mois, dans le Potager, les Jardins à fleurs & à fruits, les Serres & les Pépinieres; apprenant à connoître, 1º. les saisons propres à cultiver les plantes & les fruits les plus délicats, & le tems auquel on doit en fournir les tables; 2º. la saison la plus favorable pour transplanter les arbres, arbrisseaux, plantes, &c. avec l'époque de leur floraison.

PAR PHILIPPE MILLER, Membre de la Société Royale de Londres, de l'Académie des Botanistes de Florence, & directeur du Jardin de Botanique de l'honorable Compagnie des Apothicaires à Chelsea.

Traduit de l'Anglois sur la seizieme Édition, imprimée à Londres 1775, in 8vº.

AVERTISSEMENT.

CE n'est pas seulement à la Cour, & chez les gens du monde, mais c'est aussi dans la République des Lettres, que la mode exerce son empire. Dès qu'un auteur a donné un ouvrage, pour peu que cet ouvrage ait acquis de célébrité, on voit aussi-tôt une foule d'auteurs courir la même carriere, afin de se décorer des mêmes lauriers. A peine le *Citoyen de Geneve* a-t-il fait connoître son *Emile*, qu'aussi-tôt on voit éclore cinquante *Traités sur l'Education*! A combien d'imitations serviles n'avoient déja pas donné lieu les *Dialogues des Morts de* FONTENELLE, & les *Lettres Persannes de* MONTESQUIEU? Il y a plus de soixante ans que MILLER donna son *Calendrier des Jardiniers*; & parce que cet ouvrage eut du succès, (puisque nous le traduisons d'après

A

la feizieme édition) on vit auffi-tôt paroître en Angleterre, en France & en Allemagne, plufieurs ouvrages
avec le titre de *Calendrier des Jardiniers*. M. B R A D L E Y,
Profeffeur de Botanique à Cambridge, fe faifant une gloire
de marcher fur les traces de M I L L E R, écrivit un *Calendrier des Jardiniers*, qu'on a traduit en françois. Le
Manuel des Jardiniers, l'*Avis aux Jardiniers*, le *Bon
Jardinier*, & autres productions femblables, font toutes
venues de la même fource, & ne doivent leur exiftence
qu'au *Calendrier de* M I L L E R. Mais puifque les Jardins
offrent un fi grand nombre de fleurs, pourquoi ne feroit-il
pas permis à tout le monde de s'en pourvoir, quoique
M I L L E R y foit entré le premier, & qu'il ait eu foin
de ne choifir que les plus belles ?

L'intention de l'Auteur de ce *Dictionnaire*, ainfi qu'on
peut le voir dans fa Préface, (1 vol. pag. 33.) étoit
de fondre, dans le corps de l'Ouvrage, fon *Calendrier
des Jardiniers*. Mais ayant confidéré que le *Calendrier* étoit
entre les mains de tout le monde, & qu'en l'inférant
dans les divers articles de fon *Dictionnaire*, cette addition
auroit confidérablement augmenté fon Ouvrage, tandis
qu'il ne cherchoit qu'à le refferrer, à le rendre concis,
& à le renfermer dans des bornes plus étroites, il s'eft
abftenu d'y toucher, & n'en a pas détaché un feul morceau pour en orner fon *Dictionnaire* : " Je me fuis con-
„ duif en cela, dit-il, par l'avis de plufieurs de mes
„ amis, qui m'ont fait obferver que peu de perfonnes
„ aimeroient à parcourir de fi gros volumes, pour y trou-
„ ver des articles qu'on peut fe procurer dans un volume
„ portatif „.

Ce n'étoit point non-plus l'intention du Libraire de
joindre à ce *Dictionnaire* le *Calendrier des Jardiniers*; mais
comme il n'a jamais été traduit en françois, MM. les
abonnés, le connoiffant de réputation, ont prié le Libraire
de le faire traduire, & de ne pas en priver le Public,
puifqu'il trouvoit une occafion favorable de faire connoître cette production, en l'ajoutant, en forme de com-
plément, au *Dictionnaire des Jardiniers*. Ce n'eft donc que
pour fatisfaire aux defirs de Meffieurs les Soufcripteurs,
que nous plaçons ici le *Calendrier*, car s'il eût été traduit nous y euffions renvoyé les Lecteurs.

CALENDRIER DES JARDINIERS.

JANVIER.

Ouvrage à faire dans le Potager.

SI dans ce mois la douceur du tems vous le permet, vous devriez continuer de bêcher & de faire des tranchées, afin d'adoucir la terre, de la def-ferrer, & de la rendre propre aux femailles & aux plantations pour les mois fuivans ; car en expofant ainfi la terre au froid par fillons, elle devient plus douce & plus fertile. Vous pou-vez auffi applanir une grande partie de votre terrein, afin de l'enfemencer, puifqu'il vous faudroit trop de tems pour creufer la terre de la maniere qu'il conviendroit. C'eft pour-quoi ce travail ne doit pas fe faire légérement, comme cela n'arrive que trop fouvent, lorf-que, après la récolte, le tems arrive de fouir la terre. Dans les ados expofés au foleil, dans les bandes fituées le long des murs, des haies, & des palif-fades, vous pouvez, dans ce mois, femer des *radis*, des *ca-rottes* & des *laitues*, en réfer-vant néanmoins les fituations les plus expofées au foleil, pour des *pois* & des plants de *féves*, afin de remplacer les plants des mois précédens. Vous pouvez planter à préfent, c'eft-à-dire,

vers le milieu du mois, les *féves* de *Windfor* & de *Sandwich*, dont la premiere pouffe levera bien & remplacera les *féves* de *Mazagan*, & toutes les autres efpeces qui font de primeur ; & quand celles-ci feront paf-fées, vous y fuppléerez par celles de *Windfor*, dont vous approvifionnerez les tables. Il faut planter les *féves* de *Sand-wich* les premieres, parce qu'é-tant plus dures elles réfiftent plus à la gelée. Cependant aux marchés, les Jardiniers les pré-ferent à celles de *Windfor*, ayant plus d'égard pour la quan-tité que pour la qualité, quoi-que les *féves* de *Windfor* l'em-portent beaucoup pour le fer-vice de la table. Lorfque les *Mazaganes*, & autres féves de primeur, levent, & font hors de terre, vous ferez bien de rapprocher les tiges, le plus qu'il fera poffible, des murs, des haies & des paliffades, au long defquels elles font plan-tées : & fi le froid eft rigou-reux, de les couvrir avec des brins de rofeaux, de fougere & de bruyere, ou avec autre chofe de léger, afin de les mettre à l'abri. Si vous prenez ce foin à propos, vous conferverez vos *fèves* ; autrement elles périront toutes.

Si le froid devenoit exceffif, il feroit à propos de couvrir les pieds de vos *artichaux*, ou avec du tan, ou avec du fumier de cheval, de la litiere, de la fougere, ce que vous pouvez toujours vous procurer très-aifément, afin d'empêcher le froid de pénétrer trop avant dans la terre, & de détruire vos artichaux. L'oubli de cette précaution, a toujours été fatal aux artichaux dans les hivers rigoureux.

Lorfque ce mois devient extraordinairement froid, & que la terre eft gelée fi profondément qu'il n'eft pas poffible de bêcher, ainfi que cela arrive fouvent, vous pouvez charier du fumier & l'étendre fur terre: vous réparerez vos fillons, frotterez & nétoyerez vos femences, préparerez les pieces d'étoffes ou de linge, & les cloux pour les arbres que vous deftinez à fubir la taille le mois fuivant, & tiendrez prêts, pour cet ufage, tous les inftrumens qui fervent au jardinage, afin que vous puiffiez, quand le tems fera adouci, vous trouver débarraffé de ces foins; car la béfogne fera preffante d'un autre côté; & fi vous omettez de faire vos femailles dans ce mois & dans le mois fuivant, fuppofé que le tems vous le permette, votre négligence fera fuivie d'une grande perte dans le printems & l'été fuivant, furtout fi votre terrein eft léger.

Faites des couches chaudes *Janvier.*

pour femer de bonne heure des *concombres*; & comme il eft douteux que vos plants réuffiffent dans cette faifon, furtout dans les mauvaifes années, ou faute d'en avoir pris le foin néceffaire, vous répéterez trois ou quatre fois ce travail, afin que les nouvelles femences puiffent fuppléer à celles qui auront manqué. Il faudroit auffi faire, à trois femaines environ d'intervalle, deux ou trois couches chaudes pour forcer l'*afperge*, & la faire remplacer celles du mois précédent, afin que vous n'en manquiez pas lorfqu'on vous en demandera pendant l'hiver.

Semez du *creffon*, de la *moutarde*, de *petites raves*, des *radis*, des *navets*, & autres petites herbes de falade, dans des couches chaudes tempérées, afin qu'elles pouffent de bonne-heure; car les femences jetées à la volée & en pleine terre dans cette faifon, réuffiffent difficilement. Ceux qui n'ont pas de chaffis pour les abriter, peuvent former des arches ou des cerceaux avec de l'ofier, & les couvrir de nattes : ce qui fuffira, pourvu que le froid foit modéré. Si le froid devenoit plus âpre, jetez de la paille fur vos nattes, afin d'éloigner la gelée; & vous verrez que vos petites falades viendront très-bien dans ces couches chaudes, quoique vos plants ne profiteront pas fi bien que ceux qui feront fous chaffis de verre ou fous cloches.

Enterrez profondément votre *céleri* pour le blanchir, fuppofé que l'air foit doux, & que le terrein ne foit pas trop humide, car les plants de céleri ne peuvent être trop mis à l'abri du froid, & même dans les fortes gelées, on doit couvrir de litiere ou de tan les *celeris* & les *endives* qu'on a enterrés pour blanchir. C'eft le feul moyen de les garantir du froid, & d'être fûr, quand il gêle, de pouvoir en prendre pour votre ufage. Si l'air eft tempéré, profitez-en pour *butter*, c'eft-à-dire, pour donner de la terre à vos pois & à vos féves de primeur, ce qui les préfervera du froid; mais il faut obferver, fi la furface du terrein eft feche, de crainte que l'humidité de la terre ne faffe pourrir cette tendre tige; prenez garde auffi de ne pas enfévelir fous terre la pointe naiffante de ces plants.

C'eft à préfent que vous devez foigneufement couvrir vos couches de *mousserons*, ou avec des chaffis, ou avec de longues pailles fraîches, en écartant promptement l'ancienne; car, dans cette faifon, la paille tombe prefque auffi-tôt en pourriture; en forte que vous ne pouvez prendre trop de précautions pour les garantir du froid & de l'humidité, deux chofes également meurtrieres pour eux durant le mois de Janvier; c'eft pourquoi quelques perfonnes les couvrent avec des chaffis, excellente méthode pour ceux qui en ont affez pour cela.

Quand le tems fe radoucit, tranfplantez en bordure chaude vos meilleures efpeces *d'endives*, pour en avoir de la graine. En faifant ceci, ayez foin que la bordure aille un peu en penchant, afin que l'humidité ne puiffe fe loger dans vos plants. Choififfez les plants les plus forts, c'eft-à-dire, ceux qui ont un plus grand nombre de feuilles. Si c'eft de *l'endive frifée*, choififfez les plants les plus frifés, autrement elle dégenere au bout de deux ou trois ans & devient abfolument unie.

Ayez l'œil attentif à vos plants de *choux fleurs*, que vous devez tenir actuellement fous chaffis. Dépouillez-les promptement de toutes les feuilles flétries, afin de les mettre à l'abri de tout danger, fur-tout fi la faifon eft fi dure qu'on ne puiffe ouvrir les chaffis pendant trois ou quatre jours de fuite, pour leur donner de l'air : ce qui n'arrive que trop fouvent en Janvier; car alors les feuilles pourries corrompent l'air, & il devient rance, au grand préjudice de vos plants. C'eft pourquoi vous devez en arracher promptement les feuilles dès que vous vous appercevez qu'elles jauniffent. Donnez-leur toujours de l'air le plus que vous pourrez, fi le tems le permet, autrement ils feront trop foibles pour réfifter au froid en plein air le mois fuivant, vers la fin duquel, fi le tems eft doux, vous devez les repiquer dans l'endroit où ils doivent refter. Soit que vos plants de *choux-fleurs* que vous deftinez à croître promptement, foient renfermés fous cloche ou fous chaffis, il faut conftamment, & pour la même raifon, lever la glace d'un côté avec des étais, pour y laiffer entrer l'air, fuppofé

que le tems vous le permette ;
car si la saison est rigoureuse,
il faut les tenir clos le plus que
vous pourrez, afin d'empêcher
qu'un air trop vif ne les tue,
ou ne leur porte un grand
préjudice.

Ceux qui ont des plants de
melons & de *concombres* déja levés, doivent les soigner scrupuleusement dans cette saison,
car la moindre négligence leur
causera la mort. Entretenez
constamment vos couches dans
un égal degré d'air & de chaleur, afin que la tige puisse
pousser. Mais ceci demande une
grande attention, car trop d'air
détruit également vos plants
comme le manque d'air ; & le
grand art de les faire pousser
de bonne-heure, dépend du
soin que vous prenez à observer
les altérations & les changemens du tems, ainsi que du
degré de température dans vos
couches. L'air extérieur est souvent très-froid dans cette saison, & si vous l'admettez trop-
tôt il ravagera vos espérances.
C'est pourquoi vous ferez bien
de mettre un vieux chiffon de
linge entre la terre & vos cloches, afin d'empêcher l'air d'entrer trop librement & de ne
faire aucun ravage.

Quand il arrive que par des
froids rigoureux ou par d'autres accidens, vos plants de
choux-fleurs levés en automne,
ont été détruits, ce qui s'est vu
souvent dans des hivers sévères,
surtout en 1768, & dans quelques années suivantes, vous
devez alors, si le tems le permet, faire de nouvelles couches
chaudes & les ensemencer,

Janvier.

afin de vous réserver un supplément. Vous verrez qu'un mois
après cette opération, supposé
que vous ayiez été attentif,
vous aurez d'aussi beaux plants
que ceux d'automne, pourvu
que les nouveaux aient été repiqués promptement dans des
couches favorables. Vous pouvez faire la même chose à l'égard
de vos *choux*, supposé que la
premiere pousse d'automne ait
été détruite. Faute d'avoir pris
ce soin, & d'avoir ensemencé
de nouveau après des hivers
cruels, plusieurs Jardiniers ont
perdu leurs levées d'automne,
& n'ont pu y suppléer que fort
tard & dans le cours de l'été.

Les couches d'*asperges* faites
le mois dernier, doivent à présent vous donner quelques boutons ; c'est alors que vous devez
les couvrir en plein & les butter ou leur donner de la terre
vers le sommet des racines :
profondeur qui doit être au
moins de cinq à six pouces.
Vous pouvez à présent les mettre sous chassis ; & si vous trouvez que la chaleur de la couche
commence à décliner, appliquez un peu de fumier chaud
sur les bords ; (ce qui, en terme de jardiniers, s'appelle *dou-
bler* les couches, ou plutôt *faire
un réchaud*) ceci renouvellera
la chaleur & fera pousser l'asperge. Vous devriez aussi couvrir de natte & de paille fraîche, chaque nuit, les verres
que vous avez mis sur ces couches, sur-tout quand le tems
est mauvais, & que le soleil
ne paroît pas. Cette couverture
peut rester tout le jour, & même jusqu'à ce que l'*asperge* pa-

roiſſe de nouveau en perçant la terre que vous lui aurez donnée. Mais dès que le bouton paroît, ôtez chaque jour la couverture, ſi le tems ne s'y oppoſe pas, autrement vos *aſperges* ſeront blanches, & ſeront peu recherchées par les Anglois.

Vers la fin de ce mois, ſi l'air eſt doux, tranſplantez pour graine, des *carottes*, des *panais*, des *poireaux* & des *choux*, en obſervant de ſuſpendre les choux par la tige, ſous couvert & dans un endroit ſec, trois ou quatre jours avant que de les repiquer ſur couches, & après en avoir arraché les feuilles extérieures, afin que l'eau du dedans puiſſe s'évaporer & ne vas engendrer de pourriture. Il faudroit les planter près d'une haie d'une paliſſade, ou d'un mur, afin de les mettre à l'abri des vents violens qui briſent ſouvent, au printems, les branches pleines de ſemences ou branches *porte-graines*, lorſqu'elles ſont trop expoſées. Mais obſervez de ne jamais planter plus d'une ſorte de la même eſpece dans le même endroit ; car ſi vous ſouffrez que les choux rouges, blancs, & choux de Savoie, produiſent leurs graines à côté l'un de l'autre, le *pollen*, c'eſt-à-dire, les pouſſieres fécondantes de leurs fleurs, ſe mêleront enſemble & feront dégénérer l'eſpece. C'eſt faute d'avoir cette attention que pluſieurs Jardiniers Anglois conſervent rarement le *choux rouge* tel qu'il doit être & ſans aucun mélange, attribuant fauſſement au ſol ou au climat cette dé-

génération. C'eſt pourquoi nous n'achetons cette graine que des Hollandois, qui prennent un ſoin particulier de cette ſorte de choux en ne ſouffrant point que dans l'endroit où ils ſont repiqués pour graine, il y ait d'autres choux dans leur voiſinage. Si vous voulez donc les conſerver dans leur pureté, que chaque eſpece ſoit plantée à part, & à quelque diſtance l'une de l'autre.

Faites, au commencement de ce mois, quelques petites couches chaudes, pour y planter de la *tanéſie*, & de la *menthe* qui vous ſerviront, ſi vous en prenez ſoin, pour Février & Mars ; car paſſé cet intervalle, les couches en plein air vous ſuffiront pour les beſoins de la cuiſine.

Si le mois précédent, & le commencement de celui-ci ont détruit, par leur rigueur, vos *radis* de primeur & vos *carottes* quoique ſemés dans un endroit chaud, faites, ſi la douceur du tems vous le permet, d'autres petites couches chaudes pour y recevoir une nouvelle graine, afin d'en pourvoir la table au printems ; car ceux qui ſont en plein air n'auront pas alors acquis le degré de maturité. Que la terre que vous leur donnerez ait au moins huit ou neuf pouces de profondeur, ſans cela les racines de ces légumes n'auront pas aſſez d'étendue, & gagneront trop promptement le fumier qui les arrêtera dans leur développement. Semez auſſi de ces légumes dans les planches expoſées au ſoleil & en plein air, dès que la ſaiſon vous le permettra , afin de remplacer ceux des couches chaudes

Transplantez vos *endives* pour blanchir, si l'air est doux & le tems serein ; mais observez que vos dossieres ou tranchées soient bien inclinées, afin que l'humidité puisse aisément s'évaporer ; choisissez le côté exposé au soleil, & buttez vos endives jusqu'à l'extrémité des feuilles : si vous avez quelque lieu pour les mettre à couvert, suspendez-les par la racine pendant une nuit, afin de dissiper l'humidité avant que vous les enterriez ; par ce moyen vous les préserverez de toute pourriture. Mais dans les hivers sévères, l'*endive* qui n'a pas été transplantée pour blanchir avant les froids, périt presque toujours, à moins que l'endroit où elle étoit ne fût garanti de la gelée par des nattes ou des paillassons. Ainsi, les personnes qui desirent avoir de l'endive tout le printems, doivent faire la dépense de couvrir leurs plans d'endives dans les hivers rigoureux.

C'est à présent que vous devez détruire les limaçons & autres reptiles qui, dans cette saison, se tiennent cachés dans les trous des murs, sous les joncs, & autres places d'abri, mais surtout dans les espaliers, & dans les pots vuides, où vous pouvez aisément les prendre avant qu'ils puissent se dérober à vos recherches.

Vers la fin du mois, si le Ciel est serein, vous devez ajouter des *pois* & des *feves* à ceux que vous avez déjà plantés,

afin d'être plus sûr de n'en pas manquer pour la table ou pour les marchés, depuis le commencement jusqu'à la fin de la saison : semez aussi, dans les planches ou bordures chaudes, quelques épinards, quelques carottes, de la laitue ou commune, ou de celle qu'on appelle brune-hollandoise. Vous devez même répéter cette opération de quinze en quinze jours, ou de trois semaines en trois semaines, si le tems vous le permet, afin que vous n'en manquiez pas au printems, s'il étoit arrivé que le froid eût détruit vos premieres récoltes.

Semez encore, vers la fin du mois, non à la volée, mais par rayons, [*drills*] du *persil* & du *cerfeuil* ; car ces semences restant long-tems dans la terre avant que de pousser, il n'est que peu ou point à craindre que le froid leur fasse tort.

Productions du Potager.

Vous devez avoir en abondance des choux, choux de Savoie & autres ; des panais, navets, carottes, pommes de terre, poireaux, oignons, ails, échalottes, rocamboles, bettes *borecole* ou choux-calibres, &c. Vous ne devez pas manquer non-plus, de céleris, endives, racines de raiponce ; & vos couches chaudes doivent vous fournir des laitues & toutes sortes de jeunes salades, comme cresson, navets, radis, raves, moutarde, coriandre, cerfeuil, serpentine ou estragon, menthe, & même des asperges plantées à la fin de Novembre. Vous devez avoir auſſi du chervis, des brocolis blancs, rouges & pourprés, du ſalſifix, du ſcorſonaire, de grandes racines de perſil, des mouſſerons, de l'ozeille, pimprenelle, perſil, ſauge, romarin, thym, hyſſope, ſariette d'hiver, choux cabus, montans de choux, rejettons des choux de Savoie que vous aviez coupés en Octobre & en Novembre, épinards & cardons; feuilles de poirée blanche, & autres herbes propres au potage. Sous vos chaſſis, vous devez avoir de la laitue brune-hollandoiſe bien pommée, ſi vous en avez pris ſoin.

Ouvrage à faire dans le Jardin à fruits.

Couvrez les racines de tous vos arbres nouvellement plantés, avec de vieux chaume un peu conſommé, [*mulch*] pour les mettre à l'abri du froid; & ſi vous ne l'avez pas encore fait, ne tardez pas, de crainte que le froid ne vous ſurprenne. Prenez le même ſoin des figuiers qui ſont le long des murs, des paliſſades, des eſpaliers; couvrez-les, ou avec des nattes, ou avec des joncs : ce qui empêchera les tendres rejettons de recevoir de la gelée aucune injure, & fera venir le fruit, au printems, beaucoup plutôt & en plus grande quantité. Mais avant de faire ceci, arrachez les branches qui portoient des figues d'automne, s'il en reſtoit encore, autrement elles deviendront pernicieuſes aux tendres rejettons qui doivent produire

Janvier.

du fruit au printems ſuivant. En ſuivant cette méthode, vous devez prendre garde de ne pas expoſer tout-à-coup vos figuiers au grand air ; découvrez-les inſenſiblement, & à meſure que l'air ſe réchauffe. Si vous avez des figuiers en eſpaliers, vous ferez bien de détacher les branches des treillis, de les faire pencher, ou de les lier enſemble, pour les couvrir d'une litiere ſeche, ou de vieilles tiges de pois ; c'eſt le moyen d'empêcher leurs branches d'être détruites par le froid, & d'eſpérer une abondante recolte.

Coupez à preſent toutes les branches mortes ou gâtées de vos arbres fruitiers en plein vent, de même que celles qui ſont entrelacées les unes dans les autres, ou qui ſont mal placées. Mais en faiſant ce travail, rendez unies, le plus qu'il vous ſera poſſible, les branches que vous venez de bleſſer, & inclinez-les, afin que l'humidité ne puiſſe y entrer & s'y loger ; ce qui porteroit à vos arbres un grand préjudice.

Si la ſaiſon eſt douce, vous pouvez tailler vos arbres-nains à fruits, de l'eſpece la plus réſiſtante au froid, comme *poiriers, pommiers, ceps de vigne, groſeillers, framboiſiers.* Mais les fruits à noyaux (ſuppoſé qu'ils n'aient pas ſouffert la taille en automne) ne doivent être élagués qu'à la fin du mois prochain, ou au commencement de Mars, parce que ſi le froid gagnoit des forces après la taille il pénétreroit dans la plaie de ces tendres jets, en leur cauſant un grand dommage.

Si le tems eſt humide, arrachez la mouſſe de vos arbres
s'ils en ſont infeétés. Vous pouvez l'arracher aiſément avec des
inſtrumens de fer , en obſervant de faire vos inciſions de
telle maniere qu'elles répon-
dent à l'épaiſſeur de la branche.
Mais il ne faut pas que ces
inſtrumens aient trop de pointe
ou de tranchant , de crainte que
par mégarde vous ne bleſſiez
l'écorce.

Lorſque le tems eſt doux ,
coupez vos greffes, ſur-tout vos
arbres à fruits de primeur ; mais
attendez la fin du mois ou
le commencement de l'autre ,
ſuivant que la ſaiſon eſt plus
ou moins avancée , & laiſſez-
les en terre près d'un mur ou
d'une paliſſade qui ſoit à l'abri
de l'humidité. Si le froid devenoit rigoureux , couvrez-les
avec de lla littiere ou de la
paille , afin qu'ils n'en reçoivent point d'injure. Je dis qu'il
faut couper la greffe de bonne-
heure , afin d'empêcher les boutons de prendre trop d'accroiſſement. Ainſi , ſelon que l'hiver
eſt plus ou moins ſévère, &
ſelon que vos arbres ſeront plus
ou moins diſpoſés à bourgeonner , vous couperez les entes
plus tard ou plutôt. Dans le
choix de vos arbres, vous devez préférer ceux qui ont le
plus de vigueur, dont les branches ſont les plus fécondes, &
ſur leſquelles vous voyez déjà
de beaux boutons.

Profitez de la douceur du
tems, pour préparer les planches & les bordures que vous
deſtinez à recevoir des arbres
à fruit dans le mois prochain ;

Janvier.

répandez-y beaucoup de terre
fraîche , égaliſez — les , & que
la terre y ſéjourne quelque tems
avant de faire votre plantation.
Vous pouvez auſſi réparer celles
où ſont les vieux arbres à fruits
& qui demandent à être travaillées ; jettez-y de la terre
fraîche avec de vieux fumier
pourri. Si le ſol eſt froid &
humide, le fumier de vos vieilles
couches de melons & de concombres, conviendra mieux que
tout autre; mais ſi le ſol eſt
chaud, le fumier de nattes ſera
meilleur. Si cela ne ſe peut
pas , ſervez-vous d'un vieux
fumier de cochons, qui forme,
pour les arbres fruitiers, un
excellent engrais. Comme celui-
ci ſe trouve beaucoup plus
froid qu'aucun autre, il tiendra
la terre fraîche autour des racines, pendant les chaleurs de
l'été. Lorſque vous vous ſervez
de quelques-uns de ces engrais
pour vos arbres fruitiers, ayez
ſoin qu'ils ſoient bien conſommés , avant que de les étendre
ſur votre terrein ; autrement
ils ſeront plus nuiſibles que
profitables. Mais ſi les arbres
ſont caſſés de vieilleſſe , il ſera
aſſez inutile d'ajouter cet engrais à leurs pieds ; car les
racines qui leur portent la nourriture , s'étendent à une diſtance conſidérable. C'eſt pourquoi
la planche entiere ne devroit
recevoir l'engrais qu'à la diſtance de quatorze pieds du
tronc , ſuppoſé qu'elle ſoit aſſez
large pour cela ; car il faut que
les jeunes racines tirent de cet
engrais leur nourriture.

Raccommodez & réparez vos
eſpaliers dégradés , avec de nou-

velles perches¹, s'il leur en faut, & liez les jointures des baguettes & des barres avec du fil-de-fer : ce qui forme le lien le plus fort. Il vous y faut aussi incliner & attacher les branches de vos arbres fruitiers, avec de petites verges d'osier. Observez de placer vos branches réguliérement & à des distances convenables ; qu'aucune ne croise jamais l'autre, & gardez-vous de les lier si étroitement que le bourgeon ne puisse se dégager & prendre de l'accroissement au printems suivant.

Vous pouvez planter des *fraisiers* & des *framboisiers*, si le tems est doux & que la terre soit en bon état, quoique vous eussiez mieux fait de les avoir plantés en automne, sur-tout quand le sol est sec. Ceux qui sont avides d'avoir des fraises de bonne-heure, devroient les planter à présent dans des pots remplis d'une bonne terre, & les placer dans un lieu abrité, jusqu'à-ce qu'elles aient pris racine, ensuite de quoi il vous faudroit plonger les pots, dans une couche modérément chaude : ce qui les fera avancer en très-peu de tems ; quoiqu'il auroit mieux valu les avoir plantées dans des pots en Octobre, parce qu'elles seroient mieux enracinées lorsqu'on les transporteroit dans les couches chaudes, & qu'elles seroient en état de donner une plus grande quantité de fruits que celles qui sont nouvellement transplantées. Si vous les plantez dans des pots en Janvier, & que vous les gardiez à l'ombre l'été sui-

vant, en empêchant les plants de s'étendre & de porter du fruit, elles seront en état d'être forcées l'année suivante. Mais lorsqu'on n'a pas fait provision de ces plants, à propos & dans le tems, il ne reste plus qu'à les transplanter, avec de bonnes mottes de terre à leurs racines, & à les porter dans des couches chaudes. Il faut observer qu'on doit les avoir empêché de donner des jets, comme *coureurs*, *suceurs*, &c., & que dans le printems précédent, on a dû séparer les têtes & les empêcher de se croiser ; car si vous les avez laissé pousser des rejettons, les principales racines seront affoiblies, & hors d'état de donner beaucoup de fruit lorsqu'elles seront forcées. La terre des couches chaudes où vous aurez planté vos *fraises*, doit être de la nature des terres grasses & fortes, mais légérement fumée ; car le fumier leur donne une abondance de feuilles, & non une abondance de fruits. Ces couches chaudes ne doivent pas être couvertes de trop près, & lorsque le tems le permet, laissez-y passer un grand courant d'air, sur-tout dans l'époque de la floraison, autrement les fleurs tomberont. Rafraîchissez-les aussi très-souvent avec de l'eau, sans quoi les fleurs tomberont & ne produiront aucun fruit ; mais n'arrosez qu'avec discrétion.

Ceux qui sont curieux d'avoir des fruits de primeur en forçant sous châssis, doivent à présent en augmenter la chaleur, soit qu'ils se servent de fumier ou de feu. Mais pour les fruits printanniers, le feu est meilleur que le fumier, parce qu'on peut le diriger plus aisément, tandis que le fumier dans cette saison surtout celui qui est exposé à l'air, enseveli quelquefois sous la neige & plein d'humidité, est fort sujet à perdre sa chaleur. Lorsque vos arbres ont été forcés, il faut bien prendre soin de conserver la chaleur; car s'ils ont été forcés après la floraison, & qu'on néglige de rendre l'air admis sous les chassis, égal au degré de température de la chaleur, les fleurs tomberont & ne donneront aucun fruit. Il faut prendre le même soin pour y admettre l'air, si le tems ne s'y oppose pas, car si vous tenez vos arbres trop long tems privés d'air, rarement ils prospéreront. C'est pourquoi il n'est pas à propos de leur appliquer la chaleur sitôt, parce que ce mois est ordinairement défavorable aux fleurs, l'air extérieur étant presque toujours trop froid pour être admis; & si la chaleur n'a pas été appliquée dès le commencement du mois, les fleurs ne paroîtront qu'au commencement de l'autre, le tems y étant en général moins sévère que dans celui-ci. Voilà donc la méthode qu'il faut suivre pour éviter tout danger de vous tromper, & pour que le fruit soit aussi tôt mûr que celui des arbres forcés en Décembre.

Fruits de la saison ou qui ne sont pas encore passés.

POIRES: Essacherie, Colmar, Janvier.

Virgouleuse, Ambrette, Epine d'hiver, le St. Germain, St. Augustin, Beurré d'hiver, Martin-sec, Bon-chrétien d'hiver, Citron, Rousselet, Franc Régal, Bergamotte de Pâques, Bergamotte de Hollande, Muscat-Allemand, Ronville, Portail, Bezi de Caissoy, St. Martial, Bezi de Chaumontelle, &c. Vos fruits d'espaliers dureront près de deux mois de plus que ceux qui sont le long des murs, quoique dans un aspect favorable. Les meilleures poires à cuire sont: le Cadillac, la poire noire de Vorcester, & le *Picquerin* ou poire d'oignon.

POMMES: *Golden-Pippin* ou la Renette d'or, Nompareille, Renette de France, Roussette d'or, Roussette de *Wheeler*, Roussette de *Pile*, la Pomme-*Harvey*, Renette de Cantorbery, Renette de Hollande, Renette aromatique, Renette de *Kirton*, la Poire Pomme d'hiver, la grosse Renette, la Poire-Roussette, la Roussette aromatique, la Pomme-Jean, ou de la St. Jean, Pomme-Reine d'hiver, Pomme-Roi, Pomme d'Apis, Giroflée d'hiver, & plusieurs autres moins connues.

Vous ne devez pas manquer de *noix*, de *sorbes*, d'*amandes*, de *nefles* & de *raisins*, si vous avez su les conserver, en coupant la grappe dans l'endroit où elle forme un nœud avec la branche, & en la tenant suspendue dans une chambre où l'air ne soit ni froid ni humide, en prenant garde qu'un raisin ne touche pas l'autre, & que l'air puisse jouer aisément, sans quoi vos raisins se moisiront

& fe gâteront. Par cette méthode, on garde des raisins jufqu'à la fin de Février ; mais c'eft au Frontignac & aux autres fortes un peu tardives qu'il faut appliquer cette méthode.

Ouvrage à faire dans le Jardin de plaifance ou Parterre, & dans le défert.

Pendant les froids, vous devriez couvrir les couches de vos *renoncules*, *anemones*, *hiacinthes* & autres fleurs de choix. Celles qui n'ont pas encore levé pourroient être couvertes de tan, c'eft-à-dire, d'écorce de tanneurs, de vieilles tiges de pois, ou de quelqu'autre chofe de léger. Mais les couches dont les fleurs font levées, doivent avoir des cerceaux couverts de nattes ou de toiles : car fi vous ne les garantiffez pas du froid dans cette faifon, leurs feuilles fe flétriront, & la racine mourra ou fouffrira beaucoup. Mais quand le tems s'adoucit, laiffez-les à découvert, & expofées au grand air autant qu'il eft poffible ; car lorfqu'elles font trop étroitement renfermées, elles prennent de l'humidité & fe moififfent ; ce qui caufe fouvent leur perte. Quand on a pris une fois le foin de les couvrir, il faut continuer cette pratique jufqu'à ce que le tems devienne chaud, autrement il vaut mieux ne la pas adopter ; car les plants couverts font plus tendres & moins en état de réfifter au froid que ceux qui reftent conftamment éxpofés au grand air.

Les *hyacinthes*, *narciffes*, & *Janvier.*

autres fleurs à racine bulbeufe & tubereufe, dont les feuilles ne font pas encore naiffantes, doivent être couvertes de tan, afin d'empêcher le froid de les pénétrer, lequel, dans les hivers févères, & lorfqu'elles n'ont point de couverture, détruit fréquemment les racines. Dans un terrein humide ou marécageux, & où les couches font de beaucoup élevées au-deffus des allées ou des fentiers, il faut jetter, dans le fentier, du tan, de la litiere ou du fumier, afin que le froid ne puiffe, ni pénétrer par les côtés de la couche jufqu'aux racines, ni affoiblir extrêmement ou détruire entiérement celles qui rampent dans les côtés extérieurs. Cette méthode eft conftamment mife en pratique par les Jardiniers fleuriftes, en Hollande, qui confervent beaucoup mieux la racine des fleurs que les Jardiniers Anglois, quoique les hivers foient ordinairement plus févères en Hollande qu'en Angleterre.

Couvrez vos pots, caiffes, tubes & terrines où font es fleurs que vous confervez pour graine, fi le froid eft rigoureux, ou s'il tombe beaucoup de neige, ce qui leur porte un grand préjudice, fur-tout aux *hyacinthes*, *iris* de Perfe, au *cyclamen* précoce ou pain-de-pourceau, aux *renoncules*, *anemones*, *narciffes*, & à quelques autres fleurs à racine bulbeufe & tubéreufe, lefquelles, quoique affez vigoureufes pour réfifter au froid de nos climats, lorfque les racines ont pris un entier accroiffement, font en danger, fi elles sont encore jeunes, d'être détruites par un froid sévère. Lorsque ces pots ne sont pas enséveli sous terre, il faudroit jetter du tan, de la litiere, ou du fumier, tout-au-tour, afin d'empêcher le froid de s'insinuer par les côtés.

Dans un tems doux, vous pouvez replanter les *renoncules*, *anemones* & *tulipes*, que vous avez retirées de terre pour les retarder, afin de suppléer à celles que vous aviez plantées en automne. Mais ceci ne doit pas se faire si le terrein est par-tout humide, car les racines contracteroient bientôt de la pourriture. S'il venoit à tomber beaucoup de pluie après les avoir plantées, ou qu'un froid sévère se fit sentir immédiatement après, vous couvririez les couches avec des nattes, de la paille, ou des tiges de pois, autrement les racines seroient en grand danger de périr.

Retournez vos amas de terreau, & autres engrais, afin que le froid puisse les mûrir, & brisez-en les mottes, plus vous les retournerez, plus vous les rendrez propres à vous servir. C'est à présent que vous devez faire de nouveaux amas de fumier, si le tems est doux, car vous avez plus de loisir à présent que lorsque la saison sera plus avancée, & que d'autres ouvrages plus nécessaires demanderont votre attention. Quand il y a des tems où le travail du Jardin n'occupe pas entiérement l'ouvrier, on ne doit point négliger de préparer les engrais pour les pots & les bordures, parce que les

matieres ont le tems de reposer & de s'adoucir avant qu'on en fasse usage. Sans cette précaution il est difficile d'espérer d'avoir un choix de fleurs dans quelque degré de perfection.

Vos choix d'*œillets* & d'*auricules* ou oreilles d'ours, doivent être préservés des grandes pluies, de la neige, & d'un froid rigoureux, lesquels portent le ravage & la destruction parmi ces fleurs. Mais lorsque l'air est doux, il faut leur donner autant d'air qu'il est possible, autrement elles deviendront foibles & s'épanouiront peu. Vous devez aussi, dans cette saison, être attentif à les mettre à l'abri de la vermine, qui, faute de nourriture, se jette sur elles. Les rats, surtout, & les souris leur causent de grands dommages; les lievres & les lapins, lorsqu'ils peuvent attrapper des œillets, ne leur font aucun quartier, & détruisent impitoyablement tous ceux qui leur tombent sous la patte. Les moineaux mêmes, dans cette saison, si vous n'y prenez garde, leur donneront des coups de bec jusqu'au cœur.

Vers la fin du mois, vous devriez vous pourvoir d'un nouveau fumier dont vous ferez un monceau pour lui donner le temps de s'échauffer pendant dix à douze jours. Vous le retournerez deux ou trois fois, afin que le mélange soit bien fait, (ainsi que cela se pratique pour les couches des concombres) & vous en ferez des couches chaudes, pour y semer un choix des plus belles fleurs annuelles, comme : *ama-*

ranthe tricolor, *amaranthe à tête ronde*, *ficoïdes à diamans*, *stramonium* double, & quelques autres de l'espece du *ketmia*, de la *mélongene*, & autres tendres especes de plantes annuelles, afin d'avancer leur floraison; car celles qui levent de bonne-heure, seront beaucoup plus fortes que celles que vous aurez semées plus tard. Par cette méthode vous devez vous attendre à recueillir de bonnes semences de toutes les sortes, puisque la plupart d'entre-elles n'en produisent dans nos climats que lorsqu'elles sont avancées au printems.

Emondez les arbres du désert & tous les arbrisseaux à fleurs, quand ils donnent des rejettons hors de la taille; mais ne touchez pas aux bourgeons, car vous les empêcheriez de fleurir. Bêchez dans les endroits à l'abri de la gelée, & arrachez-en toutes les herbes pernicieuses. Cet ouvrage sera fort utile, & donnera de la propreté à votre désert; mais en faisant ceci, prenez garde de déranger les racines des plants de bois mêlés parmi les arbres, afin d'avoir le coup-d'œil de leurs fleurs.

Vous pouvez encore semer des graines d'*oreilles d'ours* & de *polyanthes*, si le tems est doux, & si vous ne l'avez pas fait en Octobre ou en Novembre. Quand on met à l'abri de l'humidité les pots & les caisses qui contiennent ces semences, on est sûr qu'elles pousseront de bonne-heure. Mais s'il arrivoit qu'elles ne levassent pas au printems prochain, il ne fau-

Janvier.

droit pas pour cela remuer la terre; elles ne manqueront pas de croître en automne ou dans le printems d'après, pourvu que les semences ne soient pas trop ensévelies sous terre.

Plantes à présent en fleurs & en plein air.

Aconit d'hyver, hellebo-raster ou pied de dragon, hellebore noir à fleurs vertes, vrai hellebore noir ou rose de Noël, quelques anemones dans les expositions chaudes, hyacinthes d'hyver bleues & blanches, hyacinthe étoilée précoce ou *scilla bifolia*, polyanthes, primeroses, perce-neiges simples, cyclamen printanier à feuilles rondes, souhaits ou pensées, alysson jaune des Alpes, cyprès-narcisse à fleurs doubles sur chaque tige, pervenche, & même, dans les situations chaudes ou sous chassis, la tulippe-vantol.

Arbres & Arbrisseaux de l'espece la plus résistante au froid, à présent en fleurs.

Les deux sortes de laurustin, épine de Glastenburi (1), me-

---

(1) Voyez 'dans le Dict. : *pilus pyracantha*, qu'autrefois on prononçoit *nesphilus*, d'où *néflier*. Le peuple en Angleterre croit que l'*épine de Glastenbury* ne fleurit à Noël que par un miracle : JOSEPH D'ARIMATHIE, disent les habitans du lieu, fut jeté sur les côtes d'Albion; il se reposa dans un champ, y planta son bâton qui produisit aussi-tôt, quoique ce fût à la fin de Décembre, des fleurs & du fruit, & qui n'a cessé d'en produire à cette époque.

zereon ou bois-gentil , lauréole , arboufier ou fraifier en arbre , frêne cornouiller ou cerife de Corneline , clématite Bœtique , alaterne ou troëne verd , bouis , hamamel , phillyrea , baccharis de Virginie, pyracanthe en fruit , *afcyrum* ou arbufie de St. Pierre en fruit , & quelques autres.

Plantes médicinales qu'on peut à préfent cueillir, & dont on peut faire ufage.

Capillaire noir & blanc , capillaire doré , racines d'ache , racines d'ariftoloche , racines d'*arum* ou de pied de veau , d'afarabacca , d'afclepias ou dompte-venin , racines d'afperges , fcolopendre , racine d'impératoire , racines de bette , de biftorte , racine de brione ou de vigne fauvage , racine de buglofe , racines de furreau-nain , la petite célandine ou racines de fcrofulaire , racines d'iris ou d'oris , racines de ferpentaire , d'*enula-campana* , d'*eryngo* , de filipendule , de grande gentiane , racines de fougere mâle & femelle , racines de fenouil , racines de regliffe , baies de lierre , racines de rhubarbe de moine , racines d'alifandre , de patience, de jufquiame, de mandragore , d'athamente ou *meum* , de pivoine ou péone , de grande bardane , de perfil , de fenouil de pourceau , de valériane , de faxifrage des près : des cônes de pin , des racines du fceau-de-Salomon , des racines de garance , d'*orchis* ou fatyrion , de faxifrage blanche , de chervis & de tormentille. Toutes ces racines font beaucoup meil-

Janvier.

leures pour s'en fervir , lorfqu'on a foin de les cueillir avant d'avoir jetté ; car lorfqu'elles ont pouffé de nouvelles fibres , elles deviennent dures ou gluantes , ou elles fe raccourciffent , dès qu'on les a tirées de terre , & perdent toute leur vertu.

Ouvrage à faire dans la Pépiniere.

Si ce mois s'annonce par un froid très dur , charriez du fumier fur la terre où vous vous propofez de tranfplanter de jeunes arbres ou des troncs d'arbres au printems. Vous pouvez auffi mettre du fumier entre les rangs ou les rayons qui contiennent vos jeunes arbres , s'il leur en faut , afin de l'enfouir dans la terre , quand le froid fera paffé. Vous pouvez à préfent couper & façonner vos haies ; mais il eft mieux de différer , jufqu'à ce que le froid ait difparu ; car fi les arbres ont reçu quelque bleffure profonde , le froid , en y pénetrant , leur caufe beaucoup de dommage , & les rejettons ou jeunes branches , une fois gelées , au lieu de plier fe briferont.

Quand le tems eft doux , vous devriez continuer de couper la terre par tranches dans les endroits que vous deftinez à recevoir de jeunes arbres dans les deux mois fuivans. Préparez quelques couches pour y femer des pepins d'arbres fruitiers , ou des baies d'arbres des forêts ou autres graines d'arbriffeaux à fleurs , dont quelques-unes doivent être femées vers la fin de ce mois , ou au commencement

mencement de l'autre. Vous devriez aussi continuer de creuser la terre entre les rangs d'arbres dans la Pépiniere , quand le tems est favorable , en prenant bien garde d'offenser les racines. Mais vous devez couper toutes les racines qui s'étendent trop loin des arbres , afin qu'ils puissent jetter de nouvelles fibres pres du tronc. Par ce travail, vous les mettrez hors de danger de ne pouvoir être transportés. Ceci doit sur-tout se pratiquer à l'égard de toutes sortes d'arbres toujours verds ; autrement , ils seront hors d'état de souffrir le transport dans peu d'années.

Ici trois alinea ont été omis dans la traduction.

Ouvrage à faire dans la Serre-verte , ou Serre d'orangerie , & dans la Serre-chaude (1).

Si ce mois est plein de rigueur, comme cela n'arrive que trop souvent. ayez soin que le froid ne pénetre point dans vos Serres ; car s'il vient à s'insinuer dans la terre de vos orangers , & qu'il la gêle , il fera tomber le fruit, & même une grande partie des feuilles. C'est pourquoi il est fort nécessaire d'avoir un conduit, (tube ou tuyau) pratiqué sous le pavé, au-devant de la Serre, dont vous ferez usage dans les hivers rigoureux. Mais lors-

qu'on ne peut se procurer cette commodité , les vitres de devant doivent être bien couvertes de nattes, de joncs, ou de paillassons ; & vous devriez allumer chaque nuit cinq ou six chandelles , que vous laisserez brûler dans la serre ; ou bien placez devant les vitres, de distance en distance, quelques réchauds d'un beau charbon de terre bien embrasé, charbon beaucoup meilleur que le charbon de bois, dont quelques personnes font usage ; car celui-ci n'est pas moins pernicieux aux plantes qu'aux animaux , dans les endroits où l'air est renfermé , telles que sont les Serres où l'air est toujours parfaitement clos. Outre cela , dans les grands dégels , & lorsque l'air est chargé de cette grande humidité qu'il porte avec lui dans les Serres , faites deux ou trois petits feux, pourvu que vous ayiez des tuyaux pour échauffer & raréfier l'air ; sans quoi les feuilles de vos arbres contracteront de la moisissure , & tomberont en corruption.

Vous devez observer aussi d'arracher avec soin toutes les feuilles mortes, ou jaunissantes ; car elles ne manqueroient pas d'infecter & de corrompre celles qui croissent à leur voisinage , & de gâter l'air de la chambre, au préjudice de vos plants. Cette attention donne de la propreté à votre Serre, & rend vos arbres plus beaux & plus sains. Quand le tems est doux, laissez entrer l'air, sans quoi vos plants changeront de couleurs , & laisseront

_____

(1) Les Anglois nomment *Serre-verte* (*Green-house*,) ce que nous appelons simplement *la Serre* ; nous garderons le mot de *Serre-verte*, afin de ne pas confondre quelquefois les deux *Serres*.

Janvier. B

tomber leurs feuilles ; mais ceci ne doit se faire dans cette saison, qu'avec beaucoup de précaution. Rafraîchissez-les aussi avec de l'eau, ainsi que vous le trouverez nécessaire ; mais épargnez-la, car il vaut mieux leur en donner peu & souvent dans ce tems de l'année, que d'en verser avec profusion : ce qui seroit très-pernicieux, si le tems sur tout devenoit très-mauvais immédiatement après, & que le soleil ne parût point pour emporter l'humidité, comme cela arrive très-souvent dans cette saison, où un froid âpre & sévere succede tout-à coup à la douceur du tems. C'est alors qu'il est absolument nécessaire de tenir vos Serres bien fermées pendant plusieurs jours : car l'humidité de la terre concentrée dans vos caisses & dans vos pots, ajoutera beaucoup à l'humidité de l'air.

Les plants vigoureux, & de l'espece la plus dure ou la plus résistante au froid, doivent avoir autant d'air qu'il est possible, dans un tems doux ; car lorsqu'ils sont trop parfaitement clos, ils laissent souvent tomber leurs feuilles, & paroissent tout défigurés, sur-tout les sedums, cotyledons, cacalias, & les mésembryanthemes, lesquels étant trop à l'abri de l'air, ne paroîtront, ni si beaux, ni ne produiront autant de fleurs que les autres plants gardés plus étroitement. Mais ces derniers doivent être soigneusement garantis du froid, autrement, s'ils y sont exposés, ils périront.

Les *ananas*, dont quelques-uns commencent déja à mon-

Janvier.

trer leur fruit, doivent être soigneusement observés, en les rafraîchissant avec de l'eau, lorsqu'ils sont secs, faute de quoi ils deviennent souvent altérés, & leur fruit est très-petit. Mais avant de se servir de cette eau, il faudroit qu'elle eût demeuré dans l'étuve, au moins douze heures, afin que la chaleur répondit à celle de l'air de la Serre, autrement elle seroit trop froide pour ces plantes délicates. Il faut aussi savoir toujours entretenir la chaleur dans le degré qu'elle doit avoir, & ne jamais souffrir qu'elle décline en cette saison, de crainte que le fruit n'atteigne pas au terme de son développement. Le tan ne leur doit donner que la chaleur convenable ; il faut le remuer, s'il est nécessaire, & en placer de frais dans les endroits qui en manquent ; car si la chaleur n'est pas proportionnée à la délicatesse des racines, le fruit ne sera pas beau. En même-tems je dois avertir que ceux qui tiennent la Serre trop chaude, forceront trop le fruit, & qu'il sera très-petit. Cette chaleur, non-proportionnée, fait porter du fruit aux jeunes plants une année avant le terme ; en sorte que ce fruit est, ou excessivement petit, ou n'est de nul prix.

Les *arbres à café*, & autres plants de cette espece, placés dans les couches d'écorce, doivent être souvent rafraîchis avec de l'eau, & avoir leurs feuilles mortes, ou moisies, constamment arrachées. Lorsque certaines feuilles ont contracté de la fouillure, il faut les laver sur le champ, & sur-tout leur ôter les insectes quand il arrive qu'elles en sont infectées ; autrement ces animaux s'accroîtront & se répandront sur tous les plants de votre serre. Ceci devroit se faire avec une éponge douce.

Si l'écorce de vos couches à tan se trouve répandue inégalement, comme cela arrive souvent, en sorte que les pots ne gardent pas leur position, il sera bon de les mettre dehors dans un beau jour, de remuer l'écorce, & d'y en ajouter un peu de nouvelle, (laquelle auroit été à couvert pendant huit à dix jours avant que de la mettre dans la couche pour en attirer l'humidité) & alors vous renfoncerez vos pots. Ceci renouvellera la chaleur, & sera très-utile à vos plantes ; mais il ne faut pas alors les exposer au grand air ; la saison doit vous en empêcher.

Les especes tendres d'*aloès*, de *cierges*, d'*euphorbe*, & de *melon chardons*, demanderoient à présent de recevoir un peu d'eau ; car l'humidité dans cette saison est fort injurieuse, surtout si l'on ne sait pas tenir l'air de la serre à une juste température de chaleur.

Plantes en fleurs dans la serre & dans la serre chaude.

Double *nasturtium*, *phylica*, *solidago* à corymbe composé ou à branches, *géranium* avec une fleur écarlate, jasmin jaune des Indes, jasmins d'Espagne & d'Arabie, glayeul ou gladiole d'Afrique, *cacalia* ou cacale ou pas d'ane avec des feuilles succulentes, *osteospermum* à feuilles de peuplier, lantanas de deux ou trois sortes, *cestrum* ou jasminoïdes de deux sortes, *hermannia*, *papaya*, tarconanthe, baccharis en arbrisseau ou baccante à feuilles sciées, aloès succotrin, aloès margaritifere du plus grand & du plus petit, aloès à coussin, aloès-hérisson, aloès poitrine de perdrix, langue d'aloès de trois ou quatre sortes, aloès commun des Barbades, petit aloès herbacé, aloès des montagnes d'Afrique, aloès toile d'araignée, arctotide de deux ou trois sortes, *ascirum* des Baléares, campanule des Canaries, mésembryanthemes de plusieurs sortes, *sedum* arborescent, *crassula* ou petit orpin, malpighie à feuilles de grenade, *mali punici facie*, euphorbe, baselle en fruit, leonures de la plus petite espece, cyclamenes de Perse, la fleur des haies de Barbades, *hibiscus* appellé rose de la Chine, quelques sortes d'apocin, *crinum* ou lis asphodel, *pancratium*, souci d'Afrique à feuilles grasses, *lotus* noir fleuri, *diosma* de deux ou trois sortes, mauve d'Afrique en arbrisseau, lavatere d'Afrique en arbrisseau à feuilles rigides, amaryllis, myrte de Céilan, *ixia* à fleurs blanches, oseille des bois d'Afrique, *amomum* de Pline, avec des oranges & des limons en fruit.

FÉVRIER.

Ouvrage à faire dans le Potager.

SI le tems s'annonce avec douceur dans ce mois, il y aura beaucoup d'ouvrages à faire dans le Potager, ouvrages auxquels il eſt important de ne pas manquer. La plupart des legumes que vous devez semer & planter doivent l'être préſentement, car ſi vous différez plus tard, ils ne réuſſiront pas, ſur-tout dans un terrein ſec.

Préparez à préſent votre terre, pour qu'elle puiſſe recevoir, des *carottes*, *panais*, *radis*, *épinards*, *bettes*, *féves*, *pois*, *perſil* & *laitue pommée*. Lorſque le Potager ne doit fournir qu'aux beſoins d'un ſeul ménage, il ne faut pas trop ſemer de chaque ſorte à la fois; il vaut beaucoup mieux ſemer de chacune trois ou quatre fois, excepté le perſil, la bette & le panais, en mettant quinze jours ou trois ſemaines d'intervalle entre les ſemailles, afin qu'on ſoit ſûr d'en avoir toujours pour la cuiſine. Cela vaut mieux que de ſe repoſer ſur une ſeule ſemaille, laquelle durera très-peu, ſur tout celle des radis, pois, féves & laitues. Mais ſi les autres ſortes viennent bien, une ſemaille de chacune ſera ſuffiſante, à moins que vos jeunes carottes ne duſſent vous manquer dans le tems que vous devez en fournir, &

qu'on ne vous demandât des épinards preſque toute l'année. Alors ſemez à différentes fois, à quinze jours ou trois ſemaines de diſtance, ſuivant le tems de l'année, car lorſqu'il fait chaud vos jeunes ſemences ne pourront vous ſervir long-tems; mais ſi le tems eſt modéré, & que vous ayiez un lieu propre pour les faire croître, *elles ſeront bonnes* pour trois ſemences, ainſi que s'expriment les Jardiniers.

Semez vos jeunes ſalades dans des couches modérément chaudes; mais ſi le tems eſt doux, jettez vos ſemences ſur les bords expoſés au ſoleil, le long des murs, des paliſſades, & des haies, afin qu'elles puiſſent remplacer les dernieres ſemées; car dans cette ſaiſon on devroit ſemer chaque ſemaine, pour avoir un ſupplément qui dureroit auſſi long-tems que chaque ſemaille ſeroit en état de ſervir.

Voici encore le tems de ſemer le *ſcorſonaire*, *ſalſifix*, & *chervis*, pour premiere récolte, car pour la récolte générale, il faut les ſemer beaucoup plus tard; & ſi vous les ſemez plutôt, toutes ces plantes ſe convertiront en graines. Mais comme dans quelques familles on demande de ces racines auſſi long-tems qu'il eſt poſſible de s'en procurer, il faut les ſemer en différentes faisons, afin d'en avoir toujours quelques-unes à fournir avant que la récolte générale soit arrivée. Vous pouvez semer à présent des mâches, du persil à grandes racines, de la sarriete d'hiver, du *souci* (1) & de l'*oxeille*, ainsi que d'autres plantes qui résistent au froid. Vous ferez bien de les semer dans des planches ou des couches séparées, & de ne leur laisser ensuite que la distance requise ; car quand elles sont semées avec d'autres plantes, elles ne profitent pas si bien. Ne les tenez pas non-plus trop près les unes des autres, de crainte qu'elles ne se nuisent mutuellement, qu'elles ne s'affoiblissent, & ne deviennent petites. Mais ceci ne doit pas s'entendre du *persil* commun ou *persil frisé* qu'on seme communément par rayons, afin de le couper plus aisément & de le mettre à l'abri des mauvaises herbes. Je recommanderois plutôt l'espece frisée que la commune, parce qu'elle est plus aisée à distinguer de la ciguë, qui est une herbe pernicieuse. Le *persil à larges racines* de Hambourg devroit être clair-semé, ainsi que les carottes, & houé de la même maniere, afin que les racines aient assez de place pour atteindre au degré de développement qui fait toute leur bonté.

----

(1) En Angleterre on mange le *souci* en salade ; comme en Espagne & en Italie on mange le *galega*. On orne la salade de soucis en Angleterre, ainsi qu'on l'orne en France de *capucines* : *trahit sua quemque voluptas.*

Février.

Faites quelques couches modérément chaudes, pour y semer des *choux-fleurs*, afin d'en fournir la cuisine au printems, & lorsque ceux que vous aviez semés en Août seront passés. Mais les plantes levées dans cette saison, ne prosperent ordinairement bien que dans un sol humide ; car dans un terrein sec elles prennent difficilement de la tête. Cependant il est nécessaire d'en avoir pour certaines maisons où l'on en demande continuellement, quoiqu'elles paient rarement les peines du Jardinier.

Plantez de l'*ail*, des *échalottes*, de la *rocambole* & de la *ciboulette* ; replantez aussi les *oignons* qui ont jetté des montans pendant l'hiver, pour vous en servir en guise de ciboulles en Avril, tems où l'oignon sec sera entièrement passé, & où vos oignons de la St. Michel seront trop petits pour suppléer à tous les services de la cuisine.

Si le mois dernier a été si sévere que vous n'ayiez pu faire que peu de travail au Jardin, c'est une nécessité pour vous de presser la besogne dans celui-ci, pourvu que le tems soit favorable. C'est pourquoi vous devriez planter du *choux* pyramidal ou en pain de sucre, & du choux à larges côtes, pour succéder à ceux que vous avez plantés en Novembre. Il vous faut aussi retirer des couches d'hiver vos plants de *choux-fleurs*, pour les repiquer, vers la fin du mois, dans les lieux où ils doivent croître. Si la saison est avancée, vous pouvez arracher quelques tiges de vieux *artichaux*, suppofé que les œilletons foient affez avancés ; prenez les plus beaux & ceux qui promettent le plus pour une nouvelle plantation. Dans les endroits fecs, ces œilletons devroient être plantés de bonne-heure, autrement les têtes feront petites & peu pommées ; & fi vous attendez trop tard, ils ne porteront point cette année. Ces jeunes plants doivent produire du fruit en automne, dans le tems que ceux des vieux rejettons font paffés. Vous trouverez, dans le *Dictionnaire des Jardiniers*, une méthode développée pour vous diriger dans ce travail (1).

Continuez de planter des *féves*, & de femer des *pois* de quinze en quinze jours, ou de trois femaines en trois femaines, afin que vous n'en manquiez pas quand la faifon fera venue. La *féve de Windfor* eft bien meilleure à planter dans cette faifon, & on la préfere pour la table à toutes les autres, excepté à la *petite mazagane*, que quelques perfonnes mettent encore au-deffus. C'eft pourquoi ceux qui aiment mieux celle-ci, la plantent de trois en trois femaines, pendant toute la faifon des féves. Quelques pois de

l'efpece la plus grande, devroient être femés préfentement, fur-tout le *marrotto* d'Efpagne, efpece qui rapporte abondamment & qui eft affez bonne à manger, ainfi que le *marrow-fat*, ou pois-gourmand. Ces deux fortes de pois fervent aux ufages communs du ménage. Mais quelques pois de l'efpece de *Charlton's hotfpur* ou *pois michaud*, doivent être femés pour les principales tables, parce que cette efpece eft la meilleure de toutes pour la manger en verd.

Voici la vraie faifon pour planter de la *régliffe*. La terre dont vous vous fervirez doit former une tranchée profonde de trois à quatre fois la hauteur de la bêche, (*three or four fpits deep*,) c'eft-à-dire d'environ trois à quatre pieds, afin que les racines puiffent plus aifément s'étendre ; car la bonté de cette plante dépend de la longueur de fes racines. Les Jardiniers qui en font la culture, fement communément des oignons fur le même terrein & dans la même faifon ; & en houant les oignons, ils préfervent la terre des mauvaifes herbes. Pendant la première année de plantation de la régliffe, les oignons ne peuvent lui porter que peu ou point de préjudice, parce que les oignons feront tirés de terre avant que les racines de la régliffe aient pris un grand accroiffement.

Faites de nouvelles couches chaudes pour vos *afperges*, pour remplacer celles du mois dernier, car autrement vous en manquerez pour la cuifine, chacune de ces couches demeurant

---

(1) Voyez *cinara*, que MILLER écrit improprement *cinara* : on dira qu'il y a bien loin de *cinara* a *artichaut*, oui fans doute, mais les Grecs l'appelloient auffi *cactos*, ainfi qu'on peut le voir dans PLINE, l. 19, ch. 7, à caufe de fa reffemblance au chardon ; de là *melo-cactos*, *agri-cactos*, & enfin *horti-cactos*, que dans les fiecles d'ignorance, on prononçoit *harti-cocq*.

Février.

rarement plus de quinze jours à produire des boutons ; enforte que vous devriez, dans ce mois, faire, à quinze ou vingt jours de diftance, deux couches, afin que l'une fuccédât réguliérement à l'autre.

Les plants de *melons* & de *concombres* qui ont levé le mois dernier, font propres à préfent pour la tranfplantation. C'eft pourquoi il faut leur faire de nouvelles couches bien travaillées & bien mélangées avec le fumier, pour en entretenir la chaleur. Mais ces plants ne doivent point être mis en terre que la chaleur violente de la couche ne foit paffée ; ce qui dure rarement au-delà d'une femaine, fur-tout fi vous avez retourné deux ou trois fois le fumier avant de vous en fervir. Vous devez, dans cette faifon, avoir l'œil attentif à vos couches chaudes, pour y renouveller l'air auffi fouvent que le tems le permettra. Mais ceci doit fe faire avec une grande précaution, fi vous voulez qu'elles vous rapportent, car la plus petite négligence dans cette faifon détruira tous vos plants, & vous tiendra long-tems en arriere. Il faut auffi femer à préfent quelques graines de concombres, pour remplacer vos premieres femées, fi vos couches, fur-tout, n'ont pas la hauteur de terre fuffifante au-deffus du fumier. Faute de cette précaution, vos plants tomberont bientôt en décadence ; fi au contraire la terre a un pied ou plus d'épaiffeur, vos plants feront long-tems fains & vigoureux. Par cette méthode vous

Février.

pourvoirez aux befoins d'une famille avec un petit nombre de plants. Mais comme les plants précoces continuent rarement de porter, fi la profondeur de terre qui leur eft néceffaire a manqué, il faut avoir une fucceffion de couches chaudes pour fuppléer aux befoins de la table. Ce mois-ci eft abfolument précoce pour femer des melons de premiere récolte, quoique plufieurs Jardiniers en fement déja dans le mois précédent, mais leurs plants deviennent des avortons, ou produifent du fruit qu'on n'ofe offrir à table.

Les couches de *moufferons*, à préfent, doivent être foigneufement mifes à l'abri de la neige & des grandes pluies ; faute de quoi vos couches fe geleront, & vos jeunes femences feront tellement malades qu'elles ne pourront jamais recouvrer la fanté. C'eft pourquoi la méthode la plus fûre eft d'avoir une ou deux couches fous chaffis, ou fous un abri couvert de chaume, afin de les protéger contre le mauvais tems. Alors vous pourrez vous flatter d'obtenir une bonne récolte, même dans les années les moins favorables.

Plantez quelques *haricots* fur des couches modérément chaudes, pour premiere récolte, en obfervant de leur donner de l'air à mefure que vous les voyez lever, fi toutefois le tems vous le permet, autrement ils croîtront foiblement & ne produiront point de fruit. La meilleure efpece pour cela, eft le nain blanc ou *haricot de Batterfée*, qui ne s'étend pas trop en tige, & qui rapporte beau-

coup. C'eſt une coutume générale à préſent, dans les endroits
où l'on tient des couches chaudes d'ananas , de placer une
rangée de pots dans les allées
derriere les couches de tan ,
dans leſquels on plante des haricots. Si l'on prend ſoin de leur
culture, on pourra s'en procurer une bonne proviſion pendant l'hiver. Mais les meilleures
ſortes pour réuſſir, ſont le *haricot à fleurs écarlates*, & le gros
haricot blanc de Hollande, leſquels l'emportent par la douceur
ſur tous les autres , & dont les
plants porteront long-tems du
fruit, pourvu qu'ils aient aſſez
d'eſpace pour prendre tout leur
accroiſſement. Cependant beaucoup de gens preferent, à cet
égard, le haricot droit ou *haricot érigé* (*upright*), ou, comme
d'autres l'appellent, le *haricot
en arbre*, dont les graines ſont
noires & blanches. Cette eſpece
eſt , à la vérité, très-féconde ;
mais il s'en faut bien qu'elle
ſoit auſſi agréable que les précédentes pour faire les délices
de la table , ſon fruit étant
mou & d'un goût rancide ou
dépravé.

Si le tems eſt favorable vers
la fin du mois , repiquez ſur
planches vos *laitues coſſes* ou
cocaſſes, *laitues de Cilicie*, &
autres de la meilleure ſorte ;
tirez-les des couches & des
bordures chaudes où elles ont
pris naiſſance pendant l'hiver,
en obſervant néanmoins d'y en
laiſſer quelques-unes pour pommer, car celles-ci parviendront
à leur développement beaucoup
plutôt que les tranſplantées. Il
faudroit auſſi ſemer quelques

graines de ces différentes ſortes
dans une piece de bonne terre
bien expoſée , ou dans une couche modérément chaude , afin
d'en être pourvu lorſque les
plants d'hiver ſeront conſommés.

Vers la fin du mois , ſemez
du *chou* & des *choux de Savoie*,
pour vous en ſervir pendant
l'hiver. Je ne vous les déſigne
pas pour une pleine récolte ,
mais ſeulement pour en avoir
une certaine quantité qui viendra de bonne-heure en automn-
ne. Dans les bordures & couches chaudes , ſemez de petites
ſalades : laitues, creſſon , moutarde , raves , radis , navets ,
panais , &c. afin d'avoir lieu
d'en pourvoir conſtamment les
tables.

Semez des graines de *céleri* ;
ou ſur des couches modérément chaudes , ou ſur des bordures d'une terre féconde &
d'une ſituation chaude , afin
qu'elles viennent promptement.
Mais il n'en faut ſemer que
peu , parce que cette plante
devient fiſtuleuſe & gluante
quand on veut s'en ſervir. L'on
ne doit donc planter de céleri
que pour en être fourni pendant un mois ou ſix ſemaines ,
intervalle auquel répond la durée de cette premiere récolte
de céleri. Semez auſſi préſentement des graines d'aſperges
dans une couche de bonne
terre , afin d'avoir , l'année
ſuivante , de quoi faire de nouvelles plantations.

Tranſp'antez vos *choux, choux
de Savoie*, *poireaux*, *panais*, *carottes*, & *lettes*, que vous réſervez pour graines , ſi vous
ne l'avez pas fait le mois der-

nier, en observant (ainsi que je l'ai dit en Janvier) de suspendre vos choux de toutes les sortes dans un endroit sec, & de les y tenir ainsi suspendus pendant cinq à six jours, afin que l'humidité répandue dans leurs feuilles puisse s'évaporer, & ne les pourrisse pas. Vous pouvez aussi planter quelques endives pour graines, si vous avez oublié de le faire auparavant, ainsi que quelques plants de céleri de la plus forte espece, que vous réservez pour graines.

Plantez des *patates* ou *pommes de terre*, & des *artichaux de Jérusalem*, vers la fin du mois, si le tems se porte au beau, & que le terrein soit sec ; autrement il vaudra mieux différer d'un mois ce travail, sur-tout pour les pommes de terre, en observant de bêcher fortement & de faire les tranchées profondes ; ensorte que les racines soient placées au moins à six ou huit pouces au-dessous de la surface, sans quoi elles ne viendront pas si bien. Celles-ci demanderoient une terre grasse ; & quand les racines sont dans les tranchées, il faudroit répandre un peu de fumier par-dessus, sur-tout dans les terres maigres, afin que les racines pussent prendre de l'accroissement. Ceci doit s'entendre des patates ou pommes de terre, car l'artichaut de Jérusalem est si vigoureux, qu'il ne multipliera que trop, quel que soit la nature du sol.

Fumez & bêchez la terre où vous vous proposez de planter des *asperges*, & laissez-la en amas

Février.

ou en sillons, jusqu'à ce que la saison de planter soit arrivée, c'est-à-dire, jusqu'à la fin du mois prochain. Mais en faisant ceci, soyez attentif à égaliser le fond de chaque fosse ou tranchée avant que d'y jetter le fumier, lequel doit aussi se mettre par portions égales ; autrement, quand vous en viendrez à tracer vos rayons pour y mettre vos plants, le fumier sera sens-dessus-dessous dans les endroits où il est placé bas.

Vos plants de *choux fleurs*, que vous aviez mis sous cloche en Octobre dernier, doivent en être ôtés vers la fin de ce mois, & vous n'y devez laisser seulement que l'un des plants les plus forts, si vous avez envie d'avoir des têtes bien fournies & bien pommées. Plusieurs Fermiers, trop bons ménagers, veulent qu'il y reste deux plants pour fleurs. Quand on suit cette méthode, il ne faut pas les laisser aussi long-tems sous cloche que s'il n'y restoit qu'un plant. Mais alors on ne sauroit les garantir des froids qui arrivent souvent en Mars ; cependant s'ils ne sont pas fermés sous cloche chaque nuit, ils sont en danger de souffrir, leurs fleurs ne viendront pas sitôt, & leurs têtes ne feront pas si bien garnies. C'est donc une mauvaise économie de laisser deux plants, puisqu'il est certain qu'un bon gros choux-fleur, vaut mieux que trois petits. En ôtant ces plants, prenez bien garde d'offenser les racines des autres plants que vous laissez. Remplissez bien également les trous,

afin que les racines ne souffrent pas des vents secs qui
soufflent ordinairement en Mars.
Quand les plants que vous
avez laissés sont assez forts &
assez développés pour presser
la cloche, soulevez la terre
dans les bords, & amenez-la
autour de la tige, à deux ou
deux pieds & demi de large,
& à cinq ou six pouces de hauteur, afin que le verre puisse
s'avancer & ne pas briser les
feuilles. En faisant ceci, les
cloches pourront les tenir couverts dans le mauvais tems,
jusqu'au milieu ou a la fin de
Mars : ce qui est d'un grand
avantage pour eux quand la
saison est mauvaise, & leur
fait pousser des fleurs beaucoup
plutôt. Quand vous aurez fait
ce travail, il faudroit avoir
grand soin d'empêcher que la
terre ne gagnât le cœur de ces
plants : ce qui leur porteroit
un grand dommage ou causeroit leur destruction.

Les pois & les *féves* semés
en automne, & qui ont passé
l'hiver, vont présentement avancer ; c'est pourquoi la terre
qui les environne devroit
être houée & buttée, c'est-à-
dire, ramenée vers la tige ; ce
qui les fortifiera & les défen-
dra des injures du froid. Mais
il faut faire ceci dans un tems
sec, & lorsque la surface de
la terre est seche, autrement
leur tendre tige en souffre, &
reçoit souvent des injures de
la part du froid.

Vers la fin du mois, vous
pouvez semer quelques graines
de *pourpier* sur couches modérément chaudes, lequel pourra

Février.

déjà vous servir en Avril ;
quoiqu'en général on ne les
mange pas sitôt ; mais il y a
des maisons qui en demandent
alors.

Ayez l'œil attentif aux limaçons & autre vermine, que
vous pouvez détruire dans les
trous de muraille & derriere le
tronc des arbres fruitiers rangés le long des murs, &c. car
s'ils vous échappent à présent
& qu'ils atteignent le mois
prochain, ils ravageront vos
plantes potageres. Si vos arbres fruitiers précoces qui sont
contre les murs, commen-
çoient à ouvrir leurs fleurs,
couvrez les soigneusement avec
des nattes, du jonc, & autres
paillassons ; autrement ils seront
en danger de souffrir du froid
& des vents de bise ou vents
glaçants qui se font encore sentir dans cette saison. Mais
quand on met ces couvertures
en usage, il faut le faire avec
beaucoup de précaution, & ne
pas briser ou offenser les boutons ou les fleurs. C'est pourquoi le roseau est ce qu'il y
a de mieux, sur-tout s'il est
en forme de natte, parce qu'il
n'est pas si sujet à battre contre les arbres, ainsi que les
nattes & autres couvertures
branlantes, & qu'il est plus aisé
à ôter toutes les fois que le
tems se radoucit. Les fleurs,
par ce moyen, ne deviendront
pas trop tendres, & les bourgeons ne seront pas affoiblis ;
autrement il en résulteroit des
conséquences plus pernicieuses
que si vos arbres eussent resté
exposés à l'inclémence de la
saison.

Rien ne vous empêche à présent de planter du *houblon* , de creuſer la terre , & d'émonder les racines de vos vieux houblons , en prenant bien garde d'offenſer les boutons des plants qui commencent maintenant à s'enfler.

Productions du Potager.

Chou , chou de Savoie, borecole ou chou - calibre , broccoli , carottes , panais , navets , bette-raves rouges , chervis, ſcorſonaire , ſalſifix , cardons , choux-cabus , épinards , pommes de terre , artichaux de Jéruſalem , oignons, poireaux , ail , rocambole , échalottes , ſauge, perſil, ozeille , montans de choux , & de choux de Savoie. Sur couches chaudes : menthe , tanéſie , eſtragon ou ſerpentine , ſuppoſé que vous les ayiez plantés de bonne-heure en Janvier ; & dans quelques bordures chaudes , les radis que vous avez ſemés en automne. Sur d'autres couches chaudes , toutes ſortes de petites ſalades : laitues, creſſon , coriandre , panais , raves , moutarde , & des mouſſerons dans les couches que vous avez ſoigneuſement garanties du froid & de l'humidité. Vous devez avoir des endives & du céleri pour le potage , ainſi que du chervis que beaucoup de perſonnes aiment paſſionnément. Vos couches chaudes de Décembre doivent vous avoir donné de l'aſperge , laquelle, vers le milieu du mois , & lorſque le ſoleil l'aura colorée , ſera excellente.

Février.

Vous ne devez pas manquer non plus de pluſieurs autres plantes potageres & aromatiques : ſarriette d'hiver , hyſſope , thym , lavande , romarin, origan , pimprenelle , feuilles de poirée , &c. (1).

Ouvrage à faire dans le Jardin à fruits.

Vous pouvez élaguer vos arbres à fruits , ſi vous ne l'avez pas fait auparavant, ſoit ceux qui ſont le long des murs , ou en eſpaliers , ou ceux qui ſont appuyés ſur fourches , en obſervant d'émonder les plus durs les premiers , & de laiſſer les plus tendres pour les derniers , afin qu'ils ſoient moins expoſés à ſouffrir du froid. Si vous en remarquez quelques-uns qui ſoient trop abondans & trop féconds , ne les élaguez que les derniers de tous.

____

(1) Il doit être bien ſurprenant pour les François de voir MILLER mettre au nombre des herbes potageres : *hyſſope* , *thym* , *lavend:* , *romarin* , *marjolaine* , *menthe* , &c. C'eſt que dans le tems que MILLER écrivoit ſon *Calendrier* , c'étoit encore la coutume en Angleterre de mettre au pot toutes ces herbes aromatiques. Aujourd'hui on n'y met guere que la *mente* qu'on mêle aux petits *pois* , comme en France on y mêle de la *laitue.* Il eſt vraiment étonnant que cette Nation qui , depuis HENRI VIII , a fait des progrès ſi rapides vers la liberté , n'ait preſque rien changé dans ſa maniere ancienne de ſe vêtir & de ſe nourrir ; & c'eſt ſans contredit le plus bel éloge qu'on puiſſe faire de ſon bon eſprit , lequel vaut beaucoup mieux que le bel eſprit.

Mais ceux qui font actuellement taillés ne doivent recevoir l'attache & le clou qu'au commencement du mois prochain ; car les branches qui font contre les murs, empêcheront les boutons de fleurs de s'ouvrir trop tôt.

Les *figuiers* que vous avez couverts pendant la gelée, pour les empêcher de recevoir, du froid, aucune injure, doivent être découverts quand le tems eft doux, afin de leur renouveller l'air, autrement les jets des années dernieres feront portés à chancir : ce qui les fera tomber en décadence, & fera caufe qu'ils ne donneront point de fruit, la faifon fuivante. Mais fi le froid revient, il faut promptement les recouvrir, faute de quoi ils feront plus en danger de perdre leurs tendres branches & leur fruit, que ceux qui n'ont jamais été découverts.

Lorfque le treillage de vos efpaliers eft détruit & qu'il n'a pas été réparé les mois précédens, il ne faut pas différer plus long-tems, parce que les boutons de fleurs de vos arbres fruitiers vont bien tôt commencer à s'enfler, & qu'ils feroient en danger d'être brifés ou arrachés. C'eft pourquoi ces treillages devroient toujours être réparés quand les arbres font taillés, afin que leurs branches y foient liées & attachées, pour que les vents violens ne puiffent les caffer. Quant à ceux que vous venez de mettre en efpalier, vous devez les tailler promptement, fuppofé que vous ne l'ayiez pas encore fait, & les lier à diftances égales, afin

Février.

que les rejetons & les feuilles, lors de leur pouffe ne fe croifent pas, ne s'entrelacent pas, & ne caufent point de confufion.

Transplantez toutes fortes d'arbres fruitiers dans les endroits où il vous en manque, cette faifon eft plus propre pour les terreins humides, que celle de l'automne. Mais obfervez de bien labourer la terre, & de brifer les mottes avant que de planter, afin que la terre puiffe s'unir étroitement avec chaque partie des racines. Vous ne devriez point toucher à la tête de ces arbres jufqu'à la premiere pouffe ; alors ceux qui exigent la tonte, doivent être coupés avec foin. Suivant la maniere indiquée dans le *Dictionnaire des Jardiniers*, à l'article *Plantation*.

Vous pouvez à préfent femer pour tiges, vos *pepins*, *amandes* & *noyaux*, d'arbres fruitiers les plus durs, pour boutonner & greffer vos plants de la meilleure efpece : obfervez de les recouvrir de terre bien également par-tout, & de ne point attirer les fouris ni autres reptiles qui détruifent toutes les couches de vos femences, fi vous n'y mettez obftacle. Il feroit encore à propos de tendre des piéges à ces reptiles, & de les prendre avant qu'ils attaquaffent vos graines.

Dans un tems humide arrachez la mouffe de vos arbres fruitiers, s'ils en font infectés. Ceci peut fe faire aifément dans cette faifon, à l'aide d'un inftrument de fer fait en forme de houe, & troué dans le milieu conformément à la groſſeur des branches que vous devez ra-tiſſer : il doit y avoir trois trous de différente largeur ; ce qui ſera ſuffiſant pour toutes ſortes de branches. Comme la *mouſſe* eſt tendre en cette ſaiſon, il ſera très-aiſé de l'arracher.

Faites tous vos efforts pour détruire les oiſeaux qu'on appelle *branle queues*, car dans cette ſai-ſon ils portent un grand pré-judice aux arbres à fruit, en piquant leurs boutons fleuris. Quand on ne fait pas de pour-ſuites contr'eux, ils détruiſent ſouvent tout le fruit d'un jardin en deux ou trois jours.

Le fruit précoce ou de chaſſis forcé, demande à préſent toute l'attention poſſible. Il faut don-ner de l'air aux arbres, ſelon que la chaleur de la ſaiſon le requiert ; il faut auſſi ſavoir entretenir la chaleur ; faute de quoi la fleur ou le tendre fruit perdroit ſa ſubſtance, & ſe ré-duiroit à rien.

Vous devez à préſent avoir le plus grand ſoin de vos *fraiſiers* ſur couches-chaudes, en obſer-vant de leur donner une grande portion d'air, & de les raffraî-chir avec de l'eau ; autrement la fleur tombera, & il en ré-ſultera un fruit très-mince. Vous devez auſſi dans ce mois faire de nouvelles plantations de frai-ſes, de framboiſes, & de gro-ſeilles, ſi vous l'avez oublié dans l'automne, ſaiſon beaucoup meilleure que toutes les autres pour ce travail, ſur-tout dans les terreins ſecs ; car les plants d'automne auront leurs racines ſi bien affermies dans la terre, qu'ils ſeront peu en danger de *Février.*

ſouffrir de la ſechereſſe au prin-tems ; tandis que ceux-ci de-manderont continuellement d'ê-tre arroſés ; ſi le printems étoit ſerein, autrement ils ne pro-duiront point de fruit l'été ſui-vant.

Fruits de la ſaiſon ou qui ne ſont pas encore paſſés.

POIRES : bon-chrétien d'hiver, bezi de Caſſoi, Citron d'hiver ; rouſſelet d'hiver, *bougi* ou ber-gamotte de Pâques, poire *Lord' Cheine* verte, portail, double fleur, St. Lezin, carmélite, St. Martial ; & pour mettre en compôte, cadillac, poire d'oi-gnon ou *Pickering*, *Warden* d'Angleterre, poire noire de *Worceſter.*

POMMES : Pepin ou Renette aromatique, Rouſſette d'or, Nompareille, Pepin d'or, pepin de Hollande, Renette de Fran-ce, Renette de *Kent*, Renette dure, la Pomme-Jean, Pomme-Harvey, Rouſſette de Pile, Rouſſette de *Wheeler*, la *Pear-maine* ou Pommepoire d'hiver, Pomme d'Api, Haute-Bonne, & quelques autres de moindre prix.

Ouvrage à faire dans le Parterre ou Jardin de plaiſance.

Si le tems eſt doux vous pou-vez, vers la fin du mois planter vos plus beaux œillets dans des pots, où ils reſteront juſqu'à la fleur. En faiſant ceci vous ne devriez pas ôter trop de terre près des racines ; & quand vous aurez fait votre planta-tion, il ſeroit à propos de placer les pots dans une situation chaude ; mais que ce ne soit pas trop près des murs & des palissades, car vos plants deviendroient foibles. Mettez les sous cerceaux, afin que dans le mauvais tems vous puissiez les couvrir de nattes ; s'ils n'acquierent pas de la vigueur au printems & avant que la chaleur arrive, ils ne produiront pas de belles fleurs.

Vous pouvez semer à présent des graines d'*auricule* & de *pouanthe*, soit dans des pots ou dans des caisses que vous aurez remplis d'une terre riche : placez-les dans un endroit où ils aient le soleil du midi, seulement jusqu'à la fin d'Avril, tems auquel vous les ôterez & les mettrez à l'ombre pour y rester pendant l'été. Ces graines ne doivent être couvertes que peu, & d'une terre légere, car si elles sont trop enfoncées dans la terre, elles demeurent souvent un an avant que de lever, & très-souvent périssent. C'est pourquoi quelques personnes ne les couvrent jamais, & les laissent baigner par la pluie dans la terre.

Si vous n'avez pas rafraîchi vos pots d'*auricules* en leur fournissant une nouvelle terre, le mois dernier, ne differez pas plus long-tems. J'ai désigné, dans Janvier, la maniere de faire ce travail. Leurs boutons de fleurs vont bientôt commencer à paroître ; c'est pourquoi, si vous ne rafraîchissez promptement les pots, vos fleurs en seront moins belles. Quand il fait froid vous devez les cou-

Février.

vrir de nattes sur-tout pendant la nuit, afin d'empêcher ces tendres boutons de recevoir aucune injure ; autrement plusieurs périront, & les branches seront peu chargées de fleurs.

Vers la fin du mois, si le tems est favorable, remuez bien à la surface la terre de vos couches de fleurs, & arrachez les mauvaises herbes, les mousses, & autres herbes parasites que vous y appercevrez ; vous rendrez aux fleurs un grand service, & donnerez au jardin un air de propreté.

Creusez & préparez la terre dans votre pépiniere à fleurs, pour y semer des graines & recevoir de nouveaux plants dans le cours du mois prochain. Car alors vous aurez beaucoup d'ouvrages à faire de différentes façons ; & si vous n'êtes pas en avance durant ce mois, vous serez tellement embarassé dans l'autre, que vous ne pourrez suffire à tout, ou que vous ferez tout légerement & à la hâte. C'est donc une bonne méthode, dans vos momens de loisir, de creuser la terre & d'en remplir vos fosses ; ce qui l'adoucira, l'attendrira & la rendra propre à recevoir des semences & des plantations.

A la fin de ce mois, si la saison vous le permet, transplantez vos *campanules de Cantorbery*, *chevre-feuille* de France, *marguerites*, *Passe-fleurs* ou *Lychnis*, *digitales*, *œillets*, *œillets-barbus*, *gobbe-mouche vivace*, *lychnis des prés* ou double *Robin en lambeaux*, *boutons de bachelier*, *gen-*

tiane, *hépatiques*, *campanules*, *ſtatice*, *lychnis écarlate*, *ancholies*, *verges-d'or*, ainſi que pluſieurs autres plantes à racines fibreuſes dont vos bordures ſont garnies, & où elles doivent fleurir. Mais vous auriez mieux fait d'avoir entrepris ce travail en Octobre, ſur tout ſi votre terrein eſt ſec; car ces plantes prennent racines, deviennent vigoureuſes, & produiſent une grande quantité de fleurs ſans arroſage, avant les ſéchereſſes du printems.

Pendant les nuits d'un froid ſec, vous devez couvrir de nattes vos couches de renoncules choiſies, anemones & tulipes, pour les protéger contre les injures du tems, ſi vous ne voulez pas qu'elles dépériſſent, & que leurs fleurs ne ſoient ni belles ni nombreuſes; car il arrive ſouvent que leurs racines ſont détruites par le froid dans cette ſaiſon. Quand on ne ſuit pas cette méthode, le froid pince les boutons des vieilles *ancmones*, en détruiſant le milieu de leurs fleurs, appellé par les Jardiniers Anglois le *thrum* ou *bonnet*; & alors les fleurs doublent deviennent ſimples, & trompent vos eſpérances. Si vous en vendez les racines, les perſonnes qui les acheteront vous reprocheront de les avoir trompés, & attribueront à la fraude ce qui n'eſt dû qu'à votre négligence. Il arrive encore que faute de cette précaution de les couvrir, les racines deviennent tellement ſtériles qu'elles ne produiront plus de fleurs.

Vous avez encore le tems, *Février*.

ſi vous y êtes neceſſité, de transplanter toutes ſortes d'arbres à fleurs & d'arbriſſeaux de la plus forte eſpece, comme, *lilas*, *laburnum*, *faux ſéné*, *ſéné de ſcorpion* ou *baguenaudier*, *roſes*, *chevrefeuilles*, *Jaſmin*, &c. ainſi que la plupart des arbres foreſtiers qu'on peut transplanter avec ſureté, ſur-tout dans une terre humide, ou lorſqu'on a la comodité de leur donner de l'eau. Quánt aux arbres toujours verts, que vous deſtinez aux plantations du printems, pluſieurs d'entr'eux ne doivent changer de place qu'au commencement d'Avril, & lorſqu'ils ſont ſur le point de faire éclore leurs boutons; c'eſt alors la ſaiſon la plus ſûre pour les transplanter.

Plantez du *buis* de Hollande pour en orner vos bordures; mais Octobre eſt la meilleure ſaiſon, ſur-tout dans les terres ſeches, parce qu'il ſera fermement enraciné avant les ſéchereſſes du printems, autrement vous riſquez de voir détruire vos bordures nouvellement plantées, ſur-tout ſi elles ne ſont pas pleinement arroſées.

Brilez le *gravier* de vos allées, & empêchez la mouſſe de s'y loger; n'employez cependant le ratiſſoir que vers le milieu du mois prochain, tems auquel on ne manquera pas de s'y promener, ſi elles ſont proprement arrangées.

Sur la fin du mois vous devriez racler & nettoyer les quartiers de votre *Déſert*, parce que les fleurs qui ſont ſous les arbres vont commencer à pouſſer. Il eſt donc néceſſaire de nettoyer la place, & de lui donner un air élégant : les bordures de vos allées de gazon, ainsi que celles des champs en gazon, devroient être allignées, & tirées au cordeau, afin qu'elles fussent par-tout égales. Rendez aussi propres & nettes toutes les grilles de vos réservoirs & de vos conduits aux deux côtés de vos allées, & ne manquez pas d'en arracher les mauvaises herbes & la mousse.

Si la terre est molle, applanissez vos allées & vos champs de *gazon* ou tapis de verdure, car si vous ne le faites pas constamment, l'herbe ne sera pas belle. Apprêtez des couches chaudes pour y recevoir celles de vos tendres fleurs annuelles qui ont besoin de lever de bonne-heure au printems, autrement il seroit à craindre que leurs graines ne mûrissent pas, comme *amaranthes, amaranthoïdes, stramonium* à fleurs doubles, *balzamines* à double raie, *zinnia, mesambryanthemes* annuels, *momordica, hibiscus* de la tendre espece, *ricinus,* & quelques autres. Plantez aussi quelques *tubéreuses* sur couches chaudes, afin qu'elles viennent de bonne-heure en été, supposé que vous ayiez négligé de le faire dans le mois dernier. Vous pouvez à présent planter quelques pieds d'alouette double, dans les bordures chaudes, & dont le terrein est sec. Quand ces fleurs sont semées de bonne-heure, & qu'elles réussissent, elles deviennent plus fortes & plus doubles que celles qui sont plus

Février.

tard semées. Vos graines d'*aster* de la Chine doivent à présent, être semées dans une bordure chaude & de terre légère, ou dans une couche modérément chaude & telle qu'il la faut pour faire lever ces plantes. Ensuite donnez leur chaque jour une grande portion d'air afin de les fortifier.

Plantes actuellement en fleurs dans le Parterre ou Jardin de plaisance.

Aconite d'hiver, helleboraster ou pied d'ours, vrai hellebore noir, hellebore noir à fleurs vertes, perce neiges, plusieurs sortes de crocus printaniers, anemones simples, cyclamens de printems, grands perce-neiges, hyacinthes bleus & blancs printaniers, Iris de Perse, hépatiques, simples violets, tulipes précoces, polyanthes, Adonis vivace à feuilles de fenouil, cotyledon bâtard printanier, Narcisses, souhaits ou perlées, pervenches, alysson jaune des Alpes, alysson d'Orient à fleurs de pourpre, violettes, saxifrage bleu des montagnes, Soldanelle des Alpes, & quelques autres.

Arbres & arbrisseaux durs, à présent en fleurs.

Laurustin de deux ou trois sortes, mezereon rouge & blanc, laurier d'Epurge, la joie du voyageur ou clématite d'Espagne & de Siberie, prunier-cerise, amandier à fleurs blanches, cornouilles, hamamel, frène ou arbre à manne, avelinier, noisetier, épine de Glastenbury,

tenbury, *coriaria* ou rondon à feuilles de myrte, chevrefeuilles à raies bleues, buis, alaterne, phillyrea, & quelques autres.

Plantes médicinales qu'on peut à présent cueillir & dont on peut faire usage.

Sapin d'argent, capillaire noir, blanc & d'or ; alfine, *arbor vitæ*, afarabacca ou *afarum*, lierre rampant, laurier d'Epurge ou tithymale, cones de cyprès, trêne hépatique couleur de terre, arbre-mousse, mousse en gobelet, herbe au panaris à feuilles de rue, cones de pin. Si la faison eft rétardée, la plupart des arbres dont il eft fait mention dans le mois précédent, doivent vous fervir dans celui-ci. Si au contraire la faison eft avancée, vous pouvez déjà avoir des fleurs de violettes & de tuffilage, avec du creffon de fontaine ; & le bouleau eft déjà en état de vous fournir du jus.

Ouvrage à faire dans la Pépiniere.

Vous pouvez à préfent tranfplanter la plupart de vos arbre foreftiers & de vos arbriffeaux à fleurs de l'efpece la plus dure ; pourvu que la faison foit favorable, autrement il fera mieux de différer. Si vous n'avez pas coupé les rejettons de vos ormes, de vos tilleuls, & autres arbres foreftiers & arbriffeaux, pendant l'automne, vous devez le faire à préfent & les plan-

ter par rangée ou par rayons éloignés de trois pieds les uns des autres, en laiffant entre chaque plant dix-huit pouces de diftance. Plufieurs de ces arbres foreftiers doivent refter là quatre ou cinq ans, pour prendre de la force & fe mettre en état d'être tranfplantés dans les endroits de leur deftination. Mais les arbriffeaux & arbuftes à fleurs, ne doivent refter en pépiniere que deux ou trois ans, parce que plus ils font plantés jeunes dans le lieu qui leur eft deftiné, plus ils croîtront & feront des progrès.

La terre que vous deftinez à recevoir une pépiniere d'arbres toujours verds, doit actuellement être foigneufement travaillée & purgée ou purifiée de toute racine d'herbes malfaifantes, fur tout de chiendent ; car fi vous laiffez fubfifter celle-ci dans votre terrein, elle fe mêlera avec les racines de vos nouveaux plants, leur deviendra très-pernicieufe, & il vous fera très difficile de l'arracher.

Si dans votre pépiniere vous n'avez pas bêché la terre entre les arbres le mois précédent, foit faute d'un tems affez doux pour cela, foit faute de loifir, faites le à préfent, en obfervant, ainfi que je l'ai indiqué précédemment, de ne pas bleffer les racines. Raccourciffez celles qui s'étendent trop loin du tronc, afin de forcer les jeunes racines de fe rapprocher, & de les rendre plus propres à la tranfplantation. Ceci doit fur-tout fe pratiquer à l'égard des houx & de plufieurs autres fortes d'arbres toujours verds Vous devriez bêcher conftamment tout au-tour de leur tronc chaque année, & couper toutes les racines manifeftement inutiles, & qui s'étendent trop loin. Ce retranchement occafionnera une grande quantité de fibres à fe rapprocher du tronc, lefquelles le rendront plus fûr à être tranfporté. Elles tiendront fortement attachée aux racines la motte de terre, fi vous en prenez foin, faute de laquelle il eft impoffible de tranfporter des arbres qui ont reflé plufieurs années fans avoir eu leur terre bêchée, & leurs racines élaguées.

Plantez à préfent des *Chataigniers*, & femez des graines, baies & glandées de quelques autres arbres, arbriffeaux & arbuftes de l'efpece la plus dure, en prenant grand foin de les couvrir de terre, de crainte que celles des femences qui refteroient à découvert, n'attiraffent les fouris & autres animaux voraces, qui mangeroient toutes vos graines & détruiroient vos efpérances.

Sur la fin du mois, fi le printems commence à fe faire fentir, & que le tems foit doux, coupez les têtes des rejettons ou de jeunes plants qui vous ont donné boutons & fruits l'été précédent. Faites votre taille à quatre ou cinq pouces au-deffus des boutons, en obfervant toujours de tailler en pied de biche ou de biais, afin que les bourgeons ne reçoivent aucune offenfe de la féve

Février.

qui découle de la partie bleffée. Les parties de la tige ou du tronc que vous avez laiffées au deffus du bouton, ferviront à fupporter les bourgeons lorfqu'ils commenceront à pouffer. Si le tems s'annonce avec douceur vers la fin du mois, vous pouvez greffer cérifiers, pruniers, poiriers, pommiers & autres arbres à fruit de la dure efpece ou de pleine terre. Mais s'il fait froid, & que les vents foient fecs, vous ferez mieux de différer encore quelque tems, car une telle faifon eft deftructive de la greffe.

Vous pouvez encore planter des *coupures* ou rejettons de *grofeilliers* & autres arbres ou arbriffeaux qui croiffent par boutures, dans des bordures à l'ombre, en obfervant de tenir, tout-au tour, la terre bien compacte & bien ferrée. Si la terre qui les divife ou qui eft intermédiaire, eft couverte de mouffe ou de petite litiere, les vents fecs de Mars ne pourront la pénétrer. Si l'on ne prend cette précaution, les vents détruiront vos jeunes plants de boutures. L'automne cependant eft la meilleure faifon pour cet ouvrage, fur-tout dans les terres feches.

Après que les grands froids font paffés, faites en ce mois des marcottes de tous vos arbres exotiques de la dure efpece, & dont vous avez befoin de multiplier le nombre; car il y en a parmi eux quelques-uns qui font trop tendres pour être remis en automne, à caufe que l'humidité de l'hi-

ver qui fuccede immediate-
ment au froid, en détruit toujours une grande partie.

Vous pouvez à préfent augmenter le nombre de ceux de
vos arbres & arbriffeaux exotiques qui multiplient difficilement par marcottes & par boutures, en coupant quelques-
unes des jeunes & vigoureufes
racines auxquelles vous laifferez la longueur d'environ quatre à cinq pouces, & que vous
planterez enfuite dans des pots
remplis d'une terre graffe légère.
Vous plongerez vos pots dans
une couche modérément chaude, & les tiendrez clos fous
chaffis. Vous verrez que les
racines s'étendront dans le bas,
& que les rejettons fe montre-
ront dans le haut; enforte que
dans l'efpace d'un an vous aurez de bons plants. Par cette
méthode, on augmente le nombre des arbres qui ne peuvent
fe multiplier facilement par la
méthode ordinaire.

*Ouvrage à faire dans les Serres,
Serre chaude & Serre d'orangerie.*

Si le tems eft doux, & l'air
tempéré, vous devriez commencer par admettre l'air dans
votre ferre, en abaiffant un peu
les chaffis d'en haut. Mais ceci
doit fe faire, pour la premiere
fois, avec beaucoup de précaution, en ne les ouvrant
jamais quand le vent eft aigu,
ou quand il fouffle en droiture
dans votre ferre; car un air
aigu portera un grand dommage à vos plantes en cette
faifon, parce qu'elles font devenues tendres par le long fé-

jour qu'elles ont fait dans la
ferre. Rafraîchiffez à préfent
avec de l'eau, *myrthes*, *orangers*, *geranium*, & autres plants
de la dure efpece. Ne leur donnez de l'eau que modérément
& un peu à la fois; fi vous
ne la leur épargnez pas dans
cette faifon, vous leur porterez un grand préjudice.

Arrachez toutes les feuilles
mortes & languiffantes de vos
plants, remuez auffi la furface
de la terre dans vos caiffes &
vos pots, & tenez-la toujours
purifiée & à l'abri de mauvaifes
herbes. Si vous ajoutez un peu
de fumier de vache bien confommé au haut de vos caiffes
& de vos pots d'*orangers*, vous
leur rendrez un grand fervice.
Vous devriez en même tems
enlever, avec la broffe ou le
balai, toutes les toiles d'arai-
gnées, & rendre votre ferre
propre & nette en tout point;
car la propreté n'eft pas moins
néceffaire à la fanté des plantes
qu'à celle des animaux.

Faites des couches chaudes
pour y femer quelques tendres
graines exotiques apportées des
pays les plus chauds, en obfervant de bien travailler votre
fumier. Retournez-le trois à
quatre fois, tandis qu'il eft en
monceau; & lorfque vous le
portez dans les couches, qu'il
foit bien demêlé, afin que les
couches retiennent leur chaleur & foient toujours égales.
Quand le fumier n'eft pas ega-
lement remué & battu avec la
fourche, il formera des creux:
ce qui porte un grand préjudice à vos couches; car lorfque vous les arroferez, l'eau

fe jettera dans les ouvertures & les inondera, tandis que les autres endroits feront prefque laiffés à fec, ou ne recevront que peu de bénéfice. Mais vos graines d'arbres & d'arbriffeaux profpéreront beaucoup mieux, fi vous les femez dans des pots de terre que vous plongerez dans une couche de tan ; car ces graines reftent long-tems fans végéter, & demeurent fréquemment dans la terre une année toute entière. Si vous vous appercevez que la chaleur de la couche décline trop, vous l'augmenterez en remuant la couche de nouveau, & en y ajoutant un peu de tan.

Si quelques-uns de vos *orangers* ont éprouvé du dommage pour ne les avoir pas bien foignés, enforte que leurs têtes vous paroiffent être tombées en langueur, vous devriez alors les tailler de près, & les changer de terre. Préparez une couche modérément chaude fous une caiffe vitrée, dans laquelle vous les placerez. Vous les forcerez par là à pouffer de bonne-heure au printems ; & leurs jets auront le tems de fe durcir avant l'hiver, & avant que vous les fortiez pour les expofer en plein air. Mais lorfque vous les dépotez ou décaiffez, ayez foin de retrancher toutes les racines moifies ou languiffantes ; nettoyez parfaitement toutes les racines & les tiges, en les purifiant de toutes les fouillures qu'elles pourroient avoir contractées. Quand vous les replantez, vous devez entortiller la tige avec des liens de foin, depuis la fur-

Février.

face de la terre jufqu'à la tête de la tige. Cette précaution empêche le foleil de deffécher l'écorce du tan ; & lorfque vous placez en couches chaudes les pots ou les caiffes, prenez garde que la chaleur ne foit pas trop grande, & rafraîchiffez-les avec de l'eau, en ne vous contentant pas d'en donner feulement aux racines, mais en la diftribuant auffi à toutes les parties des tiges : ce qui fuppléra à leur écorce, & la fera pouffer vigoureufement. Lorfque le foleil commence à fe faire fentir avec force, les fenêtres de l'orangerie devroient être revêtues de nattes ou de toiles pendant la chaleur du jour ; autrement le foleil brûlera les tendres feuilles & defféchera l'écorce des racines ; enforte que vos orangers fouffriront beaucoup s'ils y reftent trop expofés. Cependant cette méthode de tailler les têtes de vos orangers & de les forcer, ne doit pas fe mettre fouvent en pratique à leur égard ; car fi vous la répétez fréquemment elle les affoiblira. C'eft pourquoi quand vos orangers ne font pas abfolument en mauvais état, vous ferez mieux de les changer de terre tout fimplement, fi vous le pouvez, & de les nettoyer avec de fortes broffes de crin en vous fervant d'eau & de fable à écurer. Coupez toutes les feuilles flétries, ou jauniffantes, ou pareffeufes, & mettez vos plants dans une caiffe vitrée pendant trois mois, après lefquels vous leur donnerez une fituation à l'ombre, & lorfque vous les

aurez retirés du chassis-forçant.
Par cette méthode ils recroî-
tront , & deviendront forts &
vigoureux. Les plants · d'*orangers* qu'on apporte annuellement
d'Italie en Angleterre , devroient
recevoir le même traitement ,
pour les forcer à donner de
nouveaux rejettons. Mais leurs
racines doivent être plongées
dans l'eau , & imbibées pendant deux jours , avant de les
planter. Il faut aussi couper toutes les racines mortes ou bleffées , laver & purifier les tiges
& les reposer fur couche , dont
la chaleur foit modérée. Il faudroit encore fe fervir de paniers au lieu de caiffes , pour
y planter ces nouvelles tiges ,
parce que la chaleur du tan ,
jointe à l'humidité , pourriroit
les caiffes où vous les auriez
renfermées.

Le tan de vos couches en
ferre chaude demanderoit à préfent d'être remué , & de recevoir quelque fupplément pour
renouveller leur chaleur , qui ,
dès-à-préfent commence à décliner. Si vous ne la renouvellez pas à tems , vos plants
fouffriront beaucoup ; ceci doit
fe faire un jour chaud , & quand
l'air eft doux ; car dans un
tems bien froid on ne doit
point lever les verres , de
crainte qu'en ôtant de la couche le vieux tan pour y en
ajouter de nouveau , l'on ne
portât préjudice aux plantes.
Il faudroit en même-tems faire
paffer vos plants enracinés
dans des pots , en d'autres pots
d'une plus grande largeur. Mais
en faifant ceci , on doit bien
prendre garde de ne point

Février.

bleffer les racines , puifqu'en
cette faifon elles fouffriroient
un échec confidérable , & qu'il
feroit difficile de réparer.

Lavez & nettoyez les feuilles de vos *arbres à caffé* & de
tous vos autres arbres de ferre-
chaude , pour les préferver de
toute ordure , & arrachez-en
toutes les feuilles qui dépériffent , de crainte qu'en les laiffant fubfifter , elles n'infectent
l'air de la maifon. La furface
de la terre dans vos pots doit
être fréquemment remuée , de
peur qu'elle ne fe refferre &
qu'elle n'engendre de mauvaifes herbes.

Vos plants *d'ananas* doivent
à préfent montrer leurs fruits
en abondance : c'eft pourquoi
vous devriez les arrofer fréquemment , en ne leur donnant de l'eau que peu à la
fois , pour les avancer , & faire
enfler le fruit. Tenez le tan à
un degré de chaleur tempérée ;
car fi vous fouffrez que fa
chaleur décline en cette faifon , la couleur de vos ananas
fera changée , altérée , & le
fruit deviendra mince , petit ,
d'une valeur modique. Vers la
fin de ce mois vous devez
préparer de nouveau tan pour
vos couches d'été d'ananas ,
dans lefquelles vous les tiendrez plongés quelque tems le
mois prochain. Mais ceci doit
feulement s'entendre des plants
que vous réfervez pour régé-
nérer , ou pour fervir à la propagation de l'efpece , & qui
feront les rejettons de la derniere faifon. Ne les tranfpor-
tez pas fur couches de trop
bonne heure , à moins que

vous n'ayiez une cheminée ou un poële pour échauffer l'air dans le mauvais tems ; car la chaleur du tan toute seule sera pour eux insuffisante jusqu'au commencement d'Avril : tems auquel le soleil donnera une chaleur que le tan seul ne pourroit faire naître. Les couches qui renferment vos arbres fruitiers doivent être raffraichies par de nouveau tan vers la fin de ce mois, sur-tout celles dont la chaleur foiblit ; car si vous ne conservez pas le tan dans un degré propre de chaleur pendant cette saison, l'accroissement du fruit sera beaucoup retardé.

Les *aloès*, *euphorbes*, *melons* & *cierges épineux*, ainsi que d'autres tendres plantes succulentes, doivent recevoir un peu d'eau dans cette saison. Mais les *mesembryanthemes*, *sedums* ou *joubarbes*, *cotyledons*, & autres especes plus dures doivent être fréquemmeut raffraîchies, quoique peu à la fois, parce que beaucoup d'humidité en cette saison leur causeroit la corruption. Vous devez à présent faire quelques nouvelles couches-chaudes de tan, pour y semer les graines de ces tendres plantes exotiques, qui sont annuelles ou que vous tenez des pays étrangers. Vous y plongerez de petits pots remplis d'une terre fraîche & légere, afin qu'elle puisse recevoir de la chaleur avant que de lui confier vos semences. Cette méthode de mettre vos graines dans des pots est préférable à tout autre, parce que vos plants,

lorsque vous les tirerez des pots pour être transplantés, auront de la terre attachée à leurs racines : par-là ces jeunes plants seront peu en danger de souffrir, parce que les racines auront été parfaitement conservées. Celles de vos graines qui auront resté longtems dans la terre, & qui ne seront pas si avancées, pourront être remises dans une nouvelle couche chaude, si la chaleur de la premiere s'est éteinte ou affoiblie ; & vous verrez alors faire des progrès à leur végétation.

Vers la fin de ce mois, préparez du fumier chaud pour en faire une couche, dans laquelle vous transplanterez quelques tendres sortes de vos fleurs annuelles pour les avancer, afin de les faire fleurir, & de perfectionner leurs graines avant l'hyver.

Plantes en fleurs dans les deux Serres.

Jasmin jaune des Indes, jasmin ou *lantana* d'Afrique à feuilles de houx, jasmin d'Espagne, *philyca* à feuilles de bruyere, *geranium* avec une fleur écarlate, *geranium* avec une fleur diaprée ou bigarée ou panachée, plusieurs sortes de mesembryanthemes, polygale arborescente, cyclamenes d'Alep, cacale d'Afrique en arbrisseau avec des feuilles succulentes, seneçon en arbrisseau à feuilles de plantin découpé (*with buckshorn-leaves*), Hermanie à feuille d'aune, aloès de plusieurs sortes, arctotides,

Turnera, séné bâtard d'Amérique en arbrisseau à larges fleurs jaunes, Euphorbe, cotyledons à larges feuilles coupées, *Malpighia mali punici facie* ou à feuilles de grenade, herbe à chiffon avec fleurs de pourpre, cytises, arbre à caffé, calle ou *arum* d'Ethiopie, *hypericum* des Baleares, *jacobæa-lily*, lis-jacobée ou lis de St. Jacques, lis du Mexique, *ixia*, *Watsonia*, oseille des bois d'Afrique à larges fleurs pourprées, oseille des bois d'Afrique à fleurs jaunes ombellées, aster pourpre en arbrisseau du Cap de Bonne-Espérance, *spreading starwort* ou aster étalé d'Afrique à fleurs pourprées, *sisyrinchium*, *crinum*, *pancratium*, *corona regalis* à fleurs rondes, gladiole des Indes, Aristoloche des Indes à fleur écarlate, tanaisie d'Afrique, arbre de corail, antholize, joubarbe en arbre, queue de lion en arbrisseau, Bermudienne d'Afrique, avec quelques autres.

MARS.

Ouvrage à faire dans le Potager.

LE tems est ordinairement plus incertain & moins stable dans ce mois que dans aucun autre de l'année; quelquefois il est sec & froid, & quelquefois humide & chaud, accompagné souvent de grêles & de vents impétueux. C'est alors qu'il faut veiller avec soin à vos couches chaudes de *melons* & de *concombres*, sans quoi souvent elles périssent, ou du moins vous font manquer la première récolte. Pour éviter ce dommage, donnez à vos couches, si leur chaleur décline, une doublure de fumier neuf de cheval, tout-au-tour des côtés, afin de renouveller le feu. Observez de bien couvrir les vitres avec des nattes chaque nuit; mais pendant le jour laissez-leur respirer un air frais, à proportion de la chaleur des couches, & suivant que le tems le permettra, sur-tout après que vous avez doublé les côtés d'un nouvel engrais, lequel ne manquera pas d'exciter une grande vapeur dans les couches pendant quelques jours. Si cette vapeur est tenue renfermée sous les vitres, elle sera funeste à vos plantes, & leur fera manquer le fruit.

Semez les graines de vos *choux*, *choux rouges* & *choux de Savoie*, pour le service de l'hiver suivant, dans une planche de terre légère en plein air. Repiquez vos plants de *choux fleurs* restant dans vos couches d'hiver dans les quarreaux du Potager, pour la récolte générale. Ceux qui ont levé le mois dernier & qui doivent vous servir en automne, devroient être aussi

Mars.

repiqués fur de nouvelles couches chaudes, afin de les faire
avancer. Mais il ne faut pas
les couvrir de trop près : cela
les affoibliroit & leur deviendroit funefte. C'eft pourquoi
vous devez en tout tems, lorfque la faifon n'eft pas rude,
les découvrir & les laiffer jouir
d'un air fain ; ne les couvrez
feulement que pendant la nuit
& dans les mauvais tems.

Continuez de mettre en terre
des *pois* & des *féves* de quinze
en quinze jours , ou de trois
femaines en trois femaines , afin
de ne point mettre d'interrup-
tion dans le fervice , lorfque
la faifon viendra. Semez auffi
chaque femaine des radix , des
épinards , avec de jeunes herbes
à falade , pour fuccéder à celles
que vous avez femées ci-devant.
Faites-en de même à l'égard des
céleris , dont vous femerez les
graines vers la fin du mois ,
afin de remplacer celles de
Février.

On peut femer à préfent ,
panais , *carottes* , *oignons* , *poireaux* ,
bettes , *bourrache* , *buglofe* , *pim-*
prenelle , *aneth* , *fenouil* , *chervis* ,
aches , *alifandre* , &c. Il faudroit
les femer de bonne-heure en ce
mois , fur-tout fi le fol eft fec ,
autrement ces plantes deviennent maigres ; mais fi le terrein
eft humide , il fuffira de les femer au milieu ou vers la fin
du mois. Autant les graines de
fenouil , d'*ache* & d'*alifandre* réuffiffent peu lorfqu'on les feme
en cette faifon , autant elles
réuffiffent beaucoup lorfqu'on
les feme en automne & dans
un terrein fec.

Au commencement du mois ,
Mars.

couvrez de terre vos *alifandres*
ou *Alexandres* (1) , pour les
blanchir : ce qui les rendra
tendres & propres , dans trois
femaines , pour le fervice ; car
dès que la tige commence à
bourgeonner pour fleurir , ils
ne valent plus rien. C'eft encore
ici le tems de blanchir les *dents*
de lions ou *piffenlits* , que plufieurs perfonnes aiment paffion-
nément à manger en falade. On
peut prendre ces plantes dans
les champs & les enterrer enfuite profondément , en fuivant
la méthode dont vous vous fervez pour les endives. Dans trois
femaines elles feront blanchies ,
& propres au fervice.

Vous pouvez auffi femer du
perfil , de l'*ofeille* , du *chervis* ,
de l'*arroche* , des *foucis* , & des
épinards , fur-tout fi le terrein
eft humide ; car fi la terre eft
humide , ce mois-ci eft plus favorable pour les femer que le
mois précédent

Plantez par *coupures* , c'eft-
à-dire , en divifant ou en écartant les racines , plufieurs plantes aromatiques , comme , *tané-*
fie , *pouliot* , *camomille* , *baume* ,
fariette , *fauge* , *romarin* , *hyffope* ,

---

(1) C'eft le gros *perfil de Macé-*
doine appellé *Maceron* ou plutôt
Macedon de *Macédonium Petro-Selinum.*
Les Grecs & les Romains , fuivant
Pline , l. 27 , ch. 13 , connoif-
foient cette plante fous le nom de
Smyrnion. Voyez *Smyrnium.* Ce font
probablement les Italiens du moyen-
âge qui , par honneur pour le Mo-
narque de Macédoine , l'ont nommée *Alefander* , rejettant l'*x* comme
un fon peu flatteur , qu'ils ne pro-
noncent jamais dans leur langue.

fantoline, *lavande afpic*, *armoife*, *thym*, & quelques autres, lefquelles vont commencer à bourgeonner ou à pouffer des boutons, & qui prendront racine à préfent beaucoup mieux qu'en aucun autre tems de l'année. Séparez bien les racines de *menthe*, *d'eftragon*, *d'abfynthe*, & des autres plantes dont la mort attaque tous les ans, non-feulement ce qui eft hors de terre, mais encore les racines, & repiquez-les fur nouvelles couches, afin de pouvoir défaire les anciennes pendant l'été, lorfque ces nouveaux plants feront en état de vous fervir.

Coupez à préfent ou arrachez les rejettons ou œilletons de vos vieilles racines de *chervis*, & plantez-les par rayons éloignés de dix pouces l'un de l'autre, en laiffant fix pouces de diftance entre chaque plant, & en obfervant, quand le tems eft fec, de les arrofer jufqu'à ce qu'ils aient pris racine. Mais les plants d'œilletons ne donnent jamais d'auffi bonnes racines que les plants provenus de graines.

Vos plants de *laitues* qui ont paffé l'hiver dans des bordures chaudes, ou fur de vieilles couches chaudes, doivent être repiqués dans un lieu plus à découvert, autrement ils deviendront languiffans & fe réduiront à rien, fur-tout fi vous les mettez le long des murs, des haies, & des paliffades, ou s'ils ne font qu'à trop peu de diftance les uns des autres. En ce cas il faut en tranfplanter une bonne partie, & fi vous n'en laiffez que peu & à la diftance qui

leur convient, vous aurez de quoi fournir les tables de bonne-heure en cette faifon. Semez auffi quelques graines de laitue impériale, de laitue de Cilicie, de laitue coffe, & autres efpeces; femez-les dans une piece de terre riche & bien expofée; elles vous ferviront pour fuccéder aux femailles du mois dernier.

Vers le milieu de ce mois il faut enfoncer la fourche dans vos plants *d'afperges* de pleine terre, en prenant bien garde de ne pas bleffer la couronne ou l'extrémité des racines. Mais vous pouvez différer de les ratiffer & de les unir jufqu'au commencement du mois prochain, afin de retarder l'accroiffement des méchantes herbes; & même ce fera affez tôt, pourvu que vous faffiez ce travail avant que les boutons paroiffent au deffus de terre; car le feul danger auquel on s'expofe dans cette opération, c'eft qu'on ne détruife les boutons.

Le commencement de ce mois forme un bon tems pour femer du *perfil* de Hollande à larges racines, ce que vous pouvez faire aifément en les femant, ou à la volée, ou par rayons, à un pied de diftance l'un de l'autre. Lorfque les plants ont levé, il faut les éclaircir en les laiffant, à trois ou quatre pouces d'intervalle l'un de l'autre, dans les rayons, afin d'obtenir de bonnes racines; ou, fi vous aimez mieux, vous pouvez le clair-femer dans une piece de terre légere, ainfi qu'on le pratique à l'égard des carottes,

en le houant & le conduifant
de même, cette voie étant la
plus fure pour vous procurer
de larges racines.

Sur la fin du mois faites de
nouvelles couches *d'afperges*,
fuppofé que le terrein foit fec;
mais s'il eft humide, il fera
plus à propos de différer jufqu'au commencement du mois
prochain; car ces plantes prennent beaucoup mieux lorfqu'on
les tranfplante précifément au
moment qu'elles commencent à
bourgeonner. Mais en ceci la
faifon feule doit vous déterminer, foit pour faire ce travail
de bonne-heure, foit pour le
retarder.

Les radix & les *épinards*, femés en Janvier & dans les commencemens de Février, doivent être houés préfentement,
& vous ne devez laiffer entr'eux que quatre à cinq pouces d'intervalle. Obfervez de
bien remuer la terre tout-au-
tour, afin de détruire les jeunes herbes fauvages, & de
contribuer efficacement au développement des plantes. Mais
ce travail devroit fe faire dans
un tems fec, parce que les
mauvaifes herbes en feront plus
facilement détruites.

Continuez de faire des couches de *concombres*, de *melons*,
de *pourpier*, &c. pour fuccéder
à celles du mois dernier; &
vers la fin du mois, ou au
commencement de l'autre, femez des graines de melons &
concombres par rayons; mettez les fous cloche ou autre
verre, & deftinez-les à la récolte principale. Il faudroit à
préfent femer, fur couches

Mars.

chaudes, des graines de *Capficum* ou poivre de Guinée pour
cornichons & marinades, ainfi
que des graines de *tomates* ou
pommes d'amour, pour foupes &
ragouts; & vers la fin du mois,
un peu de graines de *creffon des
Indes* fur une couche dont la
chaleur foit très-modérée, afin
de faire avancer quelques-unes
de ces plantes; car on demande
de leurs fleurs beaucoup plutôt
que de celles qu'on feme communément en plein air.

Cultivez bien vos *artichaux*,
en obfervant de n'en laiffer
parmi vos plants les plus purs
& les mieux fitués, que deux
ou trois tout-au plus fur chaque racine pour porter; ne
laiffez fur-tout que ceux qui
croiffent en-deffous de la
tige, & arrachez tout le refte. Vous en prendrez ce qu'il
y a de mieux pour le planter
à préfent & vous faire une
nouvelle plantation. Ils vous
produiront déja des têtes en automne, après que ceux qui ve-
noient des vieilles racines feront paffés. En faifant votre
choix, prenez toujours ceux
dont les racines font tendres,
& rejettez ceux qui font déja
convertis en bois.

Semez des *cardons* fur une
couche de terre légère, riche
& affez fine, en obfervant de
les préferver des herbes fauvages. Si votre terrein eft fec, arrofez-les jufqu'à ce qu'ils foient
affez gros pour être tranfplantés.

Vers la fin de ce mois vous
pouvez mettre en terre quelques *haricots*, mais dans des
bordures très-chaudes, & où
ils foient à l'abri du froid. Ce

pendant ceci ne doit point avoir lieu pendant un temps humide, à cause que trop d'humidité dans cette saison, ne manqueroit pas de les gâter & de les pourrir.

Vous devriez aussi semer de la *marjolaine*, du *thym* & de *l'hysope*, & autres tendres plantes aromatiques, en choisissant un sol chaud & sec; car elles ne réussiront pas dans une terre humide.

Continuez de semer toutes sortes de jeunes salades deux fois la semaine : *cresson, moutarde, raves, radix*, &c. dans des bordures chaudes, jusqu'à la fin du mois, passé lequel vos jeunes plants réussiront mieux dans une exposition plus ouverte.

Partagez les racines de vos *ciboulles* & *échalottes*, & plantez-les dans une situation à l'ombre pour les faire croître, cette saison étant la vraie saison pour cela. Plantez de la rocambole & des échalottes; & au commencement du mois transplantez vos poireaux pour graines. Ceux-ci doivent être repiqués près d'une haie de roseaux, & dans une bonne exposition, parce que leurs racines ne mûrissent que tard en automne; & lorsque dans la mauvaise saison ils sont laissés en plein air & dans une exposition froide, il est rare qu'ils réussissent.

A la fin de ce mois, vous pouvez semer du *pourpier* dans les bordures chaudes de vos terres communes, où, sans avoir besoin d'une chaleur artificielle, il se trouvera bien

Mars.

placé, pourvu que la saison soit chaude & seche. Vous pouvez semer aussi des navets dans un endroit ouvert, afin qu'ils viennent de bonne-heure.

Vous devez à présent semer des graines de *finochia* ou *fenouil*, par rayons éloignés d'un pied l'un de l'autre; il faut que ces graines soient clair-semées, & recouvertes, de l'épaisseur d'un pouce environ, d'une terre légère. Elles demandent un sol riche & léger, sans quoi elles ne réussissent pas.

Vers la fin de ce mois, vous pouvez semer du *chanvre*, du *lin*, du *trefle* de Hollande blanc & rouge, du *sainfoin* & de la *luzerne*, pourvu que la saison soit favorable, autrement vous ferez mieux d'attendre encore quelque tems. Voici la saison de semer de l'*orge* & le *seigle* de Mars. Si le tems est sec, vous pouvez à présent donner à vos bleds la houe & le roulloir.

Semez toutes sortes de *pois de Roncevaux* & de *pois gris*, pour la récolte générale, & en plein champ. Ceux que vous aviez semés dans les mois précédens, & qui ont prospéré, doivent être recouverts d'un peu de terre; il faut aussi passer la houe sur le terrein qui les sépare, si le tems est sec.

Voici la vraie saison de semer des *carottes* en plein champ, dont vous destinerez les racines pour nourrir des brebis, des daims, &c. C'est un usage adopté par les Fermiers les plus intelligens; car un acre de *carottes* engraisse plus les brebis que trois de *navets*. Les maîtres en nourriſſent auſſi leurs daims & leurs chevaux , & regardent la carotte comme un excellent aliment d'hiver ; car les carottes ſemées au printems ne ſont point ſujettes , ainſi que les navets , à être détruites par les mouches ; ce qui rend leur récolte certaine & aſſurée.

Produits du Jardin potager.

Epinards d'hiver en grande quantité, choux, choux de Savoie ; vous devez en avoir encore ; montans de choux & de choux de Savoie en grand nombre & fort bons ; broccolis , choux-cabus, *borecole* ou choux-calibre, bettes rouges, poirée, cardons, carottes, navets, panais , patates ou pommes de terre , artichaux de Jeruſalem, céleri , endives, & toutes ſortes de jeunes ſalades ; & dans les couches-chaudes, ou concombres , aſperges, pois, haricots, pourpiers , &c. Vous avez auſſi dans les bordures chaudes , menthe , eſtragon , tanéſie , ſauge ſauvage, ſauge, perſil , ſoucis, pimprenelle , ozeille , hyſſope , ſariette d'hiver , romarin , baume, & autres eſpeces d'herbes potageres.

Ouvrage à faire dans le jardin à fruits.

Vous devez finir, au commencement de ce mois, la taille de toutes les eſpeces tendres d'arbres à fruits, comme *pêches*, *abricots*, *Pavies* ou *nectarines* , &c. Leurs boutons, ſi le printems s'eſt annoncé avec douceur, doivent déja s'enfler ,

Mars.

& il ſeroit à craindre que vous ne les fiſſiez tomber, ſi vous tardiez trop à nouer les branches avec l'attache. Quand vous aurez achevé d'avoir taillé vos arbres , & de les avoir attachés avec le clou, vous devez bêcher la terre autour de leurs racines , pour la deſſerrer & en détruire les mauvaiſes herbes. Quand les arbres ſont en fleurs, ſi l'air eſt vif & que les nuits ſoient froides , vous ferez bien de les couvrir de nattes, de toiles ou de roſeaux, pour les mettre à l'abri de l'inclémence du tems. Mais il faut avoir attention de les ôter toutes les fois que le tems s'adoucit , autrement vous forceriez les rejettons à pouſſer trop-tôt , & la floraiſon ſeroit ſi foible, que le moindre mauvais tems la détruiroit. Quand il arrive que le printems eſt fort ſec, il ſeroit bon de faire une aſperſion légere ſur les branches, ſi le tems eſt aſſez doux pour cela. Vous fortifierez la floraiſon, vous ferez avancer le fruit, & rendrez un grand ſervice aux arbres ; mais il faut faire ceci avec une grande attention.

Vous pouvez encore transplanter des arbres à fruit ſur un terrein humide ; mais ſi votre terre n'a pas été préparée avant le milieu du mois pour les recevoir, il ſeroit à propos de les tirer de terre & de tailler leurs racines ; enſuite replantez-les, en couvrant les racines & les tiges avec de la litiere , pour empêcher qu'ils ne ſoient deſſechés par le ſoleil & les vents. Ceci retardera le tems des bourgeons , & les racines se prépareront à pousser. Par cette méthode il est peu à craindre qu'ils ne réussissent pas, pourvu qu'ils soient pleinement arrosés dans les sécheresses, & que la surface de la terre autour de leurs racines, soit couverte de vieux chaume, pour obvier à ce que le soleil & l'air ne pénetrent point jusqu'à la racine.

Voici le mois principal pour greffer la plupart de vos arbres a fruit, en commençant par les especes les plus hâtives, telles que celles qui viennent les premieres en fleurs, & en finissant par les *pommiers* qui sont les derniers à produire. Mais ceci doit se faire ou plutôt ou plus tard, suivant la saison.

Coupez les têtes des troncs d'arbres que vous avez inoculés l'été dernier, en laissant environ quatre pouces d'intervalle au-dessus du bouton, afin d'attirer la séve, & s'il est nécessaire, liez à la tige le rejetton, pour empêcher que le vent ne le dérange, même après qu'il aura déja poussé, & que vous l'aurez couvert de feuilles. Quand ceci est fait, vous devez bêcher la terre entre les arbres, afin de la rendre plus accessible, plus propre à nourrir les racines, & afin de détruire toutes les herbes parasites.

Préparez de la terre fraîche pour vos couches de fraisiers; arrachez en tous les *scions* ou filamens superflus, & préservez-les des mauvaises herbes; ce qui leur fera produire une grande quantité de fruits. Bêchez la terre entre les rayons de vos framboisiers, si vous ne

Mars.

l'avez pas fait auparavant, afin de la rendre plus propre & plus aisée à produire, & afin que les racines puissent mieux y pénétrer.

Les arbres fruitiers que vous avez plantés l'automne derniere avec toute leur tête, ne doivent plus l'avoir; & si vous n'avez pas encore fait ce travail, coupez-la toute entiere, en ne laissant que trois ou quatre jets ou yeux d'en bas; mais prenez bien garde de porter atteinte aux racines. Pour prévenir ce malheur, appuyez votre pied contre le tronc de l'arbre, & tenez la partie inférieure de la tige bien serrée dans votre main gauche; pendant ce tems-là, avec un couteau tranchant à la main droite, coupez la tête. Il vous faut aussi couvrir soigneusement la terre autour des racines de vos arbres nouvellement plantés, avec de vieux chaume *mulch*, ou plutôt avec de la pelouse ou des mottes que vous tirerez des communes, en observant de les renouveller & de mettre dessous la partie gazonnée. Vous empêcherez par-là que le soleil & les vents ne pénetrent les racines de vos arbres. Cette sorte d'engrais est préférable à du fumier consommé, parce qu'elle retient l'humidité plus long-tems. La négligence de cette précaution, a fait perdre la vie à plusieurs arbres nouvellement plantés.

Coupez aussi quelques jets ou yeux jusqu'au nombre de trois ou quatre, aux arbres greffés au printems dernier, & qui sont encore dans la pépiniere, afin qu'ils foient garnis de branches latérales vers la terre, autrement tout leur accroiffement s'étendra en longueur; ils deviendront hauts, mais ils feront nuds & dépouillés vers le centre. Au refte, ceci regarde principalement les arbres nains.

Bêchez & farclez bien la terre entre vos *grofeilliers*; cela donne de la force aux fleurs, de l'énergie aux arbres, & de la propreté au terrein.

Fruits de la faifon ou qui ne font pas encore paffes.

POIRES : Bergamotte de Bougi, St. Martial, Bonchrétien d'hiver, Double Fleur, Royal d'hiver, Bezi de Chaumontelle, l'Amozelle; & pour cuire ou confire, le Cadillac, la *Parkinfon's-warden*, l'Oignon ou *Fickering*, avec quelques autres.

POMMES : Pommepoire de *Laan*, Nonpareille, Rouffette d'or, Rouffette de pile, Rouffette de *Wheeler*, *Pippine* ou Renette de Kent, *Pippine* de Hollande, *Pippine* ou Renette de France, Pomme d'Api, Renette dure, Pomme-Jean ou de St. Jean, avec quelques autres.

Ouvrage à faire dans le Jardin à fleurs.

Dans ce mois vous pouvez tranfplanter la plupart de vos plantes à racines fibreufes, comme *œillets-carnés*, *œillets*, *dianthe* ou *œillets de poëte*, *agrofteme* ou *lychnis fauvage*, *lychnis*, *flatices* ou *œillets-marins*, *afiers*, *verges d'or*, *helianthe* ou *tournefol vivace*, *campanule de Cantor-Mars*,

bery, *campanule à fleurs de pêchers*, *chevrefeuille de France*, *pâquerettes*, *buphthalme* ou *œil-de-bœuf*, *leucantheme* ou *camomille*, *chryfantheme* ou *marguerite d'or*, *geranium* de la dure efpece, *veronique*, *ancholie*, *hieracium* ou *pulmonaire*, *fraxinelle*, *Robin en lambeaux* ou *muglonette*, *aconite - falutaire*, ainfi que plufieurs autres fortes. Quand même votre fol feroit fec, il auroit mieux valu faire ce travail en automne, parce que vos plantes auroient pris racine en terre, parce qu'elles auroient plus de force pour réfifter à la féchereffe, & qu'elles produiroient une plus grande quantité de fleurs.

Remuez la terre de vos bordures & de vos planches à fleurs plantées en automne, avec une petite truelle, en prenant bien garde de n'offenfer, ni les racines, ni les boutons de fleurs qui commencent maintenant à pouffer. Par-là vous préviendrez la crue des mauvaifes herbes; & en ratiffant le terrein, vous le rendrez uni & plus agréable à l'œil.

Vos hyacinthes choifies, *anemones*, *renoncules* & *tulipes*, vont commencer dès à préfent à montrer leurs boutons de fleurs; vous devez les couvrir bien foigneufement de toiles ou de nattes dans le mauvais tems, car lorfque les fleurs reftent expofées au froid, il arrive fréquemment que leurs boutons font pincés & qu'ils ne s'ouvrent jamais auffi bien que ceux qui ont été protégés. A préfent vous devriez donner des *tuteurs* ou de petits bâtons à vos belles hyacinthes , & y attacher la tige , pour qu'elle puisse s'appuyer dessus ; autrement celles qui sont doubles & fort pesantes , entraîneront la tige & perdront tout leur éclat.

Plantez quelques racines d'*anemones* doubles communes , pour fleurir tard , & pour succéder à celles que vous aviez plantées en automne. Si la saison annonce de la sécheresse , rafraîchissez-les de tems en tems avec de l'eau , autrement elles ne vous réussiront pas.

Les pots & les caisses où vous avez mis des *auricules* , doivent à présent être transportés à l'ombre , car ces plantes vont bientôt lever ; & si , seulement pendant un jour , & tandis qu'elles sont jeunes , elles restent exposées au soleil , la plupart d'entr'elles périront. Vous devez aussi les rafraîchir avec de l'eau dans un tems sec , mais doucement & prudemment , de crainte que vous ne les mettiez hors de terre.

Vos pots d'*auricules* choisies demandent à présent toute votre attention , pour les protéger contre les vents destructeurs & les nuits froides ; autrement les boutons seront pincés , & la fleur sera détruite. Vous devez également les rafraîchir , de tems à autre , avec de l'eau , dans les tems secs ; mais ne souffrez pas que l'humidité gagne le centre de la plante , de crainte que la tige , qui porte les fleurs , n'en reçoive du dommage.

Creusez la terre dans les carreaux de votre *désert* , &

entre les arbrisseaux à fleurs , si vous avez oublié de le faire le mois précédent. Par-là vous rendrez la terre plus accessible , vous ferez fleurir les arbrisseaux avec profusion , & vous purgerez ces lieux de toutes mauvaises herbes ; car la propreté est toujours à desirer dans toutes les parties d'un jardin. Mais dans ce labeur prenez garde de ne pas trancher la racine des fleurs qui sont entre les arbres & les arbrisseaux , & qu'elles ne reçoivent de vous aucune injure.

Donnez de nouvelle terre aux *œillets-carnés* que vous avez plantés *pour bons* en automne ; ce que vous exécuterez en tirant une partie de la terre hors des pots, en prenant bien garde d'offenser les racines , & en y substituant de nouvelle terre ; arrachez aussi toutes les feuilles mortes. Par-là vous leur donnerez des forces pour produire leurs fleurs.

Vos pots de *lychnis sauvage double* ou de *rose campion* , de *campanules* , de *lychnis-écarlate* , & autres fleurs que vous avez plantées en automne , demandent à présent d'être rafraîchis par une nouvelle terre , riche, bien préparée , que vous répandrez à la surface. Otez aussi toutes les feuilles qui dépérissent , & purgez vos pots de toute ordure. En y remettant cette nouvelle terre , prenez garde qu'elle ne s'engage dans les feuilles & qu'elle ne les enséveliffe. Quand ce travail est fait proprement , il fortifie les plantes , & rend copieuse leur floraison.

Mars.

Otez dans vos planches & vos bordures de fleurs, toutes mauvaises herbes, & gratez doucement la surface de la terre pour en éloigner la mousse & autres herbes parasites. Vous embellirez votre Jardin, & rendrez aux fleurs un grand service.

Vers la fin du mois vous pouvez semer les graines de toutes fleurs annuelles de la dure espece, comme : *Adonis, miroir de Vénus, nombril de Vénus, pois de senteur* ou *gesse odorante, pois de Tanger, attrappe mouche de Lobel, pavot large double, lychnis bâtard, roquette* ou *Julienne annuelle, touffe de Candie, lavatere, hibiscus-trionum* de quatre sortes, *convolvulus-minor, convolvulus major, ambrette* ou le *grand-sultan, tournesol* annuel, *nasturtium des Indes, pavot bâtard, dracocephale* de plusieurs sortes, *hieracium, nigelle, scabieuse* salutaire, *queue de scorpion* ou la *chenille*, la *limace-plante* ou le *limacier*, avec plusieurs autres. La meilleure méthode de les cultiver est de clair-semer les graines dans quelques coins, où vous les laisserez à l'abandon. Lorsque vous voyez que ces plantes croissent *trop dru*, ou qu'elles sont trop fournies, vous les dégarnissez en n'en laissant que peu dans chaque coin, suivant leur grosseur ; car ces sortes de plantes ne réussissent pas si bien quand elles sont transplantées.

Vous pouvez à présent semer dans votre pépiniere à fleurs, des graines de plusieurs sortes de plantes *bienniales* ou *perennia-*
Mars.

les, c'est-à-dire, bisannuelles & vivaces, afin de suppléer aux bordures du parterre l'année suivante, comme : *colombine* ou *ancholie, campanule de Cantorbery, chevrefeuilles de France, violier de muraille, œillet de poëte, œillets, primerose* ou *primevere* en arbre, *valérianne de Grèce, campanule pyramidale, lychnis écarlate simple, lychnis sauvage simple* ou *rose-campion, atrappe-mouche simple, véronique, catananche* ou *pied de lion de Candie* à fleurs bleues, *pied d'alouette* vivace, *gante biennale, scrophulaire, valérianne des jardins*; avec quelques autres.

Vous pouvez semer aussi, sur couche modérément chaude, quelques graines des fleurs suivantes : *merveille du Pérou* ou *belles de nuit, soucis de France, balzamine femelle, soucis d'Afrique, convolvulus-major* ou *liseron* (1), *capsicum* ou *stramonium, œillets d'Inde, ambrette* ou *fleur du Sultan, pomme d'amour, amaranthe en arbre, amaranthe* pourpre ou *sanguine*; ainsi que plusieurs autres sortes qui, quoique assez dures, exigent cependant de la chaleur pour les faire avancer dans le printems. Mais si vous les semez trop tôt, elles croîtront *trop dru* & seront trop fournies avant que la saison soit assez favorable pour les transplanter ailleurs.

____

(1) On pourroit croire que le *convolvulus* a été nommé *liset, liseron*, parce qu'il forme une sorte de *lisiere* sur les arbres & arbrisseaux qu'il embrasse, qu'il enveloppe, & autour desquels il s'entortille, *convolvitur.*

Faites

Faites de nouvelles couches chaudes, pour y recevoir les especes choisies de fleurs annuelles que vous avez semées le mois dernier, & que la terre dont vous formerez ces couches soit excellente, sans quoi vos plants ne profiteront pas. Quand la chaleur de la couche est modérée, c'est l'instant qu'il faut prendre pour y mettre vos plantes, en laissant entr'elles les distances favorables à l'accroissement. Observez de leur donner de l'ombre pendant le jour & dès que le soleil paroît, jusqu'à ce qu'elles aient pris racine, & de les rafraîchir au besoin avec de l'eau. Par cette méthode, vos *amaranthes* & autres sortes de fleurs curieuses annuelles, prendront un beau volume & seront parfaitement développées.

Vers la fin du mois, si la saison est douce & que l'air soit un peu humide, transplantez la plupart de vos arbres toujours verds, comme : *houx, ifs, phillyrea, alaterne, laurier, magnolier, cyprès, cedre du Liban, cassine* ou l'arbre à baies de casse, *cistes* de toutes les sortes, *trefle de lune* ou *luzerne, genevrier d'Amérique, chêne-vert, liege,* &c. ainsi que plusieurs autres genres d'arbres exotiques, en observant de couvrir avec de vieux chaume *mulch,* la surface de la terre si-tôt que vous les avez plantés, afin d'empêcher le soleil & les vents de pénétrer la terre & de dessécher les racines. Mais si le tems annonce de la froidure pendant ce mois, & que les

vents du nord & de l'est portent la sécheresse avec eux, vous ferez mieux de remettre ce travail au commencement du mois prochain, & d'attendre que la saison soit plus favorable.

Vous devez semer dans ce mois les graines de *l'arbousier* ou *fraisier* en arbre, sur couche modérément chaude ; ce qui avancera doucement leur croissance, pourvu que vous les arrosiez abondamment, & que vous les mettiez à l'abri du soleil pendant la chaleur du jour.

Semez à présent des graines de *sapin, pin, laurier, cedre, alaterne, phillyrea,* & autres arbres toujours verds, ainsi que des exotiques de la dure espece ou de pleine terre, dans des endroits où elles soient seulement exposées au soleil levant. Observez, si la place est humide, d'élever tellement vos bordures au-dessus du niveau du terrein, qu'il ne reste point d'eau près de la surface, & ne manquez pas de recouvrir vos graines d'une terre légère. Cependant si les graines de la plupart de ces sortes d'arbres étoient semées dans une couche modérément chaude, ce seroit une méthode plus sûre d'élever ces plants & d'avancer leur développement. Mais alors il faut avoir attention, lorsqu'ils commencent à lever, de leur laisser l'air libre toutes les fois que le tems est favorable, autrement ils croîtront foibles & se réduiront à rien.

Plantes à présent en fleurs dans le Parterre ou Jardin de plaisance.

Crocus de diverses sortes, perceneige double, large perce-neige hâtif, différentes sortes de narcisses, iris de Perse, double scrofulaire, narcisse-asphodel de plusieurs sortes, cyclamen printanier, tulipes de printems, couronne impériale, hyacinthes de plusieurs sortes, adonis vivace à feuilles de fenouil, quelques anemones, violettes, hépatiques, violiers de muraille ou violettes de St. George, deux sortes d'alysson, fumeterre vivace, primerose ou primevere, polyanthes, pâquerette ou la marguerite de pâques, violette en dent de chien ou *erythronium*, muscaris ou grappe de jacinthe, *fumaria* ou fiel de terre, hermodacte ou tête de serpent, colchique printanier ou saffran des prés, auricules, souhaits ou pensées, joubarbe, anemones des bois, hellebore, cynoglosse vivace, saxifrage de montagne bleu, *sedum* d'Espagne blanc, vesce de Venise, fleur étoilée jaune ou *melanthium*, pulmonaire orientale, bourrache de Constantinople, avec quelques autres.

Arbres & arbrisseaux durs à présent en fleurs.

Amandiers, cornouillers à prunes, Mezereons, aurier-épurge ou lauréole, laurustin ou laurier-thym (1), clématite d'Espagne ou la joie du voyageur, clématite de Sibérie, cornouiller à cerise, Benjamin en arbre ou alcée d'Egypte, rhamncïdes à feuilles de saule, chevrefeuille érigé, érable à fleur écarlate, érable de Norwege, laurier-cerise, meleze, frêne à manne, cytise de Sybérie, avec quelques autres.

Plantes médicinales dont on peut à présent faire usage.

Véronique aquatique, boutons de sureau, pointes d'orties, fleurs de tussilage, noble-hépatique, primeroses ou primeveres, violettes, herbe au panaris à feuilles de rue, cresson d'eau; & vers la fin du mois, des boutons de peuplier.

Ouvrages à faire dans la Pépiniere.

Vous devriez semer dans ce mois, des graines d'arbres toujours verds, comme: *pins, sapins, chênes - verts, cedres du Liban, cyprès, genevrier, lauriers,* & quelques autres; ainsi que de plusieurs autres arbres durs exotiques, comme: *acacia* épineux de Virginie, *persimon* ou *d'ospyros, l'quidambar ou stirax, noyer de Virginie, noyer noir de Virginie,* (*Hickry-nuts,* V. *Juglans*), *plane* ou *platane* occidental & oriental, *saffafras, bois de chien ou cornouillier de Vir-*

---

proprement qu'on écrit laurier-thym, puisque cette plante n'a aucune ressemblance ni aucune analogie avec le *thym*; c'est comme si l'on disoit: *Auguste-thym* au lieu de dire *Augustin.*

---

(1) Il semble que c'est bien im. Mars.

ginie, *meleze*, *arbre de Judée*, *cyprès d'Amérique*, *aubépine à fruit noir* (*black haw*); toute sorte de *nefliers*, comme *azeroles* ou *azaroles*, *chinquapin*, (V. *Mespilus*); *tulipier*, *acacia bâtard*, *piftachier*, & plufieurs autres. Vous trouverez, dans le *Dictionnaire des Jardiniers*, la méthode de femer les graines de toutes les efpeces, très-détaillée & très-approfondie.

La plupart de vos arbres toujours verds, & plants exotiques, pourroient à préfent fe tranfplanter, pourvu que la faifon foit favorable, autrement vous ferez mieux de différer jufqu'au commencement du mois prochain, en obfervant de ne faire ce travail que lorfque le vent eft au Sud & qu'on voit apparence de petites pluies douces; car fi le tems eft fec & que le vent foit à l'Eft, il ne feroit pas fûr de les tranfplanter. Différez donc jufqu'à la fin du mois, de crainte que les vents aigus de l'Eft & les nuits froides ne reviennent après que votre ouvrage auroit été fait, ce qui mettroit vos plants en danger.

Voici la faifon de planter des *coupures* ou boutures de plufieurs fortes d'arbres & arbriffeaux exotiques qui, généralement, réuffiffent mieux lorfqu'ils font plantés précifément avant leur pouffe. Si le tems eft au fec, arrofez-les fréquemment, & couvrez la furface de la terre avec de vieux chaume *mulch*, pour empêcher le foleil & les vents de pénétrer trop avant dans la terre, & de détruire des plants qui ne font pas encore bien enracinés.

Mars.

Greffez toute forte d'arbres fruitiers dans ce mois, vers la fin duquel vous pouvez greffer auffi les *houx*, & *greffer en approche* toute forte d'arbres & arbriffeaux exotiques de la dure efpece ou de pleine terre. En faifant ceci, ayez foin de les mettre dans de la terre graffe, (*clay*), car fi l'air ou l'humidité gagne la partie fendue des rejettons, les greffes ne pourront s'unir à eux.

Bêchez affiduement entre vos jeunes arbres, fuppofé que vous ne l'euffiez pas fait dans les mois précédens, afin que la terre foit bien defferrée, bien rémuée, bien propre & bien nette, avant que les arbres commencent à pouffer : ce qui non-feulement embellira votre pépiniere, mais contribuera beaucoup au développement des arbres.

A la fin de ce mois vous devriez planter des rejettons de vignes, en obfervant de les coucher dans la terre jufqu'à l'œil le plus haut, en forte qu'aucune partie du rejetton ne paroiffe hors de terre. Si vous obfervez bien ceci, & que vous n'ayez choifi que des rejettons qui ont un nœud du bois de la derniere année à l'extrémité, il n'y aura pas de danger qu'ils fe pourriffent.

Redreffez & attachez les plants que vous defirez avoir à tige droite; car fi vous négligez ceci quand vos plants font jeunes, vous ne pourrez plus le faire auffi bien, lorfque les tiges auront pris de la groffeur & de l'embonpoint.

Dans cette faifon plufieurs arbres & arbriffeaux dont les

graines ont été femées en automne ou dans le printems dernier, vont commencer à lever,
c'eft pourquoi vous devez foigneufement les préferver des
mauvaifes herbes ; & , fi la faifon annonce de la féchereffe,
donnez-leur un peu d'eau une
fois la femaine. Delivrez - les
des oifeaux, des fouris, des
taupes, des lapins, & des lievres, & autres animaux voraces, qui détruiroient en peu de
tems toute votre plantation, fi
elle reftoit expofée à leur ap-
pétit. Si les nuits devenoient
froides, il vous faudroit couvrir avec grand foin les couches
où repofent vos jeunes plants,
fans quoi le froid pincera ceux
qui commencent à percer la
terre, ou en amolliffant le terrein, il en fera écarter les
racines. Dans ce tems - ci, le
genevrier commun & même celui
de Suede, *houx, if, cedre* de
Virginie & de la Caroline,
bois de chien ou *cornouillier* d'A-
mérique, *faffafras*, & autres
plants de graines dures femées
l'année derniere, vont commencer à lever. C'eft pourquoi vous
devez leur donner tous vos foins,
pour prévenir les injures qu'ils
peuvent recevoir du froid, ou
des vents aigus de l'Eft. Ceux
que vous avez femés en caiffe,
ou dans des pots, peuvent être
à préfent repiqués fur couche
modérément chaude. Ceci les
avancera & les fera un peu pouffer dans le printems ; ils fe for-
tifieront en automne, & les
forces qu'ils auront acquifes les
mettront en état de fe foutenir
pendant l'hiver. Ceux qui ont
levé l'année derniere & qui

Mars.

demandent à être tranfplantés,
devroient être féparés dans cette
faifon & plantés chacun dans
un petit pot que vous placerez
fur couche d'une chaleur tempérée. Si votre couche a des
cerceaux garnis de naites, elle
fuffira pour ces fortes de plants
de la dure efpece, fur-tout à
l'approche du printems. Vous
les avancerez beaucoup par cette
méthode, & leur ferez faire de
grands progrés.

Ouvrage à faire dans les deux
Serres.

Arrofez vos *orangers, myrtes,*
lauriers, amomum de PLINE, &
autres moins tendres arbres exotiques ; arrofez - les fouvent,
mais pas trop à-la-fois, & commencez à les accoutumer à
prendre l'air par degrés. Ouvrez les fenêtres toutes les fois
que l'air eft doux & tempéré,
mais dans les jours froids, ou
lorfque l'air eft vif, ne les y
laiffez pas trop expofés ; car
le féjour dans la ferre les ayant
attendris, un air un peu vif leur
cauferoit de grands préjudices,
& il faut attendre qu'ils fe foient
un peu endurcis.

Lavez & nettoyez les feuilles
& les tiges de vos *orangers*, purifiez-les de toute ordure & de
toute faleté qu'elles pourroient
avoir ramaffées pendant le tems
de leur emprifonnement. Ceux
qui ne demandent pas à être
changés, exigent cependant que
vous ôtiez la terre à la furface
de la caiffe ou des pots, &
que vous la changiez contre
une terre neuve, fraîche, &
riche. Ce travail les fortifiera

beaucoup, & les préparera à vous donner des fleurs.

Vers la fin du mois, si le tems est favorable, vous pourrez sortir vos caisses de *laurier*, *lauruflin*, *abfynthe* en arbre, *cifle*, & autres de la dure efpece. Placez-les près d'une haie, ou fous des arbres, en un mot dans une telle fituation qu'ils puiffent être à l'abri de la froidure & des vents. Ce travail éclaircira un peu votre ferre, diminuera le nombre de vos prifonniers, & laiffera une plus grande portion d'air à ceux qui reftent enfermés. Mais ceci ne doit fe faire qu'en fuppofant la faifon très-tempérée, autrement il vaut mieux différer jufqu'au mois prochain.

S'il fe trouvoit de vos *orangers* qui fuffent *décapés*, c'eft-à-dire, qui n'euffent pas leur tête en bon état, il faudroit promptement les changer de place, tailler leur tête de près, & les tranfporter dans une couche-chaude de tan, pour les forcer à repouffer. Vous fuivrez à cet égard le traitement défigné dans le mois précédent.

Vous pouvez auffi tailler les têtes des *myrthes*, des *lauriers*, & autres exotiques de la dure efpece, fi vous vous appercevez qu'ils foient *décapés*, c'eft-à-dire, fi leur tête eft déchirée & tombée en décadence. Obfervez de les placer dans une couche affez chaude feulement, pour les faire repouffer. Mais dès qu'ils auront bourgeonné, faites-leur refpirer l'air le plus qu'il fera poffible dans un tems chaud, afin d'endurcir les jeunes branches. Par cette méthode vous

Mars.

pouvez renouveller leur tête que vous remettrez en bon ordre, en les taillant adroitement, & vous rendrez la beauté à vos arbres.

Au commencement de ce mois, femez des pepins d'*orangers*, de *limons*, & de *citrons*, pour enter fur fauvageon toutes ces différentes fortes. Si vous les tirez de fruits pourris ou gâtés, mais qui avoient acquis un degré parfait de maturité, ils feront meilleurs que ceux que vous aurez tirés d'un fruit fain, pourvu que ces pepins ne foient pas encore paffés. Il faudroit les femer dans des pots que vous placerez dans une couche de tan à une chaleur modérée, & que vous arrofez fouvent avec de l'eau. Alors ils avanceront prodigieufement ; mais dans les tems chauds, vous couvrirez les verres de nattes pendant la chaleur du jour.

Les graines d'*amomum* de PLINE ou de *cerifier d'hyver*, peuvent fe femer préfentement en pots, que vous enfoncerez dans une couche modérément chaude ; & lorfque vos plants auront levé de trois ou quatre pouces, vous les tranfplanterez féparément dans des pots que vous plongerez dans une autre couche-chaude. On peut tellement avancer ces plants, qu'on peut déjà en obtenir beaucoup de fruit l'hiver fuivant, pourvu qu'on en ait femé les graines au commencement de ce mois.

Faites quelques couches de tan, pour y tranfplanter les tendres plantes exotiques venues des graines femées dans les mois précédens ; & lorfque les couches font en bon ordre, il faudroit remplir quelques pe- tits pots d'une terre fraîche & riche que vous plongerez dans la couche, afin que la terre puiffe contracter de la chaleur avant que de recevoir dans fon fein vos jeunes plants : ce que vous exécuterez un ou deux jours après. Autrement la terre fe trouvera trop feche, lorfque vous lui confierez votre dépôt. Après qu'ils feront plantés vous les arroferez doucement, & vous couvrirez les verres juf- qu'à ce qu'ils aient pris raci- nes. Après quoi vous les ra- fraîchirez fréquemment avec de l'eau, en leur laiffant refpirer l'air fuivant la chaleur de la faifon.

Le feu de vos poëles ou étu- ves doit à préfent fe ralentir ; mais il faut le faire avec dif- crétion, & à proportion que le tems augmente en chaleur.

Les *ananas* qui ont fubi cet hiver la chaleur feche du poële ou de l'étuve, doivent être à préfent tranfplantés fur couches de tan. C'eft pourquoi fi vous n'avez pas encore préparé les couches pour les recevoir, ne différez pas au-delà du com- mencement de ce mois ; car les fleurs du fruit vont bientôt commencer à paroître, & quand la végétation de ces plants eft arrivée dans ce tems, leur fruit eft rarement auffi beau, & ne mûrit pas de fi bonne heure. Ceux que vous avez tenus au tan l'hiver entier, demandent à préfent que vous rafraîchif- fiez les couches avec du tan neuf, afin de renouveller leur chaleur.

Mars.

Remuez les couches de tan de votre ferre-chaude, dans lefquelles vous avez dépofé de tendres plantes exotiques, & ajoutez-y du tan neuf pour en renouveller la chaleur. Net- toyez les feuilles de vos arbres à café & autres de la même efpece ; purifiez-les de toute faleté qu'ils pourroient avoir contractée, & arrachez-en tou- tes feuilles mortes ; car fi vous fouffrez qu'elles reftent en pla- ce, vous porterez préjudice à vos plants, & ferez caufe qu'ils auront mauvaife apparence.

Plantes en fleurs dans les deux ferres.

Mefembryenthemes de plu- fieurs fortes, lantana à feuilles de houx, (*ilex leaved*) jafmin d'Efpagne, *Hermannia* à feuilles de fureau & à feuilles de gui- mauve, arctotide de deux ou trois genres, polygale d'Afri- que en arbriffeau, cyclamenes d'Alep, *geranium* de plufieurs fortes, feneçon en arbriffeau avec des feuilles fucculentes, aloès de plufieurs efpeces, co- ronille de crête, *fedum* d'Afrique ou joubarbe en arbre, *pancra- tium*, *Turnera* ou la Turner, co- tyledon à large feuille coupée, *hypericum* ou plante de Saint- Jean de Minorque en arbrif- feau, œillet d'Inde ou fouci d'Afrique à feuilles de trefle, *Lycium* à feuilles étroites, cam- panule des Canaries, tarcho- nanthe d'Afrique à feuilles de fauge, ciftes de plufieurs for- tes, caffe de deux ou trois genres, *medicago* arborefcente, *crinum*, arbres à café, *jacobœa* à fleurs de pourpre, lauriers d'épurge de différentes fortes, *Teucrium Boticum: phylica, chryfocoma*, cytife des Canaries, ornithogal du Cap de deux ou trois fortes, *ixia* de deux ou trois fortes, *Cunonia* ou plante de Cunon, *Watfonia* ou plante de Warfon, antholyze, ozeille des bois d'Afrique à larges fleurs pourprées, la même à larges fleurs jaunes, fcabieufe en arbre, fouci d'Afrique en arbriffeau, othonne ou jacobée à feuilles coupées, tanéfie d'Afrique en arbriffeau, thlafpi ou toupet de Candie en arbriffeau, after ou herbe à l'étoile d'Afrique en arbriffeau, canne d'Inde, célaftre ou arbre à bâton, Malpigie ou cerifier des Barbades, petit cierge rampant à fleurs cramoifies, *lotus* pourpre, Euphorbe, tetragonne à feuilles traînantes, amaryllis de deux ou trois fortes, *Juflicia* ou noyer de Malabar de deux fortes, calle d'Afrique, gladiole du Cap de Bonne-Efpérance, Bermudiane d'Afrique, *Moræa* ou la plante Robert-Moré, *fifyrinchium*, arbre de corail de la Caroline, avec quelques autres.

AVRIL.

Ouvrage à faire dans le Potager.

AU commencement du mois, vous devez préparer vos engrais, les travailler, les entaffer, afin qu'ils fe mêlent bien, qu'ils s'échauffent, & qu'ils puiffent vous fervir, vers le milieu du mois, à faire des fillons pour *concombres* & melons que vous tiendrez fous cloches ou autres verres. Vous devez continuer ce travail jufqu'à la fin du mois, tems auquel vous aurez befoin d'une grande quantité d'engrais. Quinze jours après ce premier travail, faites encore de nouveaux tas de fumier, afin d'être fûr de n'en pas manquer pour vos melons & concombres. Vous obferverez que ces fortes de couches, faites fur la fin du mois, n'exi-

gent pas une fi grande quantité de fumier que celles qu'on fait plutôt. Le milieu de ce mois, eft le tems propre à planter les melons qu'on veut faire lever fous papier. Il faut, en faifant vos *doffieres*, tranchées & fillons, fi le terrein eft fec, que le fumier foit d'un demi-pied plus élevé que la furface de la terre ; vous mettrez enfuite de la terre fur le fumier jufqu'à la hauteur d'un pied & demi tout au moins, afin que le melon puiffe avoir affez d'efpace pour jetter fes racines. Si vous fuivez cette méthode, vos plants n'exigeront point d'avoir de l'eau dès qu'ils auront bien pris racine ; & vous pourrez vous promettre d'obtenir une excellente récolte de melons choifis , au - lieu qu'en fuivant la méthode commune , ces plantes avortent fréquemment ou ne produifent que peu de fruit. Mais dans un terrein humide , vos fillons doivent être tellement élevés audeffus du niveau de la terre , que le fumier ne puiffe y répandre affez d'humidité pour la geler. L'on voit fouvent tous les plants détruits , pour n'avoir pas eu cette précaution. Les allées , foffes ou fentiers entre ces couches, doivent auffi recevoir du fumier & de la terre jufqu'à la hauteur des couches, afin que les racines aient de la place pour s'étendre de chaque côté, car les racines de ces plants fe développent autant dans l'intérieur de la terre que les branches fe déploient à la furface.

Il eft encore tems de femer de la *douce marjolaine* , du *thym*, de la *fariette d'été* , & autres plantes aromatiques, dont la premiere ne réuffira pas fi vous la femez trop tôt , fur-tout dans un printems froid & humide.

Plantez des *haricots* au commencement du mois, dans une fituation chaude & fi le tems eft chaud ; car une grande humidité détruira vos femences dans la terre. Vous pouvez à préfent femer du pourpier dans des bordures chaudes , afin d'en avoir après que celui de vos couches chaudes fera paffé.

Continuez de houer vos plants de *radix , carottes, panais, oignons , poireaux* , &c. en ne laiffant entr'eux que la diftance

Avril.

convenable , & en écartant les mauvaifes herbes. Arrachez-les dans un tems fec , pour être plus fûr de les avoir détruites. Si vous remuez la terre entre vos plants , vous les aiderez à fe développer , & vous les préferverez de l'infection des mauvaifes herbes. Après que vous aurez répété deux ou trois fois ce travail , vos plants pourront refter abandonnés à eux-mêmes jufqu'au terme de la récolte générale.

Si le tems eft humide , profitez-en pour planter des *coupures* ou boutures de *fauge, romarin , rue , fariette , maflic , thym, lavande , ftœchas* ou *caffidoine , fantoline* , & autres plantes aromatiques ; car dans cette faifon elles prennent aifément racine , fur-tout quand on les arrofe abondamment & qu'on les met à l'abri du foleil.

Plantez des féves de jardin pour derniere récolte , & continuez de femer des *pois-gourmands* [*marrowfat*] & autres de la groffe efpece , pour fuccéder à ceux que vous avez femés dans les mois précédents. Semez auffi , dans ce mois , à trois différentes reprifes, quelques *poifmichaux* , [*hotfpur*] pour qu'une récolte fuccède promptement à l'autre.

Vous êtes encore à tems de prendre des œilletons ou *coupures d'artichaux* , & de planter ceux que vous croirez propres à vous donner une derniere récolte dans un terrein humide ; mais fi le fol eft fec, ils ne produiront pas d'auffi belles têtes , & ne porteront pas fi furement du fruit dans la premiere faifon , que ceux que vous aurez plantés le mois dernier. Au milieu du mois , repiquez vos plants de choux-fleurs levés en Février, pour derniere récolte , dans un terrein humide ; mais fi c'eft dans un terrein fec , & fi la faifon n'eft pas humide , il eft rare qu'ils produifent des têtes bien pommées.

Continuez de femer toute forte de jeunes falades , comme : *radix*, *raves*, *navets*, *moutarde*, &c., au moins deux fois la femaine ; car dans cette faifon elles feront bientôt propres au fervice. Quand la chaleur augmente , il faut avoir attention de les femer dans les endroits à l'écart & à l'ombre , car en été elles mûriffent même dans des expofitions au nord.

Semez des *laitues coffes*, *laitues de Cilicie* & autres de la groffe efpece , pour remplacer celle des mois précédens. Il faudroit les placer auffi dans un fol humide , car fi l'été eft fec , elles monteront promptement en graine , & ne pommeront pas.

Répiquez vos jeunes *céleris* dans des planches bien ameublées & d'une terre riche , en laiffant trois pouces d'intervalle entre chaque rayon , & obfervez de les arrofer abondamment jufqu'à ce qu'ils aient pris racine. En faifant ceci, vous ne devez pas tirer tous vos plants hors de la couche à graine ; choififfez feulement les plus beaux & les plus durs , & laiffez aux plus petits le tems de croître & de prendre de l'embonpoint.

Avril.

Houez la terre entre vos rayons de *féves* & de *pois*, & ramenez la le plus que vous pourrez vers les tiges , afin de les fortifier. Sarclez & purgez la terre des mauvaifes herbes ; vos plants en mûriront plutôt.

Après une ondée de pluie , ramenez la terre vers les tiges de vos *choux*, & *choux fleurs* plantés ou en automne ou au commencement du printems. Ceci eft abfolument néceffaire pour mettre les tiges à l'abri du foleil & des vents , qui les deffechent & les durciffent. En faifant ce travail, prenez-garde que la terre ne s'introduife dans l'intérieur de vos plants ; vous ne manqueriez pas d'y porter la deftruction.

Soyez attentif à détruire & limaçons & limaces , lefquels invités à fortir de leur demeure par les douces ondées de pluie, peuvent être furpris aifément. Si vous fouffrez leurs vifites , ils augmenteront bientôt confidérablement en nombre , & deviendront non-feulement importuns, mais détruiront impitoyablement tous vos chers nourrifons.

Si les nuits font froides , mettez fous verres vos *melons* & *concombres* de primeur , car le jeune fruit eft fort fujet à dépérir & à fe fondre , fi le lit où il repofe eft froid, ou s'il manque de couverture.

Semez quelques *navets* dans une piece de terre humide , pour fuccéder à ceux que vous avez femés le mois dernier. Houez à préfent ceux-ci , en laiffant entre eux la diftance requife , & purifiez la terre de toutes les herbes nuisibles à vos plants.

Vous pouvez planter à présent, par bouture ou par racine éclatée, de la *menthe*, de *l'estragon*, &c. pour en avoir de nouvelles planches lorsque les autres vous manqueront ; car les vieilles couches sont sujettes au dépérissement, lorsqu'elles ont subsisté deux ou trois ans.

Transplantez quelques-unes de vos *laitues coffes*, *laitues de cilicie*, & autres de la grosse espece que vous aviez semées sur couche modérément chaude en Février, & si le tems est sec, arrosez-les jusqu'à ce qu'elles aient pris racine.

Les *choux*, *choux de Savoie*, & autres, semés dans le mois dernier, exigent à présent une main qui les éclaircisse, les dépouille de leurs filaments, & les rende propres à être répiqués sur couches, afin qu'ils acquierent de la vigueur avant d'être transplantés *pour bon*. Purgez la couche où vous aviez déposé les graines, de toutes mauvaises herbes, afin d'empêcher les plantes que vous y laissez de monter & de s'affoiblir par leur voisinage. Vous devriez à présent semer quelques graines de ces mêmes choux, choux de Savoie, & autres, pour derniere récolte, & pour succéder à celles que vous avez semées le mois précédent.

Semez du *chanvre*, du *lin*, & donnez des perches ou des appuis à vos *houblons* ; nettoyez en même tems la houblonniere, purgez-la de toutes les mauvaises herbes, & rame-

Avril.

nez bien la terre au-dessus des buttes. Vous pouvez semer aussi quelques *pois* tardifs de *Roncevaux* ou à cul noir, & quelques gros *pois-gris*, en plein champ, & pour la provision d'hiver, supposé que le terrein soit mou & humide.

Sur la fin du mois, regardez & examinez vos *artichaux*, & arrachez-en les jeunes plants qui ont été produits depuis que vous avez tiré de la tige des œilletons. Si vous leur permettez de rester sur les vieilles racines, ils déroberont aux plants que vous laissez leur nourriture, & seront cause que le fruit sera très-petit. Choisissez parmi eux les plus beaux & les meilleurs, nettoyez-les, & les plantez, supposé que votre jeune plantation ait besoin d'être réparée. Mais comme ces derniers plants produisent rarement du fruit la premiere année, ce n'est que dans un besoin pressant, qu'on les fait servir à cet usage.

Semez un peu plus de graines de *céleri* vers le milieu du mois, pour succéder à celles que vous avez semées avec moins d'abondance le mois précédent. Mais ne les semez que dans un terrein humide, & soyez attentif à les arroser quand le tems est sec, & à les garantir des rayons du soleil, autrement elles ne leveront pas.

Vous devez aussi semer quelque graine de *finochia* ou *fenouil*, pour remplacer celle du mois précédent ; car dès que cette plante est propre au service, elle ne reste en cet état que dix-huit ou vingt jours, paſſés leſquels on la voit auſſi-tôt monter en graine. Cependant il eſt abſolument néceſſaire d'en être habituellement fourni, pour en offrir à ceux qui exigent d'en avoir & qui ne peuvent s'en paſſer.

Sarclez par-tout, & mettez toutes vos plantes à l'abri des herbes ſauvages, car ſi dans cette ſaiſon vous n'avez pas toujours le ſarcloir à la main, vous vous preparerez pour la ſuite un travail plus dur & plus long. Outre cela, ſi vous ſouffrez le voiſinage des mauvaiſes herbes, vos récoltes ſe réduiront à peu de choſe.

Productions du Potager.

Les rejettons ou montans de brocolis, de choux, & choux de Savoie, ſont à préſent fort bons, ſi vous les cueillez avant qu'ils montent en graine. On mange ſouvent les jeunes rejettons de navets & les pointes de houblon, lorſqu'on manque d'autres plantes. Vous avez préſentement toutes ſortes de jeunes ſalades; vous avez épinards, aſperges, radix, choux-cabus, perſil, aliſandre, cardes, bettes; il vous reſte encore du céleri tardif & des endives dans les terreins humides. Vous devez avoir: ozeille, pimprenelle, thym, hyſope, ſariette d'hiver, marjolaine, laitue brune de Hollande, laitue pommée, ſous chaſſis ou ſous cloche dans les bordures chaudes, ainſi que de la laitue coſſe qui ſera très-propre au ſervice vers la fin *Avril.*

du mois, ſuppoſé qu'elle ait échappé aux rigueurs du froid: chervis, jeunes oignons, poireaux, cives ou ciboules, échalottes, rocambole, bourrache, ſauge, romarin, quelques panais & quelques carottes, ſuppoſé que vous les ayiez gardées dans le ſable; car celles de ces plantes qui ſont reſtées en terre & qui ſont ſaines, auront bourgeonné, & les racines ſeront dures, coriaces, ligneuſes & peu propres à manger. Les jeunes carottes ſemées en automne ſont à préſent dans leur vigueur, ainſi que vos jeunes rejettons ou montans de ſalſifix ou barbes de bouc [*tragopogon*], que quelques perſonnes préferent à l'aſperge, pourvu qu'ils ſoient cueillis dans leur primeur. Sur couches chaudes vous avez : concombres, pois, féves, pourpier; & vers la fin du mois, vous avez ſouvent des pois en bordures chaudes quand ils ont pu échapper au froid; vous pouvez avoir auſſi quelques choux printaniers.

Ouvrage à faire dans le Jardin à fruits.

Vous pouvez, au commencement de ce mois, greffer quelques genres tardifs de fruit, pourvu que la ſaiſon ſoit reculée; mais ſi le printems s'eſt annoncé de bonne heure, il ſeroit trop tard, car ſi les *ſcions* ou rejettons [*ſhoots*] ont pouſſé des feuilles, rarement ils s'uniront à la tige.

Obſervez attentivement vos

jeunes arbres fruitiers plantés au printems, arrofez-les dans un temps fec, & fi vous vous appercevez que leurs feuilles commencent à fe boucler, jettez de l'eau doucement fur leurs branches. Vous pouvez employer aufli cette méthode au grand avantage des vieux arbres, quand vous voyez que leurs feuilles font frifées; mais il ne faut pas faire ce travail pendant la chaleur du jour, de crainte que le foleil ne brûle leurs feuilles, ni trop tard dans la foirée, fur-tout fi les nuits font encore froides. Quand vous obfervez que vos arbres font infectés par des infectes, faites tremper une bonne quantité de côtes de tabac dans l'eau, avec laquelle vous arroferez vos arbres. Ce travail, s'il eft fait foigneufement, détruira tous les infectes, & ne portera aucun préjudice à vos arbres. Vous pouvez encore arracher les feuilles les plus bouclées, & jetter enfuite de la pouffiere de tabac fur les branches. Cela détruira les infectes, & vous pourrez laver vos branches deux ou trois jours après.

Les arbres à fruit inoculés l'été dernier, & qui ont profpéré, doivent avoir la tige coupée à trois ou quatre pouces au-deffus du bouton. Ce travail doit fe faire au commencement du mois, fuppofé que vous ayiez négligé de le faire dans le mois dernier; car les boutons commenceront à poufler fi les tiges font coupées à tems; autrement il arrive fouvent qu'ils avortent; ou fi les

boutons viennent à s'ouvrir, ils font rendus fi foibles par l'accroiffement des tiges, que les rejettons ou jeunes branches fe réduifent à peu de chofe.

Vers la fin de ce mois, commencez à prendre foin de vos efpaliers & des autres arbres à fruit qui font le long des murs; mettez en propre fituation les jeunes branches les plus belles & les plus régulieres, & déplacez, s'il y en a eu de produites, celles qui pouffent en avant, & qui font trop vigoureufes (*foreright and luxurious*). Voici le temps également d'éclaircir vos abricots s'ils font en trop grand nombre; car plus vous prendrez cette peine promptement, mieux ceux que vous laifferez viendront à maturité.

Plantez des *coupures* ou boutures de vignes dans les endroits que vous avez fixés pour leur demeure, en obfervant toujours d'avoir un nœud de vieille fouche à l'extrémité de chaque bouture. Enfoncez les fi profondément en terre qu'il n'y ait que le jet ou l'œil du deffus qui foit de niveau avec le terrein. Si vous obfervez bien ceci, vous n'aurez point à craindre que ces nouveaux plants ne réuffiffent pas.

Examinez vos *vignes* qui tapiffent vos murailles; arrachez-en les petits filamens pendans qui déja, commencent à poufler; & lorfque deux fcions font produits par le même œil ou le même jet, vous devez arracher le plus foible qui eft ordinairement fous fon compagnon. Par-là vous donnerez plus d'énergie aux bourgeons (*shoots*), & le fruit qui reste sur les branches en profitera. Vous pouvez travailler vos vignes & les ébrancher, en cette saison, dans fort peu de tems ; vous vous épargnerez toute la peine que vous serez obligé de prendre si vous laissez subsister ces rejettons un mois plus tard. Et ébourgeonnant de bonne-heure, les branches fructiferes, si vous avez pris soin de les bien faire ramper à plat contre le mur & de les élaguer, prendront plus de force, & vous donneront du fruit de bonne-heure.

Vos fraisiers doivent être soigneusement sarclés, & leurs filamens ou scions scrupuleusement arrachés. Si la saison annonce de la sécheresse, vous ferez bien de les arroser ; & ne négligez pas ceci si vous ne voulez pas qu'ils produisent peu de fruit.

Tenez vos bordures, près des arbres à fruit, propres, nettes, & purgées de toutes mauvaises semences, car elles dérobent aux arbres leur nourriture. Dans les sols qui sont enclins à se durcir, il faut remuer & adoucir la terre avec une fourche à fumier ; & si vous répandez ensuite un peu de vieux chaume (*mulch*) sur la surface, & que pendant les tems secs vous l'arrosassiez deux ou trois fois la semaine, vous rendriez un grand service aux fruits & aux arbres. Vous devriez aussi tenir propre & nette la terre qui est entre les rayons de vos seps de vigne ; & dans le com-

mencement du mois, ne manquez pas de les échalasser, afin que les branches aient de quoi se soutenir. Cette méthode vaut mieux que de leur laisser les échalas pendant tout l'hiver, parce que les échalas dépérissent plus dans un hiver que dans deux étés. D'ailleurs, les vignes n'ont pas besoin d'être échalassées dans cette saison, pourvu que les branches de l'année derniere soient liées ensemble, afin de les empêcher d'être brisées par les vents.

Vers le milieu du mois, découvrez vos *figuiers* que vous aviez mis à l'abri du froid pour passer l'hiver. Mais faites ceci avec beaucoup de précaution, de crainte que les jeunes fruits qui commencent à paroître ne courent quelque danger en les exposant trop soudainement au grand air.

Donnez présentement une grande portion d'air frais au fruit de vos chassis forçants, & proportionnellement à la chaleur du tems ; leurs branches doivent être aussi fréquemment aspergées avec de l'eau : ce qui sera d'un grand service pour les arbres, & rendra le fruit plus beau. Si vous avez encore le soin d'arroser souvent les racines, les arbres & le fruit en retireront un égal avantage.

Fruits de la saison ou qui ne sont pas encore passés.

POIRES : Franc-réal, Bergamotte de Bougi, St. Martial, Bonchrétien d'hiver, poire verte d'hiver du Lord *Cheyne* ou la *Lord-Cheyne*, Bezi de Chaumontelle dans les espaliers & en plein vent, Carmelite ; & pour cuire ou pour compote, la Cadillac, & la *Parkinson's Warden*.

POMMES : Rousselette d'or, Rousselette de Pile, Rousselette de *Wheeler*, Nompareille, la Pomme Jean ou de St. Jean, *Pippine* ou Renette dure, avec quelques autres.

Ouvrage à faire dans la Pépiniere.

Au commencement de ce mois on peut avec sûreté transplanter plusieurs sortes d'arbres toujours verds, comme : *houx*, *ifs*, *pyracanthes*, *alaternes*, *phillyrea*, *cistes*, *chênes verds*, *pins*, *sapins*, *cedres*, *cyprès*, *medicago-frutescens* ou *trefle en arbrisseau*, *cytise-hérissé*, &c. Prenez, s'il est possible, pour faire ce travail, un jour nébuleux ou pluvieux, parce que le soleil & les vents pourroient desslécher les racines, lorsque vous mettez vos arbres hors de terre : ce qui leur seroit très-nuisible. Dès que vous les aurez replantés, arrosez-les beaucoup, afin que la terre morde plus aisément aux racines ; & couvrez la surface de la terre d'un fumier court & léger, c'est-à-dire, de vieux chaume, (*mulch*) pour empêcher le soleil & les vents de s'introduire jusqu'à la racine.

Dans cette saison vous pouvez replanter les deux sortes de *Tulipiers* à feuilles de laurier ; le *laurier* de la Caroline, le *myrthe à chandelles*, le *fusain*
Avril.

[*spindle-tree*] de la Caroline, la *cassine* toujours verte, *tupelo* ou *nyssa*, & autres exotiques semblables que vous vous proposez de naturaliser dans ce climat. Lorsque vous la tirez hors de la caisse ou des pots, vous ne devriez ôter que la motte de terre extérieure, afin de donner lieu aux nouvelles fibres de porter des rejettons.

Vous pouvez semer à présent des glands de *chêne-verd*, ainsi que des graines de *pin*, *sapin*, *cedre*, *cyprès*, *magnolier*, *tulipier*. Vous pouvez encore semer des graines d'arbres les plus exotiques, tels que ceux qui nous viennent de Virginie, de la Caroline, & d'autres contrées de l'Amérique Septentrionale. Vous trouverez dans le *Dictionnaire des Jardiniers*, des préceptes sûrs pour vous conduire dans ce travail.

Au commencement de ce mois, greffez vos houx ; & vers le milieu du mois, greffez en approche, *pins*, *sapins*, *genevriers*, &c. Vous pouvez par cette méthode perpétuer la race des plus rares especes d'arbres toujours verds. Mais les arbres qui proviennent ainsi, ne prennent jamais autant d'accroissement que ceux qui sont provenus de graines ; les troncs ou les tiges croissant rarement de concert avec les arbres auxquels ils sont greffés en approche : ensorte qu'ils sont en danger d'être écartés par les vents. C'est pourquoi, lorsqu'on met cette méthode en usage, la greffe en approche devroit se faire aussi près de terre qu'il est possible.

Jettez l'œil fur vos greffes, & obfervez de renouveller la terre graffe, quand elle eft pleine de crevaffes, de crainte qu'un vent fec ne pénetre vos greffes & ne les détruife. Exa-minez avec un foin égal les boutons de vos arbres qui pouffent déjà ; & fi vous voyez que leur tête foit infectée par les infectes, ou que leurs feuilles foient bouclées, arrachez-les promptement & avant que les infectes foient multipliés.

Tenez la terre, qui eft entre les rangs de vos arbres dans la pépiniere, propre & nette ; car fi vous permettez aux mauvaifes herbes de s'y établir, elles dépafferont bientôt vos jeunes nourriffons, en leur caufant beaucoup de foibleffe, rien n'étant plus nuifible aux jeunes arbres, que de fouffrir l'accroiffement des mauvaifes herbes parmi eux, fur-tout dans la faifon du printems.

Si pendant ce mois le tems regnant étoit fec, vous devez arrofer fréquemment vos couches à graines d'arbres toujours verds, d'arbres foreftiers, ar-briffeaux & arbuftes. Mettez-les à l'abri du foleil pendant la chaleur du jour. Les jeunes plants que vous avez tirés de la couche à graines, & les troncs ou tiges pour arbres fruitiers nouvellement plantés doivent être également arro-fés, fi le tems eft fec : com-me ces tiges font petites, jeunes, tendres, le foleil & les vents pénetreroient bientôt leurs racines, & en les deffechant y porteroient la mort. Au refte ceci ne fe doit entendre que

Avril.

des petites plantations ; car pour les grandes, ce feroit un labeur trop long & trop difficile, s'il falloit en arrofer toutes les tiges deftinées pour fauvageons.

Les couches où vous avez femé des graines, foit en automne, foit le mois dernier, doivent être à préfent foigneufement farclées, car plufieurs de ces jeunes arbres vont bientôt lever ; & fi vous fouffrez les mauvaifes herbes dans leur voifinage, leurs racines fe mêleront & s'entrelaceront fi bien, qu'il vous fera très-difficile d'arracher l'une fans arracher l'autre. Comme les mauvaifes herbes croiffent toujours plus que les bonnes, elles auront bientôt dépaffé vos plants, & retarderont leur accroiffement. Vos cailles ou pots de *cedre*, qui vont bientôt pouffer, doivent à préfent être mis à l'ombre ; car trop de foleil ne manqueroit pas de détruire promptement ces jeunes plants. Il vous faut prendre bien de l'attention à mettre à l'abri de la voracité des oifeaux vos couches à graines de *pins* & de *fapins*, qui vers la fin du mois commenceront à paroître. Les oifeaux font enclins à piquer la tête de ces jeunes plants, à mefure qu'elle pouffe hors de terre, tenant encore à l'enveloppe ou à la coquille de la femence qu'elle éleve & porte au-deffus d'elle.

Ouvrage à faire au Parterre ou Jardin de plaifance.

Vos allées de gravier, dégradées & maltraitées dans le mois dernier, doivent au commencement de celui-ci, être réparées, nivelées & roulées, afin de les rendre propres à la promenade. Les allées de *gazon* & les tapis de verdure qui font en face de la maifon, doivent être fauchés de près ; car voici la faifon où la plupart du monde aime à fe promener. C'eft pourquoi vous devez tenir en bon ordre les allées de votre jardin ; outre cela, fi vous négligez ce travail dans le printems, l'herbe croîtra drue, & deviendra tellement forte, qu'il vous faudra employer les plus grands foins pour réparer votre négligence.

Nettoyez les plates-bandes du parterre, & purgez-les avec le farcloir de toutes mauvaifes herbes. Attachez à quelques baguettes ou foutiens les plantes qui croiffent & qui s'élevent le plus, afin d'empêcher les vents de brifer les tiges ou de les renverfer.

Vous pouvez à préfent femer dans vos plates-bandes, les fleurs annuelles, qui n'exigent point de chaleur artificielle pour les avancer, comme : *touffe de Candie*, *miroir de Vénus*, *lupins* de plufieurs fortes, *pois de parfum* ou *geffe odorante*, *pois de Tanger*, *Lychnis-nain*, *attrappe-mouche de Lobel*, *nombril de Vénus*, *convolvulus minor*, *naflurtium* des Indes, *adonis*, (quoique l'automne foit pour celle-ci la faifon la meilleure) *lavatere*, *mauve d'Orient*, *carthame* ou *faffran bâtard*, *hieracium* de plufieurs fortes, *centaurée*, *lotus* de différens genres, *limace-*

Avril.

plante, *chenille-plante*, *linaria* ou *linaire*, *fecuridaca* ou *vefce* en forme de hache, *aflragale* ou *regliffe* fauvage, *moldavique* ou *meliffe de Moldavie*, ainfi que plufieurs autres fleurs annuelles & *perenniales* ou vivaces de la dure efpece, ou de pleine terre, lefquelles réuffiffent beaucoup mieux lorfqu'on les feme dans l'endroit où elles doivent refter, que lorfqu'elles font tranfplantées. C'eft pourquoi il faut les clair-femer dans les plates-bandes du parterre ; & lorfqu'elles ont levé, il faut encore les éclaircir, en ne laiffant que peu de plantes pour fleurir dans chaque piece ; par-là vous les rendrez plus fortes & plus vigoureufes.

Dans ce mois, vous pourriez femer la plupart des plantes *perenniales* & *bienniales* & *vivaces* dans votre pépiniere à fleurs, que vous n'avez pas femées le mois précédent, comme : *campanule de Cantorbery*, *œillet de poéte*, *œillet*, *œillets-carnés*, *alcée* ou *mauve-trémiere*, *chevrefeuille de France*, *violier*, *violier de muraille* ou *violette de St. George*, *centaurée*, *pois toujours vert*, ainfi que plufieurs autres fortes élevées dans la pépiniere à fleurs, afin d'en pourvoir les plates-bandes du parterre.

Au commencement de ce mois, vous pouvez faire quelques légeres couches chaudes pour y femer les fleurs annuelles qui ne demandent que peu de chaleur pour fleurir promptement ; mais elles réuffiroient beaucoup mieux, fi vous les éleviez fous paillaffons & non fous cloches, lefquelles

en

en général les font trop avancer. Quoique par cette méthode elles viennent un peu
plus tard, n'importe, & il n'en
réfulte aucun inconvénient,
parce qu'elles font deftinées
pour l'automne, tems auquel
les autres fleurs font rares, &
où la préfence de celles-ci caufe
un plus grand plaifir ; telles
font : *les foucis de France &
d'Afrique, convolvulus-major,
balfamines, merveilles du Pérou,
le grand-fultan, l'œillet d'inde,*
avec quelques autres.

Il vous faut faire à préfent
quelque nouvelle couche chaude
pour y tranfplanter vos tendres fleurs annuelles, comme :
amaranthes, gomphrene ou *immortelle, hibifcus, balzamines* à
double raie, &c. lefquelles doivent être avancées dans cette
faifon ; autrement elles ne parviendront jamais à aucun degré de beauté, laquelle confifte
principalement dans leur vigueur ; les graines en feront
auffi très imparfaites, fur-tout
fi l'automne annonce de la
froidure.

Vous devriez auffi tranfplanter vos jeunes plants *d'after de
la Chine,* ou fur couche d'une
chaleur tempérée, ou fur bordure chaude, afin qu'ils puiffent acquérir de la force ; en
obfervant de les arrofer & de
les mettre à l'ombre jufqu'à-ce
qu'ils aient pris racine.

Mettez à préfent un peu plus
de racines de tubereufes dans
une couche modérément chaude, pour fucceder à celles que
vous avez moins abondamment
plantées le mois dernier, &
pour que vous ayiez une con-

rinuation de ces fleurs dans la
faifon.

Les graines de vos *œillets-
carnés* choifis, & des autres
œillets, doivent être à préfent
femées, ou dans des pots,
caiffes, & terrines, ou dans
des bordures ; mais prenez bien
garde de ne pas enfévelir la
graine, & de ne pas la mettre
trop profondément en terre, car
il arrive fouvent qu'on opere
par-là fa deftruction. Quand le
tems eft au fec, arrofez doucement vos graines, faute de
quoi vos plants ne réuffiront pas.

Vos pots *d'auricules* & *de polyanthes* doivent être foigneufement retirés du foleil, car fi
pendant un jour feulement ils
reftoient expofés à toute fon
ardeur, & que vos plants fuffent
de jeunes plants, c'en feroit
affez pour les détruire. Vous
devez auffi les arrofer fouvent.

Donnez des baguettes ou des
tuteurs à vos *œillets-carnés (carnation)* qui vont bientôt s'ouvrir & montrer leur fleurs,
attachez-y les tiges avec des
cordons de nattes, afin d'empêcher que le vent ne les brife,
& prenez grand foin de les mettre à l'abri de la gloutonnerie
des moineaux, qui becquete-
roient les feuilles intérieures,
& même jufqu'à la tige.

Vos belles *auricules* vont bientôt commencer à montrer leurs
charmantes fleurs ; c'eft pourquoi vous devriez les mettre à
l'écart dans un endroit couvert,
pour les garantir de l'humidité
qui laveroit cette pouffiere douce
de leurs fleurs qui en fait l'a-
grément, & en quoi confifte
une grande partie de leur beauté.

Il faut aussi les défendre de la chaleur du soleil qui hâteroit leur dépérissement ; mais il ne faut pas pour cela les priver d'air, & il faut leur en distribuer autant qu'il est possible, autrement les tiges deviendront très-foibles. On place ordinairement ces pots sur des tablettes ou banquettes tellement arrangées que l'une est toujours plus élevée que l'autre : ce qui est fort commode pour les fleurs dont les tiges ne sont pas montantes ; autrement il faut lever le pot pour voir la fleur. Comme ces situations sont toujours à l'abri du soleil & de la pluie, on devroit du moins en tenir le devant toujours ouvert lorsque le tems le permet ; & les pots dont on se propose de tirer des graines pour avoir de nouvelles fleurs, doivent être portés en plein air, dès que les fleurs qu'ils contiennent sont parfaitement épanouies, & placés dans un lieu où ils puissent jouir du soleil du matin & d'un air libre, sans quoi vous ne devez pas vous attendre à obtenir de bonnes graines.

Voici encore un bon tems pour se procurer des *coupures* ou racines éclatées d'*auricules* choisies, afin d'en augmenter le nombre. Ces rejettons, *bouts ou boutures*, doivent être mis dans de petits pots qu'on aura soin de tenir à l'ombre, en observant de les arroser doucement dans un tems sec, jusqu'à ce qu'ils aient pris racine. Mais s'il arrivoit que parmi ces racines divisées il s'en trouvât quelques-unes dépouillées de fibres, il faudroit les renfermer

Avril.

étroitement sous verres, afin de forcer le développement des racines.

Vos planches de belles *renoncules*, *anemones*, *tulipes* & *jacinthes*, qui sont actuellement en fleurs, doivent être couvertes, ou avec des paillassons, ou avec des toiles, pour les défendre de l'humidité & de la chaleur du soleil. Par ce moyen vous conserverez la beauté de vos fleurs, beaucoup plus long-tems que si elles restoient naturellement exposées au grand air. Mais il faut enlever ces couvertures tous les matins & tous les soirs lorsque le tems le permet, afin que ces fleurs puissent respirer l'air autant qu'il est possible, sans quoi elles ne continueront pas long-tems à rester belles, & les racines perdront bientôt toute leur vigueur.

Vers les derniers jours du mois, tirez de terre vos racines de *saffran*, de *Colchicum*, d'*amaryllis* jaune automnale, & autres racines bulbeuses de fleurs qui ne s'ouvrent & ne s'épanouissent qu'en automne, & dont les feuilles actuellement sont mortes ou flétries. Vous pouvez tenir hors de terre ces racines jusqu'au commencement du mois d'Août, tems auquel vous les replanterez.

Transplantez les especes d'arbres & arbrisseaux toujours verts qui n'ont pas encore poussé ; vous pouvez les transporter en toute sûreté, pourvu que l'air soit nébuleux & qu'il y ait apparence de pluie. Si la terre où vous devez les repiquer étoit dure & séche, faites de grands trous proportionnels aux arbres qui doivent y être reçus, répandez-y beaucoup d'eau & en affez grande quantité, pour rendre la terre limoneufe ou molle comme de la bouillie. Enfuite placez-y vos arbres ; & lorfque la terre aura mordu aux racines, élevez-la en lui donnant une furface creufe femblable à celle d'un baffin propre à contenir de l'eau. Rempliffez cet efpace d'un fumier court ou de vieux chaume (*mulch*), afin d'empêcher l'air & le foleil de pénétrer dans la terre & de deffécher les racines. Répétez cet arrofement une fois la femaine, pourvu que le tems foit au beau.

Si vos *phillyreas, alaternes, lauriers, lauruftins*, & autres arbres toujours verds de la dure efpece ou de pleine terre, font devenus rudes au toucher, donnez-leur à préfent la figure que vous leur deftinez, en coupant leurs branches au raz des tiges, ou le plus près qu'il fera poffible ; & lorfqu'ils repoufferont vous les tranfporterez au lieu de leur deftination.

Plantes actuellement en fleurs dans le Parterre ou Jardin de plaifance.

Anemones, renoncules de différens genres, polyanthes, auricules, tulipes, couronnes impériales, hépatiques, jacinthes de diverfes fortes, narciffes, afphodeles, jonquilles, violettes, mufcaris ou grappes de jacinthe, iris ou flambe bâtarde, grand perce-neige, cyclamen printanier, colchique printanier ou faffran des prés, fumeterre bulbeux, racines de rofe ou
Avril.

radiola rofea, pied de canard ou pomme de Mai, anemone des bois, capuchon de moine ou *arum probofcideum*, *arum* d'Italie, chemife des dames double ou cardamine, fcrofulaire ou chelidoine double, jacinthe étoilée, dent de chien, pâquerettes ou marguerites de Pâques doubles, fritillaires de différens genres, gentianelle, *caltha paluftris* double ou foucis de marais, ornithogale de Naples à larges fleurs vertes, lys de Perfe, orchis ou fatyrion de plufieurs fortes, *fanguinaria* ou la grande Célandine, fceau de *Salomon*, pulmonaire d'amérique, *meadia* ou oreille d'ours de Virginie ou les douze dieux *dodecatheon* (1), faxifrage double, vefce de Venife, lychnis, alyffon de Crête,

---

(1) L'Auteur du *bon Jardinier* eft fort fupris de ce mot *dodecatheos*, & il demande pourquoi l'on a donné un nom *fi faftueux* à une fleur qui n'eft pas la plus belle de toutes, & qui eft moins belle que plufieurs autres. C'eft LINNÉ qui lui a donné ce nom, ne voulant pas adopter celui des Botaniftes Anglois *meadia*, parce que le D. MEAD, difoit-il, n'avoit jamais rien écrit fur la botanique. LINNÉ a trouvé dans PLINE la *dodecatheon* ; voyez le liv. 25, ch. 4, où il eft parlé d'une *primevere* que LINNÉ croit, fans doute, être la même que l'OREILLE D'OURS de Virginie ou la *meadia*. Mais PLINE ne dit pas pourquoi cette fleur étoit appellée *dodecatheos*. Comme c'eft une des premieres fleurs du printems, *primula veris*, il eft probable qu'on en couronnoit à Athenes les ftatues des douze grands Dieux, car les prémices étoient toujours offerts à la Divinité.

bugle ou petite confoude, pied de chat, lys des prés ou des vallées, pét de léopard ou doronique, cerinthe ou mélinet, *léontopétalon* ou *leontice*, penfées, pervenche à fleurs fimples, pervenche grande & large à fleurs doubles pourprées, *verbafcum* ou bouillon blanc à feuilles de bourrache, *Blattaria* ou molleine-vivace à fleurs, avec quelques autres.

Arbres & arbriffeaux durs ou de pleine terre actuellement en fleurs.

Lilac à fleurs blanches, fleurs pourprées & fleurs bleues, lilac de Perfe à feuilles de troëne appellé communément lilac de Perfe à feuilles entieres & à feuilles coupées, *laburnum*, pêchers à fleurs doubles, poirier à fleurs doubles, cornouillier à prunes (*cherry-plum*), amandier à fleurs blanches & à fleurs de pêcher, *mefpilus* ou amelanchier, *aria Theophrafti*, *viburnum*, cerifier de Cornouailles (*cornifh-chery*), cerifier d'oifeau (*bird-cherry*) ou *cerafus avium*, *arbor Judæ*, cerifier à fleurs doubles, aubepine à ergots de coq (*cockf-pur hawthorn*), amandier nain à fleurs doubles & à fleurs fimples, *hypericum frutex*, Benjamin en arbre ou *arbor Virginiana*, épine-vinette, airelle ou myrthile en arbufte ou *vitis judæa*, faux-piftachier ou nez-coupé ou *ftaphylodendron*, forbier ou cormier, térébinthe, chevrefeuille blanc printanier, chevrefeuille d'Italie, jafmin jaune, lauruftin, féné de fcorpion ou bagnaudier, *caragana* ou faux acacia, féné à veffie oriental, cerifier-

Avril

nain, coronille de Crète, cytifo de Sibérie, rofier virginal fimple (*fingle virgin-rofe*) cytife hériffé, laurier, pyracanthe, épine de Glaftenbury, micocoulier ou *celtis*, bois de chien ou *cornus*, fufain, frène hatif ou frène des montagnes, érable à fleurs écarlates, maronnier d'Inde, *fpirea frutex*, chevrefeuille érigé, chevrefeuille à mouches (*fly-honeyfuckle*) & chevrefeuille érigé d'Amérique ou *Azalea*, avec quelques autres.

Plantes médicinales dont on peut à préfent faire ufage.

Veronique aquatique ou *becabunga*, creffon d'eau, hépatique des bois, oreille de fouris ou *myofotis*, pâquerette, herbe aux panaris à feuilles de rue, bugle, bourfe du berger ou thlafpi, dent de lion, faxifrage blanc, pas-d'âne ou tuffilage, jacinthe (*hair-bel*), lierre rampant, *lamium* ou ortie morte ou lamier, ozeille des bois, grande primevere (*cowflip*) ou *primula elatior*, primevere commune (*primerofe*) racines de radix.

Ouvrages à faire dans les deux Serres.

Vers le milieu ou vers la fin du mois, fi le tems eft favorable, il faut fortir vos fleurs de la ferre, vos *lauriers-d'inde*, *lauruflins* à larges feuilles luftrées, *myrthes*, *cifles*, *teucrium*, *phlomis*, *olivier*, *caroubier*, abfynthe en arbre, *oléandre*, & autres plantes moins tendres, afin que les orangers & autres plants d'une efpece plus tendre, puiffent jouir d'un plus grand efpace & refpirer l'air plus librement. Mais il faut placer les plantes que vous avez tirées de prifon, dans un lieu qui les défende des matinées froides & des vents perçants ; car comme elles font devenues tendres pendant tout le tems qu'elles ont été renfermées, vous les expoferiez à quelque danger.

Tranfplantez à préfent ceux de vos orangers & autres plants exotiques qui demandent à être changés, & faites les paffer dans des caiffes & des pots plus larges ; en obfervant, lorfque vous les avez tirés de terre, de trancher toutes les racines moifies ou languiffantes, de bien laver leurs têtes & leurs tiges, & de les purifier de toute ordure qu'ils pourroient avoir contractée dans leur prifon. Lorfque vous les avez tranfplantés, vous devez les arrofer abondamment. Ceux que vous expofez au grand air, doivent être mis dans un endroit où ils puiffent refpirer à l'abri des vents, & où pendant la chaleur du jour, ils n'aient rien à craindre de la violence des rayons du foleil. En remuant & en changeant vos orangers de bonne-heure dans ce mois, vous leur donnerez & le tems de faire de nouvelles racines & la force de produire des fleurs en quantité, avant que vous vous en défaffiez en faveur d'un nouveau maître.

Ceux de vos orangers qui ne demandent point d'être actuellement tranfplantés, exigent cependant que vous ôtiez la terre à la furface & aux côtés de leurs pots & de leurs caiffes ; & que vous la changiez contre une terre fraîche, riche, bien ameublée. Vous devez auffi les nettoyer & les purifier, comme nous l'avons dit plus haut. Par ce travail vous leur donnerez de l'énergie pour produire leurs fleurs. Mais n'appliquez jamais aucune forte de fumier chaud, à la furface de la terre dont vous venez de les enrichir. Plufieurs perfonnes ont vu ces chers nourriffons impitoyablement détruits, pour avoir fuivi cette funefte méthode. C'eft pourquoi s'il étoit néceffaire que vous miffiez quelque engrais fur la furface de vos tubes ou de vos caiffes, fervez-vous d'un fumier de vache bien confommé ; mais il n'en faut pas mettre en trop grande quantité, & le fumier doit être abfolument confommé.

Tenez ouvertes, pendant la plus grande partie de la journée & lorfque l'air eft doux, les fenêtres de la ferre ; car dans cette faifon les plantes exigent une grande portion d'air frais ; autrement leurs racines deviennent foibles, elles ne produifent que peu de fruit, & font moins en état de foutenir le grand air, lorfque vous leur faites quitter les lieux où elles ont fi triftement paffé l'hiver.

Vous pouvez à préfent greffer en approche des *orangers*, des *jafmins*, & autres tendres plantes, mais celles qui recevront les boutons ou boutures réuffiront beaucoup mieux, fi vous les multipliez par cette voie ; car les arbres greffés en approche s'uniffent rarement auffi bien que ceux qui le font par boutures. C'eft pourquoi la méthode de greffer en approche , n'eft guere mife en ufage qu'à l'égard de certains arbres qu'on ne peut unir & joindre enfemble autrement , ou dont on veut avoir le plaifir de retirer du fruit de bonne-heure ; car en greffant par approche une branche qui porte un jeune fruit, la greffe peut fe féparer du vieil arbre quoique bien unie avec le tronc , & l'on peut fe procurer dans la même faifon un arbre portant fruit. Mais rarement il arrive que ces arbres foient de longue durée , & qu'ils rapportent beaucoup.

Vos couches de tan , dans la ferre-chaude, dont la chaleur décline, & que vous n'avez pas renouvellées le mois dernier , demandent à être remuées avec une fourche dans toute leur profondeur ; & ajoutez-y de nouveau tan pour leur rendre la chaleur qu'elles ont perdue. Remuez en même-tems la terre des pots où vos plantes ont pris racine ; mettez auffi dans des pots plus larges celles de vos plantes qui demandent à changer de place , & donnez-leur de nouvelle terre. Cependant il n'eft pas prudent de fe fervir trop fouvent de vafes plus larges , car les plantes dépotées ne réuffiffent pas fi bien. C'eft pourquoi il vaut beaucoup mieux trancher les racines à l'extérieur de la motte, replacer enfuite la plante dans un autre vafe à-peu-près de même largeur que le premier,

Avril.

& le plonger immédiatement après dans le nouveau tan. Mais cette opération ne doit avoir lieu que lorfque l'air eft chaud , parce qu'il faut ouvrir les fenètres de la ferre affez fouvent ; & fi l'air eft perçant , vos plantes en recevront de l'injure.

Vos *ananas* ou *pommes-de-pin*, (*Pine-apple* , c'eft ainfi que nous les appellons en Angleterre) demandent à préfent que vous leur donniez tous vos foins ; rafraîchiffez-les avec de l'eau, & confervez leur une chaleur douce dans leur lit. Que ceux que vous avez mis fous chaffis, ne manquent pas de nattes ou de paillaffons pour les couvrir chaque nuit , & pour les tenir chaudement. Mais vers le milieu du jour & lorfque l'air eft échauffé , levez la vitre & donnez-leur de l'air conformément à la chaleur de la faifon ; autrement ils feroient en danger d'être brûlés par des rayons du foleil. Ceux que vous réfervez pour porter du fruit l'année prochaine, doivent paffer dans les pots où vous les deftinez à refter jufqu'au commencement du mois d'Août , d'où vous les retirerez pour les placer enfin dans l'endroit où ils donneront leur fruit.

Changez de pots celles de vos plantes exotiques qui demandent une habitation plus grande, & remuez avec foin l'écorce ou le tan des couches pour en renouveller la chaleur. Ajoutez-y de nouvelle écorce , & replongez vos pots jufqu'au fond , en obfervant d'arrofer vos plantes & de les couvrir jufqu'à ce qu'elles aient pris racine.

Vos arbres à *café* vont bientôt commencer à fleurir ; c'eft pourquoi lavez leurs tiges & leurs feuilles, nettoyez-les, & les purifiez. Rafraîchiffez ces arbres avec de l'eau deux ou trois fois la femaine, felon que la chaleur fera plus ou moins grande, & vous verrez qu'ils vous donneront des fleurs fortes & abondantes.

Plantes actuellement en fleurs dans les deux Serres.

Géranium d'Afrique de plufieurs fortes, *lantanas* à feuilles de houx, touffe de candie en arbre, *anthericum* d'Afrique à feuilles d'aloès, *anthericum* d'Afrique de deux ou trois fortes à feuilles d'oignon (*with onion leaves*), fcabieufe en arbres, ciftes, arctotides de trois ou quatre fortes, mefembryanthemes de plufieurs efpeces, aloès de différens genres, coronille de Crête, cytife de Canarie, *medicago frutefcens*, luzerne ou trefle en arbufte, cyclamenes d'Alep, hermannes ou *hermannia* de quatre à cinq fortes, *colutea Æthiopica* ou faux-fené d'Ethiopie, polygale d'Afrique, *hypericum* des Baléares, deux fortes de tanéfies d'Afrique en arbriffeau, *rhus* ou fumach d'Afrique à trois feuilles (*three-leaved*), mélianthe *minor fœtidus*, cotyledons, *Turnera* ou la plante de Turner, *Malpighia* de deux ou trois fortes ou la plante de Malpighi, *mimofa* ou fenfitive ou *l'humble-plante*, cifte *halimi folio* à feuille

d'arroche, olivier, *Watfonia* ou plante de Wafton, *fifyrinchium* d'Afrique, calle d'Ethiopie, *Crinum*, *Cunonia* ou plante de Cunon, jacinthe d'Afrique à feuilles douces & à feuilles *verruqueufes* ou pleine de verrues, (*with fmooth* & *with warted leaves*) canne ou rofeau-muet *Damb-cane*, *Rauvolfia*, *Waltheria*, Lys d'*Atamofco*, *pancratium*, petit cierge rampant à fleurs cramoifies, *cannacorus* ou balizier, *ixia* de plufieurs fortes, antholize, after d'Afrique en arbriffeau de deux fortes, tetragonne, *clutia*, quelques fortes de *mimofa* ou fenfitive, *diofma* de deux efpeces, fauge d'Afrique en arbriffeau à fleurs bleues & à fleurs jaunes, ftachys des Canaries en arbriffeau, *teucrium* de la Bétique, *convolvulus* de Crête en arbriffeau, heliotrope à feuilles de fauge-fauvage *fcorodoniæ folio*, arbre de corail, *hæmanthus* à feuilles de Colchique, *lotus* à fleurs noires, *fedum* ou joubarbe arborefcente, *craffula*, ozeille des bois d'Afrique à larges feuilles pourprées & à feuilles jaunes, *hibifcus* ou rofier de la Chine, *elichryfum* oriental, lin de crapeaux (*toad flax*) ou linaire d'Efpagne, ornithogale du Cap de Bonne-Efpérance, foucis d'Afrique de deux fortes, *chryfocoma*, euphorbe, ozeille en arbre, *Lycium* à feuilles étroites, digitale des Canaries en arbriffeau, othonne de deux ou trois fortes, heliotrope du Pérou, cacale d'Afrique, avec quelques autres.

Avril.

M A I

Ouvrage à faire dans le Potager.

SI le tems eſt chaud & ſec, il retarde extrêmement la croiſſance des plantes les mieux nourries, & particuliérement celle des *féves* & des *pois* quand ils ſont en fleurs, ſur-tout en terre ſeche. Ces plantes en ſouffrent beaucoup, & la plus grande partie de leurs fleurs tombent ou dépériſſent avant leur maturité ; enſorte même qu'elles ne produiſent point de coſſes. Lorſqu'il arrive que le tems eſt pluvieux, les marchés ſont abondamment fournis de toutes ſortes d'herbes & de légumes. Mais cette humidité de la ſaiſon, ſi elle augmente la quantité des plantes, elle augmente auſſi la quantité des herbes ſauvages ; enſorte que le labeur dans le potager, devient doublement pénible dans une humide ſaiſon, & ſi vous négligez, tandis qu'elle regne, d'avoir l'œil ſur vos jeunes récoltes ſeulement pour peu de tems, les mauvaiſes herbes gagneront le deſſus & affoibliront tellement vos jeunes nourriſſons, qu'ils ne pourront recouvrer que difficilement leurs forces & leur embonpoint ; & que malgré le ſoin que vous en puiſſiez prendre, ils n'arriveront jamais au degré d'accroiſſement auquel ils ſeroient parvenus, en ſuppoſant que vous

ne les euſſiez point reſtraints & que vous les euſſiez abandonnés à toute leur énergie. Outre cela pluſieurs ſortes de ces plantes gourmandes & paraſites vont monter en graine, laquelle répandue ſur la terre va vous cauſer un travail qui durera pluſieurs années avant que vous ſoyez venu à bout de l'extirper. Parmi ces mauvaiſes herbes, il faut mettre en ligne de compte : la bourſe du berger, le ſeneçon, le fumeterre, la pimprenelle ſauvage, le mouron, & quelques autres. Celles qui ne montent pas en graine ſi promptement ſe domicilieront, ſi vous ne vous y oppoſez, d'une maniere ſi ferme & ſi ſtable, que vous aurez une peine infinie à les détruire. Ainſi le meilleur moyen pour en venir à bout & pour en préſerver vos récoltes, eſt de faire ce travail le plutôt qu'il eſt poſſible dans le printems, & de ne pas ceſſer un moment pendant cette ſaiſon de mettre le ſarcloir en uſage.

La même précaution eſt néceſſaire pour vos fumiers, car vous y trouverez dans cette ſaiſon une quantité étonnante de ces herbes gourmandes, ainſi que dans vos terreaux & autres engrais préparés. Il eſt important de les détruire de bonne heure, sans quoi vos pots & vos caisses seront infectés de leurs mauvaises graines.

Vous pouvez, au commencement du mois, semer du *pourpier*, & quelques *endives* pour blanchir de bonne heure quand leur saison viendra. Mais il faut remarquer que l'endive semée trop tôt monte promptement en graine ; & il ne faut pas compter dessus, pour en pourvoir long-tems la cuisine. Continuez de semer toutes sortes de petites salades, de trois ou de quatre jours en quatre jours, autrement vous en manquerez pour le service ; car dans cette saison elles croissent trop drû & sont trop fournies. Mais vous pouvez les semer dans quelque bordure au Nord, où elles n'auront que peu de soleil, & n'éprouveront pas la chaleur du jour.

Semez des *pois* & plantez des *féves* pour derniere récolte ; mais que ce soit dans un terrein humide, autrement cette semaille ne vous reussira pas, à moins que la saison, contre coutume, ne soit humide & froide.

Plantez des *haricots* pour seconde récolte ; la grosse espece de Hollande, & le *pois* à fleurs écarlates, sont les meilleures pour cette saison, parce qu'ils continuent de porter beaucoup plus long-tems que les autres, & parce qu'ils sont aussi meilleurs pour la table. Vers le vingt-trois de ce mois, semez des *choux-fleurs* pour récolter en hiver, en observant de couvrir chaque jour le lit auquel

Mai.

vous les confiez, de nattes ou de paillassons, & de tenir humide le terrein, sans quoi vos graines se dessécheront, & vos plantes croîtront fort menu. Ceux que vous éleverez dans cette saison seront pommés en Octobre & en Novembre ; & si la saison est douce vous en aurez jusqu'aux environs de Noël.

Quand le tems sera humide, repiquez dans les lieux de leur destination, vos *choux rouges & blancs*, & vos *choux de Savoie* pour le service d'hiver. Transplantez aussi les *céleris* de premiere semaille dans des fosses ou sillons pour blanchir ; ils viendront de bonne-heure si vous les repiquez dans ce mois.

Votre premiere récolte d'*épinards* & de *radix* étant actuellement faite, sarclez les *choux-fleurs*, *choux*, *féves*, & autres plantes qui végetent dans le même endroit ; & profitez de l'humidité du tems pour amener la terre vers les tiges, c'est-à-dire, pour les butter : ce qui conservera l'humidité des racines & empêchera le soleil & les vents de dessécher les tiges, car si vous les y laissez exposées, leur accroissement en sera de beaucoup retardé. Mais en faisant ceci, prenez garde de ne pas élever si haut la terre autour des tiges, & sur-tout autour des choux-fleurs, qu'elle puisse entrer dans le centre des feuilles, car vous les détruiriez entiérement.

Transplantez des *radix* pour graine ; plantez-les par rayons éloignés entre eux de trois pieds , & mettez deux pieds d'intervalle entre chaque plante. Choisissez ceux dont la racine est longue , droite , bien colorée , & dont les têtes sont petites , en rejettant ceux qui ont la racine courte ou fourchue. C'est afin d'user de cette précaution que les Jardiniers les plus curieux ne tirent jamais de graine des radix séjournant dans l'endroit où ils ont été semés , parce qu'ils ne peuvent juger de la longueur ou de la beauté des racines.

Les *concombres* qui sont actuellement sous châssis , & qui n'ont pas sur leur fumier une hauteur de terre suffisante , doivent soigneusement être couverts de nattes ou de paillassons pendant la chaleur du jour , car le soleil est souvent dans cette saison , trop violent pour eux quoique sous verre. Mais vos plants de melons , doivent s'accoutumer par degrés au plein air pendant la chaleur du jour, Plus vos melons jouiront de l'air dans cette saison , plus ils tiendront à leurs ceps ; & si leur fumier a l'épaisseur convenable , les ceps ne seront pas pendants & ne laisseront pas tomber leurs feuilles , au contraire , ils supporteront le soleil à merveille. Car c'est le manque d'humidité dans la terre des couches , qui fait si fréquemment racourcir les ceps de melon & de concombres , & qui occasionne leur dépérissement beaucoup plutôt qu'il ne seroit arrivé si les racines jouissoient d'une profondeur & d'une lar-

Mai.

geur de terre convenable. La racine de ces plantes s'étend aussi avant dans la terre , supposé que vous en ayiez garni les côtés de la couche , que leurs ceps rampent à la surface, ensorte que si la couche n'a qu'une terre étroite & resserrée , les ceps demanderont l'ombre pendant la chaleur du jour. Mais la couverture ne doit pas rester trop long-tems ; ce qui est encore une autre faute de nos Jardiniers , car ce n'est que la chaleur du plein midi qui est trop violente pour ces jeunes ceps , & celle des jours extrêmement chauds. Celles de ces plantes élevées sous verrieres pour seconde récolte, doivent jouir d'une liberté entiere pour parvenir à leur développement ; il faut lever les verres & les appuyer sur briques ou sur fourches , & laisser la queue ou l'extrémité des ceps ramper au dehors des verres. Mais ceci ne se doit pas faire trop promptement, surtout si les nuits sont froides ; & si après avoir donné aux ceps la liberté de s'étendre audelà des verres , il arrivoit des nuitées fraîches , il faudroit alors leur donner chaque nuit des paillassons , afin de leur éviter la dent mortelle du froid.

Lorsqu'on permet aux *melons* de courir & de s'étendre audelà des verres, les sentiers entre les dossieres devroient être avec elles mis de niveau ; il faudroit même que la terre de l'un & de l'autre emplacement fut foulée & battue. Ce seroit le vrai moyen de forcer le fruit de s'établir à demeure, pourvu cependant que les ceps n'euſſent pas d'eau, & qu'ils reſtaſſent en plein air pendant le jour, toutes les fois que le tems le permettroit.

Vos *choux fleurs* de premiere pouſſe vont à préſent laiſſer appercevoir le centre de la plante ; c'eſt pourquoi vous devez chaque jour les viſiter ſoigneuſement, en arrachant quelques-unes des feuilles internes qu'on appelle communément *feuilles de fleurs*. Alors ils conſerveront leur blancheur, quoiqu'en reſtant expoſés au ſoleil & à l'air, le blanc s'efface & ſe change en jaune.

Houez vos récoltes d'hiver en *oignons*, *carottes*, *poireaux*, *panais* & *bettes*, pour les préſerver des herbes dangereuſes. Cette méthode d'houer les récoltes d'hiver eſt préférable à celle d'arracher, avec la main, les mauvaiſes ſemences, parce que la ſurface entiere du terrein ſe troavant remuée & changée, les petites graines reſtantes feront détruites. Vos plantes en auront plus de force pour avancer, & en tenant vos récoltes d'hiver dans cette ſaiſon exemptes & purgées des mauvaiſes herbes, vous leur rendrez un grand ſervice, & vous vous épargnerez beaucoup de peine pour les mois ſuivants.

Tranſplantez vos *laitues de Cilicie*, *laitues coſſes*, *Impériale* & *brune Hollandoiſe*, dans des bordures au Nord, afin de ſuccéder à celles que vous avez plantées le mois dernier ; & vers la fin du mois ſemez de ces mêmes laitues en y ajoutant de la laitue pommée commune, *Mai.*

afin d'avoir de quoi ſuppléer aux beſoins de la table au mois d'Août. Ces graines doivent être ſemées en pleine terre, car les murs, haies & palliſſades, ne feroient que les rendre foibles & impuiſſantes.

Semez des graines de *fenouil* ou *finochium* par rayons (*drills*), à un pied & demi ou deux pieds l'une de l'autre, pour ſuccéder aux ſemis de cette plante dans le mois précédent. Buttez & donnez de la terre à celles de ces plantes qui ont acquis le degré de leur accroiſſement, afin de les blanchir. N.B. Cette plante exige, quand on la ſeme dans cette ſaiſon, un ſol léger, riche & humide, ſur-tout ſi le tems eſt ſec.

Vous pouvez encore planter, par pieds éclatés ou par diviſion des racines : *ſauge*, *romarin*, *hyſſope*, *lavande*, *germandrée*, *maſtique*, & autres plantes aromatiques, en obſervant de les couvrir & de les arroſer juſqu'à ce qu'elles aient pris racine. Mais il vaut beaucoup mieux diviſer les racines avant leur pouſſe, parce que celles qui ſont produites dans cette ſaiſon deviennent tendres, ſe fondent aiſément, ſouvent dépériſſent, & ne réuſſiſſent jamais ſi bien.

Vos *choux* de primeur commencent à dérouler à préſent leurs feuilles intérieures pour pommer : ce que vous pouvez faciliter en attachant toutes les feuilles enſemble, ou avec un cordon de paille, ou avec de l'ozier, ainſi que le pratiquent les Jardiniers des environs de Londres. Vous les ferez blanchir beaucoup plutôt, & les rendrez propres à en fournir les marchés, quinze jours ou trois femaines avant que les autres foient en état d'y être étalés.

Examinez vos *artichaux*, revoyez-les, éclairciffez les racines & arrachez-en toutes les jeunes pouffes produites depuis votre dernier travail. Ces nouveaux jets, fi vous n'y mettez obftacle, s'approprieront toute la nourriture réfervée pour le fruit, & feront caufe que les pommes d'artichaux feront petites & de mince valeur. Coupez auffi ou arrachez tous les petits artichaux produits dans les côtés de la tige tout près des feuilles ; car fi vous laiffez à ces *fucceurs*, ainfi qu'on les appelle communément, la liberté de croître & de prendre de l'embonpoint, ce fera aux dépens des têtes de vos principaux artichaux. Les Jardiniers potagiftes ont coutume de faire des paquets ou des bottes de ces petits artichaux, qu'ils vendent au marché, & qu'on mange cruds avec du vinaigre, du poivre & du fel : ce qui forme un mets délicieux pour quelques étrangers.

Semez à préfent du *chervis*, du *falfifix*, & du *fcorfonaire*, pour derniere récolte, car celui de ces légumes qui a été femé plutôt, montera promptement en graine, fur-tout le chervis qui rarement eft bon lorfqu'il eft femé de trop bonne-heure.

Semez des *torneps* ou *navets*, quand vous voyez une apparence de pluie qui ne doit pas durer long-tems ; fi vous faififfez ce moment, vos torneps

pousseront bientôt & promptement. Houez ceux que vous avez femés le mois dernier, en laiffant entr'eux huit à dix pouces de diftance, laquelle fera fuffifante pour contenir les plants que vous vous propofez de tirer de bonne-heure.

Aux environs de la fin du mois, femez du *brocoli* pour vous fervir dans le Printems ; femez auffi pour derniere récolte, des choux de Savoie pour fuccéder à ceux du mois précédent ; car ceux-ci feront bons pour le fervice vers le Noël, tems auquel les autres feront paffés.

Il faut auffi femer des *concombres* en pleine terre, vers la fin du mois, afin d'avoir du fruit pour faire des cornichons. Faites-vous auffi, fur des fumiers préparés, des plants de citrouilles & de potirons, &c. Donnez-leur un grand efpace, afin qu'ils puiffent s'étendre, autrement les ceps s'entrelaceront & fe détruiront réciproquement.

Les tiges de vos *oignons* repiqués pour graine, vont bientôt acquérir toute leur hauteur ; c'eft pourquoi vous devriez vous pourvoir de quelques bâtons que vous fixerez en terre à fix ou huit pieds de diftance l'un de l'autre, dans les rayons, en les attachant avec du *fil de caret* ou autres cordes ou ficelles de chaque côté, afin de foûtenir les tiges de vos oignons ; fans cette précaution, il eft à craindre que le vent ne les brife, & ne vous caufe un grand dommage.

Prenez le même foin pour vos

choux pommés, carottes, panais, choux de Savoie, brocolis & poi-reaux, que vous avez repiqués pour graine, & qui font à préfent fur le point de fleurir; car quand les graines font formées, leur tête devient trop pefante pour pouvoir être fupportée par la tige fans foutien D'ailleurs, quand ils commencent à être deja un peu grands, il arrive fréquemment qu'ils font rompus par les vents. C'eft donc une néceflité de leur donner des *tuteurs,* c'eft-à-dire, des bâtons & des cordes pour les aider à fe foutenir contre l'attaque des vents, auffi-tôt que commence le tems de leur floraifon.

Les *tomates* ou *pommes d'a-mour* dont on fe fert pour fauces & pour foupes, & les *capficums* ou *poivre de Guinée* pour confire au vinaigre, doivent à préfent être tranfplantés dans les lieux où ils refteront à demeure. Vers la fin du mois, fi le tems eft favorable, plantez vos *to-mates* le long d'un mur, d'une paliffade, d'une haie ou d'un efpalier, auquel vous les atta-cherez lorfqu'elles auront pris un certain accroiffement, & qu'elles auront befoin de fou-tien. Sans cela vos *tomates* tom-beront, fe traîneront par terre, le fruit ne mûrira point, & même fe réduira en pourriture pendant l'Automne, fur-tout fi l'Automne eft humide ou plu-vieufe. Quant aux *capficums,* il faut les planter dans un fol fécond & d'une fituation chaude, & lorfque le tems eft fec, les arrofer fouvent afin d'en ob-tenir une grande quantité de boutons.

Mai.

Produits du Potager.

Radix, épinards, laitue pom-mée de différentes fortes, czeil-le, menthes, baume, favourée ou fariette d'hiver, bourrache, buglofe, choux cabus de Prin-tems, *tragopogon* ou barbe de bouc, dont les jeunes montans font, par quelques perfonnes, préférés à l'afperge, jeunes oi-gnons, cives, afperges, pois, féves, quelques artichaux de primeur, choux-fleurs, choux printaniers, jeunes carottes le long des murs & des haies, concombres, melons, pourpier, haricots de couche-chaude, moufferons, perfil, coriandre, chervis, creffon, moutarde, & toutes fortes de jeunes fa-lades, *torneps* printaniers, pim-prenelle, eftragon, & plufieurs autres fortes d'herbes de Prin-tems potageres.

Ouvrage à faire dans le Jardin à fruits.

Au commencement de ce mois faites la revue de vos arbres qui font le long des murs & de vos efpaliers; écartez & retran-chez foigneufement toutes les branches gourmandes, *coureurs, fucceurs,* & toutes celles qui font mal placées. Ne laiffez que les branches fécondes & celles que vous vous réfervez; rangez-les fymétriquement & appliquez-les avec régularité au mur ou au treillage, afin d'éviter toute confufion dans leur accroiffe-ment. Fortifiez les branches qui doivent porter le fruit, & laiffez-les refpirer l'air & jouir du foleil, en écartant les rejettons trop drus qui leur en dérobent la vue, & qui caufent aux fruits & aux branches un égal préjudice. Si vous négligez de faire de bonne heure ce travail, vos arbres en fouffriront ; & quelque peine que vous preniez dans la fuite, vous ne pourrez jamais y rétablir l'ordre.

Si lorfque vous avez vifité vos *abricots* & vos *péches* pour la premiere fois, vous les avez laiffés trop épais, par grouppes ou par grappes, vous devriez les éclaircir au commencement de ce mois, en obfervant de n'en jamais laiffer qu'un ou deux, & non davantage, ainfi que le pratiquent quelques Jardiniers trop avides de gain. Vous y gagnerez en n'en laiffant qu'un feul dans chaque grouppe ; le fruit fera plus beau, aura plus de parfum, & l'arbre en confervera plus de force pour les années fuivantes. C'eft pourquoi, quand il arrive que ces arbres font furchargés de fruits, ils en reftent fouvent fi affoiblis, qu'il ne leur faut rien moins que deux ou trois ans pour fe rétablir & recouvrer leurs forces épuifées, malgré tous les foins & toutes les peines qu'on peut prendre à cet égard. Confidérez qu'une douzaine de ces fruits bien beaux & bien parfumés eft préférable à cinq ou fix douzaines d'un fruit petit, manqué, avorté, & que vous en retirerez au marché beaucoup plus de profit. La diftance que vous donnez à toutes vos fortes de fruits doit être proportionnée à leur groffeur commune : par exem-

Mai.

ple, les fruits mitoyens, comme *péches*, *nectarines* ou *pavies*, doivent être à cinq ou fix pouces l'une de l'autre, & je crois cette diftance fuffifante ; mais il faut au moins huit pouces pour les gros fruits. Cette proportion doit auffi s'obferver, relativement à la force des arbres & des branches qui portent le fruit : les arbres foibles exigent qu'on leur ôte plus de fruits que les arbres forts & vigoureux, puifqu'ils font moins en état de les alimenter. Il en eft de même des branches qui font foibles qu'on doit plus dépouiller de fruits que les autres par la même raifon ; car les branches furchargées de fruits, deviennent tellement affoiblies de ce fardeau qu'elles fe trouvent fouvent hors d'état de foutenir la moindre inclémence de la faifon. Les *péchers* & les *nectarines* ou *abricotiers* à *pavies* & à *brugnons*, dont les fruits ne proviennent que des rejettons de l'année précédente, exigent qu'on ne laiffe fur chaque branche, même forte & vigoureufe, que deux ou trois fruits ; & fi la branche eft foible, il faut abfolument n'en laiffer qu'un feul.

Examinez préfentement vos *vignes* en efpalier avec foin, arrêtez les bourgeons porte-fruits au fecond ou au troifieme joint au deffous du fruit, & conduifez ou élevez vos branches le long du mur dans un ordre régulier. Mais les rejettons que vous avez défignés pour vous donner du fruit l'année prochaine, ne doivent être liés & arrêtés que vers la fin du mois fuivant, ou au commencement de Juillet ; car quand ils font arrêtés trop-tôt, les bourgeons d'en bas pouffent fouvent des rejettons foibles à leur grand préjudice. Arrachez-en même temps toutes les branches foibles & traînantes tout près de l'endroit qui leur a donné naiffance, car fi vous fouffrez que ces rejettons reftent en place, ils occafionneront une grande confufion de branches, dont le fruit fouffrira beaucoup par fon retardement à mûrir ; & les rejettons deftinés à porter l'année fuivante, en feront grandement affoiblis. Si vous obfervez bien ceci, vous ne vous trouverez jamais dans la néceffité de dépouiller de leurs feuilles les rejettons, afin de donner de l'air & du foleil au fruit, ainfi que le pratiquent fouvent quelques Jardiniers peu inftruits, au grand détriment des branches & du fruit ; car le fruit demande toujours d'avoir quelques feuilles pour lui fervir de bouclier, fans quoi le foleil & l'air ne feroient que l'endurcir & retarder fon développement au lieu de l'accélerer. Les jeunes branches demandent également le foutien de leurs feuilles pour afpirer & refpirer, & pour fe débarraffer d'une humidité fuperflue.

Quand le tems eft humide, vous devez porter tous vos foins à faire la recherche des limaçons, fur-tout le foir & le matin, ou après une légere ondée de pluie chaude. C'eft alors que ces reptiles quittent les trous de murailles derriere les arbres, & autres places de retraite, pour venir ravager ;
Mai.

& c'eft alors que vous pouvez les prendre aifément. Cette vermine eft l'ennemie née des plus beaux fruits, fur-tout des pêches, des nectarines, & des abricots.

Si le tems eft fec, n'oubliez pas de rafraichir avec de l'eau, les arbres que vous avez plantés en dernier lieu ; il faudroit auffi en afperger toutes leurs branches, afin de diffiper & faire difparoître les faletés & l'ordure que les feuilles pourroient avoir contractées. Par-là vous ouvrirez les pores des jeunes branches qui font prefque toujours fermés dans un tems fort fec ; ce qui fait beaucoup fouffrir les arbres. Quand on ne fait que donner de l'eau à la racine, l'eau eft peu capable d'apporter un grand fecours aux arbres qui fouffrent ainfi ; & voilà pourquoi la pluie fait de plus grands effets que l'arrofement. Au refte, on ne doit jamais arrofer que le foir, après que la chaleur du jour eft paffée, afin que l'eau puiffe avoir le tems de s'infinuer jufqu'aux racines, & que l'humidité fe dégage des feuilles au foleil levant. Quand les arrofemens fe font le matin, & que les rayons du foleil tombent fur les arbres immédiatement après, les feuilles en reftent fouvent écaillées. D'ailleurs, les gouttes d'eau éparfes fur la furface des feuilles, font fphériques, & forment un foyer où les rayons du foleil viennent fe réunir : ce qui donne au feu plus d'activité pour nuire aux feuilles & aux fruits.

Tenez vos bordures autour des arbres à fruits, propres,

nettes, & purgées de toutes mauvaises herbes, ainsi que des plantes fortes auxquelles il faut une nourriture abondante ; ce qui épuiseroit bientôt la fécondité du sol aux dépens de vos arbres. Le même travail doit avoir lieu dans la Pépiniere, & pour les mêmes raisons.

Vers le milieu du mois, examinez vos vignes de pleine terre ; coupez toutes les branches pendantes, & arrêtez celles qui portent du fruit. C'est à présent que vos ceps doivent être soigneusement échalassés, afin d'empêcher le vent de les briser ou de les renverser. Les montans qui ne doivent donner du fruit que l'année prochaine, doivent être élevés droits comme les échalas ; mais ne les arrosez que vers la fin du mois suivant ou au commencement de Juillet, pour les raisons que j'ai dites précédemment en parlant de la vigne en espalier.

Observez aussi de sarcler la terre de votre *vigne* & de la préserver des herbes sauvages, en ne souffrant jamais qu'aucune plante quelconque établisse son domicile dans les intervalles ; car rien n'est plus préjudiciable à la vigne que le séjour des plantes sauvages & des mauvaises herbes.

La *vigne* & les arbres fruitiers qui sont contre les murs dans une situation chaude, demandent à présent que vous leur donniez une grande portion d'air chaque fois que le tems le permettra ; autrement les branches deviendront trop foibles & vos arbres en dureront moins long-tems. Les *abricotiers*, les *péchers*,

& autres fruits à noyaux qui sont contre ces murs, doivent être fréquemment arrosés ; car comme ces arbres, ainsi que les bordures dans lesquelles ils sont plantés, sont à l'abri de la pluie par les bords du toit, ils ne peuvent en profiter, & il faut suppléer à ce besoin par des arrosemens, & ne pas manquer de jetter, vers le soir, de l'eau sur les branches, pour les raisons que j'ai données plus haut.

Vers la fin du mois ôtez la terre grasse aux arbres greffés dans le Printems, & dégagez-les de leur bandage ; autrement (si vous le faites plutôt) ils risqueroient d'être brisés par la violence des vents dans les tems d'orages.

Fruits qui durent encore, & fruits nouveaux.

POIRES : L'Amozelle ou la poire verte du *Lord-Cheyne*, poire de garde de Parkinson ; (*Parkenson's-Warden*) & pour cuire ou pour confire, le Cadillac.

POMMES : Roussette d'or, renette dure, Pomme-Jean ou de St. Jean, roussette d'hiver, pomme-d'api, le pignon de chêne, (*oaken-pin*) roussette de Pise, & quelquefois la nompareille lorsqu'on en a pris soin.

CERISES : Cerises de Mai, cerises de Mai-Duc (*Mag-Duke*) ; & dans les sols en situation chaude, quelques fraises rouges ; vers la fin du mois, dans les lieux exposés à la chaleur, de grosses groseilles & des *corinthes* ou de petites gro-seilles feilles vertes pour tartes & pour compottes ; & fous *chaffis forçant*, des abricots mâles, des pêches-mufcades, des cerifes, des fraifes, & quelques autres fruits printaniers.

Ouvrage à faire dans la pépiniere.

Houez foigneufement la terre qui eft entre vos jeunes plants ; car rien ne fauroit être pour eux plus nuifible que de fouffrir les mauvaifes herbes & autres plantes pernicieufes dans leur voifinage. Elles leur dérobent la nourriture ; & fi malheureufement vous laiffez ces herbes fe fortifier & s'accroître, il vous en coûtera des peines infinies pour les déraciner & les extirper dans la fuite. Gardez-vous bien de planter aucune herbe potagere dans l'intervalle des rayons, ainfi que le pratiquent quelques perfonnes ignorantes & trop avides de gain ; car ces plantes attireroient à elles toute la nourriture, & vos arbres s'en reffentiroient par une grande foibleffe.

Attendez le milieu du mois pour examiner vos greffes, pour ôter l'argile, & en arracher les bandages ; autrement la greffe pourroit recevoir du dommage dans le tronc, & feroit en danger d'être brifée par le vent. S'il fe trouve des rejettons au-deffous de la greffe dans le tronc, arrachez-les, afin qu'ils ne dérobent pas à la greffe une portion de fes alimens. Examinez auffi les arbres greffés en approche ou par boutures, dans la derniere faifon ; & quand

vous verrez des feuilles recoquillées & infectées de vermine, arrachez-les, autrement elles gâteront le rejetton droit ou érigé. S'il y avoit auffi quelques jets de produits au-deffous du bouton ou de la bouture, il ne faudroit pas manquer de les arracher promptement ; & j'en ai dit la raifon plus haut.

Lorfque vos boutons ou vos greffes en approche ont pouffé de vigoureux rejettons, il feroit à propos de les foutenir avec des petits bâtons, fans quoi ils feroient en danger d'être caffés, brifés, & jettés hors du tronc par des vents violents, fur-tout ceux dont la fituation eft expofée & à découvert.

Vos couches de graines de jeunes plants doivent être foigneufement purgées de toutes mauvaifes herbes, & fréquemment arrofées dans les tems fecs, autrement elles refteront toujours petites & ne feront aucun progrès dans cette faifon. Rafraîchiffez fouvent, avec de l'eau, vos jeunes plants de *cedre*, *pin*, *fapin*, *cyprès*, *laurier*, *arboufier*, *genevrier*, *houx*, &c. Ne leur en donnez pas beaucoup à la fois, mais peu & fouvent. Il faut auffi, vers le milieu du jour, les garantir du foleil, car fi tandis qu'ils font jeunes ils demeurent trop longtems expofés à fes rayons, ils refteront deffechés & périront. Les vents fecs du printems ne leur font pas moins funeftes, & produifent fouvent la deftruction d'un grand nombre de plantes en portant l'aridité dans les tiges.

Plantez à préfent des marcottes de *berceau de Vierge* (*Virgin's bower*) ou clématite double & fimple , & autres plantes grimpantes , car la plupart de ces plantes ne jettent point de racines fi elles proviennent de vieux rejettons , noués , cordés , & convertis en bois. Mais fi vous mettez en terre dans le courant de ce mois ou au commencement de l'autre , de jeunes marcottes nées dans la même année , elles prendront parfaitement bien racine. Vous pouvez enfouir aufli des *alaternes* , des *phillyrea* , & quelques autres arbres toujours verds qui prennent également beaucoup mieux racine , lorfqu'ils proviennent de jeunes marcottes , que lorfqu'ils font nés de vieilles branches.

Si ce mois devenoit fort fec , arrofez les arbres toujours verds & autres jeunes nourriffons que vous avez replantés le mois dernier ; autrement ils fouffriront beaucoup en fupportant la chaleur. Mais faites ce travail avec précaution , car beaucoup de gens ont détruit cette génération en arrofant trop en plein. Renouvellez aufli le vieux chaume ou le fumier de feuilles (*Mulch*) autour de vos arbres , pour empêcher le foleil & les vents de les déchauffer , & de rendre la terre aride & ftérile.

Ouvrage à faire dans le Jardin à fleurs.

Au commencement de ce mois , tirez de terre les racines de *jacinthe* dont vous avez fait choix , & dont les fleurs font *Mai.*

paffées , & couchez-les horifontalement dans un lit de terre pour les faire mûrir , en laiffant les feuilles & les tiges hors de terre pour fe deffécher & périr. Vous fuivrez à cet égard les enfeignemens donnés dans le *Dictionnaire du Jardinier* , à l'article *Hyacinthus.*

Mettez à l'abri du foleil vos *tulipes* choifies , *renoncules* , *anémones* , & autres fleurs curieufes actuellement en fleurs , pendant la chaleur du jour. En les dérobant aux rayons du foleil , elles confervéront plus long tems leur beauté & leur fraîcheur.

Tirez aufli de terre vos racines de *faffran* & des autres fortes de *crocus* d'Automne , ainfi que *colchicum* , *amarillis* d'Automne , *hæmanthes* , *cyclamen de Perfe* , & *pancratium* , dont les feuilles font actuellement mortes ou jauniffantes. Etendez les fur des nattes ou des paillaffons à l'ombre , pour fécher ; après quoi vous pouvez en renfermer quelques-unes dans des facs jufqu'à Juillet qui vous offrira un tems propre à les replanter. Mais les cyclamens de Perfe ne doivent pas fe garder long-tems hors de terre : quant aux autres racines , mettez-les à l'abri de l'avidité des rats & des fouris , ou ils vous le détruiront.

C'eft encore ici une bonne faifon pour tranfplanter les fleurs à racines bulbeufes & tubéreufes qui fleuriffent en Automne , comme : *cyclamen d'Automne* ou *pain de pourceau* , *hyacinthe* d'Automne étoilé , &c , pourvu que les feuilles soient absolument mortes ; autrement il seroit à propos de différer ; mais les racines ne doivent jamais se tenir longtems hors de terre.

Nettoyez les bordures & les plates-bandes de votre parterre ; sarclez continuellement & ne souffrez pas que les mauvaises herbes s'y établissent dans cette saison , car vous trouveriez dans la suite trop de difficultés les détruire.

Vers le milieu du mois , si la saison est favorable , plantez pour rester à demeure les fleurs annuelles de la dure espece , comme : *merveille du Pérou , le Grand-Seigneur , aster de la Chine , l'aimable rezeda* appellée *mignonette d'Egypte , soucis de France & d'Afrique , balzamine* femelle commune , *capsicum , brun-joli* ou *l'œuf-plante* [*brown jolly or egg-plant*] ou *solanum oviserum* ou *l'aubergine ovifere, zinnia, pomme épineuse* ou *l'endormie , datura , œillet de la Chine* double , *amaranthes à pointes* [*spiked*] , & plusieurs autres sortes. Si vous les disposez avec art , elles vous offriront un agréable coup d'œil , lorsque les beautés du printems seront évanouies. Mais il faut , avant de les sortir de la couche chaude , les accoutumer au grand air & les endurcir.

Semez de la graine de fleurs annuelles bâtardes , dans les sentiers de vos plates-bandes , pour y rester à demeure , comme : *touffe de Candie , miroir de Vénus , nombril de Vénus , violier des Dames* ou *roquette , lychnis-nain , attrape-mouches de Lobel , convolvulus minor ,* la *limace* & la *chenille. Mai.*

plantes , avec plusieurs autres. Celles-ci succéderont à celles semées le mois précédent , & vos bordures seront embellies pendant toute la saison. Plantez aussi quelques especes de lupins , *de pois de senteur ,* de *pois de Tanger ,* de graines de *nasturtium indicum , convolvulus major ,* & autres plantes annuelles grimpantes. Plantez les dans des endroits où elles puissent avoir assez d'espace pour s'étendre & se développer ; alors elles y fleuriront avec éclat , & vous jouirez de leur beauté pendant l'Automne toute entiere.

Transplantez les fleurs *bienniales & perenniales* ou bisannuelles & vivaces , que vous aviez semées en Mars dans la pépiniere à fleurs. Supposé qu'elles soient en état de souffrir le transport , faites-leur , dans la même pépiniere , des lits d'une terre fraîche , où vous les laisserez couchées jusqu'à la fin de Septembre ou au commencement d'Octobre , tems auquel vous les porterez dans les bordures de votre Parterre pour en faire l'ornement. Telles sont : *campanule de Cantorbery , chevre-feuilles de France , œillet de Poète , œillets , colomb.nes* ou *ancholies , gant de renard* (*fox glove*) ou *digitale , valérienne de Grece , mauve tremiere* ou *mauve-rose ,* ainsi que plusieurs autres.

Liez les tiges ou *fuseaux* de vos *œillets carnés ,* & retranchez de tous côtés les boutons qui les entourent ; car si vous leur permettez de prendre de l'accroissement , ils déroberont les alimens destinés à la fleur principale. Mettez aussi de petites baguettes à toutes vos plantes qui sont sur le point de fleurir, afin que les tiges puissent se soutenir & résister à la violence des vents.

Si dans ce mois les tiges de jeunes fleurs de différentes sortes de *lychnidea*, de l'*aster* tardif ou de l'*aster* à feuilles étroites, & du double *lychnis* écarlate, sont *coupées* & plantées dans des bordures à l'ombre, elles prendront racine parfaitement bien ; & cette maniere de les planter est la meilleure pour la propagation de plusieurs de ces fleurs *perenniales* ou vivaces. Les *coupures* ou boutures de l'aster donneront de bonnes plantes, & produiront déjà des fleurs dans l'Automne suivante.

Faites une nouvelle couche chaude pour *amaranthes*, *balsamines* à doubles raies, & autres tendres fleurs exotiques annuelles ; faites-les passer dans des pots plus larges remplis d'une bonne terre, & plongez-les ensuite dans la couche chaude, en observant de mettre de la terre dans les interstices. Si vous en avez soin dans cette saison, vos fleurs deviendront grandes, fortes & belles, & vous en obtiendrez d'excellente graine.

Les *auricules* dont les fleurs sont actuellement passées, demandent d'être mises à l'écart & à l'ombre, non pas à l'ombre des arbres qui les feroit pourrir, mais à l'ombre des batimens, où elles resteront exposées en plein air, & jusqu'à ce que la chaleur de l'Eté soit passée.

Mai.

Prenez un tems humide pour transplanter vos *giroflées*, *violiers*, *violiers de muraille*, *œillets à graines*, *œillets carnés*, & autres fleurs à graine, à racine fibreuse, annuelles & vivaces ; & pour semer quelques graines de violiers annuels à fleurs écarlates & pourprées. Ces fleurs produiront, à la vérité, des plants plus courts & plus petits, mais qui sauront endurer le froid de l'hiver suivant, beaucoup mieux que les plants venus de bonne-heure & qui sont plus hauts & plus grands.

Vers la fin du mois, vous pouvez vous pourvoir de racines de tulipes tardives dont les feuilles sont mortes, ainsi que de celles de *crocus* printanier, de *perce neige* (*snowdrops*), & de quelques *anemones* hâtives, si leurs feuilles sont mortes, ou décrépites. Mais il ne faut pas que vous laissiez long-tems en terre ces racines dont vous comptez faire provision, à moins qu'elles n'eussent jetté de nouvelles fibres.

Plantez quelques racines de tubéreuses dans une couche modérément chaude, pour succéder à celles plantées en Mars & en Avril. Par-là vous vous ménagerez une succession non interrompue de cette belle fleur odorante, jusqu'à la fin d'Octobre.

Vos caisses & vos pots d'*Iris* à graine, de *narcisses*, de *tulipes*, & autres fleurs à racines bulbeuses, doivent être mis à l'ombre depuis le commencement de ce mois, supposé que vous ne l'ayiez pas fait en Avril, pour y rester jusqu'à l'automne, rien n'étant plus dangéreux pour ces jeunes racines, que d'être expofées à la violence du foleil d'été, fur-tout quand elles font en pots ou en caifles. Celles qui font dans des couches, demandent également d'avoir des paillaffons pour les mettre à l'abri de la chaleur du jour.

Sur la fin de ce mois, les feuilles de vos *lys de Guernfey* tomberont en décrépitude ; & c'eft alors que vous devez tranfplanter les racines : ce que vous pouvez faire dans cette faifon en toute fûreté, car on peut, fans rien craindre, les tenir hors de terre pendant deux mois.

C'eft à préfent que vous devez tranfplanter vos jeunes plants de fleurs telles que : *fcabieufe*, *aimable Sultan*, *œillet d'Inde*, *chryfantheme*, *œil de bœuf* ou *buphthalme*, *charmante-réfeda* ou *mignonette a'Egypte*, & *perficaire Oriental*, dans les planches ou dans les bordures de votre parterre, qu'elles embelliront en produifant un magnifique afpect, & en répandant une odeur qui s'étend au loin lorfqu'elles font en fleur. Mais ceci ne doit fe faire que dans un tems humide, & il faut que ces jeunes plantes foient à l'ombre jufqu'à ce qu'elles aient pris racine.

Placez vos pots d'*œillets-carnés* choifis dans les endroits où vous les deftinez à fleurir, afin de les garantir de la vermine qui, fans cela, les infefteroit, & placez-les de telle maniere qu'ils ne puiffent être renver-

Mai.

fes & qu'ils ne courent aucun danger.

Fauchez & roulez vos allées de gazon & vos tapis de verdure dans le Jardin de plaifance, autrement l'herbe deviendra trop abondante & défagréable à la vue. Si vous trouvez des *marguerites* ou *pâquerettes*, du *plantin*, & autres femences mêlées avec le gazon, arrachez-les, fans quoi ces graines mûriront, s'étendront, multiplieront l'efpece, dépafferont votre gazon, & rendront la verdure moins agréable.

Tenez vos allées de fable & de gravier, propres, nettes, épierrées, car la moindre négligence à cet égard dans cette faifon, eft fuivie de grandes peines pour l'avenir ; & il vous faudroit plus de deux ou trois ans pour les remettre en bon état.

Plantes actuellement en fleurs.

Tulipe tardive, anemones, renoncules, œillets de différentes fortes, afphodel blanc & jaune, lys des vallées ou muguet, pâquerette ou marguerite des prés, quelques efpeces de chryfantheme, ftatice ou l'herbe à fept têtes, valérienne de jardin rouge & blanche, *cyanus major* ou grande centaurée, thalictron ou rue des prés de plufieurs fortes, fauge, romarin, blattaire ou bouillon-blanc, attrape-mouche double, véronique de trois ou quatre genres, pavot d'Arménie vivace, lys ardent (*fiery-lily*), pivoines ou péones de plufieurs fortes (*pionies*), colombine ou ancholie , aconite à pointes , fraxinelle à fleurs rouges & blanches , ail ou moly jaune , moly d'Homere , violiers , violiers de muraille ou violette de St. George , orobe à feuilles de vesce , tragacanthe , doronique ou pêt de léopard (1) , sceau de Salomon, lys asphodel jaune , bistorte , rhapontique (*rhapontic*) ou vraie rhubarbe , mantelet des Dames ou *alchemilla* , iris tubéreuse , violier-nain annuel , hyacinthe à plumes (*feathered*) , helleborine ou pantoufle des Dames (*ladies-slipper*) , pavot de Galles (*welsh-poppy*), œil d'oiseau ou adonis , violette jaune , orchis , pensées , narcisse double blanc , pulsatille , roquette double, glayeul ou gladiole , jacinthe d'Angleterre ou campanule à filamens (*hair-bells*) , *hyacinthus non descriptus* , martagon de Pomponne jaune , deux ou trois sortes d'hyacinthe-étoilé , *muscaris* ou grape de jacinthe bleue, iris bulbeuse , diverses sortes d'iris à feuilles de flambe ou de glayeu , *tradescantia* ou herbe à l'araignée de Virginie, herbe à l'araignée de Savoie, pervenche double pourprée & d'un gros bleu , campanule à feuilles de pêchers & à feuilles d'orties , aigremoine , aristoloche , *asarabacca* , pied de chat,

noli metangere , grande gentiane, cérinthe ou mélinet , nombril de Vénus ou cotyledon , pulmonaire marqueté (*spotted*), *hedysarum - clypeatum* à fleurs rouges & blanches , *lychnidea Virginiana* , valérienne de Grece à fleurs blanches & bleues , renoncule blanche double des montagnes , double Robin en lambeaux , matricaire double, digitale de deux ou trois sortes, *buphthalmum* , othonne de mer (*doria*) ou herbe à chiffons, saxifrage double , chemise des Dames ou cardamine double , bouillon-blanc à feuilles de bourrache , lin de crapaux ou linaire d'Espagne , épurge ou tithymale de plusieurs sortes, renoncules à feuilles de gramen ou de chien-dent (*grassleaved*) , la modeste ou la fleur satinée (*honesty or sattin-flower*) ou lunaire , grande véronique, buglose orientale jaune , buglose de jardins , *onobrychis* , scabieuse , *antirrhinum* ou mufle de veau , véronique d'Orient avec de belles fleurs coupées , globulaire , ornithogale-nain bleu , adonis perennial ou vivace , omphalode vivace , lamier de Portugal à larges fleurs, bourrache de Constantinople , *Claytonia* ou la Clayton , *arum* d'Italie , alisson jaune de Crete, grande Benoite jaune ou herbe de St. Benoît ou *Geum* , choux de mer , pied de corneille (*crow-foot*) ou renoncule, adonis vivace à feuilles rouges & jaunes , *asarina* ou asarum bâtard, *Meadia* ou la plante de Mead ou auricule de Virginie , *Dodartia* ou la plante de Dodart , vulnéraire , campanules

___

(1) *Pêt de léopard* est ici pour *pêste de léopard* , ainsi qu'en Anglois *leopard's-banc*. *Pardalianches* signifie *quod pardum enecat* ; le *pardalianche* ou *doronic* , ne fait pas sur le léopard le même effet que produit sur l'âne l'*onopordum* ou pêt-d'âne.

Mai.

ou clochettes de différentes couleurs , *caryophillus* ou l'œillet-natté (*matted-pink*), œillet de mer , *androface* ou *androfcemum* , avec quelques autres moins dignes d'être remarquées.

'Arbres & arbriffeaux de la dure efpece ou de pleine terre actuellement en fleurs.

Phlomis ou fauge de Jérufalem de deux ou trois fortes , jafmin jaune , féné de fcorpion , féné d'Orient à fleurs fanguines , lilas de différentes fortes , chèvre-feuilles d'Italie printaniers blancs & communs , rofe de Gueldre , épine - blanche , frêne à fleurs , faux-piftachier , *cinnamon-rofe* , rofe du mois ou rofe de tous les mois , rofe de Damas , rofe à feuilles de pimprenelle , rofe d'Ecoffe , rofier à pommes (*apple-bearing-rofe*) , chataignier aux chevaux (*horfe-chefnut*) ou maronnier d'Inde , acacia à triple épine (*three-thorned*) , *laburnum* , *cytifus fecundus Clufii* , *celtis* ou ortie en arbre , *colutea* , amandier nain à fleurs doubles , aubépine à ergots de coq (*cockfpur-hawthorn*) , aubépine à fleurs doubles , *quinquefolium* ou quintefeuille en arbriffeau , cerifier d'oifeau (*Bird-cherry*) ou *cerafus vel prunus avium* ou mérifier , laurier de Portugal , *efculus* ou maronnier d'Inde à fleurs ecarlates , cerifier parfumé (*parfumed-cherry*) , ciftes de différentes fortes , mauve en arbre , *arbor judæ* , luzerne en arbriffeau , plantain de mer , *fpiræa falicis folio* , *fpiræa opuli folio* , *fpiræa hyperici folio* , neflier nain , amelanchier , myrte

Mai.

à chandelles , *chamælæa tricoccos* , camélée à trois coques ou capfules , épine de Chrift , piftachier , pyracanthes , romarin , fumach à feuilles de myrthe , *toxicodendron* ou frêne à poifon , forbier de Virginie à feuilles d'arboufier , forbier fauvage , *aria Theophrafti* , vrai forbier à feuilles d'érable , cerifier à fleurs doubles , *anonis* pourpre des montagnes en arbriffeau , cytife hériffé , *viburnum* , bois de chien ou cornouillier , *evonymus* ou fufain , troëne , épine noire , plane ou platane , érable commun de Montpellier à feuilles de frêne , frêne à fleurs , coronille de Crête , genêt commun ou *genifta coparia* , *luteola* ou graine de teinturier en arbriffeau , *Robinia* de Tartarie appellée *Caragana* , *Bafteria* , *Diervilla* , clématites de deux ou trois fortes , annone d'Amérique de la dure efpece , bouton en arbre (*button-tree*) , pishamine ou perfimon ou *diofpyros* , cytife-nain de Tartarie , *ftæchas* pourpré , ávec quelques autres.

Plantes médicinales dont on peut à préfent faire ufage.

Branche-urfine ou acanthe , ozeille , ozeille des bois , mantelet des Dames , lys des vallées , pimprenelle , *becabunga* ou véronique aquatique , creffon de fontaine , lierre - rampant , *anonis* , fleurs de romarin , ortie-morte , *archangel* , herbe aux oies ou grateron , fumetere , Colombine , herbe à Paris , tanéfie fauvage ou graine d'argent (*filver-weed*) , *fedum* ou joubarbe , *afperula* ou hépatique des bois ,

feuilles de Mandragore, marguerite, oreille de fouris, dent de
lion, bétoine, feneçon mercuriale, langue de ferpent, bourrache,
buglofe, bugle, *ifatis* ou paftel
(1), feuilles de peuplier, bourfe
du berger, chemife des Dames,
fleurs de Peone, *geum* ou Benoite, herbe au fcorbut ou
cochlearia, chervis, confoude,
plantain, chardon à foulon,
nombril de Vénus, prêle ou
queue de cheval, herbe en croix
ou *valantia*, grande centaurée,
geranium-mufcatum, fleurs de fèves, pimprenelle, pulmonaire
marquetée (*fpotted*).

Ouvrage à faire dans les Serres.

Vers le milieu ou la fin du
mois, fi le tems eft ftable &
que les nuits foient chaudes,
fortez vos orangers, & prenez, s'il eft poffible, le moment d'une douce pluie qui la-
vera la furface des feuilles &
les rafraîchira. Il faut auffi,
fuppofé que vous ne l'ayiez pas
fait auparavant, changer la
terre du deffus de vos pots &
de vos caiffes, & en mettre
de nouvelle, la meilleure que
vous pourrez trouver. Rien ne
fera plus propre à vous procurer une abondance de fleurs,
& à vous donner des rejettons (*shoots*) forts & vigoureux. Si vous aviez oublié de
nettoyer les tiges dans le mois
précédent, ce feroit à préfent le
moment de le faire; au refte,
ceci ne regarde que les orangers
que vous n'avez pas changés
de caiffes cette année.

C'eft à préfent le tems de
greffer en approche, *orangers*,
jafmins, *grenadiers*, & autres
tendres arbres exotiques.. Prenez foin de les mettre à l'abri
des vents, de crainte que vos
rejettons ou boutures ne foient
brifés ou emportés, fuppofé
qu'ils fuffent trop expofés.

Plantez à préfent des mar-
cottes de *grenadier*, *jafmin*, *fleurs
de la Paffion*, *capriers*, & autres
tendres arbriffeaux, en obfervant de les couvrir d'un fumier
de feuilles ou de vieux chaume
(*mulch*), & de leur fournir de
l'eau, peu à la fois, mais fouvent, afin de leur donner la
force de prendre promptement
racine.

Vers le milieu du jour, fi
le tems eft chaud, vous ferez
bien d'ouvrir les fenêtres de la
Serre chaude, & de laiffer refpirer l'air à vos plantes exotiques choifies, que vous tenez
fur couches; & que l'air que
vous leur donnerez foit toujours
proportionnel en quantité, à la
chaleur de la faifon. Changez
auffi celles de vos plantes exotiques qui demandent à paffer
dans un autre lieu; faites-les
paffer dans des pots plus larges,
donnez-leur une terre fraîche,
& replongez-les enfuite dans la
couche chaude, en obfervant
de tenir les vitres fermées jufqu'à ce qu'elles aient pris racine.

Sur la fin du mois, plantez
des *coupures* ou des racines éclatées de *mefembryanthemes*, *fe-
dums*, *cotyledons*, *cierges*, *euphorbes* & autres plantes fucculentes;
mettez-les, avant de les planter,
dans un endroit fec & à l'ombre,
bre, pendant huit ou quinze

---

(1) Ou glaftel de *Glaftum*.
Mai.

jours, fuivant que ces plantes font plus ou moins fucculentes, afin que la partie bleſſée ait le tems de recouvrer fes forces, autrement ces boutures ou racines diviſées pourroient contracter de la pourriture. Quand vous les aurez plantées, placez celles qui proviennent de la dure eſpece, c'eſt-à-dire, qui font de pleine terre, dans un lieu à l'ombre pendant quinze jours ou plus. Mais celles qui font d'une nature tendre, doivent être miſes dans des pots que vous enfoncerez dans une couche chaude d'écorce de tanneurs, en obſervant de couvrir les verres pendant la chaleur du jour, & de les rafraîchir au beſoin. Vous pourriez planter auſſi celles de la dure eſpece dans une couche de terre légere, où elles prendront librement racine, ſi vous avez ſoin de les couvrir de nattes ou de paillaſſons.

Nettoyez les feuilles de vos aloès & autres plantes exotiques de la tendre eſpece ou de Serre chaude ; purifiez-les de toute ordure & de toute ſaleté qu'elles pourroient avoir ramaſſées dans la Serre pendant l'hiver. Coupez & retranchez toutes les feuilles mortes, car les bleſſures faites aux plantes dans cette ſaiſon ſe guériſſent promptement.

C'eſt encore un tems très-propre à trancher les têtes de ceux de vos aloès dont la tige prend trop d'embonpoint & ne pouſſe aucune branche ou aucun rejetton (*off-sets*) ; enſorte qu'il n'exiſte d'autre méthode pour les multiplier, qu'en les plantant de têtes & non de dra-

Mai.

geons ou de boutures, & pour forcer la tige à donner un ou deux nouveaux rejettons (*a fresh-shoot or two*). Mais obſervez de laiſſer trois ou quatre feuilles ſur le tronc, afin d'attirer la ſéve ; autrement vous verrez dépérir la tige ſans avoir produit une nouvelle tête. Vous devez auſſi les tenir fermés dans la ſerre, & ne jamais les expoſer à l'humidité de l'air, juſqu'à-ce que les bleſſures ſoient parfaitement guéries. Alors vous les plongerez dans une couche modérément chaude, afin de faciliter la pouſſe des rejettons.

Tournez & retournez vos mêlanges d'engrais, pour empêcher les mauvaiſes herbes d'y établir leur domicile ; plus vous les remuerez, plus ils ſeront mélangés & adoucis pour le ſervice.

Sortez toutes vos plantes exotiques de la dure eſpeçe ou de pleine terre, comme : *ciſtes, geraniums, phylica, célaſtre* ou *arbre à bâtons, oʒeille arboreſcente, arbre d'ambre, arctotides, hermania, jaſmin jaune d'Eſpagne* & des *Indes, polygala fruteſcens* ou *polygale* en arbuſte, *hypericum* de Minorque, *fabago, rhus* ou *ſumach, oléandres, ſcabieuſe* d'Afrique, *phlomus, cyclamen* printanier, *lentiſque*, ainſi que pluſieurs autres, leſquelles ſupporteront parfaitement bien le grand air. Mais obſervez de les tenir à l'ombre pendant près de quinze jours ; car ſi immédiatement après leur ſortie, elles reſtoient expoſées à un ſoleil plein, les feuilles prendroient une teinte de brun & deviendroient moins agréables à la vue.

Les plantes exotiques que vous devez tenir un peu plus long-tems renfermées dans la Serre, demandent cependant à présent que vous les exposiez au dehors sous les fenêtres, afin qu'elles puissent jouir d'une grande portion d'air frais, sur-tout si la saison est chaude ; autrement elles deviendroient foibles, & prendroient une couleur pâle & qui annonceroit de la langueur. S'il arrivoit qu'elles eussent trop de foiblesse & qu'elles ne pussent soutenir les rayons du soleil & de la chaleur du jour, mettez alors des couvertures à vos vitres, & ne les exposez au soleil que lorsqu'elles auront acquis de nouvelles forces. Observez aussi de nettoyer leurs branches & leurs feuilles, & d'en ôter les insectes dont elles ne manquent pas d'être infestées dans la Serre, sur-tout si vos plants sont serrés & trop près l'un de l'autre. Faites ce travail à tems, & pressez-vous de laver les branches & les feuilles, sans quoi cette vermine causera un grand préjudice à vos plants, sur-tout à l'arbre à café actuellement en fleurs, & souvent attaqué par cette petite vermine qui ressemble à de la poussiere attachée aux feuilles. Nettoyez-les, & les lavez promptement, sans quoi ces nombreux insectes étendront bientôt leur génération sur toutes vos plantes.

Si la saison avoit de la fraîcheur, & que vos couches chaudes où reposent vos ananas fussent rallenties, donnez-leur un *réchaud*, remuez bien le tan, & ajoutez-y de nouvelle écorce,

Mai.

afin d'augmenter la chaleur & d'avancer le fruit. Vous rendrez aussi un grand service à vos jeunes plants destinés à porter seulement l'année suivante; car si la chaleur de vos couches de tan est convenablement entretenue pendant l'Eté, & que vous les fassiez jouir d'une portion d'air suffisante, ils deviendront forts & vigoureux, & vous produiront de beaux fruits. Changez en même - tems celles de ces plantes que vous réservez pour fruit dans l'année prochaine, & faites - les passer, supposé que vous ne l'ayiez pas fait le mois dernier, dans des pots plus larges, afin de donner aux racines de l'espace pour s'étendre. Mais prenez garde que les pots ne soient trop larges, car vous nuiriez à leur développement.

Plantes à présent en fleurs dans la Serre verte ou Serre d'orangerie, & dans la Serre chaude.

Geranium de diverses sortes, *teucrium* d'Espagne à larges feuilles, le même à feuilles étroites, arctotides de plusieurs sortes, othonne à feuilles grisonnées & divisées (*with hoary divided leaves*) chrysantheme des Canaries, *hermania* de plusieurs sortes, *elichrysum*, genêt des Canaries, ciste laudanifere, jasmin à feuilles de houx (*ilex-leaved*), héliotrope, *scorodoniæ folio* à feuilles de sauge des bois, polygale d'Afrique, calle d'Ethiopie à fleurs blanches, *convolvulus* des Canaries, ficoïdes de plusieurs sortes, asphodel d'Afrique à larges feuilles, scabieufe en arbre d'Afrique, fauge d'Afrique en arbriffeau à fleurs bleues & gris de fer, *Iatropa* ou caffave à feuilles multifides (*with multifid leaves*), & une autre à feuilles de l'herbe aux poux, *lotus argentea Cretica*, ou *Turnera* ou la *Turner* avec des tiges en arbriffeau, une autre à feuilles d'orme, une autre avec des feuilles à petits points (*narrow-pointed leaves*), amaryllis, *crinum*, *pancratium*, jujubier, myrthes, *Royenia*, *myrfine*, *convolvulus* érigé & argenté (*upright filvery*) ou le liferon de *Tournefort*, Bafelle ou morelle de Malabar, jafmin d'Arabie, figuier des Indes, rofeau fleuri des Indes, *Bauhinia* ou la *Bauhin*, acacia, *apocynum*, *phlomis*, melianthe de deux fortes, *Watfonia*, *ixia*, *cunonia*, *fisyrinchium*, arbre de corail de deux ou trois fortes, *Malpighia*, *papaya*, *caffia*, canne ou rofeau-muet (*Dumbcane*), *Rauvolfia*, helleborine d'Amérique pourprée, *Kempferia*, *Waltheria*, *ceftrum*, *lycium* de plufieurs fortes, célaftre, *clutia*, petit cierge rampant, antholize, *Diofma* de trois ou quatre fortes, euphorbe, *hæmanthus* à tiges marquetées, arbre à café, *melocactus minor*, *piercea*, *anthericum-nain* jaune, *craffula*, gant de renard ou digitale d'Afrique en arbriffeau, fleurs de la paffion, *folanum* de plufieurs fortes, foucis d'Afrique de deux fortes, touffe de Candie en arbre, *atraphaxis*, ariftoloche grimpante toujours verte, abfynthe en arbre, *Kiggelaria*, *cotyledon*, *fabago*, *pforalea* de trois genres, *lotus* à fleurs noires, *arum* rampant à feuilles perforées, héliotrope du Pérou en arbriffeau, *Baflerina*, *chironia*, mauve d'Afrique en arbriffeau, after bleu du Cap de Bonne-Efpérance, orangers, limoniers, citroniers, tilleuls, & quelques fortes d'aloès.

JUIN.

Ouvrage à faire dans le Potager.

AU commencement de ce mois, transplantez vos *choux*, & *choux de Savoie*, pour en fournir les tables pendant l'hiver; repiquez-les, ou en pleine terre, ou entre des rayons de féves, de choux-fleurs, & autres plantes que vous allez bientôt tirer de terre. Par-là vous leur donnerez de la place pour s'étendre & pour croître; & comme dans cette premiere tranfplantation ils feront à l'ombre des autres plantes, ils prendront racine beaucoup plutôt que s'ils reftoient expofés au foleil. En faifant régulierement fuccéder une récolte à une autre récolte, le Jardinier expert & intelligent fournira plus de végétaux dans un acre de terrein, que d'autres ne feront dans deux ou

Juin.

trois acres. Tous ceux qui con
noissent parfaitement la pratique
des Jardiniers de Londres, doivent être très-convaincus de
cette vérité.

Vos plants de *choux fleurs* femés le mois dernier pour le
service d'hiver, feront en état
d'être transplantés vers la fin du
mois. Vous les repiquerez alors
dans des planches d'une terre
riche, en observant de les mettre à l'ombre & de les couvrir jusqu'à ce qu'ils aient pris
racine. Il faut aussi les arroser
en plein, quand le tems est au
beau ; autrement ils resteront
maigres & secs, & deviendront
la proie des insectes.

Houez & sarclez vos *carottes*,
panais, *oignons*, *poireaux*, *bettes*,
& autres plantes de derniere
récolte ; car si vous souffrez
que les mauvaises herbes s'é-
tablissent dans cette saison à
leur voisinage, elles monteront
promptement en graine, & vous
causeront dans la suite beaucoup
de difficultés ; d'ailleurs, celles
de la grosse espece auront bientôt surpassé en nombre & en
fleurs vos jeunes plants, les
affoibliront & leur porteront un
grand préjudice.

Vous êtes encore à tems de
faire des boutures de *sauge*, de
romarin, *stœchas*, *lavande*, *hyssope*, *sariette* d'hiver, & autres
plantes aromatiques qui se multiplient de *pieds éclatés*, quoique
vous auriez dû le faire beaucoup plutôt, parce que ce mois
étant souvent chaud & sec, les
plantes qui ont des racines longues & tendres, sont en danger
d'avorter. Ces pieds divisés ou
éclatés doivent avoir adjointe

Juin.

une petite partie des racines de
l'année précédente ; alors vous
serez sûr qu'ils réussiront.

Repiquez sur planches vos
jeunes plants de toutes sortes
d'herbes odorantes semées en
Mars, comme : *thym*, *hyssope*,
marjolaine, &c., ainsi que : pimprenelle, orvale, ozeille, soucis, & plusieurs autres sortes,
en observant de leur donner
assez d'espace pour s'étendre ;
ce qui les rendra plus fermes
& plus vigoureuses que celles
qui auront resté dans les couches à graine. Au reste, celles ci
doivent être arrosées en plein ;
& vos herbes odorantes repiquées sur planches, doivent
être mises à l'abri du soleil
jusqu'à-ce qu'elles aient pris
racine.

Sarclez & houez la terre où
vos *choux-fleurs* de premiere récolte ou de primeur sont établis ; car ils seront tous passés
vers le milieu ou sur la fin du
mois. Si vous avez des sillons
pleins de melons & de concombres, ainsi que cela se pratique par les Jardiniers de Londres, parmi vos plants de choux-
fleurs, creusez & béchez la
terre entre les sillons, & mettez vos ceps dans un ordre régulier. Ce travail adoucira,
non seulement la terre pour
faciliter le developpement des
racines, mais encore détruira
les mauvaises herbes, & rendra
la terre plus saine pour vos
ceps de melons & de concombres ; mais en faisant ceci prenez garde de briser ou d'offenser les ceps, & choisissez,
s'il est possible, un tems humide.

Vous devez combler à présent les allées qui sont entre vos dernieres couches de *melons* ; si vous les remplissez de terre grasse ou d'argille bien mélangée avec du fumier de vache consommé, ou de vieux tan, & que le tout soit bien foulé & bien battu, vos plantes n'auront plus besoin d'être arrosées dans la suite ; car si leurs racines peuvent prendre assez de profondeur dans la terre grasse ou dans le tan, elles vous donneront une récolte de fruits plus copieuse que celles qui reposent dans des couches basses ou peu profondes, lesquelles demandent d'être sans cesse arrosées, & outre cela, leur fruit aura beaucoup plus de goût & de saveur.

Semez des *torneps* ou *navets* dans un terrein humide, & prenez le moment où il doit survenir une ondée de pluie, car l'humidité fera avancer vos plants en peu de jours ; mais si le tems est sec, la graine reste dans la terre sans végéter. Outre cela, si vos plants prennent de l'accroissement, & que le ciel continue d'être sec & chaud, les mouches se jetteront dessus & les détruiront en peu de tems. Pour prévenir ce malheur, quelques Fermiers font tremper leurs graines dans une eau fortement impregnée de nitre & de souffre.

Vous pouvez, au commencement du mois, semer quelque graine de brocolis pour seconde récolte, & du *fenouil*, pour succéder à celui semé dans le milieu du mois précédent. Cette plante, durant les chaleurs, ne

Juin.

reste pas plus de quinze jours sans monter en graine, ensorte qu'il faut en semer souvent pour suppléer aux besoins de la cuisine.

Transplantez du *céleri* dans quelques tranchées, pour blanchir, en laissant entre les plantes, dans les rayons, quatre ou cinq pouces d'intervalle, & en tenant vos tranchées éloignées l'une de l'autre de trois pieds, afin d'avoir assez d'espace pour les butter lorsqu'elles auront acquis leur développement.

Plantez vos *haricots* de derniere récolte pour succéder à ceux du mois de mai, & semez pour derniere récolte quelque *laitue* pommée commune, ainsi que de la brune de Hollande. Transplantez celles de vos laitues semées au commencement de Mai, en observant de les placer dans une situation à l'ombre, mais jamais sous des arbres, ni trop près des murailles ou de quelques bâtimens ; car cette situation leur seroit pernicieuse, elle les affoibliroit, & les empêcheroit de pommer.

Vous devez transplanter vos *endives* pour blanchir ; repiquez-les dans un endroit ouvert, mais humide, en laissant un pied de distance entre chaque rayon, afin qu'elles ne manquent pas de place pour s'étendre ; & vers la fin du mois semez quelques graines pour derniere récolte.

Continuez de semer, de trois en quatre jours, vos petites salades, telles que : *cresson*, *moutarde*, *navets*, *raves*, *radix*, &c., car dans cette saison, elles croissent promptement &

font bientôt propres au service.

Eclairciffez vos *fenouils* femés au mois précédent, & laiffez-leur affez de place pour croître & s'étendre ; autrement ils deviendront foibles, maigres, & les extrémités ne feront point remplies. Mais ceux que vous avez tirés de terre ne doivent point être tranfplantés, car rarement font ils bons à rien, étant fujets à monter en graine avant qu'ils aient pris aucune confiftance.

C'eft à préfent le tems de piquer fur couches, à trois pouces de diftance l'un de l'autre, les *brocolis* femés en Mai ; ils y prendront de la force, & deviendront propres à être repiqués fur planches dans le mois prochain ; car quand on les laiffe dans la couche à graine, ils ne prennent point d'embonpoint, & ne produifent jamais de fi belles pommes que ceux qui font courts & fermes dans leurs tiges.

Examinez les trous de vos plants de *concombres* femés pour cornichons & pour confire au vinaigre ; farclez, & éclaircif-fez-les en ne laiffant que quatre plants des plus forts & des mieux fitués dans chaque trou. En même tems buttez leurs tiges, afin de les fortifier, & arrofez, pour affermir la terre.

Plantez *pour bon* quelques *cardons*, en donnant, à chaque plant, quatre pieds d'intervalle ; autrement vous ne pourriez les butter affez haut, lorfqu'ils auront atteint le dernier degré de leur developpement.

Quand le tems eft au beau,

Juin.

profitez-en pour recueillir toutes les graines qui font mûres ; étendez-les enfuite fur des nattes, fur des paillaffons, ou fur des toiles, pour fécher. Il ne faut pas attendre qu'elles foient pouffées hors de leurs capfules ou de leurs boutons.

Cueillez des herbes pour fécher, & prenez celles qui font actuellement en fleurs, comme : *chardon bénit*, *menthe*, *lavande*, *orvalle*, *fauge*, *fleurs de foucis*, &c. ; fufpendez-les ou étendez-les fur des toiles dans un endroit fec, où elles fe fécheront doucement & petit-à-petit, ce qui les rendra plus faines & plus propres au fervice que fi vous les faifiez fécher au foleil. C'eft encore ici la faifon de diftiller la plupart des herbes qui font actuellement en fleurs ; & fi vous attendez plus tard, la diftillation ne fera pas fi bonne.

Vos plants de melons fur couches non profondes & peu fournies de terre, & qui montrent actuellement leur fruit, demandent l'ombre pendant la chaleur du jour. Si le tems eft fort chaud, donnez-leur des paillaffons, fi vous ne voulez pas que le fruit foit avorté. Ne les arrofez pas trop, car l'eau leur eft fouvent pernicieufe. La meilleure maniere eft de faire paffer l'eau dans les allées ou fentiers qui font entre les couches ; elle fe porte & s'infinue vers les racines, & leur fournit de l'humidité. Alors il n'y a point de danger que la racine tombe en pourriture, parce que l'eau ne baigne point immédiatement les racines.

Saififfez les limaçons, le matin ou le foir ou après une ondée de pluie ; c'eft alors qu'ils fortent des endroits de leur retraite, & qu'il eft très-aifé de les prendre.

Les mauvaifes herbes qui croiffent à préfent dans la plupart des Jardins font : l'*arroche fauvage*, la *morelle*, la *pomme épineufe* (*thorn-apple*), *feneçon*, *chardons* ou *laiterons*, *bourfe du berger*, *dent de lion*, *pimprenelle fauvage*, &c. Il ne faut pas fouffrir leur voifinage, car elles monteront promptement en graine, la terre fera bientôt couverte de leur génération, elles fe rendront maîtres de tous les alimens, & en priveront les plantes utiles & falutaires.

Tirez vos *poireaux* des couches où ils repofent, & repiquez-les pour refter à demeure, en obfervant de les arrofer jufqu'à ce qu'ils aient pris racine. Dans les jardins de peu d'étendue on fuit ordinairement cette coutume ; & la planche où l'on a récolté de primeur des féves & des choux-fleurs, fert à recevoir des poireaux.

Les couches de vos jeunes *afperges*, plantées en Mars, demandent à être farclées, & qu'on ne permette pas aux mauvaifes herbes d'habiter parmi elles ; car ces mauvaifes plantes ne font que les affoiblir & caufent fouvent leur deftruction. Toutes les fois qu'il arrive que de mauvaifes herbes de la grande efpece établiffent leur domicile dans une planche d'afperges, les racines des unes & des autres s'entrelacent & fe confondent tellement qu'on ne peut

Juin.

arracher les mauvaifes fans arracher les bonnes.

Productions du Jardin Potager.

Choux-fleurs en abondance, choux, jeunes carottes, féves, pois, artichaux, afperges, *turneps* ou navets, concombres, melons, féves, laitues pommées de différens genres, toutes fortes de jeunes falades, comme : chervis, creffon, moutarde, raves, radix, mâche ou doucette, pourpier, montants d'artichaux, & quelques pommes d'artichaux de primeur provenues de vieilles tiges, tanéfie, menthe, baume, & autres herbes aromatiques potageres, quelques vieux radix, &c. : quelques brins de fenouil de primeur, du perfil à grandes racines, ainfi que du céleri & des endives, fuppofé qu'elles aient été femées de bonne heure, avec quelques autres efpeces.

Toutes fortes d'herbes odorantes, comme : lavande, thym, favourée ou fariette d'hiver, hyffope, *marum*, *maftic*, *ftæchas*, &c., ainfi que : fauge, romarin, origan, pouliot, perfil, ozeille, pimprenelle, buglofe, bourrache pour boiffon rafraîchiffantes, avec plufieurs autres efpeces de plantes médicinales & potageres.

Ouvrage à faire dans le Jardin à fruit.

Commencez à inoculer vos fruits à noyaux vers la fin du mois, & pour accomplir ce travail, prenez le foir ou un jour nébuleux. La plus propre pour bouture de ces différentes ef—

peces, eſt l'abricot mâle, enſuite toutes les autres ſortes
d'*abricots*, puis les *pêches*, les
nectarines ou *pavies*, *ceriſes*, *prunes*, &c. En choiſiſſant ces diverſes bouiures, conformez-
vous au tems de la maturité
des fruits.

C'eſt à préſent que vous devez
faire la revue de tous vos arbres de paliſſade & d'eſpalier ;
retranchez toutes branches fol-
les, branches mal placées , branches gourmandes, paraſites, &c.,
& paliſſez réguliérement & à
égale diſtance celles que vous
réſervez. Mais ne faites pas trop
uſage du couteau tranchant dans
cette ſaiſon , & n'arrachez des
branches que les feuilles abſolument attaquées de maladies;
car en les dépouillant de feuilles, vous expoſerez également
le fruit à l'ardeur du ſoleil &
à la fraîcheur de la nuit , &
vous retarderez par-là ſon accroiſſement. Il en réſulte encore
un inconvénient, c'eſt qu'en
ôtant les feuilles trop-tôt, les
boutons formés au pied des
tiges en recevront de l'injure.

Si vous avez laiſſé vos *pêches*
& vos *nectarines* ou *pavies* &
brugnons , trop près l'une de
l'autre, lorſque vous les avez
éclaircies le mois précédent,
vous êtes à tems de réparer
votre faute ; & ne ſouffrez pas
que deux ou trois fruits en
grouppe en aient d'autres à leur
voiſinage, s'il n'y a pas au
moins cinq ou ſix pouces d'intervalle. En obſervant cette
regle , votre fruit ſera beau, &
l'arbre en aura plus de force
pour l'année ſuivante.

Veillez ſoigneuſement ſur les
Juin.

limaçons , eſcargots , & autre
vermine qui ravageront vos plus
beaux fruits, ſi vous ne les pré-
venez à tems, & ſi vous n'y
mettez obſtacle.

Quand le tems eſt au beau,
arroſez les arbres que vous avez
tranſplantés dans la ſaiſon précédente ; ayez ſoin de couvrir
toujours d'un fumier de feuilles
ou de vieux chaume (*mulch*) la
ſurface de la terre près des
racines , afin d'empêcher qu'elles
ne ſoient deſſéchées par le ſoleil
& le vent. Paliſſez les jeunes
rameaux , & attachez - les au
mur ou à l'eſpalier dans l'ordre
de l'accroiſſement qu'ils doivent
prendre. Si vous les abandonnez
à eux - mêmes , ils ſeront en
danger d'être froiſſés & briſés
par les vents , &c.

Prenez ſoin de tenir la terre
autour de vos arbres en bon
état, de la ſarcler de la purger
des mauvaiſes herbes & autres
plantes ſauvages , auxquelles
vous ne pouvez accorder le
domicile qu'au détriment de vos
arbres dont elles voleront les
alimens. Le fruit s'en reſſen-
tira ; il ne ſera, ni ſi beau,
ni n'aura autant de goût que le
fruit des arbres qui n'ont point
à leur voiſinage ces plantes nuiſibles. Vous devez auſſi remuer
doucement la terre de vos bordures & de vos planches avec
une fourche, afin de la deſſerrer, de l'adoucir, & de lui ouvrir les pores, ſuppoſé qu'elle
ait été preſſée & comprimée,
lorſque vous avez fait la tonte
& la taille de vos arbres ; ou
ſuppoſé que le ſol ſoit fort,
trop ferme, & ſujet à ſe durcir.
Ce travail rendra votre terrein

propre

propre à s'abreuver d'une on- dée de pluie, & à la tranfmet- tre jufqu'aux racines. Mais ce labour demande de la précau- tion, & il ne faut pas enfon- cer les fourches ou la bêche trop avant, de crainte de blef- fer les racines de l'arbre, ou de déchauffer tellement le pied que vous laiffiez les racines à découvert & que vous les ex- pofiez au foleil & à l'air.

Jettez encore un coup-d'œil fur vos vignes, fixez les bran- ches errantes & vagabondes, retranchez toutes celles des cô- tés ou qui font pendantes, & ne les épargnez pas, afin que le fruit puiffe jouir du foleil & de l'air : jouiffance abfolument néceffaire pour que le raifin parvienne à maturité. Dans plufieurs jardins des environs de Londres on eft coupable de cette négligence ; on laiffe tran- quillement pendre les branches le long du mur, & s'entrela- cer avec les autres, en forte que lorfqu'il faut les remettre dans leur propre pofition, les feuilles fe trouvent déplacées & préfentent la furface oppo- fée. Alors qu'arrive-t il ? Le fruit fe trouve retardé dans fa marche, jufqu'à ce que les feuilles aient repris leur fitua- tion naturelle. Cette négligence eft donc caufe que le raifin ne mûrit que fort tard, ou qu'il a mauvais goût, & que le bois de la vigne devient doux & moelleux (*fofs and pithy*), & qu'il produira beaucoup moins de fruits l'année fuivante.

La *vigne* de pleine terre de- mande auffi, dans cette faifon, du travail de votre part : vous

devez planter les échalas dans un ordre régulier, & les dif- pofer de telle maniere que cha- que cep jouiffe également du foleil & de l'air. Ne manquez pas non plus de farcler votre vigne, & de la délivrer de toutes les plantes qui lui fe- roient nuifibles & pernicieufes.

Fruits nouveaux & fruits qui du- rent encore.

Fraifes de toutes les fortes, *corinthes* ou grofeilles en grap- pes, groffes grofeilles ; & le long des murs : cerifes de *Du- ke*, cerifes de Flandres, gui- gnes ou cerifes blanches, ce- rifes noires ; & en expofition chaude : abricot mâle vers la fin du mois ; en expofition froi- de : groffes grofeilles vertes pour tartes ; fous chaffis-for- çant : pêches, *nectarines* ou pavies, & raifins ; en ferre chaude : ananas ou pommes de pin (*pine apples*).

POMMES : Rouffette d'or, Rouffette de Pile, Renette du- re, Pomme-Jean ou de St. Jean ou pomme de deux ans, *oaken-pin* ou pignon de chêne, & quelques autres fi l'on a pris foin de les conferver.

POIRES : La noire de Wor- chefter, poire verte du Lord Cheyne, Cadillac.

Ouvrage à faire dans la Pépiniere.

Prenez foin, dans ce mois, ainfi que vous avez dû le faire dans le précédent, de tenir la terre entre les rangs de vos ar- bres dans la Pépiniere, exempte & purgée de toutes mauvaifes herbes. Outre qu'elles y font pernicieufes, c'eft que rien n'a plus mauvaife apparence qu'une Pépiniere peuplée d'herbes fauvages & nuifibles; c'eft pourquoi l'on ne peut trop vous répéter d'avoir toujours le farcloir en main. Prenez auffi le même foin pour extirper cette engeance pernicieufe des couches à graines où vous avez de jeunes plants d'arbres & d'arbriffeaux; car plus ces nouvelles plantes font jeunes, plus elles fouffrent de ce voifinage dangereux. Il arrive même très-fouvent, que les mauvaifes herbes les étouffent & les font périr.

Commencez vers la fin du mois à greffer par boutures vos abricotiers, vos *péchers* de primeur, & les arbres à *nectarines* ou *pavies*. Mais en ceci, que la condition des arbres dont vous aurez tiré vos bouts ou boutures foit votre guide; car fi la faifon a été fort féche, les boutons ou boutures ne fe fépareront pas aifément des branches; quand cela arrive, il faut différer ce travail & attendre encore quelques tems.

Renouvellez le fumier de feuilles ou de vieux chaume (*mulch*) autour de vos arbres nouvellement plantés, fi vous vous appercevez qu'il foit difperfé & qu'il n'y en ait plus. Quand le tems eft fec dans cette faifon, il boit l'humidité de la terre, & les jeunes fibres fe defféchent promptement fi on oublie de leur donner une nouvelle couverture.

Vous êtes encore à tems de féparer ou divifer les racines de l'*erceau de vierge* ou *clématite*, *Juin.*

de *fleurs de la paffion*, & de plufieurs autres plantes grimpantes, dont les racines, tirées des fleurs de la même année, reprendront aifément fi vous les mettez en terre dans cette faifon. Si au contraire vous différez jufqu'à l'Automne, ou elles avortent fréquemment, ou elles ne donnent qu'au bout de deux ans, des racines propres à en faire des boutures. Lorfque vous les avez plantées, obfervez de les arrofer quand le tems eft fec, afin qu'elles puiffent prendre plus aifément racine. Mais ne répétez pas trop fouvent les arrofemens, & ne donnez pas trop d'eau à la fois, car vous rifquez de faire tomber ces fibres naiffantes en pourriture. Ainfi, la meilleure méthode eft d'étendre un peu de fumier de feuilles ou de vieux chaume (*mulch*) fur la furface de la terre, après que vous lui avez confié vos boutures, afin d'empêcher le foleil de defsécher le terrein trop promptement. Alors peu d'eau vous fuffira, & les boutures prendront plus certainement racine. Vous pouvez auffi faire des boutures de plufieurs autres arbres exotiques de la dure efpece, que vous planterez dans vos jeunes bois, & que vous verrez prendre racine avant l'hiver. Mais fi vous ne vous fervez que de vieilles branches & non de nouvelles, la plupart de vos boutures vous manqueront, & celles qui réuffiront feront beaucoup plus long-tems à prendre racine. Quelles que foient donc les plantes rares dont vous avez envie d'augmenter le nombre, il faut vous servir de cette méthode, c'est-à-dire, vous servir des plus jeunes plants, puisqu'en suivant l'autre, nous ne sommes pas assurés que toutes les plantes prendront également racine.

Faites la tonte de vos arbres toujours verts, en vous conformant au service pour lequel vous les destinez, car si vous souffrez qu'ils croissent drus & épais pendant l'Eté, il vous sera dans la suite fort difficile de les réduire à la forme que vous voulez leur donner; d'ailleurs, plus ils croissent drus, épais, & fournis, plus ils sont nuds & dépouillés vers la tige.

Repiquez sur planches, vers la fin du mois, vos plants de graines de toutes sortes de pins. Si vous prenez soin de les couvrir & de les arroser, ils auront bientôt pris racine dans cette saison; ils seront plus forts, & plus en état de soutenir l'hiver suivant, que ceux que vous aurez laissés dans les couches à graines, parce que leurs racines seront plus stables, plus attachées à la terre, & que les tiges seront plus courtes. C'est à présent qu'il faut prendre un soin extrême de tous les plants de semences exotiques, soit arbres, soit arbrisseaux; il faut leur donner de l'ombre & les garantir de l'ardeur du soleil pendant le jour, & pendant les chaleurs, sans quoi la terre se desséchant autour de leurs racines, les exposeroit à un grand danger. Ces jeunes plants sont si près de la surface, qu'ils

n'auroient pas la force de soutenir les rayons du soleil dans un jour de chaleur. On a donc coutume de les arroser à mesure que le soleil desséche la terre, & qu'il en pompe l'humidité; mais il arrive delà un autre inconvénient : c'est que leurs tendres fibres tombent souvent en pourriture; ainsi, le plus sûr moyen est de les couvrir & de les mettre à l'ombre; on s'épargne par-là beaucoup d'arrosemens, & les jeunes plants en parviennent plutôt à maturité.

Ouvrage à faire dans le Parterre ou Jardin de plaisance.

Retirez vos fleurs annuelles des couches chaude ou autres endroits qui leur ont donné naissance, & transportez-les dans les bordures ou plates-bandes du parterre, comme : *capsicum*, *balzamines*, *convolvulus*, *pommes-d'amour*, *soucis de France & d'Afrique*, *amaranthe*, *œillets d'Inde*, *aster de la chine*, *merveille du Pérou*, *chrisanthemes*, *nicotiane* ou *tabac*, *palma christi*, *alkekenge* ou *coqueret charmante rezéda* ou *mignonnette d'Egypte*, *stramonium*, *Sultan jaune* (*Yellow-Sultan*), *cardispermum*, *Zinnia* de deux sortes, *martynia*, *bazilic* à petites feuilles, *lavande des Canaries*, *hibyscus* de plusieurs genres, &c. en observant de prendre un jour nébuleux, ou de ne faire ce travail que le soir, & d'arroser, afin que la terre puisse mordre plus aisément aux racines.

Vous pouvez à présent planter par marcottes vos œillet

carnés (*carnations*) œillets , œillets *doubles de poëte* & autres fleurs à racines fibreuses qui fe multiplient de marcottes , en obfervant de les arrofer fur le champ. Mais ne leur donnez pas trop d'eau à la fois , autrement l'eau leur fera quitter pied , & vous les verrez furnager. Répétez fouvent un léger arrofement , afin de faciliter la racine à prendre.

Voici la vraie faifon de vous fournir de cayeux, griffes & pattes , de tirer de terre & de tranfplanter des racines de *cyclamen* , de *fritillaire* , *dent de chien* , *faffran* , *iris de Perfe* , *gouttes* ou *boules de neiges* (*fnowdrops*) ou *perce-neiges* , *aconite d'hiver* , *crocus printaniers* , & autres fleurs à racines bulbeufes dont les fleurs font mortes ; il y en a quelques-unes qui ne réuffiffent point fi l'on tient long-tems leurs racines hors de terre, comme : la dent de chien & le cyclamen. C'eft encore ici le tems de tirer hors de terre les *lys de Guernfey* , & le *lys de Belladona* , foit pour les tranfplanter , foit pour en faire des envois en prenant la précaution de les envelopper de laine ; ce qui les confervera pendant l'efpace de deux mois & davantage.

Coupez les tiges de vos plantes dont les fleurs font paffées & qui tombent en décrépitude , & donnez des bâtons ou baguettes à celles qui font encore en fleurs , fur-tout à vos grandes plantes d'Automne qui rifqueront d'être brifées par les vents , fi vous ne

Juin.

leur donnez à tems des *tuteurs* ou foutiens.

Tirez les racines de vos *hyacinthes* hors des planches où vous les aviez dépofées le mois précedent pour mûrir ; ôtez en la terre & l'ordure , & laiffez-les repofer fur des nattes ou fur des paillaffons pour s'effuyer & fe fécher ; après quoi mettez-les dans des tiroirs ou dans des boëtes fans les renfermer , car il faut qu'elles jouiffent d'un air libre, afin qu'elles ne dépériffent pas & qu'elles ne puiffent tomber en pourriture.

C'eft à préfent le tems de vous pourvoir de racines ou oignons de *tulipes* , *anemones* , *renoncules* , *narciffes* , *fritillaires* , *couronne impériale* , & autres fleurs à racines bulbeufes & tubéreufes , dont les feuilles font paffées. Etendez-les fur des nattes dans une fituation à l'ombre pour fécher ; lavez & purifiez-les , & mettez-les enfuite dans des boëtes ou dans des facs, où vous les garderez foigneufement jufqu'à ce que la faifon de les planter foit revenue , en les plaçant hors de la portée des rats & des fouris , qui ne manqueroient pas de s'en régaler , fur-tout des oignons de tulipes.

Vous devriez fendre en deux ou trois endroits , à égale diftance, ceux de vos *œillets carnés* (*carnations*) dont les boutons commencent à s'ouvrir , afin que leurs fleurs puffent également s'étendre de tout côté ; autrement elles jetteront leurs pétales en dehors feulement du côté des boutons : ce qui leur donnera une forme très-irréguliere. Obſervez auſſi de les mettre ſous verre, immédiatement après que les boutons ſont ouverts, afin de les préſerver de toute humidité. Dans la chaleur du jour, il faut revêtir le verre d'un morceau de papier ou de quelque feuille de choux, de crainte que la fleur ne ſoit offenſée par les rayons du ſoleil. Quelques perſonnes curieuſes couvrent leurs fleurs d'un papier huilé, ce qui vaut beaucoup mieux que les verres, parce que la chaleur n'eſt pas ſi grande, & que les fleurs n'ont pas à craindre d'être brûlées du ſoleil. Au reſte, défiez-vous des perce-oreilles & des fourmis, car ſi ces inſectes peuvent parvenir juſqu'à la fleur, ils la détruiront en peu de tems, en rongeant la tendre extrémité des pétales près du *nectarium ;* & alors les boutons ſe verront bientôt dépouillés de feuilles.

Tranſplantez celles de vos plantes *bienniales* & *perenniales* ou biſannuelles & vivaces à racines fibreuſes, que vous aviez ſemées les mois précédens dans les couches de la pépiniere. Plantez-les dans des endroits où elles aient aſſez de place pour croître & ſe développer juſqu'à l'Automne, ſaiſon propre à les repiquer à demeure dans les bordures & les plates-bandes du parterre. Parmi elles il faut ranger : toutes ſortes de *chevre-feuille de France*, *œillets à graines*, *œillets de poëte*, *violiers*, *colombines* ou *ancholies*, *giroflée des dames* (*ſtock-gilliflowers*), *clochettes* ou *campanules de Cantorbery*, *alcée* ou

Juin.

mauve-roſe, *ſcabieuſe*, *violiers de muraille* ou *violette de St. George*, *œillets-carnés* (*carnations*), *digitale* ou *gant de renard*, *campanules*, &c. Toutes ces plantes doivent paſſer le printems dans la pépiniere à fleurs, & être enſuite tranſplantées dans le Parterre, pour y fleurir pendant l'Eté.

Vous pouvez inoculer à préſent quelques-unes de vos plus belles eſpeces de *roſes*, de celles ſur-tout qui n'ont point de *ſucceurs* & qui n'en ſont que plus vigoureuſes. Les meilleurs ſauvageons ou troncs pour les enter ſont, les roſiers de Damas & de Francfort qui paſſent pour les meilleurs *tireurs* ou qui produiſent les plus beaux bourgeons. Inoculez à préſent les ſortes de jaſmins dont vous voulez augmenter le nombre ; inoculez auſſi par approche toutes les ſortes de jaſmins qui ſont rares ; faites-en de même à l'égard des orangers, citronniers, limoniers, grenadiers, &c.

Plantez des *coupures* ou boutures de toutes les eſpeces de *phlox*, de *double ſultan*, *double lychnis écarlate*, *œillets*, *aſters tardifs*, & autres plantes à racines fibreuſes qui ſe multiplient de pieds éclatés ou en ſéparant les racines, & dont vous avez beſoin d'augmenter la famille. Si vous les confiez à une terre riche & légere, ſi vous prenez ſoin de les garantir du ſoleil, & de les arroſer en plein, vous verrez qu'elles répondront à vos ſoins & qu'elles p endront promptement racines.

Plantes actuellement en fleurs.

Eperon ou pied d'alouette (*larkspur*) , lys blanc , lys orange , lys à raies rouges , pois toujours vert , verge d'or du Canada , tue-chien ou apocin érigé à larges feuilles , apocyns de plusieurs sortes , aconite bleu & jaune , pavots à cornes (*horned-poppies*) ou célandines de plusieurs sortes , *capnoïdes* , ouatte ou dompte-venin blanc , noir & jaune , véronique , blattaire , lychnis écarlate , rose du compagnon ou lychnis , œillets , berceau de vierge double & simple ; *flammula jovis* ou clématite , hyssope , orvale , buglose d'Orient , double *ptarmica* ou herbe à éternuer , aimable sultan , xeranthemes , coronille herbacée , jacée , santoline , acanthes de trois sortes , musle de veau ou *antirrhinum* , linaire , primerose en arbre , lierre en graine ou lierre de France , lierre jaune , lierre blanc , valérianelle *cornucopioïdes* ou cornucopée en forme de cornes d'abondance , soucis d'Afrique de deux ou trois sortes , *hieracium* , chrysanthemes , lychnis de plusieurs sortes , nigelle de trois ou quatre sortes , campanule à fleurs de pêcher , *phlox* de trois sortes , gentianelle , violier blanc à fleurs doubles & à fleurs simples , chèvre-feuille de France blanc & rouge , attrape-mouche de Lobel , nombril de Vénus , Adonis , miroir de Vénus , œillet de Poëte double & simple , attrape - mouche double , lys ardent à bulbe ou

   Juin.

bulbeux , martagons de plusieurs sortes , ornithogale , iris , bec de grue de plusieurs especes , valériane rouge , valériane blanche , valériane de jardin , valériane de Grece à fleurs bleues & blanches , œil de bœuf Oriental à fleurs bleues & à fleurs blanches , bouton de bachelier (*bachelor's button*) ou lychnis à fleurs doubles & à fleurs simples , Robin en lambeaux double , herbe à l'araignée ou *anthericum* de Savoie & de Virginie ou tradescante (*tradescant*) , pavots de divers genres , *Colombines* ou ancholies de diverses couleurs , scrophulaire d'Espagne & de Portugal , scabieuse des Indes , quelques sortes de statice , touffe de candie , lychnis-nain, *hesperis* ou julienne bâtarde annuelle , digitales ou gants de renard (*fox-gloves*) , gladioles de trois ou quatre especes , hellebore blanc à fleurs pourprées , vertes & noires , fumeterre *pérennial* ou vivace jaune , fumeterre de Tanger , jacobée ou seneçon de mer , balzamine femelle d'Afrique , pervenche , fraxinelle a fleurs de pourpre & à fleurs blanches , peste de loup (*wolfsbane*) ou grand aconite bleu & blanc , iris de Chalcédoine, hélianthemes , lavande de mer , *smilax* , asphodels , *eupatorium* , *cyanus* de plusieurs sortes , aristoloche à racines longues & rondes , *ascyrum* ou herbe de St. Pierre , *sabago* ou faux-caprier , camomille double , *capsicum* , grande centaurée , dictamne de Crête , *arum* , fenouil-géant (*fennel-giant*) ou

grand fenouil , lavatere , lavande , fleurs de foleil de différens genres ou *corona folis* ,
polium de montagne , lupins ,
lys de fontaine , lavande à
feuilles coupées , blattaire ,
toque d'Orient à fleurs jaunes ,
toque ou *caffida* des Alpes à
grandes fleurs bleues , *Chrifto-*
phoriana Virginiana ou herbe de
St. Chriftophe , grande gentiane jaune , *Ruifchiana* ou
plante de *Ruifch* de deux fortes , aimable rézeda , *phlomis* ,
bétoine de diverfes efpeces ,
chardon en globe ou échinope,
cirfium , *trachelium* , campanule
pyramidale , cérinthe ou mélinet de trois genres , jacobée
ou feneçon pourpré , fcille ,
mauve d'Orient , adonis jaune
& rouge , houx de mer (*fea-*
holly) , *alcea* , *ketmia veficaria*
de quatre fortes , narciffe de
mer , *vulneraria flore coccineo* ,
avec quelques autres moins dignes de remarque.

Arbres & arbriffeaux de la dure
efpece ou de pleine terre ac-
tuellement en fleurs.

Sené en veffie de deux ou
trois fortes , grénadiers à fleurs
doubles & à fleurs fimples ,
genêt d'Efpagne , jafmin jaune
à larges feuilles , jafmin blanc ,
rofiers de plufieurs fortes , ta-
marins , fumach de Virginie ,
dorycnium , althée en arbriffeau à feuilles de bryone , althée en arbriffeau à fleurs plus
petites que le précédent , *oleaf-*
ter , *ptelea* , micoulier ou *cel-*
tis , framboifier odorant & érigé du Canada , tilleul , *quinque-*
folium ou quintefeuille en arbriffeau , germandrée en arbre,

Juin.

chevre-feuille tardif rouge &
à longue floraifon (*long-blo-*
wing) ou dont la fleur dure
long tems , chevre-feuille de
Hollande , *idem* toujours vert,
fpiræa à feuilles de faule , *idem*
à feuilles de mille - pertuis ,
mille-pertuis en arbriffeau ,
hypericum des Canaries , clématite de Catesby (*Catesby's*
climber) ou phaféolide de la
Caroline , *lamium* pérennial ou
vivace en arbriffeau ou *fla-*
chys , *fyringa* , *medicago frutef-*
cens , mauve en arbre , aubépine d'Amérique de trois ou
quatre fortes , *viburnum* de trois
ou quatre fortes , *colutea* d'O-
rient, fleur de la paffion, trois ou
quatre efpeces de berceau de
Vierge , fufain , bois de chien
d'Amérique , *diofpyros* ou perfimon , frange , (*fringe*) ou
perce-neige en arbre , *toxico-*
dendron , ciftes de plufieurs
fortes , *phlomis* , acacia de Virginie , *catalpa* ou plante de Bi-
gnon , *amorpha* ou indigo bâtard , caprier en arbufte , *coc-*
cygria ou fumach , tulipier ,
alethra , *itea* , *fpiræa* ou mille-
pertuis rouge & blanc , célaftre , deux fortes de mélianthes,
petit magnolier , *cytifus glaber*
nigricans , cytife hériffé , *dier-*
villa , fené de fcorpion ou baguenaudier , laurier de Portugal , églantier odorant double
(*double fweet-briar*) , *periploca*
ou foie de Virginie , genêt de
deux ou trois fortes , abfynthe
en arbre , *colutea Æthiopica* ,
piftachier , bois de chien d'A-
mérique , bois de chien de
Tartarie , chataignier aux chevaux (*horfe chefnut*) ou ma-
ronier d'Inde à fleurs écarlates

ou *Æsculus hippocastanum*, & quelques autres de moindre notice.

Plantes médicinales qu'on peut à présent cueillir pour le service.

Molene ou bouillon blanc, véronique, scrophulaire, bétoine de fontaine, *ros solis*, benoîte ou herbe de St. Benoît ou *geum*, *brunella*, *pulegium* ou sol-royal (*penny-royal*) ou pouliot, fleurs de pavot rouge, parietaire, herbe aux chats, lys de fontaine, menthe, menthe-poivrée, *mille folium*, scabieuse, morceau du diable (*devil's bit*) matricaire, méliot, pimprenelle, mauve, marrube noir & blanc, pimprenelle, saxifrage, sauge de vertu (*sage of virtue*), sauge rouge, poivrée (*dittander* ou *pepper-wort*), lin de montagne, lierre herbacé jaune, tanésie, fleurs de troëne, *sedum* ou petite joubarbe, trefle de pied de lievre (*hare's-foot*), mille-pertuis, hyssope, herbe à l'hernie ou *herniaria*, alisandre, feuilles de frêne, herbe à Robert, bec de grue musqué, bec de grue à pied de colombe (*dove's-foot crane's bill*), genêt, moutarde des haies ou *erysimum*, chanvre d'aigremoine ou *eupatorium*, fraise en fruit, plantain à larges feuilles, *idem* à feuilles resserrées, pied de veau, estragon, lavande-garderobe, petit-muguet ou *gallium* ou lit de paille des Dames (*ladies bedstraw*), absynthe commune, absynthe Romaine, lavande en épis (*lavander-spike*) fleurs de tilleul, branche ou branc-ursine, confoude ou *symphytum*; épinard, *Juin.*

aigremoine ou *ageratum*, *serpylum* ou mere de thym (*mother of thyme*) ou serpolet, grande joubarbe, *agrimonia* ou aigremoine, ciguë, ciguë aquatique, verveine-mauve (*vervain mallow*), thym, mauve de marais, chicorée, mantelet des Dames, pimprenelle, sureau nain, anonis ou arrête bœuf, bouteille-bleue (*blue bottle*) ou *cyanus* ou bluet de montagne, romarin, soucis, graine d'argent (*silverweed*) ou tanésie sauvage, germandrée, orpin (*orpine*) ou *anacampseros*, racines de cyclamen, digitale, armoise, bourrache, buglose, chardon de pourceau ou laiteron, arroche de jardin, arroche-puant, bourse du berger, chèvrefeuille, bétoine, chardon-bénit, calaminthe ou melisse, benoîte, polygone ou *polygonum*, camomille, cynoglosse, euphraise ou l'œil-luisant (*Eyebright*), framboise en fruit, rose de Damas, rose-blanche, fleurs de rose ardente, fleurs de sureau, *stæchas* ou lavande de France, & véronique aquatique.

Ouvrage à faire dans la Serre verte ou l'orangerie, dans le Jardin & dans la Serre chaude.

Les *orangers* étant actuellement en fleurs, doivent être constamment arrosés dans les tems secs, afin de faciliter le développement du fruit. Il faut aussi remuer la terre à la surface des caisses & des pots, y mettre un peu de fumier de vache ou de bœuf bien consommé, en l'élevant sur les côtés, afin de laisser un creux pour contenir l'eau. Mais ne vous servez jamais d'un fumier neuf ou d'un fumier de brebis ou de daim bien détrempé dans l'eau auparavant, afin de la rendre plus nourrissante, ainsi que le pratiquent plusieurs personnes au grand préjudice de leurs arbres. Ces eaux, fortement imprégnées de sels, bien loin de porter la fécondité, changent les feuilles en un jaune-pâle, & font fleurir les arbres hors de saison : ce qui leur cause de la foiblesse, & les détruit souvent dans l'espace de deux ou trois ans. La meilleure eau pour les orangers est celle de riviere ou d'étang, lorsqu'elle a été quelque tems exposée à l'air & au soleil. Si vous n'avez que de l'eau de pompe ou de puits, vous devez l'exposer au soleil & à l'air pendant deux ou trois jours avant de vous en servir. Cueillez les fleurs de vos orangers à mesure qu'elles paroissent, & n'en laissez pour fruit que quelques-unes sur chaque arbre, en choisissant celles qui sont sur les plus fortes branches, & qui sont les mieux situées.

Plantez quelques rejettons ou *coupures* de *myrthe*, sur couche d'une terre riche & légere, en observant de les arroser & de les mettre à l'ombre, jusqu'à ce que ces nouveaux plants aient pris racine. Faites-en de même pour le *geranium*, *cytises*, *leonurus* ou *queue de lion*, *doria*, *elichrysum*, *hermannia*, *sauge d'Afrique*, *othonne*, *soucis d'Afrique*, *lantana*, *halleria*, *aster d'Afrique*, *cistes*, *fabago*, *lotus*, *arctotides*, *conyza* ou *l'herbe aux puces*, *sumach d'Afrique*, & plusieurs autres plantes exotiques en arbrisseau. Mais en choisissant vos rejettons ou boutures ou branches coupées, prenez celles qui ne portent point de fleurs, qui sont fortes & vigoureuses, & qui n'ont pas éprouvé de foiblesse pendant un trop long séjour dans la Serre, & pratiquez à leur égard le traitement désigné dans plusieurs articles du *Dictionnaire des Jardiniers*.

Vous pouvez à présent faire aux plants de votre Serre tous les changemens qu'ils demandent, en mettant dans des pots plus larges les plants renfermés dans une enceinte trop étroite, & en observant d'arracher ou de trancher toutes les racines mortes ou tombées en corruption. Otez le plus de terre que vous pourrez à la motte qui enveloppe les racines ; mais prenez garde d'en ôter trop & de laisser les racines nues & à découvert. Les jeunes plants devroient avoir une situation à l'ombre, afin qu'ils fussent à l'abri des vents violents. Il seroit aussi très-à-propos de leur donner des *tuteurs* ou des baguettes pour les soutenir, & même d'élever une barriere jusqu'à une certaine hauteur, & de lier à cette barriere les baguettes & les tiges pour les tenir fermes & empêcher que le vent ne les déplace avant qu'ils aient pris racine. Ensuite vous les porterez dans les endroits qui leur sont destinés pour y passer l'Eté, en choisissant un lieu à l'ombre & à l'abri des vents. N'oubliez pas, ainsi que je viens de le dire, d'attacher les tiges à la barre, afin que le vent ne puisse les renverser.

Faites des *coupures* ou boutures de divers genres de *cierge*, *sedum*, *euphorbe*, *mésembrianthe-me*, *cotyledons*, *figuier d'Inde*, *crassule*, *klenia*, & autres plantes succulentes dont vous avez besoin d'augmenter la famille. Laissez-les reposer quelque-tems à l'ombre dans la Serre chaude, pendant quinze jours environ, afin que la partie blessée puisse se guérir avant de faire votre plantation : sans quoi vos boutures seroient en danger de contracter de la corruption.

Remuez bien l'écorce de vos couches chaudes faites depuis long-tems ; donnez-leur un *réchaud*, c'est-à-dire, ajoutez de nouvelle écorce dans les endroits qui ont besoin de supplément. Vous en renouvellerez la chaleur, & vous enfoncerez tout de suite vos pots dans la couche. Ceci devroit se faire dans le tems d'une chaleur douce, & lorsqu'il y a peu d'air ; de crainte qu'en exposant vos jeunes plants à un tems froid, & en plein air, ils n'en reçussent quelque dommage. Si cependant la saison continuoit de n'être pas favorable, il faudroit porter vos pots dans la Serre chaude ; car ces jeunes nourrissons ne sauroient supporter le plein air, lorsque le vent est froid ou violent.

Quand le tems est serein, vous devriez accorder la libre jouissance de l'air à vos tendres plantes exotiques. Dans les petites serres chaudes, rendez le service à vos jeunes plants de couvrir les fenêtres près des-

Juin.

quelles ils sont situés, afin de les dérober à la grande chaleur du jour. Mais dans les grandes serres chaudes, où vos jeunes plants ont de l'espace, vous pouvez vous dispenser de prendre cette précaution, à moins que ce ne soit pour les plants nouvellement *empottés*, & que vous ne voulussiez attendre qu'ils aient pris de nouvelles racines.

Transplantez dans des pots séparés vos plantes exotiques provenues de graine dans le Printems, & plongez dans une nouvelle couche chaude celles qui sont les plus tendres, afin de leur donner de la force & d'aider à leur développement. Mais celles qui sont de la dure espece, ne demandent que de l'ombre, jusqu'à ce qu'elles aient pris racine ; ensuite de quoi vous les porterez dans les lieux où elles doivent passer l'Eté.

Vous pouvez à présent tirer hors de terre les racines de la *campanule de Canaries*, ainsi que de la plupart des plantes à racines bulbeuses & tubereuses qui viennent du Cap de Bonne-Espérance, comme : *hæmanthes*, *gladiole d'Afrique*, *crinum* bleu à racines tubéreuses, *sisyrinchium*, *squille*, *cyclamen de Perse*, *cunonia*, *waslonia*, *antholize*, *ixia*, *ornithogale*, & plusieurs autres sortes dont les feuilles sont actuellement mortes. On peut en ce tems transplanter leurs racines en toute sûreté ; & même elles supporteront facilement le transport pour des lieux éloignés, si l'on a soin de les envelopper de mousse. Cependant il y en a certaines qui demanderoient d'être auffitôt plantées dans des pots garnis d'une terre fraîche, & d'avoir le foleil du matin jufqu'à onze heures. Il faut aufli leur donner de tems en tems un peu d'eau dans les tems fecs ; mais il faut la diftribuer avec épargne jufqu'à ce qu'elles aient pouffé de nouvelles feuilles ; beaucoup d'eau dans cette faifon, & lorfque les racines font prefque inactives, ne manqueroit pas de leur caufer de la pourriture.

Voici encore la faifon propre à tranfplanter des racines de *lys de Guernfey* & de *Belladona*, puifque leurs feuilles font abfolument mortes ; & fi celles ci ne vous fatisfaifoient pas, vous pourriez vous en procurer des pays étrangers. Il eft certain que fi vous attendez plus tard, les vieilles racines en auront produit de nouvelles, & vous ne pourrez plus alors vous flatter qu'elles réuffiront. Les racines du *lys de Guernfey* doivent être plantées dans des pots remplis du mélange que je vais indiquer ; ou fi vous aimez mieux, plantez-les dans des bordures chaudes où, pendant les froids rigoureux, vous les couvrirez de nattes ou de paillaffons, afin de conferver leurs feuilles. Voici la compofition : prenez un tiers de fraîche terre de pâturage, un tiers de fable de mer, & un autre tiers de vieux plâtre ou de chaux de décombres. Il faut que le tout foit bien mélangé, & que le fond de vos pots ou des bordures foit rempli de pierres, afin de laiffer à l'eau un paffage libre. Rempliffez enfuite vos

Juin.

pots de cette compofition, & placez-y vos racines ; après quoi vous expoferez vos pots dans des lieux où ils puiffent jouir du foleil du matin. Vous ne leur donnerez d'abord que peu d'eau, & feulement jufqu'à ce que vous apperceviez des feuilles ; enfuite vous la leur épargnerez davantage. La *belladona*, qui eft une efpece affez dure, mûrira mieux fi vous plantez fes racines dans des bordures chaudes. Mais fi le fol eft humide, il faudroit tellement exhauffer la terre dans les bordures, que l'humidité ne pût atteindre à la bulbe. Il ne faut pas manquer non plus de garnir de plâtre tout le fond, afin d'en éloigner l'humidité.

Les tubereufes que vous avez plantées de bonne-heure, vont bientôt fleurir. Tranfplantez dans des pots celles qui font encore fur couches, en obfervant foigneufement de laiffer à la racine, le plus de motte qu'il fe pourra. Placez les enfuite dans les endroits où elles doivent refter pour fleurir, en les rafraîchiffant fouvent avec de l'eau. Celles qui ont été plantées plus tard, afin de remplacer les premieres, doivent jouir de l'air le plus qu'il eft poffible, & doivent être fréquemment arrofées ; ce qui les rendra fortes & vigoureufes, & les mettra en état de produire beaucoup de fleurs.

Vos plants d'ananas doivent à préfent être arrofés très-fouvent, fans cependant leur donner de l'eau en trop grande quantité ; & lorfque le tems eft chaud, laiffez-les refpirer l'air autant que faire se pourra, spécialement ceux qui sont sous châssis ou ceux qui se trouvent dans l'endroit le plus bas de la Serre chaude. Si les vitres ferment trop juste, les feuilles seront brûlées au grand préjudice de la plante, & le fruit en sera moins délicat. Mais si vous leur donnez trop d'eau, & que les fenêtres soient trop ouvertes pendant le jour, ainsi que le pratiquent quelques personnes peu judicieuses, la plante souffrira autant de cette façon que de l'autre; & tout le succès ne dépend que de savoir également proportionner l'air avec l'eau.

Vers le milieu du mois, vous pouvez commencer à sortir de la Serre chaude quelques-uns de vos *aloès* les plus durs, & quelques autres plantes succulentes. Vous les ferez passer d'abord dans la Serre ordinaire, où vous les laisserez jouir d'une grande portion d'air pour les fortifier pendant quelques jours. Ensuite vous les placerez dehors à l'ombre, & dans un endroit où il y ait peu de limaçons & d'autres insectes semblables. Car quand on les expose tout de suite & au sortir immédiat de la Serre, à la violence du soleil, il arrive qu'ils changent de couleur & qu'ils ont mauvaise mine ; c'est pourquoi il faut les y accoutumer par degrés. Mais si les limaçons & limaces peuvent en approcher, ils en rongeront les feuilles & les défigureront totalement. Après que vous avez un peu éclairci la Serre chaude, en commençant par en éloigner les plants de la plus dure espèce, il faut

Juin.

mettre ceux qui restent plus à leur aise, leur donner plus d'intervalle, les placer sur des appuis ou des tablettes, les nettoyer, leur ôter la poussiere qu'ils peuvent avoir ramassée, enfin leur faire respirer l'air avec plus de liberté ; par-là ils acquerront de la force & de la vigueur ; & ceux qui seront en état d'être exposés en plein air au milieu de l'Eté, n'en souffriront que mieux leur déplacement vers la fin du mois.

Plantes en fleurs dans la Serre verte, dans le Jardin & dans la Serre chaude.

Orangers, limoniers, citroniers, tilleuls, *gramen sylvaticum* (*shaddocks*) ou chadoce, myrthe, olivier, ciste *halimi folio*, ciste mâle de differentes sortes, ciste *ledum*, *psoralea* de plusieurs sortes, *asclepias* d'Afrique à feuilles de saule de trois especes, *gnaphalium* blanc d'Afrique, grand *gnaphalium* jaune, *lantanas* à feuilles de houx, *hibiscus* à feuilles divisées, *hibiscus* à fruit *esculent* ou bon à manger, cottonier, mesembryanthemes de plusieurs genres, jasmin des Indes jaune, *sedum* de plusieurs sortes, colutée d'Ethiopie, mauve d'Afrique en arbrisseau, *barba jovis* ou l'arbuste - argenté (*silver bush*) campanule bâtarde d'Amérique, scabieuse en arbre d'Afrique, *basella*, mélianthes de deux sortes, *mimosa* de trois ou quatre sortes, genêt blanc d'Espagne, cotyledons, *jatropha* ou cassave à feuilles multifides ou découpées (*with a* multifid leaf), idem à feuille de l'herbe aux poux, *amarantha* ou sagittaire de Indes, *nafturtium* double des Indes, arbre à café, polygale d'Afrique en arbriffeau, *amomum Plinii*, fauges d'Afrique de deux ou trois fortes, jasmin des Açores (*azorian*), aloès de plufieurs fortes, grenadier nain, rofeau fleuri des Indes, *phlomis* de trois ou quatre fortes, genêt des Canaries, *geranium* de plufieurs fortes, fleurs de la paffion de plufieurs efpeces, *Plumeria*, *caffia* de plufieurs genres, oléandres, *teucrium Bæticum*, *lotus* de Crête, *lotus* hémorrhoïdes *major* & *minor*, arbre de corail (*coral-tree*), faux caprier (*bean caper*), *hermania* de quatre ou cinq fortes, *lentifcus*, euphorbe, *pancratium* d'Afrique, mauve des Indes ou *abutilon*, papaie ou *papaya*, cierges, *lantana*, *crotalaria*, *anonis*, pomme épineufe double à fleurs blanches & pourprées, *lotus* à fleurs noires, *diofma* de trois fortes, heliotrope, *lycium*, célaftres, *Martynia* de trois genres, lavande des Canaries, *crinum*, poivre de deux fortes, *tabernemontana*, *Waltheria*, *Tournefortia*, *Brunsfælfia*, *vinca* de l'Ifle de Bourbon, *folanum*, *alkekengi* de plufieurs fortes, *arum*, *hæmanthe* à feuilles de colchique, *anthericum*, *Piercea*, *melocaé}os* ou melon-chardon, *Gefneria*, digitale des Canaries en arbriffeau, *adhatoda* ou noyer de Malabar de deux fortes, *Kiggelaria*, *Greyvia*, afclepias d'Amérique de plufieurs fortes, *Clutia*, *pafferina*, phyllanthe, tithymale, *phytolacca* de trois fortes, *Chironia*, *afcyron* des Baléares, jafmin d'Arabie, *convolvulus* en arbriffeau, lavatere d'Afrique en arbriffeau, *Rauwolfia*, *Bafteria*, ablynthe en arbre, fumach d'Afrique, *Borboria*, *laurus regia*, ozeille en arbre, *craffula*, palmier, *Malpighia*, *Turnera*, *hedyfarum*, *bupleurum arborefcens*, avec quelques autres.

JUILLET.

Ouvrage à faire dans le Potager.

AU commencement du mois, femez pour derniere récolte des *haricots*, & choififfez un endroit qui les défende des matinées froides de l'Automne ; car cette femaille ne ceffera de vous donner du fruit jufqu'à la St. Michel, pourvu que le froid ne leur faffe aucune injure. Si vous vous appercevez, lorfque vous les planterez, que la terre foit feche, faites tremper dans l'eau vos haricots pendant fept à huit jours, afin de faciliter leur développement. La meilleure efpece eft le haricot à fleurs écarlates, lequel ne dif-

Juillet.

continuera de porter que lorfqu'il fera détruit par le froid.

Nettoyez la terre où vous
avez dépofé vos *choux fleurs*
pour première récolte ; ôtez
toutes les feuilles éparfes, plâ-
tres, gravier & mauvaifes herbes. Si vous avez des concombres pour cornichons entre
les foffés ou les grands fillons
(comme c'eft la coutume parmi les Jardiniers de Londres)
portez de la terre avec la houe
tout au-tour des trous qui renferment vos jeunes plants, &
faites un creux femblable à un
baffin pour contenir l'eau que
vous leur donnez. Si dans les
petits fillons ou fentiers étroits,
vous avez mis des choux pour
le fervice d'hiver (comme cela
fe pratique encore par les mêmes Jardiniers) , buttez les
tiges & farclez foigneufement.

Vers la fin du mois, femez
des *épinards* pour le fervice
d'hiver , ainfi que des choux-
cabus , carottes & oignons ,
pour refter pendant l'hiver jufqu'au printems. Les *turneps* ou
navets de derniere récolte doivent à préfent fe femer en
plein champ , afin de les avoir
au printems. Répiquez , pour
le fervice du Printems, choux,
brocolis, choux de Savoie, &
tranfplantez vos choux-fleurs
pour les recueillir en Automne.

Plantez du *céleri* par rayons
(*drills*) gour blanchir, fuppofé que ce foit du céleri d'I-
talie ; mais fi c'eft du céleri
rave (*turnep-rooted*), il vaut
mieux le planter dans une terre
légere , en faifant une petite
doffiere ou une élévation de
terre tout autour , afin d'em-

Juillet.

pêcher l'eau de s'enfuir. Répiquez des endives pour blanchir , & continuez de femer
toutes fortes de petites falades
qui ne croiffent que *trop dru* dans
cette faifon , & qui font auffi-
tôt propres au fervice.

Quand le tems eft fec , arrofez vos plantes nouvellement
repiquées ; & que ce foit toujours le foir, car un arrofement du foir eft plus profitable
que trois autres faits pendant
le jour , parce que l'humidité
ayant le tems de pénétrer la
terre & de s'y introduire , elle
parvient lentement jufqu'à l'extrémité des fibres de la racine
par où la plante tire fa nourriture , avant que le foleil paroiffe pour l'évaporer. Si au
contraire vous arrofez le matin,
le foleil paroît , & l'humidité
fe diffipe fans avoir pu atteindre la racine. Vous pouvez encore , après avoir arrofé , &
fi vous le jugez à propos, répandre un peu de fumier de
feuilles ou de vieux chaume
(*mulch*) fur la furface de la terre , tout autour des racines.

C'eft à préfent que vous devez travailler foigneufement à
détruire les mauvaifes herbes
dans tous les coins de votre
jardin ; car fi vous négligez de
les arracher, elles perfectionneront promptement leurs graines, s'accroîtront à l'infini,
refteront plufieurs années ha-
bitantes de votre jardin, & ne
cauferont pas moins de peine
au Jardinier, que de dommage
à fes récoltes. Faites le même
travail pour vos engrais , & ne
permettez point aux mauvaifes
herbes de s'y réfugier ; pour-

fuivez-les avec acharnement jufques dans leurs dernieres re-
traites ; car fi vous les fouffrez
fur vos engrais, elles reviendront au jardin, & y cauferont
autant de ravage qu'auparavant.
C'eft à quoi peu de perfonnes
penfent, quoique la chofe foit
d'une grande conféquence. Il
faut les arracher auffi des murs,
des paliffades, & de toutes les
barrieres qui bordent votre jardin, fur-tout celles qui ont la
graine cotoneufe ou pleine de
duvet ; car ce font celles-là que
le vent porte plus facilement
dans le jardin, & dont la race
fe multiplie bientôt abondamment.

Recueillez vos graines d'*épinards*, de *mâches* ou *doucettes*,
d'*oignons de Galles*, *creffon* &
autres fortes qui font mûres &
montées ; coupez les troncs,
& étendez les fur des nattes ou
fur des toiles, dans un endroit
fec & aéré, afin que les graines
puiffent fe durcir ; puis frottez
ou battez les pour les faire fortir
de la capfule, & placez les enfuite dans un endroit où la vermine & les infectes ne puiffent
les détruire.

Tirez de terre vos *oignons*,
ails, *rocamboles*, *échalottes*, &c.
lorfque vous vous appercevez
qu'ils font fanés & flétris ; étendez les dans un endroit fec &
aéré, en les féparant l'un de
l'autre, & laiffez-les fe fécher
& fe durcir, jufqu'à ce qu'ils
foient propres au fervice d'hiver.

Continuez de butter vos *céleris*
plantés par rayons (*drills*) les
mois précédens, à mefure qu'ils
avancent en hauteur. Mais prenez bien garde de ne pas élever

Juillet.

la terre jufqu'au cœur ou jufqu'au milieu de la plante, vous
l'étoufferiez, vous arrêteriez la
tranfpiration, & la plante tomberoit en pourriture. Liez les
endives qui ont acquis toute
leur groffeur, liez les pour blanchir, en obfervant toujours de
faire ce travail dans un tems
fec ; car fi lorfque vous les liez,
les feuilles font humides, elles
porteront la corruption dans le
cœur de la plante.

Arrachez toutes les vieilles
tiges de *féves*, de *choux*, de
pois, & autres plantes légu-
mineufes qui ont donné leur
fruit, afin que le terrein en
foit débarraffé ; car fi vous
fouffrez qu'elles y reftent plus
long-tems, elles ferviront de
retraite & d'afyle à la vermine,
au grand préjudice des plantes
adjacentes, & qui feront à leur
voifinage.

Ne donnez plus d'eau à vos
melons qui commencent à préfent de mûrir, parce que cela
les rendroit aqueux & de mauvais goût. Il eft vrai que ceux
qui préferent la groffeur dans
le fruit, trouvent mieux leur
compte en les arrofant conftamment en plein, fur-tout
quand il fait chaud. Mais peu
leur importe la qualité du fruit,
pourvu qu'il ait de la groffeur
& de l'embonpoint. C'eft la
raifon pour laquelle les Jardiniers qui portent au marché,
préferent l'efpece la plus dure,
parce qu'elle produit les melons
les plus gros, quoiqu'ils n'aient
pas plus de faveur que des citrouilles.

Vous pourriez travailler à
préfent à vos jeunes couches

d'*afperges*, faites le printems dernier, en remettant de nouveaux plants dans les endroits qui ont manqué ; mais choififfez pour cette opération un tems humide. Les jeunes afperges que vous planterez dans cette faifon auront pris racines avant l'hiver, & produiront déjà quelques rejettons en Automne.

Vos *concombres* élevés fous verres étant actuellement en pleine maturité, demandent à être arrofés en plein quand il fait beau & que le tems eft fec ; autrement ils s'épuiferont en peu de tems & tomberont dans le dépériffement.

Repiquez le *céleri* dans les planches où vous l'aviez femé en Mai, afin que ces plantes puiffent acquérir de la force & de la vigueur avant que d'être replantées par rayons (*drills*) pour blanchir. Tranfplantez auffi quelques endives, afin de fuccéder à celles plantées le mois précédent.

Rien ne vous empêche de femer à préfent des *radix* à racine de *turnep*, lefquels feront excellens pour le fervice de la table au mois d'Octobre, & qui continueront de l'être jufqu'à ce que des froids rigoureux les aient détruits. Si l'on a coutume de vous demander en Automne des radix de l'efpece commune, pourquoi n'en femeriez-vous pas vers la fin du mois, dans un terrein humide ? Ils feront en état de vous fervir un mois ou cinq femaines après & continueront d'être excellens un mois au-delà.

Sarclez vos *artichaux* plantés *Juillet.*

au Printems dernier, ainfi que toutes les autres plantes femées dans l'intervalle des rayons, afin qu'elles aient une liberté entiere de s'étendre & de fe développer. Car fi vous laiffez d'autres herbes à leur voifinage croître parmi elles dans cette faifon, elles ne vous produiront qu'un fruit petit ou avorté. Lorfque vous avez cueilli les artichaux propres à préfent au fervice, caffez & brifez-en la tige jufqu'à la furface de la terre, afin que les racines ne reçoivent point d'injure par la charge de ce poids inutile ; & ne fuivez pas l'exemple de certains Jardiniers peu judicieux, qui fe contentent de couper la tige à l'extrémité d'en haut, en laiffant fubfifter le tronc principal au grand préjudice des racines.

Semez à préfent des graines de *brocoli* pour derniere récolte, lefquelles feront bonnes en Avril, lorfque toutes vos autres têtes de brocoli feront paffées, & qu'il n'en reftera plus que celles provenues de drageons ou de branches latérales (*fide-shoot*). Ce dernier femis produira plus de tendres têtes qu'aucun drageon des femailles précédentes, mais elles ne feront pas fi pommées.

Vous pouvez auffi femer des *endives* pour derniere récolte, vers la fin du mois, pour fuccéder à la femaille du mois précédent, laquelle ne durera guere que jufqu'en Octobre ; tandis que le temis de Juillet continuera d'être bon jufqu'en Avril, pourvu que la féverité du froid l'ait épargné.

Si

Si l'on vous demande des fournitures de petites falades, pourquoi n'en femeriez-vous pas à préfent dans des bordures au Nord? Il eft bon même de répéter cette femaille de trois jours en trois jours ; car dans cette faifon ces plantes croiffent promptement , & font auffi-tôt propres au fervice.

Repiquez fur planches vos *laitues coffes* , *laitues de Cilicie* & autres efpeces femées dans le mois dernier ; car fi l'Automne eft favorable, elles pourront déjà vous fervir en Septembre.

Produits du Jardin Potager.

Choux-fleurs , artichaux , choux, carottes, féves, pois, haricots, *turneps* ou navets , laitues de toutes les fortes, concombres, melons, & toutes fortes de petites falades ; ou comme : radix, raves, moutarde, creffon, pourpier ; & des femailles de primeur : céleris & endives ; fénouil, oignons, ail ; rocambole, perfil, ozeille, chervis, fcorfonaire, falfifix du premier femis ; bettes , radix aux chevaux (*horfe-radish*) ou *cochlearia armoracia* ou radix fauvage, pommes de terre plantées de bonne-heure ; & dans les terreins humides ou fangeux, radix, épinards, foucis, tomates pour foupes, lorfqu'on les a plantées de bonne-heure & dans des fituations chaudes ; pimprenelle, bourrache, buglofe, menthe, baume, fauge, thym, marjolaine odorante, bafilic, avec quelques autres plantes aromatiques & herbes potageres.

Juillet.

Ouvrage à faire dans le Jardin à fruit & dans la Vigne.

Au commencement du mois, examinez d'un œil attentif vos arbres de muraille & d'efpalier ; retranchez toutes les branches qui pouffent en avant , & ne laiffez que les branches régulieres deftinées à être appliquées contre le mur ou l'efpalier , & que vous mettrez dans leur jufte pofition , afin que le fruit ait la jouiffance du foleil & de l'air pour le mûrir & lui donner une faveur agréable. Si ce travail eft bien exécuté, vous n'aurez pas befoin de dépouiller les branches de leurs feuilles, comme le pratiquent quelques perfonnes peu judicieufes , au grand préjudice, & de leurs arbres & de leurs fruits. Je ne faurois non-plus m'empêcher de répéter ce que j'ai déjà dit ailleurs, favoir : qu'il ne faut pas fouffrir que les arbres fruitiers reftent négligés jufqu'ici, comme on ne le pratique que trop fouvent , & jufqu'à la *taille d'Eté*, ainfi qu'on l'appelle communément ; car en différant la taille , les Jardiniers coupent toutes les branches *luxuriantes*, & racourciffent feulement celles défignées pour refter. Enfuite ils les *paliffent* ou les attachent au mur ; en forte qu'ils rétabliffent l'ordre où il n'y avoit auparavant que défordre & confufion. Mais en agiffant ainfi, ils ne font pas réflexion que le fruit qui étoit ombragé par les branches *luxuriantes*, fe trouve foudainement expofé au

H

foleil & à l'air : ce qui durcit leur peau & retarde leur développement. Si au contraire les branches ou rejettons avoient été paliſſés à meſure que la tige les produiſoit, le fruit ſe trouveroit toujours ſous une égale couverture de feuilles, & par conſéquent moins ſujet à ſuffrir des *extrémes* ou des grandes variations du tems. Par cette méthode le fruit avance auſſi plus conſidérablement que lorſqu'on attend la taille d'Eté. Comme cette derniere pratique eſt généralement la plus ſuivie, on ne peut trop en faire voir les inconvénients, ni trop répéter qu'on doit l'abandonner.

Au commencement de ce mois, greffez par boutures toutes vos ſortes de fruits, ſuppoſé que vous ne l'ayiez pas fait dans le mois précédent; & choiſiſſez toujours le ſoir ou un jour nébuleux.

Houez & ſarclez la terre autour de vos eſpaliers, & dans les bordures qui ſont le long des murs où vous avez des arbres à fruit. Ne ſouffrez point que les mauvaiſes herbes habitent votre jardin dans cette ſaiſon, de crainte qu'elles ne dérobent la nourriture deſtinée pour vos arbres. Tranchez impitoyablement tous les *ſucceurs* qui s'élevent de la racine des arbres, dès que vous les voyez paroître; car ils cauſeront du dommage à vos arbres ſi vous les laiſſez ſubſiſter.

Veillez avec ſoin ſur les limaçons matin & ſoir; mais ſurtout après une ondée de pluie; car c'eſt alors qu'ils ſont tentés de ſortir & qu'ils ſont aiſés à

Juillet.

prendre. Cette vermine cauſe de grands ravages, ſur-tout aux fruits à noyaux.

Placez des phioles de verre remplies d'une eau emmielée en divers endroits de vos murailles, afin de détruire les frélons & les fourmis qui gâtent les plus beaux fruits. La douceur de l'eau emmielée les engage à entrer dans la phiole, & ſouvent elles y trouvent leur tombeau. Les phioles doivent être pendantes le long du mur, & attachées avant que le fruit mûriſſe. C'eſt alors que la tentation les fait ſuccomber, & non après qu'elles ont tâté du fruit. Si vous avez un aſſez bon nombre de ces phioles pendantes, & que vous les ayiez placées à propos, votre fruit ſera préſervé de ces inſectes.

Voyez & obſervez avec attention en quel état ſont vos *vignes*; déplacez toutes les branches pendantes & le bois ſauvage (*wild-wood*), & rangez-les de maniere que le fruit n'ait pas plus de feuilles qu'il lui en faut pour le couvrir. Mais, au nom de Dieu, gardez vous de dépouiller les branches de leurs feuilles, ainſi que le pratiquent trop ſouvent des perſonnes peu habiles, car ces feuilles ſont abſolument néceſſaires au développement du fruit. Vous n'aurez jamais beſoin de recourir à cette méthode deſtructive ſi vous avez ſu placer les branches à propos, & que vous ayiez conſtamment dégagé les ceps de ſes rejettons ſuperflus, à meſure qu'ils paroiſſoient. Quand on met cette méthode en uſage de bonne-heure dans la ſaiſon, le fruit aura plus de trois femaines d'avance, ainſi que je le fais par expérience, fera plus beau & aura meilleur goût que ſi vous vous conduiſiez par l'autre pratique. Si vous ſouffrez que les rejettons ſoient pendants le long des murs ou des échalas, les feuilles prendront une direction contraire ; & lorſque le tems eſt arrivé de les lier dans leur poſition naturelle, le revers de la feuille ſe trouve en deſſus. Il s'écoule un certain tems, juſqu'à ce que par aſcendance la feuille ait repris ſon état naturel ; pendant cet intervalle le fruit ſouffre, & ne fait aucun progrès dans ſon accroiſſement, intervalle qui eſt communément de huit à dix jours. Voilà donc huit à dix jours bien comptés que le fruit perd, préciſément dans la ſaiſon la plus favorable à ſon développement ; ce qui, joint au trop d'ombrage qu'il a eu dans les premiers mois, forme une perte irréparable pour ce climat.

Vous ne devez pas avoir moins de ſoin à ſarcler conſtamment la terre entre les rayons & les ceps de vos *vignes* : objet qui eſt auſſi de la plus grande conſéquence pour ce climat ; car quand on ſouffre que d'autres plantes croiſſent dans le même terrein, non-ſeulement elles privent la vigne de ſa nourriture, mais encore elles forment, par leur tranſpiration, une humidité dans l'air qui les environne, & empêchent le ſoleil & les vents de ſécher la ſurface de la terre, d'où il arrive que le fruit ne peut ſe nour-

Juillet.

rir que de crudité, & devient par-là moins délicat.

Examinez avec attention vos arbres fruitiers entés ou greffés dans la derniere ſaiſon, & prenez garde de ne laiſſer ſubſiſter aucun rejetton ſur le tronc ou le ſauvageon, de crainte que la greffe n'en reçoive une diminution dans ſes aliments.

Quand il arrive que certains de vos arbres fruitiers attachés au mur ou à l'eſpalier, ne ſont pas de l'eſpece dont vous ſouhaiteriez qu'ils fuſſent, vous devriez à préſent vous fournir de boutures du genre que vous demandez, & en greffer leurs tendres rejettons (*shoots*). Si vous mettez pluſieurs boutures à différentes parties de chaque arbre, & que ces boutures vous réuſſiſſent, les murs & les eſpaliers en ſeront bientôt revêtus & ſeront auſſi floriſſans qu'auparavant ; enſorte que vos arbres, par cette méthode, ſe trouveront en état de porter abondamment au bout de trois ans, tandis qu'en plantant de nouveaux arbres à la place de ceux qui ont été détruits, il ſe paſſera ſept à huit ans avant que ces nouveaux plants puiſſent parvenir à leur perfection.

Fruits de la ſaiſon & fruits anciens qui durent encore.

POIRES : La primitive, la Robine, le petit-muſcat, la muſcadelle rouge, cuiſſe-madame, petite blanquette, jargonelle, chiſſelle-verte, orangemuſquée, avec quelques autres, auxquelles il faut ajouter,

fi l'on a pris foin de les conferver : la poire noire de *Wor-
cefter*, & la poire-verte du Lord
Cheyne, lefquelles durent encore.

POMMES : *Codling* ou la pomme bonne à cuire, la marguerite, la blanche *june eating* ou
bonne à manger en Juin, la
flubbard, le *cofting* d'Eté, la
pomme-poire d'Eté, pomme de
Rambour ; & pour les poires
de l'année derniere, la pomme-
Jean ou pomme de deux ans
dure encore, ainfi que la renette-
dure, & l'*oaken-pin* ou le pignon de chêne.

CERISES : Cerife de Kent,
cerife-duke, cerife cœur de
Gafcoigne, cerife-carnée, cerife *lukeward*, cerife cœur de
bœuf, cerife cœur d'ambre,
cerife-couronne (*coroon*), ce-
rife-ambre, cerife d'Efpagne
blanche, cerife d'Efpagne noire.

PÊCHES : Mufcade brune,
mufcade blanche, la pêche-
Anne.

Neſtarine ou pavie ou brugnon : Mufcade de primeur du
fieur *Fairchild*.

PRUNES : Jaune-hâtive, *mo-
rocco*, prune d'Orléans, pri-
mordiale ou primitive bleue,
violette-royale.

ABRICOTS : Abricot-orange,
abricot Romain, abricot de
Breda, abricot d'Alger, abricot
de Turquie.

Grofeilles vertes ou groffes
grofeilles, framboifes, *corinthes*
ou petites grofeilles ; & dans
les fituations froides : fraifes
blanches, fraifes vertes, fraifes
du Chili ; & dans la ferre chaude,
des *ananas* ou pommes de pin.

Juillet.

Ouvrage à faire dans la Pépiniere.

Continuez de greffer vos arbres à fruit, comme : *abricot*,
pêches, *neſtarines* ou *pavies*, *cerifes*, *prunes*, *poires*, &c. Il faudroit pour cela prendre, s'il
étoit poffible, un jour nébuleux, ou choifir le matin ou
le foir, tems auquel le foleil
n'eft pas violent ; car les rejettons ou boutures ont coutume
de fe retirer ou de fe racourcir
quand le foleil eft ardent : ce
qui eft caufe que la bouture
adhere de trop près au fauvageon. Beaucoup de gens les
font tremper dans l'eau auparavant ; mais cette maniere n'eft
pas la meilleure, car les boutures fe trouvent tellement imbibées, & tellement faturées
d'humidité, que cela les empêche de s'unir au fauvageon ;
en forte que très-fouvent elles
avortent. C'eft pourquoi lorfqu'il eft néceffaire de les mettre
dans l'eau, il ne faut tremper
que la partie inférieure de la
bouture, & ne lui donner qu'un
pouce d'immerfion ; car la partie fupérieure attirera l'humidité
beaucoup mieux que fi toute
la bouture étoit plongée dans
l'eau.

Trois femaines environ après
que vous avez enté vos fauvageons, venez les revoir, & deta-
chez en le bandage, afin que les
boutures ne foient pas pincées
(*pinched*), ne fouffrent pas de
dommage, & ne fe detrui-
fent pas.

Obfervez de tenir votre Pépiniere, dans cette faifon, dégagée, & affranchie de toutes mauvaifes herbes, lefquelles vont bientôt monter en graine; & fi vous leur permettez de refter fur votre terrein, elles le rempliront d'une poftérité fi nombreufe, qu'il vous fera impoffible de vous en défaire pendant plufieurs années.

Continuez de traiter & de conduire vos arbres toujours verts d'une maniere qui réponde aux deffeins que vous vous propofez; & lorfque vous vous appercevez que quelqu'un de vos arbres foreftiers pouffe des rejettons à la racine, arrachez-les promptement, afin que la tête de l'arbre en devienne plus forte & plus vigoureufe.

Sarclez les couches qui renferment de jeunes plants, foit en fauvageons, foit en arbres fruitiers, & que vous avez femés dans le Printems dernier; & lorfque le tems eft fort chaud, rafraîchiffez-les avec de l'eau, afin d'aider à leur accroiffement.

Vers le milieu de ce mois, fuppofé que le tems foit humide, tranfplantez en toute fûreté plufieurs fortes de vos arbres toujours verts. Tranfplantez auffi vos jeunes pins & fapins provenus de graines, & faites-leur quitter les pots ou les caiffes où ils ont pris naiffance. Mais ayez foin que les planches où vous les repiquerez foient couvertes de paillaffons chaque jour jufqu'à ce qu'ils aient pris racine. Si vous obfervez bien ceci, vos plants feront promptement enracinés, & feront des progrès rapides; car c'eft ici certainement la faifon

la plus fûre pour ce travail, fur-tout pour les jeunes plants provenus de femence, & lorfqu'on ne doit pas leur faire faire un long voyage. Comme leurs racines fe defféchent promptement, lorfqu'on les tire de terre dans cette faifon; c'eft une raifon de les replanter immédiatement, ou bien il arrivera que les fibres de leurs racines fe deffécheront, & fouffriront grandement. C'eft pourquoi, lorfque ces jeunes plants ne font pas deftinés à paffer dans des lieux éloignés, il faudroit les placer dans quelques bas-fonds (*shallow-pans*) où il y eut de l'eau, à mefure qu'on les tire de terre, ou les envelopper d'une mouffe humide.

Ouvrage à faire dans le Parterre & dans le Défert.

Tirez les bulbes de vos fleurs tardives & qui n'étoient pas encore en état de maturité le mois dernier, comme: *ornithogale, lys-rouge, martagon,* & quelques autres fortes. Tranfplantez les racines *d'iris de Perfe* & *d'iris bulbeufe,* fi leurs feuilles font mortes, ainfi que celles de fritillaire, hyacinthe du Pérou, dent de chien, narciffe & autres fleurs à racines bulbeufes & tubéreufes. Comme ces plantes ne fe gardent pas long-tems hors de terre, & que dans cette faifon elles font inactives, c'eft à préfent le tems propre de les tranfplanter; & fi vous attendez que les racines aient jetté de nouvelles fibres, vous ne ferez plus à tems, & vous perdrez le fruit de votre travail.

Juillet.

Continuez à faire des marcottes d'œillets, d'œillets-carnes, *œillets de poëte* , &c. , Si vous avez oublié de vous en fournir le mois précédent ; mais le plutôt fera le mieux , pourvu que les rejettons (*fhoots*) foient affez forts pour être plantés.

Tranfplantez vos fleurs *bienniales & pérenniales* ou bifannuelles & vivaces à racines fibreules femées au printems, comme : *œillets, œillets-carnés, violliers , violiers de muraille , mauve-rofe, chèvrefeuille de France , campanule de Cantorbery , fcabieufe , campanule pyramidale , lychnis écarlate, rofe de campion (rofe campion) ou agroftemma , digitale , primerofe en arbre , valériane de Grece , colombines* ou *ancholies , polyanthes ,* & quelques autres que vous devez avoir plantées dans les couches de la pépiniere , & où elles doivent avoir affez de place pour croître jufqu'à la St. Michel , tems auquel vous les tranfplanrerez dans les bordures ou plates bandes du Parterre.

Tenez diligemment vos bordures purgées de toutes mauvaifes herbes , de celles furtout qui montent promptement en graine ; car fi vous leur permettez de refter & de s'étendre , vous ferez plufieurs années avant de pouvoir les extirper.

Recueillez les graines de vos fleurs à mefure qu'elles mûriffent , faites les fécher à l'ombre , & gardez-les dans leurs capfules jufqu'à ce que la faifon de les femer foit ve-

Juillet.

nue ; mais laiffez-les bien fécher avant que d'en faire ufage , autrement elles moifiront dans la terre & dégénéreront en pourriture.

Coupez les tiges dont les fleurs commencent à fe faner & à dépérir , & liez celles des grandes plantes que vous laiffez pour fleurir , de crainte que le vent ne les brife ou ne les renverfe.

Inoculez des *rofiers* , des *jafmins* , & autres curieufes plantes à fleurs , en arbre & en arbriffeaux , car ce mois-ci eft la faifon principale pour cet ouvrage.

Faites la tonte à vos *haies*, rognez vos bordures de *buis* , fauchez vos tapis de verdure , & paffez conftamment le roulloir dans toutes vos allées ; farclez fur-tout & enlevez les mauvaifes herbes ; ne fouffrez pas leur voifinage dans cette faifon , car elles monteront promptement en graine , & rempliront toutes vos promenades de leurs defcendans.

Vos beaux *œillets-carnés* étant actuellement en fleurs , vous devez leur donner toute votre attention ; & lorfque vous voyez qu'ils commencent à créver , ouvrez doucement la coffe ou l'enveloppe du côté oppofé , afin qu'ils puiffent fleurir également. Si vous manquez le moment de faire ce travail , les pétales ou feuilles de la fleur fe rangeront toutes du côté de la crévaffe , & votre œillet fera difforme. Préfervez-les fur-tout des fourmis & des perce-oreilles , car fi ces infectes pouvoient les atteindre, ils les détruiroient en peu de tems. Vous devez aussi couvrir ces fleurs avec des verres, des bassins, ou avec du papier huilé, pour les mettre à l'abri de l'humidité, & pour qu'elles ne soient pas brûlées par la chaleur du soleil. Mais dans tout ceci il faut apporter plus ou moins de diligence, & employer plus ou moins de soins à se conformer à la température de la saison, suivant que les personnes sont plus ou moins curieuses d'avoir des fleurs magnifiques. C'est pourquoi le soin & la conduite pour les beaux & superbes œillets-carnés, regardent moins ceux qui ont d'autre besogne plus pressante, que ceux qui s'en font une occupation particuliere & un amusement.

Vous pouvez à présent augmenter la famille du double *lychnis écarlate*, en plantant des *coupures* ou boutures tirées de la tige ; chacune de ces *coupures* [*cuttings*] doit avoir trois ou quatre joints ; mais vous n'en mettrez que deux ou trois dans la terre. Il faut les planter dans une planche ou bordure de terre fraîche & légere, & qui soit située à l'ombre, en observant de les rafraîchir avec de l'eau, suivant la sécheresse de la saison. Si vous prenez soin de les couvrir avec des verres, elles prendront plus sûrement racine.

Fournissez vous, vers la fin du mois, de marcottes d'*œillets*, *œillets-carnés*, *œillet de poëte*, & autres qui aient déjà pris racine. Vous les planterez, ou dans des pots, ou dans des bordures d'une bonne terre fraiche, où vous pourrez les laisser jusqu'à ce que vous ayiez occasion de les replanter dans les endroits où elles doivent rester pour fleurir. Il ne faut pas les laisser trop long-tems reposer sur les vieilles racines, parce que si elles n'étoient pas saines, les marcottes participeroient bientôt à leur corruption. Mais lorsque vous les plantez, vous devez prendre soin de les arroser, & de les couvrir jusqu'à ce qu'elles aient pris racine. Quand vous coupez ces marcottes dans les vieilles racines, il faut tailler la partie de la tige qui en provient, précisément à l'endroit où elle a été fendue lorsque vous l'avez plantée, & il faut aussi tondre les feuilles.

Sur la fin du mois, semez quelques graines de fleurs annuelles dans des bordures chaudes, pour y passer l'hiver, & pour qu'elles puissent fleurir de bonne-heure au printems prochain. Vous pouvez par cette méthode, obtenir de bonnes semences de plusieurs plantes, sur-tout de celles qui, semées seulement au printems, ne peuvent jamais mûrir leur graine dans ce climat, comme : le *pois de senteur*, ou *parfumé*, l'*aimable sultan*, *anastatica* ou la *ressuscitante* ou *rose de Jericho*, quelques sortes d'*orobus*, *pied d'alouette* double, *violier* annuel, *nombril de Vénus*, *Xerantheme*, *jacée*, avec quelques autres. Si celles-ci peuvent passer l'hiver, non seulement elles fleuriront de meilleure heure, mais elles

Juillet.

auront plus d'embonpoint , elles feront plus belles , & produiront des fleurs en plus grande quantité. Celles qui portent des fleurs doubles feront auffi plus fournies , & plus garnies que celles femées au printems. C'eft pourquoi , quand l'hiver s'annonce avec rigueur & avec févérité , il faut abfolument mettre à l'abri du froid celles qui font de la plus tendre efpece.

Vos *auricules* choifies doivent être à préfent préfervées des mauvaifes herbes , & dépouillées de toutes leurs feuilles mortes. Ne fouffrez pas que ces feuilles fubfiftent plus longtems fur elles , car elles les feroient tomber dans le dépériffement ou en pourriture. Ne manquez pas non plus de les placer dans une fituation à l'ombre ; mais que ce ne foit pas fous les arbres où elles recevroient les gouttes d'eau qui en découlent.

Les *auricules* de graines qui ont germé au printems dernier , demandent à préfent que vous les tranfplantiez dans des pots ou dans des caiffes remplies d'une terre riche que vous placerez à l'ombre dans quelque coin. Comme elles font tendres & petites , elles doivent être conduites avec délicateffe & être arrofées avec précaution. Ayez foin fur-tout que les vers ne les pouffent pas hors de terre , & que les limaçons & limaces , leurs ennemis , ne les dévorent pas.

Tenez vos allées & autres lieux de promenade du *défert*, propres , nettes , dégagées de

Juillet.

toutes litiere & de toutes mauvaifes herbes ; taillez les arbres qui croiffent dans un ordre irrégulier , afin que votre défert foit embelli. Car c'eft à préfent que le défert & les allées fombres font particuliérement fréquentées ; tenez-les donc bien proprement , & que rien ne s'y offre qui ne foit agréable.

Sortez de leurs couches chaudes , au commencement de ce mois , les plus tendres plantes annuelles , comme : *amaranthes* , *gomphrena* , *datura* à fleurs doubles , *Martynia* , *mefembryantheme* , double *balfamine* , & quelques autres. Vous devriez les placer à préfent dans votre parterre , & en garnir les bordures ou platesbandes où croiffent les fleurs de printems actuellement paffées. Vos bordures , par cette fucceffion , fe trouveront également embellies pendant l'Été & pendant le Printems.

Plantes actuellement en fleurs dans le Jardin de plaifance.

Œillets-carnés (*carnations*), œillets , œillet de poëte , herbe à mulet de Fairchild ou *hemionitis* (*Fairchild's-mule*) , Robin en lambeaux double & fimple , *hefperis* ou julienne , faule de France , berceau de vierge double & fimple , *antirrhinum* ou mufle de veau , *linaria* de plufieurs fortes , centaurée de plufieurs efpeces , pois toujours vert : pois de fenteur ou parfumé , pois de Tanger, *lathyrus* à fleurs bleues, *hieracium* , lys blanc , martagon écarlate, lys-afphodel ou

lys du jour (*Day-lily*) ornithogale en épi, hellebore blanc à fleurs vertes & pourprées, *aconitum luteum*, *anthora*, aconite à larges fleurs bleues & blanches, acanthe, lavatere scabieuse des Indes, houx de mer de quatre à cinq sortes, aimable-sultan, pavots de divers genres, campanule à feuilles de pêcher, miroir de Vénus, nombril de Vénus, *ptarmica* double, double matricaire, double camomille, *buphthalmum* de deux ou trois sortes, violier annuel, rose du compagnon double, pied d'alouette, scrophulaire d'Espagne, Nigelle, deux sortes de soucis d'Afrique, lupins de plusieurs sortes, amaranthes, *gomphrena*, *capsicum* des Indes, Xérantheme, valérienne rouge de jardin, rose-trémiere ou rose-mauve, phlox de la Caroline, phlox en épis, fleurs de soleil de plusieurs sortes, herbe à l'araignée de Virginie, Lychnis écarlate, verges d'or de plusieurs sortes, soucis de France, balzamine femelle, merveille du Pérou, œillet de la Chine, quelques afters de l'espece hâtive, lychnis-nain, touffe de Candie, mauve de plusieurs genres, *nasturtium* des Indes de trois ou quatre sortes, chrysantheme, *ricinus* ou *palma christi*, chardon en globe ou globulaire de trois genres, campanule pyramidale, *limonium* de plusieurs genres, catananche *quorumdam*, catananche à fleurs jaunes, *Eupatorium*, grande centaurée de plusieurs
  Juillet.

sortes, statice *major*, *sida* de plusieurs especes, Adonis de trois genres, *glycine* ou réglisse, *inula* ou aulnée, astragale, baume des Moluques, *chelone* ou tortue rouge & blanche, blattaire, *polium* de montagne, *polium* de plusieurs autres sortes, dictamne du mont Syphilis, tabac de plusieurs especes, primerose en arbre [*tree-primrose*,] giroflier ou clou de gerofle [*clove-gilliflower*], saponaire double & simple, coronille herbacée, *heliotropium majus*, *trachelium umbellatum*, *eryngium*, monarde de deux ou trois sortes, *Achillæa* de plusieurs especes, dictamne de Crête, *caffida* ou toque de plusieurs sortes, *Lysimachia spicata*, soucis double, dracocephale de plusieurs especes, lotier ou pied d'oiseau [*bird's-foot*], *convolvulus* de plusieurs sortes, *apocynum* de deux ou trois genres, *Asclepias* à fleurs noires & à fleurs blanches, *alyssum*, *Sclarea* de plusieurs especes, *spigelia* ou l'œillet d'Inde, *mimulus*, *dianthera*, *parthenia*, *Dodartia* ou la Dodart, *conyza*, *cannacorus* du Nord de l'Amérique, *amethystæa*, *horminum*, cérinthe ou mélinet pourpre & jaune, santoline, *Rudbeckia* ou la *Rudbec* de trois ou quatre sortes, *silphium*, Ginseng, fèves écarlates, fumeterre de Tanger, véronique, *Ruyschiana* de deux sortes, *fabago belgarum*, héliantheme de plusieurs sortes, iris de *Pocock*, *anonis* de la Caroline, avec quelques autres.

Arbres & arbriſſeaux de la dure eſpece ou de pleine terre actuellement en fleurs.

Pluſieurs ſortes de roſiers, genêt d'Eſpagne, jaſmin blanc, jaſmin nain jaune, *hypericum* des Canaries, *hypericum* puant en arbriſſeau, grenadier double & ſimple, fleurs à trompette de Virginie ou *Bignonia*, *agnus-caſtus* ou l'arbre chaſte, ciſte mâle de pluſieurs ſortes, ciſte-ledon de pluſieurs eſpeces, *phlomis* ou ſauge en arbre de pluſieurs ſortes, *oleaſter*, quinte-feuille en arbriſſeau, *ſpiræa* à feuilles de ſureau de marais, *althæa frutex*, fleur de la paſſion, *cytiſus lunatus*, glycine de deux ſortes, ſéné à veſſie, chèvre-feuille de Hollande, chèvre-feuille toujours vert, chèvre-feuille à longue floraiſon, chèvre-feuille tardif blanc, chèvre-feuille écarlate de Virginie, tulipier, ſumach de Virginie, myrte à feuilles de ſumach, *geniſta tinctoria*, *geniſtella*, *cytiſus hirſutus*, ſumach à feuilles d'orme, célaſtre, *ſpiræa* rouge, *itea*, *clethra*, *hydrangea*, *periploca*, *Bignonia* de deux ou trois eſpeces, oignons de pluſieurs ſortes, *cytiſus-glaber nigricans*, cytiſe de Tartarie, genêt blanc d'Eſpagne, mauve en arbre, abſynthe en arbre, acacia épineux, *pavia*, indigo bâtard, *azedarach*, genêt de Luques, framboiſier à fleurs, *catalpa*, *Diervilla*, roſier muſqué, *Kalmia*, bois de chien de Virginie, ſaſſafras, *ceanotus*, houx *Dahoon* ou de la Caroline, laurier de Portugal, magnolier, houx, *Juillet.*

troëne, roſier de tous les mois; roſier ſauvage d'Amérique, *guaiacana*, *myrica*, ou myrte à chandelles, *tamariſcus* ou tama-ris, clématite à fleurs bleues, *ſpartium triphyllum*, *cneorum* ou camélée, avec quelques autres.

Plantes médicinales actuellement propres au ſervice.

Tormentile, ſariette d'hiver, *ros ſolis*, l'herbe à éternuer, *pulegium*, anchuſe ou l'herbe aux bleſſures des payſans (*clowns-wound's ſtvort*) ou crapaudine, origan, herbe aux chats, mille-feuille ou *Achilea* ou ſeigne-nez (*noſe-bleed*) menthe aiguë ou en forme de lance (*ſpearmint*) menthe poivrée, matricaire, mélilot, marrubier blanc & noir, lin de crapaux (*toad-flax*), ſauge de vertu, ſauge rouge, abſynthe-ſauge, ſauge ſauvage ou ſauge des bois, lin de montagne, lys blanc, lys d'eau ou nénuphar, rue, poivrée, livêche ou ache de montagne, impé-ratoire, molene (*mullein*), creſ-ſon pour la ſciatique (*ſciatica-creſſ*), véronique, fleurs de jaſmin, hyſſope, *ſclarea* ou or-vale, *oculus Chriſti*, mille-pertuis ou herbe de Saint-Jean (*St. John's-woot*), *ſtæchas* ou lavande de France, tanéſie, filipendule, euphraiſe ou l'œil-brillant (*eye-bright*), acanthe ou bran-che-urſine, lavande, aigremoi-ne, *ſcordium*, verveine-mauve, mauve de marais, anet, arrête-bœuf, rue de chèvre, ger-mandrée, thym, chicorée, ba-zilic, chicotin (*orpine*) ou orpin ou *telephium*, calaminthe ou méliſſe, campanule, œil-de-bœuf ou leucantheme, buglose à vipere ou *echium*, soucis, véronique, chèvre-feuille, lit de paille des Dames *(ladies-bedstraw)* ou *gallium*, cardiaque ou *cardiaca*, hyssope des haies, cloux de girofle, *centinopodium* ou trainasse, *symphytum*, cerises noires *(black - cherry)* fureau-nain, herbe à coton *(cudweed)* ou *gnaphalium* ou immortelle, haies de mezereon, *épithyme (dodder)* ou cuscute, roquette de jardin, moutarde des haies, groseille, patience de fontaine *(water-dock)* mort aux poules *(hen-bane)* ou *hyoscyamus* ou jusquiame (1), mastic, cicuraire odorante *(sweet-cicily)* pourpier, framboises, serpolet, ou la mere du thym *(mother of thyme)*, mauve.

Ouvrage à faire dans le Jardin & dans les deux Serres.

Cueillez les fleurs d'*orange* qui sont trop serrées, trop près l'une de l'autre ; & si vos orangers ont donné un nombre suffisant de fruits le mois précédent, vous ferez bien d'ôter toutes les fleurs nouvellement produites ; car celles-ci sont venues trop tard pour la saison, les fruits qui leur succedent n'auroient pas le tems d'acquérir, avant l'hiver, une grosseur considérable, & seroient en danger d'avorter & de tomber avant le printems. Quand vous remarquez que quelques fleurs du mois dernier se sont changées en fruit, vous devriez les arracher, & ne laisser que peu de fruits sur l'arbre, c'est-à-dire les fruits les mieux situés & qui proviennent de branches vigoureuses ; car quand on laisse trop de fruits sur un arbre, on le rend foible, & le fruit manquant des alimens nécessaires, parvient rarement à une grosseur considérable, sur-tout quand l'arbre est en caisse ou en pot ; & si les branches su lesquelles le fruit se nourrit sont foibles ou débiles, le fruit se réduit ordinairement à rien.

Continuez de faire des *coupures* ou boutures pour ceux de vos arbres exotiques dont vous avez besoin d'augmenter le nombre, supposé que vous ne l'ayiez pas fait dans les mois précédents. La meilleure maniere de planter par rejettons ou par *coupures* dans cette saison, c'est de préparer une couche de terre legere & riche, dans laquelle vous mettrez les rejettons tout près les uns des autres ; puis vous la couvrirez en berceau avec des cerceaux, & vous mettrez immédiatement sur la couche du papier huilé, afin de mettre à l'ombre vos jeunes plants dans les tems de chaleur, en observant de les arroser en plein lorsqu'il est nécessaire. Mais découvrez-les tous les soirs, & laissez-les recevoir la rosée, car elle leur sera très-favorable. Cependant ceci ne doit se pratiquer qu'à l'égard des especes d'arbres qui ne sont pas fort tendres, car les plantes de cou-

---

(1) *Hyoscyamus*, terme Grec qui signifie *féve de pourceau*, terme que les Latins ont adopté & qu'on prononçoit en changeant le *c* en *k*, *Hyoskiamus*, *Joskiamus*, d'où *Jusquiame.*

Juillet.

che chaude exceſſivement tendres, demandent à repoſer dans un lit d'une chaleur modérée, pour les faciliter à prendre racine, ſur-tout les plantes ſucculentes, comme : *cierges*, *Euphorbes*, *melon-chardon*, & quelques ſortes de *cotyledons*, &c. ; mais toutes les eſpeces de *geranium*, *myrtes*, *ſeneçons*, *arctotides*, *apocynum* dur, *mélianthe*, *oſeille* en arbre, *leonurus* ou *queue de lion*, *ſauge* en arbre d'Afrique, *phlomis*, *Hermania*, *arbre d'ambre*, & autres arbriſſeaux du Cap de Bonne-Eſpérance, prendront beaucoup mieux racine dans un lit compoſé d'une terre riche, que s'ils étoient plantés en couche chaude.

Changez les plantes exotiques qui vous ſont provenues de graine au printems, & mettez-les chacune dans des pots ſéparés ; changez auſſi de pots & donnez-en de plus larges à celles que vous avez tranſplantées dans le mois de Mai. Cependant, à moins que ces dernieres ne ſoient du nombre de celles qui croiſſent promptement, vous pouvez vous diſpenſer de ce travail ; il vaut mieux alors que leurs racines ſoient limitées, & en les changeant de pots, vous nuiriez à leur accroiſſement. Plongez celles qui ſont de la tendre eſpece dans une couche de tan, en prenant ſoin des les arroſer & & de les couvrir de verres juſqu'à ce qu'elles aient pris racine;enſuite de quoi vous leur diſpenſerez de l'air & de l'eau, conformément à la chaleur du tems.

Juillet.

Lavez & nettoyez les feuilles & les tendres rejettons de vos plus belles exotiques, ôtez-leur la pouſſiere & l'ordure, & empêchez les inſectes de les approcher : deux fléaux ordinairement à craindre pour elles dans cette ſaiſon, & dont elles ne ſont que trop ſouvent la victime, ſur-tout celles qui ſont dans les couches de tan. Si vous n'en ôtez pas l'ordure à tems, & ſi vous n'en éloignez pas promptement les inſectes, vous verrez bien-tôt que toutes vos autres plantes de ſerre chaude en ſeront tellement infectées que vous vous repentirez d'avoir négligé ce travail ; d'ailleurs, vos plantes en paroiſſent moins belles, & leur développement en eſt retardé.

Dans les tems chauds, donnez à vos tendres exotiques autant d'air qu'il eſt poſſible, ſur-tout quand le vent n'eſt pas fort changeant. Vers le milieu du jour, il ſeroit à propos de couvrir les fenêtres de la Serre chaude quand elles ſe trouvent près des couches où repoſent vos plantes, autrement la violence du ſoleil deſſéchera la terre de vos pots trop promptement. Cette coutume devroit auſſi s'obſerver dans les petites Serres chaudes, où les fenêtres ſont tout près des plantes. Mais ce travail n'eſt pas néceſſaire dans les grandes ſerres chaudes, ſpacieuſes, aërées, & où les fenêtres ſe trouvent toujours à une grande diſtance des plantes ; pourvu cependant qu'on ait la précaution de les tenir ouvertes, afin d'admettre une portion d'air ſuffiſante.

Remuez le tan des couches dont la chaleur commence à décliner, & ajoutez-y de nouvelle écorce afin d'en renouveller la chaleur, de la prolonger , & de la faire durer plus long-tems. En même-tems , changez de pots les plantes dont vous aviez limité ou circonscrit les racines , & qui demandent à passer dans des pots plus larges.

Vos *ananas* mûriront très-promptement si la saison est chaude ; c'est pourquoi, dès que vous en avez coupé le fruit, prenez les pots qui contiennent les vieilles racines, & plongez-les dans une couche chaude, afin de forcer les *succeurs* à reprendre d'assez bonne-heure & à pousser avant l'Hiver. Pour parvenir à ce degré, il faudroit accourcir leurs larges feuilles, & arracher les petites ou celles de dessous, afin de donner aux *succeurs* un moyen facile de paroître promptement.

Il faut à présent changer vos plants d'*ananas* qui doivent donner du fruit dans la saison prochaine, & qui ont jetté racine ; il faut les faire passer dans les pots où ils doivent rester à demeure. En vous y prenant de bonne-heure, vos ananas auront le tems de produire de bonnes racines avant l'Hiver, car quand ils n'en remplissent pas les pots avant le Printems, rarement portent-ils de beaux fruits. Ayez soin d'entretenir dans une bonne température de chaleur les couches de tan dans lesquelles ils sont placés pour produire l'année suivante. Mais observez sur-tout de les laisser

jouir d'une bonne portion d'air toutes les fois que le tems est favorable.

Faites des marcottes & des boutures de *jasmin* d'Espagne , d'Arabie , & des Açores, ainsi que des *fleurs de la passion* qui sont de la tendre espece, lesquelles prendront plus aisément racine , si vous les tirez des tendres joints de nouveaux rejettons, qu'en vous servant de vieilles racines de l'année précédente. Vous plongerez les pots dans une couche chaude, sur-tout ceux qui contiennent les tendres especes , sans quoi vos nouveaux plants ne réussiront pas.

Recueillez toutes les graines de vos exotiques à mesure qu'elles mûrissent, & étendez-les sur du papier pour qu'elles puissent se sécher & se durcir. Ensuite de quoi vous les garderez soigneusement renfermées dans leurs capsules , jusqu'à ce que la saison de les semer soit venue.

Celles de vos tendres annuelles qui sont en état de soutenir le grand air , doivent à présent quitter leurs couches chaudes & passer dans une situation à l'ombre ; car elles y monteront en graine beaucoup plutôt que si vous les laissiez toujours reposer dans leurs lits.

Lorsque quelques - unes de vos tendres plantes de Serre chaude sont infestées ou tourmentées par les insectes , ou lorsque leurs feuilles ont ramassé de l'ordure , lavez-les soigneusement & exposez-les au grand air dans une situation chaude & qui soit à l'abri des vents violents , & foyez fûr que vous leur rendrez un grand fervice. Si les infectes y ont porté l'infection , nettoyez-les avec une eau dans laquelle vous aurez infulé de vieilles tiges de tabac. Rien n'eft plus efficace pour détruire entiérement les infectes , fur-tout fi les plantes font faines , & fi vous favez vous fervir de cette infufion. Ouvrez chaque jour dans les tems chauds , les fenêtres de votre Serre , car dans cette faifon , les plantes tranf-pirent avec liberté. Si au contraire , vous tenez vos fenêtres trop bien fermées , vos plantes auront mauvaife apparence , leurs feuilles changeront bien-tôt de couleur , & la corruption ne tardera pas à les attaquer.

Plantes actuellement en fleurs dans la Serre verte ou Serre d'Orangerie, dans le Jardin , & dans la Serre chaude.

Orangers , limoniers , citroniers , tilleuls , *gramen fylvaticum* ou *fhadock* , myrthes de plufieurs fortes , *Amomum Plinii, barba-jovis* ou l'arbutte argenté (*filver-bufh*), *ciftus halimi folio* , cifte ledon de trois ou quatre efpeces , cifte-mâle de plufieurs genres , jafmin d'Efpagne , *geranium* de plufieurs fortes , fcabieufe en arbre de deux fortes , jafmin jaune des Indes , jafmin des Açores , *lantana* à feuilles de houx , jafmin de *Warner* ou jafmin du Cap , jafmin d'Arabie , *colutea Æthiopica, Afclepias* de plufieurs fortes , raiponfe ou fleur cardinale , *caffia* de plufieurs efpeces , *mimofa* de divers genres , *Grævia* , fenfitive ou l'humble plante de diverfes fortes , arbre de corail , *lotus argentea Cretica, lotus hæmorrhoidalis* , *anonis* de trois ou quatre fortes , fleurs de la paffion de plufieurs genres , arbre à café , genêt blanc d'Efpagne , *fabago* à fruit rond & oblong , *fabago* à fruit aîlé , *Wackendorfia* , othonne de deux ou trois fortes , *phillyrea* du Cap , oléandre double , oléandre rouge & blanc , oléandre odorant , *ftapelea* de trois fortes , mefembryantheme de plufieurs fortes , cierge-rampant , grand cierge érigé , *hibifcus* de plufieurs fortes , cotyledons de divers genres , *ricinus* ou *palma Chrifti* de diverfes fortes , *papaya* , *jatropha* ou noix-médicinale commune & de France , graine de perfil , plante à coton , *bafelia, hæmanthus Colchici foliis* , *nafturtium* double des Indes , mille-pertuis ou herbe de la S. Jean de Minorque , polygane en arbriffeau , digitale acanthoïde , héliotrope de plufieurs fortes , *gnaphalium* , foucis du Cap à feuilles de chiendent , foucis du Cap en arbriffeau , after à branches d'Afrique en arbriffeau avec des fleurs bleues , *lantana* de cinq ou fix fortes , *phalangium* , *crinum* d'Afrique bleu , olivier , *tetragonocarpos* , *rhamnus* , *lycium* , pervenche d'Inde en arbriffeau , fauge d'Afrique à fleurs bleues , *lentifcus* , aloës de plufieurs fortes , *Yucca* , rofeau fleuri des Indes , lys fuperbe , *Turnera, adhatoda* de deux fortes , *momordica* , melon-chardon , *quamoclit* ou lizeron écarlate , Tamarin, arbre d'Ambre, diosma de trois ou quatre sortes, ozeille en arbre, lys jacobée, *phytolacca Mexicana*, *phytolacca Malabarica*, célastre de deux sortes, absynthe en arbre, *Bermudiana palmæ folio*, *Plumeria*, *hedysarum*, *Amaryllis*, Asphodel du Cap à larges feuilles, *pancratium* de trois sortes, *crinum*, *iris uvaria*, *Rauvolfia*, *Piercea*, *Martynia* de trois sortes, *Johnsonia*, *phyllanthus*, *spigelia*, *Chironia*, *agnus castus* de la Chine, *crotolaria*, *Waltheria*, pied de veau grimpant (*climbing-dragon*), *saururus*, *costus*, *Maranta*, *Kempferia*, *Clutia*, dentelaire de Ceylan, *lotus* à fleurs noires, *Ruellia* de deux ou trois sortes, so-lanum de divers genres, physalis de plusieurs sortes, *stramonium* double, *Malpighia*, *Maurocenia*, Alcée d'Afrique en arbrisseau, tabac *perennial* ou vivace, campanule, œil de bœuf des Canaries (*ox-eye Daisy*) ou leucantheme ou camomille, *Doria* d'Afrique à feuilles d'arroche, *chrysocoma* de deux ou trois genres, *bupleurum arborescens*, caprier, *crassula*, *anthericum*, *passerina* d'Afrique, *lavatera Africana frutescens*, *Royenia*, héliotrope du Pérou en arbrisseau, *phytolacca* du Pérou en arbrisseau, d'*Ayena*, *Ternatea*, *Kleinia* de deux ou trois sortes, avec quelques autres.

AOÛT.

Ouvrage à faire dans le Potager.

AU commencement du mois, semez des *oignons* afin d'en fournir les tables de bonne-heure au Printems, pour salades, soupes, &c.; & de crainte que l'Hiver ne soit sévere, il seroit à propos de semer en même-tems quelques *oignons de Galles*, parce que ceux-ci soutiendront le plus grand froid, tandis que la plupart des oignons de l'espece commune seront détruits. Il est vrai que les oignons de Galles ont une odeur plus forte que les oignons communs; & c'est la raison pourquoi ils ne sont pas si estimés.

Août.

Semez des *épinards*, si vous voulez en avoir pendant l'Hiver & au Printems; la meilleure sorte pour résister au froid est celle qui a la graine épineuse ou armée de pointes, & que la plupart des gens sement dans cette saison, parce qu'elle est plus dure que celle qui a les feuilles rondes. L'épinard à feuilles rondes se divise en deux ou trois especes, qui ne different que par la largeur des feuilles. Mais l'épinard que les Jardiniers appellent *épinards-Burdock*, est l'espece la plus belle & la meilleure.

Vers le dix ou le vingt de ce mois, femez de la graine de *choux* hâtifs de *Batterfée* & d'*York-Shire*. Quand on la feme de bonne-heure & que les Hivers font doux, elle monte prefque toujours en graine au Printems. Mais fi vous la femez plus tard que le vingt de ce mois, les jeunes plants n'auront pas la force de foutenir le froid, ou ils ne viendront pas de fi bonne-heure, fuppofé qu'ils aient pû y réfifter, que ceux que vous aurez femés à l'époque que je vous ai défignée.

Le vingt-un ou le vingt-trois de ce mois, femez de la graine de *choux fleurs* pour premiere récolte, & pour repiquer fous cloche, ou femez la dans des ados & autres expofitions au Sud le long des murs, où vous les laifferez à demeure. Il en faudroit femer encore vers le vingt-fix pour feconde récolte, & pour replanter fous chaffis où vos jeunes plants refteront pendant l'Hiver. Car il arrive fouvent, quand les faifons font douces, que plufieurs plants des premiers femis montent en graine au printems. Vous voyez par-là que quatre ou cinq jours de différence dans les femailles forment une grande différence, & caufent dans les plantes une difproportion prodigieufe. C'eft pourquoi il eft néceffaire de vous affurer d'un fecond fupplément, dans le cas que la premiere récolte vous manquât, fans quoi vous vous trouveriez dans un grand embarras. Outre cela, votre fecond femis ne produira fes fleurs que lorfque le premier fera paffé ;

Août.

en forte que vous vous trouverez en état de fournir au fervice de la table beaucoup plus long-tems, fur-tout fi les graines dont vous vous ferez fervi, dans cette feconde récolte, font de l'efpece tardive de choux-fleurs.

Vers le milieu ou fur la fin du mois, femez quelques *laitues pommées*, de la *commune* & de la *brune de Hollande*, que vous repiquerez fous chaffis pour venir de bonne heure au printems. Vous en pourrez replanter une partie dans des bordures chaudes & bien expofées, fans avoir befoin de les couvrir, & où elles pafferont l'hiver, fuppofé qu'il ne s'annonce pas avec rigueur. Vous pouvez femer auffi quelques laitues coffes & *laitues de Cilicie*, que vous repiquerez également en bordures chaudes, le long des murs, des paliffades, & près des haies ; & fi l'hiver eft doux vous pourrez vous difpenfer de leur donner aucune couverture. Cependant vous ne feriez pas mal d'en replanter quelques-unes fous chaffis, de crainte que celles qui feroient en pleine terre ne vous manquaffent, & ne fuffent tuées par l'impitoyable hiver, dont la rigueur n'épargne rien. Quand le printems fera venu, vous les repiquerez fur bordures ; & vous verrez qu'elles feront propres de bonne-heure au fervice pour la faifon fuivante, & avant que celles que vous auriez retirées des bordures ou des chaffis, fuffent en état de vous fervir. Mais ne les plantez pas trop

près

près les unes des autres, ni trop près des murs, car rien ne les affoiblit plus que d'être trop voisines des murs, des haies, & des paliſſades.

Quand le tems ſera humide, c'eſt le moment de tranſplanter des *endives* & du *céleris* pour blanchir; lavez-les bien auparavant, afin que la terre s'attache plus aiſément aux racines; & lorſque le tems eſt ſec, arroſez-les juſqu'à ce que les racines ſoient bien priſes.

Tranſplantez à préſent, pour ſupplément d'Automne, quelques-unes des *laitues* ſemées le mois précédent; mettez-les dans une ſituation chaude, de crainte que les froids qui arrivent ſouvent de bonne-heure en Octobre, ne leur portent dommage, & arroſez-les juſqu'à ce qu'elles aient pris racine.

Vers les derniers jours du mois, ſemez pluſieurs ſortes de graines, de celles qui demeurent long-tems en terre & qui, ſemées au printems, avortent le plus ſouvent, comme : *chervis*, *angelique*, *livêche* ou *ache de montagne*, *impératoire* ou *benjoin*, *cochléaria* ou *l'herbe au ſcorbut*, *fenouil*, *Alexandre* (*Alexanders*) ou *perſil de Macédoine*, *ſéſeli* odorant, *mâche* ou *valérianelle*, & quelques autres qui réuſſiſſent toujours mieux ſemées dans cette ſaiſon que lorſqu'on les ſeme au printems.

Sarclez ſoigneuſement vos planches de *choux-cabus* ſemés le mois dernier; & ſi vous vous appercevez qu'ils croiſſent trop épais, tranſplantez-en une partie dans quelque autre planche, afin que ceux qui reſtent

Août.

puiſſent avoir lieu de s'étendre.

Coupez les branches de la plupart de vos plantes aromatiques dont les fleurs ſont paſſées, comme : lavande, romarin, ſariette, hyſſope, &c., afin qu'elles puiſſent donner de nouveaux montans avant l'hiver. Mais ne prenez pas pour faire ce travail un tems fort chaud, car il détruiroit vos plantes, ainſi que cela eſt arrivé pluſieurs fois, ſur-tout ſi les branches qui ont porté les fleurs étoient coupées de trop près, & s'il regnoit une ſéchereſſe.

Tirez de terre vos *oignons*, *ails*, *rocambole* & *échalotte*, lorſque vous voyez que leurs feuilles commecent à tomber & à ſe flétrir. Enſuite étendez-les, en les ſéparant, dans un endroit bien aëré où elles puiſſent ſe ſécher, avant que vous les employiez pour le ſervice d'hiver.

Dans un tems ſec, buttez les *céleris* qui ſont déja forts, & prenez bien garde d'engager la terre dans le cœur de la plante, car cela ne manqueroit pas de la faire tomber en pourriture. Liez auſſi pour blanchir, les endives qui ſont dans leur plein accroiſſement, ou couvrez-les avec des planches ou avec des tuiles. Ceci ne doit également ſe faire que lorſque les feuilles ſont parfaitement ſéches, ſans quoi il ſeroit dangereux que la pourriture ne les attaquât.

Les *artichaux* plantés à demeure dans le printems dernier vont bientôt montrer leur fruit. C'eſt pourquoi tous les petits *ſucceurs* qui partent des côtés de

I

la tige doivent être coupés ou arrachés ; car si vous les laiffez subsister, ce ne fera qu'aux dépens du principal fruit. Il faut aussi les farcler & éloigner de leur voisinage toutes mauvaises herbes, fur-tout les grosses plantes fauvages.

Transplantez vos *brocolis*, suppofé que vous ayiez oublié de le faire le mois précédent, pour rester à demeure dans les endroits où ils doivent fleurir, en obfervant de les arrofer en plein jufqu'à ce qu'ils aient pris racine. Vous devriez les repiquer dans des fillons ou rayons éloignés l'un de l'autre de deux pieds ou d'un pied & demi, & laiffer entre chaque plant un pied & demi de diftance.

Transplantez aussi quelques *choux de Savoie* pour venir tard au printems, car lorfque l'hiver eft févere, ils ne croiffent ni ne pomment aussi bien ; mais dans les hivers doux ils réuffiffent fouvent, & viennent tard au printems.

Prenez foin de tenir vos *melons* à l'abri d'une humidité trop grande : ce qui fait fouvent que la plante dépérit avant que le fruit foit mûr., fur-tout le *Cantaloup* & quelques autres efpeces rares & curieufes, avides d'humidité. Si vous les gouvernez donc par la méthode commune, attendez-vous à les voir dépérir pour la plupart, avant que le fruit ait atteint le degré de maturité, & foyez fûr que le fruit ne fera d'aucune valeur.

Sarclez avec foin vos plants d'*afperges*, car ils vont pouffer de nouveaux rejettons dans *Août.*

cette faifon. Or ces rejettons ou ces nouveaux montans feront beaucoup plus forts, si vous en écartez les mauvaifes herbes & autres plantes nuifibles, que si vous les fouffrez à leur voisinage.

Les planches qui contiennent vos récoltes ou provisions d'hiver, telles que : *panais*, *poireaux*, *bettes*, *choux*, &c. doivent être conftamment farclées ; car si vous permettez aux mauvaifes herbes d'y établir leur domicile, vos plants en fouffriront. D'ailleurs, ces plantes fauvages auront dans cette faifon promptement jetté & répandu leurs graines ; la terre fera bientôt couverte de leur génération, & vous ferez plufieurs années obligé de travailler fans pouvoir les déraciner.

Vos fumiers & autres engrais divers exigent le même travail ; ôtez-en fcrupuleufement toute plante fauvage, fur-tout le *chenopodium* ou *pied d'oie* & la *morelle*, plantes à préfent fort communes fur tous les tas de fumier. Si vous négligez ce travail, il arrivera qu'en verfant votre fumier dans le Jardin vous y verferez également les mauvaifes graines dont il eft rempli, lefquelles fe mêleront à votre terrein, & le couvriront bientôt de leur génération féconde. C'eft pourquoi il eft d'une néceffité abfolue d'arracher ces mauvaifes herbes, d'en faire un tas que vous abandonnerez à la corruption loin du Jardin, ou que vous ferez fécher & brûler. Si vous ne faites que de les houer

ou de les déraciner , & que
vous les laissiez reposer sur le
fumier, comme cela se pratique par la plupart des Jardiniers, les graines ne laisseront
pas de mûrir dans l'endroit où
elles sont déposées, & vous
deviendront aussi pernicieuses
& aussi nuisibles que si vous
leur aviez permis d'acquérir
une parfaite maturité.

Plantez dans ce mois des
boutures de racines séparées
ou de pieds-éclatés de *sauge*,
de *romarin*, *stœchas*, *lavande*,
mastic, & autres plantes aromatiques, supposé que vous
ayiez oublié de le faire au
Printems. Mais ces plantes ne
seront pas si fortes, si vigoureuses, & ne seront pas si en
état de résister au froid de l'hiver suivant que celles plantées
au Printems. C'est pourquoi
vous devez les mettre à l'abri
du froid, si vous voyez que
l'Hiver s'annonce avec sévérité.

Coupez toutes vos herbes
qui sont actuellement en fleurs,
soit pour les passer à la distillation, soit pour les sécher,
afin de vous en servir pendant
l'Hiver. Mais en faisant ce travail, ayez soin qu'elles soient
bien séches, & laissez-les pendantes dans un endroit sec &
à l'ombre ; car si vous les faites sécher au soleil, elles se
racourciront, deviendront noires, & ne seront d'aucune valeur.

Continuez à semer chaque
semaine des graines de *cresson*,
de *raves*, *turneps*, *radix*, *moutarde*, & autres herbes de salade, afin que les tables n'en

soient point dépourvues ; car
dans cette saison, ces herbages
deviennent trop larges & trop
forts pour s'en servir.

Recueillez toutes sortes de
graines de plantes potageres actuellement mûres ; étendez-les
sur des nattes ou paillassons
pour y sécher ; puis vous les
battrez ou les frotterez l'une
contre l'autre pour les faire
sortir de leurs capsules, & les
tiendrez suspendues dans un
endroit sec & aëré, jusqu'à ce
que la saison vienne d'en faire
usage.

La graine de *radix* actuellement en boutons, doit être
veillée, afin d'empêcher les
oiseaux de la dévorer : ce qu'ils
ne manqueront pas de faire en
fort peu de tems si vous ne
prenez soin de les écarter.

Semez des *turneps* pour derniere récolte ; travail qu'il
vous est aisé de faire en tout
tems, pourvu que ce soit avant
le vingtieme de ce mois; car
si vous les semez plus tard,
rarement ils pomment bien,
sur-tout quand les Automnes
sont froides.

Buttez votre *finochium* qui
vient d'acquérir toute sa grosseur, afin de le blanchir & de
le rendre propre au service.
Continuez aussi de transplanter
vos *céleris* par rayons (*drills*),
afin d'en avoir pour la table
une succession permanente durant la saison.

Les *épinards* que vous avez
semés à la fin du mois dernier
pour le service d'Hiver, sont
à présent propres à recevoir la
houe, ouvrage que vous ne
devez faire que dans un tems

ſec , afin que les mauvaiſes herbes dont la racine aura été tranchée puiſſent être entiére- ment détruites ; tandis que ſi vous prenez un tems humide , elles reprendront racine , & vous obligeront à un nouveau travail. Actuellement l'épinard doit être coupé lorſqu'il croît trop ſerré , & il ne faut pas qu'il y ait moins de trois pou- ces d'intervalle entre chaque plant , afin que cette plante potagere puiſſe avoir de l'eſ- pace pour s'étendre , & pour produire de larges feuilles qui font tout le prix & toute la bonté de l'épinard d'Hiver.

Productions du Jardin Potager.

Choux , haricots, pois de pluſieurs ſortes, artichaux , fé- ves de jardin , carottes , laitues de pluſieurs eſpeces, *finochium* ou fenouil , céleri , *turneps* ou navets , concombres , melons , oignons , pourpier, toutes ſor- tes de jeunes ſalades , quelques choux-fleurs tardifs , endives , ozeille , baume , pimprenelle , ſoucis , bettes & poirées , épi- nards , patates ou pommes de terre , mouſſerons , tomates ou pommes d'amour , baſilic , thym , ſariette , marjolaine , orvale , menthe , ſauge , ro- marin , lavande , hyſſope , *cap- ſicum* pour confire , concombres pour cornichons , perſil à gran- des racines , fenouil , aneth , montants de choux , cardes & cardons , poiſchiche , radix , ſcorſonaire , cochlearia , *naf- turtium Indicum* , des fleurs pour la ſalade , comme : capucines , &c., & des graines pour con-

Août.

fire , citrouille , courge , poti- ron , panais , & quelques au- tres ſortes.

Ouvrage à faire dans le Jardin à fruit & dans la Vigne.

Veillez ſoigneuſement ſur vos arbres fruitiers qui ſont le long des murs ou en eſpaliers , & détruiſez les limaçons & autres vermines qui ſe plaiſent à ron- ger vos plus beaux fruits. N'é- pargnez pas ſur-tout les meſan- ges & les moineaux , écartez- les , & les empêchez de piquer vos plus belles poires , vos figues & vos raiſins à meſure qu'ils mûriſſent. Attachez auſſi des phioles , ſuppoſé que vous ne l'ayiez pas fait le mois pré- cédent , pleines d'eau de miel , en divers endroits de vos ar- bres , pour détruire les guêpes & les frellons qui viendront ſe noyer en cherchant à boire de la liqueur perfide. Il faudroit placer ces phioles avant que le fruit fut mûr , parce que les guêpes & les mouches ſont moins excitées à entrer dans la bouteille dès qu'elles ont tâté du fruit dans ſa maturité. Ce n'eſt qu'en vous y prenant de bonne-heure que vous pour- rez , en adoptant cette métho- de , conſerver vos fruits.

Si quelques-unes de vos bran- ches paliſſées pouſſent en avant, ou ſi le vent les a dérangées , remettez-les en ordre & dans leur poſition naturelle , & tâ- chez les arranger de telle ma- niere que le fruit ne ſoit point privé de la jouiſſance du ſoleil. Mais gardez-vous bien d'arra- cher les feuilles , ainſi que quelques perſonnes mal-aviſées le pratiquent, car vous expoſeriez trop le fruit à l'ardeur du ſoleil : ce qui le rendroit dur & l'empêcheroit de mûrir comme il faut , ſur-tout ſi vous les arrachiez long-tems avant que le fruit commençât d'entrer en maturité.

Vos *vignes* de pleine terre , & vos vignes de muraille , doivent à préſent être paſſées en revue pour la derniere fois. Coupez toutes les branches traînantes produites nouvellement , liez celles qui ſe ſont détachées , & remettez-les en place. Que rien ſur-tout n'empêche le fruit, actuellement en pleine groſſeur , de profiter du bénéfice de l'air & du ſoleil. Ayez ſoin de tenir la terre entre les ceps & les rayons , exempte de la contagion des mauvaiſes herbes , afin que le ſoleil puiſſe aiſément enlever l'humidité chaque jour, & que la réflection de la chaleur ſoit plus grande pour mûrir le fruit.

Déliez les boutures de vos arbres fruitiers inoculés le mois dernier , autrement leur bandage offenſera ou *pincera* l'écorce du tronc ou du ſauvageon , & empêchera vos arbres de croître également dans la partie où la bouture ſe trouve engagée. Obſervez auſſi de trancher tous les jets & rejettons qui ſont à la partie baſſe du tronc , & de tenir le terrein près des racines exempt du voiſinage de toutes mauvaiſes herbes.

Fruits de la ſaiſon.

POMMES : Le *Couſlin* blanc d'Eté , la Pomme Marguerite , la *codlinne* , la pomme-poire d'Eté , le *pipin* ou la renette d'Eté , & quelques autres.

POIRES : La jargonelle , la *Windſor* , la cuiſſe madame , l'orange-muſquée , la groſſe blanquette , blanquette muſquée , blanquette longue , poire ſans peau , le Robin-muſcat , poire d'ambre , orange-verte , caſſolette , poire de la Magdelaine , gros oignonet , poirerole , Bon-Chrétien d'Eté , caillot roſat , petite rouſſelette , avec quelques autres de moindre prix.

PÊCHES : La Magdelaine rouge , la Magdelaine blanche , la *Newington* hâtive , la mignone , la pêche d'Italie , la *noblet* , la *Bellis* , violette hâtive , la belle Chevreuſe , l'admirable-hâtive , l'Albermale , la Nivette , la Montauban , la Royal-George , l'alberge-pourprée , la Chancelliere , la Bourdine , avec quelques autres.

NECTARINES ou PAVIES : La Romaine rouge , l'*Elruge* , la *Newington* , le brugnon , l'Italienne , la *Murray*.

PRUNES : Prune d'Orléans , perdrigon-blanc , perdrigon-violet , la rouge-impériale , la blanche-impériale ou *bonum magnum* , la royale , prune de *Cheſlun* , le drap-d'or , la Ste. Catherine , la Roche-Courbon , la Reine Claude , appellée communément en Angleterre *Green-Gage* ou la Gage-verte , mirabelle , la prune-abricot , prune de Monſieur , Maître-Claude , le Royal Dauphin , avec quelques autres.

RAISINS : Le Juillet , le blanc

Août.

à eau-sucrée, le *Cluster* noir ou le noirin à grains serrés, le Munier, le chasselas, le muscadin-blanc, le Frankendal-blanc, le noir à eau sucrée, le raisin d'Orléans.

FIGUES : La blanche-hâtive, la longue-bleue, la longue-blanche, l'ischia-noire, l'ischia brune ou chataigne, grosse ischia jaune, la verte à chair-blanche, la verte à chair-pourpre, la verte à chair-rouge, la Brunswic, la figue de Malte, la figue noire de Naples, la figue de Chypre.

Vous avez aussi : Avelines, noisettes, noix, mûres, fraises des Alpes, grosses groseilles vertes, *corinthes* ou petites groseilles rouges & blanches, la cerise noire, la cerise d'*Hereford*, l'ambre & la Morelle ; puis des melons, & en serre chaude des ananas ou pommes de pin, & le *Musa* ou la bananne.

Ouvrage à faire dans la Pépiniere.

Au commencement de ce mois, vous devriez porter votre attention vers les arbres entés le mois dernier, & défaire leur bandage, de crainte que les boutures n'en soient trop resserrées ; & lorsque vous appercevez des rejettons nouvellement produits au-dessous de la bouture, vous devez les couper ou les arracher. Examinez aussi vos arbres entés par bouture, l'année précédente, ou greffés au Printems, & tranchez toutes les petites branches ou rejettons qui ont poussés au-dessous de la bouture ou

Août.

de la greffe, car si vous leur permettez de croître & de s'étendre, ils porteront préjudice à la greffe ou à la bouture.

Sarclez la terre entre vos arbres, arrachez-en avec soin toutes les mauvaises herbes, taillez vos arbres de toutes les sortes, arbres toujours verts, arbres fruitiers, arbrisseaux, & donnez-leur une forme qui réponde aux dispositions que vous en voulez faire. Mais ne tondez pas les tiges du tronc ou des sauvageons de trop près ; car si vous ne leur laissez pas dans les côtés quelques jets & rejettons pour attirer la seve qui doit les fortifier, elles ne seront pas en état de soutenir leurs têtes.

Commencez, vers la fin du mois, à ouvrir la terre & à faire des tranchées dans les endroits où vous vous proposez de replanter en Automne des troncs de sauvageons, ou de jeunes arbres forestiers. Mettez la main à l'œuvre dès à présent, afin que la pluie puisse tremper la terre, l'attendrir & l'adoucir, avant que la saison de planter soit venue. Si votre terrein est rude, pénible & difficile, laissez subsister les tranchées ou les sillons, pendant un mois ou six semaines sans y rien planter. Pendant cet intervalle, les mottes s'adouciront & deviendront plus aisées à briser.

Examinez attentivement vos jeunes plants d'arbres provenus de graines ; voyez s'ils ne souffrent point de la sécheresse, ou s'ils ne sont point étouffés par les mauvaises herbes qui, dans cette saison, prennent tout-à-coup un accroissement considérable.

Ouvrage à faire dans le Jardin de plaisance.

Transplantez des marcottes *d'œillets-carnés*, *d'œillets & œillets de poëte*, lesquelles, dans cette saison, prendront bientôt racine, pourvu que vous les plantiez à tems. Ce choix de belles fleurs demande des pots pour les contenir ; mais vous pouvez d'abord planter des marcottes dans de petits pots d'un sol la piece, remplis d'une terre fraîche & légere, que vous placerez à l'ombre jusqu'à ce que vos marcottes aient pris racine. Ensuite vous les mettrez dans une situation plus exposée & plus ouverte, où ils resteront jusqu'à la fin d'Octobre. Alors vous les placerez sous chassis de couche chaude, où vous les plongerez dans un lit de vieille écorce dont la chaleur est éteinte, auquel vous attacherez des cerceaux, afin que pendant l'Hiver ils soient à couvert & à l'abri des pluies, de la neige, & du froid. Mais lorsque le tems sera doux, vous leur ôterez la couverture, & les laisserez respirer l'air afin de les fortifier. Vous pourrez, en suivant cette méthode, garder vos œillets beaucoup mieux que si vous les plantiez d'abord dans des pots à demeure & pour fleurir ; car ils peuvent prendre racine & subsister dans de très-petits pots & qui n'auroient que la sixieme partie de la circonférence des autres. Quand le Printems viendra, vous les

Août.

dépoterez & les ferez passer dans des pots plus larges avec la motte de terre attachée aux racines. Par ce moyen vous les garderez sains & saufs, & ils ne recevront aucune injure. Mais les œillets, œillets-carnés, œillets de poëte & autres que vous destinez à remplir & à orner les plates-bandes du parterre, doivent à présent être plantés dans les couches de votre Pépiniere à fleurs, pour y rester jusqu'au milieu d'Octobre. Alors vous pourrez leur creuser une place dans les bordures ou plates-bandes de votre parterre, qu'elles iront embellir avec les autres fleurs, & vous observerez de les y transporter avec la motte de terre attachée aux racines.

Changez à présent de terre vos plus belles *auricules*, & faites-les passer dans une terre fraîche & riche ; arrachez toutes les feuilles attaquées du blanc, & placez-les à l'ombre jusqu'à ce qu'elles aient repris racine. Ceci doit extrêmement fortifier vos jeunes plantes, & faire avancer leurs fleurs au Printems suivant.

Vous êtes encore à tems de changer ou de transplanter les racines de vos *iris bulbeuses*, *fritillaires*, *hyacinthes du Pérou*, ainsi que celles de *lys*, de *martagons*, *couronne-impériale*, *péonne*, & *iris-flambe*, dont les feuilles sont actuellement mortes. Mais si vous attendez plus long-tems, la plupart de ces fleurs pousseront de nouvelles fibres, & il sera trop tard, sur-tout pour les lys-blancs qui poussent de bonne-heure de nouvelles feuilles. Rarement il arrive que cette époque passée, ces plantes donnent des fleurs dans la saison suivante.

Recueillez les graines de toutes sortes de fleurs à mesure qu'elles viennent à maturité, & étendez-les pour sécher au soleil. Ensuite de quoi vous les garderez dans leur enveloppe ou la capsule jusqu'au tems des semailles ; car la graine de la plupart des plantes se conserve mieux dans les capsules que si on l'en faisoit sortir, en les battant ou en les frottant.

Transplantez vos *polyanthes*, vos *primeroses* & vos auricules de graine, en observant de les couvrir & de les arroser jusqu'à ce qu'ils aient pris racine. Il faut aussi durcir & affermir la terre près des racines, afin d'empêcher les vers de les pousser hors de terre. Quelques personnes, pour en éloigner les vers & pour prévenir leur dégât, font un lit de fumier froid bien battu & bien serré, sur lequel on met de la terre de trois à quatre pouces d'épaisseur ; puis on y plante les auricules de graine. Ce fumier tient toujours les vers au-dessous des racines, & empêche la plante d'être jettée hors de terre. Au Printems elle prend racine dans le fumier, se fortifie & devient belle.

Tranchez la tige des plantes qui ont donné leurs fleurs, & dont l'âge est caduc & décrépit. Liez aussi à de petits bâtons toutes les plantes élevées, hautes, érigées, & qui croissent encore, afin qu'elles puissent se soutenir, & pour empêcher que

le vent ne les brise, car il regne souvent dans cette saison avec violence.

Quand le tems est sec, vous devez arroser en plein vos pots de plantes annuelles ; autrement elles perdront bientôt toute leur beauté. Renfermez celles qui sont de la tendre espece ou de serre chaude, lorsque vous voyez que les nuits commencent à se rafraîchir & à devenir froides, afin qu'elles puissent perfectionner leur graine qui rarement mûrit bien dans les mauvaises saisons, supposé qu'on ne la protege pas contre l'inclémence de l'air ; sur-tout le *stramonium* double, la double *balzamine*, le *Quamoclit*, & le *convolvulus* bleu-foncé, avec quelques autres de la tendre espece.

Commencez, vers la fin du mois, à préparer des couches pour y recevoir vos plus belles *hyacinthes*, *tulipes* & *renoncules*, afin que la terre ait le tems de se fixer & de s'égaliser avant de lui confier les racines ; car si elle n'est par-tout également ferme, fixe, & égalisée, il s'y formera des trous ou des crevasses qui retiendront l'eau, & les racines qui seront en cet endroit recevront la corruption & tomberont en pourriture. Si ces couches ont trois pieds d'épaisseur, & que le fond soit garni d'un fumier de vache bien consommé ou de vieille écorce de tanneurs, les fibres des racines reprendront au Printems ; & comme elles recevront beaucoup d'alimens, elles produiront des fleurs de la plus belle qualité. Mais la terre dont ces lits sont composés, ne devroit pas être criblée trop fine ; il faut feulement en ôter les plus larges pierres & bien brifer les mottes , car quand la terre eft trop fine , elle eft auffi très difpofée à fe refferrer pendant l'Hiver.

Préfervez des mauvaifes herbes toutes les pieces de votre parterre; ne fouffrez pas qu'elles y faffent leur féjour , car elles monteront promptement en graine , dont elles infefteront tellement votre jardin que vous ferez plufieurs années fans pouvoir les déraciner.

Vous pouvez femer à préfent des graines d'*anemones*, de *pulfatilles*, *renoncules*, *crocus*, *fritillaires*, *hyacinthes*, *tulipes*, *narciffes*, *cyclamens*, *iris*, *auricules*, *lys*, *martagons*, *polyanthes*, &c., dans des pots ou dans des caiffes que vous remplirez d'une terre riche & légere , en obfervant de ne pas couvrir de trop de terre les graines légeres & clairfemées, car elles tomberoient en pourriture fi elles étoient trop enfoncées, fur-tout les renoncules, pulfatilles, anemones, auricules, polyanthes, & fritillaires;mais les graines moins légeres & plus épaiffes, peuvent recevoir plus de terre pour les couvrir. Ces pots & ces caiffes doivent être placés dans des endroits expofés au foleil du matin, & où vos graines puiffent eprouver l'influence de fes rayons jufqu'à dix ou onze heures. Il ne faut pas les laiffer pendant cette faifon à la chaleur du midi, car elles ne réuffiroient pas. Il ne faut pas non plus les laiffer manquer d'eau; ne leur en donnez que doucement, & non beaucoup à la fois , de

Août.

crainte qu'une trop grande quantité ne les entraînât hors de la caiffe, ou ne les fît furnager.

Vous pouvez auffi femer préfentement les graines de plufieurs genres de fleurs annuelles, dans des bordures ou platesbandes chaudes, pour y paffer l'Hiver. Si vous les femez à préfent, elles fleuriront debonneheure au Printems fuivant , elles feront plus fortes, plus vigoureufes, & produiront une plus grande quantité de fleurs que celles femées au Printems, & leurs graines en généralmûriffent beaucoup mieux. Ces genres divers font : les *pois de fenteur* ou les *pois parfumés* ,le *nombril de Vénus* , le *violier de Dames* ou *Julienne* , l'*attrape mouche de Lobel*, *Xerantheme*, l'*aimable Sultan* , *cérinthes* de trois ou quatre fortes, *myofotia*, *chryfanthemes* , *adonis*, *Meadia*, *pois du Cap-Horn*, *fcabieufe des Indes* , & la plupart des plantes ombelliferes.

Rien ne vous empêche à préfent d'étendre la famille de plufieurs fleurs, comme : *lychnis écarlate* double, *rofe-campion* double, *roquette* double, *gentianelle* , *Robin en lambeaux* double, *bouton de bachelier* ou *lychnis* rouge & blanc, *attrape - mouche* double , *leonurus* ou *queue de lion du Canada* , en féparant & partageant les racines. Mais ces *partitions* ou boutures doivent être plantées dans les bordures à l'ombre, ou bien il faut les couvrir de nattes ou de paillaffons fort épais dans les jours chauds, & ne pas manquer de les arrofer conftamment , jufqu'à ce qu'elles aient pris racines. Elles vous donneront de fort bons plants

(pourvû qu'elles foient foigneufement arrofées), au commencement ou vers le milieu d'Octobre, tems auquel vous les
replanterez dans des pots ou
dans le plates-bandes du parterre, où elles fleuriront la faifon fuivante.

C'eſ à préfent que vous devez mettre tous vos foins à tenir
propre & net votre parterre ;
quand e tems eſt humide, fauchez l'herbe, roulez-la , & ton-
dez-la afin de la rendre plus
belle. Écartez de vos allées de
gravie toutes mauvaifes herbes,
& paſſez fur le gravier conſtamment le roulloir. Comme les
feuilles des arbres commencent
déja à tomber, ramaſſez — les
exactement chaque jour, afin
que l'œil fe promene agréable-
ment par-tout & ne trouve rien
qui ne puiſſe le charmer.

*Plantes actuellement en fleurs dans
le Jardin de plaifir ou le Parterre.*

Quelques œillets carnés, l'œillet appellé la dame fardée
(*painted-lady*), l'œillet nommé
tête de vieillard (*old's man head*),
balzamine femelle, merveille du
Pérou, amaranthes, *gomphrena*,
plufieurs fortes d'*afters*, verges
d'or de plufieurs genres, fleur
cardinale bleue & écarlate, campanules de plufieurs fortes, rofe-
trémiere ou mauve-rofe, *Colchicum* de Chio, cyclamens d'Automne, grand *convolvulus* de
plufieurs fortes, Adonis, miroir
de Vénus, nombril de Vénus,
foucis d'Afrique, *Baſilia* (1)

ou le fouci de France, aimable-
ble-fultan, fcabieufe des Indes,
nigelle, touffe de Candie, *apocynum*, pois de fenteur, pois
de Tanger, pois toujours verd,
fleurs de foleil de plufieurs genres, lavateres, mauve de plufieurs fortes, linaires, centaurée, *Ketmia veficaria* de quatre
genres, *ſtramonium*, tubercufes,
fclarea, *geranium*, lychnis, violiers, *blattaria utea*, *ptarmica* double, Xerantheme, trois ou quatre
fortes de foucis du Cap de Bonne-Efpérance, *onagra*, *lyfimachia*, véronique, hyacinthe
d'Automne, chardon en globe
ou globulaire, violier des dames
ou Julienne, *nafturtium* des Indes, herbe à mulet de *fairchild*
ou *hemionitis* (*Fairchild's-mule*),
herbe à l'araignée de Virginie,
catananche *quorumdam*, catananche *flore luteo*, *elichryfum* d'A-
mérique, *ſtæchas citrina*, matricaire double, coronille herbacée, chryfantheme, *eryngium*,
glaucium, afclepias à fleurs blanches, *idem* à fleurs jaunes, *idem*
à fleurs noires, *periploca*, cap-
noïde ou fumeterre toujours
verd, aconite *lycoctonum luteum*,
aconit falutifere, *napellus cæru-
leus*, Alcée, hélianthemes, Saponaire double, *argemone Mexicana*, *antirrhinum*, lupins de plufieurs fortes, *lavendula folio
diſſecto*, iris, *uvaria*, cérinthe à
fleurs de pourpre & à fleurs
jaunes, perficaire d'Orient,
phyfalis de plufieurs fortes, *limonium*, *dracocephalum*, *Molucca
levis & fpinofa*, *folanum* de divers
genres, mélongene, *hedyfarum*,
phalangium, buglofe d'Orient,
alyſſum, *ambrofia* de trois fortes,
bafilic, *capficum*, *Palma Chriſti*,

(1) C'eſt de ce nom qu'en Angleterre on a baptifé le *Souci de
France.*

Août.

tabac, *clinopodium* de Virginie, *Commelina*, after de la Chine à fleurs doubles & à fleurs simples rouges, bleues & blanches, *monarda* de trois sortes, *trachelium* ombellifere, *convolvulus minor* à fleurs blanches, bleues, & rayées ou panachées, *hieracium* ou l'herbe à l'épervier de diverses sortes, seneçon pourpré, diverses especes d'*ononis*, quelques sortes d'astragale, lavandes des Canaries, verveine de plusieurs especes, *echium*, globulaire, *Collinsonia*, *polium*, *spigelia*, *lychnidea*, lupin perennial ou vivace bleu, *eupatorium*, *dianthera*, *Rudbeckia* de plusieurs sortes, *Ruischiana*, *acanthus*, *cirsium*, grande centaurée, *carthamus*, *glycine*, fumeterre perennial ou vivace de plusieurs sortes, *gnaphalium*, *lunaria*, *chrysocoma*, trois ou quatre sortes de *buphthalmum*, *zinnia*, *gaura*, *orobus*, *tragopogon* de deux ou trois sortes, *scorzonera*, *Bisserula*, *Clitoria*, *hibiscus* de plusieurs sortes, *hæmanthus*, avec quelques autres.

'Arbres & arbrisseaux de la dure espece ou de pleine terre actuellement en fleurs.

Jasmin commun blanc, fleur de la passion ou passiflore, *periploca*, sené de scorpion, *althæa* en arbrisseau de plusieurs sortes, *agnus castus*, chèvrefeuille, mauve en arbre, *hypericum* des Canaries en arbrisseau, *hypericum* puant en arbrisseau, laurustin, berceau de vierge double, *Bignonia* ou fleurs de trompette, angelique en arbre, magnolier ou tulipier à feuilles de laurier, joie du Août.

voyageur, rose musquée, sené à vessies de trois sortes, genêt d'Espagne, cistes de plusieurs genres, phlomis, célastre, sumach de plusieurs sortes, grenadier double & simple, cytises de trois ou quatre sortes, *catalpa*, *clethra*, *itea*, *Diervilla*, *hydrangea*, *lotus* de deux ou trois sortes, *spirea*, *prinos*, plusieurs especes de genestrole ou *genista tinctoria* ou genêt de teinturier (*dyer's broom*), kamaris, tamaris, *medicago frutescens*, periclymene de Virginie, *azalea*, *Kalmia*, *Rhododendron*, *Andromeda*, azedarach, haricot en arbre, cassine ou arbuste à baies de caffe, *thymelea*, *toxicodendron*, *spartium*, *genista*, avec quelques autres.

Plantes médicinales actuellement propres au service.

Brancursine, mauve de verveine ou verveine-mauve, ail, aneth, morelle, graine de l'herbe à l'Evêque, pomme d'amour, verveine, grosse groseille verte, *arum* ou racine de pied de veau, after d'Italie, after jaune, verge d'or, basilic, sariette d'été, baies de Bryone, racines de *Napus*, chèvre-feuille, *capsicum* ou poivre d'Inde, fleurs de saffran, *polygonum*, graine d'ortie, graine d'oignon, *psyllium* ou l'herbe aux puces, cornouillier, graine de coriandre, graine de carotte, endives, persicaire, fleurs de jasmin, soude, lupin, marjolaine, tabac, têtes de pavot, *stæchas* ou lavande de France, pomme épineuse.

Ouvrage à faire dans la Serre verte, dans le Jardin , & dans la Serre chaude.

Inoculez vos *orangers* , au commencement de ce mois , en obfervant de mettre à l'abri du foleil le côté du tronc qui a reçu l'infertion ou la *bouture.* Coupez vos orangers , jafmins, & autres plantes exotiques greffées en approche au printems dernier , & féparez-les des tiges qui leur ont fervi de meres. Mais prenez bien garde, dans cette opération , de ne pas détacher la greffe du tronc, & de n'enlever l'argile & la cire qu'au printems fuivant.

Le commencement de ce mois eft la faifon propre pour changer vos *aloës* , *fedum* , *mefembryanthemes* , *cierges* , *euphorbes* , & autres plantes exotiques fucculentes actuellement en plein accroiffement , lefquelles reprendront à préfent racines plutôt qu'en aucun autre tems de l'année. Coupez en même-tems les nouveaux jets d'aloës , & plantez-les dans de petits pots remplis d'une terre fraîche & fabloneufe. Vous placerez ces pots dans un endroit où vos jeunes nourriffons puiffent jouir du foleil du matin , en obfervant de les rafraîchir de tems en tems avec un peu d'eau dans les tems ecs ; & fi vous faites exactement ce travail , vous n'aurez aucun befoin d'employer la chaleur artificielle pour les exciter à prendre racine ; car ils font dans cette faifon fortement enclins à étendre leurs racines.

Août.

Il eft tems de changer de lit, les divers genres de plantes exotiques de la tendre efpece , que vous avez conftamment tenues dans des couches de tan ; car fi vous attendez quelque jour plus tard pour faire ce changement , vos jeunes plants ne pourront recouvrer affez de forces pour foutenir les premiers froids qui ralentiront leur développement ; enforte qu'ils ne feront ni affez forts , ni affez vigoureux pour fe maintenir pendant l'hiver. Ce fera bien pis , fi vous paffez cette faifon fans faire ce travail ; car vous ferez obligé de paillaffonner tellement vos pots , que les racines fe moifiront pendant l'hiver, fe pourriront & dépériront. Cette méthode a fouvent porté la deftruction fur les plants les plus beaux & les mieux choifis.

Les couches où vos ananas font placés , demandent actuellement un *réchaud* , c'eft-à-dire, que vous les garniffiez de nouvelle écorce de taneurs , fuppofé que vous n'ayiez pas fait ce travail dans le mois précédent. Les foirées , dans ce mois-ci , commencent à devenir froides ; & fi la chaleur des couches décline également , vos plantes en recevront de l'injure. Cette faifon étant celle de leur développement , le froid les empêchera de prendre la vigueur néceffaire pour produire du fruit l'année fuivante, & les têtes des rejettons , nouvellement p'antés , ne feront pas fuffifamment garnies de racines avant l'hiver. Il faut donc tenir conftamment vos couches, dans un degré de chaleur tempérée ; & comme les nuits font froides , ne pas manquer de leur donner des nattes ou des paillaſſons pour couvertures , afin que la chaleur ne s'évapore pas. Cependant il ne faut pas trop forcer dans cette ſaiſon les plants déſignés pour *porte-fruits* de l'année ſuivante , ſur-tout ceux qui ſont avancés , de crainte que le fruit ne vienne trop tôt , & ne commence à paroître pendant l'hiver : ce qui arrive aſſez ſouvent. Il arrive même que les *ſucceurs* , lorſqu'on les coupe pour les planter de bonne heure dans la même ſaiſon , ſe trouvent *forcés en fruit* , c'eſt-à-dire , à produire du fruit une année trop tôt , ou parce qu'on les a tenus trop chaudement , ou parce qu'ils ont reçu de l'échec dans leur accroiſſement. Les plants réſervés pour *porte fruit* dans l'année ſuivante , doivent à préſent changer de ſituation , & vous devez les *emporter* , c'eſt-à-dire , les faire paſſer dans des pots pour y reſter à demeure , ſuppoſé que vous ayiez oublié de le faire en Juillet. Si vous tardez à faire ce changement , ils n'auront pas le tems de prendre racine avant l'hiver. Au reſte , ceci doit s'entendre des plants déſignés pour donner leur fruit lorſqu'ils ſont en caiſſes , ou mis dans des pots , car pour ceux qu'on doit planter en automne dans des couches de tan , ils ne doivent ſouffrir aucun changement dans cette ſaiſon , & il ne faut jamais les tranſplanter dès qu'ils ont mon-

Août.

tré leur fruit , ſans quoi vous retarderiez leur accroiſſement , & ſeriez cauſe que le fruit ſeroit dégénéré & très-petit.

Il faut auſſi changer actuellement vos diverſes plantes de la dure eſpece , & tranſplanter dans des pots plus larges celles qui ſouffrent d'être gênées ; car ſi leurs racines ſont trop reſſerrées , & que vous les couvriez habituellement de nattes ou de paillaſſons , la corruption les attaquera , & elles périront. Après les avoir tranſplantées , placez-les à l'ombre , juſqu'à ce qu'elles aient pris de nouvelles racines. Enſuite vous les expoſerez au ſoleil , juſqu'à ce que la ſaiſon vienne de les *remiſer* , c'eſt-à-dire , de les faire rentrer dans la *Serre-verte*. Ne les laiſſez pas à l'abandon des vents violents ; car ils le renverſeroient & les jetteroient bientôt hors de leurs pots , ſur-tout lorſqu'elles ſont nouvellement répiquées , à moins que vous ne leur donniez des bâtons pour *tuteurs*.

Vous devriez auſſi ôter un peu de terre à vos pots ou à vos caiſſes d'*orangers* ; rempliſſez les d'une terre fraîche & nouvelle ; cela ranimera vos orangers , & les aidera à ſoutenir leur fruit pendant l'hiver.

Nettoyez & lavez les feuilles & les tiges de vos arbres à *café* & autres plantes exotiques ; ôtez-leur la pouſſiere & l'ordure qu'elles ſont ſujettes à ramaſſer dans cette ſaiſon ; car ſi vous ne les ſoignez pas , la vermine s'y mettra , & leur portera un grand préjudice.

Vers la fin du mois , vous

pouvez remettre en *Serre verte* ou en *Serre chaude* , n'importe laquelle , vos *cierges* , *Euphorbes* , & autres plantes fucculentes de la tendre efpece , qui font actuellement en plein air , afin de leur donner un abri contre les grandes pluies ou les premiers froids ; car dans cette faifon , les nuits commencent à devenir froides ; & fi ces tendres plantes y reftoient expofées , elles en recevroient de l'injure & du dommage. Cependant fi la faifon eft chaude , continuez de les laiffer jouir de l'air , & accordez-leur encore quinze jours.

Plantes actuellement en fleurs dans la Serre verte , dans le Jardin & dans la Serre chaude.

Geranium de plufieurs genres , méfembryanthemes de diverfes efpeces , *ftrapelia* de deux fortes, plufieurs fortes d'aloës , *fedum* , cotyledons , myrtes , orangers , ciftes , colutée d'Ethiopie , plufieurs fortes de paffiflore ou fleur de la paffion , fenfitive , autre fenfitive appellée l'humble plante (*humble-plant*) , figuier d'Inde , oléandres , alcée , *Ketmia* de plufieurs fortes , hæmanthes , fleur-cardinale , lavande maritime d'Egypte , *leonurus minor*, arctotides , herbe de la S. Jean de Minorque, *jatropha* de plufieurs fortes , *quamoclite* , jafmin d'Efpagne , jafmin d'Arabie , jafmin des Açores , jafmin jaune des Indes , jafmin à feuilles de laurier , *apocynum* , acacia , *fena Alexandrina* , ca na de plufieurs fortes , *hedyfarum* , *elichryfum* , *nafturtium*

Août.

des Indes à fleurs doubles ; herbe à chiffons , *Doria , fenecio folio retufo , canna Indica , fabago , trachelium umbellatum azurium , limonium afplenii folio , limonium Siculum gallas ferens , Turnera , convolvulus* de plufieurs fortes , *Plumeria , phytolacca , Piercea , polium , folanum , lotus argentea Cretica , Martynia* , Sagittaire des Indes , *ceftrum , bafella* , cottonier , indigottier , *guava , coftus Arabicus , Eupatorium , buphthalmum , carica papaya , conyza* , cierges , Euphorbes , melon-chardon , *d'ofma* de trois fortes , fauge du Cap à fleurs bleues , *crinum , pancratium , limodorum , Kempfera , clitoria , fpigelia , Pafferina , Royenia , arum fcandens , Waltheria* , polyanthe , *Sida* , caprier , *Chironia* , arbriffeau-chafte de la Chine à feuilles découpées , plufieurs fortes de *ricinus , crotolaria , ononis , Malpighia* , cacale de deux ou trois fortes , *Grevia , Wolkhameria , lotus* à fleurs noires , *Milleria* ou plante de Miller de deux fortes , *guanabanus* ou guanabane ou favon aigri (*fourfop*) , *Cornutia , Tournefortia* , polygale en arbriffeau , *hermania* , queue de lézard ou *Saururus , plumbago , Wackendorfia , Ambrofia* du Pérou , d'*Ayena* , héliotrope du Pérou en arbriffeau , after d'Afrique à branches bleues , *Erhetia , Robinia , Tradefcantia , Commelina* , abfynthe en arbre , *convolvulus* des Canaries , *convolvulus* en arbriffeau , *Bignonia , Lantana* de plufieurs fortes , ozeille en arbre , *toxicodendron , craffula , cyanella* , avec quelques autres.

SEPTEMBRE.

Ouvrage à faire dans le Jardin Potager.

VErs le milieu du mois, repiquez vos plants de *choux-fleurs* semés le mois dernier sur de vieilles couches de melons & de concombres ; car si vous les mettiez sur des planches où ils n'eussent pas de fumier sous les racines, les vers les pousseroient bientôt hors de terre. Si la saison étoit froide, & que vos plants fussent tardifs, il faudroit, pour les hâter & les avancer, leur faire un lit léger de fumier chaud, en laissant trois pouces de distance entre chaque rayon, & deux pouces seulement entre chaque plant. Cette intervalle sera suffisant pour leur accroissement jusqu'à la fin d'Octobre, tems auquel vous les transplanterez dans leurs couches d'hiver, ou bien vous les laisserez en rayons sous cloche.

Il faut aussi, vers le milieu du mois, semer quelques graines de *laitues* cosses, laitues de Cilicie, & de la brune de Hollande, que vous mettrez ensuite sous chassis ou sous verres, où elles seront à l'abri du froid le plus sévere. Par ce moyen, si la laitue que vous avez actuellement dans des bordures chaudes venoit à être détruite, celle ci seroit conservée ; & si les premieres échappent à la rigueur du froid, celles-ci leur succéderont, & la table en sera mieux fournie.

Buttez à présent les *cardons* plantés en Juin, liez les feuilles avec des cordons de paille ou de foin, & que votre butte ait environ dix-huit pouces de hauteur. Ne faites ce labeur que dans un tems sec, & prenez garde d'ensévelir sous trop de terre le cœur de vos plantes.

Rien ne vous doit empêcher à présent de faire quelques couches de *mousserons* ; observez de faire choix d'un fumier qui ait été pendant trois semaines ou un mois amoncelé, afin de lui faire perdre la grande chaleur. Il ne faudroit cependant pas, ainsi qu'on le pratique pour les couches chaudes, jetter en tas le fumier dont vous prétendez vous servir pour vos mousserons, afin de le faire fermenter ; car s'il devenoit violemment chaud, la semence n'y prendroit pas si bien que dans celui qui auroit moins subi la fermentation. C'est à cause de cela que plusieurs personnes préferent le fumier des étalons ou des harras, à celui de tout autre animal. Il faut que les *houppes*, c'est-à-dire vos mousserons de semence, aient été au moins quinze jours exposées dans un endroit fec, avant de les repofer fur couches. Vous pouvez à cet égard confulter le *Dictionnaire des Jardiniers*, qui vous défignera la maniere de faire les couches de moufferons.

Houez & farclez les *turneps* & les *épinards* femés le mois dernier ; éclairciffez ceux qui font trop ferrés, & attendez, pour faire ce travail, que le tems foit au fec & au beau ; autrement, les mauvaifes herbes reprendront racine, & vous deviendront importunes comme auparavant. Sarclez auffi vos planches d'oignons, de carottes, de choux fleurs, de choux, de choux-cabus, enfemencées le mois dernier ; ne fouffrez point que les mauvaifes herbes y établiffent leur domicile, car elles prendront bientôt un accroiffement fi rapide, qu'elles étoufferont vos plantes & les détruiront.

Buttez votre *céleri* à mefure qu'il grandit & qu'il groffit, & prenez toujours un tems fec pour cette opération ; mais ayez foin de ne pas le butter au-deffus du cœur, parce que vous l'empêcheriez de continuer à croître, & la pourriture ou la corruption ne tarderoit pas à fe manifefter, ainfi que cela arrive très-fouvent.

Vous pouvez en affurance, vers le milieu du mois, tranfplanter toutes fortes de plantes aromatiques *pérenniales* ou vivaces, comme *romarin*, *lavande*, *ftœchas*, &c. lefquelles reprendront aifément avant que les froids foient venus ; mais pour ceci, il faut choifir un tems humide.

Septembre.

Continuez de femer toutes fortes de fournitures en falades, comme *radix*, *turneps*, *creffon*, *moutarde*, *chervis*, &c. Mais à mefure que le froid augmente, augmentez auffi leur chaleur en les faifant paffer dans des fituations plus chaudes ; autrement, les froids de la matinée relâchant la terre, les racines monteront à la furface, prendront l'air, & feront bientôt détruites.

Recueillez toutes les graines qui font mûres, étendez-les pour fécher fur des paillaffons ou fur des toiles ; battez-les pour les faire fortir de la capfule, puis tenez-les fufpendues dans un endroit fec, jufqu'à ce que la faifon vienne de vous en fervir.

Quand le tems eft humide, tranfplantez vos *choux-cabus* femés en Juillet, dans les endroits où vous vous propofez de les laiffer jufqu'au Printems. Tranfplantez également vos autres plants de choux femés en Août, afin qu'ils acquierent affez de force pour être enfuite plantés *pour bons.*

Tranfplantez auffi vos *endives*, mais feulement les dernieres femées, dans quelque bordure près d'une muraille ou d'une haie, ou d'une paliffade, pour y refter jufqu'en Février avant que d'être blanchies. Si le tems eft fec, liez pour blanchir & pour le fervice, les endives qui font en pleine groffeur. Si vous les couvrez avec des tuiles ou avec des planches, elles blanchiront également bien.

Quand le tems eft au beau, arrofez

àrrofez vos *choux-fleurs* de dernière récolte qui feront propres au fervice dans le mois prochain ; fans cette précaution leurs pommes feront très-petites , furtout fi le terrein eft fec.

Continuez de farcler avec foin tous vos plants de dernière récolte , & fi vous n'avez pas ôté les mauvaifes herbes avant que les grandes pluies d'Automne foient tombées, vous aurez beaucoup de peine à les détruire enfuite ; car elles font dans cette faifon généralement abondantes & fructiferes.

Vers la fin du mois, tranfplantez vos *laitues* de diverfes fortes dans des bordures chaudes, où vous les laifferez pour pommer de bonne-heure au Printems. Vous pouvez les planter *affez épais* ou affez près les unes des autres dans cette faifon, parce que fi l'Hiver ne leur ôte pas la vie, vous en repiquerez une partie au Printems dans quelques planches ouvertes & expofées à l'air, où elles deviendront plus groffes & plus belles que leurs compagnes que vous n'aurez pas changées de domicile ; mais elles feront moins hâtives de quinze jours ou trois femaines, & vous procureront l'avantage de continuer plus long-tems le fervice.

A la fin du mois, coupez les vieilles tiges d'*afperges* qui commencent à fe flétrir ; farclez & arrachez les mauvaifes herbes qui couvrent les couches des foffes ou allées dans lefquelles vous devez les enfevelir. Vous recouvrirez de terre ces couches, afin que ces vieil-

Septembre.

les tiges puiffent tomber plutôt en pourriture. Vous examinerez auffi les couches qui demandent de l'engrais ; & vous tirerez de vos vieilles couches de melons & de concombres , du fumier bien confommé, dont vous les garnirez, après les avoir *houées* & *farclées* ; & vous y ajouterez de la terre, que vous irez prendre dans vos foffes ou allées.

S'il tomboit beaucoup de pluie dans cette faifon, préfervez-en vos jeunes plants de *choux-fleurs*, fans quoi leurs tiges deviendroient noires, & la pellicule extérieure dépériroit en fort peu de tems : c'eft ce que les Jardiniers appellent *tuyau tourné en noir.*

Puifque la plupart de vos récoltes d'Eté font faites & qu'elles n'embarraffent plus votre terrein, *houez* & farclez-le dans un tems fec ; ce qui le rendra propre & net jufqu'à ce que vous le prepariez pour recevoir de nouvelles plantes, ou jufqu'à ce que vous y faffiez des tranchées que vous laifferez en friche jufqu'au Printems ; car rien n'appauvrit plus un terrein, quoique débarraffé de toutes récoltes , & quoique en jacere, que de permettre aux mauvaifes herbes d'y fixer leur domicile.

Vous ferez bien de planter quelques *fèves*, fur la fin du mois, ainfi que des pois hâtifs ; la *Mazagane* eft la meilleure forte de fèves que vous puiffiez planter à préfent dans des bordures chaudes ; & fi elle peut y paffer l'Hiver fans danger, elle vous donnera de bonne-heure au Printems fuivant, une excellente récolte.

Repiquez par rayon (*drills*) votre *céleri* de derniere récolte, lequel dans cette faifon devroit toujoursètre planté dans un terrein plus fec que le céleri de premiere récolte. Comme il doit refter à demeure jufqu'au Printems, il feroit à craindre qu'il ne fe gâtât, s'il fe trouvoit planté dans un terrein humide.

Tranfplantez également vos *brocolis* de derniere récolte dans les endroits où vous prétendez leur faire paffer l'Hiver, afin qu'ils puiffent acquérir de la force pour réfifter aux attaques de la geiée. Buttez en même-tems les tiges de premiere récolte, & protégez-les contre les infultes du froid.

Vous pouvez encore à préfent femer quelques *carottes* dans des bordures chaudes ; & fi elles peuvent furvivre à l'Hiver, vous les aurez de bonne-heure au Printems. Vous pourrez, par ce moyen, fournir les tables de jeunes carottes, un mois ou fix femaines avant que celles femées au Printems foient propres au fervice.

Vous tirerez de terre, vers la fin du mois, les *carottes* fe-mées en plein champ pour la nourriture des brebis, daims, &c. ; vous les porterez à la maifon où vous les garderez avec foin. Vous les laifferez cinq à fix jours expofées à l'air pour fécher ; enfuite vous les arrangerez fort propre-ment dans quelque endroit fec de la grange ou du grenier, où vous les mettrez en pile, en obfervant de jetter du fable

Septembre.

fec entre chaque plante, afin d'en écarter la pourriture & la corruption ; & quand les froids vifs fe feront fentir, vous les couvrirez de pailles ou de vieille fougere bien féche, afin que la gelée ne puiffe mordre deffus, ni leur caufer aucun dom-mage. Si vous fuivez ces pré-ceptes, vous conferverez vos carottes, lefquelles formeront pendant l'Hiver & une partie du Printems , une excellente pâture (*pabulum*) pour le bé-tail, furtout pour les brebis & les chevaux.

Produits du Jardin Potager.

Choux ou *cabage*, carottes, artichaux, panais, *patates* ou pommes de terre, échalottes, oignons, poireaux, ail, céleri, endivés, laitues pommées de plufieurs fortes, fcorfonnaire, falfifix, moufferons, concom-bres pour confire, melons, haricots, pois de Roncevaux ou à cul noir, pois gras ou pois quarrés, féves de jardin tardives, bettes, *turneps* ou navets, radix, perfil à grandes racines, radix d'Efpagne blancs & noirs, montant de choux hâtifs ; & pour la foupe : cher-vis, ozeille, *tomates* ou pommes d'amour, courge ou potiron, citrouille, pimprenelle, cardon, poirée, carde, perfil, origan, ainfi que du thym, du bafilic, de la marjolaine, de l'hyffope, de la fariette d'Hiver, & toutes fortes de fournitures en falades.

Ouvrage à faire dans le Jardin à fruit.

Cueillez à préfent vos fruits à

mesure qu'ils mûriffent , car ceux qu'on mange dans ce mois font rarement bons long-tems. Mais fur la fin du mois, vous aurez déja quelques fortes de fruits d'hiver en état d'être cueillis. Vous ferez bien de les laiffer auffi long-tems fur l'arbre que le tems le permettra ; car quand on les cueille de trop bonne-heure, leur peau fe ride , & ils ne fe gardent pas. Vous pouvez, fans qu'il y ait à craindre aucun danger, les laiffer fur l'arbre, jufqu'à ce que les matinées commencent à devenir froides. Alors ne fouffrez pas que le fruit refte plus long tems fur l'arbre, furtout les poires *fondantes* ou qui abondent en eau , parce que le froid, en attaquant la peau , leur porte un grand préjudice. En général, obfervez toujours de ne cueillir le fruit, que lorfque le fruit lui-même & les feuilles de l'arbre font parfaitement fecs ; autrement, il ne fera pas de garde.

Défendez les *raifins* de vos vignes prefque mûrs actuellement contre les attaques des oifeaux ; autrement, ils feroient un grand ravage fi vous ne vous y oppofez pas ; car dès qu'ils ont entamé & piqué quelques grappes, les mouches & les guêpes s'y portent en foule, & achevent le dégât.

Tranfplantez vos *framboifes, fraifes, grofeilles vertes, grofeilles à grappes* ou *corinthes*, vers la fin de ce mois, fi le tems eft humide ; autrement, différez & attendez jufqu'au commencement du mois prochain. C'eft auffi à préfent la meilleure

faifon pour planter des *coupures* ou *boutures* de grofeillers, lefquels prendront mieux racine, & formeront de meilleurs plants que ceux qui proviennent de *fucceurs* & non de boutures.

Les arbres fruitiers qui font contre la muraille du chaffis-forçant, doivent être actuellement taillés & paliffés, c'eft-à-dire, attachés au mur ou à l'efpalier, afin que leurs boutons puiffent fe préparer, avant que la faifon foit venue d'y appliquer la bouture ou le bourgeon , (*heat*).

Vous devriez à préfent préparer le terrein qui doit recevoir les arbres fruitiers que vous vous propofez d'y planter le mois prochain, afin que la terre ait le tems de s'adoucir & de s'amollir. Si vous y faites de nouvelles bordures ou plates-bandes, elles feront plus fixes, plus ftables, & plus en état de recevoir vos arbres. Mais fi vous aviez travaillé à vos plates-bandes dans le mois dernier, il faudroit alors en retourner la terre, afin d'empêcher les mauvaifes herbes de s'y loger. D'ailleurs, vous rendrez à la terre un grand fervice , en l'expofant à l'air ; vous en briferez plus aifément les mottes , & le terrein fera plus en état d'y recevoir une plantation.

Fruits de la faifon.

PÊCHES : la nivette, pêche de Portugal, Bellegarde ou la Gallande , Roffanne , pêche pourprée-tardive , alberge pourprée , la vieille-*Newington*, tetton de Vénus , pavie royale , l'admirable , pavie monftrueufe de Pompone , la Catherine , le Rambouillet , la Male-cofton.

PRUNES : La prune - poire blanche , *bonum magnum* , la prune verte de *Gage* , la Reine-Claude , le perdrigon , la Ste. Catherine , l'Impératrice , la prune de Damas , la prunelle (*bullace*).

POIRES : Poire du Prince , bergamotte d'Automne , bergamotte de Suiffe , brute-bonne , beurré rouge , Doyenné ou St. Michel , verte-longue, mouillebouche d'Automne , Bon-Chrétien d'été , Rouffelet de Rheims.

RAISINS : Chaffelas , mufcadin blanc , mufcadin rouge , morillon noir , morillon rouge , morillon blanc , raifin de Corinthe , raifin de ceps à feuilles de perfil , Frontignan noir , rouge & blanc , Hambourg rouge de Walner , Hambourg noir , raifin de St. Pierre ou d'Hefperie , raifin d'Orléans , *Malmfey* , raifin de *Miller* , raifin - Damas , raifin - perlé , raifin-gris ou demi - coloré , avec quelques autres.

Diverfes fortes de figues , de noix , d'avelines , de noifettes , de coins , de nefles , & d'*aẓaroles* ; & contre les murs expofés au Nord : des *corinthes* ou grofeilles en grappes , & de la cerife-morelle ; fur couches chaudes , des melons.

POMMES : Pomme-brodée , la pomme-poire , renette d'or , Calville rouge, Calville-blanche, courpendu , pepin ou renette aromatique, renette-grife , pomme à tête de chat (*cat's-heat*) , *Septembre.*

pomme-coin , pomme d'épice , avec quelques autres.

En Serre chaude : ananas ou pomme de pin.

Ouvrage à faire dans la Pépiniere.

Vers le milieu ou vers la fin du mois , plantez des *coupures* ou boutures de laurier dans des bordures à l'ombre , en obfervant de les arrofer fréquemment quand le tems eft fec , afin de les aider à prendre plus promptement racine ; car dans cette faifon , il n'eft pas à craindre que ces jeunes plants ne croiffent pas , pourvu qu'ils foient fuffifamment arrofés.

Vous pouvez planter auffi des *coupures* ou boutures de chèvrefeuille , de *grofeillers épineux* (1) , *grofeillers à grappes,* & autres arbres & arbriffeaux de la dure efpece ou de pleine

---

(1) Le *grofeiller épineux* eft celui qui produit la grofeille verte , la groffe grofeille qu'on appelle à Paris grofeille à maquereaux , & dont les François ne femblent pas faire beaucoup de cas , tandis qu'en Angleterre ce fruit eft dans la plus haute eftime. Cet arbufte y eft très-cultivé; & la *fociété des Arts* de Londres a propofé des prix pour en étendre , améliorer , & perfectionner l'efpece. La *groffe grofeille* s'emploie à divers ufages : on la met dans les pâtés , dans les tourtes & dans les ragoûts , quand elle eft verte ; & lorfqu'elle jaunit , on l'emploie dans les tartes & les tartelettes , on la confit , on la conferve , &c. Enfin , fi la *faxifrage* (V. *faxifraga punctata*) eft l'orgueil de Londres (*London-pride*), on peut dire que la *groffe grofeille* en eft les délices.

terre, lesquels viennent parfaitement bien de boutures, sur-tout dans cette saison qui leur est plus favorable que le printems.

Si vous n'avez pas, dans le mois précédent, bien préparé & bien fumé la terre où vous vous proposez de planter à demeure vos jeunes troncs ou sauvageons pour arbres fruitiers, & autres arbres & arbrisseaux de la dure espece, faites-le présentement & ne tardez pas, afin que la pluie puisse l'humecter, & qu'elle en soit imbibée avant que d'y planter vos arbres.

Commencez vers la fin du mois à transplanter quelques-uns de vos arbres à fruit, arbres forestiers, arbrisseaux de la dure espece ou de pleine terre, &c. Observez de commencer toujours par ceux qui ont un plus grand nombre de feuilles mortes. Cependant si la saison étoit au beau & au sec, il vaudroit mieux différer ce travail & attendre que les pluies tombassent. Mais s'il étoit pour vous nécessaire que vous les transplantassiez, il faudroit les arroser de tems en tems, autrement leur écorce prendroit des rides ; car lorsqu'on transplante ainsi les arbres de bonne-heure, il ne leur faut que quinze jours ou trois semaines pour pousser de nouvelles fibres. Il faut aussi que ces jeunes plants soient soutenus par des bâtons ou des *tuteurs*, afin que les vents, en soufflant avec violence pendant l'hiver, ne les renversent & ne les déracinent pas. Ne manquez pas non plus de garnir le pied des arbres d'un bon fumier de feuilles ou de vieux chaume *(mulch)*, vers le commencement de Novembre & avant que les froids soient regnans, de crainte que la gelée ne gagne les racines, & ne porte à vos arbres un grand préjudice. En suivant cette méthode, vos jeunes plants seront tellement stables & tellement enracinés pour l'été prochain, qu'ils résisteront beaucoup mieux à la sécheresse que ceux plantés au Printems. C'est pour cette raison que les Pépiniéristes les plus habiles préferent cette saison pour transplanter les sauvageons pour fruits, les arbres forestiers, & les arbrisseaux à fleurs. D'ailleurs, lorsque ces arbres se trouvent en grande quantité dans les pépinieres, il en couteroit beaucoup pour les arroser. Mais quand le terrein est humide, il vaut beaucoup mieux différer ce labeur & le remettre au printems, parce que l'humidité pendant l'hiver gâte souvent & corrompt les tendres fibres des arbres nouvellement plantés, & même presque aussitôt qu'ils sont en terre, surtout quand la saison est fort humide.

Si vos *pins*, *sapins*, & autres arbres résineux, sont devenus tellement épais & touffus, qu'il soit nécessaire de leur faire la tonte, voici la meilleure saison pour cette opération ; car actuellement ils ne sont pas si disposés à pleurer qu'au printems, & les blessures que vous leur aurez faites auront le tems de se guérir avant que les grandes pluies d'hiver ou les grands froids soient arrivés : deux fléaux vraiment nuisibles aux arbres nouvellement blessés. Vos *noyers* & vos *érables* devroient aussi, dans cette saison, subir la même opération, & pour la même raison.

Ouvrage à faire dans le Jardin à fleurs.

Creusez & bêchez les plates-bandes du parterre, ajoutez-y s'il est nécessaire, une terre fraîche ou du fumier bien consommé, & plantez-y toutes sortes de fleurs de pleine terre ; mais sachez faire un tel mélange de toutes ces fleurs diverses, qu'il y ait toujours pendant la saison une succession régulière de fleurs dans toutes les différentes places de votre parterre.

C'est à présent le tems de transplanter vos fleurs bisannuelles & vivaces semées dans la pépiniere à fleurs, de les transplanter, dis-je, dans les plates bandes du parterre qu'elles doivent orner & embellir.

Les marcottes d'*œillets*, *œillets-carnés*, & *œillets de poëte*, tirées de vieilles racines, & qui n'ont pas été transplantées le mois dernier, doivent l'être actuellement & sans différer ; car si vous ne les plantez pas de bonne-heure en Septembre, elles n'auront pas le tems de prendre racine avant les froids, & seront en danger d'en recevoir de l'injure.

Plantez de bonne-heure Septembre.

quelques *tulipes* dans une situation chaude, & où elles soient à l'abri du froid & des vents ; elles y fleuriront en Mars & même plutôt, suivant que la saison sera plus ou moins avancée.

C'est à présent que vous devez planter vos racines de *hyacinthes* choisies, après avoir préparé leur lit avec de bonne terre (mélangée suivant les préceptes donnés dans le *Dictionnaire des Jardiniers*), dont vous les garnirez jusqu'à trois pieds environ de profondeur. Otez d'abord de cette couche six à huit pouces de terre environ, puis égalisez le fond ; mettez-le de niveau, & tirez des lignes en long & en large, suivant la distance que vous voulez laisser entre les racines, afin qu'elles soient également placées dans les rayons. Ensuite placez droit les racines exactement dans chaque petit quarré, que vous couvrirez de la terre que vous avez enlevée, doucement & en observant soigneusement de n'en déplacer aucune. Il faut que le lit soit rempli de terre, jusqu'à la hauteur de cinq pouces au-dessus des bulbes. Je crois cette maniere de planter les bulbes de hyacinthes, beaucoup meilleure que de faire un trou pour chaque racine, avec une houe plate, ou avec un autre instrument.

Il faut maintenant tirer de terre vos bordures de *buis* qui sont trop épaisses, les diviser, les partager, & les replanter en vous conformant à la méthode assignée dans le *Diction-*

naire des Jardiniers. Il faut auſſi réparer les bordures plantées dans la ſaiſon derniere , qui ne vous ont pas réuſſi.

Préparez des lits pour y faire repoſer un choix d'*anemones*, de *renoncules* & de *tulipes*, au commencement de ce mois , ſuppoſé que vous ne l'ayiez pas fait le mois dernier. Il eſt bon que la terre reçoive un labour, & qu'elle ait le tems de ſe fixer & d'être ſtable avant de lui confier vos racines ; autrement, elle deviendroit inégale dans la ſuite, & il ſeroit à craindre que vous ne perdiſſiez les racines qui ſe trouveroient placées dans les enfoncemens , parce que l'humidité s'arrête dans ces endroits, & que la pourriture la ſuit de près.

Plantez au commencement du mois quelques-unes de vos *anemones* doubles ordinaires; plantez-les dans des bordures chaudes, & où elles ſoient à l'abri des vents froids & glaçans ; elles y fleuriront de bonne-heure au printems, ſi la ſaiſon ne leur eſt pas défavorable.

Plantez auſſi des *polyanthes*, *primeroſes*, la *gloire ou l'orgueil de Lond es (London-pride)*, (1)

ſlatice ou *gazon d'O'ympe*, *attrape - mouche* double , *œillets*, *campanelle* à feuilles de pêchers , *Lychnis - écarlate*, *roſe-campion*, *marguerites*, *camomille* double, *Robin en lambeaux* double, *matricaire*, & toutes ſortes de plantes , dont les racines ont la fibre dure, & qui ſe multiplient par pieds éclatés ou en diviſant & partageant les racines. Vous aurez attention, en les plantant, de fixer & de durcir un peu la terre autour des racines, de crainte que les vers ne les pouſſent & ne les jettent dehors.

Coupez les tiges de vos fleurs qui ſont paſſées & mortes; & ſi vous ne devez pas les tranſplanter, bêchez la terre tout autour, & mettez ſur les bords un peu de nouvelle terre fraîche ou de fumier bien conſommé, afin de fortifier les racines.

Vous êtes encore à tems de ſemer de la graine d'*Iris*, de *tulipe, couronne impériale , hyacinthe , fritillaire , colchicum , cyclamen , renoncules , anemones*, & de la plupart des autres fleurs à racines bulbeuſes & tubereuſes, quoiqu'il eût mieux valu avoir fait ce travail dans le milieu du mois dernier, ſurtout ſi la ſaiſon eſt humide. Mais ſi le tems eſt actuellement favorable,

---

(1) *Saxifraga punctata* appellée *l'orgueil de Londres* ou *rien-de-ſi-joli.* V. *ſaxifraga.* Qu'a donc cette plante de ſi miraculeux pour lui donner le nom d'*orgueil de Londres?* Car le vrai orgueil de Londres conſiſte dans la liberté civile, c'eſt-à-dire , dans le privilège de ne pouvoir être envoyé à la Tour *que l'accuſation ne ſoit publique*; *que l'Accuſateur ne ſoit connu* , *& qu'un Avocat ne ſuive le priſonnier pour le défendre*: droit ſi conforme a la nature, à

Septembre.

la raiſon, à l'équité, à la juſtice , & dont il eſt bien douloureux que tout homme ne jouiſſe pas en tout tems & en tout lieu..... Voilà vraiment de quoi Londres peut s'énorgueillir ; & un honnête homme dans cette ville, en ſe couchant le ſoir dans ſon lit, eſt ſûr ue s'y trouver le lendemain : *Libertatis amor ratione valentior omni.* Voyez *Eſprit des Loix*, l. XI, ch. 6.

K 4

votre femis réuffira, pourvu que vous vous y preniez de bonne-heure. Il faudroit les femer dans des pots ou dans des caiffes remplis d'une terre fraîche & légere, affez épaiffe, & prendre foin de ne pas les couvrir de trop de terre, furtout les *renoncules* & les *anemones*, dont les graines font fort menues & fujettes à contracter de la pourriture quand elles font trop enfévelies fous terre. Placez-les dans un endroit où elles aient feulement le foleil du matin, jufqu'au commencement du mois prochain, tems auquel vous les ferez paffer dans une fituation plus chaude. Si le tems eft chaud & fec, vous les rafraîchirez doucement avec de l'eau.

Semez auffi des graines d'auricules & de *polyanthes* dans des pots ou dans des caiffes, que vous garnirez d'une terre riche & légere ; & prenez bien garde qu'elles ne foient pas trop enfoncées, de crainte qu'elles n'avortent, ou qu'elles ne reftent jufqu'au fecond printems fans avoir levé.

Vers la fin du mois, plantez vos *anemones* choifies, *renoncules* & *tulipes*, en obfervant de faire ce travail dans un tems où il eft tombé une légere ondée de pluie, & où la terre n'eft pas abfolument féche ; car fi la faifon eft belle & qu'elle continue de l'être pendant un tems affez confidérable, lorfque vous les aurez plantées, vos fleurs fe gâteront & périront. Ces racines doivent être à fix ou huit pouces l'une de l'autre ; les anemones

& les renoncules doivent avoir deux ou trois pouces de terre, fuivant qu'elle eft plus ou moins légere, au-deffus de leurs racines ; & les *tulipes* en doivent avoir au moins fix ; alors elles vous donneront de belles & larges fleurs.

Si la faifon étoit pluvieufe & fort humide, il faudroit mettre à couvert vos pots de choix *d'auricules* & *d'œillets-carnés*, ou les tenir renverfés fur le côté, afin que l'humidité pût s'échapper & s'évaporer. Les grandes pluies dans cette faifon détrempent tellement le terreau, & il en eft tellement imbibé & pénétré, qu'il eft plein de moififfure, & qu'il n'aura pas le tems de fe fécher avant l'Hiver. De-là s'engendre la corruption qui attaquera bientôt les racines de vos plus belles fleurs, ou qui du moins leurs caufera un grand préjudice.

Vous ferez bien, vers la fin du mois, de tranfplanter la plupart de vos arbres & arbriffeaux à fleurs de pleine terre, qui vous réuffiront beaucoup mieux fi vous les replantez dans cette faifon, que fi vous attendez le Printems, furtout dans les terreins fecs. Outre cet avantage vous avez encore celui de n'être pas obligé de les arrofer autant que les autres dans l'Eté fuivant ; car ils prendront racine en fort peu de tems ; & fe trouvant bien enracinés avant les féchereffes du Printems, il ne fera pas à craindre qu'ils avortent ou qu'ils ne germent pas bien.

Voici la faifon propre de

partager & de tranfplanter toutes fortes de racines d'*iris* à feuilles de *glayeul*, *péones*, *aconite*, *gentianelle*, *geranium* à racines de tubereufe, *lys afphodels*, *reine des prés* double, *lys des vallées*, *fceau de Salomon*, *acanthe*, *apocynum* dur, *Colombines* ou *ancholies*, *lychnis* écarlate, *campanules*, *lathyrus* perennial ou vivace, *digitale* de plufieurs fortes, *pavots* vivaces, &c. Si vous les plantez à préfent, elles feront bien reprifes avant le Printems, & vous donneront pendant l'Eté de belles & larges fleurs. Vous pouvez auffi partager les racines d'*after* à fleurs hâtif & de verges d'or dont les tiges commencent à fe flétrir, & les planter dans de larges plates—bandes où elles puiffent avoir affez d'efpace, & ne pas s'attacher à toutes les plantes qui croîtroient auprès d'elles. Mais les genres à floraifon tardive, ne doivent être plantés que fur la fin du mois prochain.

C'eft à préfent la meilleure faifon pour tranfplanter toutes fortes d'arbres foreftiers & de fleurs de la dure efpece ou de pleine terre, dans divers quartiers du défert, dont ces jeunes plants feront l'ornement & les plaifirs au Printems fuivant.

C'eft auffi la meilleure faifon pour tranfplanter des lauriers, lauriftins, & arboufiers ; car les lauriers commencent dès à préfent à préparer leurs boutons pour les rejettons de l'année fuivante, & les deux autres commencent déja à produire leurs fleurs. C'eft pourquoi plus ces arbres feront plantés de

Septembre.

bonne-heure, lorfque les pluies d'Automne fe font annoncées, mieux ils réuffiront.

Plantes actuellement en fleurs dans le Jardin de plaifir ou le Parterre.

Violier annuel, fcabieufe, aimable-Sultan, merveille du Pérou, balfamine femelle, œillet de la Chine, foucis de France & d'Afrique, rofe-trémiere, chryfantheme, *capficum*, lupins de plufieurs fortes, pois de fenteur, pois de Tanger, *ptarmica* double ou l'herbe à éternuer, vrai faffran, *carthamus* ou faffran bâtard, *crocus* d'Automne, *cyclamen*, *Colchicum*, hyacinthe d'Automne, afters de plufieurs fortes, cinq à fix fortes de verges ou bâtons d'or, faponaire double (*foapwort*) ou lychnis double, camomille double, pied d'alouette, primerofe en arbre, polyanthes, herbe à l'araignée, auricules, muffle de veau (*fnapdragon*), miroir de Vénus, nombril de Vénus, touffe de Candie, after de la Chine, hélianthemes, héliotropes, lychnis, campanelles, gentiane d'Automne, féve écarlate, perficaire d'Orient, *ftramonium*, *folanum*, *alkekengi* à larges fleurs bleues, fantoline, *chryfocoma*, *chelone* à fleurs blanches & à fleurs rouges, *polium*, *gomphrena*, xerantheme, centaurée, mauve d'Orient, lavatere, *hefperis* de deux ou trois fortes, *hibifcus veficaria* de trois efpeces, fleur de foleil de plufieurs genres, *gnaphalium*, *eupatorium*, penfées ou les fouhaits du cœur

(*heart's-eafe*) , valeriane de jardin rouge , catananche *quorumdam* , *Ruifchiana* , *Rudbeckia* , *ftiphium* , large aconite bleu , pefte de loup ou aconite falubre , cérinthe , *alyffon fruticofum* , *dianthera* , *hydrangea* , *tetragonotheca* , *Monarda* , *Ambrofia* , œillet à tête de vieillard , *ononis* de deux ou trois fortes , fcrophulaire , *Dodartia* , *echium* , buglofe de trois ou quatre genres , *convolvulus* de plufieurs fortes , *nafturtium* des Indes double & fimple , avec quelques autres.

Arbres & arbriffeaux de la dure efpece ou de pleine terre actuellement en fleurs.

Jafmin , rofe du mois ou de tous les mois , rofe mufquée , fleur de la paffion ou paffiflore , arboufier , grenadiers à fimples fleurs & à fleurs doubles , quintefeuille en arbriffeau , mauve en arbre , *lavatera frutefcens* , hibifcus de Syrie ou *althæa frutex* , lauruftin , chèvrefeuille , fené de fcorpion , *agnus-caftus* , fumach de plufieurs fortes , célaftre , *medicago frutefcens* , herbe de la St. Jean en arbriffeau , *itea* , *clethra* , *Kalmia azalea* , neflier nain de Crête , genet d'Efpagne , féné à veffies de *Pocock* , *hamamelis* , *Symphoricarpos* , ciftes , genêt de Luques , cytife hériffé , tamaris , avec quelques autres.

Plantes médicinales actuellement propres au fervice.

Calamus aromaticus , le fruit du cerifier d'Hiver , *arum* ou racines de pied de veau , raci-
Septembre.

nes de pefte de loup ou d'aconite falubre , fruit de l'épine-vinette , chenevis , *capficum* ou poivre des Indes , faffran bâtard, graine de concombre , graine d'ers ou de vefce amere, graine de fenouil , graine de fenegré ou de fenugrec , graine d'alifandre ou de maceron , noix , graine de laitue , lentille , graine de liveche , graine de gremil ou de *lithofpermum*, graine de lin , houblon , graine de millet , graine de fougere odorante (*fweet-fern*) ou de *myrrhis*, graine de creffon de jardin , graine de perfil de Macédoine , graine de carottes de Candie , graine de perfil commun , graine de radix , baies de fureau , fabine , graine de fefeli ou fenouil fauvage , graine de moutarde des haies ou d'*eryfimum* , graine de moutarde , morelle , verge d'or.

Ouvrage à faire dans la Serre-verte & dans la Serre-chaude.

Les plantes fucculentes de la plus tendre efpece que vous avez fait fortir de la Serre chaude pour jouir de l'Eté , exigent à préfent que vous les portiez dans la Serre verte ou Serre d'orangerie pendant quinze jours , furtout fi la faifon eft humide , ou fi les nuits font froides. Quand le tems eft favorable, on accorde quelquefois à ces plantes la permiffion de refter dehors jufqu'à la fin du mois ; mais s'il eft mauvais , froid , & pluvieux , il eft néceffaire alors de mettre à l'abri ces tendres plantes ; & c'eft ce qui arrive ordinairement vers le commencement ou le milieu du mois. Rien ne leur eſt plus préjudiciable que l'humidité ; & quelques matinées ſeulement un peu froides, ou détruiront la plupart d'elles, ou leur porteront un dommage irréparable. C'eſt pourquoi le tems ſeul doit vous diriger à cet égard.

Si les couches de tan dans leſquelles vous avez plongé vos ananas ont perdu leur chaleur, renouvellez-la en remuant l'écorce ou le tan avec une fourche, en y ajoutant de nouveau tan. Si les nuits ſont froides, couvrez ſoigneuſement vos vitres, afin que vos plants ſoient toujours entretenus dans le même état d'accroiſſement & de vigueur. Il ſeroit mieux, ce me ſemble, de les renfermer ſous chaſſis juſqu'à la fin ou juſqu'au milieu d'Octobre, ſi la ſaiſon n'eſt pas trop froide, que de les remiſer d'abord & de trop bonne-heure dans la Serre chaude ; parce que dès qu'ils ſont rentrés en Serre chaude & que vous y faites du feu chaque nuit, la terre de leurs pots ou des caiſſes ſe deſſéche ſi promptement, qu'il faut abſolument les arroſer en plein ; ce qui ne leur eſt pas fort ſalutaire dans cette ſaiſon. Cependant tout ceci ne doit s'entendre que des plantes qui ne peuvent être placées ailleurs que dans l'*étuve* ou la Serre chaude pendant l'Hiver ; car celles qu'il faut plonger tout de ſuite dans des couches de tan dès qu'elles rentrent en Serre chaude, peuvent reſter encore en plein air juſqu'à la fin du mois. Alors il faut renouveller le tan ou donner à la couche chaude un *réchaud*, afin qu'elle

Septembre.

puiſſe garder ſa chaleur pendant l'Hiver. Quant aux plantes que vous vous propoſez de plonger dans l'écorce de tan pour qu'elles produiſent du fruit l'année d'après, il faut à préſent les tirer de leurs pots ou caiſſes, & les planter dans l'endroit où elles doivent reſter à demeure, afin qu'elles donnent de bonnes racines pendant l'Hiver ; car c'eſt de cela ſeul que dépend toute la groſſeur de leur fruit.

Vers la fin du mois, il faudra faire rentrer vos *orangers* dans la Serre verte, en obſervant toujours de prendre un jour ſec, afin que les feuilles n'aient aucune humidité ſur elles. Vous les placerez dans la Serre, ſans les preſſer, en leur laiſſant un eſpace propre, & en les rangeant le plus près des fenêtres qu'il ſera poſſible, en attendant que tous vos autres plants ſoient remiſés ; car je ne vois pas qu'il y ait lieu de les ranger par ordre & tels qu'ils ſeront pendant l'Hiver, juſqu'à ce que les myrtes & autres plants de la dure eſpece ſoient rentrés : ce qui ne ſe doit faire que vers le milieu ou la fin d'Octobre, à moins que les nuits ne deviennent très-froides & ne ſoient accompagnées de la gelée. Plus vous les tiendrez dehors, mieux ils ſe porteront & moins ils ſeront en danger de ſouffrir pendant l'Hiver. Mais lorſque les orangers reſtent trop long-tems expoſés dans le parterre, leurs feuilles changent de couleur & deviennent pâles & jaunâtres. Quand ceci arrive, rarement peuvent-ils recouvrer leur verdure avant l'Eté ſuivant.

Les autres genres de plantes exotiques à remiſer dans la Serre chaude, ou à placer dans des caſes ſous verre, où un feu conſtamment entretenu n'eſt pas néceſſaire, doivent rentrer à meſure que la ſaiſon devient plus froide. Commencez toujours par les plants de la plus tendre eſpece, en paſſant ainſi par degrés juſqu'aux arbres les plus durs ; mais ne les arrangez jamais, & ne les mettez chacun à leur rang, que lorſque vous les aurez tous remiſés.

Il faut préparer dans la Serre chaude ou dans l'*étuve*, (*ſtove*) vers la fin du mois ou dans les commencemens de l'autre, des couches de tan pour y recevoir des plantes exotiques de la plus tendre eſpece. Vous les y placerez lorſque l'écorce commence à s'échauffer ; mais il faut prendre garde que votre écorce ne s'échauffe à un degré violent. Rien alors ne feroit plus de tort à la racine de vos jeunes plants, & rien ne feroit plus capable de déranger leur ſanté. Or, quand ces jeunes plants reçoivent de l'injure dans cette ſaiſon, il eſt abſolument impoſſible de leur faire recouvrer leur ancien état. C'eſt pourquoi ſi l'écorce vous paroît trop chaude, différez, & n'y plongez vos pots que lorſque ſa chaleur ſera ralentie.

Lorſque vous remettez en Serre vos plantes exotiques, il faut avoir ſoin d'en arracher toutes les feuilles mortes ou attaquées du blanc ; il faut nettoyer les branches & en ôter l'ordure ou la pouſſiere qu'elles peuvent avoir ramaſſée, & em-

Septembre.

pêcher que les inſectes n'y reſtent attachés, car ils leur cauſeroient un grand préjudice. Il faut auſſi remuer la terre des pots ou des caiſſes, la dégager, la ſoulever avec une petite truelle, en prenant bien garde de ne bleſſer ni d'offenſer les racines. Que les branches & les tiges de vos plants, ſoient donc bien propres, bien nettes, & bien ſeches, avant de les faire rentrer dans leur domicile d'Hiver.

Oléandres à ſimples fleurs & à fleurs doubles, *colutea Æthiopica*, amome de Pline, myrtes, touffe de Candie en arbre, ſcabieuſe en arbre, *ſedum* ou joubarbe arboreſcente, diverſes ſortes de meſembryanthemes, cotyledons, aloës, figuier des Indes, *naſturtium* double, jaſmin d'Eſpagne, jaſmin des Açores, jaſmin jaune des Indes, jaſmin d'Arabie, tubereuſe, lys de Guernſey, lys-belladonna, *leonurus*, *cytiſus incanus*, caprier, grenadilles, ſenſitives & humble plante, héliotrope arboreſcent, arbre d'ambre, *apocynum*, *aſclepias* de pluſieurs ſortes, *abutilon* ou mauve Indienne, *ſtapelia*, *canna Indica*, faux caprier, ſagittaire des Indes, alcée d'Afrique, ſeneçon d'Afrique arboreſcent, indigotier, *palma chriſti*, épurges ou tithymales, euphorbes, noix médicinale, *gnaphalium*, *Grewia*, *carica* ou papaye, *Turnera*, *ſtramonium*, *dioſma*, *chironia*, arctótides, *solanum*, *spartium*, *Dotia*, *lotus hæmorrhoidalis*, fleur-cardinale, casse, sené d'Alexandrie, *sena spuria*, *hibiscus* de plusieurs sortes, *Piercia*, *Pancratium*, crinum de deux sortes, hæmanthes à feuilles de *Colchicum*, & à feuilles larges, *Plumeria*, *Bauhinia*, *Martynia*, *Milleria*, *cestrum*, *limodorum*, *Rauwolfia*, *Malpighia*, *convolvulus*, *bassella*, *physalis* de trois ou quatre sortes, *Spigelia*, *Oldenlandia*, *Maurocenia*, *Cliffor-* *tia*, *lotus* à fleurs noires, oseille d'Afrique en arbre, *ornithogalum luteum*, *Kleinia*, *saururus*, *anthericum*, gingembre, *costus*, *Kempferia*, *Volkameria*, gallingale ou *cypressus Anglicana*, *d'Ayena*, *Ruellia*, *Barleria*, héliotrope-odorant du Pérou, *phylica*, *Commelina*, *Rondeletia*, chardon en flambeau érigé, *Clutia*, geranium de plusieurs sortes, *Clitoria*, centaurée de diverses especes, *phytolacca* en arbrisseau, avec quelques autres.

OCTOBRE.

Ouvrage à faire dans le Potager.

SI vous n'avez pas travaillé à vos couches d'*asperges* le mois dernier, ne manquez pas de le faire à présent ; coupez toutes les tiges flétries, houez, sarclez, & arrachez toutes les mauvaises herbes des couches dans les rigoles ou dans les allées. Ensuite creusez & bêchez vos allées, & jettez la terre sur les couches en ensevelissant les mauvaises herbes. Si vos lits d'asperges manquent d'engrais, car vous devez les en pourvoir annuellement, donnez-leur du fumier bien consommé que vous répandrez sur la terre qui tient ensevelies les mauvaises herbes. Quand vous aurez fini ceci, vous planterez un rang de choux communs ou de choux-cabus, au milieu de chaque allée. Ces plants échapperont aux rigueurs de l'Hiver, tandis que ceux qui font sur planches ou dans un terrein uni seront détruits ; & comme ces choux seront récoltés en Mars, tems auquel commencera votre travail de Printems pour les asperges, il ne sera point du tout à craindre qu'ils fassent tort à vos asperges.

Continuez, quand le tems est sec, de butter vos *céleris* & vos cardes pour les blanchir ; & prenez quelques endives en pleine grosseur pour les planter de chaque côté des rigoles pour blanchir. Le froid dans cette saison augmentant de jour en jour, pourroit leur causer du dommage si vous les laissiez sur terre simplement liées & cachées sous une tuile, ainsi qu'on l'a dit dans le mois précédent, surtout si le froid devenoit très-sévere. Mais quand l'Hiver n'est pas rude, l'endive simplement liée peut se conserver jusqu'au milieu du mois prochain.

Transplantez de la *laitue* pommée commune & de la brune de Hollande, dans des bordures chaudes le long des murs, des haies & des palissades, pour y passer l'Hiver. Transplantez aussi des laitues Impériales, des laitues cosses, & laitues de Cilicie. Il seroit beaucoup mieux, je pense, de repiquer sur couches quelques-unes de ces diverses especes, & de les couvrir d'un chassis ou de paillassons pendant l'Hiver ; car si l'Hiver devenoit rigoureux & sévere, il détruiroit vos laitues cosses & de Cilicie exposées en plein air. Mais il ne faudroit choisir que les plants les plus petits & les moins gros pour mettre sous chassis, parce que s'ils ont acquis de la grosseur & de la largeur, ils avancent trop & viennent de trop bonne heure dans les Hivers doux, lorsqu'ils sont sous chassis ou qu'on les couvre de nattes & de paillassons.

Sarclez vos planches d'épinards, d'oignons, & de carottes, &c. semées à la fin de Juillet ou dans le mois d'Août ; éloignez-en avec soin les mauvaises herbes, car si vous les souffrez dans le voisinage de vos plantes potageres, elles se multiplieront tellement qu'elles détruiront vos récoltes, surtout les épinards qui tomberoient bientôt en pourriture.

Plantez des *féves* & semez des *pois* dans un terrein sec & dans des situations chaudes ; ouvrage que vous devez répéter & faire deux fois, l'une au commencement, & l'autre à la

Octobre.

fin du mois. Si la premiere se trouve trop avancée pour subsister pendant l'Hiver, la seconde lui succédera & la remplacera ayant été semée plus tard.

Transplantez, vers la fin du mois, vos plants de *choux fleurs* dans l'endroit où ils doivent passer l'Hiver. Il en faudroit mettre quelques uns sous cloches ou sous autres verres, supposé que vous en ayiez de reste, en observant de mettre deux plants à la fois sous chaque cloche, parce que si l'un venoit à manquer l'autre lui suppléeroit. Si tous les deux passoient l'Hiver sans danger, vous en transplanteriez un au Printems. Ceux que vous aurez mis sous cloche viendront plutôt que ceux qui auront hiverné sur couches ; & lorsque vous les repiquerez au Printems, vous trouverez quinze jours & plus de différence. Vous en pouvez aussi planter quelques-uns dans des bordures chaudes, le long des murs, des haies & des palissades, où ils se maintiendront fort bien si l'hiver n'est pas trop rigoureux. Cependant ceux que vous réservez pour récolte générale, doivent être plantés sous chassis afin d'être assuré que l'Hiver n'exercera pas contre eux sa rigueur.

Transplantez *pour bon* le *cabbage* ou vos *choux* semés au commencement du mois d'Août, sur-tout ceux de l'espece hâtive. Cependant il seroit à propos d'en mettre quelques uns en réserve dans une situation chaude, de crainte que ceux de pleine terre ne montassent en graine trop-tôt dans le Printems : ce qui arrive presque toujours quand les Hivers font doux , & quand on les a femés de trop bonne-heure ; ou de crainte que la rigueur de la faifon ne vous les détruifît. Alors vous pourriez y fuppléer par ceux que vous auriez réfervés. Quant aux choux à longues côtes & qui forment l'efpece tardive, il n'eft pas néceffaire de les tranfplanter *pour bon* avant le mois de Février.

En quelque endroit que vous ayiez femé des *oignons* communs ou des *oignons de Galles*, vous devez farcler les planches où ils fe trouvent ; car dans cette faifon les tiges d'oignons de Galles font abfolument mortes ; en forte qu'avant que la culture en fut parfaitement connue, plufieurs perfonnes croyoient que ces oignons avoient péri, les arrachoient & béchoient la terre. Mais fi vous les laiffez fubfifter & que vous vous don-niez la patience d'attendre , en moins de fix femaines ou deux mois , ils reparoîtront forts & vigoureux , feront capables de réfifter au froid le plus févere, & quand tous les autres oignons de l'efpece commune auront été détruits par la gelée , ceux-ci feront fains & n'auront reçu du froid aucune atteinte. C'eft à caufe de cette rare qualité, que les Jardiniers des environs de Londres ont , il y a quelques années , fi fort préconifé la culture de cette plante ; mais fon odeur forte l'ayant rendue moins eftimable que l'efpece commune fa rivale , on en a depuis quel-que-tems négligé la culture.

Vous devez à préfent femer toutes fortes de *falades*, ou fur couches d'une chaleur modérée,

ou fous chaffis, ou fous cer-ceaux que vous couvrirez de nattes ou de paillaffons, pour les mettre à l'abri du froid , au-trement elles courroient le dan-ger d'être détruites fitôt qu'elles auroient levé. Mais s'il vous refte beaucoup de cloches ou autres verres femblables, ne craignez pas de femer vos fala-des fous leurs abris , quand même il y auroit déjà deux plants de choux-fleurs. Si elles ne font pas femées trop près des tiges , & fi vous les repiquez de bonne heure quand le tems fera venu, elles ne porteront aucun préjudice à vos choux-fleurs : c'eft ce qu'éprouvent conftamment tous les Jardiniers des environs de Londres qui fuivent cette méthode.

Repiquez fur planches pour y refter à demeure, & jufqu'au Printems , vos *choux-cabus*, les derniers femés , afin qu'ils puif-fent fuccéder à ceux que vous avez tranfplanés le mois dernier.

Les *choux-fleurs* femés en Mai vont bientôt lever leur tête , & vous devez leur faire exacte-ment vifite deux ou trois fois la femaine. Vous cafferez quelques unes des feuilles intérieures dont vous les couvrirez, en les rabattant par-deffus , afin de les protéger contre le froid & l'humidité ; car ces deux qualités pernicieufes, jointes à l'expofi-tion du foleil, changeroient en-tiérement la couleur de vos plants, & les rendroient défa-gréables à l'œil.

Buttez vos tiges de *brocolis* pour empêcher que le froid ne les endommage ; mais prenez bien garde de ne pas engager

Octobre.

la terre dans le cœur de ces plantes ; il n'en faudroit pas davantage pour les détruire, ou pour les empêcher de pommer.

Vers la fin du mois, il faut couper quelques feuilles de vos *artichaux*, celles qui font à fleur de terre, & faire une tranchée, en obfervant de porter le fillon entre chaque rang à une profondeur affez confidérable, pour mettre vos plants à l'abri du froid. Mais en vérité, abftenez-vous de jetter autour de nouveau fumier, comme quelques perfonnes mal-avifées ne le pratiquent que trop fouvent. Cela feul fuffiroit pour les rendre, au Printems fuivant, durs & *ligneux*, c'eft-à-dire, pour les convertir en bois, & pour leur donner des pommes petites, mal nourries, & avortées. Si votre terrein exige de l'amendement, il faut garnir vos fillons entre les rayons d'un fumier bien confommé, l'enfevelir profondément, & rien ne vaudra mieux pour fortifier vos artichaux. Si la faifon eft douce & qu'il y ait apparence qu'elle continuera ainfi, différez ce labeur & renvoyez-le à un mois plus tard.

Vous pouvez à préfent femer quelques *radix* dans des bordures chaudes, afin de les avoir de bonne-heure au Printems. Vous ferez bien d'y mêler de la carotte, parce que fi les *radix* viennent à être détruits par le froid, la carotte lui réfiftera, & vous l'aurez de bonne-heure au Printems.

Faites quelques couches modérément chaudes, pour y planter de la *menche* & de la *tanéfie ;* mais que la couche ait affez

Octobre.

de chaleur pour que vos deux plants foient en état de vous fervir à Noël, tems auquel on vous en demandera. Ces deux plants ne cefferont de vous rapporter jufqu'à ce que ceux qui font en plein air foient devenus propres au fervice, pourvu que vous ayiez fçu les garantir du froid.

Faites auffi quelques couches chaudes pour des *afperges*, fuppofé qu'on doive vous en demander en Décembre. Mais fi vous ne devez pas en fournir à cette époque, attendez Décembre ou Janvier, car l'afperge produire au milieu de l'Hiver, n'eft ni fi groffe, ni fi belle, ni fi bien colorée que celle de Février ou de Mars. Cependant, comme il y a des maifons qui veulent de l'afperge pendant tout l'Hiver, faites-en au moins une couche dans ce mois.

Il faut à préfent garantir avec foin vos couches de *moufferons* du froid & de l'humidité, foit avec des chaffis ou des verres, foit avec du chaume ; car fi l'humidité vient à y pénétrer, elle détruira vos efpérances. Si vous obfervez exactement cette méthode, vous récolterez pendant tout l'Hiver.

Le fumier des couches de *melons* & de concombres faites au Printems dernier, doit être tranfporté dans les quarreaux du potager. Il faut y porter auffi celui de l'étable que vous avez mis en réferve ; répandez-les fur la furface de vos quarreaux, afin qu'ils foient tout prêts à être enfevelis fous terre lorfque vous ferez vos tranchées.

Coupez les tiges de *menthe*, *d'eftragon*,

d'*eftragon*, de *baume* & autres plantes à racines vivaces, dont les tiges font annuelles. Sarclez leurs couches, & répandez-y un peu de fumier bien confommé, afin de bien amander le terrein. Il vous faut auffi bêcher les allées, & les rendre propres & nettes.

Répandez auffi, vers le milieu du mois, un peu de fumier bien préparé, bien confommé, fur les couches qui contiennent vos graines d'*afperges*, & dont vous vous propofez de repiquer les plants au Printems fuivant. Rien n'eft plus efficace pour empêcher les boutons d'être attaqués par le froid, fuppofé que l'Hiver foit rigoureux, & rien ne rendra plus de fervice à vos jeunes plants.

Liez avec de l'ozier vos haies de *rofeaux* qui font dans le jardin potager, de crainte qu'elles ne foient renverfées par les vents qui fouflent avec violence dans cette faifon ou quelque rems après.

Produits du Potager.

Cabbage ou choux, choux de Savoie, choux-fleurs, quelques artichaux, carottes, panais, navets ou *turneps*, oignons, poireaux, *patates* ou pommes de terre, rocambole, échalottes, bettes, poirées, chervis, fcorfonaire, falfifix, raves & radix noirs d'Efpagne, & quelquefois quand la faifon eft douce l'efpece commune eft abondante; céleri, endives, cardons, fenouil, cerfeuil, mâches, raves, radix, moutarde, creffon, laitues, perfil à grandes raci-

nes, cardes, brocolis, toutes fortes de jeunes falades; & dans les bordures chaudes, quelques laitues pommées, épinards; choux-cabus, choux, *cabbage* à racine de *turnep*, ozeille, foucis, moufferons, rejettons de choux, fauge, romarin, thym, fariette d'Hiver, marjolaine en pot, & plufieurs autres plantes aromatiques.

Ouvrage à faire dans le Jardin à fruits.

C'eft un bon tems que le milieu ou la fin de ce mois pour tailler les *pêchers*, les arbres à *nectarines* ou *pavies*, les *abricotiers*, & même les *vignes*. Il vaut beaucoup mieux s'y prendre à préfent, que d'attendre le retour du printems, fuivant l'ufage ordinaire; car fi ce travail eft fait de bonne heure en automne, les bleffures caufées par la taille fe guériront avant que les froids foient venus, & il n'y aura aucun danger à craindre pour les rejettons. En tranchant toutes les branches inutiles, & en taillant feulement celles qu'il faut garder, les arbres en feront plus forts, & les boutons *porté-fleurs* plus vigoureux & mieux nourris. Quand on laiffe les rejettons prendre un plein accroiffement jufqu'au printems, les boutons de la partie la plus élevée des branches feront plus gros & plus enflés que ceux qui font dans la partie inférieure, parce que la feve fe porte toujours plus abondamment vers les extrémités des bra. hes. De là il arrive que les boutons qui font plus bas, & qui font précifément ceux que vous refervez pour porter du fruit, deviennent plus foibles, & fe trouvent moins en état de fructifier. De plus, en taillant dans cette faifon, vous pouvez en même tems bêcher les bordures, les nettoyer, & les rendre propres & ornées avant l'hiver. Quand le printems fera de retour, l'ouvrage abondera de toute part, & vous aurez toujours celui-ci de moins ; ainfi dès que les feuilles commencent à tomber, entreprenez ce travail, & le plutôt fera le meilleur.

Vous pouvez tailler auffi vos *poiriers*, *pommiers*, & *pruniers*, & continuer ce labeur jufqu'à la fin du mois prochain, fuivant que la faifon s'annoncera plus ou moins favorable. Mais ne taillez jamais pendant les froids & la gelée ; car rien n'eft plus fujet à périr que les tendres rejettons qui ont été bleffés par le tranchant du fer.

C'eft dans ce mois que vous devez faire vos *vendanges* ; mais choififfez toujours un tems fec, où il n'y ait aucune humidité ni fur les feuilles, ni fur le raifin. Qu'il ne vous arrive jamais de laiffer dans votre vendange, des raifins gâtés, moifis, ou qui ne foient pas mûrs, votre vin s'en fentiroit & deviendroit dépravé.

Coupez à préfent les grappes de vos *raifins* de garde, & que vous avez réfervés après avoir fait vendange. Coupez-les avec la branche à laquelle vos raifins font attachés, & tenez les fufpendues par rayons, dans un

endroit fec, où l'on faffe conftamment du feu pendant l'hiver ; en obfervant de laiffer affez d'intervalle entre chaque branche pour que les raifins ne fe touchent pas. Vous pouvez alors les conferver jufqu'au mois de Février.

Voici la meilleure faifon pour tranfplanter toutes fortes d'arbres fruitiers, fuppofé que le fol de votre jardin foit fec. Si vous devez les acheter dans une pépiniere de jardin, vous aurez à préfent un plus grand choix de divers plants que fi vous attendez au printems, parce qu'à cette époque les pépinieres font également dégarnies des plus beaux plants. Dans le choix que vous ferez, prenez toujours ceux qui font entés fur de jeunes fauvageons, à la tête defquels on n'a pas encore touché, & dont la greffe ou la bouture n'a qu'un an. Ne coupez point encore ceux que vous deftinez à paliffer, & différez jufqu'au printems. Taillez feulement leurs racines, & tranchez abfolument toutes les petites fibres ; car fi vous les laiffez elles ne tarderont pas à tomber en pourriture, & à la repandre fur les nouvelles fibres que produiront le racines. Sitôt que vous les aurez plantés, attachez tout de fuite les branches au mur, à la paliffade & à l'efpalier, ou donnez leur des bâtons pour foutient, afin d'empêcher le vent de les ébranler & de nuire à la racine. Répandez auffi un léger fumier de feuilles tout autour, ou de vieux chaume, (*mulch*) avant que l'hiver vienne, afin que le froid ne puiſſe s'introduire juſqu'aux racines. Cependant il ne faut appliquer au pied de l'arbre ce fumier de feuilles, ou ce vieux chaume, que lorſque le froid s'annonce, & qu'il eſt à craindre qu'il ne ſe faſſe rigoureuſement ſentir; car ſi vous le mettez de trop bonne heure, & qu'il ſoit trop épais, il retiendra les pluies d'Automne, & vous cauſera, par conſéquent plus de dommage que de profit.

Plantez de la *groſſe groſeille*, du *Corinthe*, ou de la groſeille en grappe, & des *fraiſes*, afin qu'elles puiſſent prendre racine avant l'hiver. Pluſieurs de celles qui ſont plantées dans cette ſaiſon, produiſent du fruit le printems ſuivant ; tandis que celles qui ne ſont plantées qu'au Printems, n'acquierent pas aſſez de force pour produire la meme année, ou ne produiſent que foiblement ; & leur fruit n'eſt bon que dans la ſeconde année.

Vous devez à préſent tranſplanter les ſauvageons de tous les fruits de votre pépiniere, & choiſir les fruits les plus beaux pour les greffer. En faiſant ce travail, obſervez toujours de répandre de vieux chaume ou du fumier de feuilles au pied de l'arbre ; vous rendrez un grand ſervice aux racines & les mettrez à l'abri du froid.

Travaillez à préſent aux vieilles couches de vos *fraiſes*, ſarclez-les, nettoyez-les, fixez les tenons, ſions, ou coureurs, près de la tige, & ne ſouffrez qu'aucun rejetton s'en écarte.

Octobre.

Enſuite bêchez les allées, & après avoir briſé de la terre que vous rendrez bien fine, répandez la tout autour de vos plants, en prenant bien garde de ne pas les enterrer. Plantez auſſi préſentement quelques rayons de framboiſes, taillez les anciens rayons que vous vous propoſez de garder, coupez-en le vieux bois, & bêchez la terre entre chaque rang de framboiſiers. Par ce travail vous tiendrez la place propre, & donnerez à vos plants de la force & de la vigueur.

Vos arbuſtes de *groſeille* à grappes ou de *Corinthes*, doivent à préſent être taillés & attachés avec de l'oſier : bêchez la terre tout autour, & plantez quelques choux dans les rayons, pour y paſſer l'Hiver ſeulement, & n'y reſter que juſqu'au Printems. Ils y viendront beaucoup mieux que dans une ſituation plus ouverte, parce que les groſeillers ralentiront le froid, le retarderont, & l'empêcheront de pénétrer trop avant dans la terre : ce qui n'arrive pas lorſque les choux ſont en plein air & à découvert. Taillez auſſi vos groſeillers à groſeilles vertes ; creuſez & bêchez la terre tout autour, & plantez également quelques choux dans leur voiſinage que vous ôterez au Printems, & avant que les arbuſtes aient pouſſé leurs feuilles. Si vous avez ſoin de bien bêcher la terre entre ces deux plants, elle les rendra riches & féconds.

Gardez avec ſoin dans du ſable, les pépins que vous vous

propofez de femer , lorfque la faifon fera venue. Mais que votre magafin ne fe trouve pas expofé à la rencontre des fouris & des rats ; car fi ces animaux peuvent y atteindre , ils détruiront toutes vos efpérances. Lorfque vous les femerez , vous devez prendre la même précaution , car cette vermine mangera toutes vos provifions fi vous n'y mettez obftacle.

Cueillez tous vos fruits d'Hiver , & prenez un tems où vos arbres foient parfaitement fecs , fans quoi vos fruits ne fe conferveront pas fi bien. Faites un monceau de vos plus belles poires d'Hiver dans un endroit fec , où vous les laifferez pendant quinze jours ou trois femaines. Puis effuyez les fans laiffer aucune trace d'humidité ; mettez enfuite chaque forte dans de paniers ou dans différentes corbeilles bien garnies de papier de tous les côtés;mettez auffi du papier entre chaque fruit , & couvrez le tout encore avec du papier , afin d'en exclure l'air extérieur. Par cette méthode vous les garderez beaucoup mieux que fi vous les laiffiez expofés à l'air dans des tablettes , en les féparant feul.ment l'un de l'autre , car leur peau ne manqueroit pas de devenir flafque & fannée ; fi au contraire vos plus beaux fruits font enveloppés dans du papier , ils ne fe toucheront jamais l'un l'autre , & fe maintiendront dans leur beauté beaucoup plus longtems.

Fruits de la faifon.

Vous avez encore de la pêche Octobre.

fanguinole , de la pêche *melacoton* , de la vieille *Newington* , de la Hollandoife ou *Swalch* double , de la Catherine : raifins , figues tardives & de feconde récolte , nefles , forbes , coings , prunelles noires & blanches , prune Impératrice , noix , noifettes , amandes.

POIRES : Doyenné ou St. Michel , beurré rouge , bergamotte-Suiffe , verte-longue , poire-mufcade à longue tige , M.ffire-Jean , Roufteline , fucrée verte , *Befidery* , Marquife , *mufcade fleuri* , Bezi de la Motte , chat brûlé , l'œuf de Cygne , Crafan , St. Germain , Bezi de Chaumontelle ; & dans les bordures chaudes & le long des murs, du bonchrétien d'Automne , avec quelques autres de moindre prix

POMMES : Renette d'or , *Pepin* d'or , pomme-poire de *Loan* , la pomme coin , renette rouge , pomme poire d'Automne , Calville-rouge , Calville-blanche , renette-grife , roufette-royale , pomme-brodée , avec quelques autres.

Ouvrage à faire dans la Pépiniere.

Continuez , pendant le commencement de ce mois , de faire des tranchées pour y transplanter les jeunes fauvageons qui doivent recevoir la greffe & la bouture de diverfes fortes de fruits , ainfi que d'arbuftes & arbriffeaux à fleurs , & autres arbres de votre défert. Vers le milieu du mois , commencez à les tranfporter dans vos quarreaux , mettez les par rayons , & donnez - leur une

diſtance conforme à leur groſſeur.

Ce mois eſt le plus propre
à tranſplanter toutes ſortes d'arbres durs ou de pleine terre,
ſur tout dans les terreins ſecs ;
car dans cette ſaiſon ils donneront promptement de nouvelles racines, & ſe trouveront
établis & fixés en terre avant
ceux que vous ne tranſplante-
rez qu'au Printems ſuivant ; &
même ils ſont moins en danger
de ſouffrir que ceux tranſplantés au dernier Printems. Mais
ſoyez attentif à donner aux
troncs ou ſauvageons de bons
ſoutiens, & n'oubliez pas de
paliſſer ceux que vous placez
le long des murs, des paliſſades & des eſpaliers, afin que
le vent ne puiſſe les jetter de
côté ou les déplacer ; car les
tendres fibres, nouvellement
pouſſées par les racines, ſouffriroient beaucoup, & les arbres
en recevroient du dommage.

Quand le tems eſt ſec, portez du fumier dans les endroits
de la pépiniere qui en manquent, diſperſez-le ſur la ſurface du terrein tout autour
des tiges de vos jeunes arbres.
Cet engrais tiendra le froid à
l'écart en l'empêchant de s'introduire dans la terre, & les
pluies de l'hiver en détacheront les ſels pour les tranſ-
mettre aux racines. Quand le
Printems ſera de retour, &
que vous creuſerez la terre
entre vos plants, vous y enterrerez votre fumier.

Vous pouvez à préſent planter ſur couches, les noyaux
de *prunes-muſſel* que vous réſervez pour tiges, en obſer-

Octobre.

vant de les recouvrir d'une
terre légere d'un pouce d'épaiſſeur. Diſperſez enſuite un leger
fumier de feuilles ou de vieux
chaume : (*mulch*) ſur toute la
ſurface de la couche, afin d'en
écarter le froid, & d'empêcher
les ſouris de venir rendre viſite à vos jeunes plants.

Voici la vraie ſaiſon de ſemer des *glands*, leſquels ger-
meront ſi vous les tenez plus
long-tems hors de terre, &
perdront toute leur vertu. Vous
pouvez ſemer auſſi de la faine
auſſi tôt que vous vous appercevez qu'elle eſt mûre, car
elle ne le conſervera pas long-
tems dès qu'elle eſt tombée.
Semez auſſi les fruits de toutes
ſortes d'épines blanches ; ſemez
des baies d'ifs & d'églantiers,
& obſervez de couvrir vos
planches de la maniere déſi-
gnée pour les noyaux de *prunes-
muſſel*. Les graines ſemées dans
cette ſaiſon levent ſouvent au
Printems ſuivant, tandis que
celles ſemées au Printems, ſi
elles réuſſiſſent, ne pouſſeront
qu'au Printems de l'année ſuivante. Pluſieurs Jardiniers font
une tranchée dans la terre
d'environ un pied d'épaiſſeur,
& y dépoſent leurs baies d'*épine-
blanche*, d'*églantine*, & de *houx*,
qu'ils recouvrent d'une terre
aſſez épaiſſe, & qu'ils laiſſent
en cet état pendant un an, au
bout duquel ils les retirent pour
les ſemer ſur couche en Octobre ; & l'on voit pouſſer les
nouveaux plants au Printems
ſuivant.

C'eſt encore ici la vraie ſaiſon de ſemer toutes ſortes de
graines d'*érables*, car ſi vous les

gardez jufqu'au Printems, il fera difficile qu'elles réuffiffent, du moins ne léveront-elles que l'année d'après.

Taillez toutes fortes d'arbres foreftiers & toutes fortes d'arbriffeaux à fleurs ; en faifant ce travail, coupez toutes les branches rudes & raboteufes le plus près de la tige qu'il fera poffible, fans laiffer aucun *éperon*, ainfi qu'on le pratique trop fouvent, car ces éperons ne fervent qu'à défigurer vos arbres. Soyez auffi très-attentif à laiffer une fuffifante quantité de branches fur les tiges de vos jeunes arbres de pleine terre, afin d'attirer la fève pour l'augmentation de leurs troncs, autrement ils ne feroient pas affez forts pour foutenir leurs têtes.

Voici un tems excellent pour faire des marcottes d'*ormes*, de tilleuls, & de tous les autres arbres durs & arbriffeaux qui ne laiffent tomber leurs feuilles qu'en hiver. Si vous les mettez en terre dans cette faifon, elles reprendront aifément ; car l'humidité de l'hiver fera tenir la terre tout autour des marcottes, & les difpofera à pouffer de bonne heure des racines au Printems.

Tirez de terre à préfent les marcottes d'*ormes*, de *tilleuls*, & des autres arbres foreftiers & arbriffeaux à fleurs, que vous avez plantés l'année derniere. Taillez leurs racines, & repiquez les par rayons dans la pépiniere. Repiquez également les *fucceurs* ou rejettons de lilas, de rofiers, & d'autres arbres & arbriffeaux à fleurs que vous

avez multipliés de cette maniere, & enrichiffez-en votre pépiniere, où vous les ferez refter deux ans, afin qu'ils puiffent acquérir affez de force pour être placés dans l'endroit où ils doivent refter à demeure.

Plantez des rejettons ou *coupures* de différentes fortes de *chevre-feuille*, de *lauriers*, de *lauriers de Portugal*, & d'autres arbres & arbriffeaux de la dure efpece ou de pleine terre ; plantez-les dans un terrein gras, car ils y réuffiront beaucoup mieux que dans un fol léger, riche, ou fabloneux.

C'eft encore une faifon fort propre à planter des rejettons ou *coupures* de *planes* ou *platanes*, d'*aunes*, & de *peupliers*, dans un terrein humide, mais non très-humide. En préparant vos rejettons, prenez foin de laiffer toujours un nœud du bois de la derniere année à l'extrémité de chaque rejetton. Si vous obfervez bien cette methode, peu de vos rejettons ou boutures manqueront de réuffir.

Vous pouvez également dans ce mois, multiplier par *coupures* vos meilleures fortes de *grofeilles vertes*, & de *grofeilles à grappes*. Si vous favez bien les choifir, & fi vous les plantez avec foin ; dans l'efpace d'un an, vous en tirerez de fort bons plants, lefquels feront de beaucoup préférables à ceux qui proviennent de fucceurs.

Plantez auffi dans le courant du mois, des rejettons ou boutures de *lauruftin* & de *philly-*

rea ; le premier fera bien en-raciné au bout d'un an ; mais l'autre reftera deux années avant qu'il ait pris racine.

Ouvrage à faire dans le Jardin à fleurs.

Vers le milieu ou vers la fin du mois, finiffez de mettre en terre toutes les fortes de racines de plantes à fleurs que vous vous propofiez de mettre en terre avant Noël, comme : *tulipes, anemones, renoncules, crocus, jonquilles, hyacintes, narciffes, iris bulbeufes, martagons, lys-oranges,* ainfi que toutes celles que vous avez tenues hors de terre depuis la chûte de leurs feuilles en Eté. Si vous avez fouffert que quelques-unes de ces fleurs, reftaffent encore en terre peu de femaines après que les feuilles font tombées, elles auront pouffé de nouvelles fibres, & il feroit trop tard pour les tirer de terre. Il ne faut pas non plus, quand elles font hors de terre, les tenir trop long-tems abandonnées, autrement quelques-unes périront. Si vous n'avez donc pas fu tirer à tems & à propos les fleurs à racines bulbeufes, laiffez-les tranquilles & n'allez pas les troubler à préfent, de crainte que vous ne les fiffiez périr ; ou fi elles ne périffoient pas, elles deviendroient tellement malades qu'elles ne pourroient vous donner leurs fleurs au Printems fuivant ; & qu'elles feroient même quelquefois deux ou trois années avant de recouvrer la fanté.

Octobre.

Tranfplantez dans les bordures ou plates-bandes du parterre la plupart des plantes dures à racines fibreufes, & tubéreufes, comme : *rofe-trémiere, campanules de Cantorbery, chevrefeuilles de France, colombines* ou *ancholies, aconite bleu, marguerites, chryfanthemes, polyanthes, œillets de poëte, l'orgueil de Londres (London pride)* ou *Saxifrage* ponctuée, *campanules, afters* à fleurs hatives, *verges d'or, l'herbe à l'araignée, afphodel,* ou la *lance du Roi (King's fpear), péones, violiers, thalictrum, eryngium, Statice, fleurs de foleil* perenniales ou vivaces, *cyanus* ou grande *bouteille bleue (great blue bottle), iris* à racines tubéreufes, *centaurée, matricaires* double, *camomille* double, *doronicum, cirfium, cafque, pois toujours verd, aftragale* vivace, *apocyn* dur, *pavot* vivace, *fumeterre* jaune, & de *Tanger, faux-caprier, digitales, glaucium* ou *pavot* cornu, *nombril de Vénus* vivace, plufieurs fortes de *phlox, alyffum* de Crête, *primerofe* en arbre, *Rudbeckia* ou *fleur de foleil bâtarde, geranium* vivace, *herbe de S. Pierre, violettes, lunaria* ou *l'honnêteté* ou *la fleur fatinée (honefty or Sattin-flower), renoncule globulaire, lyfimachia, cifte-nain, lychnis* ou *rofe campion, robin en lambeaux, monarda* de trois fortes, *Ruyfchiana, chélidoine* double, ainfi que plufieurs autres fortes dont vous ferez un tel mélange qu'elles puiffent fe fuccéder durant la faifon.

Sarclez toutes vos bordures & que celles que vous n'avez pas fumées le mois dernier ne restent pas plus long-tems sans engrais , en observant de les renouveller avec de la terre fraîche , ou avec du fumier bien consommé, & en suivant la méthode désignée dans le mois précédent. Continuez de planter des bordures de buis dans les endroits qui en manquent, & réparez les bordures gâtées ou qui dépérissent. Vous pouvez faire ce travail avant que l'Hiver ait tellement établi son empire que la terre soit gelée.

Vous devez racler & ratisser à présent les bordures que vous avez béchées, & où vous avez planté au commencement de Septembre. Si vous faites proprement ce travail dans un tems sec, vous détruirez toutes les mauvaises herbes qui ont poussé depuis, & rendrez vos bordures belles , propres & nettes pour tout l'Hiver.

Il est tems de sarcler avec le plus grand soin les couches à graines d'*hyacinthe*, de *tulipes*, de *fritillaires*, & autres fleurs à racines bulbeuses qui sont en terre depuis un an. Donnez-leur une terre fraîche, riche, bien criblée, de l'épaisseur d'un demi pouce, afin de fortifier les racines, & de les garantir du froid.

Retirez à présent les pots & les caisses qui contiennent des semences de fleurs, de la situation à l'ombre où vous les aviez placés pendant les chaleurs de l'Automne & de l'Eté. Mettez les dans une exposition plus chaude, ou dans un endroit où les jeunes fleurs puissent jouir le plus qu'il sera possible des rayons du soleil , & où elles soient à l'abri du froid & des vents. Il faut aussi les sarcler avec soin , & prendre garde de ne pas tirer les bulbes hors de terre ; car comme elles sont fort petites, il est aisé de les déplacer en arrachant la racine des mauvaises herbes , surtout quand cette racine est grande , large , & profondément ensévelie. Quand ceci sera fait , recouvrez vos jeunes plants d'un peu de terre fraîche que vous avez passée au crible ; mais n'en mettez pas trop , de crainte que les racines ne soient trop enterrées , & que la pourriture ne s'y attache , surtout dans un sol dont la terre est ferme & dure.

Mettez à la fin du mois vos pots d'*œillets-carnés* sous couvert, afin de les défendre contre les pluies violentes, contre la neige & la gelée, fléaux cruels & destructeurs de ces charmantes fleurs. Si vous aviez placé ces fleurs dans de petits pots d'un sol la piece, ainsi que je vous l'ai dit au mois d'Août , vous pourriez à présent les ranger tout près l'un de l'autre, sous un chassis de jardin , ou dans une couche à cerceaux qu'on recouvre de paillassons dans les mauvais tems. Mais lorsque le tems est doux , ces fleurs ne peuvent pas avoir trop d'air. La méthode de plonger ces pots dans de la terre , depuis l'extrémité jusqu'aux bords , ou de les mettre dans de vieux tan bien consommé , pour empêcher le froid de pénétrer jusqu'aux racines , eſt une méthode plus ſûre & plus efficace , que celles de les laiſſer paſſer l'Hiver ſur la ſurface de la terre.

Otez toutes les feuilles mortes de vos pots d'*auricules* choiſies , & renverſez enſuite vos pots ſur le côté , ou placez-les ſous couvert , afin de les empêcher de recevoir trop d'humidité qui deviendroit pernicieuſe à vos fleurs , quoiqu'elles endureront parfaitement bien le froid ; mais la derniere méthode eſt la meilleure , & il faut la préférer.

Tranſplantez la plupart de vos arbres & arbriſſeaux à fleurs , comme : *roſes* , *chèvrefeuilles* , *genêt d'Eſpagne* , *cytiſe* , *laburnum* , *althæa frutex* , *ſpiræa* , *roſe de Gueldre* , *lilas* , *ſéné de ſcorpion* , *ſéné à veſſies* , *berceau de Vierge* , *pêcher* à fleurs doubles , *amandier* , *ceriſier* à fleurs doubles , *ceriſier d'oiſeaux* , *Robinia* , *maronnier d'Inde* écarlate , *érable* à fleur écarlate , *ſyringa* , *jaſmins* , *catalpa* , *meſereon* , *chèvrefeuille érigé* , *chèvre-feuille à trompette* ou *periclymenum* , *framboiſier à fleurs* , *framboiſier double en arbriſſeau* , (*double bramble*) , *épine* blanche à ergots de coq , *épine* blanche double , *quintefeuille* en arbriſſeau , *cornouiller* , *aliſier* ou *cormier* ſauvage , *troëne* , *cornouiller à prunes* , *ſumach* , *coccygria* , *coronopus maritimus* ou *chiendent de mer* (*ſea buck'ſhorn*) , *faux piſtachier* , *arbouſier* , *lauruſtin* , *épine de Glaſtenbury* , diverſes ſortes de *ſumach* , de *tamaris* , &c. Si vous les plantez dans cette ſaiſon , ils prendront racine avant l'Hiver , & ſeront par conſéquent moins en dan-

Octobre.

ger de ſouffrir de la ſéchereſſe au Printems ſuivant. Outre cet avantage , c'eſt que la plupart d'entr'eux fleuriront l'Eté prochain ; tandis que ceux tranſplantés au Printems exigent d'être conſtamment arroſés dans un tems ſec , & fleuriſſent rarement la même année. Mais il faut remarquer que les arbriſſeaux qui ne ſont pas de la dure eſpece ou de pleine terre , & que vous plantez dans cette ſaiſon , demandent un léger fumier de feuilles ou de vieux chaume (*mulch*) répandu ſur la ſurface de la terre autour de leur tige , pour empêcher le froid d'atteindre à leurs racines. Cependant il ne faut verſer ce fumier que lorſque le froid s'eſt annoncé , autrement il feroit plus de mal que de bien , car il empêcheroit la pluie de pénétrer juſqu'aux racines.

Nettoyez les allées de gazon & tous les tapis de verdure adjacents à votre déſert , & enlevez-en toutes les feuilles qui y ſont tombées , car ſi vous ſouffrez qu'elles ſe pourriſſent ſur l'herbe , elles la gâteront & lui porteront dommage. Si vous ſouffrez également qu'elles ſe putréfient ſur le gravier de vos promenades , elles lui ôteront ſa couleur & le rendront d'un aſpect déſagréable. Comme on ſe promene rarement en Hiver dans les grandes allées de gravier , ce feroit bien fait d'y faire une tranchée & d'y établir des rigoles , afin de tenir le gravier toujours frais , & de préſerver vos allées de la mouſſe & des herbes fauvages. Mais ceci ne doit fe pratiquer que lorfqu'on ne fe fert pas de ces allées en Hiver, ou lorfqu'on n'a pas le loifir d'y paffer conftamment le rouloir.

Taillez les arbriffeaux à fleurs, comme : *rofiers*, *chèvrefeuilles*, *fpiræa*, &c. Arrachez tous les *fucceurs*, car ils affameroient les vieilles plantes, & les empêcheroient de fleurir. Les *lilas* en particulier jettent un grand nombre de *fucceurs* ; & fi tous les ans on ne les coupe pas avec foin, ils s'étendent bientôt à une grande diftance en formant un buiffon épais. Mais cela fait tort aux arbres, & ils ne fleuriffent jamais fi bien que lorfqu'on a foin de les tenir ifolés, éclaircis & débarraffés de rejettons trop nombreux. Vous pouvez vous fervir de ces fucceurs, fuppofé que vous en manquiez, pour les planter dans la pépiniere, car dans l'efpace de deux ou trois ans ils auront acquis affez de force pour être tranfplantés à demeure

Si l'on vous a défigné quelque piece de terre pour en faire un lieu de plaifir, un parterre, une plate-bande, &c., foit dans le jardin à fleurs, foit dans le defert, mais que vous ne pouvez rendre propre à recevoir des plantations avant le Printems, vous devriez fans perdre de tems, la préparer & y travailler, afin que la terre reftât expofée au froid de l'Hiver qui l'amollira & qui l'adoucira. Outre cet avantage, c'eft què fi le froid venoit à

durer long-tems, il feroit trop tard pour y travailler, parce que le moment de planter arriveroit tout-à-coup : alors la faifon toute entiere fe trouveroit perdue pour vous.

Plantez, au commencement du mois, des *coupures* ou rejettons de *Chryfanthemes* doubles, blancs & jaunes, dans des pots remplis d'une bonne terre que vous placerez dans une fituation chaude, & que vous arroferez fréquemment dans les tems fec. Ces fleurs prendront auffi-tôt racine fi, pour les protéger contre les froids de l'Hiver, vous les mettez fous chaffis commun, & fi vous leur faites prendre l'air le plus qu'il fera poffible dans un tems doux. Vos plants alors deviendront affez forts, pour être repiqués au Printems dans les plates bandes du parterre. Par cette méthode ils feront tous à fleurs doubles ; mais quand ils font propagés de cette maniere, ils deviennent bientôt ftériles & ne produifent aucune graine.

Dans le courant du mois, mettez des racines bulbeufes de *tulipes*, d'*hyacinthes*, de *jonquilles*, de *narciffes*, &c. dans des carafes remplies d'eau, pour fleurir en chambres de bonne-heure au Printems. Donnez-leur le plus d'air qu'il eft poffible, tant que le tems s'annonce avec douceur ; car lorfqu'elles font tenues en chambres clofes, les feuilles & les tiges deviennent fi foibles, que la principale tige fe trouve hors d'état de foutenir les fleurs. C'eft pourquoi il ne faut les apporter dans la chambre que lorsque les fleurs font près de s'ouvrir. Il ne faut pas non plus les laisser expofées au mauvais tems, dès qu'elles commencent à pousser leurs feuilles. Si vous les placez donc près des fenêtres de la Serre verte, où elles jouiront d'un air libre quand le tems fera doux, & où elles fe trouveront à l'abri du froid, elles vous produiront des fleurs beaucoup plus belles & plus fortes. Les verres dont on fe fert à ce deffein font aujourd'hui fi bien imaginés, & font fi généralement connus, qu'il feroit inutile d'en faire la defcription.

Plantes actuellement en fleurs dans le Jardin de plaifir ou le Parterre.

Diverfes fortes d'afters, (& quand la faifon eft douce : foucis d'Afrique & de France, merveille du Pérou, balfamine, réféda odorante, amaranthes, tricolor & crête de coq, *gomphrena* à fleurs blanches & à fleurs de pourpre, *palma chrifti*, ficoïdes à diamant ou glaciales, & quelques autres tendres plantes annuelles), plufieurs efpeces de verges d'or, *crocus* d'Automne, amaryllis jaune automnale, *cyclamen*, *Colchicum*, œillet de la Chine, œillet de poëte, polyanthes, auricules, violettes de trois couleurs ou penfées, after de la Chine de trois couleurs, perficaire orientale, Chryfanthemes de Crête, linaire, violiers, *vhvfalis*, *buphthalmum*, tubereufe, lys de Octobre.

Guernfey, lys-belladonna, *Rudbeckia* ou fleur de foleil bâtarde, héliotrope, buglofe orientale, pefte de chien (*dog's bane*) ou tue-chien d'Amérique de plufieurs fortes, *afclepias*, de trois ou quatre efpeces, mufle de veau ou mufle de dragon (*fnap-dragon*), faffran, faffran bâtard, matricaire double, *convolvulus* de plufieurs fortes, pois de fenteur, lupins, miroir de Vénus, nombril de Vénus, pomme épineufe double, centaurée de plufieurs fortes, herbe à l'épervier, quelques anemones fimples, fleurs de foleil, fcabieufe indienne, *phlox* à larges feuilles, *trachelium*, *dianthera*, *eupatorium*, *Alyffon fruticofum*, *dracocephalum* de plufieurs fortes, fauge d'Orient, *Helenia*, melinet, gentiane d'Automne, œillet à tête de vieillard, plufieurs fortes de lychnis, faponaire double, herbe à l'araignée de Virginie, *Commelina*, *chelone*, quelques fortes de fcrophulaire, tabac, aconite à larges fleurs bleues, aconite falubre, *campanula patula*, avec quelques autres.

Arbres & arbriffeaux de la dure efpece ou de pleine terre actuellement en fleurs.

Arboufier ou fraifier en arbre, chèvre-feuille tardif, chèvre-feuille toujours verd, *althæa frutex*, fleur de la paffion ou paffiflore, *cytifus lunatus*, *Ketmia fyriaca*, lauruftin, rofier du mois ou de tous les mois, rofe-mufquée, quintefeuille en arbriffeau, framboifier à fleurs, cifte mâle, *phlomis*, *hamamel*, grenade double, féné de fcorpion, *agnus-caftus*, pyracanthe en fruit, *evonimus* ou fufain en fruit, feneçon en arbre, diverfes fortes de fumach, tamaris, féné à veffie d'Orient, *Bignonia* ou fleur a trompette, *hydrangea*, *itea*, *clethra*, genêt d'Efpagne, genêt de Luque, *fpiræa rouge*, *fpiræa* blanche d'Amérique, *galeopfis frutefcens*, arboufier trainant d'Amérique, herbe de la S. Jean en arbriffeau, avec quelques autres.

Plantes médicinales dont on peut actuellement faire ufage.

Racine de *calamus aromaticus*, cerifier d'Hiver, racines d'aconite falutaire, racines d'*arum*, racines de bettes, racines d'*Eryngo*, graines de frefne, racine & graine de jufquiame, baies de genevrier, graines de liveche, racines de valériane, fabine, racines de faponaire, racines de lavande de mer, racines de fcorfonaire, racines de chervis.

Ouvrage à faire dans la Serre verte & dans la Serre chaude.

Si vous n'avez pas fait rentrer vos orangers dans la ferre le mois précédent, faites-le préfentement, & obfervez, ainfi qu'il a été dit, de prendre un jour fec. N'oubliez pas non plus de nettoyer les têtes & les tiges, avant de les remifer. Il faut auffi remuer la terre des pots & caiffes, & y ajouter un peu de fumier de bœuf ou

de vache, afin de rafraîchir vos arbres, & d'empêcher la mouffe de croître dans vos pots & dans vos caiffes.

Faites entrer auffi dans votre *confervatoire* toutes ces tendres plantes : *geranium*, *nafturtium* des Indes double, *jafmin d'Efpagne*, *jafmin des Açores*, *jafmin jaune des Indes*, *mefembryanthemes*, *fedum*, *cotyledon*, *arbre d'ambre*, *ozeille en arbre*, *noyer de Malabar*, *leonurus*, *hermania*, *diofma*, *célaftre d'Afrique*, *phylica*, *lotus Sancti Jacobi*, *aloës* rayés & tachés, *Kleinia*, *arctotide*, *campanule des Canaries*, *fifyrinchium*, *elicrhyfum*, *clutia*, *arbor-molle*, *Chironia*, *lycium*, *Watfonia*, *ixia*, & *ozeille* des bois d'Afrique, *gladiolus indicus*, *rofeau fleuri des Indes*, *lintfcus*, *folanum*, *phyfialis frutefcens*, *cyclamen* de Perfe, *afphodele* d'Afrique ou *lance royale*, ainfi que plufieurs autres fortes affez dures à la vérité pour refter encore en plein air. Mais dès que les froids fe font fentir, il faut les en préferver en les reportant au confervatoire. Donnez-leur le plus d'air qu'il fera poffible, & tant que le tems aura de la douceur, laiffez-les refpirer avec liberté ; car fi vous les tenez trop clofes, lorfqu'elles entrent en ferre pour la premiere fois, elles contracteront de l'humidité, & fouvent on voit leurs feuilles dépérir & tomber. Il faut auffi les rafraîchir fréquemment avec de l'eau, & leur ôter conftamment les feuilles qui jauniffent.

N différez pas à donner un *réchaud* à vos couches de tan, fuppofé que vous ayiez oublié de le faire ; car à mesure que les froids augmentent, vos tendres exotiques souffrent davantage, & il est absolument nécessaire de leur donner de nouveaux lits. Ne plongez vos pots dans l'écorce que lorsque vous voyez qu'elle commence à s'échauffer ; & prenez garde de les trop enfoncer si la chaleur est trop grande. Il seroit plus sûr de ne les plonger qu'à une certaine profondeur, & d'attendre que la grande chaleur fût abattue ; car quand les racines sont brûlées par le chaud, rarement recouvrent-elles la santé. Observez aussi de laver avec soin les feuilles & les tiges de vos plantes qui ont ramassé de la poussiere, ou que les insectes ont infectées ; sans quoi la vermine aura bientôt gagné toutes les autres plantes qui sont dans le voisinage, & leur portera un grand préjudice.

Vers la fin du mois, mettez à l'abri & sous couvert : *myrtes*, *oléandre*, *cytises*, *doria*, *ciste à gomme*, *aloës* commun, *touffe de Candie* en arbre, *osteospermum*, *buphthalmum* pérennial ou vivace, *absynthe* en arbre, *Royenia*, *olivier*, *tetragonia*, grand *magnolier*, *laurier* d'Inde, *tanesie* d'Afrique, *héliotrope*, *Clifortia*, *Wacxendorfia*, *aster* en arbrisseau, & autres dures plantes exotiques. Rangez les de telle maniere dans votre conservatoire, que les branches ne s'entrelassent point l'une dans l'autre, que leurs têtes soient dégagées, & que l'air puisse circuler librement entr'elles.

Les *ananas* qui doivent vous donner du fruit l'année pro-

Octobre.

chaine, & que vous avez tenus pendant l'Eté, ou sous chassis ou dans la serre-chaude, doivent à présent passer dans une couche d'écorce où ils jouiront d'un degré de chaleur convenable, & où vous les laisserez jusqu'à ce que le fruit vienne à maturité. Il faudra pendant l'Hiver, les rafraîchir fréquemment avec de l'eau. Mais si le froid devient âpre & rigoureux, placez-les pendant vingt-quatre heures dans la serre-chaude, pas trop près des fourneaux ou des tuyaux de fourneaux, de crainte qu'ils ne contractent trop de chaleur, car le degré de chaleur qu'ils doivent acquérir doit être proportionné à l'air de la serre. Si les fibres de ces tendres plantes se dessechent trop pendant l'Hiver, le fruit en recevra du dommage, & sera très-petit. Cette négligence est cause qu'il arrive très-souvent que les jeunes plants provenus d'œilletons & de couronnes de l'année précédente, donnent un fruit précoce, un fruit qui ne devoit paroitre que l'année d'après, un fruit enfin fort petit & de nulle valeur. D'un autre côté on doit bien faire attention de ne pas leur donner plus d'eau qu'il ne faut, car le trop d'humidité leur est aussi pernicieux que le trop de chaleur.

Si au commencement du mois la saison a continué de se rendre favorable, & vous a perms de laisser encore en plein air vos tendres plantes, vous aez bien fait de leur accorderce bénéfice. Mais ne tardez ps à faire rentrer les especes uivantes : *viburnum* d'Amérique de plusieurs sortes, *acacia*, *apocyns*, *roseau fleuri* des Indes, *arbres de corail*, *lotus Sancti Jacobi*, *aloës* d'Afrique, *chardon en flambeau*, *Malpighia*, *tithymales*, *hémanthe*, *phillyrea capensis*, *figuier* d'Inde, *Walkameria*, *protea*, *bois de guitare*, *Turnera*, *solanum*, *hibiscus* de plusieurs sortes, *justicia*, *phytolacca* en arbre, *myrtus*, *Zeylanica*, *Euphorbia* de plusieurs sortes, & toutes les autres plantes que vous avez exposées en plein air pendant l'Eté. Il faut d'abord les remiser pendant quinze jours ou trois semaines dans la *serre-verte*, pour y jouir encore librement de l'air ; & vers la fin du mois, vous les ferez rentrer dans la serre-chaude, ou dans leur conservatoire, pour y rester pendant l'Hiver.

Vers la fin du mois, commencez à faire du feu dans la serre chaude, car les nuits sont froides, mais faites-le avec précaucaution. Si la chaleur est trop grande, elle fera pousser & bourgeonner (*to shoot*) les plantes, & cela les affoiblira ; il arrivera encore que la saison étant trop avancée pour que les nouveaux jets puissent se fortifier, leurs feuilles dépériront & tomberont. Observez aussi de rafraîchir vos plantes vec de l'eau assez souvent ; ar les feux qu'on fait dans les turneaux desséchant l'air de la sere & occasionnant aux plante une transpiration plus grande quuuparavant, font cause qu'il fau plus d'eau. N'en donnez pas cependant en grande quantité, mai donnez-en fréquemment,

Octobre.

& seulement ce qu'il faut pour atteindre à chaque fois les fibres qui sont à l'extrémité des pots. Enlevez leurs feuilles à mesure qu'elles jaunissent, & ne laissez aucune feuille morte dans votre serre, aucune toile d'araignée, ni aucune sorte d'ordure, afin que votre conservatoire soit toujours propre & net, & que vos plantes se conservent en santé.

Plantes actuellement en fleurs dans la Serre verte & dans la Serre chaude.

Geranium à fleurs écarlates, *geranium* à fleurs d'*asarabacca*, mesembryanthemes de plusieurs sortes, cotyledons, chrysanthemes, jasmin d'Espagne, jasmin d'Arabie, *lantana* à feuilles de houx, jasmin jaune des Indes, arctotide, cyclamen de Perse, aloës de plusieurs genres, campanules des Canaries, *cassia Bahamensis*, sensitive & l'humble plante, lis de Guernsey, lis-*bella-donna*, diverses sortes de fleurs de la passion, *leonurus*, *euphorbia* de différentes sortes, *alcea grossulariæ folio*, myrte à fleurs doubles, *Yucca indica*, *polygala arborescens*, herbe de la Saint-Jean en arbrisseau de Minorque, *papaya*, *hibiscus* de plusieurs sortes, *senecio folio retuso*, *opuntia*, *Plumeria*, *Turnera*, *Sherardia*, *Malpighia*, *sena spuria*, *limodorum*, à fleurs de pourpre, *solanum*, *conysa*, *Martynia*, *Clutia*, *Milleria*, *lantana*, *Rauvolfia*, *Maranta*, gingembre, *Costus*, *salvia Africana*, *arum caulescens*, *arum scandens*, *Spigelia*, *Diosma*, polyanthe, *crinum*, *phytolacca*, *Piercea*, *Kleinia*, *crassula*, lance-royale d'Afrique, *phylica*, *pancratium*, *basella*, *plumbago*, *Zygophyllum*, *acacia*, hœmanthe, oléandre double, *lotus Sancti-Jacobi*, aster à branches, (bran-

ching *aster*) & à fleurs bleues, du Cap de bonne-espérance, lavande des Canaries, soucis d'Afrique à feuilles de chien-dent, *Wolkameria*, amaryllis à feuilles ciliées, & quelques autres.

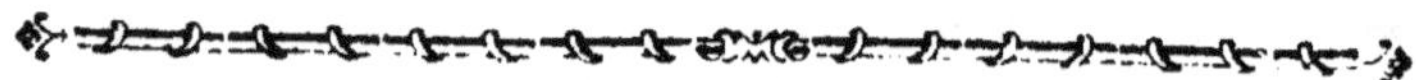

NOVEMBRE.

Ouvrage à faire dans le Jardin Potager.

FAITES des tranchées entre vos *artichaux*, & sillonnez les racines bien également de tous les côtés, afin de préserver vos plants des injures du froid. Cette maniere vaut mieux que de mettre dessus du fumier long, ainsi que le pratiquent quelques personnes ignorantes. Mais avant d'entreprendre ce travail, il faudroit couper les tiges à fleur de terre, excepté celles que vous auriez réservées pour donner du fruit ; vous lierez celles-ci & les couvrirez de terre, afin de les mettre à l'abri du froid. Si l'hiver s'annonçoit en-suite avec rigueur & avec sévérité, vous couvrirez les racines avec un peu de litiere seche, que vous ôterez incontinent dès que vous verrez le tems reprendre sa premiere douceur. Vous pouvez, par cette méthode, conserver vos artichaux pendant l'hiver. Mais tant que la saison est douce, différez & remettez cet ouvrage à la fin du mois ou au commencement de l'autre. Quand les artichaux sont enterrés de trop bonne-heure, il sont enclins à pousser

des rejettons à travers les rigoles avant Noël, & se trouvent alors en danger d'être détruits par le froid. Si vous n'avez donc qu'une petite quantité d'artichaux, & que vous puissiez les enterrer en très-peu de tems, vous ferez bien de retarder autant que la douceur du tems vous le permettra. Mais si vos artichaux se trouvent en grand nombre, vous devez commencer de meilleure heure, de crainte que le froid ne vous surprenne avant que votre ouvrage soit fini. Cette terre mise en sillons sera suffisante pour garder vos artichaux dans les Hivers ordinaires & communs ; mais s'il arrivoit des Hivers aussi rigoureux & aussi âpres que ceux de 1767 & 1768, jettez de la paille, du fumier long, de vieilles tiges de pois, de la fougere, ou de vieux tan, sur les sillons ou rigoles ; & si ces couvertures sont assez épaisses, elles mettront vos plants à l'abri de tout danger ; mais vous les ôterez promptement dès que le froid aura cessé d'exercer ses rigueurs.

Novembre.

Si vous avez oublié de préparer vos couches d'*asperges* le mois dernier, ne laissez point passer le commencement de celui-ci sans y travailler. Commencez par couper tous les tuyaux, & sarclez avec soin dans les allées, où vous enterrerez les mauvaises herbes ; vous jetterez ensuite de la terre dessus, & suivrez la méthode désignée dans le mois précédent.

Quand le tems est doux, les *choux-fleurs* & les laitues sous chassis ou sous verres doivent respirer l'air avec liberté le plus qu'il est possible, en ôtant les verres chaque jour dans un tems sec, & en les remettant quand il est humide. Cependant, comme il faut que ces plantes jouissent de l'air, tenez seulement levés les verres d'un côté avec un soutien, afin que l'air puisse circuler. Trop d'humidité ameneroit la pourriture, & trop de soins pour les tenir parfaitement closes, les rendroient foibles : ce qui les exposeroit à un grand danger si un grand froid, sans être accompagné du soleil, succédoit tout-à-coup à la douceur du tems. Quand il gèle par un tems noir & sombre, tenez-les étroitement renfermées, même pendant plusieurs jours.

Semez des *pois*, & plantez des *fèves* dans un tems sec, afin de succéder aux plants du mois dernier. Buttez les tiges de pois & de fèves qui sont déjà grandes, afin de les préserver des injures du froid.

Semez aussi des *salades* sur couches modérément chaudes, comme : *laitue*, *cresson*, *mou-*

tarde, petites *raves*, *radix*, *navets* ou *turneps*, &c. pour que la table en soit constamment fournie. Quand le tems est sec, profitez-en pour tirer de terre les endives qui sont en plein accroissement, & posez-les dans des tranchées pour y blanchir, en observant toujours de les placer horisontalement sur les côtés du sillon exposés au soleil, afin que l'humidité puisse s'évaporer, & ne gâte pas vos plantes. Buttez le céleri pour blanchir, & prenez soin de ne pas ensévelir le cœur de la plante. Mais cet ouvrage doit aussi se faire dans un tems sec.

Fumez & tranchez la terre désignée pour porter vos récoltes de primeur, & partagez-la en autant de sillons qu'il vous en faut. Vous lui rendrez un grand service en la rafraichissant ainsi ; & supposé qu'elle soit ferme & dure, le froid l'adoucira & l'amollira. Vous aurez aussi l'avantage d'avoir fait un travail qui abrégera la besogne au Printems, & qui vous laissera du tems pour remplir d'autres emplois plus pressants.

Au commencement du mois, semez des *carottes* & des *radix* dans des bordures chaudes le long des murs, des haies & des palissades, pour venir de bonne-heure au Printems, supposé que vous ne l'ayiez pas fait le mois précédent. Dans ce cas-là vous en devriez semer encore d'autres vers la fin du mois, afin d'être plus sûr de réussir.

Arrachez toutes les feuilles jaunissantes de vos *choux-fleurs*, & buttez les tiges de ceux qui sont font fous cloche ou fous ver-res, en prenant bien garde de ne pas élever la terre jufqu'à enfévelir le cœur de ces plan-tes, car rien ne feroit plus ca-pable de les détruire.

Les *épinards*, les *oignons*, & autres plantes à récolter femées en Juillet & en Août, doivent être conftamment farclées, fans quoi les mauvaifes herbes s'é-tendront fur votre terrein, & en empêchant l'humidité de fe diffiper, feront tomber vos jeu-nes plantes en pourriture.

Faites des couches chaudes pour *afperges*, afin d'en fournir la table à Noël. Les têtes qu'el les produiront ne feront ni auffi belles, ni auffi nombreufes, ni auffi bien colorées que celles qui proviennent de couches faites en Janvier ; en forte que les Jardiniers qui defirent avoir des afperges d'une belle couleur verte, ne doivent point faire de couches d'afperges dans cette faifon.

Tirez de terre vos racines de *carottes*, de *panais*, de *patates* ou *pommes de terre*, de *bettes*, de *falfifix*, *fcorfonaire*, *perfil* à larges racines, &c., vers la fin du mois. Repofez-les dans le fable, afin de les garantir du froid, de l'humidité & de la vermine. Le froid & la grande humidité les détruifent égale-ment ; car alors la vermine s'attache aux racines & les dévore. Quand on néglige ce travail, & que la terre refte longtems gelée, il n'eft pas pof-fible de tirer ces plantes pour s'en fervir ; & lorfque le froid eft paffé, celles qui ont refté en terre, dépériffent auffi-tôt.

Novembre.

Si pendant ce mois le tems fe met au fec & au froid, portez du fumier dans les quarreaux du potager. Il fera tout prêt pour vous en fervir lorfque vous creuferez la terre, & ce fera toujours autant de fait pour vous. Faute d'obferver cette méthode, on fe trouve fouvent dans l'embarras des travaux, embarras qu'il faut toujours évi-ter autant qu'il eft poffible. Tou-tes les fois que ceci arrive, on néglige plufieurs chofes, on paffe légérement fur d'autres, & tout ce que l'on fait fe fait avec nonchalance.

Liez vos haies de rofeaux fi vous avez oublié de le faire le mois dernier, fans quoi les vents violents qui fouflent or-dinairement dans cette faifon, les détacheront de leurs fou-tiens & les briferont : dégât qu'il vous fera difficile de re-parer.

Il faut, dans cette faifon, apporter l'attention la plus grande pour vos couches chau-des de *falades*, de *concombres*, & autres plantes ; car les nuits étant longues & froides, les jours très-courts, chargés de brouillards & d'humidité, il arrive fouvent que les plantes moififfent & pourriffent. D'un autre côté, la chaleur des lits fe trouvant beaucoup diminuée, foit par la pluie, foit par la neige, rend la conduite des couches très-difficile en cette faifon.

Vifitez deux ou trois fois la femaine vos *choux-fleurs* d'Au-tomne, & donnez-leur actuel-lement tous vos foins ; caffez les feuilles qui paroiffent au-

M

deſſus de leurs têtes ; & qu'el
les ſervent à les garantir de
l'humidité & des gelées blanches
du matin, car ſi vos jeunes
plants y reſtent expoſés, ils
deviendront décolorés, & leurs
têtes prendront un tel accroiſſe
ment qu'elles ſeront propres au
ſervice.

Produits du Potager.

Cabbage, choux de Savoie,
choux fleurs (ceux qui ont été
ſemés en Mai), choux-calibre,
quelques artichaux tardifs,choux
rouges, épinards, montants de
choux, oignons, poireaux, ail,
rocambole, échalottes, *turneps*,
ou navets, bettes, carottes,
panais, chervis, ſalſifix, patates ou pomme de terre, ſcorſonaire, cochlearia, artichaux
de Jéruſalem, radix d'Eſpagne
blancs & noirs, perſil à larges
racines, ſauge, choux du
Levant, mouſſerons ; & ſur
couches chaudes, quelques
aſperges, &c.

Pour ſalade : laitues, creſſon, *turneps* ou navets, mâches ou doucette, coriandre,
pimprenelle, & autres petites
herbes de couches chaudes ou
de bordures chaudes près des
murailles & des paliſſades, endives, céleri ; & ſi la ſaiſon eſt
douce, quelques laitues brunes
de Hollande, & de la laitue
pommée commune.

Pour ſoupe : bettes, cardons,
thym, céleri, cerfeuil, ſoucis,
ſariette d'Hiver, hyſſope, ozeille, perſil, marjolaine, avec
quelques autres.

Novembre.

*Ouvrage à faire dans le Jardin à
fruit.*

Si le tems eſt favorable, vous
pouvez encore élaguer & tailler
vos arbres de pleine terre,
comme : *pêchers, nectarines,
abricotiers, poiriers, pommiers,* la
vigne même, & tous ceux qui
ſont le long des murailles & en
eſpaliers. Mais ne différez pas
plus tard, ſurtout ſi vous voyez
qu'il y ait apparence de froid
& de neige ; car les tendres
arbres de fruits à noyaux en
recevroient du dommage ; &
les bleſſures faites aux branches qui portent le fruit ne ſe
guériſſent pas, lorſque la gelée
ſuccede à la neige. Les poiriers
& les pommiers n'en ſouffrent
pas, & rien n'eſt à craindre
pour eux.

Dépouillez vos *figuiers* de tous
leurs fruits tardifs ; car ſi vous
les laiſſez ſur l'arbre, ils gâteront & rendront infectes les
tendres branches. Fixez & attachez au mur, le plus près
que vous pourrez, toutes les
branches ; vous les preſerverez
beaucoup mieux du froid de
cette maniere, que ſi vous les
laiſſiez éloignées du mur. Placez
auſſi devant les figuiers des pan-
neaux de joncs, car ſi le froid
devient rude & ſévere pendant
l'Hiver, cette couverture empêchera les jeunes branches
fructiferes d'être détruites, &
ſera cauſe que le fruit viendra
beaucoup plutôt au Printems
ſuivant. Quant aux figuiers qui
croiſſent contre les eſpaliers,
il faut les détacher, les mettre
en liberté, lier ſeulement les

branches enſemble , & les couvrir de foin, de paille ou de
vieilles tiges de pois , pour les
garantir de la gelée. Par cette
méthode vous pouvez eſpérer
de faire conſtamment d'excellentes récoltes.

Les arbres à fruit plantés le
mois dernier pour reſter en
pleine terre, doivent avoir des
ſoutiens ou tuteurs, & ceux
qui ſont le long des murs &
des eſpaliers doivent avoir auſſi
des attaches, afin d'empêcher
le vent de les déplacer ; car
lorſqu'ils ſont ébranlés & agités
par les vents , les nouvelles
fibres jettées par les racines depuis qu'ils ſont nouvellement
plantés , ſe déchirent & ſe détruiſent au grand préjudice de
l'arbre. Obſervez auſſi de jetter
un peu de fumier de feuilles
ou de vieux chaume (*mulch*)
ſur la ſurface de la terre au
pied de l'arbre , pour que le
froid ne pénetre pas la terre &
ne puiſſe atteindre juſqu'aux
racines.

Tranſplantez , au commen-
cement du mois , des arbres
fruitiers dans un ſol ſec &
chaud, ſuppoſé que la ſaiſon
le permette & que le tems ne
ſoit pas défavorable. Mais il falloit faire ce travail dans le mois
précédent , parce que la terre
étant encore chaude , les arbres
pouſſent de nouvelles fibres ſitôt
qu'ils ſont plantés : ce qui leur
donne la force d'endurer le froid
& d'y réſiſter. Mais s'ils ſont
plantés tard , rarement ils jettent de nouvelles racines avant
le retour du Printems.

Plantez de la *groſeille verte* ,
du *Corinthe* ou de la *groſeille à
Novembre.*

grappes , des *fraiſes* & des *framboiſes* , ſi le tems eſt doux. Bêchez & ſarclez la terre entre
vos groſeillers derniérement
plantés , & tenez-la toujours
purgée des mauvaiſes herbes.
Mais commencez d'abord par
tailler vos groſeillers, afin qu'il
ne reſte point de litiere ſur votre terrein. Si vous aviez beſoin
d'un peu de terrein pour des
herbes potageres , rien ne vous
empêche de planter parmi eux
quelques choux-cabus.

Coupez les *coureurs* de vos
framboiſiers , & ſarclez les planches où ils ſont plantés. Bêchez
les allées ou ſentiers qui ſont
entre les rayons , en répandant
un peu de terre tout autour de
vos plants, afin de les fortifier
& de leur donner de la vigueur.
Mais ſi le terrein n'eſt pas riche , il vaudroit mieux, pour
remplir cet objet , répandre ſur
les rayons un peu de fumier
bien conſommé.

S'il reſtoit encore quelques
fruits tardifs ſur vos arbres ,
cueillez les au premier jour de
beau tems ; car ſi vous les laiſſez ſéjourner plus long-tems
ſur l'arbre , ils ſeront en danger de périr , ou par le froid
ou par l'humidité. Vous devez
à préſent ſerrer & empaqueter
dans des paniers vos belles poires & vos belles pommes d'Hiver , en doublant le papier dont
vous tapiſſerez les côtés & le
fonds de vos corbeilles. Quand
vous y avez placé le fruit, ré-
couvrez le tout d'un peu de
paille de froment. Puis vous
mettrez vos paniers dans un
endroit à l'abri du froid & qui ne
ſoit pas trop expoſé à l'air , au-

trement vos fruits périront ou leur peau deviendra ridée en peu de tems.

Fruits de la saison.

POIRES : Sucrée verte, Echasserie, la Marquise, chat-brûlé, Bésidery, crasanne ou bergamotte-crasanne, Martin-sec, l'amadote, Louisebonne, la Colmar, le St. Germain, Bezy de Chaumontelle, petit-oin, la virgouleuse, Bonchrétien d'Espagne, ambrette, avec quelques autres.

POMMES : Renette grise, *pepin* aromatique, nompareille, pepin d'or, calville rouge, calville branche, courpendu, fenouillette, pomme-poire d'*Hereford*, pepin de Hollande, pepin de France, pepin de Kent, pomme-*Harvey*, roussette de Piles, roussette d'or, roussette de *Wheeler*, reine d'Hiver (*Winter-queening*), pomme-poire d'Hiver, poire-roussette, avec quelques autres moins dignes de remarque.

PRUNES-SAUVAGES : Chataignes : noix, noisettes, nêfles, sorbes, amandes, & quelques raisins tardifs.

Ouvrage à faire dans la Pépiniere.

Si dans le mois précédent vous n'avez pas achevé la transplantation de vos arbres dans la pépiniere, vous devez la continuer au commencement de celui ci. Quand la pépiniere est complette, & que cet ouvrage est fait de bonne-heure dans la saison, les racines poussent de nouvelles fibres avant l'Hiver.

Novembre.

Si les arbres, au contraire, n'ont été plantés qu'à la fin de ce mois ou dans les deux suivans, rarement les racines jettent-elles quelques fibres avant le Printems. Quand la terre est refroidie, la végétation est stagnante, arrêtée, suspendue; & il n'y a que la chaleur du Printems qui puisse ranimer la séve, & remettre le jus de la terre en mouvement.

Répandez du fumier de feuilles ou de vieux chaume (*mulch*) sur la surface de la terre autour de vos arbres nouvellement plantés, afin d'empêcher la gelée de pénétrer jusqu'aux racines; car le froid détruit souvent les jeunes fibres, les affoiblit toujours, & même dans les terreins humides leur cause fréquemment la mort.

Continuez de porter du fumier dans les endroits divers de la pépiniere qui en ont besoin. Choisissés les jours où le tems est sec, & répandez votre fumier de telle maniere sur la surface de la terre, que les pluies d'Hiver puissent laver les sels de l'engrais & les entrainer dans la terre, avant de la bêcher au Printems.

Les quartiers de votre pépiniere où vous avez dessein de faire de nouvelles plantations au Printems, doivent actuellement le préparer; faites-y des tranchées & mettez les par sillons, afin que le froid puisse adoucir la terre & l'amollir.

Mettez des soutiens & des attaches à tous vos arbres nouvellement plantés, de crainte que les vents, qui soufflent avec violence à cette époque, ne les déplacent & ne les renverſent.

Il ne faut pas oublier de plonger en terre, dans une ſituation chaude, ou de plonger dans quelques vieilles couches de tan, vos pots d'arbres & d'arbriſſeaux durs exotiques, pour empêcher le froid de geler les racines par les côtés du pot : ce qui arrive ſouvent, & ce qui détruit ſouvent ces plantes lorſqu'elles ſont jeunes.

Il faut également mettre à l'abri de la gelée, les pots qui contiennent vos jeunes plantes d'arbres, arbuſtes & arbriſſeaux exotiques provenus de graine. Plongez-les dans de la terre ou tan, ainſi qu'on vient de le dire. Mettez-les ſous cerceaux que vous couvrirez de nattes & de paillaſſons, avant que le froid s'annonce avec ſévérité, ou jettez deſſus de vieux chaume, de vieilles tiges de pois, ou quelque autre couverture légere, que vous avez ſoin d'ôter quand le tems ſe radoucit.

Ouvrages à faire dans le Jardin à fleurs.

Plantez, au commencement du mois, toutes les fleurs à racines bulbeuſes que vous aviez deſſein de planter avant Noël. Ne tardez pas davantage, car les racines auront à peine le tems de prendre avant l'arrivée du froid, & vous ſeriez cauſe, par votre négligence, que vos plantes ſouffriroient & recevroient du dommage.

Mettez dès à préſent, dans une ſituation chaude, les pots & les caiſſes qui contiennent vos fleurs à racine bulbeuſe

Novembre.

provenus de graines; faites-les jouir du ſoleil, & empêchez les vents froids de venir leur rendre viſite.

Coupez toutes les tiges des fleurs tardives devenues décrépites & qui périſſent ; ratiſſez toutes les bordures de votre parterre, & remuez bien la ſurface de la terre, afin d'en écarter la mouſſe & les mauvaiſes herbes qu'il faut empêcher d'y croître & de s'y loger; mais prenez garde à n'aller pas trop avant quand vous remuez la terre, de crainte que les racines ne ſoient bleſſées & n'en reçoivent de l'injure.

Si la ſaiſon continue de s'annoncer avec douceur, tranſplantez des *péones*, *acconitum cœruleum*, *iris* à feuilles de gladiole, & pluſieurs autres plantes à racines touffues, comme : *lychnis*, *véronique*, *campanule de Cantorbery*, *Benoite*, *fraxinelle*, *gentianelle*, *gentiane* jaune, *aſters* & *verges d'or* à tardive floraiſon, *violiers*, *chevrefeuille* de France, *l'honéteté* ou *ſenſitive*, *roquette* double ou *julienne*, *roſe·campion* double & autres plantes dures à racines fibreuſes. Mais il ſeroit beaucoup mieux d'avoir fait ce travail dans le mois précédent, parce que ſi le froid venoit à s'annoncer d'abord après que ces fleurs ſont plantées, il empêcheroit qu'elles ne priſſent racines.

Les couches à graînes, de fleurs à racine bulbeuſe auxquelles vous n'avez pas touché dans la derniere ſaiſon, doivent être à préſent raclées & ratiſſées, ſi vous ne l'avez pas fait plutôt, afin d'empêcher la mouſſe & les mauvaifes herbes d'y prendre leur domicile. Répandez de bonne terre fraîche fur la furface, ainfi que de l'écorce de tanneurs, pour que le froid ne leur faffe point d'injure, & s'il y avoit apparence que le froid accrût en févérité, il feroit néceffaire de les couvrir avec du tan bien confommé ; ce remede contre la gelée, feroit plus prompt & plus efficace.

Vos pots *d'auricules* choifies & d'œillets-carnés, doivent être mis à l'abri des pluies violentes, du froid, & de la neige ; couvrez-les de nattes ou de paillaffons ou de toiles, ou mettez-les fous chaffis, fi vous en avez de refte. Mais fuppofé que toutes vos couvertures foient employées, renverfez les pots en les mettant fur le côté, afin de faire écouler les eaux & d'empêcher l'humidité de gagner les racines & d'y porter la corruption.

Si la faifon continue d'être douce & tempérée, vous pouvez encore tranfplanter les arbriffeaux à fleurs, fuivants : *rofe, lilas, fyringa, jafmin, laburnum, fpiræa frutex, chèvre-feuille, hypericum frutex, colutea, faux-piftachier, hydrangea, Rhododendron, arboufier, viburnum marronier d'Inde* à fleurs écarlates, & la plupart des arbriffeaux à fleurs durs ou de pleine terre, pourvu que le fol où ils font plantés foit fec ; autrement vous ferez mieux de différer jufqu'au mois de Février.

Remuez & retournez dans tous les fens vos terreaux ou engrais de compofition, que vous préparez pour pots & bordures ; faites que chaque partie

Novembre.

foit également mélangée, & reçoive le bénéfice de l'air & du froid pour s'adoucir & s'amollir. Préparez-en de frais & de nouveaux dans cette faifon, afin que vous n'en manquiez pas l'année fuivante. C'eft toujours bien fait d'en être pourvu, & d'en avoir trois ou quatre monceaux entaffés l'un fur l'autre, afin qu'ils puiffent fe repofer plus long-tems, s'améliorer & devenir plus propres au fervice ; car fi toutes leurs parties ne font pas parfaitement mélangées, les plantes ne s'en alimenteront pas fi bien.

Vers la fin du mois fi la faifon eft humide ou fi le tems eft à la gelée, il faudroit mettre des cerceaux aux couches *d'anemones* choifies, de renoncules & de hyacinthes qui commencent à pouffer. Vous les couvrirez de paillaffons ou de toiles dans le mauvais tems, afin d'empêcher la gelée de pénétrer jufqu'aux racines, & d'en écarter les grandes pluies & la neige qui feroient pourrir les racines au Printems, fi elles féjournoient quelque tems dans leurs couches. Mais comme le hyacinthe leve rarement d'auffi bonne heure, vous pouvez couvrir fon lit de vieux tan à cinq ou fix pouces d'épaiffeur. Cette précaution empêchera la gelée de pénétrer la terre, & mettra les racines en fûreté.

Faites la tonte aux *arbres* des divers cantons de votre défert, & bêchez la terre entre les arbres, fuppofé que vous n'ayiez pu faire ce travail dans le mois précédent. Vous rendrez par là votre défert propre, agréable,

& contribuerez au développement de vos arbres ; mais prenez soin, dans les endroits où
il croît des fleurs, de ne pas
les détruire.

Lorsque le tems est fort humide ou qu'il est à la gelée,
& que vous ne pouvez faire
que très-peu de besogne au jardin, vous devriez préparer des
graines pour les semer au Printems, & numeroter vos plus
belles fleurs. Tenez aussi prêts
tous vos outils de jardinage,
afin de n'avoir autre chose à
faire que de vous en servir,
dès que la saison redeviendra
favorable.

Nettoyez & roulez vos allées
de *gazon* & autres tapis de verdure, car tandis que la terre
est humide, le rouloir pressera
l'herbe de prés ; le gazon en
paroîtra plus fin, & le tapis de
verdure en sera plus apparent
& plus beau.

Tenez propre vos allées de
gravier, & empêchez la mousse
& les mauvaises herbes d'y croître ; car elles couvriroient bientôt toutes vos allées si vous
n'y mettiez obstacle ; & ce seroit pour vous un travail pénible de les déraciner au Printems.

*Plantes actuellement en fleurs en
plein air.*

Quelques sortes d'asters tardifs, deux ou trois sortes de
verges d'or, violier annuel ou
grand perce-neige, *Colchicum*
double, les souhaits du cœur
ou pensées, trois ou quatre
sortes de fleurs de soleil vivac-
ces, *plumbago* ou la dentelaire,
Novembre.

scabieuse des Indes, digitale
couleur de fer, œillet à tête
de vieillard, *antirrhinum*, œil
de bœuf à feuilles de tanesie ;
& si la saison est favorable,
quelques anemones simples,
quelques narcisses polyanthes,
supposé qu'on ne les ait pas
changés de place l'Eté dernier,
ainsi que de l'herbe à chiffons
ou jacobée couleur de pourpre,
cupatorium, *clinopodium*, & *helenia*.

*Arbres & arbrisseaux durs ou de
pleine terre actuellement en fleurs.*

Arbousier ou fraisier en arbre avec des fleurs & avec fruit
mûr, laurustin, quelques roses
musquées tardives, passiflore ou
fleurs de la passion, *clematis
Bætica*, *medicago frutescens*, ge-
nista spinosa ; & quand la saison
est douce, *colutea* du levant,
Diervilla, *pyracantha*, *mespilus*
de Crete, & deux sortes d'*evonymus* en fruit.

*Plantes médicinales dont on peut
actuellement faire usage.*

Racines de *calamus aromaticus*;
racines d'iris, racines d'asperges, racines d'ouattes, racines
de bettes, racines d'énule-campane, racines d'*eryngium* ou de
houx-maritime, racine de fenouil, racine de jusquiame,
racines d'artichaux, sabine,
racine de scorsonaire, racines
de chervis, racines de tormentille.

*Ouvrage à faire dans la Serre verte,
& dans la Serre chaude.*

Toutes les plantes exotiques
M 4

dures auxquelles vous aviez permis de refter en plein air jufqu'au commencement de ce
mois, réclament en ce moment
votre protection contre l'Hiver
leur ennemi. Remifez-les dans
la Serre *verte*, ou placez-les dès
à préfent dans l'endroit que vous
Jeur avez défigné pour paffer
l'Hiver. Vous n'avez pas de tems
à perdre, pour les ranger chacune dans l'ordre qu'elles doivent garder pendant toute cette
faifon. Obfervez de placer toujours les plus hautes & les plus
grandes derriere, & de les mettre toutes en plan incliné, &
par gradation. Ne les ferrez pas
tellement les unes contre les
autres que leurs branches foient
entrelaflées, car leurs têtes en
fouffriroient & recevroient du
dommage.

Quand le tems s'annonce avec
douceur, laiffez-les jouir de l'air
le plus qu'il eft poffible; ouvrez les fenêtres, & voyez fi
elles n'ont pas befoin d'être ra-
fraîchies. Les unes demandent
d'être arrofées trois ou quatre
fois par femaine, tandis que
les autres font contentes de n'en
avoir qu'une feule fois. Ainfi
vous ne devez pas les arrofer
toutes dans le même tems, &
vous ne devez fatisfaire que celles qui font dans le befoin. Il
faut faire ce travail le matin,
afin que l'humidité ait le tems
de s'évaporer avant que vous
fermiez les fenêtres dans la foirée, autrement cette humidité,
cette moiteur, fera tort à vos
plantes.

Arrachez foigneufement &
fréquemment toutes les feuilles
jauniffantes, & ne fouffrez pas

qu'aucune de ces feuilles mortes tombent parmi vos pots &
vos caiffes, & dégénerent en
litiere. Elles répandroient dans
l'air la pourriture & l'infection;
& cet air afpiré par les plantes, & dont elles feroient continuellement imbibées, donneroit à leurs feuilles une teinte
pâle & une complexion malade.

A mefure que le froid avance
& fe fait fentir, les feux de vos
poëles ou fourneaux doivent
s'augmenter à proportion. Prenez garde de ne pas échauffer
l'air plus qu'il ne faut, de crainte
que vos plantes ne bourgeon-
nent trop aifément & trop tôt:
ce qui feroit pernicieux pour
elles. Il ne faut pas non plus
que l'air foit trop froid, car
non-feulement leurs feuilles
jauniroient & tomberoient, mais
encore les extrémités de la
plante fe gâteroient & péri-
roient. C'eft pourquoi tout le
fuccès dans la maniere de conduire & de traiter vos plantes,
dépend prefque toujours de favoir tenir l'air de la falle dans
une jufte température, & de
proportionner la quantité d'eau
néceffaire dans cette faifon.

Dans les vifites que vous faites à ces chers nourriffons pendant l'Hiver, arrachez toujours
les feuilles mortes ou jauniffantes, nettoyez les feuilles &
les tiges, ôtez avec foin l'ordure & la pouffiere qu'elles peuvent avoir ramaffées, & fur-
tout lavez les endroits attaqués
par les infectes qui portent l'infection par-tout où ils s'attachent, particuliérement aux arbres à caffé.

Vos plants d'ananas ne doivent pas rester plus long-tems dans leurs couches d'écorce sous chassis ; & dès le commencement du mois , portez vos pots & vos caisses dans la Serre chaude , en observant de choisir un jour qui soit chaud , & de les placer dans une situation chaude ; sans quoi rarement ils produiront du fruit. Au reste , ceci ne doit s'entendre que des Serres chaudes où il n'y a point de couches de tan ; car pour celles qui en sont pourvues , il est clair que c'est dans une couche de tan qu'il faut plonger vos pots d'ananas.

Plantes actuellement en fleurs dans la Serre verte ou l'Orangerie, & dans la Serre chaude.

Plusieurs sortes d'aloës , quelques *geranium* , *sedum arborescens*, cotyledons , arctotides , *phylica*, *leonurus* de deux sortes , campanule des Canaries , touffe de Candie en arbre , jasmin jaune des Indes , *nasturtium* des Indes à fleurs doubles , jasmin d'Espagne , *lantana* d'Amérique & à feuilles de houx , *senecio folio retuso*, grand after bleu de Virginie , myrthe à fleurs doubles , *cassia Bahamensis* , papaie en arbre, chrysantheme arborescent , *doria* d'Afrique en arbrisseau , œil de bœuf vivace , *stachis* ou marrube-bas des Canaries , roseau fleuri des Indes , *Malpighia mali punici facie* , cacale , sensitive , jasmin des Açores , *Clutia, tetragona* , plusieurs sortes de mesembryanthemes , *crassula, guayava , Poinciana , crinum , melocactus minor,* poivre *arum scandens , Turnera* , sauge d'Afrique en arbrisseau à fleurs bleues , cyclamen de Perse , asphodel d'Afrique , *gnaphalium* de deux ou trois sortes , *teucrium Bæticum* , héliotrope des Canaries , apocyns , *ptarmica* du Levant , *chrysocoma , stœchas* à feuilles lciées , deux ou trois sortes de fleurs de la passion ou de grenadille , mauve d'Afrique en arbrisseau , héliotrope du Perou en arbrisseau , after de la Chine à branches (*branching*) *crinum* à fleur bleues ombellées , ozeilles d'Afrique en arbrisseau à larges fleurs de pourpre , *anthericum , phytolacca* du Pérou en arbrisseau , *adhatoda* ou noyer de Malabar , *hermannia, diosma* , orvale du Mexique , lys de Guernsey, lys *bella donna* , avec quelques autres.

DÉCEMBRE.

Ouvrage à faire dans le Jardin Potager.

CE mois est sujet à éprouver toutes sortes de tems divers ; la terre est quelquefois tellement gelée qu'il n'est pas possible de rien faire au jardin ; d'autrefois il pleut si fort, & les brouillards sont si épais & si infects, qu'il est dangereux de travailler en plein air, sur-tout pour les personnes délicates.

Si le tems s'annonce avec douceur, profitez-en pour butter vos *artichaux*, supposé que vous ayiez négligé ce labeur dans les mois précédens. Si la terre ne vous paroît pas assez bonne, mêlez y du fumier bien consommé, afin que leur végétation fasse du progrès & soit en état de remplir vos espérances au Printems prochain.

Portez du fumier dans les carreaux de votre potager, & répandez-le sur la surface du terrein. Faites des tranchées dans les endroits où vous avez recolté, & qui restent en friche. Que votre terre soit bien sillonnée afin que le froid puisse l'adoucir, l'amollir, & la rendre propre au service quand la saison viendra. Si vous négligez de remplir ce devoir pendant l'Hiver, vous aurez tant d'autres choses à faire au Printems que vous ne pourrez y satisfaire, ou que vous le ferez trop légérement.

Décembre.

Poursuivez les limaçons, saisissez-les dans les trous des vieilles murailles, sous les palissades, dans les haies, les espaliers, sous de vieux pots cassés, & autres décombres. Cherchez-les aussi derriere les tiges & les branches des arbres fruitiers qui sont le long des murs ; c'est là qu'ils établissent leur domicile pendant l'Hiver, & qu'on peut les prendre aisément, avant qu'ils en sortent pour venir ravager vos fruits.

Semez du *cresson*, de la *moutarde*, des *raves*, des *radix*, des *turneps* ou *navets*, & autres herbes de salade, sur couche modérément chaude que vous mettrez sous chassis, où à laquelle vous attacherez des cerceaux que vous couvrirez de nattes ou de paillassons ; car ces semences ne croîtront pas, si elles restent exposées en plein air.

Quand le tems est doux prenez soin de découvrir vos plants de *choux-fleurs* que vous tenez sous chassis, & laissez les jouir de l'air avec liberté, autrement ils deviendroient trop foibles, Arrachez constamment & avec exactitude toutes les feuilles mortes ; car si vous souffrez qu'elles restent sur la plante ou sous chassis, vos plants en recevront un grand préjudice, fur-tout s'il arrive que le tems ne vous permette pas de toucher au chaffis pendant deux ou trois jours de forte gelée. Quand ces feuilles mortes reftent fous chaffis & qu'elles y pourriffent, il s'élève une vapeur rancide qui, mêlée avec l'air renfermé de la couche, rend l'air afpiré par les plantes tout-à-fait mal-fain.

Buttez votre *céleri* pour blanchir, mais prenez un tems fec, autrement il fe pourriroit. Il faut le butter le plus près du haut de la tige qu'il eft poffible, afin de le protéger contre la gelée ; & même lorfque vous voyez le tems vous menacer d'un froid févere, vous devez couvrir vos céleris & vos endives avec de la fougere, de la paille, du chaume de pois, pour empêcher que votre terrein ne foit glacé, car vous ne pourriez les tirer de terre tant que dureroit la gelée. Buttez auffi vos cardons auffi près du fommet que vous pourrez, pour les mêmes raifons.

Quand le tems fera doux & que vous verrez un jour fec, tirez vos *endives*, & tenez-les fufpendues dans un endroit fec pendant deux ou trois jours, pour que l'humidité concentrée dans les feuilles puiffe s'échapper. Placez-les enfuite horifontalement fur un terrein fec dans des rigoles pour blanchir, en obfervant de tenir les feuilles droites & bien dirigées vers le centre, & buttez-les le plus près du fommet de la tige qu'il fera poffible.

Vous pouvez à préfent faire des couches-chaudes pour af-

Décembre.

perges, afin d'en avoir un fupplément vers les derniers jours de Janvier ; car fi vos couches ont un jufte degré de chaleur, vous pourrez couper l'afperge au bout de fix femaines.

Vers le milieu du mois fi le tems eft doux, femez des pois hâtifs, pour fuccéder aux femailles des mois précédens, buttez auffi les tiges de ceux qui avancent & qui prennent de la groffeur, & dans les mauvais tems couvrez-les de paille ou de rofeaux, afin de les protéger contre la gelée. Si vous pouviez mettre de vieux tan tout autour, vous empêcheriez encore mieux le froid de pénétrer la terre, & vous les protégeriez plus efficacement.

Tirez vos *cabbages*, & vos *choux de Savoie* réfervés pour graine, & fufpendez-les par la tige dans un endroit fec où vous les tiendrez ainfi pendant huit à dix jours pour s'égoûter. Enfuite repiquez-les dans une bordure chaude en les plongeant dans la terre prefque jufqu'au fommet, enforte qu'il n'y ait que l'extrémité qui paroiffe au-deffus du niveau du terrein. Il faudroit ramaffer la terre tout autour de chaque plant en forme de butte, afin d'en écarter l'humidité qui les gâteroit & les feroit tomber en pourriture, fi elle ne pouvoit s'échapper. Il faut auffi mettre un certain intervalle entre chaque plante, car quand elles font près l'une de l'autre, les *polens* ou les pouffieres fécondantes des fleurs fe mêlent enfemble & dégénerent. Si le froid s'annonce avec rigueur, couvrez les de paille, de vieilles tiges de pois, ou de fougere, afin de vous oppofer à fes ravages ; car faute de prendre cette précaution, ces plants font fréquemment détruits dans les Hivers rigoureux.

Semez des radix, des *carottes* & de la laitue, dans des bordures chaudes le long des murs & des paliffades, pour premiere récolte, parce que celles que vous avez femées dans les mois précédens peuvent être détruites par l'Hiver, tandis que celles-ci peuvent échapper à fes rigueurs. C'eft pourquoi il eft bon de faire pufi_urs femis les uns après les autres, afin que le fervice en cas d'accident n'en fouffre pas & n'éprouve pas de retard.

Vers la fin du mois plantez des *féves* de *Sandwich* & de *Toker* qui font d'une efpece plus dure que celle de *Windfor*, & plus propres à fuccéder aux fèves de *Mazagan*, plantées dans les mois précédens, afin de n'en pas manquer & de pouvoir en fournir conftamment les tables.

Quand la terre eft tellement gelée qu'il n'eft pas poffible d'y faire entrer la bêche, vous devriez réparer vos haies & tout ce qui forme votre enclos ; porter du fumier dans les carreaux de votre jardin, afin qu'il foit tout prêt quand le froid fera paffé ; tirer la graine des capfules, la nettoyer, & la tenir prête aux femailles ; & préparer enfin tous vos inftrumens de jardinage, afin de ne trouver aucun obftacle quand la faifon redeviendra favorable pour travailler à la terre.

C'eft à préfent que vous devez *Décembre.*

prendre un grand foin de vos couches de *moufferons*, en les couvrant d'une paille neuve & bien defféchée, afin de les tenir à l'abri de la gelée, du froid & de l'humidité, leurs ennemis pernicieux. Si vous favez les défendre de leurs attaques, ces plantes ne vous manqueront jamais, & vous en aurez conftamment dans les faifons même les plus rigoureufes.

Produits du Potager.

Cabbage, choux de Savoie, choux rouges, choux calibre, choux-fleurs, fi la faifon n'eft pas défavorable ; brocoli pourpre & blanc, carottes, panais, *turneps* ou navets, patates ou pomme de terre, chervis, fcorfonnaire, falfifix, bettes, perfil à larges racines & raifort (*horferadish*) ou cochléaria ; oignon, poireaux, ail, rocambole, échalotte, thym, farriette d'Hiver, hyffope, fauge, romarin, cardes, cardons, celeri, endives, moufferons, ofeille, cabbage à racine de *turneps*, perfil, cerfeuil, & quelques autres herbes pour foupes.

Pour falades : creffon, moutarde, raves, radix, *turneps*, petite laitue, & autres herbes de falades ; & fur couches-chaudes, celeri, endives, pimprenelle, & de la laitue brune de Hollande fous chaffis fi le tems eft doux ; de la menthe & de l'eftragon fur couches-chaudes faites au commencement du mois dernier : & des afperges fur couches faites en Octobre.

Ouvrage à faire dans le Jardin à fruit & dans le Verger.

Si la saison est douce & favorable, faites des tranchées dans le terrein où vous comptez planter des arbres à fruit dans le mois de Février prochain. Réparez les plates bandes de votre parterre, & faites-leur reprendre des forces en leur donnant une terre nouvelle & fraîche mêlée à du fumier bien consommé. Vous fortifierez vos arbres, & vous ajouterez à la grosseur & à la bonté de leurs fruits.

Ce n'est pas à présent la saison de tailler aucun arbre fruitier soit ceux qui sont le long des murs, soit ceux qui sont en espaliers, à moins que la saison ne soit extrêmement douce & ne continue d'être favorable, parce que la gelée pourroit survenir tout à-coup & que les branches blessées en recevroient un grand préjudice, sur-tout les pêchers, les abricotiers, & autres tendres arbres de fruits à noyaux.

Visitez votre verger, examinez les arbres, coupez toutes les branches mortes, ainsi que celles qui se croisent. En faisant ce travail, observez de couper & de tailler en biais ou en pied de biche, & le plus uniment qu'il est possible, afin que l'humidité puisse s'égoûter sans obstacle & sans entrer dans la blessure. Coupez toujours vos branches à raz de tige, & ne laissez aucun éperon, ainsi que le pratiquent souvent des personnes peu expérimentées.

Décembre.

Bêchez & fumez la terre de votre verger entre vos arbres de pleine terre, vous leur rendrez un grand service & vous serez cause que leur fruit en sera plus beau & de meilleur goût.

Taillez la *vigne* à présent, supposé que vous ayiez négligé de faire ce travail dans les mois précédens. Lorsqu'on a beaucoup de vignes à tailler, il faut s'y prendre dès que les feuilles commencent à tomber, sans quoi vous serez obligé malgré vous, ne pouvant faire toute la besogne à la fois, d'en laisser une partie pour le Printems. Et c'est précisément, ce qu'il faut éviter, parce que la seve s'échappera par les blessures que vous aurez faites aux branches, & le cep ou la tige en deviendra plus foible.

Pendant la gelée, soyez attentif à couvrir la terre autour de vos arbres nouvellement plantés avec du fumier de feuilles ou de vieux chaume (*mulch*), afin d'en éloigner le froid & d'empêcher que la gelée ne gagne les racines, & ne porte un grand dommage aux jeunes fibres.

Soyez aussi très-attentif à écarter la gelée de la chambre où vous tenez vos fruits en réserve; car si la gelée les surprend, ils ne tarderont pas à se corrompre. *Si* votre verger ou votre jardin à fruit est enclos de haies vives, ébarbez-les & faites leur la tonte; s'il y a des endroits clairs & pas assez garnis, il faut y pourvoir en repliant tellement la haie sur elle-même, que les ouver-

tures & les bas fonds foient
parfaitement clos.

Fruits de la faifon.

POIRES : Colmar, St. Ger-
main, St. André, virgouleufe,
ambrette, l'Echafferie, épine
d'Hiver, St. Auguftin, beurré
d'Hiver, Louife-bonne, amadote, boncrétien d'Efpagne,
(1) poire de Livre, Ronville,
citron d'Hiver, rouffelette d'Hiver, martin fec, bergamotte de
Hollande, mufcat d'*Alleman*,
Bezi de Chaumontelle, avec
quelques autres.

POMMES : nompareilles, *pepin*
d'or, *pepin* de France, *pepin*
de Hollande, *pepin* de Kent,
rouffette de Pile, pomme-poire
d'Hiver, rouffette de *Wheeler*,
hautebonne, renette grife, rouffette aromatique, giroflée d'Hiver, rouffette d'or, poire rouffette, pomme—*Harvey*, reine
d'Hiver, avec quelques autres
de moindre valeur.

Nêfles, forbes, amandes,
quelques raifins, fi l'on a fçu
les conferver; chataignes, noix,
& de petites noifettes.

Ouvrage à faire dans la Pépiniere.

Il eft fort dangereux dans ce

mois & dans le fuivant de tranfplanter les arbres ; ainfi tout
l'ouvrage de la Pépiniere fe réduit à peu de chofe. Portez du
fumier dans les endroits qui en
manquent, & quand le tems
eft doux, préparez la terre où
vous devez planter des arbres
au Printems.

Ne manquez pas à préfent de
jetter du fumier de feuilles ou
de vieux chaume (*mulch*) autour de la tige de vos arbres
nouvellement plantés, fuppofé
que vous l'ayiez omis dans les
mois précédents ; autrement la
gelée pénétrera la terre, attaquera les nouvelles fibres, &
portera à vos arbres un très-
grand préjudice.

Dans le tems de la gelée,
veillez fur les endroits de votre pépiniere expofés aux lapins, aux lievres, & autres
animaux ; car dans cette faifon
ils font fort tentés de ronger
l'écorce, & de dépouiller les
arbres.

Si la faifon vous le permet,
continuez de bêcher entre les
arbres de la pépiniere, car je
fuppofe que vous y avez déja
travaillé ; & prenez bien garde,
ainfi que je vous l'ai dit tant
de fois, de ne pas bleffer les
racines.

Soyez auffi très-attentif à garantir de la gelée, les jeunes
arbres exotiques de pleine terre
qui n'ont pas la force de réfifter au froid de nos climats. Répandez du fumier de feuilles
ou de vieux chaume (*mulch*
autour de leurs tiges ; & quand
le froid exerce fes rigueurs avec
violence, jettez fur le fommet
des arbres, de vieilles tiges de

___

(1) *Boncretien* ne vient pas de
bonus Chriftianus, fuivant MÉNAGE,
mais de *bona Chriftumiana*, *poires de
Cruftumene* dont parlent PLINE &
VIRGILE. D'autres Auteurs penfent
qu'il vient plutôt de *Citrina*, couleur de *citron*, qu'on a d'abord traduit
par *citrin*, puis *cretin*, ainfi qu'on
le prononce encore dans quelques
provinces, & enfin par *Crétien*.

Décembre.

de pois, de la paille, de la fougere, ou autre couverture. Mais
dès que le froid appaife fa co-
lere, ôtez promptement toutes
ces couvertures, de crainte que
faute d'air la pourriture ne s'y
mette & ne corrompe les tendres rejettons.

Paillaffonnez vos couches de
graines & vos couches de glands
femés en Octobre, afin d'en
écarter les infectes & la vermine, & d'empêcher que le
froid ne gêle la terre & ne
faffe périr vos jeunes nourriffons, fur tout ceux qui ont déja
bourgeonné.

Il faut vifiter les haies qui
fervent de rempart à votre pépiniere, pour les réparer & y
travailler; car c'eft ici le feul
moment de l'année propre à cet
ouvrage.

*Ouvrage à faire dans le Jardin de
plaifance ou le parterre.*

Il faut foigneufement couvrir
vos couches de *renoncules* choifies, d'anemones, & de hyacinthes, lorfque le tems eft à
la gelée, ou qu'il eft chargé
d'humidité; car l'une & l'autre
leur font également pernicieufes.
Mettez des paillaffons ou des
nattes fur celles qui ont déja
levé, & de l'écorce de tanneurs
fur les autres.

Couvrez également les pots
& les caiffes qui contiennent
des fleurs provenues de graine,
quand il pleut beaucoup ou
qu'il fait un grand froid; autrement vos fleurs feront en
danger d'être détruites.

Mettez à l'abri des neiges &
des grandes pluies, vos beaux
Décembre.

œillets-carnés & vos *auricules*
choifies; car la neige & la pluie
leur feroient funeftes. Mais dès
que vous voyez le tems fe ra-
doucir & prendre un vifage ferein, laiffez-les refpirer, &
donnez-leur le plus d'air qu'il
eft poffible, autrement ces fleurs
s'affoibliront & deviendront très-
tendres.

Jettez du fumier de feuilles
ou de vieux chaume (*mulch*)
fur les racines des arbres & arbriffeaux nouvellement plantés,
ainfi qu'autour des arbres exotiques qui font en plein air.
Vous empêcherez par-là que
les racines ne foient atteintes
par la gelée qui les offenferoit
griévement fi elle ne les détruifoit pas.

Tournez & retournez vos divers monceaux de terre préparés pour le jardin à fleurs, afin
que le froid puiffe les adoucir
& les amollir. Faites de nouveaux mélanges de terre & de
nouveaux monceaux, afin d'en
avoir toujours une certaine
quantité toute prête huit ou dix
mois avant d'en faire ufage.

Quand le tems a repris de
la douceur, bêchez & préparez des planches & des plates-
bandes pour y recevoir des racines de fleurs au Printems.
Faites-y des fillons, afin que
l'eau des grandes pluies puiffe
s'échapper par les rigoles; car
fi vos planches & vos bordures
font tout unies, l'humidité s'y
fixera & rendra votre terrein
peu propre à recevoir une plantation.

Continuez de creufer & bêcher la terre dans les carreaux
de votre défert, afin que tout

soit propre, net, & bien arrangé, lorsque le Printems sera de retour, lorsque les arbres bourgeonneront, & que les fleurs commenceront à s'ouvrir; car c'est alors que tout invite à la promenade & qu'on parcourt tout le désert. En faisant ce travail, prenez-garde de blesser aucune des fleurs qui croissent parmi les arbres.

Tenez tout prêts les endroits de votre Jardin, où vous espérez planter au Printems des arbrisseaux à fleurs & des arbres exotiques de la tendre sorte. Tranchez la terre & sillonnez-la, pour qu'elle puisse s'adoucir & s'amollir, jusqu'à ce que la saison de planter soit venue.

Lorsque dans les fortes gelées vous ne pouvez faire que fort peu d'ouvrage, si vous en exceptez la peine de couvrir & de découvrir toutes vos tendres plantes, vous devriez préparer une liste & y inscrire le nombre des fleurs que vous avez plantées, & les diverses quantités de graines que vous avez semées. Il faut aussi tenir vos instrumens de jardinage tout prêts à vous en servir au Printems; car alors la besogne pressera de toute part, & vous aurez des devoirs à remplir plus importans.

Plantes actuellement en fleurs.

Quelques anemones simples, polyanthe, primeroses ou primeveres, violiers, narcisses, helleboraster ou pied d'ours, *alyſſon halimi folio*, cyclamen printanier à fleurs rouges, fu-
Décembre.

meterre de Tanger, verge d'or à feuilles resserrées; & quand le tems est doux, quelquefois de l'aconite d'Hiver, & le perceneige vers la fin du mois.

Arbres & arbriſſeaux durs actuellement en fleurs.

Lauruſtin, *arbuiſier* ou arboufier ou fraiſier en arbre, en fleurs & en fruits, laurier d'épurge ou auréole ou *thymelæa*, épine de Glaſtenbury, ſeneçon en arbre de Virginie, chèvrefeuille érigé à baies bleues, *geniſta ſpinoſa*, *clematis Bætica*, *medicago frutescens*; & quand la ſaiſon n'eſt pas ſévere, le mezereon & le pyracanthe en fruit.

Plantes médicinales dont on peut actuellement faire uſage.

Racines de bettes, racines d'énule-campane, racine de fenouil, racine de juſquiame, helleboraſter ou pied d'ours, racine de livéche ou ache de montagne, racines de *meum*, racine de petaſite ou bardane ou glouteron (1), racine de fenouil de pourceau, racines de ſcolopendre, racine de polypode, racines du ſceau de Salomon, racines de ſaponaire, racines de ſcorſonaire, racine de chervis.

Ouvrage à faire dans la Serreverie & dans la Serre-chaude.

Quand le froid regne avec

____

(1) Ou plutôt *gluteron*, parce que ſon fruit tient comme de la *glu*, qu'autrefois on prononçoit *glou*.

violence,

violence, tenez portes & fenètres de la Serre verte bien fermées ; & pendant la nuit, n'oubliez pas de tirer les volets & de les faire joindre exactement afin d'empêcher la gelée d'y trouver un paſſage. Mais tenez-les ouverts pendant le jour & lorſque le tems eſt doux, afin de ne pas priver vos plantes de la lumiere ; & même lorſqu'il y a ſoleil & que l'air eſt un peu échauffé vous ferez bien d'ouvrir quelques fenètres, pour que l'air puiſſe circuler. Cependant faites ceci avec précaution, car dans ce tems de l'année, l'air eſt ſouvent chargé d'une humidité ſi grande, &c. que s'il ſéjourne dans la Serre, il moiſira vos tendres plantes & leur portera la corruption. Ainſi dès que vous appercevrez la moindre tache de moiſiſſure, il faut l'enlever ſur le champ, autrement elle s'étendra avec promptitude, & rendra infectes les plantes voiſines. Arrachez auſſi bien exactement toutes les feuilles mortes, ramaſſez celles qui ſont par terre ou qui ſont éparſes ſur les pots & ſur les caiſſes, & n'en laiſſez aucune de crainte qu'elles ne corrompent l'air au grand détriment des plantes.

Il faut à préſent arroſer vos plantes, mais avec épargne & ſachez ménager l'eau, ſur-tout à l'égard de celles qui ſont d'une nature ſucculente ou qui ſont pleines de ſuc, comme : *aloës, cierges, euphorbes, cotylédons*, &c. Quant à celles qui ont la fibre ligneuſe ou qui ſe convertiſſent facilement en bois, comme : *myrtes, amomes de Pli-*

ne, *leonurus* ou *queue de lion, laurier, adhatoda* & autres de même eſpece vous pouvez les arroſer fréquemment, en obſervant, ſi le tems eſt à la gelée de ne pas donner trop d'eau à la fois, mais plutôt d'en donner ſouvent & en petite quantité, enfin ſeulement pour empêcher leurs feuilles de ſe retrécir & de ſe boucler.

C'eſt à préſent que vous devez entretenir vos feux dans la Serre chaude avec la plus grande attention, ſoit qu'il regne un ſombre brouillard ou une forte gelée ; car un air épais & humide n'eſt pas moins pernicieux à vos plantes qu'un air aigu, vif, & perçant. C'eſt pourquoi ſervez-vous d'un thermometre bien gradué, afin de ne pas vous tromper dans le degré de chaleur requis.

Les *ananas* doivent participer plus que les autres à la chaleur, autrement ils ne vous produiront point de fruit le Printems ſuivant. Il faut auſſi les rafraichir ſouvent avec de l'eau, que vous ſaurez leur diſpenſer en petite quantité, après l'avoir laiſſé repoſer dans la Serre chaude pour ſe dégourdir pendant douze ou quatorze heures. Lorſque cet arroſement eſt négligé, ou qu'il eſt mal adminiſtré, les plants en reçoivent un ſi grand échec, qu'ils ne peuvent abſolument recouvrer leurs forces que quelques mois après.

Vous devez à préſent ſoigner vos tendres exotiques plongées dans une couche de tan ; il faut les arroſer ſelon leur beſoin ; il faut leur arracher les feuilles mortes ou jauniffantes, & leur ôter les infectes & la pouffiere qu'elles peuvent avoir ramaffées, fur-tout aux arbres à caffé qu'il faut laver & nettoyer plus fouvent que les autres, parce que leurs feuilles ne tarderoient pas à dépérir.

Faites plufieurs différens mélanges de terre & d'engrais (*compofts*) pour vos plantes exotiques, & renverfez fens-deffus-deffous les monceaux que vous avez déja préparés, afin que les parties tiennent mieux entr'elles, & s'uniffent davantage.

Plantes actuellement en fleurs dans la Serre verte & dans la Serre chaude.

Lauruftin, touffe de Candie, jafmin jaune des Indes, cyclamen d'Alep, *afcyrum Balearicum, geranium,* jafmin d'Efpagne, jafmin d'arabie, lantanas à feuilles de houx, polygale arborefcente, *nafturtium* des In-

des à fleurs doubles, afphodele à feuilles d'oignon, diverfes fortes d'aloës, arctotides, chrifantheme des Canaries, *Rudbeckia* ou fleur de foleil batarde, campanule des Canaries, mauve d'Afrique en arbriffeau, *Piercea* en fleurs & en fruit, grand after bleu de Virginie, *fenecio, folio retufo, philica, Diofma,* quelques fortes de mefembryanthemes, fenfitives, rofeau fleuri des Indes, *Malpyghia Mali-Punici facie, elychryfum, teucrium Bæticum,* héliotrope *fcorodoriæ folio, clutia, plumbago* de Ceilan, *ptarmica* du Levant ozeille d'Afrique en arbriffeau à larges fleurs pourpres & jaunes, *lotus* à fleurs noires, orvale du Mexique, héliotrope du Pérou, *fedum arborefcens, Zygophyllum, calendula Africana,* apocyn, avec quelques autres; & en fruit: *lycium* à feuilles de Pyracanthe, *folanum* de plufieurs fortes, *alkekengi, amomum* de PLINE.

F I N.